中央空调节能及自控系统设计（第二版）

Design of Energy Efficiency and Automatic Control System for Central Air Conditioning（Second Edition）

赵文成　著

U0392810

中国建筑工业出版社

图书在版编目（CIP）数据

中央空调节能及自控系统设计 =Design of Energy
Efficiency and Automatic Control System for
Central Air Conditioning（Second Edition）/ 赵文成
著. —2 版. —北京：中国建筑工业出版社，2024.5
ISBN 978-7-112-29783-2

Ⅰ. ①中… Ⅱ. ①赵… Ⅲ. ①集中空气调节系统 - 节
能设计②集中空气调节系统 - 自动控制系统 - 系统设计
Ⅳ. ① TB657.2

中国国家版本馆 CIP 数据核字（2024）第 082979 号

本书配套资源免费下载流程：

中国建筑工业出版社官网 www.cabp.com.cn →输入书名或征订号查询→点
选择图书→点击配套资源即可下载。

重要提示：1. 只有购买正版图书才可免费下载本书配套资源。

2. 下载配套资源需注册网站用户并登录。

3. 为了方便读者使用，本书配套资源中仍保留了工程习惯用法，
因此与书中对应的图略有差别。

责任编辑：张文胜
责任校对：赵　力

中央空调节能及自控系统设计（第二版）
Design of Energy Efficiency and Automatic Control System for Central
Air Conditioning（Second Edition）
赵文成　著

*

中国建筑工业出版社出版、发行（北京海淀三里河路 9 号）
各地新华书店、建筑书店经销
霸州市顺浩图文科技发展有限公司制版
北京市密东印刷有限公司印刷

*

开本：787 毫米 ×1092 毫米　1/16　印张：$36\frac{1}{2}$　字数：909 千字
2024 年 5 月第二版　　2024 年 5 月第一次印刷
定价：**138.00** 元（附网络下载）
ISBN 978-7-112-29783-2
（42297）

第二版前言

《中央空调节能及自控系统设计》一书已经出版 5 年多了，得到了广大读者的厚爱，也收到很多读者的反馈，有的指出了书中的不足，有的给出了改进的建议。同时，在这些年里，暖通空调的节能技术及其控制技术也在发展进步，加上本人专业学习、认识的提高，这些因素促使我决定进行第二版的写作。

在这期间，我有幸向上海的胡崔健先生请教，他是我国较早进入控制领域的暖通人，不仅在空调控制方面有着丰富的经验，同时，由其所创办的智全控制公司所开发的气流控制设备也引领了我国暖通空调在此领域的发展。

在这期间，我也有幸结识了上海润风智能科技有限公司的刘新民、江西科技师范大学的董哲生、江西先行实业有限公司的许金铭、长江产业投资集团的米秀伟、上海水石建筑规划设计股份有限公司的林星春、广东金智成空调科技有限公司的李国等同行，大家对所遇到的空调自控问题一起讨论，本人受益匪浅，特别是刘新民，他是自控专业出身，对我们这些暖通人的帮助很大。还有博力谋自控设备（上海）有限公司的邱肇光、北京苏格睿仑科技有限公司的刘林忠，也对本书的出版给予了很大的帮助。在此一并感谢！同时还要感谢约克空调公司高级系统应用经理阮力丁先生、艾蒙斯特朗流体技术集团亚太区高级经理惠广海先生和北区销售经理徐雷先生为本次出版提供了技术资料。

在第二版中，修改了已发现的错误、充实了一些内容、增加了一些问题的深入探讨，同时为了避免篇幅臃肿，也删除了一些不常用的内容。

衷心希望本书能对暖通空调专业人员了解自控、自控专业人员了解暖通空调，进而促进两个专业的相互融合有所帮助！

赵文成

2023 年 11 月 1 日

第一版前言

这是一本关于中央空调系统节能设计及其自动控制设计的书，希望对您有所帮助。

目前我国建筑用能约占能源消费总量的27.5%，随着人们生活水平的提高，根据发达国家的经验，这一比例将逐步增加到30%以上。在公共建筑的全年能耗中，供暖空调系统的能耗占40%～50%。

图1和图2为北京某大型医院的能耗分析图，2013年该医院能耗中，电费占总能耗费用的86%；水费占总能耗费用的4%；热能费用占总能耗费用的10%；2013年全年用电中，空调系统耗电量占总用电量的49%。也就是说一所医院，近一半的电力都用来营造一个就医环境，而不是用来医治病患，这样的结果值得我们深思，这是必需的吗？我们将如何改变？由此可知，作为能耗大户，空调系统的节能任重道远。

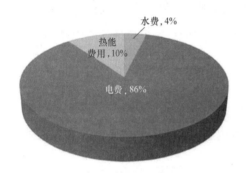

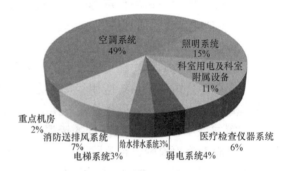

图1 某医院2013年能耗费用结构图　　图2 某医院2013年各系统用电百分比结构图

国家标准《公共建筑节能设计标准》GB 50189—2015第1.0.3条规定：公共建筑节能设计应根据当地的气候条件，在保证室内环境参数条件下，改善围护结构保温隔热性能，提高建筑设备及系统的能源利用效率，利用可再生能源，降低建筑暖通空调、给排水及电气系统的能耗。该标准第4章按一般规定、冷源与热源、输配系统、末端系统、监测、控制与计量给出了供暖通风与空气调节的具体要求，是工程设计人员必须遵守的。为了确保节能措施的落地实施，该标准第1.0.5条又规定：施工图设计文件中应说明该工程项目采取的节能措施，并宜说明其使用要求。

我国气候区跨度较大，共划分了严寒地区、寒冷地区、夏热冬冷地区、夏热冬暖地区和温和地区5个气候分区，每个气候分区内又划分了多个气候子区。为此，许多地方又根据当地气候特点制定了相应的地方标准。

在执行《公共建筑节能设计标准》GB 50189的同时，住房和城乡建设部发布了国家标准《绿色建筑评价标准》GB/T 50378。所谓绿色建筑就是：在全寿命期内，最大限度地节约资源（节能、节地、节水、节材）、保护环境、减少污染，为人们提供健康、适用和高效的使用空间，与自然和谐共生的建筑。该标准第5章对暖通空调系统提出了高于《公共建筑节能设计标准》GB 50189的节能要求。目前，在工程设计过程中，各地方对于公共建筑都提出了要达到1星级或2星级的要求。

在国家节能政策的鼓励下，暖通空调节能技术不断涌现。既有建筑的节能改造、合同能源管理等项目，更是推动了节能技术的应用。本书通过对近几年工程设计中运用的节能技术进行总结，以便能够更好地推广应用这些技术，使更多的设计师和工程项目受益。

由于工程师多数都离开学校多年，对一些基础知识，如：焓、熵、对数温差等已经生疏，为了加强对节能理论的理解，本书对这些基本的理论知识进行了复习，再通过实际的工程设计案例而不是抽象的节能规范条文进行阐述，使内容更容易理解。

《建筑工程设计文件编制深度规定》（2016 年版）中要求，暖通专业施工图"空调、制冷系统有自动监控时，宜绘制控制原理图，图中以图例绘出设备、传感器及执行器的位置；说明控制要求和必要的控制参数。"如何绘制和如何提出控制要求，便是本书要解决的问题之一。

笔者在工程设计中发现，空调系统的自动控制往往是暖通空调设计师的短板，在审核一些工程的暖通空调设计时发现很多设计师对空调自动控制的描述似是而非。希望本书的内容可以对暖通空调工程师在自控应用方面有所帮助，同时也为自控工程师了解暖通空调的节能设计有所帮助。

笔者认为，"空调"这两个字有两个含义，"空"是指空气处理，是对空气进行过滤、加热、冷却、加湿、除湿，而"调"是指对空气的参数进行控制。由于影响空气参数的扰量（如：室外空气温湿度、室内设备人员发热量）是不断变化的，因此，对于中央空调系统控制，通过手动是无法达到预定的精度的，对于有节能要求的系统，必须通过自动控制系统才能使冷热量供给与冷热量需求保持一致。由此，中央空调系统节能设计和自控设计是密不可分的。如果一个空调系统没有自控设计，这个空调系统只能说仅完成了一半，即：只完成了空气处理。另外，如果暖通空调工程师不参与控制系统的设计，而完全交给自控工程师，谁能保证这样的控制正是你所需要的呢？

因此，在空调系统控制设计过程中，不同专业的工程师从专业知识结构上还需进一步学习掌握各专业交叉的内容，暖通空调工程师需要学习电机配电、控制系统和通信网络方面的知识，弱电工程师需要学习空调系统节能设计、运行的知识。在设计过程中，暖通空调专业需要提给自控专业工艺流程图与测量控制要求，现场仪表安装处的工艺参数和条件，如管径、工作温度、湿度、压力、流量等，工艺系统所带的控制设备，如电动阀门的技术资料、设备的平面位置等，由自控工程师来完成自控系统设计。只有这样才能保证空调自控系统在设计上不脱节，使空调与自控能够有机地结合成一体。

在本书中，把空调系统的节能设计与自控设计放到一起来讨论，这是因为空调系统的节能是与自控系统密不可分的。没有自控的空调系统肯定是不节能的，但是有自控的空调系统也不一定节能。必须是节能的空调系统加上节能的控制逻辑才能实现真正的节能运行。

空调节能涉及的另外一个技术领域是电机及其拖动，在设计院的专业分工上这一部分既不属于暖通空调专业，也不属于电气专业和自控专业，属于"三不管"的专业，但与三个专业都有密切的关系。本书第 14.1 节中专门讨论了空调系统所用到的电机节能技术。电机及其控制实际上是暖通空调专业基础课程电工学中的内容，只不过在后来的工作分工中很少涉及，使得设计院的暖通空调工程师对此部分完全"不认识了"，到了工程现场完全不知所措。希望本书对这些同行有所帮助。

本书可供从事暖通空调专业的设计师、楼宇控制专业的设计师及相关专业的施工技术人员和系统运营管理人员参考。

本书在出版过程中得到了中国中元国际工程公司科技信息部的大力支持，在此表示感谢！本书在编写的过程中，电气专业的同事高磊和时珊珊对第 14 章和第 15 章进行了精心审校，并提出了宝贵建议，在此表示感谢！

许多空调设备生产企业的朋友为本书的编写提供了不少技术资料，在此一并表示感谢！

他们是：

1. 开利公司：王亚力；

2. 特灵公司：张宇、张伟；

3. 麦克维尔公司：陈琳琳；

4. 杭州源牌科技股份有限公司：张劲松；

5. 上海翱途流体科技有限公司：陈雷昕、刘光裕；

6. 爱芯环保科技（厦门）股份有限公司：钟喜生；

7. 倚世节能科技（上海）有限公司：阮红正；

8. BELIMO 公司：焦国军、杨征；

9. 妥思空调设备（苏州）有限公司：罗斯卡；

10. 广东艾科技术股份有限公司：李飞龙；

11. 欧文托普公司：李继来、郭晨；

12. 深圳市勤达富流体机电设备有限公司：张亚军；

13. 同能创达科技（北京）有限公司：郭建良；

14. 艾蒙斯特朗流体技术集团：周良；

15. 上海智全控制设备有限公司：冉龙；

16. 北京益必创楼宇科技有限公司：敖胜荣；

17. 北京长城融智科技有限公司：孙诗明。

本书将笔者在工作中经常遇到的暖通空调自动控制原理图及控制要求，经整理后放到了中国建筑工业出版社网站上，按照本书版权页中的流程，就可以下载 CAD 版的图纸，方便同行们修改使用，这样可以节省大量的工程设计时间。

目前，从暖通空调和自动控制设计的角度来讨论建筑节能问题的书籍资料不多，限于笔者的水平和实践经验的局限性，书中尚有很多不完善之处，恳请广大同行和读者批评指正。

赵文成

2018 年 1 月 30 日

目　　录

第1章 概　述

1.1　暖通空调的节能方式

综合分析目前应用的暖通空调的节能方式，它们不外乎都是从以下的四个方面着手：

1.节省方式。通过追求高效率，采用高效率的设备、优化系统和加强自动控制的运行，来节省空调运行能耗。

2.自然能利用的方式。通过合理使用自然能而减少空调能源消耗，如：新风供冷、冬季冷却塔供冷及热泵的利用。

3.热回收方式。通过对热能的再回收，实现热能的二次利用，从而减少空调的能源消耗，如：排风热回收、制冷主机冷凝热回收等。

4.采用高效率的设备。中央空调设备一般分为以下三类，分别是冷热源设备、水或空气的输送设备以及空调末端的设备。每一台中央空调设备都是由流体机械和驱动它的电机组成的。因此，提高这些设备的效率不能仅考虑它的机械、传热性能，还应关注电机效率。

1.2　暖通空调的节能技术

目前广泛应用的暖通空调节能技术主要有如下几种：

1.蓄冷技术。蓄冷中央空调由冰或冷水提供冷源，利用电网低谷电力储存冷量，电网高峰时段释放冷量，有效转移空调用电高峰负荷，缓解电力供需矛盾，减缓发电厂的建设，从宏观上实现了节能。中央空调系统的冷水机组，在低谷电价时段蓄冷水或蓄冰，其他时段根据负荷需求由蓄冷系统供冷，为用户节省运行费用。

2.大温差技术。在中央空调冷水机组的正常工作范围内，当输出冷量不变和室外环境满足冷却塔散热条件时，冷水和冷却水系统采用大温差小流量更加节能。

3.变频技术。当中央空调的冷机系统"大马拉小车"或冷负荷需求波动时，冷水及冷却水循环泵采用自动变频调速控制，实现节能运行。同样，冷水机组的变频技术、变风量空调系统、变风量通风系统的应用都能大幅节省空调通风系统的运行能耗。

4.主机热回收技术。当同时有供热和制冷需求时，采用带有热回收功能的制冷机组，实现节能。在某些采用主机热回收技术的工程中，甚至可以省掉锅炉设备的投入。

5.热泵技术。水、地源热泵，空气源热泵及吸收式热泵，可以充分利用低品位的热源。

6. 自然冷源利用技术。当全年都有供冷需求时，空调系统应考虑当环境温度较低时，直接利用自然冷源供冷，如冬季冷却塔供冷，实现节能。

7. 排风系统热回收技术。为了满足人员的卫生需求，新风负荷占空调总负荷的20%～40%。当具备安装条件时，经过技术经济比较后，采用带排风热回收功能的新风机组，实现节能运行。

8. 集中空调安装计量表。安装计量表后，可以对空调系统各个部分的用能情况进行分析，集中空调实行计量收费，是建筑节能运行的一项基本措施。

9. 制冷主机安装自动清洗设备。中央空调冷却系统大多采取敞开式散热，循环水在冷却塔内大量蒸发，循环水中的钙镁离子被浓缩，同时冷却水中含有大量被洗涤下来的污泥，在冷凝器内进行热交换时，非常容易结垢，因此，在冷凝器上安装自动清洗设备将有效地提高换热效率。

10. 采用高效的水泵、风机、制冷及换热设备。

11. 配备高效永磁同步电机、直流 EC 电机。

12. 精细化的水系统、风系统设计，减少系统的阻力，降低水、风的输送能耗。

13. 优化空调自控系统。目前已开通的 BAS 系统多数只实现了建筑设备的自动启停和监测，其节能也主要表现在一些设备的定时开启和关闭，而空调系统作为建筑能耗大户，如何根据系统的实际情况尽可能地节能、经济运行则还未能实现。

这些节能技术的理论基础分散在大学不同的专业基础课程中，对于毕业多年的设计师或已生疏，本书对这些理论基础进行了复习。这些节能技术促进了暖通空调技术的进步，无论是哪种节能方式、哪种节能技术，自控系统都会无时无刻伴随其左右。

在暖通空调技术进步的同时，空调自控技术也在不断进步，目前已经全面地进入了计算机控制时代。这使得空调控制更加可靠和精确，而控制网络技术的进步使控制系统更加方便。

1.3　暖通空调自控的内容

暖通空调自控的内容大体上可分为：

1. 对设备运行的管理控制。

2. 对空调房间参数的控制。

普通的舒适性空调一般只对房间的温度和湿度两个参数进行控制，要求高一些的还会增加一个空气品质参数的控制。恒温恒湿空调系统也只是被控制的两个参数精度高一些。而医院的手术室、血液病房、检验科、病理科等功能房间、化学实验室、生物安全实验室、制药厂以及电子工业厂房等房间不仅有温、湿度参数的控制，还要有房间的洁净度和房间的压力梯度等参数的控制。如何在节能的前提下对这些参数进行安全、可靠的调控，是我们要解决的问题。

对于计算机控制系统的设计，简单地说就是将传感器、执行器分别连接到控制器，然后根据要求进行编程就行了。谁来编程？自控工程师。谁来提要求？暖通空调工程师。如何提要求？这就是我们要解决的问题。控制要求是否合理，是否可以实现，这就需要暖通工程师对自控系统进行必要的学习。

第 2 章　中央空调风、水输配系统的节能

空调风、水输配系统的节能应从减少管路阻力、提高泵与风机的效率、确定合理的运行调节方式三个方面着手，而这三个方面又是相互关联的，工程设计中片面地要求高效率的设备不一定就运行在高效率点上，也是没有意义的。因此，需要清楚它们之间的内在规律。本章将从管路的特性、泵与风机的特性、联合运行特性以及调节特性来分析空调的风、水输配系统的能耗。

2.1　管路的特性曲线

空调水或风通过水泵或风机在管道中进行输送，泵或风机的能耗用来克服管道的阻力。因此，为了减少输配系统的能耗，应首先从减少管道阻力着手。以水系统为例，闭式冷水管路的阻力由沿程阻力和局部阻力组成。工程中计算沿程阻力的经验公式为：

$$\Delta P_y = \lambda \frac{l}{d} \cdot \frac{v^2}{2g} \gamma \qquad (2\text{-}1)$$

沿程阻力也被称为摩擦阻力，工程设计中，将单位管段长度的沿程阻力定义为比摩阻（R），通过对不同管材、不同管径、不同流速及在不同工作温度下的比摩阻进行列表，工程设计时，通过查计算表，目前一般是通过计算机应用软件来计算求得。

令比摩阻：

$$R = \frac{\lambda}{d} \cdot \frac{\rho \cdot v^2}{2}$$

则：

$$\Delta P_y = R \cdot l$$

计算局部阻力的经验公式为：

$$\Delta P_j = \zeta \cdot \frac{v^2}{2g} \gamma \qquad (2\text{-}2)$$

闭式冷水管路的阻力：

$$\Delta P = \Delta P_y + \Delta P_j = \lambda \frac{l}{d} \cdot \frac{v^2}{2g} \gamma + \zeta \cdot \frac{v^2}{2g} \gamma$$

将 $v = \dfrac{Q}{A} = \dfrac{4Q}{\pi \cdot d^2}$ 代入上式，得：

$$\Delta P = \frac{8 \times \left(\lambda \cdot \dfrac{l}{d} + \sum \zeta \right) \cdot \rho}{\pi^2 \cdot d^4} \cdot Q^2$$

令：

$$S = \frac{8 \times \left(\lambda \cdot \dfrac{l}{d} + \Sigma \zeta \right) \cdot \rho}{\pi^2 \cdot d^4}$$

则闭式冷水管的流动特性通常可以用下式表示：

$$\Delta P = S \cdot Q^2 \tag{2-3}$$

同理，对于无背压的风管系统，风道的特性也可以以上式表示。

在开式冷却水系统中，由于冷却水在克服了管道阻力后还需要被提升一个高度 h（冷却塔内水面至进水管之间的高差），因此冷却水管的流动特性，可以用下式表示：

$$\Delta P = S \cdot Q^2 + h \tag{2-4}$$

式中　ΔP_y——管路系统的沿程阻力，Pa；

　　　ΔP_j——管路系统的局部阻力，Pa；

　　　R——比摩阻，Pa/m；

　　　ΔP——管路系统的阻力（压力损失），Pa；

　　　S——与管路沿程阻力和几何形状有关的综合阻力系数，kg/m²；

　　　Q——水的体积流量，m³/s；

　　　λ——管道的摩擦阻力系数；

　　　d——管径，m；

　　　ζ——局部阻力系数；

　　　l——管道长度，m；

　　　h——冷却塔出水管与冷却塔内液面的高差，m；

　　　γ——流体的容重，N/m³；

　　　ρ——流体的密度，kg/m³；

　　　A——管道截面积，m²。

如图 2-2 所示的空调冷水系统和冷却水系统，将式（2-3）、式（2-4）用以 Q 和 ΔP 组成的直角坐标系图上，即可得出管路特性曲线。管路性能曲线是管路中通过的流体与所需要的能量之间的关系曲线，它是一条二次曲线。见图 2-1。

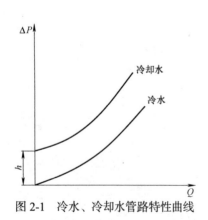

图 2-1　冷水、冷却水管路特性曲线

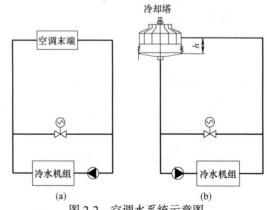

图 2-2　空调水系统示意图

（a）冷水系统示意图；（b）冷却水系统示意图

管路特性曲线表明：对一定的管路系统来说，通过的流量越多需要外界提供的能量越大；管路性能曲线的形状取决于 S 值的大小，即：取决于管路装置、流体的性质和流动阻力，S 值越大，曲线越陡，如图 2-3 所示。

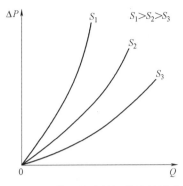

图 2-3　S 值对管路特性曲线的影响

由式（2-3）和式（2-4）可知，减小管路阻力方法有：

1. 按推荐流速合理选择管径；

2. 缩短管道长度；

3. 减小局部阻力，可采取以下措施：

（1）选用阻力小的阀门（如蝶阀）代替阻力大的阀门（如截止阀）；

（2）选用阻力较小的过滤器（过滤器前后安装压力表，以便运行中观察堵塞情况，提醒及时清洗）；

（3）合流三通采用斜接方式；

（4）采用较大半径的弯头；

（5）取消管路上不必要的管件、阀门。

2.2　串联管路和并联管路的特性曲线

流经串联管路各段的流量相等，其总阻力损失为各段阻力损失之和；流体流经并联管路时，各管段的阻力损失相等，通过的总流量为各管段的流量之和。

并联管段按照节点间各支管路的阻力损失相等来分配各支管上的流量，综合阻力系数 S 大的支管其流量小，S 值小的支管其流量大。

在图 2-4 中，管路 2 由 a、b、c 三个支管路并联后又与管路 1、3 的串联。

对于串联管路有如下数学关系：

$$\Delta P = \Delta P_1 + \Delta P_2 + \Delta P_3 = (S_1 + S_2 + S_3) \cdot Q^2 = S \cdot Q^2 \qquad （2\text{-}5）$$

对于并联管路有如下数学关系：

$$Q = Q_a + Q_b + Q_c \qquad （2\text{-}6）$$

对于管路 2 有如下关系：

$$\Delta P_2 = S_a \cdot Q_a^2 = S_b \cdot Q_b^2 = S_c \cdot Q_c^2 = S_2 \cdot Q^2$$

则有：

$$Q_a : Q_b : Q_c = \frac{1}{\sqrt{S_a}} : \frac{1}{\sqrt{S_b}} : \frac{1}{\sqrt{S_c}} \qquad （2\text{-}7）$$

$$S_2 = \frac{1}{\left(\dfrac{1}{\sqrt{S_a}} + \dfrac{1}{\sqrt{S_b}} + \dfrac{1}{\sqrt{S_c}} \right)^2} \qquad （2\text{-}8）$$

由式（2-7）可知，在图 2-6 的空调冷水系统中，在满负荷调试完水力平衡后，部分负荷下，冷水泵进行台数调节或变频调节时，各支路的流量将按等比例分配。或者可以说对于夏季供冷、冬季供热的两管制系统，如果按夏季供冷工况进行了水力平衡调试，那么冬季供热时，各支路的热水量也将按冷水时的比例分配。

2.3 并联管路的总特性曲线的图解

先分别作出三条支管的 ΔP_2-Q_a、ΔP_2-Q_b、ΔP_2-Q_c 曲线，然后按三条曲线阻力相等处的流量相加而得出 ΔP_2-Q，见图 2-5。

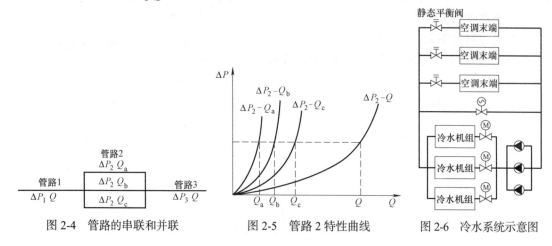

图 2-4 管路的串联和并联 　　图 2-5 管路 2 特性曲线 　　图 2-6 冷水系统示意图

2.4 串联管路的总特性曲线的图解

先分别作出三条支管的 ΔP_1-Q、ΔP_2-Q、ΔP_3-Q 曲线，然后按三条曲线流量相等处的阻力相加而得出 ΔP-Q，见图 2-7。

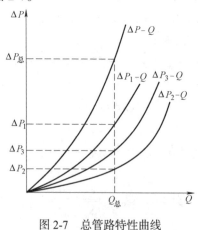

图 2-7 总管路特性曲线

2.5 泵与风机的性能

2.5.1 泵或风机的功率

在暖通空调工程设计中，泵与风机的功率一般有有效功率、轴功率和原动机功率。原动机功率一般是指电动机功率。

1. 有效功率 N_e

单位时间内，流体从泵或风机工作中所获得的实际能量称为有效功率。

$$N_e = \gamma \cdot Q \cdot H \tag{2-9}$$

式中　N_e——有效功率，kW；

　　　γ——流体的容重，kN/m³；

　　　Q——流量，m³/s；

　　　H——压头，m。

对于空调系统水泵，有：

$$N_e = \frac{\rho \cdot g \cdot Q \cdot H}{1000} = g \cdot Q \cdot H \tag{2-10}$$

式中　N_e——有效功率，kW；

　　　ρ——流体的密度，kg/m³；

　　　g——重力加速度，9.8m/s²；

　　　Q——水泵的流量，m³/s；

　　　H——水泵扬程，m。

其中，水泵扬程为：

$$H = \frac{P_o - P_i}{g} + \Delta h$$

式中　P_o——水泵出口压力表读数，kPa；

　　　P_i——水泵入口压力表读数，kPa；

　　　Δh——压力表的高差，m。

空调系统风机的全压的单位是 Pa，其有效功率为：

$$N_e = \frac{Q \cdot P}{1000} \tag{2-11}$$

式中　Q——风机的风量，m³/s；

　　　P——风机的全压，Pa。

2. 轴功率 N

轴功率 N 是电动机加在泵或风机转轴上的功率，单位是 kW。轴功率可以通过扭矩仪测得扭矩和转速后求出。

2.5.2　泵或风机的效率

泵或风机的效率 η 是有效功率 N_e 与轴功率 N 的比值。

$$\eta = \frac{N_e}{N} \tag{2-12}$$

式中　η——泵或风机的效率，离心泵一般为 0.80～0.92，离心风机一般为 0.70～0.90；

　　　N——轴功率，kW。

2.5.3　电动机功率

1. 泵或风机在运转时，其电动机的输出功率为：

$$N_g = \frac{N_e}{\eta \cdot \eta_d} \qquad (2\text{-}13)$$

2.泵或风机在运转时，其电动机的输入功率为：

$$N'_g = \frac{N}{\eta_d \cdot \eta_g \cdot \eta_f} = \frac{N_e}{\eta \cdot \eta_d \cdot \eta_g \cdot \eta_f} = \frac{N_e}{\eta_{总}} \qquad (2\text{-}14)$$

式中　N_g——电动机的输出功率，kW；

　　　N'_g——电动机的输入功率（包含变频器），kW；

　　　η_d——传动效率，直联传动为 1.0；由联轴器传动为 0.98；由三角皮带传动为 0.95；

　　　η_g——电动机效率；Y 系列异步电动机额定效率一般为 0.73～0.94；对于变频运行的风机水泵，在不同的转速下电机效率是不同的；

　　　η_f——变频器的效率，在不同的转速下变频器效率是不同的（如果无变频器，η_f=1）；

　　　η——泵或风机的效率；

　　　$\eta_{总}$——泵或风机的总效率（考虑了变频器、电动机及传动之后的效率）。

3.泵或风机各种功率效率的关系

泵或风机各种功率效率的关系可形象地表示为图 2-8 和图 2-9。

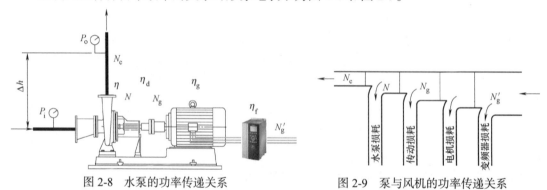

图 2-8　水泵的功率传递关系　　　　　图 2-9　泵与风机的功率传递关系

2.5.4　选择电动机的功率

选择电动机的功率应考虑一定的安全系数。

$$N_M = K \cdot N'_g = K \frac{N_e}{\eta_{总}} \qquad (2\text{-}15)$$

式中　N_M——选择电动机的功率，kW；

　　　K——电动机的容量安全系数（见表 2-1），在选择电动机时，考虑到过载的可能，通常在电动机功率的基础上考虑一定的安全系数。

电动机的容量安全系数　　　　　　　　　　表 2-1

电动机功率 (kW)	K 值			
	离心式			轴流式
	一般用途	灰尘	高温	
＜ 0.5	1.5	—	—	—
0.5～1.0	1.4	—	—	—
1.0～2.0	1.3	—	—	—

电动机功率 （kW）	K 值			
	离心式			轴流式
	一般用途	灰尘	高温	
2.0 ～ 5.0	1.2	—	—	—
＞ 5.0	1.15	1.2	1.3	1.05 ～ 1.1

由上式求出 N_M 后，并根据国家标准 Y 系列电机功率规格选配。由此可知，由泵或风机产品样本所查出的泵或风机的配电功率与有效功率不是一回事，泵或风机在运行时所需的有效功率直接反映在它当时所提供的流量和压头上，而这时电动机的实时输入功率由运行电流和工作电压及功率因数决定，并且它们有如下关系：

$$N'_g = \sqrt{3}U \cdot I \cdot \cos\varphi \tag{2-16}$$

该功率值可以用电工仪表直接检测出来。因此水泵在运行时有如下关系：

$$g \cdot Q \cdot H / \eta_{总} = \sqrt{3} \cdot U \cdot I \cdot \cos\varphi$$

上式说明，对于电压恒定的定频水泵，其运行电流 I 随水泵的流量 Q 与扬程 H 的乘积的变化而变化。

2.5.5　泵或风机变频调速后效率

泵或风机通过变频器变频调速后，其电机的功耗和变频器的功耗也会改变，也就是说变频后电机的效率和变频器的效率都会改变，且有如下关系：

$$\eta_g = 0.94187 \times (1 - e^{-9.04k}) \tag{2-17}$$

$$\eta_f = 0.5087 + 1.283k - 1.42k^2 + 0.5834k^3 \tag{2-18}$$

式中　k——变速比，即新转速与额定转速的比值。

2.6　泵与风机的性能曲线

泵与风机的性能曲线是指在一定的进口条件和转速时，泵与风机的基本性能参数之间都相互存在着一定的内在联系，将泵或风机所提供的流量与压头之间的关系（H-Q）、泵或风机所提供的流量与所需外加轴功率之间的关系（N-Q）、泵或风机所提供的流量与设备本身效率之间的关系（η-Q）以曲线形式在以流量为横坐标的图上来表达，这些曲线称为性能曲线。以 H-Q 曲线为最重要。

由于泵与风机内的损失还难以精确计算，性能曲线至今还不能用理论的方法精确绘制，所以通常用实验方法绘制性能曲线。

2.6.1　泵与风机的 *H-Q* 曲线

泵与风机的 H-Q 曲线形状有三类，如图 2-10 所示。

1. 曲线 a 为平坦形，即：当流量变化较大时，能保持基本恒定的压头。较适合冷水一级泵定流量系统的冷水泵。

2. 曲线 b 为陡降形，即：当流量变化不大时，而扬程、全压变化较大。采用变频控制的水泵、风机具有此种性能曲线时，节能效果明显。

3. 曲线 c 为驼峰形，这种驼峰形性能曲线在上升段工作是不稳定的。在设备选型时，希望其性能曲线不出现上升段，或者出现但上升段的区域越窄越好。

2.6.2　泵与风机的 *N-Q* 曲线

泵与风机的 *N-Q* 曲线形状与叶轮的叶形有关，对于暖通空调常用的泵与风机，基本上是 *N* 随 *Q* 的增大而增大的曲线。如图 2-11 所示。对于水泵可根据 $N=g \cdot Q \cdot H/\eta$ 绘出。

2.6.3　泵与风机的 *η-Q* 曲线

泵与风机的 *η-Q* 曲线根据下式绘出：

$$\eta = \frac{N_e}{N} = \frac{\gamma \cdot Q \cdot H}{N}$$

η-Q 曲线上有一最高效率 η_{max} 点。泵与风机在此工况下运行，经济性最佳，如图 2-11 所示。

选择泵与风机时，应考虑让它们将来经常运行在最高效率点及其附近的区域。

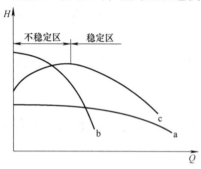

图 2-10　泵与风机的 *H-Q* 曲线

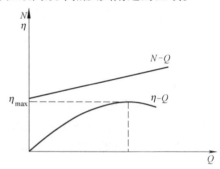

图 2-11　泵与风机的 *N-Q*、*η-Q* 曲线

2.7　水泵的特性曲线的数学表达

在节能改造项目中，往往无法得到运行很久的水泵的特性曲线，这就需要工程师通过现场测试获得。

通过检测水泵的各个工况点的参数，用 Excel 进行散点数据趋势预测和回归分析，可以得出拟合曲线和水泵的回归方程（也就是常说经验公式）。

H-Q 曲线：

$$H=aQ^2+bQ+c \tag{2-19}$$

η-Q 曲线：

$$\eta=eQ^2+dQ+f \tag{2-20}$$

过程如下：

1. 将测试得到的某水泵的流量、扬程。将其输入到 Excel 表并选中。

2. 进入插入菜单，点击散点图，将自动生成一个散点图片。

3. 鼠标点选图片上的散点并单击右键，出现选择菜单，选择添加趋势曲线。

4. 在趋势曲线选项中，选择多项式和显示公式，便可生成水泵的 *H-Q* 曲线（见图 2-12）和回归方程。

同理，可获得水泵的 *η-Q* 曲线（见图 2-13）。

x(流量m³/h)	150	225	300	375	450	525	600
y(扬程mH₂O)	26.2	26	25.6	24.6	23	20.5	17

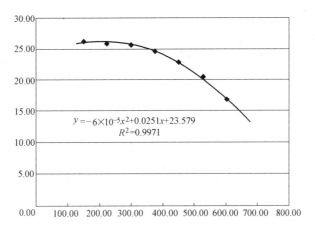

图 2-12　水泵的 *H-Q* 曲线

x(流量m³/h)	150	225	300	375	450	525	600
y(效率%)	55	69	78	83	84	79	72

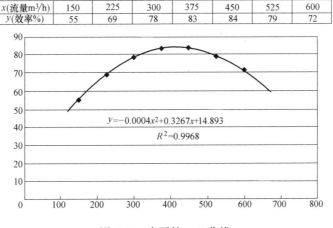

图 2-13　水泵的 *η-Q* 曲线

2.8　空调水系统水泵的种类

目前空调冷水系统、冷却水系统及热水系统的循环水泵都是直联传动的单级清水离心泵，所配电机一般为三相异步电机。根据电机的极数不同，电机的同步转速分别为：2 极同步转速是 3000r/min，4 极同步转速是 1500r/min，6 极同步转速是 1000r/min,8 极同步转速是 750r/min。考虑到转速差，水泵的额定转速分别为 2900r/min、1450r/min、960r/min、720r/min，常用的是前两种，低转速的泵一般用于对振动、噪声要求较高的场所。循环水泵的形式分为：卧式泵和立式泵（见图 2-14）。

2.8.1　卧式泵

卧式泵的优点是便于维修，缺点是占地面积大、水泵的动平衡不好时振动较大，需要做严格的减振设计。在冰蓄冷乙二醇系统中，由于乙二醇的腐蚀作用，运行几年的卧式泵动平衡常常会被破坏，使振动加剧。将其设置在居住建筑地下室及医院的大型医疗设备

（核磁、CT、直线加速器）附近时，需要特别注意其振动的影响。

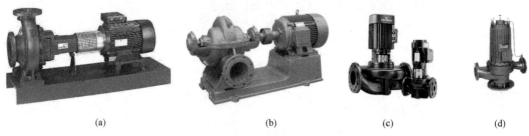

(a)   (b)   (c)   (d)

图 2-14　暖通空调常用离心泵

（a）卧式端吸离心泵；（b）卧式双吸离心泵；（c）立式离心泵；（d）立式屏蔽离心泵

小流量的卧式泵一般采用端吸泵，大流量（大于 500m³/h）的一般采用双吸泵。

2.8.2　立式泵

1. 普通立式泵

立式泵的优点是占地面积小，基本上无振动。运行中的立式泵像陀螺一样有自平衡作用。缺点是大流量的立式泵电机较重，不宜拆卸更换轴封。目前有采用联轴器分离设计的立式泵可以解决这个问题。

2. 屏蔽泵

屏蔽泵是立式泵的一种，它将叶轮与电动机的转子连成一体装在同一个密封壳体内而形成的一种全封闭泵。普通离心泵的驱动是通过联轴器将泵的叶轮轴与电动机轴相连接，使叶轮与电动机一起旋转而工作，而屏蔽泵是一种无密封泵，泵和驱动电机都被密封在一个被泵送介质充满的压力容器内，此压力容器只有静密封，并由定子绕组来提供旋转磁场并驱动转子。这种结构取消了传统离心泵具有的旋转轴密封装置，故能做到完全无泄漏。

屏蔽泵的结构特点：泵的叶轮与电动机的转子在同一根轴上，没有联轴器和轴封装置，从根本上解决了被输送液体的外泄问题。屏蔽泵利用其输送的介质来对电机冷却，没有电机的冷却风扇，具有噪声低的特点。对于供热系统，由于冷却电机的水是热水，因此设计时需要采用耐高温的屏蔽泵。由于在电机的转子和定子之间存在两个屏蔽套，使得电机的定子与转子之间的间隙加大，造成电机的性能下降，同时在屏蔽套中还会产生涡流，增加了电机的铁损，所以屏蔽泵的效率通常低于端吸机械密封离心泵。

2.9　水泵的节能标准

正规的厂家样本都会给出水泵的效率、电机的效率，两者的乘积就是水泵的总效率。

有关水泵节能的国家标准有《清水离心泵能效限定值及节能评价值》GB 19762，该标准给出了泵的最低能效限定值和判定为节能泵的效率值。前者是强制的，后者为非强制的，用于节能认证。该标准是用于水泵制造的标准。

当流量在 5 ～ 10000m³/h、比转速在 20 ～ 300 范围内，单级清水离心泵的能效限定值，如表 2-2 所示。

由表 2-2 可以看出，在中央空调常用的流量范围内（200 ～ 1500m³/h），水泵的效率都可以达到 80% 以上。

单级清水离心泵的能效限定值　　　　　表 2-2

Q（m^3/h）	5	10	15	20	25	30	40	50	60	70	80
基准值 η（%）	58	64	67.2	69.4	70.9	72	73.8	74.9	75.8	76.5	77
能效限定值 η_2（%）	56	62	65.2	67.4	68.9	70	71.8	72.9	73.8	74.5	75
Q（m^3/h）	90	100	150	200	300	400	500	600	700	800	900
基准值 η（%）	77.6	78	79.8	80.8	82	83	83.7	84.2	84.7	85	85.3
能效限定值 η_2（%）	75.6	76	77.8	78.8	80	81	81.7	82.2	82.7	83	83.3
Q（m^3/h）	1000	1500	2000	3000	4000	5000	6000	7000	8000	9000	10000
基准值 η（%）	85.7	86.6	87.2	88	88.6	89	89.2	89.5	89.7	89.9	90
能效限定值 η_2（%）	83.7	84.6	85.2	86	86.6	87	87.2	87.5	87.7	87.9	88

注：1. 表中单级双吸离心水泵的流量是指全流量值。

2. 基准值是当前泵行业较好产品效率平均值。

比转速（n_s）：比转速是在相似定律的基础上导出的一个包括流量、扬程和转数在内的综合特征数，它是计算泵结构参数的基础。一台泵只有一个比转速，变转速时比转速不变。比转速并不具有转速的物理概念，它是由相似条件得出的一个综合性参数，但它本身不是相似准则。保持相似的两台机器，比转速相等；然而两机器比转数相等却不一定相似。一般所指的机器比转数是按最高效率点或额定工况点的参数计算的。比转速由下式计算：

$$n_s = \frac{3.65n\sqrt{Q}}{H^{3/4}}$$

式中　Q——流量，m^3/s（双吸泵计算流量时取 $Q/2$）；

H——扬程，m；

n——转速，r/min。

2.10　水泵的选择

2.10.1　空调系统循环泵选型时依据的参数

1. 流量、扬程

高扬程的泵用于低扬程，便会出现流量过大，导致电机超载，若长时间运行，电机温度升高，甚至会烧毁电机。小流量泵在大流量下运行时，会产生气蚀，泵长时间气蚀，影响水泵过流部件的寿命。

2. 水泵的工作压力

空调系统循环泵一般要求是在管路上的电动阀门开启之前启动，详见本书第 4.3.2 节。因此，水泵的工作压力 = 水泵在管路阀门关闭时的扬程 + 水泵入口静压。水泵在管路阀门关闭时的扬程如图 2-15 所示。

3. 介质类型

介质类型，如：水、乙二醇水溶液等，要考虑介质的特性对选型的影响，如：密度、黏度、腐蚀性等。

（1）密度：离心泵的流量、扬程、效率都与密度无关；

（2）黏度：介质的黏度对泵的性能影响很大，黏度过大时，泵的压头（扬程）减小，流量减小，效率下降，泵的轴功率增大。一般样本上的参数均为输送清水时的性能，当输送黏性介质（如乙二醇水溶液等）时应进行换算。

4. 介质温度

高温介质需考虑密封材料的选择及材料的热膨胀系数。介质温度偏低时，考虑采用低温润滑油和低温电机。如：应用在供热系统的屏蔽泵，采用被输送的热水来为电机冷却，需要特殊的结构材料设计。

5. 水泵的效率

空调水泵的选择应当使其设计工况点在高效率区域内。

2.10.2　变频水泵的选择

由于设计师在选择水泵时都要将其流量、扬程乘以 1.1 的安全系数，这样一来就使得其最高效率点偏到 A 点的右上方，而真正的工作点却不是最高效率点（见图 2-16）。对于一般的定流量系统这种偏差不是很大，但是对于一级泵变流量空调冷水系统情况可能就大不同。

图 2-16 中，曲线 n、$n_1 \cdots n_n$ 为变频冷水泵在不同转速下的性能曲线，曲线 a 为设计工况管路曲线，A 点为设计工况点，曲线 b 为运行曲线，即水泵在变频调节时各个运行工况点的集合（详见第 3.1 节）。因为随着空调负荷的变化，变流量系统的变频冷水泵多数时间是工作在 65% ～ 85% 的负荷状态。水泵只有在工作时间最多的时段运行效率最高才是最节能的。而不是仅仅保证设计工况的效率最高。因此要达到节能运行的目的，水泵的最高效率应该在曲线 b 上的 1-2 段之间，图中 $\eta_{\max(1\text{-}2)}$，这一区间应该是在 A 点的左下方。因此对于变频泵选型时，应根据其长期运行的区间，对其最高效率点的位置进行复核。至少应该在设计工况点的左下方，而不是在设计工况点的右上方。

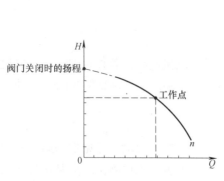

图 2-15　阀门关闭时的水泵扬程

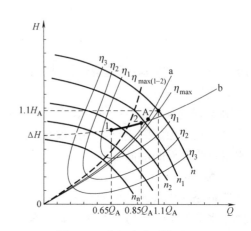

图 2-16　变频冷水泵的选型

2.11　空调风机的种类

民用建筑空调通风系统采用的风机主要有离心风机、轴流风机、贯流风机、无动力风机（也称无动力风帽）。其他种类的风机应用很少。

2.11.1　离心风机

当电动机通过皮带轮带动装于轴承上的风机主轴时，叶轮将高速旋转，通过叶片推动空气，使空气获得一定能量而由叶轮中心向四周流动。当气体流经蜗壳时，由于体积逐渐增大，使部分动能转化为压力能，然后从排风口进入管道。当叶轮旋转时，叶轮中心形成一定的真空度，此时吸气口处的空气在大气压力下被压入风机。这样，随着叶轮的连续旋转，空气即不断地被吸入和排出，完成送风任务。一般情况下，离心风机的流量和压头较轴流风机高。

随着技术的不断进步，特别是电机技术的进步，更加节能的新型离心风机在暖通空调领域得到应用。

1. 离心风机箱

离心风机用在通风系统中常常以离心风机箱的形式应用，风机箱的优点是接管方便、噪声低。分为电机内置和电机外置两种形式。当用于消防排烟和防爆场合应采用电机外置的形式。

2. 外转子风机

采用外转子电机制作的风机被称为外转子风机。它可以是离心风机也可是轴流风机。

传统的电动机是定子在外，转子旋转产生动力。外转子电机是与之相反的结构，定子在电动机的中间，转子在外。外转子风机采用外转子电机直接带动叶轮的先进结构和合理的气动设计，具有效率高、噪声低、重量轻、结构紧凑、安装维修方便等特点。采用普通的感应电机的外转子风机，由于没有皮带轮的增速，风机的转速低，风机的风压较小。图 2-17 所示的离心式管道风机就是外转子风机的一种。

3. 直联式无蜗壳风机

如图 2-18 所示的直联式无蜗壳风机，也被称为静压箱风机，也可以是外转子风机。有蜗壳离心风机的出口风速是有方向且不均匀的。如果在其静压复得尚未完全完成阶段就遇到风道转向，会产生较大的能量损失。如果把无蜗壳离心风机放在这个风向转向处，

图 2-17　离心式管道风机

图 2-18　直联式无蜗壳风机

就可以完全避免这个能量损失。该类风机常用于净化空调机组内，优点是无传动皮带，可以有效避免皮带掉渣对过滤器的污染，同时在空调箱的断面上的风压均匀。

2.11.2 EC 风机

EC 风机是一种外转子风机，是采用了外转子 EC 电机的风机。可以是离心式，也可以是轴流式。EC 电机为内置调速控制模块的永磁无刷直流电机，自带 RS 485 输出接口、0 ~ 10V 传感器输出接口、4 ~ 20mA 调速开关输出接口、报警装置输出接口及主从信号输出接口。

由于采用了永磁体励磁，消除了感应电机励磁电流产生的损耗；同时永磁电动机工作于同步运行方式，消除了感应电机转子铁芯的滑差损耗。这两方面使永磁无刷直流电机的运行效率远高于感应电机。EC 风机具有功率因数高、调速性能好、控制简单等特点。在节能改造工程中得到很好的应用。由图 2-19（a）可以看出，EC 风机在同样功率下，效率高于交流外转子电机。

EC 风机的电机容量做不了太大，目前最大可做到 11kW。更大风量应用需求，可以采用多个 EC 风机并联组成风机墙来实现。

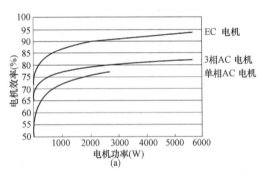

图 2-19　EC 风机

（a）EC 电机与交流外转子电机效率对比；（b）EC 风机；（c）EC 风机墙

2.11.3 防爆风机

民用建筑中使用的风机归类为一般用途的风机，但是在民用建筑中还有些需要防爆场合，如燃气表间、燃气锅炉房等，这些场所泄漏的易燃气体与空气的混合物遇到火花、电弧或危险高温就会被点燃，形成燃烧或爆炸。因此，这些场所的通风需要用到防爆风机。

所谓防爆风机应该满足：

1. 必须使用防爆电机。防爆电机是一种可以在易燃易爆场所使用的一种电机，运行时不产生电火花。

电机按防爆原理可分为隔爆型电机、增安型电机、正压型电机、无火花型电机及粉尘防爆电机等。

2. 对叶轮材质及叶轮相对应的机壳内壁位置材料有要求，要求它们在万一出现碰擦情况时不会产生火花，比如使用铝叶轮和铁内壁，或者铁叶轮并在内壁加铝环等。

防爆电机作为电气设备需满足现行国家标准《爆炸危险环境电力装置设计规范》GB 50058 和《爆炸性环境　第 1 部分：设备　通用要求》GB/T 3836.1。

2.12　泵与风机的相似定律

由于流体在泵或风机内的运动情况十分复杂，所以新产品的设计往往是根据现有的设备参数作为依据，通过相似原理确定新产品的参数。这样泵或风机都是按系列设计的，同一系列中，大小不等的泵或风机都是相似的。

泵或风机凡满足几何相似、运动相似和动力相似，它们之间存在着相似的关系，必定满足相似定律。

在泵与风机的相似定律中，在 $\dfrac{D_1}{D_2}$ 和 $\dfrac{n_1}{n_2}$ 不太大时，可近似认为其效率相等。此时，相似定律可以表示为下列三个公式：

流量转速公式：

$$\frac{Q_1}{Q_2}=\left(\frac{D_1}{D_2}\right)^3\frac{n_1}{n_2}\tag{2-21}$$

水泵扬程转速公式：

$$\frac{H_1}{H_2}=\left(\frac{D_1}{D_2}\frac{n_1}{n_2}\right)^2\tag{2-22}$$

或风机压头转速公式：

$$\frac{P_1}{P_2}=\frac{\rho_1}{\rho_2}\left(\frac{D_1}{D_2}\frac{n_1}{n_2}\right)^2$$

功率转速公式：

$$\frac{N_1}{N_2}=\frac{\rho_1}{\rho_2}\left(\frac{D_1}{D_2}\right)^5\left(\frac{n_1}{n_2}\right)^3\tag{2-23}$$

以上三式中，D_1、Q_1、H_1、n_1 是编号为 1 的水泵或风机的叶轮直径、流量、压头及转速；D_2、Q_2、H_2、n_2 是编号为 2 的水泵或风机的叶轮直径、流量、压头及转速；P 为风机的压头，ρ 为空气的密度。

2.13　泵与风机的比例定律

前文提到相似定律用于泵或风机的产品开发设计，而在暖通空调系统中往往用到比例定律来进行节能、控制运行分析。

根据泵与风机的相似定律，可以得出同一台泵或风机在不同的转速下工作时，它们的参数之间的关系，也叫比例定律：

$$\frac{Q_1}{Q_2}=\frac{n_1}{n_2}\tag{2-24}$$

$$\frac{H_1}{H_2} = \left(\frac{n_1}{n_2}\right)^2 \tag{2-25}$$

$$\frac{N_1}{N_2} = \left(\frac{n_1}{n_2}\right)^3 \tag{2-26}$$

式中　Q_1、H_1、N_1——转速为 n_1 时，泵或风机的流量、压头及功率；

Q_2、H_2、N_2——转速为 n_2 时，泵或风机的流量、压头及功率。

以上三个公式被称为泵与风机的比例定律，是调节泵或风机性能的基本依据。

当某一泵或风机所输送的介质温度或压强发生变化时，介质的密度也将改变，由相似定律又可得出：

$$\frac{H_1}{H_2} = \frac{\rho_1}{\rho_2} = \frac{\gamma_1}{\gamma_2} \tag{2-27}$$

$$Q_1 = Q_2 \tag{2-28}$$

$$\frac{N_1}{N_2} = \frac{\rho_1}{\rho_2} = \frac{\gamma_1}{\gamma_2} \tag{2-29}$$

由式（2-27）～式（2-29）可知，水泵按清水介质选择后，如果输送的流体密度不同，需根据上述公式对其扬程和轴功率进行修正（如冰蓄冷工程中的乙二醇水溶液循环泵），而体积流量不变。

同时，按标准大气压下确定的风机参数，用于高原等气压低的地区时，需根据上述公式对其压头和轴功率进行修正，而体积流量不变。

2.14　比例定律的应用条件

在工程设计中经常用到比例定律来分析水泵或风机在变频调速前后的节能情况，但是这些比例定律的应用是有前提条件的，即：只有在相似抛物线（见 2.16 节）上的工况点才可以应用比例定律。水泵变速工况相似的工程条件可归纳为：

1. 管路曲线必须为通过原点的曲线；

2. 所有并联水泵同时变速；

3. 管路特性曲线不改变。

需要注意的是，在空调冷水系统中，由于末端的电动调节阀不断地调节开度，导致冷水管路曲线不断变化，如图 2-20 所示，管路曲线由 a 变为 a′ 后，它与冷水泵变频调速前、后特性曲线 n_1、n_2 的交点中，A 点与 B 点是相似工况点，但 A 点与 C 点不是相似工况点，因此 A、C 点的参数不适用比例定律。

在开式空调冷却水系统中，由于冷却水的管路曲线不经过原点，因此它与冷却水泵变频调速前后特性曲线的交点不是相似工况点，也不能应用比例定律。

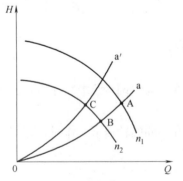

图 2-20　空调冷水泵变频
调速前后的工况点

2.15　泵或风机改变转速后特性曲线的求解

泵或风机改变转速后，特性曲线的求解有两种方法，即通过作图法求解和通过公式计算来求解。

2.15.1　作图法求解

1. $H\text{-}Q$ 曲线求解

如图 2-21 所示，欲求泵或风机由转速 n_1=1450r/min 降低到 n_2=1200r/min 时的 $H_2\text{-}Q_2$ 曲线，先在转速为 1450r/min 时的 $H_1\text{-}Q_1$ 上任意取 1、2、3、4 状态点，将其流量、压头代入式（2-24）和式（2-25），便可求出相似状态点 1′、2′、3′、4′的流量、压头，用曲线将它们光滑连接，便可得到转速为 1200r/min 时的 $H_2\text{-}Q_2$ 曲线。

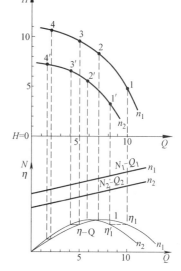

状态点 1　Q=10，H=4.7；状态点 1′　Q_1'=8.26，H_1'=3.20；

状态点 2　Q=7，H=8.3；状态点 2′　Q_2'=5.80，H_2'=5.67；

状态点 3　Q=5，H=9.6；状态点 3′　Q_3'=4.13，H_3'=6.56；

状态点 4　Q=2，H=10.6。状态点 4′　Q_4'=1.65，H_4'=7.23。

2. 利用作图法同样可得出 $N_2\text{-}Q_2$ 曲线。

3. 相似点的效率

比例定律应用的前提是：在转速变化不大时，相似点的效率相等。在图 2-21 中，通过作图可得 n_2 时的 $\eta\text{-}Q$ 曲线。该曲线在转速变化不大时，基本上是平行移动，转速升高，向右移动；转速降低，向左移动。

图 2-21　转速变化时泵与风机的性能曲线

2.15.2　利用公式求解

由式（2-19）可知水泵的 $H\text{-}Q$ 曲线：

$$H=aQ^2+bQ+c$$

当水泵转速由额定转速 n_1 变为转速 n_2 时，令变速比 $k=\dfrac{n_2}{n_1}$。

水泵变速前的工况点为（H_1，Q_1），变速后为（H，Q），根据比例定律得出：

$$H_1=\frac{1}{k^2}H,\ Q_1=\frac{1}{k}Q$$

代入上式，求得变速后的 $H\text{-}Q$ 曲线：

$$H=aQ^2+bkQ+ck^2 \tag{2-30}$$

由式（2-20）可知水泵的 $\eta\text{-}Q$ 曲线：

$$\eta=eQ^2+dQ+f$$

水泵变速前后的效率不变，带入 $Q_1=\dfrac{1}{k}Q$ 后，求得变速后的 $\eta\text{-}Q$ 曲线：

$$\eta = \frac{e}{k^2}Q_2 + \frac{d}{k}Q + f \tag{2-31}$$

同理，可得变速后的 N-Q 曲线：

$$N = \frac{H \cdot Q \cdot g \cdot k^3}{\eta} \tag{2-32}$$

2.16　泵与风机的等效率线

由比例定律可得出下式：

$$\frac{H_1}{H_2} = \left(\frac{Q_1}{Q_2}\right)^2$$

由上式可得下式：

$$\frac{H_1}{Q_1^2} = \frac{H_2}{Q_2^2} = \cdots = K$$

则

$$H = K \cdot Q^2 \tag{2-33}$$

式（2-33）说明同一台水泵或风机变转速时，相似工况点间其扬程与流量的平方之比均为一常数 K。式（2-33）被称为相似抛物线方程，用图形表示就是图 2-22 中过原点的抛物线，落在方程曲线上的工况点彼此相似、效率相等。

由式（2-3）可知，闭式空调冷水系统也是过原点的抛物线。如果将相似抛物线看成该管路曲线，在该管路曲线不变的前提下，变速调节前后的工况点是相似的，也就是说这些工况点的效率是相等的。

（1）在图 2-22 中，当泵或风机的转速为 n_1 时：

1）在 η-Q 曲线上取 $\eta_{\max}$ 点，过 $\eta_{\max}$ 点向上作直线，与 H-Q 曲线交于工况点 M，工况点 M 的效率为 $\eta_{\max}$。

2）在 η-Q 曲线上取效率等于 η_1 的点，这样的点有两个，过 η_1 点向上作直线，与 H-Q 曲线交于工况点 a 和工况点 b，工况点 a 和工况点 b 的效率均为 η_1。

（2）当泵或风机的转速由 n_1 向 n_n 变化时：

1）由图 2-21 可知，η-Q 曲线将向左平行移动，会出现无数个与工况点 a 和工况点 b 效率相等的工况点，将这些效率相等的工况点连接，便得到了一条效率为 η_1 的曲线，这条曲线叫等效率曲线。

2）同理，无数个与工况点 M 的效率相等的工况点也可连成一条效率为 $\eta_{\max}$ 的等效率曲线。

3）同理，可以得到效率分别为 η_2、η_3 的等效率曲线。

由图 2-22 可知，等效率曲线在转速变化不太大时，与相似抛物线重合，它们同为水泵或风机性能曲线 n 上

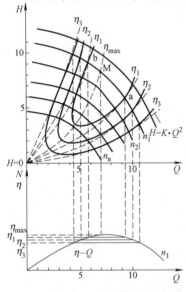

图 2-22　泵与风机的相似抛物线

且效率相等的点，而在转速偏大或偏小时，相似抛物线上的工况点效率不再相等。

2.17　泵或风机的联合运行

在实际工作中有时需要将泵或风机并联或串联在管路系统中联合运行，目的在于增加系统中的流量或提高压头或对系统流量、压头进行调节。

2.17.1　并联工况分析

1. 两台同型号的冷水泵并联

图 2-23 所示为一个一级泵定流量冷水系统，两台同型号的冷水泵并联运行，并联后产生的扬程与各泵产生的扬程相等，并联后的总效率与单台泵的效率一致。管路中的总流量为两台水泵流量之和。在图 2-24 中，单台水泵的性能曲线为 $(H\text{-}Q)_{1、2}$，通过压力相等时，总流量 $Q_{1+2}=2Q_1$，得出水泵的并联性能曲线 $(H\text{-}Q)_{1+2}$。同理，单台水泵的效率曲线为 $(\eta\text{-}Q)_{1、2}$，通过效率相等时，总流量 $Q_{1+2}=2Q_1$，得出水泵的并联效率曲线 $(\eta\text{-}Q)_{1+2}$。

将 $Q_1=\dfrac{1}{2}Q$ 带入式（2-19）、式（2-20）可得两台同型号水泵并联后作为一个泵组的 $H\text{-}Q$ 曲线、$\eta\text{-}Q$ 曲线：

$$H=\frac{a}{4}Q^2+\frac{b}{2}Q+c \tag{2-34}$$

$$\eta=\frac{e}{4}Q^2+\frac{d}{2}Q+f \tag{2-35}$$

同理，n 台相同型号水泵并联后的 $H\text{-}Q$ 曲线、$\eta\text{-}Q$ 曲线为：

$$H=\frac{a}{n^2}Q^2+\frac{b}{n}Q+c \tag{2-36}$$

$$\eta=\frac{e}{n^2}Q^2+\frac{d}{n}Q+f \tag{2-37}$$

n 台同型号水泵并联后作为一个泵组同时变频运行，则其 $H\text{-}Q$ 曲线、$\eta\text{-}Q$ 曲线：

$$H=\frac{a}{n^2}Q^2+\frac{bk}{n}Q+ck^2 \tag{2-38}$$

$$\eta=\frac{e}{n^2k^2}Q^2+\frac{d}{nk}Q+f \tag{2-39}$$

式（2-38）、式（2-39）称为并联水泵变频运行特性曲线，将它们和运行曲线植入控制器通过软件求解，可以实现对空调输送系统的数字化精确控制。

2. 两台型号不同，但相差不大的泵的并联

如图 2-25 所示，两台泵并联后合成性能曲线只有在 A 点右侧才能正常工作。A 点左侧，只有一台泵工作，无法并联运行。

2.17.2　串联工况分析

图 2-26 所示为二级泵变流量冷水系统，两台不同型号的冷水泵串联运行，串联后产生的扬程为各泵产生的扬程之和。通过水泵的流量均相等（平衡管内的流量为 0），在

图 2-26 中，单台水泵的性能曲线分别为 a、b。通过流量相等时，总扬程 $H_总 = H_a + H_b$，得出水泵的串联性能曲线 c。

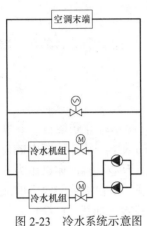

图 2-23　冷水系统示意图

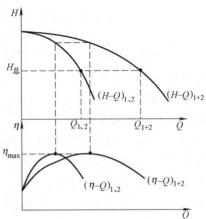

图 2-24　两台型号相同的泵并联的 H-Q、η-Q 性能曲线

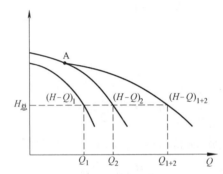

图 2-25　两台相差不大的泵并联的 H-Q 性能曲线

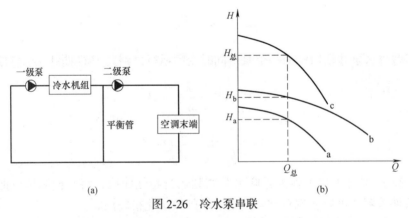

(a)

图 2-26　冷水泵串联

(a) 冷水系统水泵串联示意图；(b) 泵串联的 H-Q 性能曲线

2.18　泵与风机的工况调节

2.18.1　泵与风机的工作点

如果将某一转速下泵或风机性能曲线和管路性能曲线按同比例绘于同一坐标上（见

图 2-27），则两条曲线相交于 A 点，A 点就是泵或风机在该管路系统中运行的工作点。如果该点所表明的参数能满足工程提出的要求，而又处在泵或风机的高效率区域范围内，这样的工作点是合理的、经济的。

如果泵或风机性能曲线为驼峰形，则它与管路性能曲线交点可能有两个，如图 2-28 所示。其中在泵或风机性能曲线下降段的交点为稳定工作点，而在其上升段的交点则是不稳定工作点。如果泵或风机在 B 点工作，由于某种原因使工作点离开 B 点向右移动，流量、压头均增加，大于需求，直到越过顶峰，在下降段某一点 A 才稳定下来；反之，若工作点向左移动，流量、压头均减少，直至流量等于零为止。由上述可知，一旦外界干扰，工作点离开 B 点之后再也不会回到 B 点。不仅 B 点，整个上升段曲线都是这种情况。因此泵与风机性能曲线的上升段是不稳定工作区，泵与风机运行时应避开此区域，而只有下降段才是稳定的工作区。

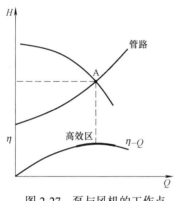
图 2-27　泵与风机的工作点

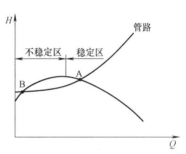
图 2-28　泵与风机的不稳定工作区

实际工程中，工作点的漂移往往发生在管路系统的出口管路中具有较大的弹性空间的情况下，如采用全空气空调系统的大厅。或泵的出口管路中积存空气时，就有可能产生不稳定的"喘振"现象，"喘振"时会使泵或风机产生剧烈的低频振动，不能正常工作。对于空调水系统，甚至能使水泵及冷水机组损坏或造成制冷剂泄漏。

2.18.2　泵与风机的工况调节的图解分析

所谓调节，就是在系统运行中根据要求，采用人为的方法，分别或同时改变泵或风机性能曲线和管路性能曲线的形状或位置，从而改变工作点的位置。

1.改变管路系统性能的调节

通过改变管路系统调节阀的开度，进行管路节流，使管路曲线形状发生变化来实现工作点改变。它可分为泵或风机的出口端节流和入口端节流两种方法。

（1）出口端节流

如图 2-29 和图 2-30 所示，通过调节一次侧水泵出口处的电动调节阀，保证空调热水供水温度恒定在 60℃不变。当负荷减少时，电动调节阀关小，一次侧管路曲线 a 变陡，成为 a'，水泵工作点由 A 移到 B，流量减少到 Q_B，以满足要求。但在流量为 Q_B 时，管路所需要的扬程仅为 H_C 就够了，而此时泵所产生的扬程为 H_B，多余的扬程 ΔH 完全消耗在电动调节阀的节流损失上。

这种调节是不节能的，目前多数系统中，已被水泵变频调节所取代。

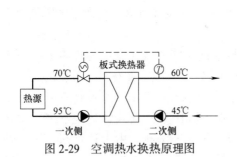

图 2-29　空调热水换热原理图

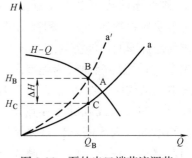

图 2-30　泵的出口端节流调节

另外，水泵的节流阀通常只能设在泵的压出管段，这是因为：如果在吸入管段设置节流阀，将会增加泵吸入口的真空度，从而引起水泵的汽蚀。

在实际工程中，如图 2-31 所示的空调冷却水系统中，三台型号相同的冷却水泵与对应三台型号相同的冷水机组，冷却水总管是按最大负荷时确定的管径。在图 2-32 中，曲线 d 为管路曲线，曲线 a 为单台水泵的性能曲线，曲线 b 为两台泵并联运行时的性能曲线，曲线 c 为三台泵并联运行时的性能曲线。在三台泵同时工作时，工作点为 A，此点就是设计工况点。此时每台泵的工作点为 B，水泵的流量为 Q_B（$Q_B = 1/3 Q_A$），扬程为 H_A。根据这两个参数，在泵的高效率区确定泵的型号，并据此确定了水泵的轴功率 N_B。

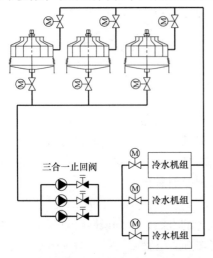
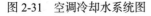

图 2-31　空调冷却水系统图

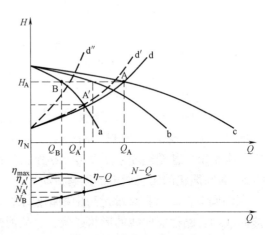

图 2-32　冷却水泵工作点

在负荷变小，只有一台水泵工作时，不工作的冷水机组、冷却塔入口处的电动阀关闭，此时，管路的曲线变成 d′，水泵的工作点变为 A′，此时流量 $Q_{A'} > Q_B$，由 N-Q 曲线可见，$N_{A'} > N_B$，说明冷却水系统中，并联水泵在单独运行时的功率，大于并联运行时每台水泵的功率，此时水泵的效率降低至 $\eta_{A'}$。

在这种情况下，往往是由于水泵的电流过大而无法启动或频繁跳闸。为解决这个问题，提高水泵的效率，常常在水泵出口设置手动调节阀或者三合一止回阀（止回、调节、关断），当水泵单台运行时，关小调节阀，对流量进行限制。使管路曲线 d′ 变陡至 d″，使 A′ 点趋向于 B 点，从而降低水泵所需的功率。同理，冷水系统水泵出口也应设置相应的调节阀。

需要提醒的是，有些文献说水泵并联后，水泵的流量会衰减，这是因为错误地将工况点 A′ 当成了选择水泵的工况点 B，从而得出的错误结论。

（2）入口端节流

如图 2-33 所示是一个定风量全空气空调系统，工程安装完毕后需对系统风量进行调试。如果风量过大，需要关小阀门 I 或 II，当关小入口端阀门 II 时，不仅管路曲线 a 变陡，成为 a′（见图 2-34），而且风机的性能曲线也发生了变化，由 H_1-Q 变为 H_2-Q，这是因为节流后，风机入口前的气流压力降低，空气密度变小，由比例定律：

$$\frac{H_1}{H_2} = \frac{\rho_1}{\rho_2}$$

得出：

$$H_2 = \frac{\rho_2}{\rho_1} H_1 \text{而且有：} H_2 < H_1$$

在图 2-34 中，风机工作点由 A 移到 B，风量减少到 Q_B，以满足风量的要求。节流损失为 ΔH_1。当关小出口端阀门 I（入口阀门 II 不变）时，流量要达到 Q_B 时，工作点需移到 D，管路曲线变为 a″，此时的节流损失为 ΔH_2。由图中可知 $\Delta H_2 > \Delta H_1$，这说明入口节流调节比出口调节更节能一些。人们在系统调试时会发现，调整回风阀比调整送风阀效果更好一些就是这个原理，阀门稍微关小一点，就同时调整了两条曲线。

由此可知，多台并联运行的水泵，当其单台运行时，通过调节水泵的出口处的调节阀，可以提高水泵的效率，减少水泵的能耗。

当空调风系统需要通过关小阀门来减少风量时，关小风机入口处的阀门比关小风机出口处的阀门能耗要低些。

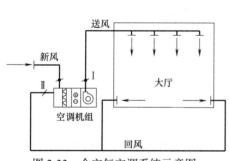

图 2-33　全空气空调系统示意图

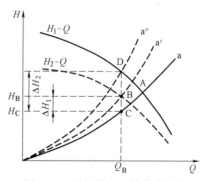

图 2-34　风机的入口端节流调节

2. 改变泵或风机性能的调节

泵或风机变速调节是改变其性能曲线的方法。如图 2-35 所示，要求系统风量由 Q_A 减少到 Q_B，如果此时采用节流调节，风机的性能曲线不变，通过改变管路性能曲线，使其由 a 变为 a′，工作点由 A 点移到 B′ 点，比调节前增加了节流损耗压头 ΔH_2。

如果此时采用变速调节，当管路曲线 a 不变时，需将泵或风机转速由 n_1 降为 n_2，由此改变了

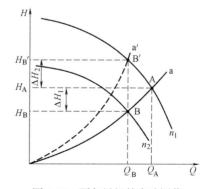

图 2-35　泵与风机的变速调节

泵或风机的特性曲线，工作点由 A 点变为了 B 点，这种调节方法节省了压头 $\Delta H_1 + \Delta H_2$。

由此可见，变速调节比节流调节有显著的节能效应。

3. 并联水泵运行台数的调节

对于通过开启水泵台数来进行调节的供冷供热系统，还需要关注调节量变化多少的问题。如果水泵选型不当，或者管路系统设计不尽合理，就会出现减少运行台数时，流量变化较少的情况，使得这种调节失去了意义。

以两台并联运行的水泵为例，假设两台运行与单台运行相比增加的流量为 ΔQ。下面分别讨论泵的特性曲线和管路的特性曲线对流量增量 ΔQ 的影响。

（1）泵的特性曲线对流量增量 ΔQ 的影响

如图 2-36 所示，泵 a 的特性曲线为 a 较陡，泵 b 的特性曲线为 b 较平坦，它们有一个交点 A，假设管路的特性曲线 c 刚好通过 A 点，也就是说泵 a 和泵 b 分别在这个系统中运行时工况点均为 A。泵 a 两台并联的特性曲线为 d，泵 b 两台并联的特性曲线为 e，它们与管路特性曲线 c 的交点分别为 B 和 C。很明显，泵 a 的并联流量增量 $\Delta Q_a > \Delta Q_b$。这说明泵的特性曲线越陡，ΔQ 越大，越适合并联工作。反之，泵的特性曲线越平坦，ΔQ 越小，越不适合并联工作。由于空调冷热水循环泵一般都是多台并联运行，因此，选型时要注意选择具有陡降型特性曲线的水泵。

（2）管路阻力对流量增量 ΔQ 的影响

如图 2-37 所示，a、b、c 为三条管路特性曲线，综合阻力系数 $S_a > S_b > S_c$，泵的特性曲线为 d，两泵台并联的特性曲线为 e，单台泵分别在三个系统中工作时，工作点分别为 A、B、C。两台泵分别在三个系统中工作时，工作点分别为 A′、B′、C′。很明显，流量增量 $\Delta Q_c > \Delta Q_b > \Delta Q_a$。这说明管路的阻力越小，$\Delta Q$ 越大，越适合并联工作。反之，管路的阻力越大，ΔQ 越小，越不适合并联工作。因此，在管路系统设计时减少管路阻力不仅可以降低能耗，还更有利于调节。

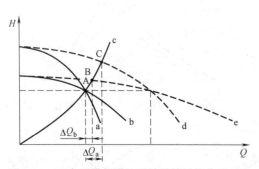

图 2-36　两台型号相同的泵并联其性能曲线对流量增量的影响

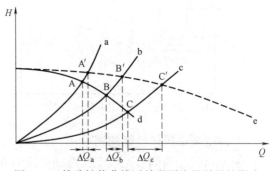

图 2-37　管路性能曲线对并联泵流量增量的影响

4. 旁通调节

图 2-38 所示为一个一级泵定流量冷水系统，当末端的流量需求变化时，采用电动调节阀来调节旁通管内的流量，从而保证了流过冷水机组的流量恒定。整个冷水管路可以看成由管路 1 与管路 2 并联后，再与管路 3 串联组成。

在图 2-39 中，根据前述并联管路特性确定管路 1、管路 2 的综合曲线。在图 2-40 中，根据前述串联管路特性确定管路 1-2 和管路 3 的总管路综合曲线。

在图 2-41 中，总管路曲线与水泵的性能曲线相交于 A 点，A 点就是泵的工作点，过 A 点作等流量线相交管路 1-2 于 A′点，过 A′作等压头线分别与管路 1、管路 2 交于 C 点、B 点，则 C 点、B 点对应的流量分别是管路 1 和管路 2 的流量。

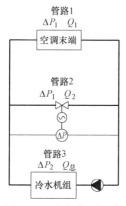

图 2-38　冷水旁通调节

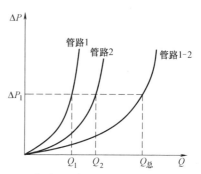

图 2-39　管路 1、管路 2 并联后综合管路曲线

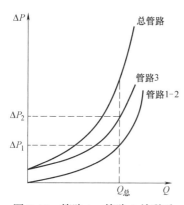

图 2-40　管路 1、管路 2 并联后
与管路 3 串联综合管路曲线

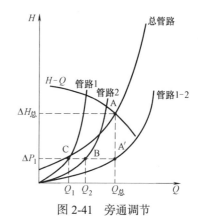

图 2-41　旁通调节

如果要保证流经冷水机组的流量恒定，则在空调负荷变化时，引起管路 1 的曲线变化，管路 2 的曲线必须与之同时变化，两者变化相抵，保证管路曲线 1-2 不变。在此调节过程中，水泵的工作点 A 始终不变，能耗也就没有改变。

2.18.3　两台并联泵或风机中仅一台进行变速调节的问题

如果两台并联泵或风机中的一台进行变速调节，其工作点的确定方法如下：

如图 2-42 所示，两台型号相同的水泵或风机并联运行，一台定速，一台变速。曲线 d 为管路曲线，曲线 a 为一台定速泵或风机的性能曲线，曲线 b 为两台泵或风机均以额定转速运行时的综合曲线。A

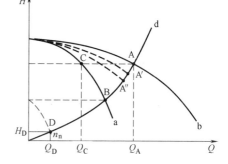

图 2-42　变速泵或风机与定速泵或风机
并联的运行工况

点为此时的工作点。此时，每台泵或风机的流量为 $Q_C=1/2Q_A$。当变速泵或风机的转速降低时，并联性能曲线变化如图 2-42 中的虚线所示，工作点变为 A′，A″……。当变速泵或风机的转速降低到某一转速值 n_n，其输出值为 0 时，这时的并联运行实际上相当于一台定速泵单独运行，其工作点为 B。

此时变速泵空耗的有效功率为：

$$N_e=g \cdot Q_D \cdot H_D$$

以上讨论是在管路特性曲线不变的情况下进行的，实际工程中管路特性曲线随着负荷的变化而变化。

如图 2-43 所示的空调热水换热机组，其二次侧采用两台型号相同的水泵并联运行，一台定频泵，一台变频泵。采用总管供回水压差信号控制变频泵的转速，保证该压差 ΔP 恒定不变。

在图 2-44 中，曲线 d 为二次侧管路曲线，曲线 a 为一台定频泵的性能曲线，曲线 b 为两台泵均以工频运行时的综合曲线。曲线 e 为控制曲线，交点 A 点为设计工况点。此时，每台泵的流量为 $Q_B=1/2Q_A$。当空调热负荷减少时，流量需求减少，空调末端电动阀关小，管路曲线变陡至 d′，两台水泵的综合曲线变为 c，曲线 d′、曲线 c、控制曲线 e（详见本书第 3.1 节）的交点 A′ 为新的工作点。当变速泵的转速降低到某一转速值 n_n，其输出值为 0 时，这时的并联运行实际上相当于一台定速泵单独运行，其工作点为 B，此时的变频泵的工作点为 D，变频泵空耗的有效功率为：

$$N_e=g \cdot Q_D \cdot H_D$$

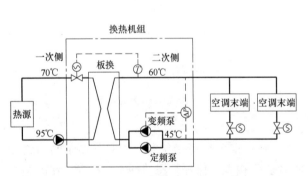

图 2-43　空调热水换热机组原理图

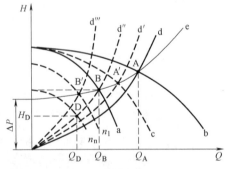

图 2-44　变频泵与定频泵并联的运行工况

显然这是不节能的运行方式。

要使水泵节能运行，此时应关闭定频泵，让变频泵以工频运行，如果流量需求进一步减少，管路曲线 d″ 变陡至 d‴，则减少变频泵的转速至 n_1，变频泵的工作点为 B′。如此，直至达到保证 ΔP 不变的最低转速 n_n，此时的频率为变频泵的最低频率。

采用定频泵与变频泵相结合的调节方式时，应给定速泵的启停预留一定的提前量和延迟时间，以免水泵启停过分频繁。

由此可见，部分水泵变频在一定程度上可以减少变频器的投资，但是其运行相当复杂，操作不当不但不会节能反而会使系统能耗更高。如果条件允许，应尽量采用各台并联水泵均变频的控制方案。

2.18.4　暖通空调系统中改变泵或风机转速的方法

1. 调换皮带轮

这种方法仅用于风机的调节，通风空调系统调试过程中，往往会因为管路的计算不准确，导致风量过大、压头过高，在准确地测试出风机的风量或全压后，通过相似定律便可计算出新的风机转速，与设备厂家联系更换不同直径的皮带轮。这种方法造价低，在工程中时常会采用。

2. 采用双速电机

这种方法在通风系统中时常会采用，如：平时通风时，以低速运行；事故通风（或火灾排烟）时，以高速运行。这种方法的缺点是高、低风量往往很难同时满足设计要求，原因是由双速电机的结构决定的。暖通空调系统中的泵与风机基本上是由异步电动机驱动的。

交流电动机的同步转速（旋转磁场转速）为：

$$n_1 = \frac{60f}{p}$$

异步电动机的转速为：

$$n = \frac{60f}{p}(1-s) \tag{2-40}$$

式中　n_1——同步转速，r/min；

$\quad\quad n$——异步电动机转速，r/min；

$\quad\quad p$——电动机磁极对数；

$\quad\quad f$——电源频率，Hz；

$\quad\quad s$——转差率，$s = \frac{(n_1 - n)}{n_1}$ 额定负载时 s=2% ～ 5%。

由式（2-40）可知，通过改变电动机的磁极对数 p，便可改变电动机的转速，双速电机就是在电动机的定子槽内嵌置不同极对数的独立绕组，通过改变定子绕组接线方式，便可改变极对数。但是，极对数的改变不可能多，大中型异步电机只改变一次，这就是双速电机。如：p=1 n=3000r/min；p=2 n=1500r/min。三速或四速仅在小型异步电动机中应用。此种方法调速虽然低廉可靠，但调速范围是有限的，为有级调速，不能实现平滑无级调速。在工程实践中，高转速的流量与低转速的流量，很难同时满足要求。

3. 变频调速

同样，由式（2-40）可知，通过改变电动机输入交流电源的频率 f，也可以改变电动机的转速。这就需要用到变频器。关于变频器详见本书第 14.8 节。

2.18.5　暖通空调变频循环水泵的工作频率范围

水泵运行的最低频率定得太低将会使水泵的效率变得较低，定得太高将会使水泵的节能效果较差。要确定变频循环水泵的工作频率范围，需要从以下几个方面来考虑：

1. 暖通变频循环水泵最大工作范围

额定转速时，水泵在额定流量与额定扬程下运行，会有较高的水泵效率和电机效率。但是水泵的额定流量不是水泵的最大流量，一般来说，水泵在设计制造时考虑的最大工作流量是额定流量的 120%。不同的转速下，水泵的最大流量也不同，将不同转速下水泵的最大流量点连成一条曲线，该曲线为最大流量曲线。

水泵转速也不能无限制地降低，由比例定律式（2-26）可知，当水泵的变速比 k 小于 0.25 时，水泵的轴功率已接近 0，若转速再进一步降低，水泵便不能正常工作。

在图 2-45 中，额定转速下，水泵的额定工况点为 A，最大流量工况点为 A′，将水泵额定转速下的特性曲线 n_1、变速比为 0.25 时的特性曲线 $n_{0.25}$ 与最大流量曲线 a 所包围的区域称为水泵的变频工作范围。当水泵运行超出这个区域，可能会造成水泵电机超载或者不能正常运行。

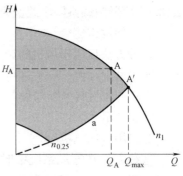

图 2-45　水泵的变频工作范围

2. 在冷水系统中变频水泵允许的最低运行频率

实际上，运行在暖通空调系统中的变频循环泵的变频工作范围，远比图 2-45 所示的范围小得多。

在冷水二级泵系统中，冷源侧一级泵定流量运行，负荷侧次级泵变频运行，次级泵的最低运行频率要保证末端设备有一定的资用压头。如：电动平衡一体阀所需要的最小工作压差（见本书第 7.3.12 节），以及末端设备的最小流量要求，避免换热器的水流速进入层流区，从而恶化换热效果。保证末端设备能够正常运行。

在一级泵变流量空调冷水系统中，冷水泵的最小流量除了要满足末端的上述要求外，还需要满足冷水机组的最小流量要求。冷水机组的蒸发器要有一定的水流速度（一般为 0.914 ～ 3.35m/s），否则，蒸发器内的水流速过低，进入了过渡区和层流区，会使冷水机组 COP 下降，工作性能恶化。各个品牌的冷水机组都会给出最低流量限值，一般要求最小流量为额定流量的 50% ～ 60%。也就是说，冷水泵运行频率最小可以降到 25 ～ 30Hz。

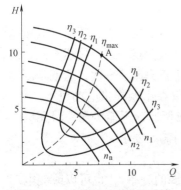

图 2-46　水泵的通用性能曲线

3. 变频水泵的最低运行频率对水泵效率的影响

由图 2-46 可知，水泵在转速降得较低时，水泵的效率也将变得较低。

考虑到水泵运行效率的影响，通常最低转速不小于额定转速的 60%，一般调节范围在 70% ～ 100% 之间为宜，此外还应避开可能引起机械共振的转速范围。

因此，在设计空调冷热源系统的负荷调节时，应分析负荷变化的特点，采用水泵台数调节与变频调节相结合的方式，不可用一台大泵进行全范围的变频调节。也不可把需要调节的负荷过多地集中在运行时的某一台变频泵上，如果调节量过大，从而使该台泵的特性曲线与其他泵的特性曲线差别过大，将会导致该台变频泵不出水，失去调节的功能，如果条件允许，并联的水泵均变频，使它们的特性曲线始终一致。

2.18.6　变频风机的工作频率范围

在变风量空调（VAV）系统中，风机的最小风量宜为额定风量的 50%，在大空间全空气空调系统中，当需要考虑变频节能运行时，最小风量要满足气流组织的要求，例如采用喷口侧送时，应避免由于风量减少而达不到射程。

第3章 空调冷水一级泵变流量系统的调节

空调冷水一级泵变流量技术是暖通专业重要的节能措施，但是并不是水泵加了变频器就等于节能了，还有更细致的问题需要研究。如：水泵变工况运行过程的轨迹、压差传感器设置的位置、控制方法以及并联变频泵运行台数调节的最优效率控制方法，本章将对上述问题进行讨论。

首先要说明的是，空调冷水泵不能根据保证回水温度恒定控制变频运行，回水温度是各个末端回水的混水温度，比如：设计供 / 回水温度为 7℃ /12℃ 的冷水系统，要控制回水温度恒定为 12℃，实际运行时，远处末端的回水温度是 14℃，近处末端的回水温度是 10℃，如果它们混合后刚好是 12℃，其实远处末端的流量处于不够用的状态。因此，空调冷水泵一定要根据压差控制变频运行，以此来保证最不利末端入口有足够的压力来克服其阻力。

3.1 控制曲线（或运行曲线）

如图 3-1 所示的一级泵变流量冷水系统，采用制冷机房内总管路供回水压差控制变频水泵的频率，保证此压差 ΔH 恒定不变。

在图 3-2 中，n_1 为额定转速时水泵性能曲线，管路系统特性曲线为 a，它们的交点 A（Q_A，H_A）为设计工况点，管路特性曲线可表示为公式：

$$H=SQ^2$$

系统运行时：

管路系统由于调节阀的动作，改变了 S 值，S 值越大曲线越陡峭，曲线 a 依次变成了 a′、a″……。

水泵的特性曲线 n_1 随着其运行频率的降低，依次变成了 n_2、n_3……。两者产生一系列的交点 A、B、C……。

由于两条曲线都在变，其交点的坐标不容易确定。

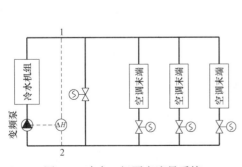

图 3-1 冷水一级泵变流量系统

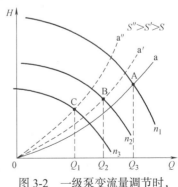

图 3-2 一级泵变流量调节时，
工况点的变化

再来看图 3-1 中 1、2 点左侧的管路，由于这一段管路中没有调节阀，因此在水泵变频调速的过程中，它的 S 值在运行过程中始终不变，用 S_1 表示。

由于控制系统要求运行过程中要保证 1、2 两点间的压差恒定为 ΔH，因此这段管内的水流在克服管路阻力后还需维持一个背压 ΔH。

因此它的管路特性曲线方程为：

$$H=S_1Q^2+\Delta H \qquad (3-1)$$

由于 S_1、ΔH 都是固定不变的，因此在水泵变频运行过程中，曲线的形状、位置都不会改变，如图 3-3 中的曲线 b 所示。

在水泵变频运行时，曲线 b 与水泵的特性曲线产生了一系列的交点 D、E、F……，也就是说曲线 b 上的点就是水泵变频运行时各工况点的集合。因此说曲线 b 是运行曲线。

由于与曲线 a、曲线 b 相交的是同一台泵的特性曲线，把这些曲线放到一起，如图 3-4 所示。

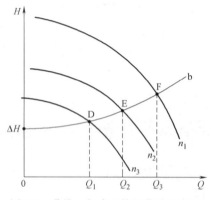

图 3-3　曲线 b 与水泵特性曲线交点图

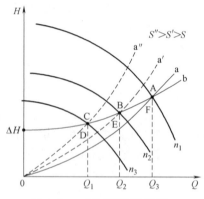

图 3-4　一级泵变流量调节

当流量分别为 Q_1、Q_2、Q_3 时，水泵特性曲线上的点 A、B、C，与同为水泵特性曲线上的点 D、E、F 必然重合，即曲线 a、曲线 b、水泵的特性曲线三线相交于一点，而且这些点都落在曲线 b 上。

由于曲线 b 是为了控制 1、2 两点的恒压差而找出来的曲线，因此也称其为控制曲线。

对于一个已建成并运行的系统，1、2 两点间压差 ΔH 可以通过现场压力表的读数差获得，由于设计计算的误差，实际运行的设计工况点 A（Q_A，H_A）与理论计算有一定的偏差，不能直接采用计算值，需要现场测得，可以通过读取在额定转速时水泵前后的压差来确定其扬程 H_A，再在水泵选型软件或者样本中通过 H_A 与 n_1 的交点求得 Q_A，将 ΔH、H_A、Q_A 代入式（3-1），便可求出 S_1。因此，控制曲线上任意一点，均可根据公式 $H=S_1Q^2+\Delta H$ 求得。控制曲线对于分析系统的运行工况有重要的意义。

3.2　变频泵的定压差控制

一级泵变流量系统中，压差传感器设置的位置对循环泵的能耗及系统的安全运行有着非常重要的影响。这种影响还随着系统平衡阀设置不同而不同。

当各末端支路采用静态平衡阀（见图 3-5）会有三种压差传感器的设置位置（方案一、方案二、方案三）。

图 3-6 中，在设计工况下，水泵以转速 n 运行，总管路性能曲线 a 与水泵特性曲线 n 的交点 A 为工作点，系统流量为 Q_A。在以下的分析中，将冷水机组的局部阻力等效地视为管路的沿程阻力。

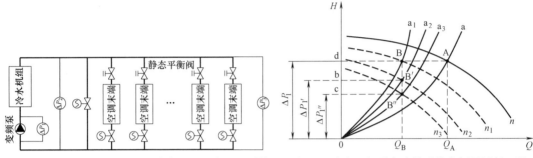

图 3-5　采用静态平衡阀时，冷水一级泵变流量系统　　图 3-6　冷水一级泵变流量系统变频泵运行工况
压差传感器的位置

1. 方案一

压差传感器设置在循环泵进出口，采用图 3-7 中 ΔP_1 来控制变频泵的转速，此时的 ΔP_1 就是变频泵的扬程。

在图 3-7 中，在部分负荷下，由于流量的减小，供、回水管路上的压降将减少，管路水压线斜率变小。末端各支路均等比增加了可资用压头。

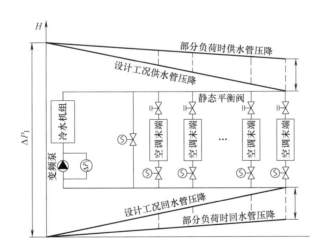

图 3-7　方案一　压差传感器设置在循环泵进出口时系统水压图

在图 3-6 中，在部分负荷 Q_B 时，要求保证系统压差 ΔP_1 不变。由于末端电动调节阀关小，总管路性能曲线变为 a_1。由于频率减少，水泵转速降低至 n_1，工作点变为 B。由水泵有效功率公式 $N_e = g \cdot Q \cdot H$ 可知，由流量和扬程所包围的面积直接反映水泵有效功率的大小。当工作点由 A 变成 B 后，水泵能耗为 0dBQ_B 所围成的面积，减少了由 AB$Q_B Q_A$ 所围成的面积。

2. 方案二

当压差传感器设置在系统的前端，采用图 3-8 中 ΔP_2 来控制变频泵的转速，部分负荷 Q_B 下，由于流量的减少，供回水管路上的压降将减少，管路水压线斜率变小。为了保证 ΔP_2 不变，末端各支路均等比增加了可资用压头。而此时水泵扬程变成了 $\Delta P_1'$。

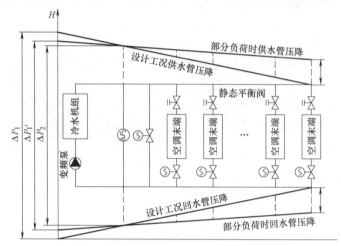

图 3-8   方案二   压差传感器设置在系统前端时系统水压图

在图 3-6 中，此时系统的工作点为 B′（$\Delta P_1'$ 与 Q_B 的交点），水泵转速降低至 n_2，总管路性能曲线变为 a_2。水泵能耗为 0bB′Q_B 所围成的面积，与压差传感器设置在循环泵进出口时相比，减少了由 bdBQ_B' 所围成的面积。

3. 方案三

当压差传感器设置在系统的末端，采用图 3-9 中 ΔP_3 来控制变频泵的转速，在部分负荷时 Q_B 下，由于流量的减少，供回水管路上的压降将减少，管路水压线斜率变小。为了保证系统末端支路压差 ΔP_3 不变，前端各支路均等比减少了可资用压头。此时水泵扬程变成了 $\Delta P_1''$。

在图 3-6 中，此时系统的工作点为 B″（$\Delta P_1''$ 与 Q_B 的交点），水泵转速降低至 n_3，总管路性能曲线变为 a_3。水泵能耗为 0cB″Q_B 所围成的面积，与压差传感器设置在系统前端时相比，减少了由 cbB′B″ 所围成的面积。

由此可知，这种情况下水泵运行是最节能的。但是，此时如果某一支路的空调负荷不是减少而是增加，那么这一支路的流量将不能保证。比如在酒店的空调系统中，室外温度降低时，顶层远端空调机组负荷减少，但是，处于二层等裙房的宴会厅的冷负荷主要是人员和新风的负荷，这样的负荷往往不随室外温度的降低而减少。这种情况下将压差传感器设置在系统末端将有可能使得宴会厅的空调系统不能正常工作。因此，在系统前端有与末端负荷变化趋势相反的负荷存在时，不建议采用此种方法。或者在宴会厅的空调末端入口处再设一个压差传感器，控制软件编程时要求在宴会厅使用时，其空调末端的压差必须得到保证。

综合以上三种传感器的设置方案，空调系统在部分负荷时能耗大小为：方案一＞方案二＞方案三，但是有些时候，方案三不能代表整个系统的变化趋势，只有方案二才能够反映系统整体负荷的变化且能耗也相对较低。

对于采用电动平衡一体阀（详见 7.3.12 节）的系统，由于其内部的动态阀芯仅控制了 P_1-P_2 恒定，而对其两端的压差 P_1-P_3 没有限制，因此这样的系统也可以采用上述三种传感器的设置方案来控制，在部分负荷时，由于动态阀芯可以释放一些可资用压头，在方案三中，可以避免前端支路压头不足的问题。另外，还可以根据电动平衡一体阀的特点，采用更优化的定压差法控制，详见第 3.4 节。

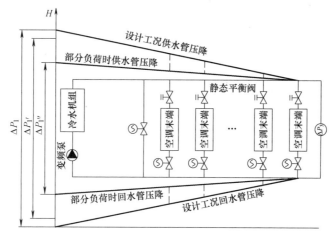

图 3-9　方案三　压差传感器设置在系统末端时系统水压图

当各末端支路采用压差平衡阀（即：一个静态平衡阀或测量接口加一个压差控制器）时，同样会有三种压差传感器的设置位置（方案四、方案五、方案六）。在图 3-10 中，支管供回水之间的压差 ΔP 恒定，静态平衡阀的压降为 ΔP_j，压差控制器的压降为 ΔP_y。

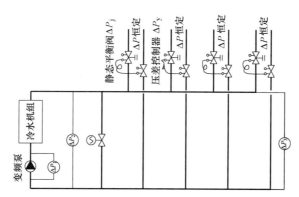

图 3-10　采用压差平衡阀时，冷水一级泵变流量系统压差传感器的位置

4. 方案四

压差传感器设置在循环泵进出口，采用 ΔP_1 来控制变频泵的转速，如图 3-11 和图 3-12 所示，此时的调节效果同方案一。

5. 方案五

压差传感器设置在系统的前端，采用 ΔP_2 来控制变频泵的转速，如图 3-13 和图 3-14 所示，此时的调节效果同方案二。

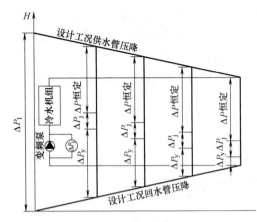

图 3-11　方案四　设计工况时系统水压图

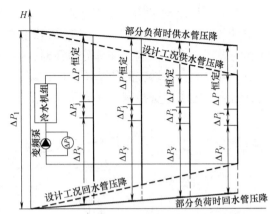

图 3-12　方案四　部分负荷时系统水压图

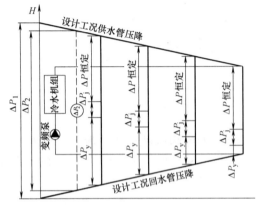

图 3-13　方案五　设计工况时系统水压图

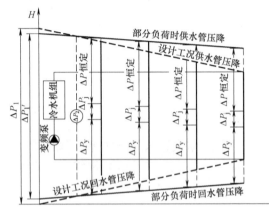

图 3-14　方案五　部分负荷时系统水压图

6. 方案六

压差传感器设置在系统的末端，如图 3-15 和图 3-16 所示，采用 ΔP_3 来控制变频泵的转速，在部分负荷下，由于流量的减少，供回水管路上的压降将减少，管路水压线斜率变小。为了保证系统末端支路压差 ΔP_3 不变，前端各支路均等比减少了可资用压头。此时无论各支路负荷如何变化，由于压差控制器的调节作用，保证了各支管供回水压差 ΔP 恒定，

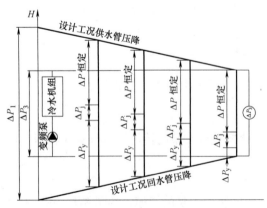

图 3-15　方案六　设计工况时系统水压图

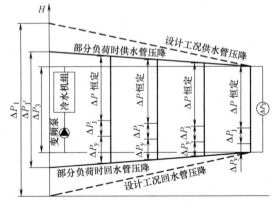

图 3-16　方案六　部分负荷时系统水压图

从而保证了各支路的可资用压头。避免了方案三的情况发生。

需要注意的是，这种各末端支路采用压差平衡阀的系统不太适用于两管制（夏季供冷、冬季供热）的空调水系统，当热水的流量与冷水的流量相差较大时，远端的压差平衡阀有可能没有足够的工作压力，阀门无法启动，造成新的不平衡。

综合前面所述的 6 种控制方法，方案二与方案三是目前常用的控制方式，但是方案三的应用是有前提条件的，即：系统各部分冷负荷随室外温度的变化需一致，或者采取相应的控制措施。

3.3　无压差传感器的冷水一级泵变流量系统的控制

无压差传感器的变流量系统的控制是一种全新的定静压控制方式，它可以实现水泵出口恒压力、制冷机房供回水总管之间恒压差、系统最不利环路末端入口恒压差等几种控制方式。

3.3.1　制冷机房供回水总管之间恒压差的控制

如图 3-17 所示的一级泵变流量冷水系统，冷水泵的转速采用制冷机房内总管路 1、2 两点恒压差控制方案，保证此压差 $\Delta H=P_1-P_2$ 恒定不变，但是无压差传感器，水泵将根据控制曲线自动运行。

在图 3-18 中，管路系统特性曲线为 a，由式（2-3）可知，其数学表达式为：

$$H=SQ^2$$

1、2 两点冷源侧的管路特性曲线为 b（即控制曲线，见 3.1 节），由式（3-1）可知，其数学表达式为：

$$H=S_1Q^2+\Delta H$$

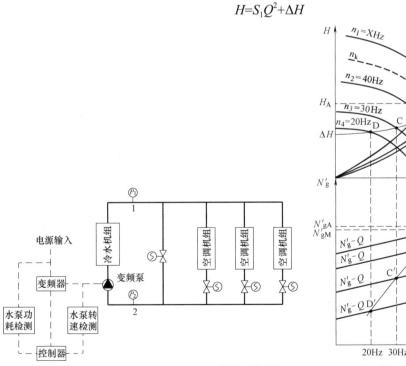

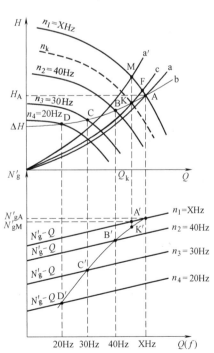

图 3-17　冷水一级泵变流量系统无压差传感器控制　　图 3-18　一级泵变流量系统无压差传感器控制

控制方法一

1. 根据 3.1 节的方法先求出控制曲线方程：

$$H=S_1Q^2+\Delta H$$

2. 水泵的特性曲线

水泵出厂前通过测试得出 H-Q 曲线并可求出方程 $H=aQ^2+bQ+c$，通过测试得出 N'_g-Q 曲线（N'_g 为电机在各种转速下的输入功率），见图 3-16。

在转速为 n_1 时，已知水泵 H-Q 曲线上一点 A（Q_A，H_A），（过点 A 做垂直线与 N'_g-Q 相交于 A′点），便可知 N'_g-Q 曲线上 A′（Q_A，N'_{gA}）；反过来，已知 N'_g-Q 曲线上一点的 A′（Q_A，N'_{gA}）同样便可知 H-Q 曲线的 A（Q_A，H_A）。

当改变水泵转速后，得到一组对应的曲线。

3. 求输入功率—频率（N'_g-f）曲线

控制曲线上的运行工况点 A、B、C、D 在 N'_g-Q 曲线上的对应点分别为 A′、B′、C′、D′。它们连接成的曲线便是控制曲线对应的水泵的输入功率—频率（N'_g-f）曲线，控制系统可求出拟合曲线及其方程 $N'_g=f(f)$。也就是说，知道水泵的运行频率和输入功率，便可知道其流量和扬程。

水泵的输入功率可由功率表实时检测，其运行频率可由变频器实时获得。

4. 调节过程

（1）求新的工况点

当水泵以转速 n_1 在工况点 A 运行时，空调负荷减少，空调机组电动阀关小，管路曲线由 a 变为了 a′，a′ 与水泵的特性曲线 n_1 相交于点 M，此时功率表检测发现水泵的输入功率变为 N'_{gM}，由前面讲到的对应关系，N'_{gM} 对应的 M 点的流量 Q_M 便为已知参数，Q_M 为系统新的需求流量，过点 M 作等流量线与控制曲线相交于点 K，该点就是变频水泵新的运行工况点。$Q_K=Q_M$，代入控制曲线公式，求得 $H_k=S_1Q_K^2+\Delta H$。

（2）求新工况点的转速

作过点 K 的管路特性曲线 c，与 n_1 交于 F。或将 Q_K、H_k 代入管路曲线公式 $H=SQ^2$ 求得管路曲线 c 的 S_c 值。

依据管路曲线及水泵的特性曲线方程

$$H=S_cQ^2$$

$$H=aQ^2+bQ+c$$

便可求出交点 F 的流量及扬程 Q_F、H_F，F 点与 K 点为相似点。

则有：

$$\frac{Q_F}{Q_K}=\frac{n_1}{n_K}$$

求得：

$$n_K=\frac{Q_K}{Q_F}n_1$$

新的运行频率：

$$f_K=\frac{n_K}{n_1}\cdot f_1$$

（3）频率的设定及输入功率的校核

控制器根据新的转速重新设定变频器的频率，在新的运行频率下，功率检测表检测新的输入功率，并依据输入功率—频率（N'_g-f）曲线校核，至此，调节过程结束。

由此可知，无压差传感器的冷水一级泵变流量系统的控制，是利用变频器都具有检测电机频率和输入功率的功能，将泵的特性曲线和模拟安装传感器的控制曲线预编程至集成控制器中，通过跟踪功率和频率运行。

由于运行参数的一一对应关系，该控制方式的控制器可显示水泵的瞬间流量、扬程、功率、电流、频率。

控制方法二（采用 MATLAB 求解）

1. 采用 MATLAB 求解水泵的特性曲线

水泵出厂前在额定转速下通过测试得出工况点，这些工况点在 MATLAB 软件中拟合得出 H-Q 曲线方程 $H=aQ^2+bQ+c$，及 N'_g-Q 曲线方程 $N'_g=H \cdot Q \cdot g/\eta_{总}$（$N'_g$ 为电机在各种转速下的输入功率）。当水泵转速由 n_1 变为 n_2 时，令变速比 $k=n_2/n_1$。

则变速后的 H-Q 曲线：$H=aQ^2+bkQ+ck^2$；

则变速后的 N'_g-Q 曲线：$N'_g=H \cdot Q \cdot g \cdot k^3/\eta_{总}$

输入不同的 k 值，将得到两组对应的曲线。

2. 采用 MATLAB 求解求运行曲线及输入功率—频率（N'_g-f）曲线

采用方法一中的第 1 步，在 MATLAB 求得运行曲线 $H=S_1Q^2+\Delta H$，过该曲线与不同转速下的 H-Q 曲线的交点作垂直线与对应的 N'_g-Q 曲线相交，这些交点在 MATLAB 中拟合成运行曲线对应的水泵的输入功率 - 频率（N'_g-f）曲线方程 $N'_g=f(f)$。

3. 调节过程

在图 3-18 中，当水泵以转速 n_1 在工况点 A 运行时，空调负荷减少，空调机组电动阀关小，管路曲线由 a 变为了 a′，a′ 与水泵的特性曲线 n_1 相交于点 M，此时功率表检测发现水泵的输入功率变为 N'_{gM}，由前面讲到的对应关系，在转速为 n_1 时，N'_{gM} 对应的 M 点的流量 Q_M 便为已知参数（Q_M 为系统新的需求流量），在 MATLAB 中，过点 M 作等流量线与控制曲线相交于点 K，与 N'_g-f 曲线交于 K′，K′ 点就是变频水泵的节能运行工况点。

4. 频率的设定及输入功率的校核

将 K′ 点的频率作为新流量下的节能运行频率，调整变频器的输出频率，采用此时 K′ 点输入功率来校核功率表的实测功率，调节过程结束。

3.3.2　水泵出口恒压力控制

对于水泵出口恒压力控制（用于变频定压补水），可以看作是在 3-17 图中，点 1、点 2 向泵的方向移动，此时控制曲线变成过 A 点的水平线。其余过程均同前面所述。

3.3.3　空调系统最不利末端入口恒压差控制

在图 3-9 中，要实现无压差传感器仅通过运行曲线来控制变频水泵的运行，并且保证 ΔP_3 恒定不变，需要以下步骤：

1. 空调末端入口处采用电动平衡一体阀来控制其负荷的变化。

2. 在系统最大流量时，将最不利末端的流量设定在最大流量，然后手动降低水泵的运行频率，当电动平衡一体阀的 P_1–P_3 达到 ΔP_{min} 值时（详见本书第 7.3.12 节），记录 ΔP_3 值并将此值作为设定值 ΔP_{3set}，同时测量水泵进出口压差及总管路的流量，将其作为水泵在工况点 A 的参数：H_A，Q_A。

3. 将最不利末端的流量设定在最大流量的 30%，并关闭一部分前端支路的阀门，以减少系统的总流量。手动降低水泵的运行频率，当 ΔP_3 达到 ΔP_{3set} 且电动平衡一体阀的 P_1-P_3 再次达到 ΔP_{min} 值时，测量水泵的扬程和流量并将其作为水泵在工况点 B 的参数 H_B、Q_B。

4. 将 A、B 两点的参数代入控制曲线 $H=S_1Q^2+\Delta H$ 后，便可求出 S_1、ΔH。至此，满足最不利末端入口压差 ΔP_3 恒定且节能的控制曲线 b 就被求出，以后的步骤与本书第 3.3.1 节相同。

3.3.4 无传感器泵控制优点

采用无传感器泵控制具有以下优点：

1. 无需压差系统反馈传感器。

2. 节省传感器购买、安装、布线成本，以及试运行成本。

3. 各项控制参数均是根据实际工程现场设定，控制器将按系统需要控制泵速，节能水平等于或超过有传感器的变频控制。

4. 可根据系统实际状况重新设定水泵的运行参数。

3.4 末端采用电动平衡一体阀的冷水系统优化定压差控制法

如图 3-19 所示的一级泵冷源侧变流量系统，根据电动平衡一体阀的压差—流量特性（见图 7-30），在正常工作的压差范围内，电动平衡一体阀的 P_1 和 P_3 之间的压差达到最低 ΔP_{min} 时，该阀的阻力最小，冷水泵的输送能耗也就最低。采用末端电动平衡一体阀两端的最小压差 ΔP_{min} 作为控制信号，来控制冷水泵的运行频率，保证这一压差恒定不变。ΔP_{min} 可由阀门样本中查到，也可通过现场调试时读取阀门前后的压力表来获得。需要注意的是：采用此方法控制的冷水系统，其安装压差传感器的空调末端必须始终运行，不能关闭。

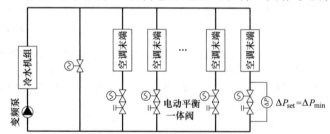

图 3-19 冷水一级泵变流量系统定压差优化控制

3.5 空调冷水一级泵变流量系统变压差控制

在定压差控制方式中，维持系统的某两点压差不变（比如最不利末端的冷水进、出口），来控制冷水泵的运行频率，而实际上空调末端运行时所需要的水流量是随着室外温度等冷负荷不断变化的，当在非设计工况时，控制系统通过关小电动调节阀进行节流，消耗加在末端进出口两点多余的压头来减少流量，这就造成冷水泵输送能量的损失。而采用变压差法来控制冷水泵的运行频率，就可以减少这种节流损失，因而具有更好的节能效果。

1. 调节过程：

在如图 3-20 所示的一级泵变流量系统中，采用变静压法控制的过程如下：

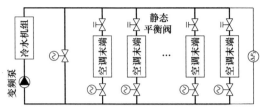

图 3-20 冷水一级泵变流量系统变压差控制

（1）各空调末端的直接数字控制器（DDC）将各自的电动调节阀的阀位上传至控制系统上位机。

（2）确定具有最大阀位开度的调节阀的数量（POS_{max}）。

（3）如果 $POS_{max} \geqslant 95\%$，说明在当前压差 ΔP_3 下，具有最大阀位开度 POS_{max} 的调节阀的水量刚够满足空调区域的负荷需求；如果此时冷水泵转速不是最大，控制系统上位机应发出指令增大压差设定值 3kPa。

（4）如果 $POS_{max} \leqslant 75\%$，说明在当前压差 ΔP_3 下，具有最大阀位开度的调节阀的数量 POS_{max} 太少，其他末端调节阀的阀位则更小，可以判断压差 ΔP_3 值偏大，控制系统上位机应发出指令减小压差设定值 3kPa。

（5）如果 $75\% < POS_{max} < 95\%$，则说明当前压差 ΔP_3 正合适，无需改变压差的设定值。

2. 变压差法控制逻辑图如图 3-21 所示。

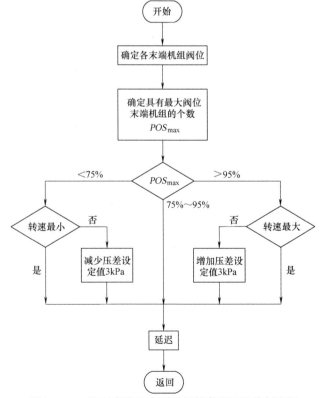

图 3-21 一级泵变流量水泵运行频率变压差控制流程

3. 变压差控制法的应用范围：

（1）变压差控制法适用于全空气空调系统（如：采用变风量空调（VAV）系统的写字楼），不适用于与风机盘管加新风系统。

（2）变压差控制法适用于空调末端采用普通电动两通调节阀的空调系统。

（3）由于电动平衡一体阀的开度与压差无关（详见 7.3.12 节），因此这种变静压法不能用于空调末端采用电动平衡一体法的控制系统，但是可以根据这种阀门的特点采用 3.4 节所述的优化控制方法。

（4）末端采用电子式压力无关型电动调节阀及能量阀的一级泵变流量系统，虽然电子式压力无关型电动调节阀及能量阀（详见 7.3.15 节及 7.3.16 节）的流量与压差无关，但是这两种阀门的开度却是与压差有关联的，因此可以采用这种变压差控制。

4. 变压差控制的特点：

（1）压差设定算法在进行下一次设定时，必须规定一个合适的延迟时间，以保证冷水泵转速调整结果对末端流量调节产生作用，而不至于压差的频繁设定引起系统压力调节的振荡。

（2）POS_{max} 最少不应小于 2 个，以避免由于个别调节阀卡死等故障的引起的误判。

（3）由于压差值可随时根据需求重新设定，压差传感器的位置和初始值大小就变得不那么重要，它仅起到初始设定作用。

（4）变压差控制是将阀门的最大开度作为依据，然而阀门的最大开度与空调回风温度传感器的准确性、房间的设定温度相关，房间温度设定得太低，将导致调节阀始终处于最大开度，使节能控制失效，因此采用此控制方法的空调系统，在运行管理上应特别关注房间温度的设定情况。文献 [61]、[62] 对此做过深入的实践研究。

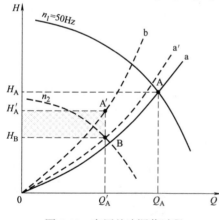

图 3-22　变压差法调节过程

5. 变压差调节节能分析。所谓变静压控制，就是在保持每个末端调节阀的开度在 75% ～ 100% 之间，即：使阀门尽可能全开和使管路测量点的压差尽可能减小的前提下，通过调节冷水泵运行频率来改变冷水量。调节过程如图 3-22 所示，设计工况水泵的特性曲线为 n_1，空调冷水管路曲线为 a，设计工况点为 A。当冷负荷降低，冷水量由 Q_A 减少到 $Q_{A'}$ 时，水泵变频后的特性曲线变为 n_2，由于末端的调节阀门开度始终于 75% ～ 100% 之间，冷水管路系统阻力系数变化很小（可能增加，也可能减小），也就是说管道综合阻力系数 S 变化很小，冷水管路曲线上升或下降幅度很小，冷水管路曲线由 a 变为接近于它的 a'，工况点由 A 变化到 B 点。而不像定压差控制时，冷水管路曲线变为 b，工况点由 A 变化到 A'。由前述章节可知：由流量和扬程所包围的面积直接反映水泵有效功率的大小。由图 3-22 中可以看出：变压差控制法相比定压差控制法减少了面积 $A'BH_BH_{A'}$。因此变压差控制法具有更好的节能效果。

一级泵变流量系统的变压差法的控制与变风量（VAV）系统的变静压法相类似（详见 9.2.13 节）。

3.6　最优效率法全变频并联泵运行台数的调节

如图 3-23 所示，有 4 台相同型号的冷水泵同时变频并联工作，当末端空调负荷减少时，冷水量需求减少，水泵转速降低，通常当水泵的转速降低到额定转速的 50% 或 70%时，如果冷水量需求进一步减少，则停开一台水泵，依次类推，直到仅剩一台水泵运行。这样的控制就可以避免多台水泵在低效率下运行。调节运行台数的分界点，即：额定转速的 50% 或 70% 是运行经验得出的数值，没有理论上的依据。

如果采用无压差传感器的变频控制方法，则完全可以依据系统的实时最优效率调整水泵的运行台数。保证系统始终处于最高效率下运行，系统的效率不会受水泵的台数的变化的而降低。

3.6.1　求效率—流量曲线

图 3-24 中，曲线 c 为管路曲线，曲线 d 为控制曲线，a_1、a_2、a_3、a_4 分别为一台、两台、三台、四台泵并联后的特性曲线。

水泵出厂时可测出单台水泵在额定转速下的效率—流量曲线 η_1（η_1 为考虑了电机效率、变频器效率之后的总效率）；并获得经验公式：$\eta=aQ^2+bQ+c$。

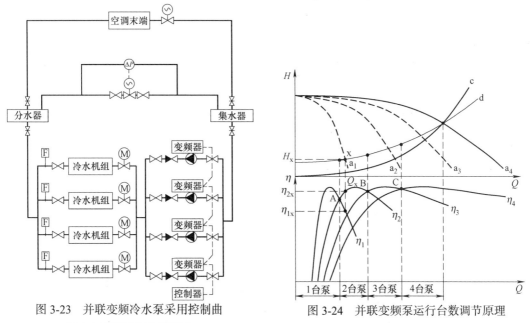

图 3-23　并联变频冷水泵采用控制曲线确定流量进行台数调节

图 3-24　并联变频泵运行台数调节原理

由 2.17.1 节并联水泵变频运行特性曲线公式 [式（2-39）] 可知：

单台水泵变频运行的效率—流量曲线 η_1 的公式为：

$$\eta_1=aQ^2+bkQ+ck^2$$

两台水泵变频运行的效率—流量曲线 η_2 的公式为：

$$\eta_2=\frac{1}{4}aQ^2+\frac{1}{2}bkQ+ck^2$$

三台水泵变频运行的效率—流量曲线 η_3 的公式为：

$$\eta_3 = \frac{1}{9} aQ^2 + \frac{1}{3} bkQ + ck^2$$

四台水泵变频运行的效率—流量曲线 η_4 的公式为：

$$\eta_4 = \frac{1}{16} aQ^2 + \frac{1}{4} bkQ + ck^2$$

在控制器内，通过联立曲线 η_1 和曲线 η_2 的方程便可求出交点 A 的坐标（Q_A，η_A）。同理也可求出交点 B、交点 C 的坐标。

3.6.2 控制方案

1. 当系统流量在 A 点左侧时，运行 1 台水泵；

2. 当系统流量在 A、B 之间时，运行 2 台泵；

3. 当系统流量在 B、C 之间时，运行 3 台泵；

4. 当系统流量在 C 点右侧时，运行 4 台水泵。

在某一转速下，各效率曲线的交点所对应的流量（或者说控制曲线上的工况点），就是水泵增减运行台数的控制点，这就保证了所运行的水泵整体效率始终处于高位。

3.6.3 控制方案节能分析

以运行曲线上的 X 点为例，流量为 Q_x，扬程为 H_x，

如果是单台泵运行，此时水泵的效率为 η_{1x}，则水泵电机的输入功率为：

$$N_{1x} = \frac{N_e}{\eta_{1x}} = \frac{g \cdot Q_x \cdot H_x}{\eta_{1x}}$$

如果是两台泵运行，此时水泵的效率为 η_{2x}，则水泵电机的输入功率为：

$$N_{2x} = \frac{N_e}{\eta_{2x}} = \frac{g \cdot Q_x \cdot H_x}{\eta_{2x}}$$

由于 $\eta_{2x} > \eta_{1x}$，则 $N_{1x} > N_{2x}$，也就是说，此时，运行一台泵的耗电量大于运行两台泵的耗电量，运行两台泵比运行一台泵节能。

3.6.4 水泵流量的监测方法

1. 方法一：水泵变频采用无压差控制，水泵运行时始终监测 $N'_g\text{-}f$ 曲线，通过其对应的控制曲线来得到水泵的实时流量。

2. 方法二：在水泵进出口加装压差传感器，监测水泵的扬程 H（见图 3-25），将 H 值代入并联水泵变频运行性能曲线公式：

$$H = \frac{a}{n^2} Q^2 + \frac{bk}{n} Q + ck^2$$

来求得水泵的实时流量 Q。

通过获取水泵的实时流量，便可依据 3.6.2 节所述方法来确定水泵的运行台数，保证水泵组始终高效率运行。在工程中，一般是由水泵厂家将多台水泵集成一个泵组撬块，并配置好相应的配电、控制系统来实现此功能。

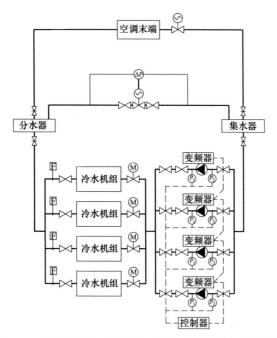

图 3-25 并联变频冷水泵采用扬程确定流量进行台数调节

第4章 中央空调制冷系统的节能设计

制冷系统的设计是要通盘考虑制冷方式、输配方式、冷水机组、水泵等设备的形式、台数、容量大小、定压方式等，还要考虑如何将它们组合成一个高效节能的制冷系统，来满足工程项目的需要。

4.1 冷水机组的台数设置

应首先考虑采用相同冷量、型号的冷水机组，通过开启台数的多少进行负荷调节。使制冷系统在各种负荷率下均处于高效率运行状态，避免大马拉小车，但是台数不宜过多，否则会造成投资过高。当采用台数调节不能满足最低负荷要求时，如：常规的离心机组的最低负荷为30%，在负荷率低于30%时机组会发生喘振而无法正常工作，可采用大小机组搭配，通过计算最低负荷来确定小冷水机组的容量，根据负荷的重要性确定小冷机的台数。如在医院、酒店工程中，常采用多台大容量的离心机组和1～2台小容量的螺杆机组搭配。

4.2 高压冷水机组的设置

低压电机功率增大到一定程度（如550kW/380V）电流受到导线的允许承受能力的限制就难以做大，或成本过高。一般当单台冷机的制冷量大于3868kW（1100冷吨）时，应考虑高电压10kV冷水机组，但是有的地区高压电网不稳，当电压波动超过±10%时，会造成机组无法正常开机运行，设计采用高压冷水机组时，应事先对项目所在地的供电情况进行调查。

4.3 制冷机房的设计

在进行制冷机房设计之前，首先要确定制冷系统流程，再根据制冷系统流程确定机房内设备的布置。然而，冷水泵、冷却水泵与冷水机组的连接方式又受到机房尺寸和形状的约束。

制冷机房内冷水泵、冷却水泵与冷水机组的连接方式有两种，一种是一对一的连接方式，另一种是共用集管的连接方式。

1. 一对一的连接方式

如图4-1所示，在一对一的连接方式中，水泵与冷水机组串联后再并联。

2. 共用集管的连接方式

如图4-2所示，在共用集管的连接方式中，水泵先并联后再与冷水机组串联。采用此方式应在冷水机组入口或出口设置电动隔断蝶阀，当冷水泵停止运行时，连锁关闭对应的电动蝶阀。设置电动蝶阀后不必再设置手动的设备检修阀，因为电动蝶阀都有手动关闭的手轮。

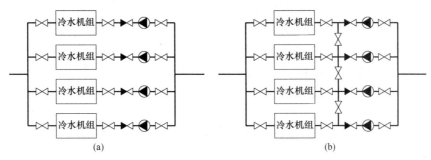

图 4-1　循环泵与冷水机组之间采用一对一示意图

（a）不带常闭集管；（b）带常闭集管

4.3.1　水泵与冷水机组连接方式的选择

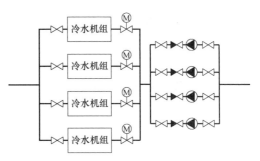

　　水泵与冷水机组采用何种方式连接，取决于机房的形状和大小，当机房形状方正（见图4-3），机组前能够布置下冷水泵、冷却水泵时，宜采用一对一的连接方式，这种方式对机组的水量有可靠的保证，特别是在有大小机组混合搭配时，应该采用此方式。同时，这种方式也省去了机组前的电动隔断蝶阀，使安装、运行更为方便。如果冷水机组的型号不同，在一对一的连接方式中，各台水泵的扬程，要保证在克服冷水机组后的剩余扬程相等。一对一的连接方式中，水泵与冷水机组启停一一对应，水系统结构简单，但水泵不能互为备用。

图 4-2　循环泵与冷水机组之间采用共用集管连接示意图

　　当机房形状细长（见图4-4），机组前布置冷水泵、冷却泵困难时，宜采用共用集管的方式，采用此种方式连接时，当冷水机组的大小、型号一致时，各机组的水量容易平衡；否则，各机组入口需要加静态平衡阀进行初调，以保证各台机组要求的水量。共用集管的方式水泵/冷水机组可互为备用，机房内管路较简单，但需在冷水机组出口处增加电动隔断蝶阀。

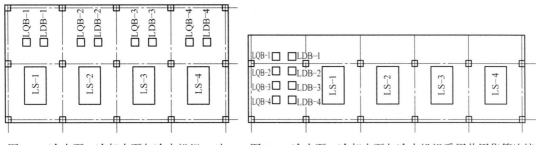

图 4-3　冷水泵、冷却水泵与冷水机组一对一连接布置图

图 4-4　冷水泵、冷却水泵与冷水机组采用共用集管连接布置图

4.3.2 电动隔断蝶阀的控制

在图 4-2 所示的共用集管的连接方式中，系统冷负荷增大，冷水机组加机过程中，电动隔断蝶阀的开启方式和开启时间与冷水机组所能容忍的最大许可流量变化率密切相关。

当采用先开电动隔断蝶阀后开水泵的方式，在一台冷水机组运行到满负荷后需要开启第二台冷水机组时，由于第二台机组前的隔断蝶阀打开，水量被分流，正在运行的冷水机组的流量最终变为先前的 50%。一般的电动隔断蝶阀开启时间在 35 ～ 55s 不等（详见本书第 7.8.2 节），用 50% 除以 35 ～ 55s，再除以 60s，即可得出：冷水机组的流量变化率为 86% ～ 54%，而最好的变流量冷机的流量变化率才能达到 30% 左右，在这种情况下，原来正常运行的冷水机组将会因流量不足而停机。因此，电动隔断蝶阀应在水泵启动后开启，这样正在运行的冷水机组的流量不会出现突然减少。同时这样还可以防止水泵启动时，因启动电流大而过载跳闸。

而电动隔断蝶阀在关闭时需要满足先关阀后停水泵的要求。因为在有压力管路中，如果冷水泵突然停车，会使管内水的流速突然发生变化，导致压力变化，从而引起水击，因此为了防止水击的出现，电动隔断蝶阀应在水泵停止之前逐渐关闭。

4.3.3 流量开关的设置

无论何种连接，都需在冷水机组的冷水、冷却水的出水管上设置流量开关，用来判断蒸发器、冷凝器内是否有水流过，只有在水流动后冷水机组才能启动，对冷水机组进行保护。同时，流量开关信号也可以判断冷水泵、冷却水泵是否在工作状态。流量开关一般由冷水机组厂家配套供货，工程设计时应留好安装位置。

4.4 中央空调水系统节能设计

由冷水机组、冷水泵、冷却水泵及冷却塔组成的空调水系统是空调系统的主要运行耗能部分。为了约束这部分的能耗，《公共建筑节能设计标准》GB 50189—2015 对空调电制冷系统节能分别采用下列参数进行评价和限定，各参数对应评价的范围见图 4-5。

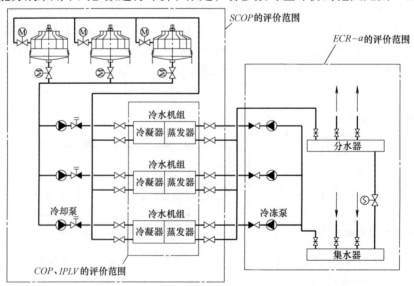

图 4-5 空调制冷系统原理图

4.4.1　电机驱动的蒸气压缩循环冷水机组名义制冷工况下和规定条件下的性能系数（*COP*）

$$COP = \frac{Q_c}{P_L}$$ （4-1）

式中　Q_c——名义制冷工况下机组的制冷量，kW；

$\quad\quad P_L$——名义制冷工况下机组的耗电功率，kW。

4.4.2　电机驱动的蒸气压缩循环冷水机组综合部分负荷性能系数（*IPLV*）

$$IPLV = 1.2\% \times A + 32.8\% \times B + 39.7\% \times C + 26.3\% \times D$$ （4-2）

式中　A——100% 负荷时的性能系数，冷却水进水温度 30℃ / 冷凝器进气干球温度 35℃；

$\quad\quad B$——75% 负荷时的性能系数，冷却水进水温度 26℃ / 冷凝器进气干球温度 31.5℃；

$\quad\quad C$——50% 负荷时的性能系数，冷却水进水温度 23℃ / 冷凝器进气干球温度 28℃；

$\quad\quad D$——25% 负荷时的性能系数，冷却水进水温度 19℃ / 冷凝器进气干球温度 4.5℃。

4.4.3　电冷源综合制冷性能系数（*SCOP*）

电冷源综合制冷性能系数（*SCOP*）为名义制冷量（kW）与冷源系统主机、冷却水泵和冷却塔的总耗电量（kW）之比。

当冷水机组与冷却水泵和冷却塔采用一对一配置时，每台冷水机组的综合性能系数按下式计算确定：

$$SCOP = \frac{Q_c}{P_e}$$ （4-3）

当多台冷水机组共用一套冷却水系统时，多台制冷设备的综合 $SCOP_z$ 按式（4-4）确定，其限值 $SCOP_{zx}$ 按冷量加权的方式确定，即：式（4-5）。

$$SCOP_z = \frac{\sum Q_c}{\sum P_e}$$ （4-4）

$$SCOP_{zx} = \frac{\sum_{i=1}^{n} Q_{ci} SCOP_i}{\sum Q_c}$$ （4-5）

制冷设备冷水机组名义工况需要输入的总电量或总用能量按下式确定。

$$P_e = P_L + P_b + P_t$$ （4-6）

$$\sum P_e = \sum P_L + \sum P_b + \sum P_t$$ （4-7）

水泵的耗电量应按冷却水泵设计工况流量、扬程和水泵效率计算确定，计算公式为：

$$P = G \cdot H / (323\eta_b)$$ （4-8）

式中　Q_c——电制冷机组的名义制冷量，kW；

$\quad\quad P_e$——电制冷机组的名义工况下的耗电功率和设计工况配套冷却水泵和冷却塔的总耗电量，kW；

$\quad\quad Q_{ci}$——第 i 台电制冷机组的名义制冷量，kW；

$\quad\quad SCOP_i$——第 i 台电制冷机组的 *SCOP* 限定值，可查《公共建筑节能设计标准》GB 50189—2015 的表 4.2.12；

n ——冷水机组台数；

P_L ——电制冷机组的名义工况下的耗电量，kW；

P_b ——电制冷机组对应的冷却水泵设计工况耗电量，kW；

P_t ——电制冷机组对应的冷却塔设计工况耗电量，kW，可近似按设备铭牌功率取值；

G ——冷却水泵设计工况流量，m³/h；

H ——冷却水泵设计工况扬程，m；

η_b ——冷却水泵设计工况点的效率。

设置 SCOP 限值的目的是要求设计师不仅要选择性能系数高的冷水机组，设计中还应合理确定冷却塔位置和进行冷却水管道设计，以减少冷却水输送系统和冷却塔的能耗。

4.4.4　空调冷水系统耗电输冷比 ECR-a

$$ECR\text{-}a = 0.003096\Sigma\,(G \times H/\eta_b\,)\,/Q \leq A\,(B+\alpha\Sigma L\,)/\Delta T \qquad (4\text{-}9)$$

式中　$ECR\text{-}a$ ——空调冷水系统循环水泵的耗电输冷比；

G ——每台运行水泵的设计流量，m³/h；

H ——每台运行水泵对应的设计扬程，m；

η_b ——每台运行水泵对应的设计工作点效率；

Q ——设计冷负荷，kW；

ΔT ——规定的计算供回水温差，℃，按《公共建筑节能设计标准》GB 50189—2015 的表 4.3.9-1 选取；

A ——与水泵流量有关的计算系数，按《公共建筑节能设计标准》GB 50189—2015 的表 4.3.9-2 选取；

B ——与机房及用户的水阻力有关的计算系数，按《公共建筑节能设计标准》GB 50189—2015 的表 4.3.9-3 选取；

α ——与 ΣL 有关的计算系数，按《公共建筑节能设计标准》GB 50189—2015 的表 4.3.9-4 选取；

ΣL ——从制冷机房出口至该系统最远用户供回水管道的总输送长度，m。

式（4-9）左侧为系统实际 ECR-a 计算值，要求不大于右侧的限定值，对此值进行限制是为了保证冷水系统阻力和水泵的扬程在合理的范围内，以降低水泵能耗。

4.4.5　冷水机组能效的理论极限

冷水机组的 COP 和 IPLV 不可能是无限大的，随着技术的进步，这两项参数会趋近它的理论极限值。文献［19］提出，水冷冷水机组在满足《蒸气压缩循环冷水（热泵）机组 第 1 部分：工业或商业用及类似用途的冷水（热泵）机组》GB/T 18430.1—2007 要求的条件下，满负荷 COP 的极限值为 10.01，IPLV 的极限值为 14.51；风冷冷水机组的相应值分别为 7.37/10.25。

4.4.6　中央空调制冷系统节能设计应当注意的问题

1. 在《建筑节能与可再生能源利用通用规范》GB 55015—2021 中，COP、IPLV 都是指在冷水机组在名义工况的参数。它们是设备的参数，无需设计师计算，但在选型时，设计师需根据《建筑节能与可再生能源利用通用规范》GB 55015—2021 提出限值要求。

2. SCOP 是系统的参数，需要设计师进行计算后确定。计算 SCOP 时，冷水机组的参数采用名义工况的参数，而其中用来计算的冷却水泵和冷却塔的耗电量是在设计工况下的参数。

3. *ECR-a* 是系统的参数，需要设计师进行计算后确定。计算 *ECR-a* 时，所采用的参数均是在设计工况下的参数。

4. 设计过程中冷水机组选型时应由厂家分别选出机组在名义工况下和设计工况下的参数。

4.4.7　各种标准规范对冷水机组 *COP* 及 *IPLV* 的限值对比

《公共建筑节能设计标准》GB 50189—2015 中 *COP* 限值的提高幅度不同，《绿色建筑评价标准》GB/T 50378—2019 中对应项的得分也不同（提高 6% 得 5 分，提高 12% 得 10 分）。《建筑节能与可再生能源利用通用规范》GB 55015—2021 对《公共建筑节能设计标准》GB 50189—2015 中冷水机组 *COP* 及 *IPLV* 的限值进行了提升。

图 4-6～图 4-8 中的标准规范代号：

A——《建筑节能与可再生能源利用通用规范》GB 55015—2021（定频机）；

B——《建筑节能与可再生能源利用通用规范》GB 55015—2021（变频机）；

C——《绿色建筑评价标准》GB/T 50378—2019（定频机）；

D——《绿色建筑评价标准》GB/T 50378—2019（变频机）；

E——《冷水机组能效限定值及能效等级》GB 19577—2015（3 级）；

F——《冷水机组能效限定值及能效等级》GB 19577—2015（2 级）；

G——《冷水机组能效限定值及能效等级》GB 19577—2015（1 级）；

H——水冷冷水机组在《蒸气压缩循环冷水（热泵）机组　第 1 部分：工业或商业用及类似用途的冷水（热泵）机组》GB/T 18430.1—2007 中满负荷的理论极限值。

以夏热冬冷地区为例：

1. 当名义制冷量 *CC*>2110kW 时，不同标准规范对水冷离心式冷水机组 *COP* 及 *IPLV* 的限值对比如图 4-6 所示。

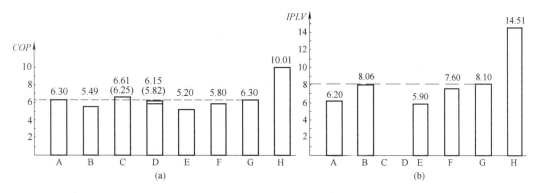

图 4-6　名义制冷量 *CC* > 2110kW 时，不同标准规范对水冷离心式冷水机组 *COP* 及 *IPLV* 的限值对比

（a）冷水机组 *COP* 限值；（b）冷水机组 *IPLV* 限值

注：括号内数字为绿色建筑得 5 分时的数值。

2. 当名义制冷量 528kW<*CC*<1163kW 时，不同标准规范对水冷螺杆式冷水机组 *COP* 及 *IPLV* 的限值对比如图 4-7 所示。

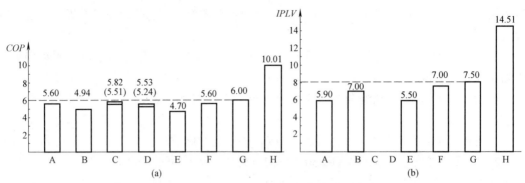

图 4-7　名义制冷量 528kW ＜ *CC* ＜ 1163kW 时，不同标准规范对水冷螺杆式

冷水机组 *COP* 及 *IPLV* 的限值对比

（a）冷水机组 *COP* 限值；（b）冷水机组 *IPLV* 限值

注：括号内数字为绿色建筑得 5 分（提升 6% 时）的数值。

3. 当名义制冷量 *CC* ＞ 50kW 时，不同标准规范对风冷或蒸发冷却螺杆式冷水机组 *COP* 及 *IPLV* 的限值对比如图 4-8 所示。

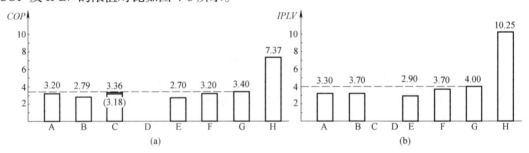

图 4-8　名义制冷量 *CC* ＞ 50kW 时，不同标准规范对风冷螺杆式冷水机组 *COP* 及 *IPLV* 的限值对比

（a）风冷螺杆式冷水机组 *COP* 限值；（b）风冷螺杆式冷水机组 *IPLV* 限值

注：括号内数字为绿色建筑得 5 分（提升 6% 时）的数值。

4.4.8　高效制冷机房设计具体措施

在设计制冷机房时，可以通过下列措施来提高系统的能效：

1. 采用变流量系统，制冷机组为变流量机组（冷水及冷却水均可变流量）。

2. 采用变频冷水机组、磁悬浮冷水机组（变频离心式冷水机组的性能分析详见本书第 13.6.1 节）。冷凝器配备在线清洗装置。

3. 采用效率大于 80% 的水泵。变速泵在不增大电机和变频器容量的前提下，宜选择较大的叶轮直径。图 4-9 所示为叶轮直径分别为 157mm、141mm、125mm 的水泵特性曲线，图中显示叶轮直径越大，效率越高，且在变速后具有更多的高效率工作区间。

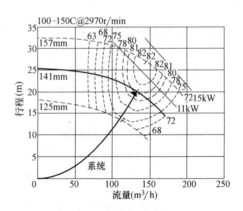

图 4-9　水泵叶轮直径与效率的关系

　　另外，配用了永磁同步交流电机（详见本书第 14.1.4 节）的变频泵在低负荷时更加节能。

　　4. 机房内水管管径按管内流速来确定。由于机房内设备、管件较多，管道的阻力以局部阻力为主，为了减小阻力，降低水泵的扬程，冷水机房内的水管管径应按管内流速来确定，而不是采用经济比摩阻小于或等于 100Pa/m 来确定，在条件允许的情况下，应保证水流速小于或等于 1.5m/s。

　　以图 4-10 所示制冷机房内的冷水管为例，我们通过计算除冷水机组之外的管路阻力，来比较两种流速下两者的能耗差异。

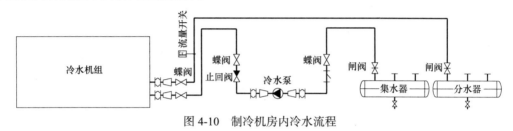

图 4-10　制冷机房内冷水流程

　　图 4-10 中为一台制冷量 2814kW（800 冷吨）的离心式冷水机组，冷水流量 $Q=484m^3/h$，由分水器至集水器的焊接钢管长度为 25m。

　　当管径取 DN300 时，$v=1.82m/s$，比摩阻 $R=100.28Pa/m$；满足比摩阻限制要求，沿程阻力为：$\Delta P_2=25 \times 100.28=2507Pa$。

　　当管径取 DN350 时，$v=1.35m/s$；比摩阻 $R=46.48Pa/m$；沿程阻力为：$\Delta P_2=25 \times 46.48=1162Pa$。

　　局部阻力按下式计算：

$$\Delta p_j = \zeta \times \frac{\rho \times v^2}{2} \qquad (4-10)$$

式中　Δp_j——局部阻力，Pa；

　　　ζ——局部阻力系数，见表 4-1；

　　　ρ——水的密度，1000kg/m³；

　　　v——水的流速，m/s。

局部阻力系数 ζ　　　　　　　　　　　　　　　　　　表 4-1

设备名称	数量	局部阻力系数 ζ	总局部阻力系数 $\sum\zeta$
过滤器	1	3.00	
止回阀	1	7.00	
蝶阀	4	0.30	
闸阀	2	0.08	31.82
变径管（渐缩）	2	0.10	
变径管（渐扩）	2	0.30	
软接头	4	1.20	

续表

设备名称	数量	局部阻力系数 ζ	总局部阻力系数 Σζ
焊接弯头（90°）	12	0.78	
水泵入口	1	1.00	31.82
与分水器接口	1	1.50	
与集水器接口	1	3.00	

当 v=1.82m/s 时，局部阻力 ΔP_1=52700Pa，总阻力 $\Delta P=\Delta P_1+\Delta P_2$=55207Pa。

当 v=1.35m/s 时，局部阻力 ΔP_1=28996Pa，总阻力 $\Delta P=\Delta P_1+\Delta P_2$=30158Pa。

两者阻力相差 23704Pa=2.3mH$_2$O。假如冷水泵的扬程为 28mH$_2$O，由此可以看出，冷水在机房内的管路采用低流速，水泵扬程可以减少 8% 左右，也就是说冷水泵可以节能 8%。

5. 避免重复设置水过滤器和采用低阻过滤器。水过滤器阻力较大，一般会有 2～5mH$_2$O 的压降，在水泵与机组距离较近时，可仅设一次过滤器，切忌设置了全程水处理器后，再设置过滤器。采用低阻力过滤器，如扩散过滤器、微泡排气过滤装置（详见本书第 13.8.7 节），来代替 Y 形过滤器。采用低阻止回阀，如三合一多功能阀（止回、关断、调节），同时减少水泵附件的数量来降低局部阻力，如图 4-11 所示。

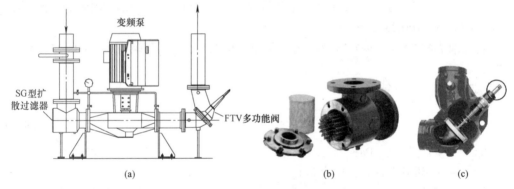

图 4-11　水泵附件的安装示意图

（a）扩散过滤器、多功能阀的安装示意图；（b）SG 型扩散过滤器（兼有导流功能）；（c）FTV 多功能阀

由于扩散过滤器优化了流道和增大了过滤网的面积，使得阻力大幅降低，以 SG 型扩散过滤器和 FTV 多功能阀为例，其阻力如表 4-2、表 4-3 所示。

SG 型扩散过滤器的阻力（mH$_2$O） 表 4-2

流量 m³/h	管径								
	DN100	DN125	DN150	DN200	DN250	DN300	DN400	DN450	DN500
60	0.33	0.20							
70	0.44	0.25							
80	0.56	0.31							
90	2.20	0.40	0.20						

续表

流量	管径								
m³/h	DN100	DN125	DN150	DN200	DN250	DN300	DN400	DN450	DN500
100	0.80	0.48	0.24						
200	3.00	1.70	0.80	0.28					
300		4.00	1.70	0.60	0.33				
400			3.00	1.00	0.56	0.26			
500				1.70	0.80	0.40	0.22		
600				2.20	1.20	0.60	0.30		
700				3.00	1.20	0.70	0.40		
800					2.00	1.00	0.52		
900					5.00	1.20	0.70	0.20	
1000						3.00	1.50	0.80	0.26

FTV 多功能阀阻力（mH₂O）　　　　表 4-3

流量	管径								
（m³/h）	DN100	DN125	DN150	DN200	DN250	DN300	DN400	DN450	DN500
60	1.00	0.84							
70	1.20	0.84							
80	1.40	0.84							
90	1.00	0.84							
100		1.00	0.84						
200			1.20	0.84					
300			1.15	0.84					
400					1.13				
500					1.00	0.84			
600					1.30	0.84			
700						0.84			
800						0.84			
900						1.20			
1000						1.30			
1200							1.40	0.70	
1400							1.70	1.02	
1600								1.40	0.75

6. 避免直角三通和管道走向突变。暖通工程师在作风管设计时，非常注重弯头、三通的连接方式，但在水管管路的设计时往往忽略了这一点，制冷机房内的水管连接复杂，水管经常汇合、分流，避免采用直角三通和管道走向突变可以有效降低水系统的阻力。如表 4-4 所示，对比分流直角三通与分流斜角三通，前者的局部阻力系数是后者的 1.5 倍；对比合流直角三通与合流斜角三通，前者的局部阻力系数是后者的 3 倍。制冷机房内降低三通阻力的连接方式见图 4-12。

不同三通的局部阻力系数 ζ　　　　　　　　　表 4-4

合流直角三通		流向：2→3，ζ=1.5； 流向：1→3，ζ=0.1	分流直角三通		流向：1→2，ζ=1.5； 流向：1→3，ζ=0.1
合流斜角三通		流向：2→3，ζ=0.5； 流向：1→3，ζ=0.1	分流斜角三通		流向：1→2，ζ=1； 流向：1→3，ζ=0.1

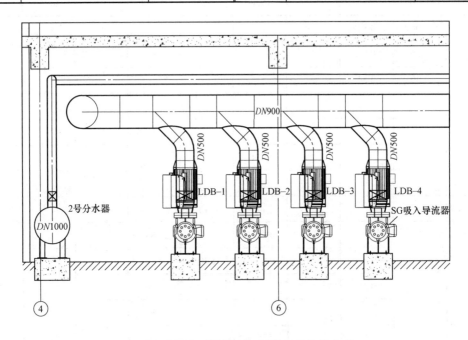

图 4-12　制冷机房内降低三通阻力的连接方式

7. 适当加大冷水干管的管径。由式（2-3）可知，管道的阻力反比于管径的 5 次方，即：

$$\frac{\Delta P_1}{\Delta P_2} = \left(\frac{d_2}{d_1}\right)^5$$

适当加大冷水干管的管径，如敷设于高层建筑管井内的冷水管的管径，不仅可以降低管道的阻力，同时，由于干管的阻力相对于末端支管的阻力较小，这样水系统更容易水力平衡。如果采用 $DN300$ 的管径代替 $DN250$ 的管径，代入上式，管路阻力可以减小 60%。

8. 采用低阻力冷水机组。双流程冷水机组的冷凝器、满液式蒸发器的水阻力一般都在 20 ～ 100kPa 之间，对于某一确定系列的冷水机组，影响机组阻力大小的原因是换热器的大小，也就是换热器内部换热管束的多少，对于高能效的冷水机组很容易做到低阻力。这对于输配系统的节能至关重要，$SCOP$、$ECR\text{-}a$ 的限值也是对机组蒸发器、冷凝器水阻力的间接限制。在设计和设备招标时限定机组蒸发器、冷凝器的水阻力，力求做到定流量机组小于或等于 40kPa，变流量机组蒸发器阻力控制在 50 ～ 55 kPa，冷凝器阻力控制在 50 ～ 60kPa。对于变流量机组，过低的阻力将导致其流量变化的下限较高（因为流量较低，水会进入层流状态，恶化换热效果），机组失去了变流量的意义。

9. 冷却塔靠近冷水机组布置，尽量缩短冷却水管路的长度。另外，配备永磁同步交流电机的（详见本书第 14.1.4 节）冷却塔变频风机在低负荷时更加节能。采用变流量冷却塔，以适应一机对多塔及冷却水泵变频运行。常规设计的冷却塔在流量减少时往往会造成布水不均的现象，不能保证填料表面能布满水膜，导致换热效率降低。同时，在填料的干湿交界处，水中溶解的固体析出沉淀在填料上，会导致填料上出现严重的水垢。图 4-13 为常规冷却塔与变流量冷却塔布水比较，其中变流量冷却塔在布水盘上方设置了水嘴，水需漫过水嘴才能漏下，无论是在额定水量还是在水量变小时都能实现均匀布水。

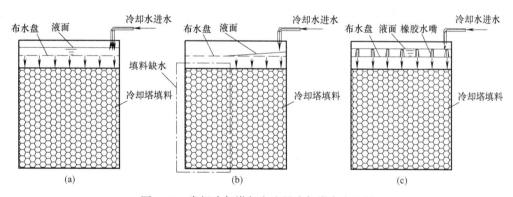

图 4-13　常规冷却塔与变流量冷却塔布水比较

（a）常规冷却塔额定水量时布水；（b）常规冷却塔水量变小时布水；（c）变流量冷却塔布水

10. 采用大温差。对于输送系统的冷水泵、冷却水泵而言，由水泵的有效功率公式 $N_e=g\cdot L\cdot H$ 可知，低能耗取决于低流量和低扬程，冷水所输送的冷量：

$$Q=c_p\cdot\rho\cdot L\cdot\Delta t \tag{4-11}$$

式中　N_e——有效功率，kW；

　　　g——重力加速度，9.8m/s²；

　　　L——水泵的流量，m³/s；

　　　H——水泵扬程，m；

Q——水泵输送的冷量，kW；

c_p——水的定压比热 [kJ/（kg·℃）]，取 4.18kJ/（kg·℃）；

ρ——水的密度，1000kg/m³；

Δt——供回水温差，℃。

由式（4-11）可知，水泵输送冷量一定时，温差大，流量可以减少，因此泵的能耗会降低。常规的空调系统冷水供回水温差及冷却水供回水温差均为5℃，如果将冷水供回水温差加大到6～9℃，冷却水供回水温差也加大到6～9℃，则，水系统的输送能耗可大幅地减少。

例如：输送相同冷量的冷水，当供回水温差采用 Δt=6℃代替 Δt=5℃时，代入上式可知，水泵能耗降低17%；当供回水温差采用 Δt=7℃代替 Δt=5℃时，代入上式可知，水泵能耗降低29%。

（1）冷却水大温差。冷却水大温差有利于冷却塔的散热，冷却塔利用的是空气的湿球温度进行冷却，只要湿球温度低于冷却水水温就能起到冷却作用，工作中的冷却塔的出水温度趋近于周围环境空气的湿球温度，这种趋近程度被称为逼近度：

$$冷却塔的逼近度 = 冷却塔出口水温 - 环境空气的湿球温度$$

假定环境湿球温度为27℃，逼近度为3℃，冷却塔在：

8℃温差时（30℃/38℃），冷却塔的散热能力为115%；

5℃温差时（30℃/35℃），冷却塔的散热能力为100%；

2℃温差时（30℃/32℃），冷却塔的散热能力为75%。

（2）冷水大温差。冷水系统可以按大温差来设计，现有的常规系统在一定范围内也可以转变为大温差的模式运行，但在冷水大温差运行模式下，空调系统的冷源、输配和末端环节的设计匹配与常规系统相比都将产生相应的改变。

1）冷水大温差对冷水机组的影响。常规的空调系统，其冷水机组的进/出水温度为12℃/7℃，若回水温度12℃不变，出水温度降低至5℃，由本书第13.5节可知，冷水机组的 COP 将会下降6%～8%。若维持其出水温度7℃不变，通过提高冷水机组进水温度来达到大温差运行，冷水机组的 COP 会有所提升，但是提升的程度有限。

2）冷水大温差对空调末端设备的影响。若回水温度过高，末端空调箱的表冷器和风机盘管性能都将有所下降，其中以除湿能力的衰减最为明显。因此，冷水大温差系统设计必须根据设计工况温差来选择表冷器。相比常规的12℃/7℃工况，大温差工况下，表冷器选型时排数会有所增加或迎风面积增大，对应于风机盘管就是型号需要增大。这将导致设备阻力变大，末端能耗增加，同时提高工程造价。

降低冷水机组的冷水出水温度可以减小大温差对表冷器和风机盘管冷却除湿性能的不利影响，但降低供水温度将引起冷水机组能耗的增加。因此，当采用冷水机组直供时，通常冷水出水温度不宜低于5℃。

大温差空调冷水系统对冷水机组、冷水泵的能耗产生较大影响，但其运行是有其适用范围的。只有在冷水泵的能耗减少大于冷机能耗的增加时，其节能才有实际意义。

冷水大温差系统挖掘了空调输配系统的节能潜力，同时减小了输配设备的尺寸，降低了初投资，特别适用于供冷半径大、输配管道长的系统，如区域供冷系统，可大大降低其初投资和运行能耗；

冷水大温差系统特别适用于冰蓄冷空调系统。冰蓄冷空调系统可提供 1 ~ 4℃ 的低温冷水，将大大提高表冷器和风机盘管的冷却除湿能力，从而可以避免末端设备的投资增加。

11. 水泵、冷却塔风机采用变频控制。冷水泵变频，即一级泵变流量系统，冷水泵根据压差信号变频运行，冷却塔风机根据冷却塔的出水温度变频运行，值得注意的是冷却塔节能的控制不是保证冷却塔的出水温度恒定在 32℃，而是将冷却水温度控制在冷水机组的最优进水温度，详见本书第 13.8.2 节。

而冷却水泵一般不主张变频，这是因为：一方面，当冷却水流量减少时，冷凝器内水流速下降，将会导致冷却水中的泥沙沉积在换热管上，使换热效果恶化。另一方面，在部分负荷时，冷却水泵变频不一定就节能，因为冷水机组通过定流量来降低冷凝温度可大幅降低压缩机的功耗。总体上是否节能要看冷却水泵功耗在机组的综合性能系数中（$SCOP$）所占的比重，如果冷却水泵功耗所占比重较小，节能效果不明显。只有冷却水泵功耗在机组的综合性能系数中（$SCOP$）所占比例较大，冷却水泵变频的节能效果大于定流量时压缩机的节能效果才有意义。

在高效制冷机房的设计中，由于冷水机组、冷水泵、冷却塔的潜力已经挖掘得差不多了，如果再提高能效，就只能考虑冷却泵变频了。由于冷却泵的设计冗余往往较大，变频可以减少这部分冗余，同时近年来变频器的价格已经大幅下降，变频器增加的成本也不高，因此《高效制冷机房技术规程》T/CECS 1012—2022 要求冷水机组、冷水泵、冷却水泵、冷却塔风机全部变频，此时，冷凝器在线清洗措施必须得到可靠、有效的保证。

12. 采用超高效制冷机房的控制方法（详见本书第 16.2 节）。业内一般认为，合理的自控系统对制冷机房的能效有 30% 左右的提升。

4.5 冷水系统形式

空调系统较大时，由分水器供至末端的冷水，应根据不同的区域或不同的设备分成若干支路，考虑到可靠性、阻力的差别以及调试的方便，例如在医院项目设计时，一般会将风机盘管、舒适性空调机组、手术部净化空调机组，以及血液病房净化空调机组分成各自独立的支路。

4.5.1 冷水冷源侧一级泵定流量系统

在一级泵定流量系统中，当末端负荷减少时，供回水之间的压差加大，旁通管上的电动调节阀根据压差调节开度，旁通部分水量，保证压差恒定，从而保证流过冷水机组的流量不变。旁通管管径的确定方法：按其流量为一台最小主机的流量来计算。水泵与冷水机组有两种连接方式，分别见图 4-14 及图 4-15。在医疗建筑中，对于风机盘管末端，还需考虑内区空调四季供冷的需求，采用分区两管制，对于与大系统冬、夏工况转换不同步的房间，还需考虑采用四管制系统。

4.5.2 冷水冷源侧二级泵（多级泵）变流量系统

冷水冷源侧二级泵（多级泵）变流量系统有多种形式，工程设计时应根据不同的情况采用相应的方式。

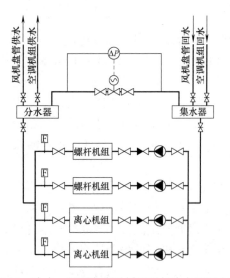

图 4-14 冷水一级泵定流量循环泵与冷水机组之间
采用一对一连接示意图

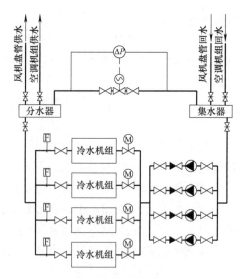

图 4-15 冷水一级泵定流量循环泵与冷水机组之间
采用共用集管连接示意图

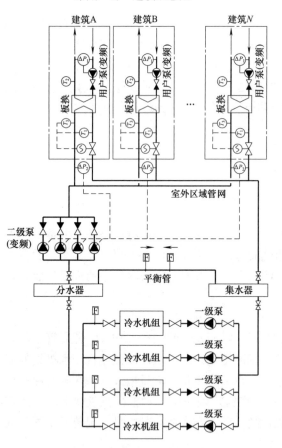

图 4-16 区域供冷多级泵系统

1. 当空调管网系统较大，阻力较大时，宜采用二级泵或多级泵系统。如图 4-16 所示的系统中：

（1）一级泵仅克服冷水机房内的管路阻力。

（2）变频二级泵克服室外区域管网的阻力，根据管网的最不利末端的供回水压差 ΔP_2 变频运行，保证最不利末端压差恒定；ΔP_2 压差传感器应在多栋建筑入口设置，以便当通向某一建筑的空调系统关闭或项目分期建设时，自控系统根据预先编好的程序重新选择确定最不利环路。

（3）变频用户泵设置在各个建筑内，克服板式换热器二次侧的阻力，根据末端的供水压差 ΔP_1 变频运行，保证供水压差恒定。板式换热器的一次侧电动调节阀根据一次侧的供回水温差调节，保证一次侧供回水温差恒定，避免交换不充分的低温水回到冷水机组，造成大流量小温差运行。如果采用冰蓄冷的低温区域供冷，板式换热器的控制需按本书第 6.6 节考虑。

2. 当各区域管路阻力相差悬殊或各系统水温要求不同时，宜按区域分别设置二级泵（见图 4-17）。

　　为了减少输送能耗，采用大温差供冷，供 / 回水温度为 6℃ /12℃；同时，由于新建科研楼距新建的门诊楼较远，它们的阻力相差较大。因此，采用两组不同的二级循环泵。

　　该医院现有的病房楼的制冷系统已达到使用寿命，需要由新建的冷水机房供冷，由于原设计是供 / 回水温度为 7℃ /12℃，为了避免低温供水使其保温失效、结露，因此，需采用混水措施提高其供水温度至 7℃。各二级泵根据各自回路的供回水压差变频运行，保证各自回路的压差恒定。混水三通阀根据供水温度调节，保证现有病房楼的供水温度恒定。

　　3. 平衡管

　　二级泵系统中，理论上在设计负荷时，平衡管内的水是不流动的，在末端的负荷大于冷水机组提供的负荷时，平衡管内的水由集水器流向分水器，相反，在末端的负荷小于冷水机组提供的负荷时，则由分水器流向集水器。由此，判断

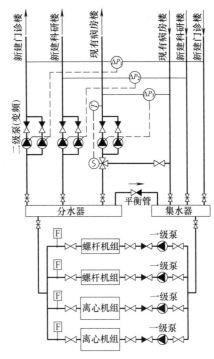

图 4-17　分区域多级泵系统

平衡管内的流向，就可以判断冷水机组运行台数的加减趋势。通常可以在平衡管上安装两个方向相反的靶片式流量开关，来判断水的流向。如图 4-16 所示。

　　平衡管上不应设置阀门，平衡管的管径为单台容量最大机组的管径，通常与供、回水总管的管径相同。以上的系统在末端负荷大于冷水机组提供的负荷时，平衡管内的水由集水器流向分水器，这样会导致冷水的供水与回水混合，使得供水温度升高，在系统没有达到加机的之前，过高的冷水温度使得末端除湿能力下降，二级泵以小温差大流量的方式运行，不节能。解决这个问题可在平衡管上装单向阀，此时，单向阀使得系统相当于一级泵与二级泵串联运行，一级泵的流量会增大，可以制取超额冷量。

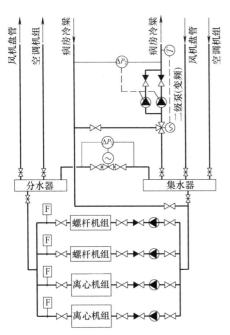

图 4-18　一级泵定流量系统与
二级泵变流量的结合系统

4.5.3　一级泵定流量系统与二级泵变流量系统的结合

　　二级泵的另一项应用就是在一级泵定流量的系统上，利用风机盘管和空调机组的回水，通过二级混水泵来制取更高温度的冷水，供建筑局部的高温末端使用。

　　如图 4-18 所示，为了提高舒适度，其病房部分采用冷梁空调，一级泵定流量系统供 / 回水温度为 7℃ /12℃，二级泵在集水器上抽取 12℃ 的冷水，

与冷梁的 18℃ 回水混合至 15℃ 供给冷梁。由于提高了供水温度，相应的送风温度也被提高，使得病房内无吹冷风感，提高了舒适度。

混水三通阀根据冷梁的供水温度调节，保证冷梁的供水温度恒定。二级泵根据冷梁回路的供回水压差变频运行，保证压差恒定。

4.5.4 冷水冷源侧一级泵变流量系统

舒适性空调系统在绝大部分时间都是在部分负荷下运行，然而空调系统的冷水循环泵流量都是在设计工况下确定的，在部分负荷工况下，大部分水量都是通过分集水器之间的旁通管旁通掉了，而没有到达末端，造成水泵空耗。因此，节省冷水泵在部分负荷工况下的能耗意义重大。随着节能设计要求的深入以及冷水机组控制技术的进步，早先冷水机组蒸发器、冷凝器一定要保持恒定流量的观念已经被打破。越来越多的工程采用了冷水一级泵变流量系统。

1. 一级泵变流量系统的应用有三个前提条件

（1）采用变流量冷水机组。变流量冷水机组是指蒸发器的流量可在较大范围内变化的机组，机组蒸发器的许可流量变化范围和许可流量变化率是衡量冷水机组性能的重要指标。机组蒸发器的许可流量变化范围越大，越有利于冷水机组的加、减机控制，节能效果越明显；机组蒸发器的许可流量变化率越大，冷水机组变流量时出水温度波动越小。在实际的机组设计选型中：选择蒸发器流量许可变化范围大，最小流量尽可能低的冷水机组，如离心机 30% ~ 130%，螺杆机 45% ~ 120%，最小流量宜小于额定流量的 50%；选择蒸发器许可流量变化率大的冷水机组，每分钟许可流量变化率宜大于 30%。

为了保证冷水机组出水温度稳定，变流量冷水机组不仅具有反馈控制功能，还具有前馈控制功能。这种控制不仅能根据冷水机组的出水温度变化调节机组负荷，还能根据冷水机组的进水温度变化来预测和补偿空调负荷变化对出水温度的影响。目前，各大厂家的变流量冷水机组基本上都能满足上述要求。

（2）监测机组的最小流量。冷水机组的最小流量检测有两种方式：

1）设置精度较高的电磁流量传感器监测机组的最小流量，如图 4-19 和图 4-20 所示。当制冷量较大、冷水总管管径较大时，电磁流量传感器的造价将会很高，采用这种方式不经济。

2）如图 4-21 所示，也可使用压差传感器测量蒸发器的压降，根据机组的压降—流量特性得到流过蒸发器的流量。当机组达到最小流量时，末端流量还需进一步减小时，开启旁通阀。使流过蒸发器的流量等于旁通流量加上末端的流量。

（3）冷水循环泵根据供回水压差变频运行。

2. 一级泵变流量系统的优点

与二级泵变流量系统相比，一级泵变流量省去了二级泵。可以消除一级泵定流量和二级泵系统的"低温差综合征"，使冷水机组高效运行。在某些场合一级泵变流量系统可以完全代替二级泵系统，但是在集中供冷、分期建设的项目，二级泵系统仍然具有较大的优势。

3. 一级泵变流量系统方式

冷水泵与冷水机组的连接采用一对一的连接方式或共用集管的连接方式，两种连接方式都可以做一级泵变流量，但是两者的效果有些不同。

图 4-19 中，大小主机并联设置，冷水机组与水泵一一对应，同开同关。流量调节时，首先调节冷水机组的运行台数，然后再调节冷水泵的运行转速。当任何一台冷水机组的流量达到其最小流量且末端流量还需进一步减小时，均需开启旁通阀。

图 4-20 ～图 4-22 中，相同型号的冷水机组并联设置，可以使冷水机组和水泵的运行台数不必一一对应（在图 4-20 中，一般设计台数还是要一一对应）。它们的台数变化和启停可分别独立控制。图 4-20 ～图 4-22 可以充分利用冷水机组的超额冷量，减少并联的冷

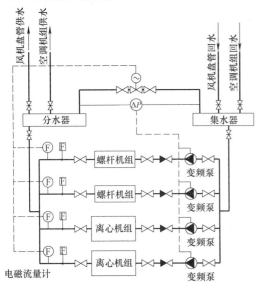

图 4-19　冷水一级泵变流量循环泵与冷水机组之间采用一对一连接

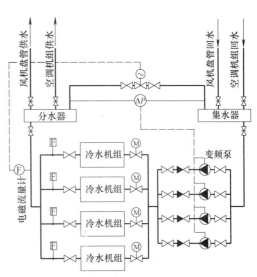

图 4-20　冷水一级泵变流量循环泵与冷水机组之间采用共用集管连接方式

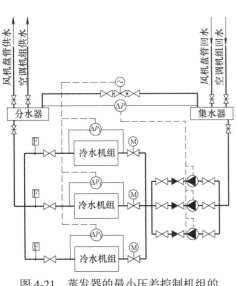

图 4-21　蒸发器的最小压差控制机组的最小流量

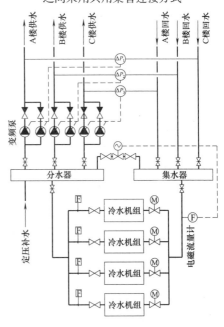

图 4-22　冷水一级泵变流量分区一级泵变流量系统

水机组和冷却水泵的全年运行时数和能耗。由于是相同的主机并联运行，在流量变化时，各台主机的流量始终是相等的，因此，当总管上的检测到的流量除以运行台数，就是单台冷水机组的流量，当其达到机组的最小流量且末端流量还需进一步减小时，需开启旁通阀。

图 4-23 中，大小不同的冷水机组与变流量循环泵之间采用共用集管连接方式，此时应在冷水机组入口处设置静态平衡阀进行流量初调。

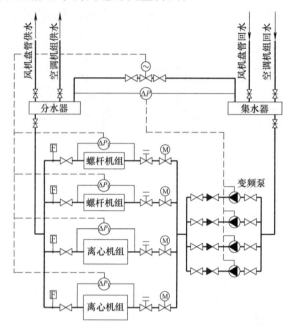

图 4-23　一级泵变流量循环泵与大小不同的冷水机组之间采用共用集管连接方式

4. 冷水机组的超额冷量

所谓冷水机组的超额冷量是指当冷却水进水温度低于设计工况时，冷水机组满负荷运行时的制冷量通常会大于其额定冷量。当采用图 4-20 ～图 4-22 的连接方式时，水泵的运行台数与冷水机的运行台数可以不一一对应，这样就可以通过加大蒸发器的流量，来获得超额的冷量。

4.5.5　冷水一级泵、二级泵均变频的空调系统

冷水一级泵、二级泵均为变频系统，如图 4-24 所示，平衡管的管径可按单台冷水机组的流量确定，并设置止回阀，只允许水由分水器流向集水器。当二级泵的总流量大于一级泵的总流量时，视其为水泵串联运行，原理同前。在平衡管上设置高精度电磁流量计，并设定一个最大流量值 Q_{max}，同时在止回阀两侧设置压力传感器。

二级泵根据各支路供回水压差变频调节。

一级泵依据平衡管上的流量计测得的流量和止回阀两端压差变频调节，这个调节回路是开环的。当电磁流量计的读数 $Q \geqslant Q_{max}$ 时，一级泵降低一个频率步长，直到 $Q < Q_{max}$。

如果 $P_2 > P_1$，说明末端亏水，一级泵增加一个频率步长，直到 $P_2 \leqslant P_1$。当一级泵达到最低设定频率时，则解除电磁流量计和压力传感器对一级泵的控制，保持一级泵以最低频率运行。

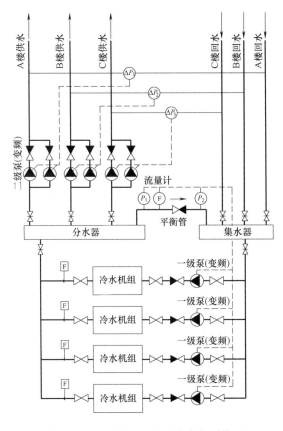

图 4-24　一级泵、二级泵均变频系统图

4.6　超高层建筑空调水冷系统竖向分区节能设计

超高层建筑空调水系统竖向分区是设计工作的重要的环节，空调水系统竖向分区是否合理，将会对工程的安全性、节能性、经济性和运行管理等产生重大的影响。

空调水系统竖向分区的主要原因是随着建筑高度的不断增加，空调水系统工作压力也逐渐增大，为了解决设备和管道系统的承压问题，一般是采用设置板式换热器进行竖向换热分区，但是这样的换热分区不宜进行多级，因为如果中间换热设备和分区循环泵增多，一方面增加了能源的转输能耗，另一方面，冷水经换热设备梯级换热后温度逐级升高，空调末端设备换热面积将增大，末端设备投资增加，同时，二次水的去湿能力下降。为了保证冷水有一定的除湿能力，一般要求冷水温度≤ 8℃。为了保证冷水机组的效率，冷水机组的出水温度也不能太低，换热次数也不能太多，一般不超过两次。这样一来，就需要充分利用设备和管道系统承压能力，在系统分区时，应尽量用足一次水可能达到的高度，尽量减少竖向分区，也是节能设计的重要手段。

为了避免循环水泵对冷水机组和板式换热器承压的影响，这样的系统一般是把水泵的吸入侧与冷水机组或板式换热器相连，考虑到空调水系统设备的承压，必须保证系统最大工作压力不超过 2.5MPa。

4.6.1 目前空调系统主要设备及管道的承压

1. 冷水机组的承压为 1.0MPa、1.6MPa、2.0MPa。

2. 空调机组、风机盘管机组的承压为 1.6MPa。

3. 板式换热器的承压为 1.6MPa、2.0MPa、2.5MPa。

4. 水泵壳体的承压为 1.6MPa、2.0MPa、2.5MPa。

5. 阀门的承压等级很多，可根据系统工作压力选取，如 1.6MPa、2.0MPa、2.5MPa、4.0MPa。

6. 管道连接：螺纹连接最大承压不超过 1.6MPa，普通焊接法兰连接最大承压为 2.5MPa，特殊工艺的法兰可以达到 4.0MPa，甚至更高的承压要求；焊接连接承压可以达到管道本身的承压要求。

4.6.2 空调冷水系统分区方式

1. 采用承压为 1.6MPa 的冷水机组时，竖向分区可按图 4-25 所示的方案。

2. 采用承压为 2.0MPa 的冷水机组，同时楼层高度仅需一次换冷时，竖向分区可按图 4-26 所示的方案，该方案中，为了防止低区末端设备超压，将裙房以下部分采用板式换热器隔离后供冷。

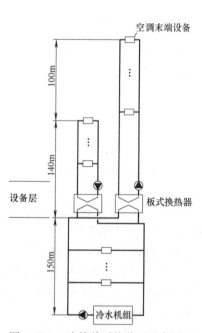

图 4-25　一次换热系统分区示意图 1

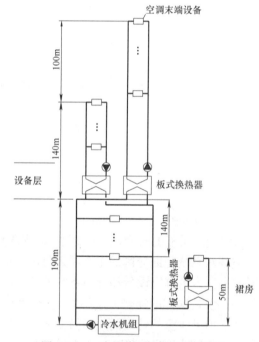

图 4-26　一次换热系统分区示意图 2

3. 采用承压为 2.0MPa 的冷水机组同时楼层高度需要两次换冷时，竖向分区可按图 4-27 的方案，同样，为了防止低区末端设备超压，该方案将裙房以下部分采用板式换热器隔离后供冷。

以上分区方式为较理想的分区方式，实际工程中，随着设备层位置的不同，分区需作相应的调整。要特别注意竖向分区板式换冷机组的控制方法，详见第 6.6 节。

4.6.3 空调热水系统分区方式

空调热水系统可以参照冷水系统来分区。但是如果是自建热源锅炉房或者有蒸汽热源建议采用蒸汽供热。利用蒸汽本身的压力直接供至各个换热器所在的设备层，如图 4-28 所示。这样不仅节省了热水的输送能耗，同时，由于蒸汽换热利用的是汽化潜热且流速高，在输送同样热量时，其管径小得多，可以节省管井的面积和管道层的高度，这一点对于超高层建筑来讲非常重要。供热系统换热器与供冷系统板式换热器宜设置在同一设备层，方便供冷与供热相互切换。

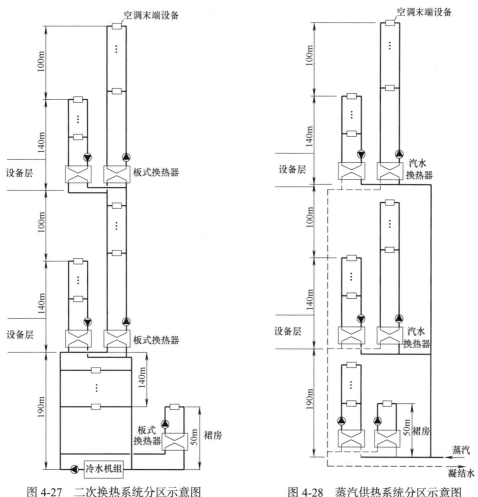

图 4-27　二次换热系统分区示意图　　图 4-28　蒸汽供热系统分区示意图

以一座 300m 高，建筑面积为 179000m² 的塔楼为例，其冬季空调热负荷约为 15100kW。如果供热采用 85℃ /60℃ 的热水，其主管直径为 *DN*300；如果采用 0.8MPa 的饱和蒸汽，其主管直径可以降到 *DN*200（蒸汽量的计算详见本书第 6.3.5 节）。

4.7　冷却塔冬季供冷系统

冷却塔供冷能够利用自然冷源，解决冬季某些建筑的供冷需求，减少制冷水机运行时间，从而得到显著的节能效果。但是冬季空调供冷应优先采用室外新风消除室内余热，这是利用自然冷源的最直接的方式。一些工程内区面积或冷负荷过小，或内区采用全空气系统，是没有必要设置冬季供冷水系统的，盲目设置会造成投资增加和新的能源浪费。在风机盘管加新风空调系统中，冬季空调内区如需供冷，水系统采用分区两管制或四管制，供暖期应完全利用冷却塔提供空调冷水供冷。

同样，这种方式也适用于某些采用冷水式恒温恒湿机组的数据中心以及采用定新风比净化空调系统的医疗场所。

4.7.1 冷却塔制冷的基本原理

从冷却塔工作原理可以看出，冷却塔能将水温降低的原因在于，水在蒸发过程中需要吸收热量从而使没有蒸发的水温度降低，水温降低的程度取决于蒸发水量，蒸发水量取决于空气的饱和程度。首先冷却水在冷却塔内与空气接触进行热湿交换，只要湿球温度低于冷却水温度就能起冷却作用。随着过渡季及冬季的到来，室外气温逐渐下降，相对湿度降低，室外湿球温度也下降，从而冷却塔出口水温也随之降低。例如：夏季当湿球温度为28℃时，一般的冷却塔可以使冷却水降温4℃，即供水温度为32℃。对于上述冷却塔，冬季当空气湿球温度为7℃时，冷却塔可以使冷却水降温增加到8℃，即出水温度为15℃。另一方面，冬季建筑室内湿负荷也在不断下降，空调末端除湿需求减少，适当提高冷水水温，降低其除湿能力，完全能满足空调系统舒适性的要求，也就是说，舒适性空调系统冬季空调冷水温度可以略高于夏季的冷水温度。

4.7.2 冷却塔供冷形式

冷却塔供冷大致有如下 3 种形式：

1. 开式冷却塔直供

冬季，当环境温度足够低时，从冷却塔来的冷却水直接进入冷水系统进行循环，包括进入空调系统的末端（如风机盘管、诱导器等），如图 4-29 所示。从节约能源的角度，这样的系统效果最好。不过，开式直接供冷系统需要将冷却水系统与冷水系统相连通，这样被冷却塔洗涤下来的空气中的灰尘，变成泥浆后就会污染干净的冷水系统，在空调末端换

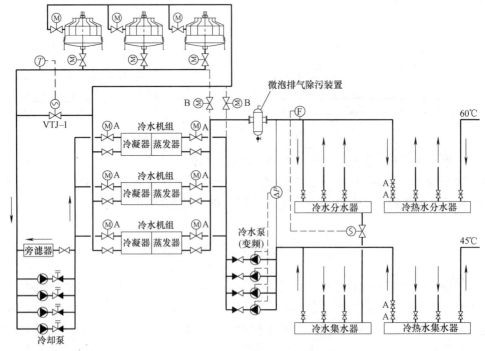

图 4-29 开式冷却塔直接供冷系统图

热器内表面附着一层污泥，使其换热效率大幅下降，甚至使其堵塞。一般通过采取对冷水加强过滤的措施（如增设微泡排气除污装置），来改善冷水的污染，但是效果有限，这种方式在空气污染较严重的地区不推荐采用。另外，这种方式冷却塔的安装高度必须高于冷水系统的最高点。

2. 闭式冷却塔供冷

采用闭式冷却塔的闭式系统（见图4-30），与开式直接供冷系统的相似之处，在于它也是用从冷却塔供给的冷却水直接进行供冷。不同的是它的冷却水系统是封闭的，冷却水未暴露在大气或灰尘中，这样就解决了堵塞污染问题。由于在闭式冷却塔内进行了空气-水换热，所以冷却塔的出水温度较高，同时由于闭式冷却塔造价较高，而且冷却塔的盘管还需要另外的防冻保护，因此，除非夏季工况时制冷工艺上对闭式冷却塔有特殊要求，一般不会采用。

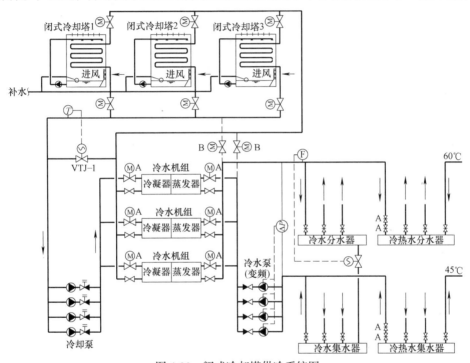

图4-30 闭式冷却塔供冷系统图

3. 开式冷却塔加板式热交换器间接供冷

冷却水作为一次水，通过板式换热器对冷水进行间接降温。工程设计中可以将板式换热器视为"冷机"与冷水机组并联。由于冷却水系统和冷水系统是隔离的，从而避免了冷水系统被污染、腐蚀和堵塞问题。板式换热器体积小，换热能力强，能够最小限度地减小换热温差，设计时板式换热器宜分成两组，每组均能分担70%的冬季冷负荷。这种供冷方式目前被广泛采用。开式冷却塔加板式热交换器间接供冷的循环泵设置有两种方式：

（1）当水泵与冷水机组是一对一的连接方式时，如图4-31所示，供冷板式换热器建议单独配冷却水泵和冷水泵，这样在机房设计时管路系统清晰，水泵可以独立选型，不受约束，运行管理方便。

（2）当水泵与冷水机组是共用集管的连接方式时，如图4-32所示，供冷板式换热器的冷却水泵和冷水泵可与冷水机组的共用，这样可以节省水泵的投资。

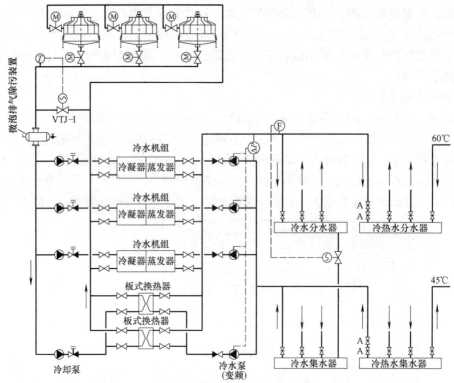

图 4-31　开式冷却塔加板式换热器间接供冷系统图 1

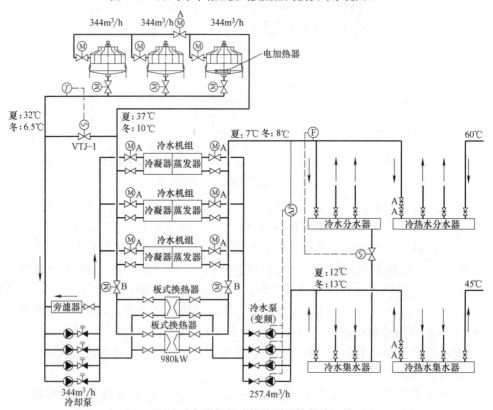

图 4-32　开式冷却塔加板式换热器间接供冷系统图 2

4.7.3　冷却塔供冷转换温度

为了最大限度地利用室外冷源，设计采用的室外最高湿球温度设计值不应低于 5℃，也就是说冷水机组供冷与冷却塔供冷进行转换的依据是室外湿球温度，这个湿球温度不应低于 5℃。

4.7.4　冷却塔特性曲线

冷却塔特性曲线是冷却塔冬季供冷工况不同流量比下的室外湿球温度 t_w 与冷源水供水温度 t_{c1} 和冷源水供回水温差 Δt_c 的关系图。该曲线应由冷却塔生产厂家通过实测资料提供，但是目前一般的冷却塔厂家都无法提供。当缺少资料时，可参考图 4-33（该图引自《北京地区冷却塔供冷系统设计指南》，是由模拟计算得出的）。

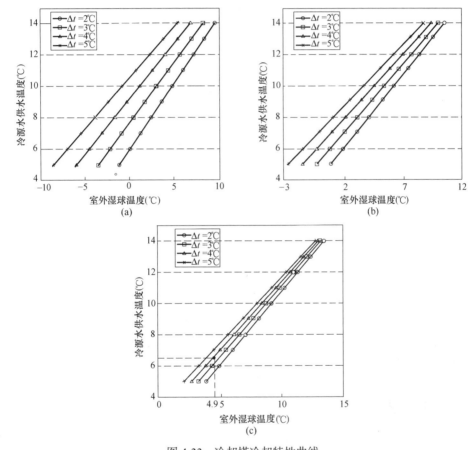

图 4-33　冷却塔冷却特性曲线

（a）流量比 100%；（b）流量比 70%；（c）流量比 50%

注：图中流量比，为冷却塔冬季供冷时的设计流量与夏季名义流量之比；图中温差，为冷却塔供冷时进出口温差。

4.7.5　冷却塔冬季供冷设计计算

以图 4-32 所示的北京某冷水一级泵变流量系统为例，总冷负荷为 4800kW，采用 3 台制冷量为 1600.4kW 的螺杆式冷水机组，每台冷却水流量为 344m³/h，冷水流量为 257.4m³/h，冷水泵、冷却水泵均为三用一备。夏季供冷时冷水供水温度为 7℃，回水温度为 12℃，温差 5℃。冬季冷负荷为 1400kW。

在冷却塔供冷项目设计时，末端（风机盘管或空调机组）设备及冷却塔均已按夏季供冷确定。因此，在冬季供冷时，就存在两者的匹配问题，设计时需计算板式换热器的换热量、确定冷却水泵、冷水泵及冷却塔的开启台数。

1.首先要确定冬季供冷时冷水的温度，一般是尽量接近夏季的温度，但是，过低的冷水温度会使增加冷却塔的开启台数或者使供冷时间缩短。

冬季冷负荷为 1400kW，取冬季内区空调冷水供水温度 t_{L1}=8℃，回水温度 t_{L2}=13℃。

2.冬季供冷冷水流量：

$$L_1 = \frac{Q}{c_p \cdot \rho \cdot \Delta t} = \frac{1400 \times 860}{1 \times 1000 \times 5} = 240.8 \text{m}^3/\text{h}$$

由上可知，冬季需要变频运行 1 台冷水泵即可满足供冷要求。

3.冬季冷却塔供冷时每台板式换热器负担的负荷为：1400kW × 70%=980kW。

4.确定冬季板式换热器温差较小端一、二次水温差 Δt_x。

板式换热器温差较小端一、二次介质温差宜取 Δt_x=1～2℃。该温差取得太小，则板式换热器选型后的换热面积太大，工程造价较高。该温差取得太大，则可利用的供冷时间太少。一般取 Δt_x=1.5℃。

5.确定冬季冷却水温差 Δt_c。

由公式

$$L_2 = \frac{Q}{c_p \cdot \rho \cdot \Delta t_c}$$

可求得

$$\Delta t_c = \frac{Q}{c_p \cdot \rho \cdot L_2}$$

上式中 L_2 的大小由供冷时运行冷却泵的台数决定。一次侧流量越大，Δt_c 越小。对于同一冷却塔，Δt_c 越小，要求冷却塔温降越小，可以在较高室外湿球温度情况下供冷，但水泵运行的台数越多，需要电能较多；但 Δt_c 也不宜过小，否则就是一个大流量小温差的系统，一般以 2℃为界。

当运行 1 台冷却水泵时，代入上式可得 Δt_c=3.5℃；

当运行 2 台冷却水泵时，代入上式可得 Δt_c=1.75℃。

由上式可知运行 1 台冷却水泵，Δt_c=3.5℃，满足要求。

6.冷却塔供冷的一次冷源水供水温度应按以下要求确定（见图 4-34）：

（1）当 $\Delta t_c \leqslant (t_{L2}-t_{L1})$ 时，$t_{c1} = t_{L1}-\Delta t_x$。

（2）当 $\Delta t_c > (t_{L2}-t_{L1})$ 时，$t_{c1} = t_{L2}-\Delta t_x-\Delta t_c$。

（3）t_{c1} 不应小于 5℃，当 t_{c1} 计算结果小于 5℃，应调整 Δt_x 或 Δt_c。

其中，Δt_c——冷源水供回水温差，℃；

t_{L1}——空调冷水最高供水温度，℃；

t_{L2}——空调冷水最高回水温度，℃；

t_{c1}——冷源水最高供水温度，即冷却塔出水温度，℃。

由于

$\Delta t_c = 3.5℃ < 5℃$

冷却塔供应的一次冷源水供水温度为：$t_{c1} = t_{L1} - \Delta t_x = 8℃ - 1.5℃ = 6.5℃$。

7. 冷却塔供应的一次冷源水回水温度为：$t_{c1} + \Delta t_c = 6.5℃ + 3.5℃ = 10℃$。

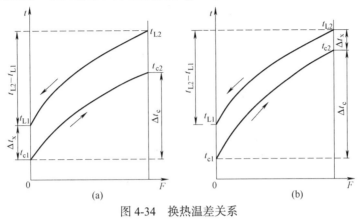

图 4-34 换热温差关系

（a）$\Delta t_c \leqslant t_{L2} - t_{L1}$ 时，换热温差关系；（b）$\Delta t_c > t_{L2} - t_{L1}$ 时，换热温差关系

8. 确定冬季冷却塔运行的台数

根据冷却塔供应的一次冷源水供水温度 6.5℃和冬季冷却水温差 3.5℃（通过内插法获得），查冷却塔特性曲线，满足室外最高湿球温度设计值不低于 5℃的条件只有冷却塔特性曲线 c。

此时的室外湿球温度为 $t_w = 4.9℃$，流量比为 50%。因此冷却塔的夏季名义流量为：$344/50\% = 688 \text{m}^3/\text{h}$。

由上可知冬季供冷需要运行 2 台冷却塔。

4.7.6 冷却塔冬季供冷控制要求

以图 4-32 为例：

1. 系统应根据室外湿球温度进行冷水机组供冷和冷却塔供冷的工况转换。转换室外湿球温度为 $t_w = 4.9℃$，并根据实际运行实践经验进行调整。冬季冷却塔加板式换热器供冷时，图 4-32 中阀门 A 关闭，阀门 B 开启；冷水机组供冷时，阀门 B 关闭，阀门 A 开启；

2. 电动调节阀 VTJ-1 根据冷却塔的出水温度控制：

（1）冷水机组供冷时，采用模拟量控制方案，采用温度传感器实测温度 T 与设定温度（15.5℃）的差值，经 PID 运算后，调节 VTJ-1，使冷却塔的出水温度不低于 15.5℃。

（2）当采用冬季冷却塔＋板式换热器供冷时，电动调节阀 VTJ-1 采用开关量控制方案，水温应控制在不冻结温度以上，即：当温度传感器检测到冷却塔的出水温度≤5℃时，全开 VTJ-1，当温度传感器检测到冷却塔的出水温度高于设计值 t_{c1}（6.5℃）时全关 VTJ-1。

3. 当温度传感器检测到冷却塔的出水温度≤5℃时，冷却塔风机停止运行，升高至设计值 t_{c1} 时，恢复运行。

4. 冷却塔集水盘需要设置电加热器，室外冷却水管道需要设置电伴热。电加热器及电伴热的启停控制应纳入楼宇控制，当冷却塔集水盘内水温低于 5℃时开启电加热器，高于设计值 t_{c1} 时，关闭电加热器。同时要确保在集水盘内无水时，电加热器不能启动。

4.7.7 冷却塔冬季供冷设计注意事项

1. 应采用为冷水机组配置的冷却塔，确定其中的 1 台或几台作为冬季冷源设备，冷却塔供冷工况时流经冷却塔的流量不应大于冷却塔额定流量；为了防止气温过低时冷却塔冻结，不应小于冷却塔额定流量的 50%。冷却水泵应为定流量运行。

2. 冬季不使用的冷却塔和室外管道应泄空防冻。冷却水室内管线需保温，防止冬季供冷时结露。

3. 供冷板式换热器选型时，应让其阻力接近冷水机组冷凝器的阻力，避免因冷却水管路阻力太小，冷却泵过载启动困难。

4. 加强冷却水系统的除污过滤，如设置加药装置、设置旁滤装置或微泡排气除污装置，减轻冷却水对板式换热器的污染。

5. 空调冷水泵应尽量使用按夏季工况选定的设备，有条件时宜变流量运行。

6. 由于闭式冷却塔造价较高，仅为了冬季供冷而采用闭式冷却塔是非常不经济的。

7. 冷却塔一般在温度最低的进风口处和填料处最易发生冻结，对于不同类型的冷却塔，容易结冰的程度不同：

（1）横流塔：大面积填料暴露在进风处，且处于半干半湿状态相对易结冰。

（2）轴流风机设在上部的引风式逆流塔：除小面积进风口处外，填料基本处于有一定流速的水流包围中，相对横流塔不易结冰。

（3）离心风机设在下部的半封闭式鼓风式逆流塔：进风腔无水不会结冰；填料也基本处于有一定流速的水流包围中，也不易结冰。

第5章　蓄冷空调工程设计

由于发电厂的发电能力与用电负荷不相等，同时，由于目前电能还无法有效地大规模储存。这就存在着用电峰值和用电谷值。电力部门通过需求侧管理（Demand Side Management，DSM），采取削峰、填谷、移峰填谷、改变用户的用电方式等措施，对电力负荷曲线进行整形，减少日用电的峰谷差等。

蓄冷空调工程就是在用电低谷时段，利用蓄能设备将制冷机制得的冷量储存起来，在用电高峰期再将储存的冷量释放给空调末端使用。

由于充分利用了夜间低谷电力，不仅使中央空调的运行费用大幅度降低，而且对电网具有显著的移峰填谷作用，提高了电网运行的经济性。对电网来说，蓄冷空调起到了转移用电峰值的作用，平衡了电网负荷，从而提高了发电设备的使用效率，从宏观上减少了发电设备的装机容量，节省了能源消耗，减少了温室气体的排放。

对用户来说，蓄冷空调利用峰谷电价差，给用户节省了空调电费。节省电费的多少与项目所在地的峰谷电价差及蓄冷的形式相关。蓄冷的形式大体上分为水蓄冷和冰蓄冷。水的单位体积蓄冷量较小（5.8～12.77kWh/m³），蓄冷所占容积较大。冰的单位体积蓄冷量较大（40～50kWh/m³），冰蓄冷储槽所占容积较水蓄冷小。冰蓄冷可提供较低的供水温度，适宜大温差低温供水、低温送风、区域供冷等空调工程。

5.1　水　蓄　冷

水蓄冷是采用水作为蓄冷介质，利用水在不同温度下具有不同显热量的特性蓄冷。蓄存的冷量取决于蓄冷槽储存冷水的数量和蓄冷温差。因此，水蓄冷最适合大温差供水的空调系统，这将大大增加蓄冷量。

5.1.1　水蓄冷的冷水机组

由于水在4℃时的密度最大，有利于自然分层，因此可以采用常规冷水机组，直接制取4℃的冷水来储存。也可以采用两台常规冷水机组串联，分两段将冷水降低到4℃，以此来提高机组的制冷效率。

5.1.2　水的蓄冷量计算

$$Q = \frac{\rho \cdot V \cdot c_p \cdot \Delta t}{3600} \tag{5-1}$$

式中　Q——水蓄冷量，kWh；

ρ——蓄冷水密度，kg/m³，取1000kg/m³；

V——水的体积，m³；

c_p——水的定压比热，kJ/（kg·℃），取4.18kJ/（kg·℃）；

Δt ——蓄冷水池进、出水温差，℃。

但是对于某一水槽的蓄冷量还需附加一定的安全系数。

$$Q_{\mathrm{x}} = \frac{\eta \cdot \varphi \cdot Q}{k_{\mathrm{d}}} \qquad (5\text{-}2)$$

式中　Q_{x} ——水槽的蓄冷量，kWh；

　　　η ——水槽的容积率，取 0.95；

　　　φ ——蓄冷水槽的完善度，考虑斜温层、死水区的影响，一般取 0.85 ～ 0.90；

　　　k_{d} ——冷损失附加率，一般取 1.01 ～ 1.03。

5.1.3　蓄冷水槽的形式

蓄冷水槽有多种形式，如：水平串联式、水平并联式，但是以重力自然分层的形式蓄冷的效率最高，应用最多，下面的介绍均为自然分层式。

5.1.4　采用消防水池水蓄冷

在民用建筑中常常是利用消防水池来做水蓄冷，这样就不需增加多少投资，比较适合蓄冷量不太大的工程，如酒店等，利用一部分机组来承担夜间负荷，同时用另一部分机组在夜晚低谷电价时来做水蓄冷。

利用消防水池来做水蓄冷需要在设计之初与给排水专业充分沟通，使得消防水池的形状、容量在满足消防要求的同时，也能方便于蓄冷的使用。这种蓄冷最有利的方式是采用自然温度分层。而多水池水平串联法、迷宫法及折流法，由于要增加水池内部分隔等措施，增加工程的造价和复杂性，在新建工程中不建议采用。

1. 蓄冷水池的构造

采用自然分层式水蓄冷，要求水池的面积与体积之比越小越好，也就是瘦高的形状，或者通过分隔成几个水池，使每个水池变得瘦高。同时，水池内的水面净高宜大于 5m。水池最好是在冷水机组的上一层，这样蓄冷时冷水机组的蒸发器始终为满水状态，从而形成一个以水池定压的蓄冷循环系统。

在水池内部，通过设置上、下两个完全相同的布水器来控制水流，避免冷热水掺混。下布水器距池底的距离与上部水器距水面的距离相等。

2. 斜温层

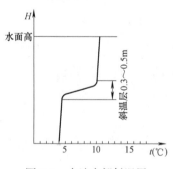

图 5-1　水池内部斜温层

在水池底部的冷水与上部的温水之间，由于温差导热会形成温度过渡层，即斜温层（见图 5-1），一般在 0.3 ～ 0.5m，保证斜温层的稳定，能够防止冷、温水的混合。为此，要沿高度方向设置多个间距小于或等于 0.3m 的温度传感器，来监控水温的变化。

3. 工作原理

如图 5-2 所示的采用消防水池的水蓄冷系统，蓄冷时，冷水机组制取冷水直接送入水池，由于水在 4℃时的密度最大，有利于自然分层，因此，冷水机组出水温度一般采用 4℃。

蓄冷时，低温水由下部的布水器进入水池，高温水由上部的布水器流出水池。释冷时，低温水由下部的布水器流出水池，高温水由上部的布水器进入水池。因此，需要一个转换阀组来实现这一转换。

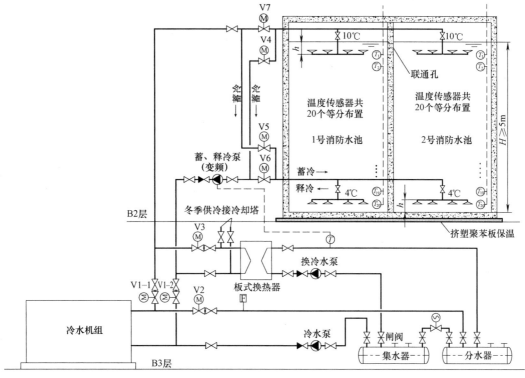

图 5-2　消防水池水蓄冷原理图

联合供冷时，蓄冷水池与冷水机组一般采用并联的方式运行，而不采用串联的方式。因为如果采用主机下游的串联方式，主机会因为进水温度较低而效率降低。如采用主机上游的串联方式，由于水池出水温度不易稳定，从而导致系统供水温度不稳定。

释冷时，水池内4℃冷水通过板式换热器交换成7℃/12℃的冷水，进入分集水器。如果有冬季内区冷负荷，该板式换热器可与冬季冷却塔供冷的板式换热器共用，设计时，分别计算两种板式换热器的面积，取其最大值。

蓄冷时，当 $T_1 \approx 4℃$ 时，蓄冷结束。

释冷时，释冷泵根据板式换热器二次侧出水温度变频运行，保证出水温度恒定在7℃。当释冷泵以最高转速运行时，如果出水温度高于7℃，则释冷结束。

各种运行模式下设备、阀门状态如表 5-1 所示。

各种运行模式下设备、阀门状态　　　　　　　　　　　　表 5-1

运行模式	冷水机组	冷水泵	蓄、释冷水泵	换冷水泵	V1-1、2	V2	V3	V4、V5	V6、V7
蓄冷	开	关	开（工频）	关	开	关	关	开	关
水池单独供冷	关	关	开（变频）	开	关	关	开	关	开
主机单独供冷	开	开	关	关	关	开	关	关	关
主机水池联合供冷	开	开	开（变频）	开	关	开	开	关	开

4. 消防水池水的保温

消防水池水的保温可以采用简单的外保温。由于水池一般要求与建筑主体结构脱开，因此可在水池底部与主体结构之间垫一层挤塑聚苯板作为水池底部的外保温。挤塑聚苯板是由聚苯乙烯树脂及其他添加剂，经挤压过程制造出的拥有连续均匀表层及闭孔式蜂窝结构的板材，这些蜂窝结构的厚板，完全不会出现空隙，同时拥有较低的导热系数［仅为 0.028W/（M·K）］和经久不衰的优良保温和抗压性能，抗压强度可达 220 ～ 500kPa（22 ～ 50t/m²）。

水池的侧壁保温可采用普通的防火外墙保温做法。

5. 布水器

布水器必须保证能够形成一个冷、温水混合程度最小的斜温层，还要保证斜温层不被以后发生的扰动所破坏，因此无论是在蓄冷还是在释冷过程中，水的流动都应以密度差为动力，而尽可能防止惯性力的影响。为此需要控制进水雷诺数在 $Re=400 \sim 800$。

$$Re = \frac{q}{v} \qquad (5\text{-}3)$$

$$q = \frac{Q}{L} \qquad (5\text{-}4)$$

式中　q——单位分配器长度的体积流量，m³/（m·s）；

　　　v——水的运动黏度，m²/s；

　　　Q——最大流量，m³/s；

　　　L——布水器有效长度，m；

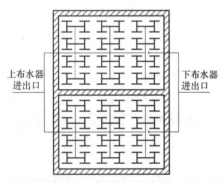

上部温水的布水器的进、出水孔应朝上，下部冷水的布水器的进、出水孔应朝下，考虑到造价和防腐的要求，目前一般采用工程塑料管上钻孔，孔的流速应小于或等于 0.3m/s，由于消防水池一般为矩形或方形，因此，布水器一般采用 H 形布局（见图 5-3）。

6. 消防水池水蓄冷的注意事项

（1）消防水池一般在地下，空调冷水系统定压高度远高于水池，在空调与蓄冷转换时，电动阀门的严密性很重要，否则，冷水就会漏到水池后而溢

图 5-3　消防水池 H 形布水器平面图

流掉。

（2）工程中，为了防止池水变质，给排水专业经常将会将消防水池内的水设计成冷却塔的补水，但在消防水池水蓄冷工程中就应避免这样的设计。水池的液位监控及补水、溢水由给排水专业设计。

5.1.5　采用水蓄冷的区域供冷

场地宽裕的项目可采用水蓄冷作为区域供冷，如某机场航站区的水蓄冷，采用 4 个蓄冷水罐，单罐水容积达 13800m³，罐体有效直径 26.5m，有效高度 25.1m。总蓄冷量可达 50.8 万 kWh，工程造价远比同等规模的冰蓄冷低得多。由于蓄冷罐较高，水罐一般也兼作区域供冷一次侧的定压补水膨胀水箱。

1. 采用两级泵的水蓄冷区域供冷系统

基于与消防水池蓄冷同样的原因，在联合供冷时，蓄冷罐与主机采用并联运行的方式。图 5-4 为采用大温差的水蓄冷区域供冷原理图，该项目采用二级泵系统，一级泵为定频泵，其扬程用来克服制冷机房内及室外管网的阻力。二级泵为变频泵，其扬程用来克服末端用户内部阻力，根据末端用户室内管网供回水压差 ΔP_1 变频运行，保证室内管网压差恒定。蓄冷泵仅克服蓄冷罐的阻力。

该系统最大的特点是在夜晚低谷电、冷负荷较低时，可以实现边供冷边蓄冷，省去了机载主机，使系统得以简化。

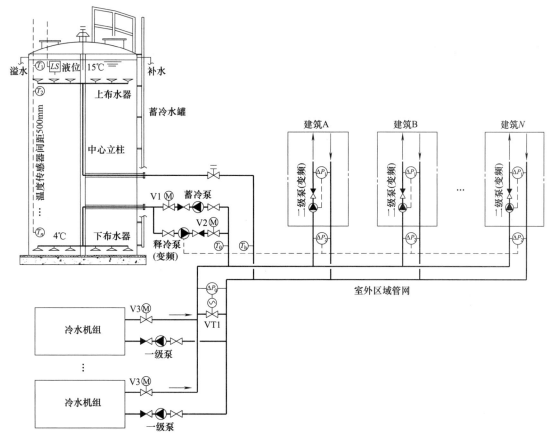

图 5-4　采用大温差的水蓄冷区域供冷原理图

蓄冷工况下，当 $T_1 \approx 4℃$ 时，蓄冷结束。

联合供冷时，以释冷优先，释冷泵以工频额定转速运行，如果出水温度 T_0 高于 $4℃$，则释冷结束。释冷时要监控回水温度 T_h，当回水温度低于设定值时停止释冷泵，避免低温水回到蓄冷罐。

蓄冷罐单独供冷时，释冷泵根据远端最不利环路供回水压差 ΔP_2 调节转速，保证远端最不利环路供回水之间压差恒定。ΔP_2 压差传感器应在各建筑入口设置，以便当某一建筑的空调系统关闭时，自控系统根据预先编好的程序重新选择确定最不利环路（注：各建筑入口处的 ΔP_2 值不同）。

液位计的低水位信号、高水位信号分别控制补水泵的启动和停止。

各种运行模式下设备、阀门状态如表 5-2 所示。

运行模式	冷水机组	一级泵	蓄冷泵	释冷泵	二级泵	V1	V2	V3	VT1	备注
蓄冷	开	开	开	关	关	开	关	开	关	
蓄冷水罐单独供冷	关	关	关	开	开	关	开	关	关	
主机单独供冷	开	开	关	关	开	开	关	开	调节	
主机水罐联合供冷	开	开	关	开	开	关	开	开	调节	
主机边供冷边蓄冷	开	开	开	关	开	开	关	开	调节	冷负荷较低时

各种运行模式下设备、阀门状态　　表 5-2

二级泵系统管网的水压图如图 5-5 所示。

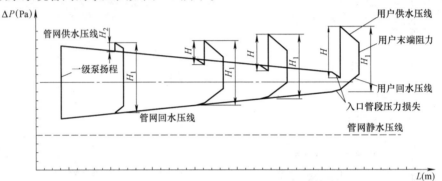

图 5-5　二级泵系统管网的水压图

H—二级泵扬程；H_1—用户资用压力；H_2—蓄冷泵扬程

2. 采用三级泵的水蓄冷区域供冷系统

当外网较长，阻力较大，该项目可以采用三级泵系统，如图 5-6 所示。

一级泵为定频泵，其扬程用来克服制冷机房的阻力。

二级泵为变频泵，其扬程用来克服室外管网的阻力。二级泵的控制方法有如下：二级泵根据远端最不利环路供回水压差 ΔP_2 调节转速，保证供回水之间的压差恒定。ΔP_2 压差传感器应在各栋建筑入口设置，以便当某一建筑的空调系统关闭时，自控系统根据预先编好的程序重新选择确定最不利环路。

三级泵为变频泵，其扬程用来克服末端用户内部阻力，根据室内管网供回水压差 ΔP_1 变频运行，保证室内管网压差恒定。

蓄冷泵、释冷泵仅克服蓄冷罐的阻力。

该系统同样可以在夜晚低谷电、冷负荷较低时，实现边供冷边蓄冷。蓄冷工况下，当 $T_1 \approx 4℃$ 时，蓄冷结束。

联合供冷时，以释冷优先，释冷泵以工频额定转速运行，如果出水温度 T_0 高于 $4℃$ 则释冷结束。

蓄冷罐单独供冷时，释冷泵根据回水温度 T_n 与设定值的差值，经 PID 运算后，调节变频器的频率，保证回水温度恒定，避免低温水回到蓄冷罐内。

蓄冷罐内液位计的低水位信号、高水位信号分别控制补水泵的启动和停止。

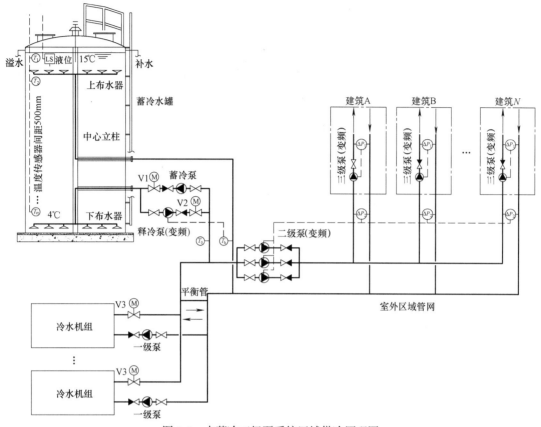

图 5-6　水蓄冷三级泵系统区域供冷原理图

三级泵系统管网的水压图如图 5-7 所示。

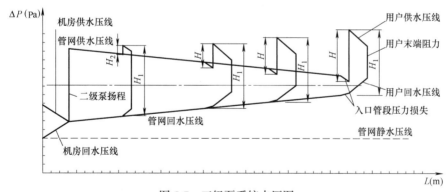

图 5-7　三级泵系统水压图

H—三级泵扬程；H_1—用户资用压力；H_2—蓄冷泵、释冷泵扬程

3. 采用一级泵变流量的水蓄冷区域供冷系统

当室外管网阻力不大时可以采用一级泵变流量系统，这样可以使系统大大地简化，如果末端是高层用户，应采用分隔板式换热器进行换热，如图 5-8 所示。蓄冷时电动蝶阀 V1 开启，释冷时 V1 关闭。供冷时，变频冷水泵根据远端最不利环路供回水压差 ΔP_2 调节转速，保证供回水之间压差恒定。释冷时，释冷泵同样根据供回水压差 ΔP_2 调节转速，

保证管网远端最不利环路供回水之间压差恒定。ΔP_2 压差传感器应在各建筑入口设置，以便当某一建筑的空调系统关闭时，自控系统预先编好的程序重新选择确定最不利环路。同时，各机组蒸发器进出口之间设置压差传感器 ΔP_1，通过 ΔP_1 来监测蒸发器的最小流量，当达到最小流量时，开启 VT1，调节旁通流量，使蒸发器的流量始终大于等于最小流量。为了防止蓄冷时布水器流速超出限值，在蓄冷管路上设置动态流量平衡阀，保证流量恒定。

一级泵变流量系统一次侧管网的水压图如图 5-9 所示。

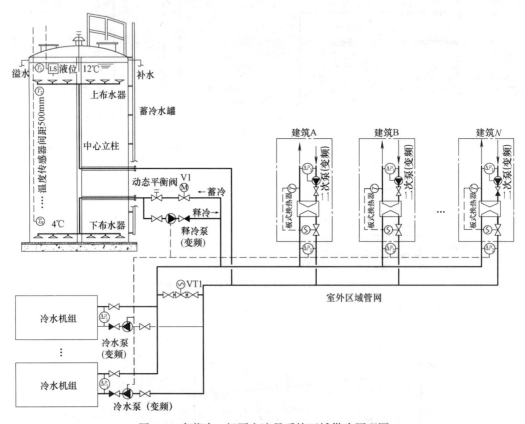

图 5-8　水蓄冷一级泵变流量系统区域供冷原理图

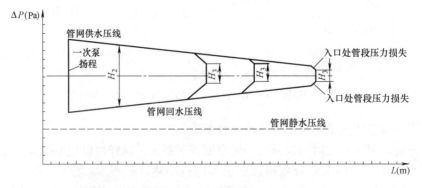

图 5-9　一级泵变流量系统一次侧管网的水压图

H_2—释冷泵扬程；H_3—板式换热器阻力 + 调节阀阻力

4. 蓄冷水罐

蓄冷水罐采用温度分层法，控制释冷及蓄冷时罐中水流平稳，避免罐内水流无序扰动，最大限度减小斜温层厚度。

水流分配系统技术要求：在罐顶和罐底设置水流分配系统，并确保水流到达各水流分配口时流速和流量的稳定、均匀。水流分配系统各水流分配口的流速不大于蓄冷规范要求，进口雷诺数 Re 在 240～850 之间，流速均匀并小于 0.3m/s。水流分配系统所用的材料必须采取必要的防腐措施。

超大型蓄冷水罐为完整产品，其技术性能指标须整体设计、制作及安装。罐体设计应满足现行国家标准《立式圆筒形钢制焊接油罐设计规范》GB 50341 的要求。

蓄冷罐及其组件包括：罐底、罐壁、罐顶、笼式直梯、操作平台、防滑条（罐顶的通气孔、测温孔、人孔及其维修通道）、进出水孔、罐顶栏杆及平台、排污管、补水管、人孔、抗风圈、罐体立柱、罐体保温、液位计、双组温感探头（每组间隔 0.5m）、航空指示灯等。

罐体保温：蓄冷水罐罐体外保温采用聚氨酯现场发泡，保温层厚度不低于 120mm，罐体保冷设计要保证冷量损失最大不超过日蓄冷量的 5%。外保护层采用 0.8mm 厚瓦楞彩色钢板，并考虑罐底的绝热设计。

防腐措施：罐内壁采用两道环氧防锈漆，罐外壁采用两道铁红防锈漆进行防腐处理。栏杆、罐顶平台等预制钢构件加工后采取油漆环氧镀锌处理。蓄水罐附件、直梯、栏杆等的防腐为二底二面，即二道防锈底漆，二道银粉面漆。

5.1.6　数据中心的水蓄冷

高安全等级数据中心的水蓄冷与常规的水蓄冷完全不同，它是以保证安全为目的而不是以节省运行电费为目的。当市电出现故障，柴油发电机启动之前，释冷泵、机房内的恒温恒湿空调的风机由 UPS 供电，蓄冷罐保证在最大负荷下持续供冷 15min。由于要求释冷速率非常高，一般的静态冰蓄冷系统都无法满足这一要求。

在图 5-10 中，数据中心的制冷系统为一级泵冷源侧变流量系统，该系统提供 12℃/18℃ 的空调冷水，为了保证水系统的高可靠性，冷水系统为环状管网，能够保证在单点故障时系统能够正常运行。蓄冷水罐兼作定压补水膨胀水箱。系统不是在夜晚低谷电时蓄冷，而是时刻准备着蓄冷和释冷。

当蓄冷罐内竖向水温最高与最低相差 1℃ 时，机组开始蓄冷。蓄冷时，开启阀门 V1，当罐内竖向温度均达到 12℃ 时，蓄冷自动停止，关闭阀门 V1。供冷时，变频冷水泵根据供回水压差 ΔP_2 调节转速，保证供回水之间压差恒定。释冷时，释冷泵同样根据供回水压差 ΔP_2 调节转速，保证供回水之间压差恒定。同时，各机组蒸发器进出口之间设置压差传感器 ΔP_1，通过 ΔP_1 来监测蒸发器的最小流量，当达到最小流量时，开启 VT1，调节旁通流量，使蒸发器的流量始终大于等于最小流量。

5.1.7　提高水蓄冷效率的方法

提高水蓄冷的效率，就是在一个确定的水槽容积下，提高其蓄冷量和释冷量，一般可以从以下几个方面着手：

1. 由式（5-1）可知：加大水槽的供回水温差，可以显著提高蓄冷量，这就要求空调末端系统采用大温差技术。

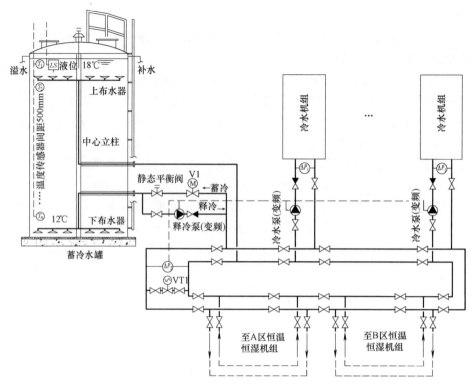

图 5-10　数据中心水蓄冷一级泵冷源侧变流量系统原理图

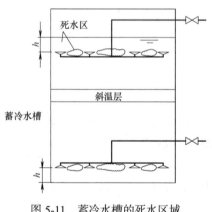

图 5-11　蓄冷水槽的死水区域

2. 采用瘦高型水槽，提高水槽的完善度，在水槽内部会存在一些死水区域，这部分水占据了水槽的容积却不参与换热，如图 5-11 所示，上布水器距水面的空间、下布水器距池底的空间、两个出水孔之间的区域、斜温层的区域。毫无疑问，当水槽为瘦高型时，上述区域的体积会大量减少。

3. 采用高效的布水器，进一步提高水槽的完善度。

4. 释冷泵采用变频泵，避免出现大流量小温差的运行工况，从而导致回水温度降低。

5.2　冰　蓄　冷

根据蓄冷器的形式，目前在中央空调系统中应用较多的有静态制冰（钢盘管式、冰球式、塑料盘管式）和动态制冰（冰片滑落式、流态冰）等几种方式。盘管式以蓄冷量大、技术成熟的优势在区域供冷项目中应用最多。

在国内过去几十年的应用中，各种蓄冷形式的优缺点都得以体现。钢盘管的最大劣势是不耐腐蚀，在钢盘管整体镀锌过程中，有时会存在薄弱部位，或在运输安装过程中遇到磕碰，就使这些部位容易被腐蚀，出现盘管泄漏的情况，而且修复困难。冰球的最大劣势是损耗，有文献说冰球易破裂，需要每年更换一些冰球。但是笔者对运行了十几年的项目随访中没有发现冰球破裂的情况，而是出现了许多冰球因内部的水分流失而瘪了，从而导致蓄冷量大幅衰减。分析其原因，可能是渗透作用引起的。渗透作用（Osmosis）是指两种不同浓度的溶液隔以半透膜（允许溶剂分子通过，不允许溶质分子通过的膜），水分子或其他溶剂分子从低浓度的溶液通过半透膜进入高浓度溶液中的现象。动态制冰具有冷机效率高、释冷速度快等优点，但是其制冰设备容量普遍较小，不太适合大型项目采用。

纳米导热复合盘管能够避免钢盘管的腐蚀泄漏的状况，其制冰性能与钢盘管相当，同时也没有冰球的缺点，经过近 20 年的工程实践，目前有一定的优势。

蓄冷器与双工况主机的布置形式上有并联和串联两种方式，同时还有主机上游、主机下游两种形式，但是通过多年的工程经验，以及大温差节能等的要求，目前的工程设计以主机上游串联的形式为主。

5.2.1　盘管式静态冰蓄冷系统

1. 盘管种类

目前应用于冰蓄冷系统的盘管分为钢盘管和塑料盘管两大类。

（1）如图 5-12 所示，钢制蛇形盘管为连续卷焊（或无缝钢管焊接）而成的立置蛇形盘管，外表面热镀锌，管外径 26.67mm，内融冰冰层厚度为 25 ～ 30mm。外融冰冰层厚度为 35 ～ 40mm。

（2）如图 5-13 所示，纳米导热复合盘管，为不完全冻结蓄冰盘管，其基材为 PE 纳米复合材料，内融冰冰层厚度为 18 ～ 20mm。外融冰冰层厚度为 20 ～ 22mm。与普通塑料管相比导热系数大，比高密度聚乙烯管材高 4 倍左右，接近冰的导热系数 [2W/（m·℃）]。与钢盘管相比，由于管径较小，管间距小，在同样外形尺寸的盘管中，纳米导热复合盘管比钢制盘管增加了 20% 的换热面积（盘管数量多），结冰厚度相对较薄。根据换热公式：$Q = k \cdot A \cdot \Delta t$，制冰中后期，换热热阻主要来自冰层（冰层厚度远大于 2mm 厚的管壁），故在制冰中后期（6 ～ 7h，即制冰的大部分时间内），无论是钢盘管还是纳米导热复合盘管，其传热系数 k 都比较接近，决定盘管制冰性能（Q）的主要是换热面积（A）的大小。纳米导热复合盘管换热面积（A）比钢盘管大，约为钢盘管的 1.2 倍，因此，纳米导热复合盘管最终制冰完成时乙二醇的温度明显高于的钢盘管，制冰厚度也较薄，故显著提高了

图 5-12　钢制蛇形盘管

图 5-13　纳米导热复合盘管

系统整体效率，总蓄冰量也与钢盘管相当。

2. 蓄冰槽

盘管式静态冰蓄冷系统的蓄冰槽有现场制作混凝土蓄冰槽和盘管自带钢制蓄冰槽两种（见图5-14）。前者造价较低，大规模蓄冷时节省空间，但是水槽的防水保温施工要求高，否则极易泄漏和结露。下面介绍一种混凝土蓄冰槽防水保温一体化设计方案。

图 5-14 自带钢制水槽的钢盘管

（1）混凝土蓄冰槽防水保温一体化设计方案

混凝土蓄冰槽防水保温一体化设计方案如图5-15和图5-16所示。该设计方案采用2.0mm厚的聚脲涂层作为蓄冰槽防水保温体系的防水层，以及采用100mm厚喷涂聚氨酯发泡材料作为蓄冰槽防水保温体系的保温层。

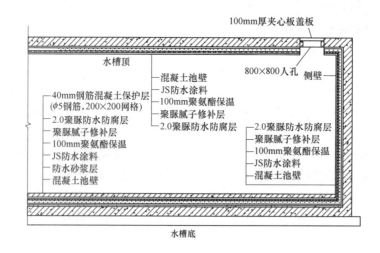

图 5-15 混凝土蓄冰槽防水保温做法

聚脲是由异氰酸酯组分与氨基化合物组分反应生成的一种弹性体物质。聚脲的最基本特性就是防腐、防水、耐磨等。

蓄冰槽防水保温的传统做法是PVC防水卷材＋挤塑聚苯板。该做法的缺陷在于PVC防水卷材采用多道搭接施工，随着使用时间的增加将不可避免地出现不同程度的搭接缝部位粘结失效，导致水穿透防水卷材的现象，而且水将沿挤塑聚苯板之间的缝隙渗透并穿过下层防水材料（砂浆），进一步渗透至建筑物内部。由于挤塑聚苯板长期被积水浸泡，其保温性能也将明显

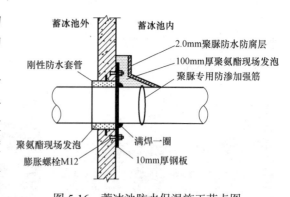

图 5-16 蓄冰池防水保温施工节点图

注：蓄冰槽内管道及防腐保温工程，需先完成蓄冰槽内管道工程，再进行蓄冰槽体防腐保温施工。

下降；一旦发生渗漏，要发现准确的渗漏点难度却很大：PVC防水卷材被保护层覆盖，如不全面移除该保护层，则很难判断出具体的防水卷材搭接缝粘结失效部位。

（2）一体化设计方案的特点

1）聚氨酯发泡保温层与聚脲防水层整体无缝，不形成应力点，能够适应各类不规则的结构表面，以及优异的附着力，起到了杜绝雨水渗漏的效果。

2）聚脲防水层覆盖于聚氨酯发泡保温层表面，提供"皮肤式"铠甲防护，是保温层不可缺少的部分；整体无缝的聚脲防水层和聚氨酯发泡保温层双重保护池体结构与腐蚀介质隔离开，提高池体结构的耐久性能。

3）聚脲喷涂系统是具有高机械强度的双组分无溶剂液态系统，不含增塑剂或溶剂挥发物。喷涂施工时可快速固化，5～20s 凝胶时间，快速进入使用阶段。喷涂聚脲单机日施工面积可达 1000m² 以上，而聚氨酯发泡保温层采用喷涂施工，也具备较高的施工效率，因此该防水保温体系具备较高的施工效率，可适用于蓄冰槽快速抢修工程。

3. 盘管式静态冰蓄工作原理

由浸没在满水的蓄冰槽中的盘管构成蓄冷装置。蓄冷时，低温（低于 0℃）载冷剂在盘管内流动，经管壁传热，使盘管外的水结成冰以蓄存冷量。为防止充冷过度，需要将冰盘管划分成若干组，在每组盘管的乙二醇管路上设置电动阀门，同时在每组盘管上设置的冰厚度探测器，当冰的厚度达到设定值后，探测器发出信号自动关闭电动阀。

4. 融冰方式

冰盘管式蓄冰按融冰方式分有内融冰和外融冰两种。钢盘管和纳米导热复合盘管都可以做内融冰和外融冰，但是融冰方式的不同，盘管的排列方式也不同。

（1）内融冰方式释冷时，载冷剂仍在盘管内循环流动，此时载冷剂温度较高，通过盘管壁与冰层换热从冰槽内取冷，再通过板式换热器与空调水进行换热，将冷量释放给空调水，管壁外的冰层是自内向外融化的，如图 5-17 所示。

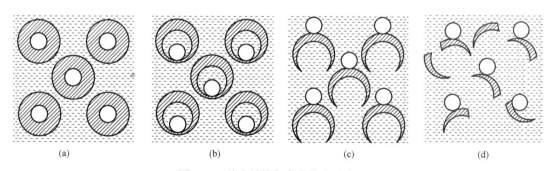

图 5-17　纳米导热复合盘管内融冰过程

（a）融冰开始；（b）融冰初期；（c）融冰中期；（d）融冰中后期

以纳米导热复合内融冰盘管为例，在融冰过程中，随着融冰比例的增加，冰层和盘管之间形成水环，冰层受到外界水的浮力作用，始终与盘管保持良好接触。在冰融化到 20%～30% 时，冰层破裂均匀散落在水中，形成温度均衡的 0℃ 冰水混合物。

1）融冰开始时的状态：制冰结束时冰槽中的水不全部结成冰，冰柱之间相互不连接；此时融冰与完全冻结式的盘管相同。

2）融冰初期：冰融化后，冰环与盘管之间有水，而冰比水轻冰上浮，冰环下部与盘管直接接触，换热效果好。

3）融冰中期：冰环下部与盘管一直接触，融冰速度高于冰环上部，因此下部的冰融完后冰环破裂，脱离盘管上浮后与上面的盘管接触，继续融冰。

4）融冰中后期：冰环破裂后冰上浮碰到上面的盘管，接触部分融冰速度快，与过程3）类似，接触部分融完破裂，形成更小的冰。

5）融冰后期：经过过程3）和过程4），冰破碎成小块，形成温度为0℃的冰水混合物，盘管浸没在冰水混合物中，换热稳定且可以得到较低的出水温度，满足系统的要求，直至融冰结束。

（2）外融冰方式释冷时，由温度较高的空调回水，直接进入蓄冰槽内循环流动，或者设置换热器，让空调回水与冰槽水间接换热，使盘管外表面的冰层自外向内逐渐融化。贮槽一般为开式，为了使融冰均匀，在贮槽底部设置压缩空气搅拌管道，用清洁的压缩空气气泡增加水流扰动，提高换热效率。

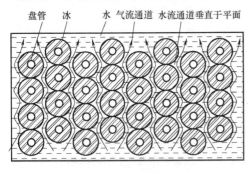

盘管　冰　水　气流通道　水流通道垂直于平面

图 5-18　外融冰原理图

外融冰方式直接采用蓄冰槽内的水作为取冷介质，冰是从冰柱外表面开始向内融化的，如图5-18所示。

（3）内融冰方式与外融冰方式的比较：与外融冰方式相比，内融冰方式可以避免外融冰方式由于上一周期蓄冷循环时，在盘管外表面可能产生剩余冰，引起传热效率下降，以及表面结冰厚度不均匀等不利因素。另外，内融冰系统为闭式流程，对系统的防腐及静压问题的处理都较为简便、经济。由于换热面积仅为盘管表面，所以内融冰的融冰释冷速度不及外融冰。

内融冰供冷式是间接换热冷却；而外融冰方式是直接接触冷却，其取冷效率更高，取冷温度更低，水温可长时间保持在 0 ～ 2℃。

外融冰蓄冷系统为开式流程，与内融冰蓄冷系统相比，设计、操作、控制和运行维护较复杂。因此，对冷水温度没有严格要求的单栋建筑的空调冷源，外融冰蓄冷系统不是很适合。外融冰蓄冷系统最大的优点是能提供较低温度的空调冷水，另一大优点是取冷速度快。因此，外融冰蓄冷技术一般是区域供冷的首选技术。

5.2.2　盘管式内融冰蓄冷系统

图 5-19 为一个盘管式内融冰蓄冷系统原理图，其末端为一个低温送风系统。3 台双工况冷水机组与蓄冰盘管组成主机上游串联式蓄冷系统，夜间向蓄冰槽内蓄冷，白天通过板式换热器换热，向冷水系统供冷。同时设置一台基载机组承担夜间冷负荷，基载机组为变流量冷水机组。

1. 工作模式

该系统可以按以下 4 种工作模式运行：

（1）双工况主机制冰＋基载主机供冷模式；

（2）主机与蓄冰装置联合供冷模式；

（3）融冰单独供冷模式；

（4）主机单独供冷模式。

各工况下设备、阀门的状态如表 5-3 所示。

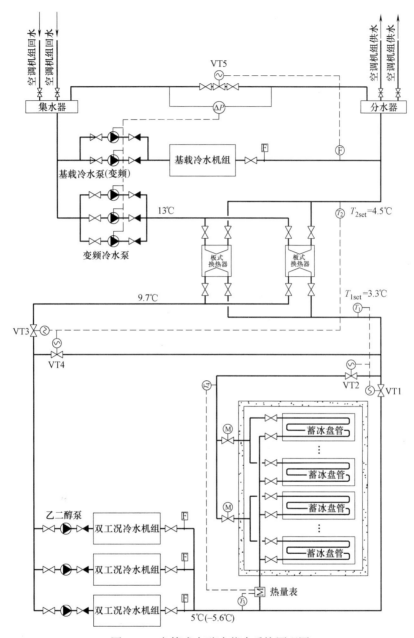

图 5-19　盘管式内融冰蓄冷系统原理图

盘管式内融冰蓄冷系统各工况下设备、阀门的状态　　　表 5-3

运行模式 主要设备	双工况主机制冰＋基载 主机供冷	双工况主机与蓄冰装置 联合供冷	蓄冰装置单独融冰供冷	双工况主机单独供冷
蓄冰装置	工作	工作	工作	不工作
双工况主机	制冰工况	空调工况	停机	空调工况

续表

运行模式 主要设备	双工况主机制冰＋基载 主机供冷	双工况主机与蓄冰装置 联合供冷	蓄冰装置单独融冰供冷	双工况主机单独供冷
基载主机	空调工况	空调工况	停机	空调工况
板式换热器	不工作	工作	工作	工作
乙二醇泵	运行	运行	运行	运行
冷水泵	运行	运行	运行	运行
基载主机冷水泵	运行	运行	停止	运行
VT1、VT2、VT3、VT4	VT1、VT3 全闭， VT2、VT4 全开	VT1、VT2 根据 T_1 调节， VT3、VT4 根据 T_2 调节	VT1、VT2 根据 T_1 调节， VT3、VT4 根据 T_2 调节	VT1、VT3 全开， VT2、VT4 全闭

2. 系统工况运行说明

（1）双工况主机制冰＋基载主机供冷模式

VT1、VT3 全闭，VT2、VT4 全开，将双工况主机设定为制冰工况开启（蒸发器出口温度设置为 $-5.6℃$，可调），系统转换为"双工况主机制冰模式"，开启乙二醇泵后，乙二醇溶液进入双工况主机蒸发器，经双工况主机降温后的乙二醇溶液进入蓄冰装置，将盘管外的水冻结成冰并储存冷量，当某组盘管的蓄冷量达到设定值后，蓄冷结束，关闭该组盘管的电动阀。

各组蓄冰盘管模块配置冰厚传感器，盘管式冰蓄冷首先应考虑采用冰厚度控制器来判断蓄冷是否结束，防止结冰过量。还可以同时采用蓄冰槽的液位高度以及蓄冷器入口处的热量表来辅助判断蓄冷是否结束。另外一种判断蓄冰是否结束的方法是在盘管下设置重量传感器，盘管结冰后体积变大，导致其浮力变大，重量传感器检测到盘管的重量变化，从而判断蓄冰是否结束。需要说明的是，这种方法不能应用于外融冰系统，因为外融冰系统在融冰过程中需要采用压缩空气产生气泡来增加水流扰动，这一过程会使水的密度变化，且不稳定，这样水的浮力计算就不准确了。

冰厚度控制器的工作原理：以 RIS-1001 智慧冰量控制器为例（见图 5-20），它由传感器和监控器组成，冰量控制器根据水和冰电导率差异进行测量，通过检测其电导率确定结冰厚度及结冰量。

传感器参数
测量范围：0～20mm
测量间隔：2mm
探头引线长度：＜10m
电源输入：85–265VAC，47–63Hz
防护等级：IP68(传感器)

监控器参数
防护等级：IP34
工作温度：－20～50℃
储存温度：0～45℃
储存湿度：5%～95%RH(不结露)
产品尺寸：300×196×93mm

（传感器）

（监控器）

图 5-20　RIS-1001 智慧冰量控制器

液位式冰量传感器（见图 5-21）：在夜间开始制冰时，系统先通过液位式冰量传感器检查蓄冰槽内所剩冰量，来确定开启制冷主机台数。融冰时通过液位式冰量传感器检测剩余冰量测量，进行每小时融冰量的优化分配，使运行策略达到最优目标。

液位式冰量传感器的工作原理是基于冰比水有较低的密度（即有较高的比容）。由于冰槽中的部分水会变成冰，这就使得此冰水的体积增加，从而使冰槽中的水位升高。当槽中没有冰时，将水位调定为"冰生成量 0% 的水

图 5-21 液位式冰量传感器

位"，并在视管上示出。由于在冰生成的循环中水位会提高，传感器会检测出其中的压力提高，并将其变换成为 4 ~ 20mA 或 1 ~ 5V DC 的输出信号，其量值与槽中的蓄冰量成正比。

1kg 0℃水冻结成 1kg 0℃的冰释放出的潜热 γ_{ice}，1kg 0℃水冻结成 1kg 0℃的冰体积变化量：

$$\Delta V = \frac{1}{\rho_{ice}} - \frac{1}{\rho_w} \tag{5-5}$$

液位变化量：

$$\Delta h = \frac{\Delta V}{L \cdot W} \tag{5-6}$$

式中　ΔV——体积变化量，m^3；

　　　ρ_{ice}——冰的密度，kg/m^3；

　　　ρ_w——水的密度，kg/m^3；

　　　Δh——液位变化量，m；

　　　L——蓄冰槽长度，m；

　　　W——蓄冰槽宽度，m。

因此，蓄冰量 Q 可以用以下公式来表示：

$$Q = \frac{\gamma_{ice} \cdot L \cdot W \cdot \Delta h}{\dfrac{1}{\rho_{ice}} - \dfrac{1}{\rho_w}} = \left(\frac{\gamma_{ice} \cdot L \cdot W}{\dfrac{1}{\rho_{ice}} - \dfrac{1}{\rho_w}}\right) \cdot \Delta h \tag{5-7}$$

根据建筑物夜间供冷需求情况，该模式下系统同时运行基载冷水机组，满足夜间空调冷负荷需求，机载冷水泵根据供回水压差 ΔP 变频运行，保证 ΔP 恒定不变。当流量计 F 检测到机组达到其最小流量时，此时如果末端负荷还需进一步减小，则开启分集水器之间的旁通水阀 VT5，调节末端的供水量，保证 ΔP 恒定不变。

（2）主机与蓄冰装置联合供冷模式

将双工况主机出水温度设定为设计工况，控制系统转换为"主机与蓄冰装置联合供冷模式"，开启乙二醇泵和系统冷水泵，从板式换热器出来的高温乙二醇溶液（9.7℃）先进入双工况主机的蒸发器降温，再进入蓄冰装置融冰降温，融冰后产生的低温乙二醇溶液（3.3℃）进入板式换热器与冷水进行换热，控制系统根据温度传感器 T_1 调节电动阀 VT1、VT2，控制进入蓄冰槽的乙二醇流量，调节融冰供冷量，保证 T_1 恒定。冷水泵向空调系统提供 4.5℃的冷水，控制系统根据温度传感器 T_2 调节电动阀 VT3、VT4，调节进入板式

换热器的乙二醇流量，保证供水温度 T_2 恒定。冷水泵根据供回水压差 ΔP 变频运行，保证 ΔP 恒定不变。

该模式下蓄冷系统有两种运行策略：

1）主机优先：蓄冷系统在设计日工况下，采取主机优先的策略，主机优先向负荷侧供冷，当不能满足负荷需求时，用融冰加以补充。

2）融冰优先：蓄冷系统在非设计日工况下，采取融冰优先的策略，最大限度减少主机运行时间。当融冰速率不能满足负荷时，用主机补充其冷量。

根据建筑物供冷需求情况，该模式下系统同时运行基载冷水机组，满足空调冷负荷需求，控制要求同双工况主机制冰＋基载主机供冷模式。

（3）蓄冰装置融冰单独供冷模式

关闭所有双工况制冷主机和基载主机，控制系统转换为"融冰单独供冷模式"。开启乙二醇泵，从板式换热器回来的高温乙二醇溶液（9.7℃）进入蓄冰装置融冰降温，融冰后产生的低温乙二醇溶液（3.3℃）进入板式换热器与冷水进行换热，控制系统根据温度传感器 T_1 调节乙二醇泵的开启台数和调节电动阀 VT1、VT2，控制进入蓄冰槽的乙二醇流量，调节融冰供冷量，保证 T_1 恒定。冷水泵向空调系统提供 4.5℃的冷水，控制系统根据温度传感器 T_2 调节电动阀 VT3、VT4，调节进入板式换热器的乙二醇流量，保证供水温度 T_2 恒定。冷水泵根据供回水压差 ΔP 变频运行，保证 ΔP 恒定不变。

（4）主机单独供冷模式

VT1、VT3 全开，VT2、VT4 全闭，控制系统转换为"双工况主机单独供冷模式"，主机设定为空调工况，出水温度为 3.3℃，开启乙二醇泵后，乙二醇溶液进入双工况主机蒸发器，经过降温后进入板式换热器，冷水泵向空调系统提供 4.5℃的冷水。控制系统通过调节主机运行台数来满足末端负荷的变化。冷水泵根据供回水压差 ΔP 变频运行，保证 ΔP 恒定不变。

根据建筑物供冷需求情况，该模式下系统同时运行基载冷水机组，满足空调冷负荷需求。控制要求同双工况主机制冰＋基载主机供冷模式。

需要说明的是，如果蓄冷工程较大，管径较大时，调节阀（VT1、VT2、VT3、VT4），往往由几个小口径的调节阀组成一个阀组来代替一个口径较大的调节阀，或者将其分成一大一小两个调节阀，以此来增加系统的可调性。当阀门需全开时，阀门全部开启，当阀门需调节时，关闭部分阀门，只保留一个阀门进行开度调节。

5.2.3　盘管式外融冰蓄冷系统

图 5-22 为采用盘管式外融冰蓄冷系统的区域供冷原理图，供/回水温度为 2℃/11℃。采用三级泵系统，一级泵克服制冷机房内部阻力，通过运行台数调节流量；二级泵克服管网阻力，根据管网最不利环路末端入口压差来变频运行；三级泵克服用户内部阻力。双工况冷水机组与蓄冰盘管组成主机上游串联式蓄冷系统，夜间向蓄冰槽内蓄冷，由于区域外网高差较大，不适合采用开式系统直接将冰槽内的低温水输送给外网各用户，因此冰槽内的低温水通过板式换热器换热后向外网供冷。同时设置一台基载机组承担夜间冷负荷。外融冰方式的结冰过程与前面讲到的内融冰基本一致，但融冰的机理大不相同。

1.该系统工作模式

（1）双工况主机制冰＋基载主机供冷模式；

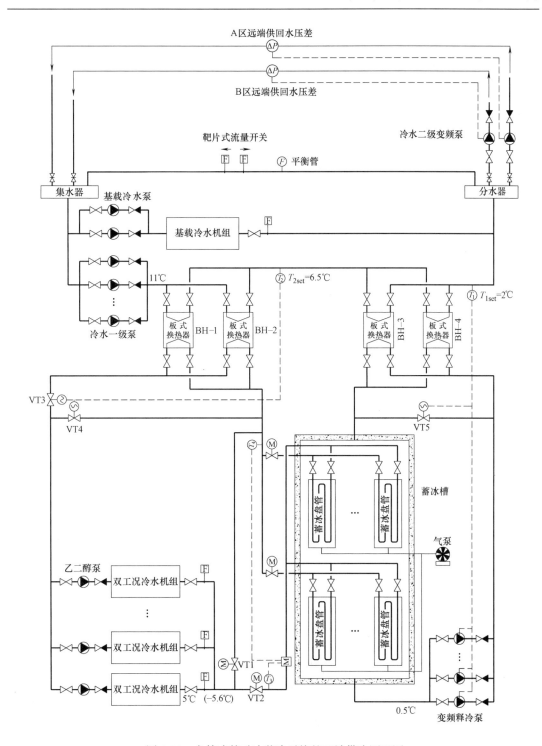

图 5-22　盘管式外融冰蓄冷系统的区域供冷原理图

（2）主机与蓄冰装置联合供冷模式；

（3）融冰单独供冷模式；

（4）主机单独供冷模式。

2. 系统工况运行说明

（1）双工况主机制冰＋基载主机供冷模式

VT1、VT3 全闭，VT2、VT4 全开，将双工况主机设定为制冰工况开启（蒸发器出口温度设置为 −5.6℃，可调），系统转换为"双工况主机制冰模式"，开启乙二醇泵后，乙二醇溶液进入双工况主机蒸发器，经双工况主机降温后的乙二醇溶液进入蓄冰装置，将盘管外的水冻结成冰并储存冷量，当某组盘管的蓄冷量达到设定值后，蓄冷结束，关闭该组盘管的电动阀。

各组蓄冰盘管模块配置冰厚传感器，盘管式冰蓄冷首先应考虑采用冰厚度控制器来判断蓄冷是否结束，防止结冰过量。同时，采用蓄冷器入口处的热量表来辅助判断蓄冷是否结束。

根据建筑物夜间供冷需求情况，该模式下系统同时运行基载冷水机组，满足夜间空调冷负荷需求。

（2）主机与蓄冰装置联合供冷模式

将双工况主机出水温度设定为联合供冷工况，控制系统转换为"双工况主机与蓄冰装置联合供冷模式"，开启乙二醇泵、系统冷水泵、释冷泵及气泵。双工况主机在此工况供水温度为 5℃。蓄冰装置供水温度为 0.5℃。

空调冷水先进入板式换热器 BH-1、BH-2 与双工况主机供冷系统换热，再进入板式换热器 BH-3、BH-4 与蓄冰装置供冷系统换热。

控制系统根据温度传感器 T_2 调节电动阀 VT3、VT4，调节进入板式换热器 BH-1、BH-2 的乙二醇流量，保证供水温度恒定。控制系统根据温度传感器 T_1 调节释冷水泵的运行频率和运行台数，调节进入板式换热器 BH-3、BH-4 的冰水的流量，保证供水温度恒定。当只有一台释冷水泵运行且达的其设定的最小流量后，末端冷量需求还在进一步减少，开启 VT5，通过调节 VT5 来保证供水温度 T_1 恒定。

冷水一级泵的控制：控制系统根据平衡管上的靶片时流量开关判断水的流向和平衡管上的流量计测得的流量，控制冷水一级泵的运行台数。当水的流向由分水器至集水器时，说明系统流量富裕，当检测到的流量大于一台泵的流量，并且持续一段时间时，关闭一台一级泵。当水的流向由集水器至分水器时，说明系统流量欠缺，当检测到的流量大于一台泵的流量 10%，并且持续一段时间时，开启一台一级泵。

根据建筑物供冷需求情况，该模式下系统同时运行基载冷水机组，满足空调冷负荷需求。

（3）蓄冰装置融冰单独供冷模式

关闭所有双工况制冷主机和基载主机，控制系统转换为"蓄冰装置融冰单独供冷模式"。开启释冷水泵和气泵，蓄冰槽内的冰水进入板式换热器 BH-3、BH-4 与冷水进行换热，经过换热的冷水由冷水一级泵在制冷机房内循环。控制系统根据温度传感器 T_1 调节释冷水泵的运行频率和运行台数，调节进入板式换热器 BH-3、BH-4 的冰水的流量，保证供水温度恒定。当只有一台释冷水泵运行且达到其设定的最小流量后，末端冷量需求还在进一步减少，开启 VT5，通过调节 VT5 来保证供水温度 T_1 恒定。

冷水一级泵的控制同主机与蓄冰装置联合供冷模式。

（4）双工况主机单独供冷模式

VT1 全开，VT2 全闭，控制系统转换为"双工况主机单独供冷模式"，主机设定为空调工况，开启乙二醇泵后，乙二醇溶液进入双工况主机蒸发器，经过降温后进入板式换热器 BH-1、BH-2，经过换热的冷水由冷水一级泵在制冷机房内循环。控制系统通过调节主机运行台数来满足末端负荷的变化。

冷水一级泵的控制同主机与蓄冰装置联合供冷模式。

根据建筑物供冷需求情况，该模式下系统同时运行基载冷水机组，满足空调冷负荷需求。

盘管式外融冰各工况下设备、阀门状态如表 5-4 所示。

<table>
<tr><td colspan="5" align="right">盘管式外融冰各工况下设备、阀门的状态　　　　　　　　　　　表 5-4</td></tr>
<tr><td>　　　　　　　　运行模式
主要设备</td><td>双工况主机制冰 + 基载
主机供冷</td><td>双工况主机与蓄冰装置
联合供冷</td><td>蓄冰装置单独融冰供冷</td><td>双工况主机单独供冷</td></tr>
<tr><td>蓄冰装置</td><td>工作</td><td>工作</td><td>工作</td><td>不工作</td></tr>
<tr><td>双工况主机</td><td>制冰工况</td><td>空调工况</td><td>停机</td><td>空调工况</td></tr>
<tr><td>基载主机</td><td>空调工况</td><td>空调工况</td><td>停机</td><td>空调工况</td></tr>
<tr><td>板式换热器 BH-1、BH-2</td><td>不工作</td><td>工作</td><td>不工作</td><td>工作</td></tr>
<tr><td>板式换热器 BH-3、BH-4</td><td>不工作</td><td>工作</td><td>工作</td><td>不工作</td></tr>
<tr><td>乙二醇泵</td><td>运行</td><td>运行</td><td>不运行</td><td>运行</td></tr>
<tr><td>冷水一级泵</td><td>不运行</td><td>运行</td><td>运行</td><td>运行</td></tr>
<tr><td>释冷水泵</td><td>不运行</td><td>运行</td><td>运行</td><td>不运行</td></tr>
<tr><td>气泵</td><td>不运行</td><td>运行</td><td>运行</td><td>不运行</td></tr>
<tr><td>基载主机冷水泵</td><td>运行</td><td>运行</td><td>停止</td><td>运行</td></tr>
<tr><td>VT1、VT2、VT3、VT4</td><td>VT1、VT3 全闭，
VT2、VT4 全开</td><td>VT1 全开、VT2 全闭，
VT3、VT4 根据 T_2 调节</td><td>VT1、VT2、VT3、
VT4 全闭</td><td>VT1 全开，VT2 全闭，
VT3、VT4 根据 T_2 调节</td></tr>
</table>

3. 其他方式的外融冰蓄冷系统

除了上文介绍的盘管式外融冰蓄冷系统之外，在国内区域供冷系统中应用的还有采用双蒸发器双工况主机的系统以及采用翅片钢盘管的外融冰的区域供冷系统，前者是将双工况主机制冰工况与空调工况分别采用两个蒸发器来完成，后者是将前述的外融冰系统中的板式换热器 BH-3、BH-4 变成翅片管换热器与蓄冰盘管结合浸入蓄冰槽内，这两种技术方案都可以使系统得以简化明晰，但是设备造价都较高，应用不广泛。

（1）双蒸发器双工况主机蓄冷系统

图 5-23 为双蒸发器盘管式蓄冰原理图，蓄冷工况时空调蒸发器不工作，蓄冷蒸发器制取低温乙二醇溶液。空调工况时，蓄冷蒸发器不工作，空调蒸发器制取空调冷水。联合供冷时，通过调节 VT1、VT2 来保证供水温度恒定。该系统制冷机房内无板式换热器，系统得以简化。但是

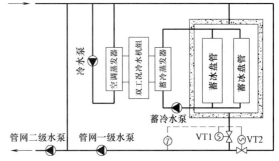

图 5-23　双蒸发器盘管式蓄冰原理图

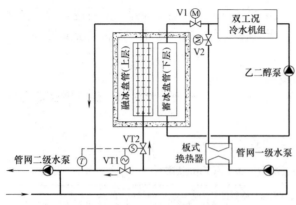

图 5-24 带翅片盘管蓄冰原理图

双工况主机体积较大。

（2）翅片钢盘管

图 5-24 带翅片盘管式蓄冰原理图，采用翅片钢盘管，蓄冷工况时，V1 开启，V2 关闭。空调工况时，V2 开启，V1 关闭。联合供冷时，V2 开启，V1 关闭。通过调节 VT1、VT2 来保证供水温度恒定。与常规的系统相比，该系统制冷机房内少了一组板式换热器，系统也得到一定的简化。但是带翅片的钢盘管体积也较大，相应的蓄冰槽的体积也较大。

5.2.4 盘管式冰蓄冷系统设计应注意的问题

1. 防止结冰过量

盘管结冰厚度是蓄冰系统的一项重要指标，它直接影响盘管及主机的性能。各组蓄冰盘管均应配置冰厚传感器，每组乙二醇支管上设置电动开关蝶阀，并将它们纳入自控系统，当结冰厚度达到设定值时自动关闭蝶阀。避免各组蓄冰盘管因系统不平衡导致结冰过量。

2. 各冰槽水系统平衡

当采用盘管自带钢制冰槽时，应当注意外融冰各冰槽冷水系统平衡，应在各冰槽进出水总管上设置流量计或热量表，融冰阶段根据各槽的融冰速度精确调试进出水阀门，使融冰速度达到设计值。

3. 避免结露

强化冰槽保温绝热厚度计算，因地制宜采用合适的除湿方式，避免制冷机房及蓄冰槽间出现结露问题。

4. 冰量计量

外融冰系统应采用冰厚传感器计量蓄冰量。外融冰系统由于管网渗漏、补水过量、外融冰管道内混入空气等情况，将会导致冰槽内的液位经常变化，对于外融冰系统，当融冰泵开启后，蓄冰槽中的液位存在一定波动，因此不适合采用液位传感器计算蓄冰量（带翅片外融冰盘管除外）。

5. 管网冲洗

大型能源站管网冲洗条件：需要有功率足够大的水泵提供所需要的管道冲洗流速；需要充足的冲洗用水和水泵所需的配电；管网冲洗效果较差，管网水中含有大量泥沙、铁锈，严重影响水泵、板式换热器的使用寿命。

设计时：制冷机房网管系统设置除污过滤装置；在用户换热站板式换热器一次侧设置反冲洗过滤器；在地势较低的地方，结合管道井，设置排污点；

施工时：注意管道的清洁保护，如管道运输、储存时管道口用塑料袋密封；焊接后及时清理焊渣等，实行分段冲洗。

6. 乙二醇选用

钢制盘管应选用抑制性乙二醇（进口美国陶氏），复合塑料盘管可选用一般抑制性乙二醇溶液。

7. 系统的维护管理

定期对乙二醇溶液的浓度、腐蚀性进行检测；

定期对冰槽冷水的腐蚀性、硬度进行检测；

定期检测零液位。

8. 传感器的设置

系统应设计安装流量、温度传感器、热量表等，避免调试过程中无法直接获取系统的具体特征量，影响调试进度。如果温度传感器安装在管道最上方，当管道中存在气体时，将影响测量数据的准确性，应当避免这种情况。

流量计选型不能简单地根据管径选择，应该考虑变流量运行情况下的最低流量测量精度。

5.2.5　盘管式冰蓄冷系统设计计算

盘管式冰蓄冷系统设计分为全蓄冰和部分蓄冰两种情况来计算。

1. 全蓄冰

（1）蓄冰装置容量：

$$Q_s = \varepsilon \cdot Q \tag{5-8}$$

式中　Q_s——蓄冰装置容量，kWh；

　　Q——设计日总冷负荷，kWh；

　　ε——蓄冷装置的实际放大系数，蓄冷水槽取 1.03 ～ 1.05。

（2）双工况冷水机组的容量：

$$q_c = Q_s / (n_2 \cdot C_f) \tag{5-9}$$

式中　q_c——双工况机组空调工况制冷量，kW；

　　n_2——制冷机在制冰工况下的运行小时数，h，一般取所在城市低谷电价时数；

　　C_f——制冷机工况系数，即制冰工况与空调工况制冷能力的比值，一般为 0.6 ～ 0.75；由于各厂家的设备差异较大，应根据工程的使用条件，以产品生产商提供的选型报告为准。

2. 部分蓄冰

（1）双工况冷水机组的容量：

$$q_c = Q / (n_1 + n_2 \cdot C_f) \tag{5-10}$$

式中　q_c——双工况机组空调工况制冷量，kW；

　　Q——设计日总冷负荷，kWh；

　　n_1——白天制冷机在空调工况下的运行小时数，h；

　　n_2——制冷机在制冰工况下的运行小时数，h；

　　C_f——制冷机工况系数。

（2）蓄冰装置容量：

$$Q_s = \varepsilon \cdot n_2 \cdot C_f \cdot q_c \tag{5-11}$$

式中　Q_s——蓄冰装置容量，kWh；

　　ε——蓄冷装置的实际放大系数，蓄冷水槽取 1.03 ～ 1.05；

　　n_2——制冷机在制冰工况下的运行小时数，h；

C_f——制冷机工况系数；

q_c——双工况机组空调工况制冷量，kW。

5.2.6　冰片滑落式动态制冰蓄冷系统

冰片滑落式动态制冰是直接蒸发式制冰。制冷主机与蒸发器为分体式，采用三根制冷剂管道相连。蒸发器为板状，被置于蓄冰槽上方。

制冰时，水被淋到板状蒸发器表面，放出潜热后冻结成冰，根据制冰时间，控制蒸发板表面的冰层厚度为 6～9mm，当制冰时间到设定值，某一蒸发板模块的制冷剂进气电磁阀打开，部分热的制冷剂气体进入蒸发板模块内，蒸发板模块内温度升高，与蒸发板表面接触的冰由于受热失去附着力，冰层受热出现小裂纹，冰层在水流和重力的带动下与蒸发板脱离后依靠重力落到蓄冰槽内，破碎成小冰片。

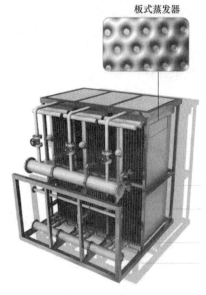

图 5-25　板式蒸发器模块

1. 冷水机组组成

冰片冷水机组有单蒸发器和双蒸发器两种。

单蒸发器冰片冷水机组由压缩冷凝机组、蒸发板模块和控制系统组成，实现制冷和制冰两种工况，是高效的满液式蒸发双工况冷水机组。

压缩冷凝机组由高效螺杆压缩机、冷凝器、经济器、节流阀、低压循环桶、制冷剂泵和高效回油系统等组成。

板式蒸发器模块是冰片冷水机组中的蓄冰装置（见图 5-25），它由片状垂直安装的蒸发板、控制阀门、布水器、不锈钢框架和保温门板等组成，直接放置在蓄冰槽上方。蒸发板模块既是高效的制冰蒸发器，同时也是制冷蒸发器。

冰片蓄冰系统采用板式换热器间接换热，将蓄冰槽侧与冷水侧隔离。

双蒸发器机组与单蒸发器机组的区别是前者多了一个常规制冷的壳管式蒸发器。

2. 机组工作原理（以单蒸发器冰片滑落式蓄冰为例，见图 5-26）

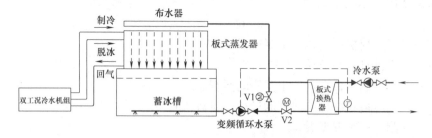

图 5-26　单蒸发器冰片滑落式蓄冰原理图

（1）制冷过程

如图 5-26 所示，阀 V1 关闭，阀 V2 开启，在循环水泵的作用下，经过板式换热器与空调回水换热后的循环水进入蒸发板模块上部的布水器，通过布水器的均匀分配，循环水沿蒸发板表面呈膜状均匀流下，制冷剂在蒸发板内蒸发吸热，温度降低后的水落到蓄冰槽内，由循环水泵吸入，循环水流经板式换热器与空调回水换热，从而完成整个制冷循环过程。控制系统根据板式换热器二次侧出水温度调节变频循环泵的转速，保证板式换热器出水温度恒定。

（2）制冰过程

阀 V1 开，阀 V2 关，循环水泵以工频运行，在循环水泵的作用下，低温的循环水进入蒸发板模块上部的布水器，通过布水器的均匀分配，循环水沿蒸发板表面呈膜状均匀流下，制冷剂在蒸发板内蒸发吸热，部分水冻结成冰附在蒸发板的表面，另一部分水落到蓄冰槽内，由循环水泵再次吸入，进入蒸发板模块上部的布水器，从而完成整个制冰循环过程。

（3）脱冰过程

根据制冰时间，控制蒸发板表面的冰层厚度为 6 ～ 9mm，当制冰时间到设定值时，某一蒸发板模块的制冷剂进气电磁阀打开，部分热的制冷剂气体进入蒸发板模块内，蒸发板模块内温度升高，与蒸发板表面接触的冰由于受热失去附着力，冰层与蒸发板脱离后依靠重力落到蓄冰槽内，破碎成小冰片。某一蒸发板模块表面冰完全脱落后，与蒸发板模块配套的制冷剂进气电磁阀关闭，重新进入制冰状态，同时另一蒸发板模块的制冷剂进气电磁阀打开，进入脱冰过程，依次循环，直到所有蒸发板模块的冰脱落。

当某一蒸发板模块进入脱冰过程时，其他蒸发板模块仍处于制冰状态。每一蒸发板模块脱冰过程持续 30 ～ 60s。

（4）融冰过程

在循环水泵的作用下，经过板式换热器与空调回水换热后的循环水进入蒸发板模块上部的布水器，沿蒸发板表面下落到蓄冰槽内，直接与蓄冰槽中片状冰接触换热后，由循环水泵吸入，流经板式换热器与空调回水换热后再回到蓄冰槽内，完成整个融冰循环过程。控制系统根据板式换热器二次侧出水温度调节变频循环泵的转速，保证板式换热器出水温度恒定。

（5）制冷＋融冰过程

阀 V1 关，阀 V2 开，在循环水泵的作用下，经过板式换热器与空调回水换热后的循环水进入蒸发板模块上部的布水器，沿蒸发板表面呈膜状均匀流下，制冷剂在蒸发板内蒸发吸热，温度降低后的水落到蓄冰槽内直接与蓄冰槽中片状冰接触换热后由循环水泵吸入，流经板式换热器与空调回水换热后再回到蓄冰槽内，完成整个制冷＋融冰循环过程。控制系统根据板式换热器二次侧出水温度调节变频循环泵的转速，保证板式换热器出水温度恒定。

双蒸发器机组在融冰和制冷时循环水不再经过板式蒸发器，在制冷时冷水直接由壳管式蒸发器制得，其原理见图 5-27。工程设计时，也可以将蓄冷泵和释冷泵分开，这样可以减少电动阀的倒换，使控制得以简化，如图 5-28 所示。

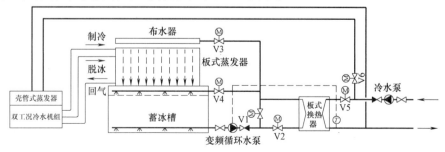

图 5-27　双蒸发器冰片滑落式单泵蓄冰制冷原理图

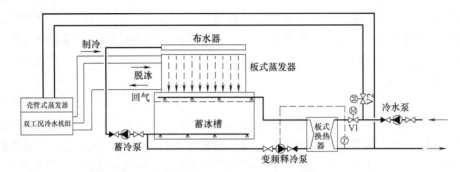

图 5-28　双蒸发器冰片滑落式双泵蓄冰制冷原理图

3. 板冰冷水机组蓄冰系统的特点

（1）系统简单

采用制冷剂直接蒸发制冰，无需乙二醇中间换热环节。

（2）效率较高

蒸发温度比间接蓄冰高 3 ~ 5℃，效率高 10% ~ 15%。制冷剂泵强制循环，循环量数倍于压缩机的吸气量，蒸发器换热系数高，满液式蒸发，消除了蒸发器过热区，结冰厚度控制在 9mm 以下，冰的热阻小。

（3）融冰性佳

冰与水直接接触，融冰速度快，由图 5-29 所示的冰片滑落式蓄冰系统的融冰曲线可以看出，融冰过程可始终保持恒定的 0.5 ~ 1℃出水温度，融冰彻底，无"千年冰"。即使不开主机，也可满足尖峰负荷，运行策略更灵活，最大限度降低运行费用。易实现全量蓄冰，无融冰供冷不能满足负荷之担忧，更适合过渡季节由部分蓄冰向全蓄冰转换。

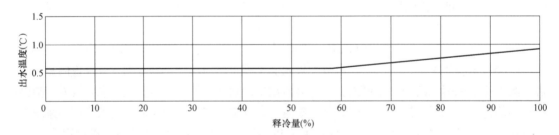

图 5-29　冰片滑落式蓄冰系统的融冰曲线

（4）蓄冰直观

在蒸发板上形成片状冰，结冰过程可见，热气脱冰，碎冰存在蓄冰槽中，蓄冰槽中冰量也直观可见。

（5）布置灵活

蓄冰槽中为水和冰的混合物，无任何设备，设计、安装简单。蓄冰槽可利用建筑物垫基或箱基，不占用机房空间。蓄冰槽可全埋式或半埋式露天放置或设置在屋顶。仅增大蓄冰槽的体积即可延长蓄冰时间，实现长周期蓄冰。

（6）可靠性高

压缩机吸气过热度低，压缩机电机温升小，使用寿命长。蒸发板蓄冰、脱冰时无应力影响，免维护，使用寿命长。无乙二醇间接换热系统，系统简单，可靠性大幅提高。

（7）节省空间

没有乙二醇中间换热环节，蓄冰槽可用作蓄热槽，所需机房面积最小。

（8）维护方便

制冰与蓄冰分离，蓄冰装置维护的工作量少，不影响系统的正常使用，维护费用低。

（9）施工期短

机组均在生产厂整体装配，系统简单，现场安装的工程量少，施工周期短。

（10）成本较低

无乙二醇中间换热环节，可实现蓄冷槽和蓄热槽共用，系统简单，节省机房面积。蓄冰效率高，系统运行费用与常规静态蓄冰系统相比较低。

5.2.7　冰片滑落式动态冰蓄冷系统设计注意事项

1. 由于螺杆式机组的制冷量不是很大，因此对于大型蓄冷项目不太适合。

2. 由于板式蒸发器需设置在蓄冰水池上方，因此机房层高需要特别注意。

3. 板式换热器选型宜按空调设计负荷确定，以便在高峰电价时段，实现不开主机，通过全融冰供冷，最大限度地节省运行费用。

5.2.8　冰片滑落式动态冰蓄冷系统设计计算

冰片滑落式动态冰蓄冷系统设计也分为全蓄冰和部分蓄冰两种情况来计算。

1. 双工况冷水机组容量

（1）全蓄冰系统

$$q_c = \varepsilon \cdot Q / (n_2 \cdot C_f) \tag{5-12}$$

式中　q_c——双工况机组空调工况制冷量，kW；

　　　Q——设计日总冷负荷，kWh；

　　　ε——蓄冷装置的实际放大系数，蓄冷水槽取 1.1；

　　　C_f——制冷机工况系数，螺杆机取 0.69；

　　　n_2——制冷机在制冰工况下的运行小时数，h。

（2）部分蓄冰系统

$$q_c = \varepsilon \cdot Q / (n_1 + n_2 \cdot C_f) \tag{5-13}$$

式中　n_1——白天制冷机在空调工况下的运行小时数，h；

　　　其余同上。

2. 实际蓄冰量计算公式

实际蓄冰量：

$$Q_s = n_2 \cdot C_f \cdot q_c \tag{5-14}$$

式中　Q_s——蓄冰量，kWh；

　　　其余同上。

3. 蓄冰槽体积计算公式

蓄冷密度一般取 42kWh/m³。

$$V = 42 \times Q_s \times 1.1 \tag{5-15}$$

式中　V——蓄冰池体积，m³；

　　　1.1——考虑到落冰所需距离和无冰空间，取 10% 的余量。

4. 板式换热器

板式换热器选型宜按空调设计负荷确定，以便在高峰电价时段，实现不开主机，通过全融冰供冷。

5.2.9　机械搅拌式直接蒸发动态制冰蓄冷系统

冰蓄冷工程需要采用双工况冷水机组，常规静态盘管蓄冰的冰蓄冷工程，在制冰结束时刻，双工况冷水机组的出水温度一般都降到了 −6 ～ −5.5℃。冷水机组的出水温度每降低 1℃，其制冷量会降低 3% 左右，以螺杆机组为例，制冰工况的制冷量仅为空调工况（7℃出水）的 63% ～ 72%，而此时的 COP 仅为空调工况的 65% ～ 70%。同时，随着盘管结冰厚度的增加，热阻逐渐增大，使得传热效率进一步下降。由此可以看出，冷水机组在制冰工况已经变得非常不节能了，下面介绍的是具有较高制冷效率的流态冰蓄冷系统。

流态化动态冰蓄冷技术的先进之处在于改进了传统制冰过程中的主要缺点，而且制出的冰以流态化冰浆的形式存在，如图 5-30 ～图 5-32 所示。传统静态制冰过程中，水通过自然对流换热，冰层首先在换热壁面上形成，然后逐渐变厚。这样就导致形成新的冰层所需的热量传递必须以导热的形式穿过越积越厚的原有冰层，从而严重恶化了传热效率，致使结冰越来越困难，制冷剂提供的冷却温度也必须越来越低。

图 5-30　絮状的流态冰

图 5-31　蓄冰池内含冰率为 25% 时的流态冰

图 5-32　蓄冰池内含冰率为 50% 时的流态冰

流态化动态冰蓄冷技术制冰过程的最大特点在于首先在传热壁面附近制取过冷水，然后把过冷水转移到远离传热壁面的空间里解除过冷、生成冰浆。这样就彻底避免了冰在传热壁面上形成的可能性，既消除了固态冰层导热热阻的存在，同时在液体和传热壁面之间又始终保持着强制对流的高效率换热模式，因此整个制冰环节的传热系数得到大幅度提高。

另一方面，制冰过程中的换热温差、流量等参数都保持稳态，并不因时间而变化，从而保证了出冰速度的恒定，也便于系统的控制。流态化动态冰蓄冷主要包括两种形式，即：机械搅拌式和过冷水式。两种技术在基本原理上是一致的，但形式差别较大，下面分别说明。

小型的机械搅拌式动态制冰系统采用螺杆式机组直接蒸发制冰，即制冷剂直接与水进行热交换，使水结成絮状冰晶。制冷主机与冰晶发生器做成一体机。大型的机械搅拌式动态制冰系统采用离心机间接与水进行热交换。

1. 机械搅拌式直接蒸发动态制冰系统原理

如图 5-33 所示，水（溶液）在蒸发器（又称冰晶发生器）内部通过换热壁面被冷却到低于冰点的过冷状态，由于搅拌棒以较快的回转速度旋转，靠近蒸发器（又称冰晶发生器）换热壁面的过冷水被及时刮离壁面，从而确保了换热器壁面上不会生成冰晶。从壁面附近被刮出的过冷水随即进入水侧的中心主流区，并在主流区中经已经存在的冰晶颗粒促晶，解除过冷，生成冰浆。与过冷水式相比，机械搅拌式动态制冰系统无需过冷却解除装置。需要指出的是，这种机械搅拌式动态制冰技术中的搅拌棒所起的作用是及时清除换热壁面附近的过冷水，而非像一些传统制冰机那样用于刮除已经生长在换热壁面上的冰层。因此这种制冰方式也避免了因冰层热阻引起的传热恶化，而且还因为搅拌棒的强烈扰动而大幅强化了对流换热效果。

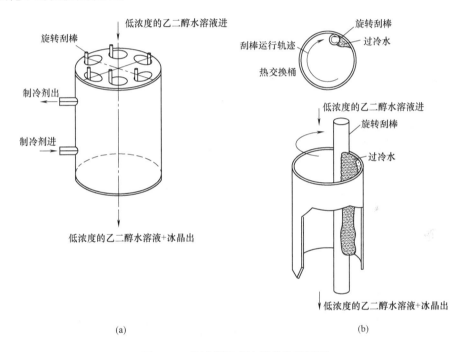

图 5-33　机械搅拌式冰晶发生器原理
（a）蒸发器（冰晶发生器）；（b）刮棒详图

机械搅拌式动态制冰技术中最核心的技术仍然是防堵塞技术。过冷状态下的水溶液非常容易在换热壁面上结晶，一旦在壁面上结晶，冰晶发生器就面临被堵塞的可能。因此，搅拌棒与换热壁面之间的接触必须紧密。另一方面，由于由纯水生成的冰晶颗粒较粗，而且容易聚集硬化，更容易导致堵塞，因此这种制冰方法中往往需要在水中添加一定浓度的冰点抑制剂，如乙二醇（质量浓度为 6%）。由低浓度的乙二醇水溶液制出的冰晶颗粒十分细腻，粒径可低于 $100\,\mu m$，由于冰晶的密度小，冰晶会悬浮于蓄冰槽上部，形成自然分层。蓄冰槽冰浆固相含量约 50%。

2. 系统运行工况

图 5-34 所示的机械搅拌式流态冰蓄冷系统，是一个主机上游串联式系统。系统蓄冰

运行时，水池底部的水通过吸水管泵入双工况主机的冰晶发生器，其产生的冰浆由设置水池中部的涌泉管喷出。系统融冰运行时，低温水由池底部的吸水管泵入板式换热器，高温水由水池顶部的喷淋管回到水池。

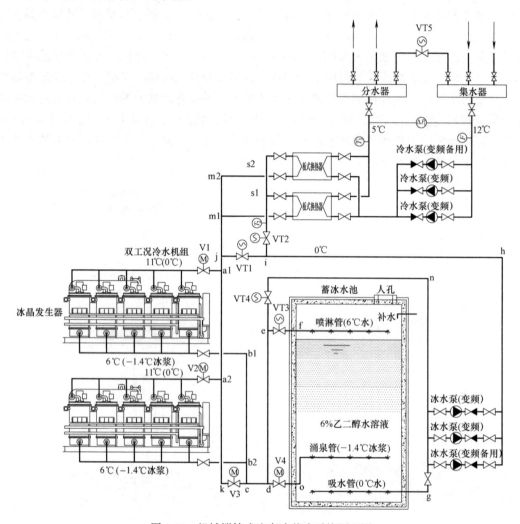

图 5-34　机械搅拌式流态冰蓄冷系统原理图

制冷系统可实现以下 5 种工况运行：

（1）主机蓄冰工况；流程：a-b-c-d-o-g-h-i-j-a

（2）融冰供冷工况；流程：g-h-i-s-m-j-k-c-d-e-f-g

（3）主机单独供冷工况；流程：a-b-c-d-e-n-h-i-s-m-j-a

（4）主机制冷＋融冰供冷工况；流程：a-b-c-d-e-f-g-h-i-s-m-j-a
　　　　　　　　　　　　　　　　　　　　　↳ j-a

在此工况下，制冷系统可以实现主机优先模式或者融冰优先模式

（5）主机制冰＋融冰供冷工况；流程：a-b-c-d-o-g-h-i-s-m-j-a
　　　　　　　　　　　　　　　　　　　　　↳ j-a

3. 蓄冷系统各种运行工况下设备、阀门状态（见表 5-5）

蓄冷系统各种运行工况下设备、阀门状态　　　　　表 5-5

工况	主机	冰水泵	冷水泵	阀门开启	阀门关闭	阀门调节
1	开	以蓄冰流量定频运行	关	V1、V2、V4、VT1	VT3、VT4、VT2、V3	
2	关	由 T_1 控制变频运行	由 ΔP_1 控制变频运行	VT3、VT2、V3	V4、VT4、VT1、V1、V2	
3	开	以空调流量定频运行	由 ΔP_1 控制变频运行	V1、V2、VT4	V3、V4、VT3	VT1、VT2 由 T_1 控制
4	开	以空调流量定频运行	由 ΔP_1 控制变频运行	V1、V2	V3、V4	VT1、VT2 由 T_1 控制　主机优先 VT4 全开、VT3 依据 T_2 调节　融冰优先 VT3 全开、VT4 依据 T_2 调节
5	开	以蓄冰流量定频运行	由 ΔP_1 控制变频运行	V1、V2、V4	V3、VT3、VT4	VT1、VT2 由 T_1 控制

4.机械搅拌式直接流态冰蓄冷系统的特点

（1）在制冰工况下，主机平均出水温度为 -1.4℃。机组蒸发器内制冷剂的温度在制冰的全过程几乎是不变的，由于制冰温度较高，流态冰蓄冷系统较其他方式的蓄冰方式制冷量提高 10%。静态盘管蓄冰在蓄冰 4h 后，由于冰阻的影响，效率降低为空调工况的 45%，最后 1h 只有不到 30%。所以冰浆蓄冰总体效率比盘管高 20% 以上。冰晶换热表面积大，融冰迅速、彻底。可提供 0℃冷源，适合低温送风、大温差供回水技术及相应的区域供冷项目。

（2）由于融冰速率高，仅仅通过加大板式换热器的面积，就可在高峰电价时段，实现不开主机，通过全融冰供冷，最大限度地节省运行费用。

（3）流态冰以流体形式储存，蓄冰槽内无盘管，在相同的蓄冷量下，蓄冰槽体积小。机房系统简单。

（4）流态冰蓄冷另一个显著特点是可以实现主机一边制冰一边供冷，这在仅有少量夜间负荷的空调系统中可以省去基载主机，使制冷系统大大简化。

（5）避免了冰在传热壁面上形成的可能性，消除了固态冰层导热热阻，整个制冰环节的传热系数得到大幅度提高。制冰过程中的换热温差、流量等参数都保持稳态，并不因时间而变化，从而保证了出冰速度的恒定，便于系统的控制。

5.2.10　机械搅拌式间接动态制冰系统

如图 5-35 所示，间接制取流态冰系统由离心式双工况冷水机组先将 25% 的乙二醇溶液冷却至 -4.7℃，通过制冷循环将乙二醇溶液输送至冰晶发生器；另一侧，制冰循环泵将 6% 的乙二醇溶液输送至冰晶发生器；25% 的乙二醇溶液与 6% 的乙二醇溶液通过冰晶发生器进行换热，并在 6% 的乙二醇溶液侧生成含有冰晶的溶液。通过上述循环，完成整个制冰过程。间接制取流态冰系统具有以下特点：

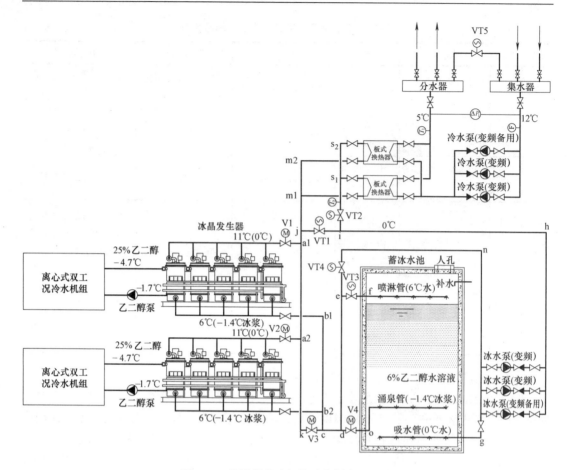

图 5-35　机械搅拌式间接动态制冰原理图

1. 优点

（1）可以采用较熟悉品牌的双工况冷水机组；

（2）双工况冷水机组与蓄冰装置分离，维护、检修难度低；

（3）联合供冷工况下融冰过程融冰效率、速率高，适用于蓄冷量大、瞬时负荷高的场所（如剧院、体育场等）。

2. 缺点

（1）系统较冷媒直接蒸发制冰复杂；

（2）由于存在中间换热过程，且设置了两套水泵，故系统效率较冷媒直接蒸发系统降低 3%～5%（但仍比传统的制冰系统效率高 5% 以上）；

3. 双工况冷水机组与制冰装置分开设置，机房占地面积较大。

5.2.11　过冷水式动态制冰技术

1. 过冷水式动态制冰技术的基本原理

首先把水在过冷却热交换器中冷却至低于 0℃ 的过冷状态，然后把过冷水输送至特殊的过冷却解除器中解除过冷，生成大量细小的冰晶颗粒，与剩余的液态水一起形成 0℃ 下的冰浆，其过程如图 5-36 所示。这种制冰过程中最关键的技术在于确保流经过冷却热交换器的液态水具有尽可能大的过冷度，但同时又必须保证过冷水不能在流出热交换器之前生成冰晶，否则换热器将被堵塞甚至破坏。此外，还应有高效率的过冷却解除技术，以确保过冷水能够连续快速结晶。

过冷却热交换器采用板式换热器。为了防止过冷水在换热器内结冰，换热器内表面需要进行特殊涂层处理，同时对换热器内部的流场特性也有很高的要求，否则很难获得足够大的过冷度，以及避免堵塞。过冷却解除技术有多种，如机械方法、热方法、超声波方法等。过冷水式动态制冰技术的系统控制要求非常高，这也是该技术走向实用化所面临的一大技术难点。

2. 水的过冷特性

水的过冷特性见图 5-37。水的冰点在标准大气压下为 0℃，但温度降到 0℃ 时并不立即结冰，而是低于 0℃ 以下的某个温度点才开始结冰，低于 0℃ 的差值就是过冷度。过冷度的大小取决于水的初始条件和外界环境。

普通自来水：安全过冷度 $T_s \approx 3.8℃$，最低过冷度 $T_m \approx 5.8℃$。

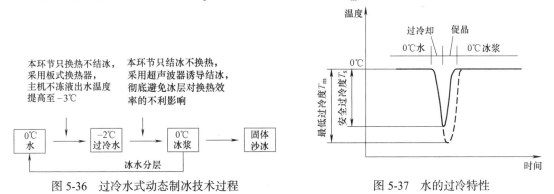

图 5-36　过冷水式动态制冰技术过程　　　　　图 5-37　水的过冷特性

3. 促晶技术（解除过冷却，生成冰浆）

超声波促晶技术利用超声波在液相水中的强烈空化效应，在过冷水中均匀产生强烈的内部微小扰动，破坏过冷水的亚稳态，快速诱发结冰（见图 5-38）。

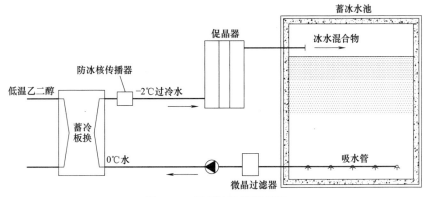

图 5-38　超声波促晶原理图

超声波空化作用是指存在于液体中的微气核空化泡在声波的作用下振动，当声压达到一定值时发生的生长和崩溃的动力学过程。空化作用一般包括 3 个阶段：空化泡的形成、长大和剧烈的崩溃。当盛满液体的容器通入超声波后，由于液体振动而产生数以万计的微小气泡，即空化泡。这些气泡在超声波纵向传播形成的负压区生长，而在正压区迅速闭

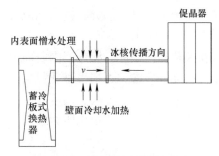

图 5-39　防冰核传播器原理图

合，从而在交替正负压强下受到压缩和拉伸。在气泡被压缩直至崩溃的一瞬间，会产生巨大的瞬时压力，一般可高达几十兆帕至上百兆帕。

4. 热交换器出口冰核防传播技术（见图 5-39）

冰核传播原理——过冷水中一旦有局部地方生成冰晶，则冰晶将具有迅速向各个方向蔓延到整个过冷水域的强烈趋势。通过设置防冰核传播器来阻断其向板式换热器方向的传播。

防冰核传播器是通过下面三种措施进行工作的：

（1）内表面憎水化处理：迫使沿壁面生成的冰晶脱落。

（2）采用冷却水对外壁面加热：迫使沿壁面生成的冰晶脱落。

（3）使管内流速 $v \geqslant$ 临界值：冲刷脱离壁面的冰晶。

5. 过冷水式动态制冰系统原理

如图 5-40 所示，过冷水式动态冰蓄冷技术是通过把普通淡水冷却到低于 0℃ 的液态过冷状态，再经超声波促晶生成流态化冰浆的技术。过冷水式动态冰蓄冷技术的核心是把制冰过程的热传递和冰水相变两个环节从空间上彻底分离，一举解决传统制冰工艺中结冰对传热的恶劣影响，从而大幅度降低制冰能耗并提高制冰效率。由于冰浆中固液两相存在密度差，在蓄冰槽中可以循环抽取出冰浆中分离出来的液态水，再送回制冰系统中生成冰浆，由此可使蓄冰槽内的冰浆固相含量达到 50% 左右。

由于过冷水式动态冰蓄冷系统较为复杂的工艺设计、高标准的设备和零部件加工要求

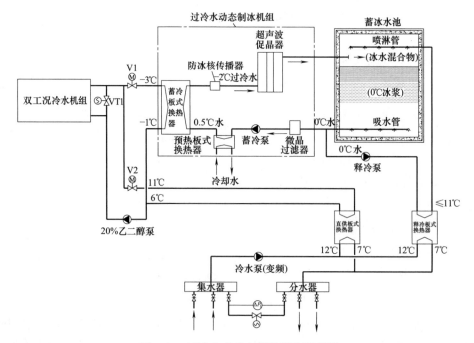

图 5-40　过冷水式动态蓄冰供冷原理图

注：该图为主机与蓄冷器采用并联的方式，也可采用主机上游串联的方式，在主机上游串联的方式中，12℃ 的回水先经直供板式换热器降温至 9℃，再经释冷板式换热器降温至 6℃ 甚至更低，服务于区域供冷系统。

和高可靠性的自控系统设计要求，为此，我
国高菱公司采用模块化设计思路，将过冷水
式动态冰蓄冷系统中最核心和可靠性要求最
高的工艺和设备集成为模块化动态制冰机组
（见图 5-41），在工厂内完成机组的加工、装
配、检验和测试，确保机组的技术参数和整
体质量达到设计规范要求，同时大幅降低现
场安装施工的难度。模块化动态制冰机组通
过台数的多少可以实现不同蓄冷量的组合。

　　过冷水式动态制冰系统的主机与蓄冷水
槽通常采用并联系统来实现联合供冷。

　　6. 过冷水式流态冰蓄冷系统的特点

　　过冷水式流态冰蓄冷系统的特点除了以
下几点之外，均与机械搅拌式相同。

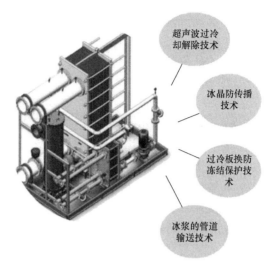

图 5-41　过冷水模块化动态制冰机组

　　（1）过冷水式流态冰蓄冷系统在制冰工况下，蓄冷板式换热器的进水温度为 -3℃，
出水温度为 -1℃，温差仅为 2℃，而一般的冷水机组一般是按温差≥5℃设计的，因此为
了精确地控制板式换热器的进、出水温度，需要在冷水机组的出口加装调节阀 VT1，通过
混水精确调节板式换热器的进水温度。

　　（2）需要冷却水对板式换热器入口的冷水进行预热。

　　（3）联合供冷时，主机与蓄冰水池为并联系统。

　　（4）冰水为自来水无需加入低浓度的乙二醇。

　　（5）这种制冰方法中由于冰浆中不添加冰点抑制剂，如乙二醇、NaCl 等物质且可以
实现低温（0～1℃）供水，过冷水式流态冰非常适合食品医药行业如鲜奶、饮料、药剂、
生鲜食品等的加工工艺对低温冷源的要求。

5.2.12　流态冰蓄冷系统设计注意事项

　　1. 蓄冰水池液面宜高于冰晶发生器，蓄冷侧采用蓄冰水池定压。

　　2. 板式换热器选型宜按空调设计负荷确定，以便在高峰电价时段实现不开主机，通过
全融冰供冷，最大限度地节省运行费用。

　　3. 为了避免铁锈对过冷水稳定性的影响，以及防止乙二醇对管道的腐蚀。冰浆系
统通常选择 PE 或 PVC 管道。PE 或 PVC 管道施工便捷，周期短，且管道清洗方便。另
外，PE 塑料管道传热系数为 0.35W/（m²·K），而普通空调循环水路钢管的传热系数为
46.52W/（m²·K），由此可见 PE 管路的热损失更小。

5.2.13　流态冰蓄冷系统设计计算

　　1. 双工况冷水机组的确定

　　流态冰蓄冷系统设计也分为全蓄冰和部分蓄冰两种情况来计算。

　　1）全蓄冰系统

$$q_c = \varepsilon \cdot Q/(n_2 \cdot C_f) \qquad (5\text{-}16)$$

式中　q_c——双工况机组空调工况制冷量，kW；

　　　　Q——设计日总冷负荷，kWh；

ε——蓄冷装置的实际放大系数，蓄冷水槽取 1.1；

C_f——制冷机工况系数，较静态制冰机组高，螺杆机取 0.77，离心机取 0.73；

n_2——制冷机在制冰工况下的运行小时数，h。

2）部分蓄冰系统

$$q_c=\varepsilon \cdot Q/(n_1+n_2 \cdot C_f) \tag{5-17}$$

式中　n_1——白天制冷机在空调工况下的运行小时数，h。

2. 实际蓄冰量计算公式

实际蓄冰量：

$$Q_s=n_2 \cdot C_f \cdot q_c \tag{5-18}$$

式中　Q_s——蓄冰量，kWh。

3. 蓄冰槽体积计算公式

冰蓄冷通常不会将水全部凝固，流态冰所占容积的比例通常在 50% 左右，蓄冷密度一般在 12～16RT·h/m³。根据工程经验，一般取 12.5RT·h/m³，即 44kWh/m³。

$$V=44 \times Q_s \tag{5-19}$$

式中　V——蓄冰池体积，m³；

4. 板式换热器选型

板式换热器选型宜按空调设计负荷确定，以便在高峰电价时段，实现不开主机，通过全融冰供冷。

第6章 热交换站的设计

6.1 换热在暖通空调系统中的应用

6.1.1 热交换站的应用场所

1. 供暖、空调系统所需的低温热水，常常需要由高温热水或蒸汽经换热站交换制得。

2. 冰蓄冷工程中，乙二醇系统与末端空调冷水系统，常常需要板式换热器进行分隔。

3. 北方地区，冬季冷却塔供冷系统，冷却水与冷水需要板式换热器进行分隔。

4. 区域供冷系统中，室外管网与各个单体建筑的冷水系统也需要采用板式换热器分隔。

5. 高层建筑竖向分区的空调冷水系统，其高区冷水也需经板式换热器与低区的一次水交换制得。

6. 有些时候，热回收冷水机组的回收热也需与生活热水的蓄水箱进行换热。

6.1.2 常用的换热器的形式

在这些换热系统中，需根据系统的特点采用不同的换热器。在暖通空调系统中，常用的换热器有板式换热器、螺旋螺纹管式。浮动盘管容积式换热器。

1. 板式换热器：常用于暖通空调系统的水—水换热，特别适合小温差冷水系统的换热。为了方便接管、减少占地面积，板式换热器常与循环水泵做成板式换热机组来应用。板式换热器分为垫片式和钎焊式。

钎焊式不可拆解，可采用药液循环的方式清洗。高紊流态设计的钎焊式板式换热器可有效避免污垢的附着。配备微米级过滤器、变频器、配电、控制系统的钎焊式板式换热机组可以将尺寸做得很小，使其成为一个高可靠的机电产品，如图6-1所示。在国内，这样的机组应用于供暖系统，在正常的使用条件下，绝大部分机组运行长达十几年而不用清洗，也没有发生结垢、堵塞、衰减的情况。其应用案例见第16.17节及图16-30。

2. 螺旋螺纹管换热器：常用于暖通空调系统的汽—水换热，换热器体积小，该换热器常与循环水泵做成板式换热机组，其应用案例见第16.18节。

3. 浮动盘管容积式换热器：常用于冷水机组热回收的水—水换热，这种热回收方式由于产热与用热的不同时性，需要一定的水容积对热量进行蓄存。其应用案例见第16.21节。

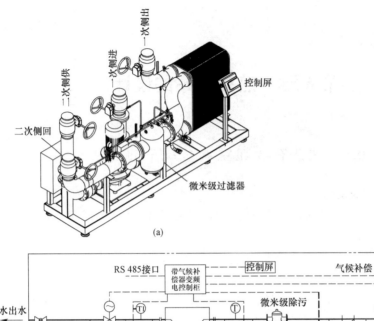

(a)

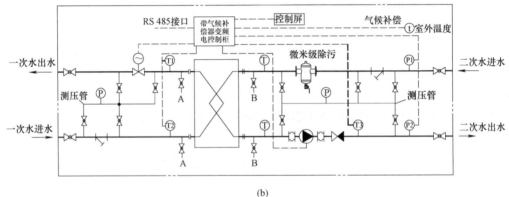

(b)

图 6-1　钎焊式板式换热机组

（a）轴侧图；（b）原理图

注：1. A、B 为钎焊板式换热器药液循环清洗接口；2. 测压管用来实现无误差测量压差，
避免求压差过程中，压力表的偏差和高差修正。

6.2　换热器的选型注意事项

根据介质在换热器内流动的相对方向，可分为逆流、顺流及交叉流。在相同进出温度下，逆流比顺流平均温差大。顺流时冷流体出口温度必然低于热流体出口温度，而逆流体则不受此限制。故工程设计应采用逆流式。工程设计时需对换热器进行选型，换热器选型时需注意以下几点：

1. 一个换热系统的换热器不宜少于 2 台，当其中一台停止工作时，其余换热器的换热量应满足系统的 70%。

2. 换热器水侧阻力一般不大于 7m。换热器阻力的大小决定着换热器的造价，以板式换热器为例，板片越多，流道越多，阻力越小，反之阻力越大。同时，换热器水侧阻力还影响着循环泵的耗电输热比。

3. 每个换热系统的循环泵应设置一台备用泵。

4. 并联使用的循环泵不应超过3台，且型号应相同。台数过多时，采用台数调节负荷时，由于工况点的变化，调节范围较小。

5. 循环泵应采用变频调速，根据负荷变化进行流量调节。

6.3 换热器的选型计算

暖通空调工程的换热器计算，一般都是已知热负荷，来计算换热器的换热面积、一次热媒流量和二次水流量。

6.3.1 换热面积计算

$$F = \frac{Q}{K \cdot B \cdot \Delta t_m} \tag{6-1}$$

式中　F——换热器传热面积，m^2；

　　　Q——换热量，W；

　　　K——换热器的传热系数，$W/(m^2 \cdot ℃)$；

　　　B——水垢系数；当汽 - 水换热时，$B=0.9 \sim 0.85$；当水 - 水换热时，$B=0.8 \sim 0.7$；

　　　Δt_m——对数平均温差，℃。

6.3.2 对数平均温差计算

$$\Delta t_m = \frac{\Delta t_{max} - \Delta t_{min}}{\ln \dfrac{\Delta t_{max}}{\Delta t_{min}}} \tag{6-2}$$

式中　Δt_{max}——较大温差端的温差，℃；

　　　Δt_{min}——较小温差端的温差，℃。

6.3.3 对数平均温差的简化计算

当 $\Delta t_{max}/\Delta t_{min} \leqslant 2$ 时，对数平均温差可简化为按算术平均温差计算，即：

$$\Delta t_m = \frac{\Delta t_{max} + \Delta t_{min}}{2} \tag{6-3}$$

算术平均温差相当于温度呈直线变化的情况，因此，总是大于相同进出口温度下的对数平均温差，上式在采用小温差的空调冷水换热的板式换热器计算中经常用到。

6.3.4 对数平均温差的推导

换热器的换热面积计算，之所以采用对数平均温差，是因为冷热流体沿传热面进行热交换，其温度沿流动方向不断变化，因此冷热液体间温差也是不断变化的，如图6-2和图6-3所示。

以逆流情况为例，并作如下假设：

1. 冷、热流体的质量流量 M_1、M_2 以及比热容 c_1、c_2 是常数；

2. 传热系数是常数；

3. 换热器无散热损失；

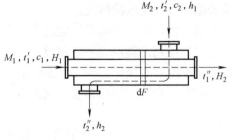

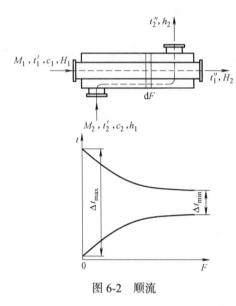

图 6-2　顺流

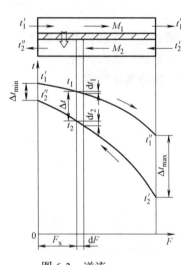

图 6-3　逆流

4. 换热面沿流动方向的导热量可以忽略不计。

从换热面 F_x 处取一微面积 dF，它的传热量为：

$$dQ = K(t_1 - t_2)_x dF \qquad (6-4)$$

则全部换热面的传热量可由式（6-4）积分得到：

$$Q = \int_0^F K(t_1 - t_2)_x dF = K \Delta t_m F$$

式中　Δt_m——平均温差。

$$\Delta t_m = \frac{\int_0^F (t_1 - t_2)_x dF}{F} = \frac{1}{F} \int_0^F \Delta t_x dF \qquad (6-5)$$

换热器较大温差端的温差为 Δt_{max}，换热器较小温差端的温差为 Δt_{min}。

在 F_x 处的 dF 面积上，热流体温度变化 dt_1，换热量为：

$$dQ = -M_1 c_1 dt_1 \qquad (6-6)$$

则

$$dt_1 = -\frac{dQ}{M_1 c_1}$$

冷流体温度变化 dt_2，换热量为：

$$dQ=M_2c_2dt_2 \tag{6-7}$$

则

$$dt_2 = \frac{dQ}{M_2c_2}$$

$$dt_1 - dt_2 = d(t_1 - t_2)_x = -dQ\left(\frac{1}{M_1c_1} + \frac{1}{M_2c_2}\right) \tag{6-8}$$

把式（6-4）代入式（6-8）得：

$$\frac{d(t_1 - t_2)_x}{(t_1 - t_2)_X} = \frac{d(\Delta t)_x}{\Delta t_x} = -K\left(\frac{1}{M_1c_1} + \frac{1}{M_2c_2}\right)dF \tag{6-9}$$

将式（6-9）从 0 到 F_x 积分得：

$$\ln\frac{\Delta t_x}{\Delta t_{max}} = -K\left(\frac{1}{M_1c_1} + \frac{1}{M_2c_2}\right)F_x$$

或写成

$$\Delta t_x = \Delta t_{max}e^{-K\left(\frac{1}{M_1c_1} + \frac{1}{M_2c_2}\right)F_x} \tag{6-10}$$

把式（6-10）代入式（6-5）得：

$$\Delta t_m = \frac{1}{F}\int_0^F \Delta t_x dF = \frac{\Delta t_{max}}{-KF\left(\frac{1}{M_1c_1} + \frac{1}{M_2c_2}\right)}[e^{-KF\left(\frac{1}{M_1c_1} + \frac{1}{M_2c_2}\right)} - 1] \tag{6-11}$$

将式（6-9）从 0 到 F 积分得：

$$\ln\frac{\Delta t_{min}}{\Delta t_{max}} = -KF\left(\frac{1}{M_1c_1} + \frac{1}{M_2c_2}\right) \tag{6-12}$$

或写成

$$\frac{\Delta t_{min}}{\Delta t_{max}} = e^{-KF\left(\frac{1}{M_1c_1} + \frac{1}{M_2c_2}\right)} \tag{6-13}$$

将式（6-12）、式（6-13）代入式（6-11）得：

$$\Delta t_m = \frac{\Delta t_{max} - \Delta t_{min}}{\ln\dfrac{\Delta t_{max}}{\Delta t_{min}}}$$

6.3.5　换热器一次侧及二次侧流量的计算

根据能量守恒，换热量等于一次热媒放热，等于二次热水得热量，即：

$$Q=M_1(H_2-H_1)=M_2(h_2-h_1)$$

则

$$M_1 = \frac{Q}{(H_1 - H_2)}$$

$$M_2 = \frac{Q}{(h_2 - h_1)} = \frac{Q}{c_p(t_2 - t_1)}$$

式中　H_1、H_2 ——一次热媒进出口的焓值，kJ/kg；

　　　h_1、h_2 ——二次热水进出口的焓值，kJ/kg；

　　　c_p ——水的质量比热，kJ/（kg·℃）。

如果一次热媒为蒸汽，采用上式计算一次蒸汽量非常方便。例如：换热量为15100kW的汽-水换热器，一次蒸汽为 0.8MPa 的饱和蒸汽，凝结水为 70℃，二次水为 85℃/60℃的热水，求其蒸汽耗量和二次水循环水量。

首先，通过查《动力工程设计常用数据》13R503，得到 0.8MPa 饱和蒸汽的焓值为2767.5kJ/kg，70℃的水的比热为 4.187kJ/（kg·K），则有：

$$M_1 = \frac{Q}{(H_1 - H_2)} = \frac{15100}{2767.5 - 4.187 \times 70} = 6.10\text{kg/s} = 22\text{t/h}$$

$$M_2 = \frac{Q}{(h_2 - h_1)} = \frac{15100}{4.187 \times (85 - 60)} = 144\text{kg/s} = 518\text{m}^3/\text{h}$$

6.4　锅炉房和换热机房的调节

锅炉房和换热机房应设置供热量自动控制装置。使供水水温或流量等参数在保持室内温度的前提下，随室外空气温度的变化进行调整，始终保持锅炉房或换热机房的供热量与建筑的需热量基本一致，实现按需供热，达到最佳的运行效率和最稳定的供热质量。

供热量自动控制包括质调节和量调节。质调节一般采用气候补偿器来实现，而量调节一般是采用水泵的变频调速来实现。

6.5　气候补偿器原理

气候补偿器是根据室外温度的变化及用户设定的不同时间对室内温度要求，按照设定曲线求出恰当的供水温度进行自动控制，实现供热系统供水温度—室外温度的自动气候补偿，避免产生室温过高而造成能源浪费的一种节能产品；根据系统不同，节能率达10%～25%。

6.5.1　气候补偿器的设定曲线

设定曲线是按以下原理确定的：

如果忽略管网沿途热损失，则有以下热平衡方程：

$$Q_1 = Q_2 = Q_3$$

式中　Q_1 ——建筑物的热负荷，kW；

　　　Q_2 ——散热设备放出的热量，kW；

　　　Q_3 ——供热管网输送的热量，kW；

$$Q_1 = qV(t_n - t_w) \tag{6-14}$$

$$Q_2 = KF(t_p - t_n) \tag{6-15}$$

$$Q_3 = Gc_p(t_g - t_h) \tag{6-16}$$

式中　q——建筑物的热指标，kW/（m³·℃）；

　　　V——建筑物的体积，m³；

　　　t_n——室内温度，℃；

　　　t_w——冬季室外计算温度，℃；

　　　K——散热器的传热系数，kW/（m²·℃）；

　　　F——散热器的外表面积，m²；

　　　t_p——散热器内热水平均温度，℃；

　　　G——管网内热水流量，kg/s；

　　　c_p——管网内热水的质量比热，kJ/（kg·℃）；

　　　t_g——热网的供水温度，℃；

　　　t_h——热网的回水温度，℃。

散热器的传热系数 K 可以写成经验公式：

$$K = A(t_p - t_n)^B$$

式中　A、B——为由实验确定的系数。

对整个建筑而言，可近似地认为

$$t_p = \frac{t_g + t_h}{2}$$

由此，式（6-15）可以写成：

$$Q_2 = AF\left(\frac{t_g + t_h}{2} - t_n\right)^{1+B}$$

若以带"′"的符号表示任一非设计室外条件下的各种参数，热平衡方程可写成：

$$Q_1' = Q_2' = Q_3'$$

$$Q_1' = q'V(t_n - t_w')$$

$$Q_2' = AF\left(\frac{t_g' + t_h'}{2} - t_n\right)^{1+B}$$

$$Q_3' = G'c_p(t_g' - t_h')$$

若将运行调节时的热负荷与设计热负荷之比称之为相对热负荷 $\overline{Q}$，而流量之比称之为相对流量 $\overline{G}$，则有

$$\overline{Q} = \frac{Q_1'}{Q_1} = \frac{Q_2'}{Q_2} = \frac{Q_3'}{Q_3}$$

$$\overline{G} = \frac{G'}{G}$$

对于变频调速水泵有：

$$\overline{G} = \frac{G'}{G} = \frac{f'}{f}$$

式中　　f'——水泵调节时的运行频率；

　　　　f——水泵设计工况时的运行频率。

由上式可得出：

$$\overline{Q} = \frac{Q_1'}{Q_1} = \frac{q'(t_n - t_w')}{q(t_n - t_w)}$$

忽略误差，工程中常把热指标 q 当成恒定不变的常数，则得出：

$$\overline{Q} = \frac{t_n - t_w'}{t_n - t_w} \tag{6-17}$$

$$\overline{Q} = \frac{Q_2'}{Q_2} = \frac{(t_g' - t_h' - 2t_n)^{1+B}}{(t_g - t_h - 2t_n)^{1+B}} \tag{6-18}$$

$$\overline{Q} = \frac{Q_3'}{Q_3} = \overline{G}\frac{t_g' - t_h'}{t_g - t_h} \tag{6-19}$$

由式（6-18）、式（6-19）可得出：

$$t_g' = t_n + \frac{1}{2}(t_g + t_h - 2t_n)\left(\frac{t_n - t_w'}{t_n - t_w}\right)^{\frac{1}{1+B}} + \frac{1}{2\overline{G}}(t_g - t_n)\left(\frac{t_n - t_w'}{t_n - t_w}\right) \tag{6-20}$$

式中，B 值的大小与散热器的种类和系统连接方式有关。当暖风机循环风供热及空调供热时，$B=0$。

对于新风比为 x 的空调供热系统，将 t_n 改为 $\dfrac{t_n + xt_w}{1+x}$ 则有：

$$t_g' = \frac{t_n + xt_w'}{1+x} + \left(\frac{t_g + t_h}{2} - \frac{t_n + xt_w'}{1+x}\right)\left(\frac{t_n - t_w'}{t_n - t_w}\right) + \frac{1}{2\overline{G}}(t_g - t_n)\left(\frac{t_n - t_w'}{t_n - t_w}\right) \tag{6-21}$$

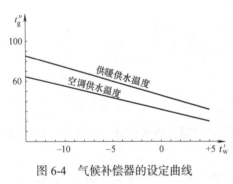

图 6-4　气候补偿器的设定曲线

以室外温度为横坐标，以供水温度为纵坐标，式（6-20）、式（6-21）可表示为图 6-4 中的两条线，这就是气候补偿器的设定曲线。

6.5.2　气候补偿器的功能

气候补偿器实际上就是植入上述公式的可编程控制器（PLC）或直接数字控制器（DDC）。不同的厂家生产的气候补偿器略有不同，有的还采用典型供暖房间的室内温度偏差对供水温度进行修正。一般都有以下功能：

1. 实时显示室内外温度、供水温度、回水温度及电动阀开度等运行参数，LED 灯显示系统运行状态；触摸键盘操作；

2. 分时分温功能模块内嵌，系统默认提供数个时段、数条独立运行曲线，以满足用户在不同时段对室内温度的要求；

3. 能够精确控制供水温度，根据室外温度运算出所需的供暖水温，并运用 PID 控制规律实时与实际供水温度比较，调节电动阀开度，精确保证稳定供水温度，避免发生用户室温过高的现象而浪费能耗；

4. 曲线自学习功能，根据历史参数实时修正室外温度—供水温度曲线，使供暖系统最优化运行；

5. 支持多种通信方式。

6.5.3 气候补偿器的应用

图 6-5 为采用气候补偿器的换热系统，气候补偿器根据室外温度计算出二次水的设定温度，由二次水设定温度控制一次侧电动调节三通阀，调节进入板式换热器的水量。保证二次水温度恒定。

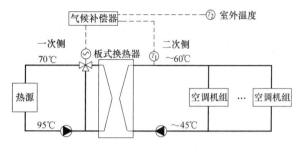

图 6-5 采用气候补偿器的换热系统

如果热源是市政高温热水，一次侧的电动调节三通阀可以改成电动调节两通阀。

6.6 小温差换冷板式换热机组的控制

在区域供冷和高层建筑竖向分区空调水系统的设计中，往往需要将冷水经板式换热机组换热后供给末端。这种换热一般是小温差的（指一次侧进水与二次侧出水），例如 2℃ 温差。这样的供冷机组的控制方法与供热机组的控制方法完全不同。

6.6.1 一次侧电动调节阀的控制

如图 6-6 所示，在设计工况下，一次侧供 / 回水温度为 6℃ /11℃，二次侧供 / 回水温度为 8℃ /13℃。二次侧出水温度 T_1 与一次侧进水温度 T_2 仅相差 2℃，在部分负荷时，T_1 的变化趋向于 T_2，但总有 1℃ 左右的温差，考虑到传感器的精度、误差，T_1 的实测值基本上是没有什么变化。因此不能用 T_1 来控制一次侧电动调节的开度。此时可以采用一次侧供回水温差

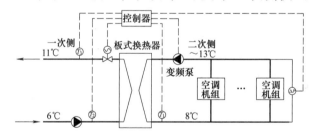

图 6-6 小温差供冷板式换热机组控制原理图

（T_3-T_2）来控制电动两通阀的开度，保证（T_3-T_2）恒定不变，避免一次水小温差运行。

对于低温区域供冷系统（比如供水温度为 2 ~ 3℃），还需同时检测二次侧的供水温度 T_1，以免二次侧温度过低，造成室内管道保温层外壁结露，在 T_1 低于设定值时，由它来接管一次侧电动调节阀的控制。

6.6.2 二级泵的转速控制

二级泵的转速根据二次侧末端供回水压差变频调节。

第7章　空调水系统的阀门设置

图 7-1 所示是常见的冷水一级泵定流量、两管制空调水系统图。为了保证系统正常运行，方便运行管理，需设置一些不同种类和功能的阀门。如果阀门设置不当，将会

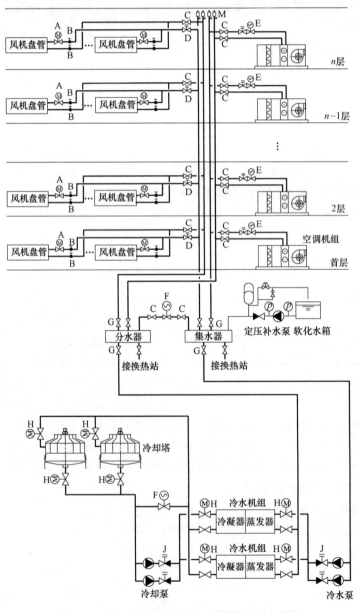

图 7-1　冷水一级泵定流量、两管制空调水系统

使系统运行能耗增大，水量不平衡，从而导致房间温度过冷或过热，有些工程甚至就是因为阀门设置不当而导致夏季不冷、冬季不热。空调系统中的阀门种类较多，作为设计师，在工程中应用时，首先要弄明白其工作原理。

7.1 空调系统各个分支阀门的设置

1. 阀 A 代表电动两通阀。通常采用通断电动两通阀，由室内温控器控制阀门关闭和开启，使室温始终保持在温控设定的温度范围内。但是，新近的研究表明，该阀会造成冷水系统大流量小温差运行，对冷水泵的节能不利，有被具有连续调节功能的阀门取代的趋势，详见本书第 7.6 节。

2. 阀 B 代表球阀。用于快速关断水路。

3. 阀 C 代表蝶阀、截止阀。用于关断水路，小口径采用截止阀，大口径用蝶阀，以减少占用的空间。

4. 阀 D 代表静态平衡阀。调整各并联环路的阻力比值，使流量按需分配。新近的研究表明，此处设置静态平衡阀会加重冷水系统的大流量小温差。详见本书第 7.6 节。

5. 阀 E 代表电动平衡一体调节阀。集电动调节阀与动态压差平衡阀一体的阀门，自动平衡系统压力波动的影响，使通过调节阀的流量完全取决于阀门开度的大小，并与调节阀的开度一一对应，与管路系统的压降变化无关。目前，这种阀门得到了广泛应用，基本上替代了普通的电动调节阀。电动平衡一体调节阀一般安装在回水管上，以减少噪声和气蚀。

6. 阀 F 代表冷水旁通电动调节阀。应按一台冷水机组允许的最小流量来确定管径和阀门的流量，并在该旁通管路上设置手动调节阀以增加阻力，使阀 F 的 S 值最大为 $0.7 \sim 0.9$。否则，若设计管径过大会造成调节失效，而管径过小，通过阀的水流速很大会影响阀门的使用寿命。

7. 阀 G 代表闸阀或大口径球阀。用于关断各支路，要求密封严格。

8. 阀 H 代表电动蝶阀。用于频繁关断、开启水路，当冷水机组不开启时，关断其冷水、冷却水及冷却塔进出水路，防止短路。

9. 阀 J 代表三合一止回阀。用一个阀门可以完成三种功能：无水锤止回阀、闸阀、调节阀。可以大幅减少安装空间。即使泵出口压力小也可以抬起阀瓣，并使流体通过。当水泵停止运转而使流体的流动性被削弱时，阀瓣受弹簧作用而关闭，这样完全可以防止一般止回阀因逆流而产生的水击。其密封垫是由合成橡胶制作的，因而可以吸收关闭阀芯时所产生的冲击，并且完全密封。而一般闸阀是由金属接触，因而不可能形成完全密封。

通过调节开度，可以调节泵的输出量。装有指示器，可以用眼睛确认阀门的开启度。由于该阀的形状和结构等成流线型，因而压降很小。

7.2 调节阀安装的位置

调节阀一般安装在回水管上，目的是减少噪声和气蚀，如图 7-2 所示。根据连续流方程，水在流经调节阀时有一个加速和减速的过程，对应的动压也有一个升高和降低的过程，根据伯努利方程，静压有一个下降和上升的过程，当某点的静压下降到该点水温对应的汽化压力时，该点将出现气泡，发生"气蚀"现象，产生噪声和振动。调节阀压降越大、水温越高（主要是冬季）越明显。在冬季供热时，水流经过换热器之后，其温度降低，对应的汽化压力也就较低，因此调节阀安装在换热器的回水管上不易产生气蚀、噪声和振动。

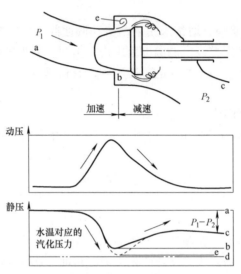

图 7-2 水流经调节阀时，动压、静压的变化

7.3　电动调节阀

在中央空调系统中，空调机组的表冷加热器、换热站的水 - 水换热器、汽 - 水换热器，都是电动调节阀与换热器组成串联的回路（见图 7-3），通过调节电动阀的开度来实现对换热量的控制。要实现调节阀对换热量的精确控制，必须分别对换热器和调节阀进行分析研究。

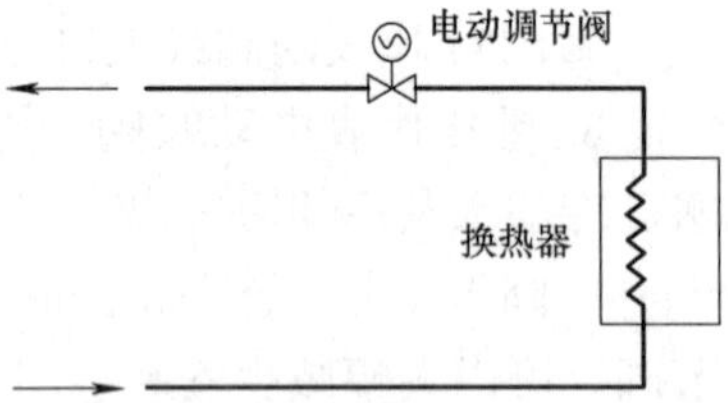

7.3.1　空调机组加热器（表冷器）的静特性

1. 水 - 空气、水 - 水换热器的静特性

（1）下面分析换热器的静特性。比如一个空调机组的表冷（加热）器，如果加热器的瞬时加热量为 Q，对应的水量为 G，在设计工况下的加热量 Q_{max} 对应的水量为 G_{max}，则相对热量为 Q/Q_{max}；相对水量为 G/G_{max}。水通过加热器释放出来的热量可用下式表示

$$Q/Q_{max} = c_p \cdot G/G_{max} \cdot \Delta t_s \tag{7-1}$$

式中　Q——冷水释放的热量，kW；

$\quad\quad c_p$——水的质量比热，kJ/（kg·℃）；

$\quad\quad G$——水的流量，kg/s；

$\quad\quad \Delta t_s$——设计工况供回水温差，℃。

图 7-3　调节阀与换热器串联的调节系统

如果供回水温差 Δt_s 恒定不变，那么相对热量就是相对流量的单值函数，用图形表示就是图 7-4 中曲线 y。

然而在换热器的实际工作过程中，换热温差是随水流量变化的，在水流量较小时，同样的换热面积，换热充分，就会产生较大的换热温差且变化速率较快；相反，在水流量较大时，有一部分水就来不及热交换，使得换热温差变小且变化速率较慢。换热器的换热温差与相对水流量的关系如图 7-5 所示（该图取自换热器的实际工作过程，详见图 7-45）。

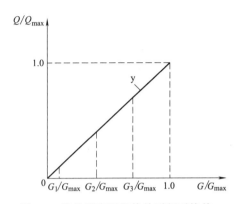

图 7-4　换热器定温差换热时相对换热
　　　　量与相对水流量的关系

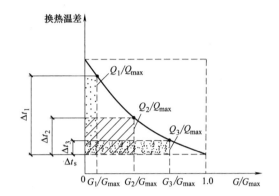

图 7-5　换热器换热温差与相对水流量的关系

由图 7-5 可以看出，在相对流量分别为 G_1/G_{max}、G_2/G_{max}、G_3/G_{max} 时，换热温差较设计温差 Δt_s 的增加量分别是 Δt_1、Δt_2、Δt_3。温差与相对流量分别围成的面积大小再乘上比热就是由于温差的增加而增加的相对热量 Q_1/Q_{max}、Q_2/Q_{max}、Q_3/Q_{max}。由图中还可以看出，在流量较小时和流量较大时围成的面积较小。将增加的这部分热量加到图 7-4 中对应的相对流量上，就得到了图 7-6 中曲线 x。

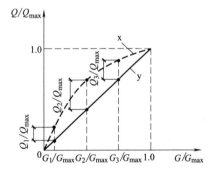

图 7-6　换热器变温差换热时相对
换热量与相对水流量的关系

由图 7-6 可知，换热器变温差换热时，相对热量与相对水流量的关系曲线 x 是一个上凸的曲线。

以上分析仅仅是从水侧的传热规律进行的，而实际的传热过程还与换热器能否将水的热量传递出去的问题，比如：

1）当流量减小到一定程度，水的流态进入层流，会使传热恶化，表现为温差变小，换热量减少，曲线 x 在小流量端，上凸趋势变缓。

2）如果供回水温差不变，提高供水温度，比如 50℃ /40℃变为 60℃ /50℃，会增加换热效果，则在低于额定流量时，表现为增大换热温差，曲线上凸的趋势更明显。

3）如果当空气加热器的空气流量变小，比如变风量空调机组在小于额定风量下运行，这种情况会使换热量变小，其改变的仅仅是换热器在各种流量下的进出水温差。使得热量 Q_1/Q_{max}、Q_2/Q_{max}、Q_3/Q_{max} 变小，曲线 x 上凸趋势变缓。但它仍是一个上凸的曲线。

（2）表冷器供冷时，有两部分换热：一部分是显热，这与供热的情况相似；还有一部分是潜热。湿空气在经过表冷器时，与管壁直接接触的湿空气会有冷凝水析出，进行潜热

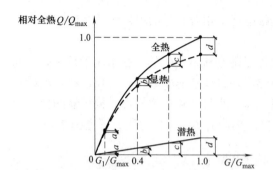

图 7-7　表冷器变温差换热时相对换热量与相对水流量的关系

换热。在冷水流量由小变大的过程中，理论上，无论冷水量大小，均存在潜热换热，而且潜热换热量与冷水量成正比，如图 7-7 所示。将潜热与显热叠加后就是表冷器的全热曲线。它仍是一个上凸的曲线。

（3）同理，对于空调水—水换热器，也可以定性地得出其相对换热量与一次侧相对水流量的关系也是一条上凸的曲线。

换热器的这一特性被称为静特性。该特性表明：加热器（表冷器）的供热量（供冷量）与盘管内的水流量不是线性关系。它的变化趋势是在小流量时，流量变化引起的热量变化较大，在大流量时，流量变化所引起的热量变化小，如图 7-8 所示。

2. 蒸汽加热器的静特性

对于蒸汽—空气换热器、蒸汽—水换热器，考虑到蒸汽加热器主要是蒸汽以汽化潜热的形式放热，而显热放热很小，经传热学推导有如下数学关系：

$$\frac{Q}{Q_{\max}} = \frac{G}{G_{\max}} \tag{7-2}$$

式（7-2）以图形表示如图 7-9 所示，它表明：蒸汽换热器的加热量与蒸汽量是线性关系。

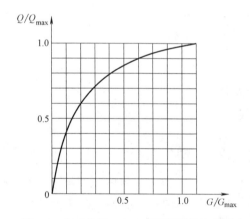

图 7-8　水—空气、水—水换热器的静特性

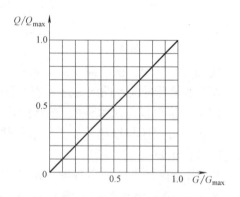

图 7-9　蒸汽换热器的静特性

7.3.2　电动调节阀的流量特性

电动调节阀的流量特性是指液体通过阀门的相对流量与阀门的相对开度之间的关系。

$$\frac{G}{G_{\max}} = f\left(\frac{l}{L}\right)$$

式中　$\dfrac{G}{G_{\max}}$——相对流量，是调节阀在某一开度时的流量与阀门全开时的流量之比；

$\dfrac{l}{L}$——相对开度，是调节阀在某一开度时的行程与阀门全开时的行程之比。

7.3.3　调节阀的理想可调节范围 R

调节阀的理想可调节范围 R 是该阀在阀门前后压差不变的条件下，最大开度时的流量 G_{max} 与阀门在最小开度时的流量 G_{min} 之比，即：

$$R = \frac{G_{max}}{G_{min}} \tag{7-3}$$

R 值与阀门的制造精度有关，用于空调系统的阀门，一般 $R \approx 30$。文献 [63] 指出，随着加工水平的提高，目前空调用调节阀理想流量特性的可调比不再是传统的 $R \approx 30$，可调比可以达到 R=100 或者更高。

7.3.4　调节阀的理想流量特性

在调节阀前后压差不变的情况下得到流量特性，称为阀门的理想流量特性。调节阀的理想流量特性是由阀芯的形状决定的。目前，大致分为 4 类：快开、抛物线、线性、等百分比流量特性。目前，在暖通空调水系统中主要采用的是线性流量特性和等百分比流量特性。

1. 理想的线性流量特性，其定义为：通过调节阀的流量变化与阀芯行程变化成正比，可表示为：

$$\frac{\dfrac{\mathrm{d}G}{G_{max}}}{\dfrac{\mathrm{d}l}{L}} = 常数$$

对上式积分，代入边界条件可导出：

$$\frac{G}{G_{max}} = \left(1 - \frac{1}{R}\right)\frac{l}{L} + \frac{1}{R} \tag{7-4}$$

图形表示为图 7-10。

2. 理想的等百分比流量特性，其定义为：调节阀阀芯移动单位行程时，所引起的流量变化与变化时的流量成正比，可表示为：

$$\frac{\mathrm{d}\left(\dfrac{G}{G_{max}}\right)}{\mathrm{d}\left(\dfrac{l}{L}\right) \times \left(\dfrac{G}{G_{max}}\right)} = 常数$$

对上式积分，代入边界条件可导出：

$$\frac{G}{G_{max}} = R^{\left(\frac{l}{L}-1\right)} \tag{7-5}$$

图形表示为图 7-11（该图是改进后的理想等百分比流量特性，即调节阀关闭时流量为 0）。

上式表明，等百分比调节阀的相对流量与行程呈指数关系，它的特性曲线是一条指数曲线。它的变化趋势是：开度小时，流量小，阀门开度改变时流量变化也小；开度大时，流量大，开度改变时流量变化也大。

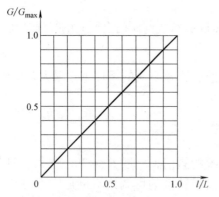

图 7-10　理想的线性流量特性曲线

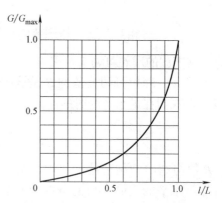

图 7-11　理想的等百分比流量特性曲线

7.3.5　电动调节阀的选择

首先要选择合适的流量特性，使其与被调对象相适应。在电动调节阀与换热器串联组成的系统中，要使换热器的输出的相对热量与调节阀的相对开度呈线性关系。

1.水阀的选择

（1）对于空调系统的水—空气换热器、水—水换热器，由图 7-8 和图 7-11 可以看出，两图中的曲线正好相反，如果采用曲线 7-11 对曲线 7-8 进行补偿纠正，可以使最终的调节综合效果接近图 7-12（a）所示。

需要说明的是，这种补偿纠正，是变化趋势的纠正，纠正的结果不一定刚好就是一条直线，这样的结果对一般的工程可以接受，纠正的目的是优化调节过程，如果不纠正也能达到调节的目的，只不过调节过程会加长、会使被调参数加剧振荡。如图 7-12（b）所示，在末端需求热量为 A 时，控制系统会将阀门的开度按线性比例关系开到 B，如果纠正后的曲线不是一条直线，而是图 7-12（b）中的曲线 x，此时实际需求的阀门开度为 C，由于 $C < B$，实际上是阀门的开度过大了，阀门需要多次的反馈调节才能到 C，从而加长了调节过程。如果曲线 x 接近曲线 y，那么 C 也接近 B，调节过程就会缩短。

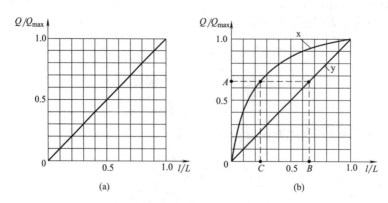

图 7-12　调节阀调节的理想效果

（a）调节阀调节的理想效果；（b）调节阀调节效果比较

（2）对于冷水系统，分集水器之间的旁通电动阀，由于其仅用于流量控制，因此该调节阀应采用线性流量特性的调节阀。

2.蒸汽阀的选择

同理，对于汽 - 水换热器，由图 7-9 和图 7-10 可以看出，两图中的曲线均为线性的，它们的调节综合效果也应是线性的，也将有如图 7-12（a）所示的效果。

因此，空调系统的汽 - 水换热器入口处的电动调节阀应采用线性流量特性的调节阀。

3.采用等百分比流量特性的调节阀的意义

一个空调系统如果不能保持调节阀开度和散热设备散热量之间的良好线性关系，则会造成受控房间温度波动频繁，系统稳定时间过长。如在图 7-13 所示的空调系统中，电动调节水阀调节特性在图 7-14 所示的 a、b、c、d 四个调节过程中有着截然不同的效果。

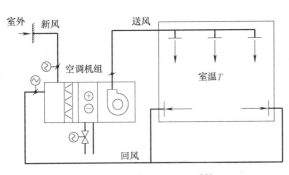

图 7-13　一次回风空调系统

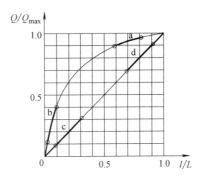

图 7-14　调节阀的调节过程

在调节过程 a 中，调节阀的开度变化较大，而热量输出变化很小，导致达到设定室温的时间较长（见图 7-15）。在调节过程 b 中，调节阀的开度变化较小，而热量输出变化很大，导致室温振荡，使达到设定室温的时间较长（见图 7-16）。在调节过程 c、d 中，调节阀的开度变化与热量输出成比例变化，使达到设定室温的时间较短（见图 7-17）。

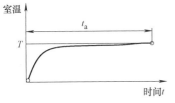

图 7-15　调节过程 a

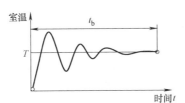

图 7-16　调节过程 b

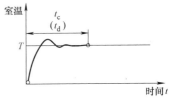

图 7-17　调节过程 c、d

7.3.6　等百分比流量特性的调节阀

从结构上来讲，暖通系统中常用的等百分比特性的电动调节阀主要有球阀、座阀和蝶阀等几种形式。

1.调节型球阀：调节型的球阀与普通开关型球阀结构上的主要区别在于增加了配流盘，图 7-18 所示。

普通的球阀仅用于关断，带配流盘的球阀是如何实现等百分比特性的呢？如图 7-19 所示，当阀球随着阀轴转动时，阀门的开度发生变化，相应的流通面积发生变化。

由于阀门在特定开度下的流量取决于此开度下阀门的流通面积，因此阀门流量随开度的变化规律取决于配流盘的形状，那么通过设计合适的配流盘的形状，就能实现控制球阀的等百分比流量特性。调节型球阀由角行程执行器来驱动，执行器接收标准的调节型信

图 7-18　带配流盘的调节球阀

图 7-19　带配流盘的球阀流通面积随开度的变化

号，将球阀旋转到控制信号指示的位置。带配流盘的球阀与传统球阀流量特性的比较见图 7-20。

2. 座阀：座阀的外观和内部结构如图 7-21 所示。当座阀的阀芯随着阀杆上下运动时，阀门的流通面积发生变化，座阀是通过设计特殊的阀芯形状，来实现等百分比流量特性的。

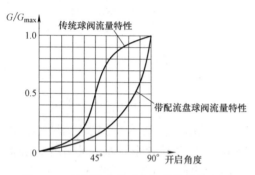

图 7-20　带配流盘的球阀与传统球阀流量
特性的比较

 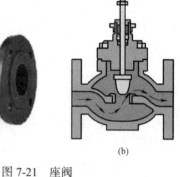

图 7-21　座阀
（a）外观；（b）内部结构

3. 蝶阀：由于蝶阀的构造不同，其理想流量特性也会不同，当阀瓣较薄时，接近于等百分比特性，暖通空调系统中大口径的调节阀往往采用蝶阀，为了节省工程造价，大口径的三通阀也往往采用两个调节蝶阀代替，如图 7-22 所示。这种方法在冰蓄冷系统中常常被采用。

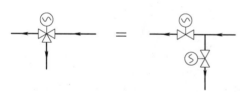

图 7-22　两个电动调节蝶阀代替一个大口径
的电动三通调节阀

在上述的三种阀中，口径小时，如果介质是水，温度和压力范围允许的情况下，选用调节型的球阀比较合适，不仅有很好的关断性能，而且价格便宜。但如果是蒸汽介质，调节型的球阀一般不能满足温度和压力的要求，宜选用座阀，当口径较大时，采用蝶阀较合适。

7.3.7　阀权度

以上流量特性的讨论都是基于理想的阀门流量特性，即在调节阀前后压差不变的前提下得出的结论。对于普通的电动调节阀，在空调水系统运行中，调节阀前后的压差、换热器的压降都是时刻在变化的，这时就需采用阀权度 S 对其流量特性进行修正。在图 7-23 中，调节阀全开时前后压差为 ΔP_{min}，该支路的总压降为 ΔP，则：

阀权度：

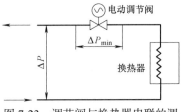

$$S = \frac{\Delta P_{\min}}{\Delta P} \qquad (7-6)$$

式中　$\Delta P_{\min}$——调节阀全开时的压力损失，Pa；

　　　　ΔP——调节阀所在串联支路的总压力损失，Pa。

图 7-23　调节阀与换热器串联的调节系统

7.3.8　调节阀的实际可调节范围 R_r

调节阀在运行中，其前后的压差是不断变化的，因此在空调水系统中调节阀实际所能调节的最大流量与最小流量之比，称之为实际可调范围 R_r。经过数学推导，得出：

$$R_r = R\sqrt{S} \qquad (7-7)$$

由式（7-7）可知，S 值越小，调节阀的实际可调范围就越小，因此，在设计中希望管道和空调末端的阻力小一些，使调节阀两端具有足够比例的压差。考虑到可调性和调节阀阻力对循环泵能耗的影响，一般取 $S = 0.3 \sim 0.5$。

7.3.9　调节阀的工作流量特性

调节阀的工作流量特性是指调节阀前后压差随负荷变化的工作条件下，调节阀的相对开度与相对流量之间的关系。

当 $S = 1$ 时，支路的压降全部落在了调节阀上，此时调节阀的流量特性就是理想流量特性。随着 S 值的减小，理想的直线特性趋向于快开特性，如图 7-24 所示；而理想的等百分比特性趋向于直线特性，如图 7-25 所示。

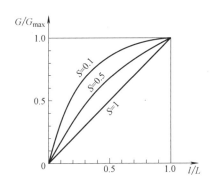

图 7-24　线性工作流量特性

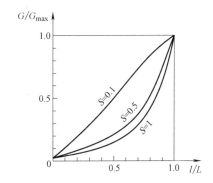

图 7-25　等百分比工作流量特性

7.3.10　电动调节阀的口径计算

电动调节阀的口径大小应根据它的流通能力来选择。首先，根据 $S = 0.3 \sim 0.5$ 的原则确定调节阀的前后的最小压差，再计算出调节阀在开度最大时所需要流通能力 K_v，然后再查阀门样本中满足这一流通能力 K_v 阀门的口径。

1. 调节阀流通能力定义

当调节阀全开，阀两端压差 $\Delta P = 10^5$ Pa，流体密度 $\rho = 1 \mathrm{g/cm^3}$ 时，每小时流经调节阀的流量，以 $\mathrm{m^3/h}$ 或 t/h 计。在我国暖通空调行业，以符号 K_v 表示流通能力。

在一些国外的资料中，流通能力常用 C_v 值来表示，C_v 值和 K_v 值意义相同，只是采用不同的单位，压差 ΔP 取 1 磅 / 英寸，流量的单位采用加仑 / 每分钟，C_v 值和 K_v 值之间的换算关系为：$C_v=1.156K_v$。

2. 空调系统水调节阀的流通能力推导

根据流体力学原理，流量为 $V(\text{m}^3/\text{h})$ 的流体，流过截面积为 A 的管段，在通过调节阀时产生的压力损失与流体流速之间有如下关系：

$$\Delta P = \xi \cdot \rho \frac{v^2}{2} \qquad (7\text{-}8)$$

式中　v——流体的平均流速，m/s；

ρ——流体密度，kg/m^3；

ξ——调节阀阻力系数；

ΔP——调节阀压降，Pa。

由公式

$$v = \frac{V}{3600A} \qquad (7\text{-}9)$$

得出：

$$V = 3600A \cdot v = \frac{3600A}{\sqrt{\xi}} \sqrt{\frac{2\Delta P}{\rho}} \qquad (7\text{-}10)$$

A 的单位取 cm^2，式（7-10）可写成：

$$V = \frac{3600A}{10^4 \sqrt{\xi}} \sqrt{\frac{2\Delta P}{\rho}} \qquad (7\text{-}11)$$

由式（7-11）可知，通过调节阀的流体流量除了与阀门两端的压差及流体种类有关外，还与阀门口径、阀芯阀座的形状等因素有关。根据流通能力的定义，上式可写成：

$$K_v = \frac{3600A}{10^4 \sqrt{\xi}} \sqrt{\frac{2\Delta P}{\rho}} = \frac{3600A}{10^4 \sqrt{\xi}} \sqrt{\frac{2 \times 10^5}{1 \times \frac{1000}{1}}} = 5.09 \frac{A}{\sqrt{\xi}} \qquad (7\text{-}12)$$

求得：

$$\frac{A}{\sqrt{\xi}} = \frac{K_v}{5.09} \qquad (7\text{-}13)$$

代入式（7-11），得：

$$V = \frac{3600}{10^4} \times \frac{K_v}{5.09} \times \sqrt{\frac{2\Delta P}{\rho}} = \frac{K_v}{10} \sqrt{\frac{\Delta P}{\rho}}$$

由上式求得：

$$K_v = 10V \sqrt{\frac{\rho}{\Delta P}} \qquad (7\text{-}14)$$

将水的密度 $\rho=1000\text{kg/m}^3$ 代入上式，求得空调水调节阀的流通能力为：

$$K_v = 10V \sqrt{\frac{1000}{\Delta P}} = \frac{316V}{\sqrt{\Delta P}} \ (\text{m}^3/\text{h}) \qquad (7\text{-}15)$$

3. 蒸汽调节阀

由于蒸汽具有可压缩性，通过调节阀后的密度小于阀前的密度，因此不能采用式（7-14）来计算蒸汽调节阀的流通能力。其计算方法有多种，通常采用阀后密度法。

当 $P_2 > 0.5P_1$ 时，为亚临界状态流动：

$$K_v = \frac{10G}{\sqrt{\rho_2 \cdot (P_1 - P_2)}} \ (\text{kg/h}) \tag{7-16}$$

当 $P_2 < 0.5P_1$ 时，为超临界状态流动，不管阀后蒸汽压力 P_2 为多少，阀出口截面上的蒸汽压力保持临界状态下的压力不变，即为 $P_1/2$，阀出口截面上的蒸汽密度 ρ_2' 也保持临界状态下的密度不变：

$$K_v = \frac{10G}{\sqrt{\rho_2' \cdot (P_1 - P_2)}} = \frac{10G}{\sqrt{\rho_2' \cdot (P_1 - P_1/2)}} = \frac{14.14G}{\sqrt{\rho_2' \cdot P_1}} \ (\text{kg/h}) \tag{7-17}$$

式中　V——调节阀前后最小压差时（全开）的体积流量，m^3/h；

　　　G——蒸汽的质量流量，kg/h；

　　　P_1——调节阀前绝对压力，Pa；

　　　P_2——调节阀后绝对压力，Pa；

　　　ρ——调节阀处流体的密度，kg/m^3；

　　　ρ_2——在 P_2 压力及 t_1 温度（P_1 压力下的饱和蒸汽温度）时的蒸汽密度，kg/m^3；

　　　ρ_2'——阀后出口截面上的蒸汽密度，通常取压力为 $P_1/2$ 及温度为 t_1 时的蒸汽密度，kg/m^3。

阀门的流通能力（即：K_v 值），作为阀门选型的重要参数，一般会在产品样本中给出。

7.3.11　总结电动调节阀的计算选型过程

电动调节阀的计算选型过程：确定阀权度→确定阀前后最小压差→计算流通能力 K_v 值→根据 K_v 值查阀的口径。

在很多工程设计中，暖通设计师不对调节阀进行口径选型，使得电动调节阀落到暖通、自控几方都不管的境地。最后由施工方按连接管道的管径配套采购，这是非常不科学的。我们知道，管道的管径是按比摩阻确定的，而且比摩阻的可用范围非常大，这样确定的电动调节阀口径可大可小，很不确定。但是，电动调节阀的流通能力是唯一的，而且与比摩阻毫无关系。这样选型的结果将导致空调系统调节性能很差。

7.3.12　电动平衡一体阀

由前文所述可知，电动调节阀的选型是一个很复杂的过程，但是电动平衡一体阀的出现不仅使得这一问题得到了简化，而且使调节阀的流量特性变成了理想流量特性。所谓电动平衡一体阀就是一种可以保持调节阀前后压差恒定不变的调节阀，即：压力无关型调节阀。它相当于自立式压差控制器与电动调节阀的结合。对于电动平衡一体阀，由于调节阀的 K_v 值和前后压差均为已知量，由式（7-14）就可以计算出它的最大流量，所以电动平衡一体阀样本上都会列出调节阀的最大流量。选型时，可以直接以最大流量来确定调节阀的口径，选型时，使流过阀门的最大流量接近但不超过调节阀限定的最大流量即可。

电动平衡一体阀的应用如图 7-26 所示，电动平衡一体阀一般安装在空调机组等换热器的出水管上，其结构如图 7-27 所示，与普通的调节阀

图 7-26　电动平衡一体阀与换热器串联的调节系统

所不同的是，该阀内部有一个导压管、一个活动的阀芯和推动阀芯运动的膜片。其工作原理如图 7-28 所示。

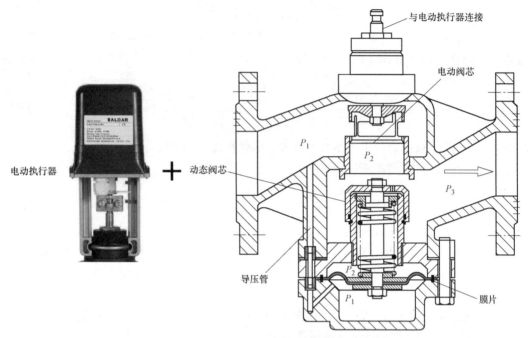

图 7-27 电动平衡一体阀结构

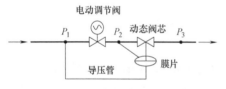

图 7-28 电动平衡一体阀的工作原理

当进口压力 P_1 升高时，P_1、P_2 压力增大，使膜片带动阀芯向上动作，使 P_2、P_3 间的开度减少，P_2 压力升高，P_1-P_2 保持恒定不变。

当进口压力 P_1 降低时，P_1、P_2 压力随之减小，使膜片带动阀芯向下动作，使 P_2、P_3 间的开度增大，P_2 压力减小，P_1-P_2 保持恒定不变。

同样，当 P_3 压力变化时，一样能够保持 P_1-P_2 恒定不变。

因此，无论系统压力怎样变化，由于动态阀芯的调节作用，使得 P_1-P_2 始终保持不变，从而保持介质流量恒定不变。

由式（7-20）（见第 7.7.3 节）可知，流经阀门的流量：

$$V = K_{vs}\sqrt{P_1 - P_2}$$

如果阀门前后的压差 P_1-P_2 恒定不变，那么流量只与阀门的开度 K_{vs} 有关。

当电动调节阀接到来自控制系统的指令而进行调节时，它会停留在某一开度处，这相当于随时设定流量，电动平衡一体阀则保持此流量不变。当收到新的指令时，电动调节阀又开始了新的调节。

通过调节阀的流量完全取决于阀门的开度的大小，并与调节阀的开度一一对应，唯有调节阀的阀芯开度发生变化时，其流量才发生相应的变化，与管路系统的压力变化无关，此时调节阀的阀权度为 1。

电动平衡一体阀的压差—流量特性曲线如图 7-29 中所示，当 P_1 和 P_3 之间的压差超过一定值（30kPa）时，动态阀芯的压差控制器开始动作，起到流量限制的作用，但是当它超过一定值后（300kPa），调节阀又不能正常工作了。这个压差范围就是电动平衡一体阀可以正常工作的压差范围。在这个范围内，多余的压力都将被动态阀芯消耗掉。系统运行时，P_1 和 P_3 之间的压差达到最低时，系统阻力最小，冷水泵的输送能耗最低。可以根据这一特性，对冷水泵的运行进行优化，见图 7-30。

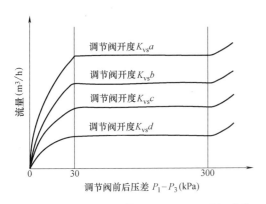

图 7-29　电动平衡一体阀压差—流量特性曲线

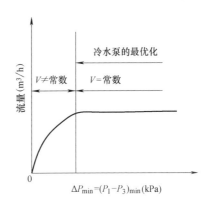

图 7-30　冷水泵的优化运行

7.3.13　典型电动平衡一体阀的参数

图 7-31、表 7-1 和表 7-2 是欧文托普 EDRV ecQ 型电动平衡一体阀及其参数。

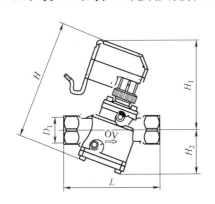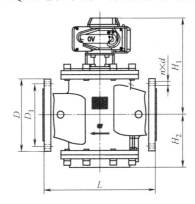

图 7-31　欧文托普 EDRV ecQ 型电动平衡一体阀

欧文托普 EDRV ecQ 型电动平衡一体阀的参数　　表 7-1

型号	规格	压差范围 （kPa）	最大流量 （m^3/h）	L （mm）	H_1 （mm）	H_2 （mm）	执行器 选型
EDRV ecQ	DN25	30～400	2.4	140	127	65	AC-07
EDRV ecQ	DN32	30～400	4.0	178	134	76	AC-07
EDRV ecQ	DN40	30～420	8.0	200	212	92	EVA20
EDRV ecQ	DN50	30～420	14.0	230	228	110	EVA20
EDRV ecQ	DN65	30～420	24.5	290	235	136	EVA20

续表

型号	规格	压差范围 （kPa）	最大流量 （m³/h）	L （mm）	H_1 （mm）	H_2 （mm）	执行器 选型
EDRV ecQ	*DN*80	30～420	35.0	310	311	143	EVA50
EDRV ecQ	*DN*100	30～420	50.0	350	328	149	
EDRV ecQ	*DN*125	30～420	70.0	400	335	188	DHC-10
EDRV ecQ	*DN*150	30～420	100.0	480	370	205	

驱动器参数　　　　　　　　　表 7-2

型号	力/力矩	工作电源	输入信号	输出信号	防护等级
AC-07	200N	24VAC	0～10V/2～10V/0～20mA/4～20mA	0～10V	IP54
EVA20	20N·m	24VAC	0～10V		IP67
EVA50	50N·m	24VAC			
DHC-10	100N·m	24VAC			

7.3.14　电动平衡一体阀选型

1. 根据空调箱设计流量和阀门允许压差范围确定电动平衡一体阀的规格。

2. 根据要求确定电动阀的工作电压、输入/输出信号等技术参数。

例：某空调箱的供回水主管管径为 *DN*80，设计流量是 28m³/h，要求所选阀门的计算阻力损失不高于 40kPa，工作电压为 24V，输入/输出信号 0～10V。现选择电动平衡一体阀。

选型步骤：

（1）根据要求的设计流量 28m³/h 和最大计算阻力损失值 40kPa 查表 7-1。

（2）规格为 *DN*80、流量为 35m³/h、压差范围为 30～420kPa 的电动平衡一体阀满足要求。

（3）电动平衡一体阀的工作电压为 24V，输入/输出信号均为 4～20mA。

（4）电动平衡一体阀的计算压差为 30kPa（用于计算水泵扬程）。

7.3.15　电子式压力无关型控制阀

Belimo 电子式压力无关型控制阀（以下简称 EPIV）由超声波流量计、等百分比流量特性的电动调节球阀和智能控制器三部分组成，装在末端设备的回水管上，用于对流量进行精确控制，如图 7-32 和图 7-33 所示。安装调试时，首先要根据设计流量对 EPIV 的最大流量进行设置，设置好后，阀门接收的控制信号与流量值是按等百分比的特性曲线对应的。

图 7-32　电子式压力无关型控制阀

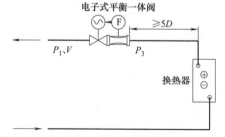

图 7-33　电子式压力无关型控制阀工作原理

电子式压力无关型控制阀在运行时，内置的智能控制器接收外部温度控制器的控制信号和自带流量传感器的测量值，并将接收到的控制信号对应的流量值和流量传感器测得的实际流量值进行比较，如果有偏差，改变控制球阀开度，将实际流量调节到和控制信号对应的流量值一致。

当温度控制器给出的控制信号没有改变，而系统压力波动导致流量发生变化时，流量传感器探测到流量的改变并反馈给智能控制器。接收到流量有偏差后，智能控制器将控制球阀改变开度，使流量值与原来保持一致。因此，EPIV 能保证实际流量只受控制信号的控制，而不受压力波动的影响。

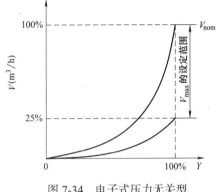

图 7-34　电子式压力无关型
控制阀最大流量的设定

为了达到规定的测量和控制精度，测量入口前端需要有不小于 5 倍管径的直管段。

电子式压力无关型控制阀最大的特点是：运行时的最大流量可以在阀门最大额定流量的 25% ～ 100% 范围内任意进行设定或更改。这样在工程中应用起来更灵活。如图 7-34 所示。

图 7-34 中 V_{nom} 是指调节阀可以达到的最大额定流量，可以在产品样本中查到；V_{max} 是指根据控制信号最大值设置的运行时最大流量（如控制信号 Y 为 10V 时）。V_{max} 可以在 V_{nom} 的 25% ～ 100% 范围内设定。

7.3.16　能量阀

一般来讲，在供回水温差变化不大的情况下，电子式压力无关型控制阀能很好地控制室内温度，但是对于一些业态分布比较复杂的建筑物，或者在负荷变化比较大的情况下，如果仅仅控制末端设备的流量，对于需要准确控制室内温度仍有一定的困难，甚至可能出现 "大流量小温差" 的现象，使水泵的能耗大幅增加。

Belimo 能量阀（EV）由电动调节球阀、智能控制器、超声波流量计以及供回水温度传感器四大部分组成。流量传感器测量管路的瞬时流量 V，两个温度传感器测量供回水温度，根据公式 $Q = c_p \cdot \rho \cdot V \cdot \Delta t$，能量阀内置的智能控制器计算出末端设备的瞬时换热量，通过改变球阀的开度，可以精确控制末端设备的换热量输出。如果此时能量阀前后压差或者供回水温差发生改变，能量阀的智能控制器会自动调节球阀的开度，使末端设备的瞬时换热量和控制信号的给定值对应的换热量一致，因此，能量调节阀是一个能精确控制末端设备换热量输出且不受系统压力波动和供回水温差变化影响的智能型控制阀门。如图 7-35 所示。

与电子式压力无关型控制阀一样，能量阀在安装调试时也要根据设计工况对最大的换热量进行设置，使控制信号和换热量之间建立一个线性的对应关系，通俗一点的说法就是：要让能量阀知道，当它接收到一个特定的控制信号时，它应该把末端设备的换热量输出控制到多少。

比如在图 7-35 所示的工作原理图中，室温传感器将室内温度 T 反馈给 DDC，DDC 将室内温度 T 与设定值进行比较，根据 PID 算法算出一个控制信号传输给控制阀。室内温度 T 取决于末端设备的换热量和负荷，通过控制末端设备的换热量输出来控制室内温度，那么有：

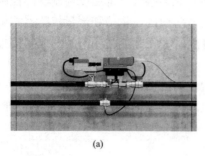

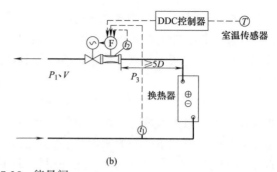

图 7-35　能量阀

（a）外观图；（b）工作原理图

1. 如果这里是一个普通的控制阀，当它接收到控制信号时改变的只是阀门的开度。而末端设备的换热量受阀门开度、控制阀前后压差、供回水温差三个因素的影响。仅改变阀门开度，当其他两个因素发生无序变化时，显然不能准确控制末端设备的换热量，也就不能保证准确地控制室内温度。

2. 如果这里是一个能量阀，当它接收到 DDC 的控制信号时，通过改变调节阀的开度来控制末端设备的换热量输出，当影响末端设备换热量的另外两个因素，即控制阀前后压差、供回水温差发生改变时，能量阀内置的智能控制器会自动调整球阀的开度，将末端设备的实际换热量调到与控制信号对应的换热量一致。因此，能量阀可以很完美地控制室内温度，而且不受系统压力波动和供回水温差变化的影响。

执行器接收 DDC 发出的模拟量控制信号，对阀门进行调节控制，并可提供流量、供 / 回水温度、供回水温差、阀门位置、能量、功率或累积流量等参数，并且通过标配的总线或以太网通信端口可以把所有的这些参数传给楼控系统或云平台。

除此之外，能量阀是一个可以实现物联网云连接的智能阀门。在维持 Δt、保障末端设备换热效率的同时，还可以实时监控、存储、分析盘管的各项性能数据和能耗指标，优化能源效益；并且能够在线提供快速的技术支持和解决方案，提供最优的末端控制及节能运行方案。由于配套了通过欧盟 MID 认证以及中国 CPA 认证的热能表，最新一代的能量阀可以很方便地应用到空调能耗计费中。

电子式压力无关型控制阀和能量阀还有一个优势就是选型计算和调试维护都非常方便：其选型仅需要设计流量一个参数，不必计算 K_v 和阀权度。调试过程只需把最大流量设定为设计流量即可。阀门配置了近场通信（NFC）功能，使得阀门即使在没有供电的条件下仍然可以进行参数设置。运行时通过内置网页、安装了应用程序的手机或者 BA 系统都可以轻松地了解任意一个阀门及其服务的换热器或管路的运行参数。

需要提醒的是，"能量阀"已被搏力谋自控设备（上海）有限公司注册为商标，目前市场上还有一些带有流量检测和供回水温度检测的阀门，它们的工作原理不尽相同，设计选用时需加注意。

7.3.17　智能控制阀

欧文托普 smarcon ecQ 智能控制阀由超声波流量计、供 / 回水温度传感器、智能控制执行器和调节球阀（等百分比）组成，是集在线监测、实时通信、智能控制等功能于一体的能量控制阀，如图 7-36 所示。产品应用于暖通空调水系统的能量控制及温差控制，可以通过总线协议 Modbus RTU 或者 Modbus TCP 实现与 BAS 系统的交互，便于用户采集和分析数据，优化运行方案，提高系统运行效率，降低能耗。同时，该产品配有微信小程序，可通过蓝牙连接查看设备状态、切换控制模式及设定运行参数，操作更加方便灵活。

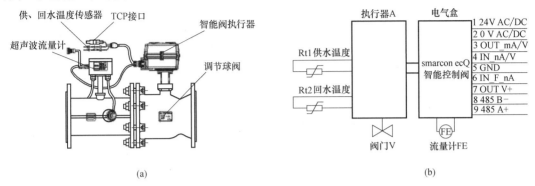

图 7-36　智能控制阀

（a）结构图；（b）接线图

1. 在线检测：该产品可实时检测阀门工作状态、阀门开度、供回水温度及实时流量等。阀门上配有 1.3 英寸 OLED 液晶显示屏，可以实时显示阀门状态信息。

2. 实时通信：通过模拟量、Modbus RTU 或者 Modbus TCP 协议及蓝牙等实现供回水温度、阀门开度、实时流量、瞬时能量及累积能量的实时传输，方便客户及时了解阀门工作情况及采集分析数据，并对异常情况及时做出响应。

3. 智能控制模式：

（1）开度控制模式：作为普通电动调节阀使用，DDC 信号控制阀门开度；

（2）流量控制模式（压力无关式）：DDC 信号控制阀门流量，阀门流量不受压差影响，保持流量与设定相同；

（3）恒定温差控制模式：MCU 通过 PID 算法控制阀门开度，使系统供回水温差保持在设定范围内；

（4）恒定回水温度控制：MCU 通过 PID 算法控制阀门开度，使系统回水温度保持在预设范围内；

（5）开度 + 温差控制模式：阀门接收 DDC 开度控制信号，同时监测系统供、回水温度，实时调整阀门开度；

（6）开度 + 回水温度控制模式：阀门接收 DDC 开度控制信号，同时监测系统供、回水温度，实时调整阀门开度；

（7）流量 + 温差控制模式：阀门接收 DDC 流量控制信号，同时监测系统供回水温差，实时调整阀门开度；

（8）流量 + 回水温度控制模式：阀门接收 DDC 流量控制信号，同时监测系统供、回水温度，实时调整阀门开度。

4. 数据存储：可通过电脑端软件或者与执行器通信方式读取执行器内部存储的数据。存储的数据分为短存储数据和长存储数据，存储的内容包括阀门开度、进水温度、回水温度、瞬时流量及阀门执行的命令等。短存储每 3min 存储一次，最长存储 31d 数据；长存储每小时存储一次，最长存储 13 个月数据。

7.4　空调机组电动调节阀温度控制原理

全空气一次回风空调系统中，空调机组一般是根据回风温度调节电动调节阀的开度来实现房间温度恒定的，其本质是调节送入房间的冷量（热量），如图 7-37 所示。冷（热）水释放的冷量（热量）可表示为式（7-18）。这些冷量（热量）又被风带入房间，来改变房间的温度。

$$Q = c_p \cdot \rho \cdot V \cdot \Delta t \tag{7-18}$$

式中　Q——冷（热）水释放的冷量（热量），kW；

c_p——水的质量比热，kJ/（kg·℃）；

ρ——水的密度，kg/m³；

V——水的流量，m³/s；

Δt——供回水温差（$t_2 - t_1$），℃；

t_1——表冷器进水温度，℃；

t_2——表冷器出水温度，℃。

由式（7-20）可知，流经调节阀的流量 $V = K_{vs} \cdot \sqrt{\Delta P}$。

带入式（7-18）后可得：

$$Q = c_p \cdot \rho \cdot K_{vs} \cdot \sqrt{\Delta P} \cdot \Delta t \tag{7-19}$$

由式（7-19）可知，冷水释放的冷量受三个变量的影响：阀门的开启大小（K_{vs}）、阀门前后的压差（ΔP）、供回水温差（Δt）。

根据上文的结论，下面来分析采用不同种类的调节阀时，房间温度的调节过程。

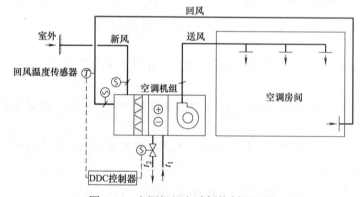

图 7-37　空调机组电动阀控制原理图

7.4.1　采用普通电动调节阀的空调机组温度控制原理

1. 参数设定

以供冷工况为例，夏季房间的设计温度为 25℃，空调机组的 DDC 编程时，将回风温度的最小值 T_{min}（比如 23℃）对应于 DDC 输出的 0V 信号，当回风温度小于等于 23℃时，控制器的输出信号均为 0V。将回风温度的最大值 T_{max}（比如 27℃）对应于 DDC 输出的 10V 信号，当回风温度大于 27℃时，控制器的输出信号均为 10V。如图 7-38（a）所示。

同时，将 0V 信号对应于阀门的阀位设为 0，将 10V 信号对应于阀门的阀位设为

100%，如图 7-38（b）所示。

经过线性变换之后，回风温度与阀门的开度的线性关系如图 7-38（c）所示。在 $T_{min} \sim T_{max}$ 之间，回风温度与阀门的阀位呈线性关系。另外，需要在设定温度 T_{set} 附近设置一个温度死区（比如 25℃ -1℃，25℃ +1℃），在此区域内阀门不动作，避免阀门频繁动作。（需要说明的是：这只是调节信号的比例关系，阀门在实际调节过程中是采用比例 + 积分 + 微分信号去寻找合适的阀位，当温度达到设定温度时，理论上阀门的阀位就是设定温度对应的阀位）

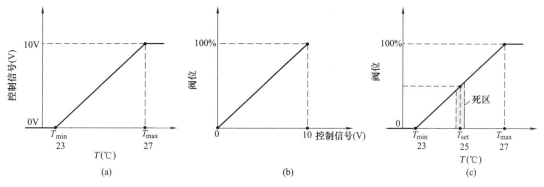

图 7-38　供冷工况电动调节阀信号的对应关系

（a）回风温度与 DDC 输出信号的关系；（b）阀门的输入信号与阀位的关系；（c）回风温度与阀位的关系

到此为止，回风温度改变的只是阀门的阀位。而最终输出的流量多少还需借助阀门的流量特性来实现，而流量特性是由阀芯结构形式决定的，比如线性流量特性、等百分比流量特性，如图 7-39 所示。对于机械式阀门，阀门的流量特性一旦选定就无法改变。

2. 调节过程

电动调节阀控制房间温度的原理如图 7-40 所示。调节开始时，DDC 通过传感器检测回风温度 T 并且与设定温度 T_{set} 比较，根据 PID 控制逻辑的运算结果输出模拟量信号（比如 $0 \sim 10V$ 或 $4 \sim 20mA$）给阀门执行器，调节阀门的阀位，令回风温度 $T = T_{set}$。

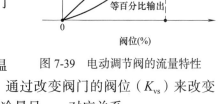

图 7-39　电动调节阀的流量特性

3. 特点

根据式（7-19），阀门调节时，需要假定供回水温差（Δt）不变，阀门前后压差（ΔP）也不变。这样，通过改变阀门的阀位（K_{vs}）来改变冷水的流量进而改变送入房间的冷量（Q），使阀位与冷量呈一一对应关系。

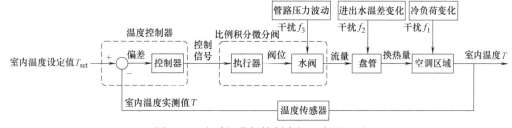

图 7-40　电动调节阀控制房间温度原理图

在这个控制过程中忽略了两个干扰量（f_2、f_3）的影响，因此，这样的调节不能准确地响应房间冷量的实际需求。

对于供热工况，DDC 编程时，将回风温度的最小值 T_{min}（比如 18℃）对应于 DDC 输出的 10V 信号，当回风温度小于 18℃时，DDC 输出信号均为 10V。将回风温度的最大值 T_{max}（比如 22℃）对应于 DDC 输出的 0V 信号，当回风温度大于 22℃时，DDC 输出信号均为 0V。其余过程与供冷工况相同。

7.4.2 采用电子式压力无关型电动调节阀的空调机组温度控制原理

1. 参数设定

以供冷工况为例，空调机组的 DDC 编程时，将回风温度的最小值 T_{min}（比如 23℃）对应于 DDC 输出的 0V 信号，当回风温度小于 23℃时，控制器的输出信号均为 0V。将回风温度的最大值 T_{max}（比如 27℃）对应于 DDC 输出的 10V 信号，当回风温度大于 27℃时，控制器的输出信号均为 10V。如图 7-41（a）所示。

该阀门自带一个内部控制器，控制器内置了两种流量特性输出曲线（等百分比、线性），可相互切换，比如安装在加热器、表冷器出口时，采用等百分比流量特性输出；用在分、集水器之间旁通时，采用线性输出。如图 7-41（b）所示。

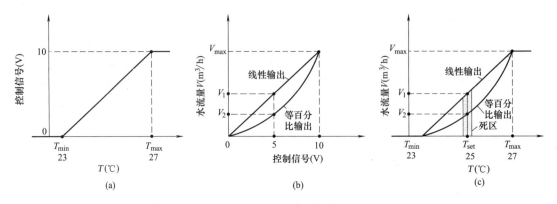

图 7-41 供冷工况电子式压力无关型电动调节阀信号的对应关系

（a）回风温度与 DDC 输出信号的关系；（b）阀门的输入信号与阀门自带控制器流量输出值的关系；
（c）回风温度与阀门自带控制器流量输出值的关系

当采用线性输出时，阀门内置控制器将 0V 输入信号对应于阀门内置控制器的输出流量为 0，将 10V 输入信号对应于阀门内置控制器的输出最大设定流量 V_{max}，V_{max} 为设计工况冷负荷对应的水流量，由空调设计工程师确定。在 0～10V 之间，输入信号与流量 V 呈线性关系。

当采用等百分比输出时，阀门内置控制器的输出流量与输入的 0～10 V 信号呈等百分比曲线的对应关系。

需要说明的是：调节阀有一个额定流量为 V_{nom}，这个参数是厂家给出的，可以在样本中查到。V_{max} 可以在 V_{nom} 的 25%～100% 范围内任意设定，这样可以使同一个阀门能够满足不同的设备，或者是同一个设备在不同工况下对流量上限的不同需求，既增加了阀门的冗余量以及设计的容错率，又能保障使用时对流量的精确控制。

　　由图 7-41（b）可以看出，当输入信号同样为 5V 时，线性输出和等百分比输出分别对应不同的流量 V_1 和 V_2。

　　经过线性（或等百分比）变换之后，回风温度与阀门的流量的关系如图 7-41（c）所示。另外，需要在设定温度 T_{set} 附近设置一个温度死区（比如 25℃ -1℃，25℃ +1℃），温度在此范围内，阀门不动作，避免阀门频繁动作。

　　2. 调节过程

　　这是个串级控制系统，有两个控制回路，主控制回路是温度控制，控制器是空调机组的 DDC；副回路是流量控制回路，该控制器安装在水阀执行器内部。

　　调节开始时，DDC 通过传感器检测回风温度 T 并且与设定温度 T_{set} 比较，根据 PID 控制逻辑的运算结果输出模拟量信号（0 ～ 10V 或 4 ～ 20mA）给阀门内部的控制器，该控制器根据输入信号设定阀门的流量 V_{set}，并将流量计测得的流量 V 与 V_{set} 进行比较，根据内置的 PID 控制逻辑运算结果输出动作信号给调节阀门，调节阀门开度，使 $V=V_{set}$，直到回风温度 $T=T_{set}$。如图 7-42 所示。

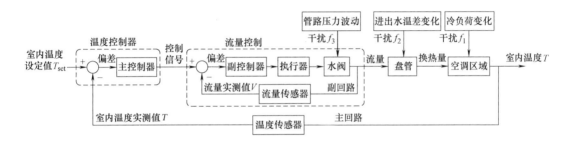

图 7-42　电子式压力无关型电动调节阀的串级控制原理

　　3. 特点

　　在这个控制过程中，当温度控制回路没有变化时，如果由于管路压力变化而导致了流量变化，阀门的控制器通过流量传感器发现这种变化后，会发出指令调整阀门开度，使其回到之前的流量，消除压力变化的影响。依据式（7-19），在阀门调节时，仅需要假定供回水温差（Δt）不变。这样，通过改变阀门的阀位（K_{vs}）来改变冷水的流量，进而改变送入房间的冷量（Q），使控制信号与冷量呈一一对应关系。

7.4.3　采用能量阀的空调机组温度控制原理

　　1. 参数设定

　　以供冷工况为例，空调机组的 DDC 编程时，将回风温度的最小值 T_{min}（比如 23℃）对应于 DDC 输出的 0V 信号，当回风温度小于 23℃时，控制器的输出信号均为 0V。将回风温度的最大值 T_{max}（比如 27℃）对应于 DDC 输出的 10V 信号，当回风温度大于 27℃时，控制器的输出信号均为 10V。如图 7-43（a）所示。

　　将阀门内置控制器输出的 0V 信号对应于表冷器的冷量输出值 0，将 10V 信号对应于表冷器的最大设定冷量 Q_{max}，Q_{max} 为设计工况冷量，由暖通工程师确定，如图 7-43（b）所示。

　　经过线性变换之后，回风温度与表冷器的冷量输出的关系如图 7-43（c）所示。在

$T_{max} \sim T_{min}$ 之间，回风温度与表冷器的冷量输出呈线性关系。另外，需要在设定温度 T_{set} 附近设置一个温度死区（比如 25℃ -1℃，25℃ +1℃），温度在此范围内，阀门不动作，避免阀门频繁动作。

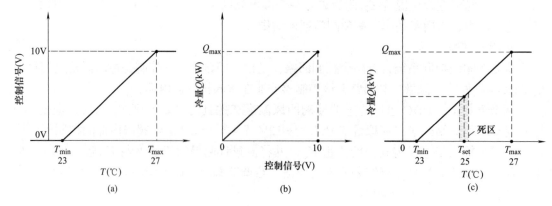

图 7-43   供冷工况能量阀信号的对应关系

（a）回风温度与 DDC 输出信号的关系；（b）阀门的输入信号与阀门自带控制器冷量输出值的关系；
（c）回风温度与表冷器的冷量输出的关系

2. 调节过程

调节开始时，DDC 通过传感器将回风温度 T 与设定温度 T_{set} 比较，根据 PID 控制逻辑的运算结果输出模拟量信号（0 ~ 10V 或 4 ~ 20mA）给阀门内部的控制器，该控制器根据输入信号设定阀门的能量 Q_{set}，在阀门的内部控制器中，将传感器测量得到的流量 V 和供回水温差 Δt 带入公式 $Q = c_p \cdot \rho \cdot V \cdot \Delta t$ 计算出能量 Q 并将其与 Q_{set} 进行比较，根据内置的 PID 控制逻辑运算结果输出动作信号给调节阀门，调节阀门开度，使 $Q = Q_{set}$，直到回风温度 $T = T_{set}$。如图 7-44 所示。

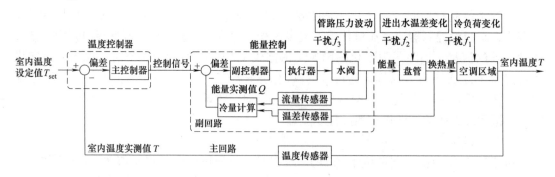

图 7-44   能量阀的控制原理

3. 特点

这个调节过程中，将温差的变化、阀门前后压差波动都考虑了进去。与电子式压力无关型电动调节阀一样：

（1）能量阀的 V_{max} 可以在 V_{nom} 的 25% ~ 100% 范围内设定。

（2）能量阀是个串级控制，有两个控制回路。

（3）能量阀为压力无关型电动调节阀。

这样简洁的控制，不需要考虑阀位和阀门流量特性这些概念。实际上，阀门设计本来就是应该以控制设备换热量为目的，以前是因为技术能力或成本问题无法实现，才通过阀位和流量特性这些理论作为对换热量的调节手段。能量阀只是还原当初的设计理念，简化控制过程而已。

7.4.4　能量阀温差管理功能

能量阀带有独特的温差管理功能。温差管理功能开启后，如果供、回水温度传感器发现温差 Δt 小于最优温差时，该功能便可介入调节阀门开度，使其大于等于最优温差，避免大流量小温差现象发生。这里的最优温差不是设计值，也不设备铭牌规定的值，而是能量阀通过对内置数据库中的运行数据进行分析和挖掘后，得出的满足输配系统最节能的温差。如图 7-45 所示。当达到目标后，温差管理功能就会自动退出。

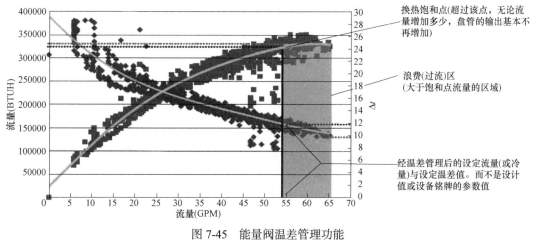

图 7-45　能量阀温差管理功能

注：1BTUH ≈ 0.29W，1GPM ≈ 0.23m³/h。

7.5　电动两通阀

电动两通阀安装于风机盘管回水管上，对进入风机盘管的水流实现通断控制。由温控器提供一个开启信号，使电动阀接通交流电源而开启阀门，冷水或热水进入风机盘管，当室温达到温控器设定值时，温控器令电动阀断电，复位弹簧使阀门关闭，从而截断进入风机盘管的水流，通过阀门的关闭和开启，使室温始终保持在温控设定的温度范围内。电动两通阀可拆分为阀体和执行器两部分。一般分为常闭型和常开型，常闭型是指断电时阀门处于关闭状态，常开型是指断电时阀门处于开启状态。中央空调系统一般都是采用常闭型。根据其执行器的不同，目前，有电动式和电热式两种。设计师应注意电动两通阀不是电磁阀。

7.5.1　电动式两通阀

电动式驱动器为一个磁滞同步电机，当阀开到位时，电机堵转，阀门保持全开状态。这种阀具备断电弹簧复位及手动开阀杠杆操纵功能，见图 7-46。

7.5.2 电热式两通阀

电热式两通阀的原理是采用石蜡推进器，经 PTC 加热的石蜡膨胀驱动阀杆工作，带弹簧复位功能，见图 7-47。

电动式执行器、电热执行器都具有缓开缓闭的动作特性，可有效避免环路水锤的产生，不会引起管路的噪声以及颤动，降低风机盘管的疲劳度，延长使用寿命。由于各厂家的产品不同，一般全开时间：通电后约 10 ~ 16s；关闭时间：断电后约 5 ~ 16s；驱动电压：220VAC（或者 12V、24V、110V）；功率消耗：5W ~ 7W（仅在阀门启闭过程中）；阀体承压：1.6MPa 允许压差：0.6MPa。

图 7-46　电动式两通阀　　　　　　图 7-47　电热式两通阀

7.5.3 电动两通球阀

电动两通球阀采用角行程执行器和球阀组合而成，具有密封性好、造价低的特点。角行程执行器可以设定阀门的最大流量，即：K_v 值。角行程执行器不能断电复位，阀门开启关闭需由电机正反转驱动，见图 7-48 ~ 图 7-50。

全开、关闭时间：75s，90°；驱动电压：220V AC（或 24V AC/DC）；功率消耗：运行：1.5W，保持 1.1W；阀体承压：1.0MPa 或 2.0MPa，允许压差：0.6MPa。

7.5.4 动态平衡电动两通阀

动态平衡电动两通阀集电动两通阀开关控制和动态压差功能于一体，主要用于空调系统末端风机盘管冷水和热水的开关控制，并具有动态平衡作用。在系统压力波动时，始终保持阀门开启时的流量不变，如图 7-51 所示。

图 7-48　两通球阀　　图 7-49　用于电动球阀　　图 7-50　角行程执　　图 7-51　动态平
　　　　　　　　　　　　的角行程执行器　　　　行器的 K_v 值设定　　　衡电动两通阀

这种阀门除非特别必要，一般不建议采用。由于它的动态压差控制功能，使得该阀门阻力较大，在空调冷水系统中，水多次流过平衡阀，使得水泵扬程较高，能耗较大。由于其为动态平衡阀，流量是固定的，对于夏季供冷、冬季供热的两管制系统，无法在冬、夏两种流量工作。

7.6　电磁阀

很多人将控制风机盘管的电动两通阀与电磁阀混淆，其实两者完全不同。电磁阀是采用电磁线圈产生的磁场来拉动阀芯，以便改变阀体的通断，线圈断电，阀芯就依靠弹簧的压力退回，如图 7-52 所示。电磁阀是快开快闭的动作特性，为了避免水击的产生，一般不用于暖通空调风机盘管等设备的控制。

图 7-52　电磁阀

7.7　静态平衡阀

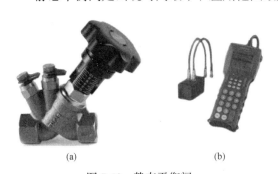

图 7-53　静态平衡阀
（a）外观图；（b）调试仪表

静态平衡阀是出现时间最早、应用范围最广的平衡阀产品（见图 7-53）。其工作原理是通过调节自身开度，改变局部阻力，调整各并联环路的阻力比值，使流量按需分配，达到实际流量与设计流量相符；消除水系统存在的部分环路过流、部分环路欠流的冷热分配不均现象，起到热平衡的作用，有效避免了为照顾不利环路而加大冷、热源及水泵出力而造成的能源浪费现象。

阀门设有开度指示、开度锁定装置及用于流量测定的测压小阀，只要在各支路或用户入口装上适当规格的平衡阀，并用专用智能仪表进行一次性调试后锁定即可。静态平衡阀具有关断功能。调试时，用软管将平衡阀测压口与压差测量仪连接，仪表根据式（7-20）就可以计算出流量。

7.7.1　静态平衡阀使用注意事项

1. 不能采用蝶阀、闸阀、截止阀、球阀等关断类阀门代替静态平衡阀。关断类的阀门流量特性曲线为上抛型曲线，调节灵敏性很差；而静态平衡阀的流特性曲线接近直线特性，调节灵敏度较高。

2. 不应串联安装，即同一环路供回水管不应同时安装多个静态平衡阀。

3. 系统调试工作比较复杂，往往需要专业调试公司进行调试。

4. 如图 7-54 所示，静态平衡阀具有良好的调节性能，其阻力系数一般都要高于传统截止阀，在选用静态平衡阀时务必要充分考虑到。当采用平衡阀替代现有阀门时，或者将装有平衡阀的新系统与原有供热（冷）管网连接时，必须关注新系统与旧系统水量分配平衡问题，以免安装了平衡阀的新系统（或改造系统）的水阻力比原有系统高，而达不到应有的水流量。

7.7.2　静态平衡阀的安装要求

为了保证测量精度，应尽可能将静态平衡阀安装在直管段处，见图 7-55。管网系统安

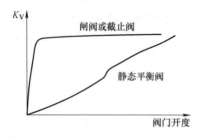
图 7-54 静态平衡阀接近线性流量特性

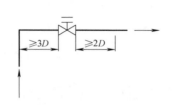
图 7-55 静态平衡阀的安装距离

装完毕，并具备测试条件后，对全部平衡阀进行现场统一调试，并将调试完毕的阀门开度锁定，使管网实现水力工况平衡。在管网系统正常运行过程中，不应随意变动平衡阀的开度。

7.7.3 静态平衡阀的选型

1. 按照 K_{vs} 值选型，所选阀门的 K_{vs} 值要大于设计值。

平衡阀的工作原理是通过调节阀芯与阀座的间隙，即通过开门高度来改变流体经过阀门的阻力，达到调节流量的目的。平衡阀相当于一个局部阻力可调的节流组件，对不可压缩流体，流量方程式：

$$K_{vs} = \frac{V}{\sqrt{\Delta P}} \qquad\qquad (7-20)$$

式中 V——流量，m^3/h；

　　　　ΔP——阀门前后压差，Bar；

　　　　K_{vs}——平衡阀的系数，它的定义是：当平衡阀前后压力差为 1bar（1.02kgf/cm^2）时，平衡阀的流量值（m^3/h）。如果平衡阀的开门高度不变，则阀门的 K_{vs} 值不变，也就是说阀门的值由阀门的开门高度决定。如果事先知道阀门在不同开门高度下的 K_{vs} 值，通过测量阀门两端的压力差就可以计算出通过阀门的流量，平衡阀就可以作为定量调节流量的节流组件使用了。

2. 选型时需注意：

（1）最小开度大于全行程的 20%。

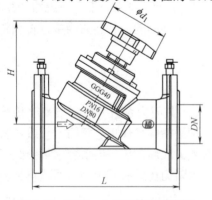
图 7-56 VFN ecQ 系列静态平衡阀

（2）阀门最小压降大于 3kPa。静态平衡阀选型时，若无法准确知道所安装处应补偿的阻力值时，为不增加系统阻力，则阀门全开情况下其前后压差不大于 5kPa。

3. 选型举例：

已知：流量 V=16m^3/h，需要消耗的压降 ΔP=5kPa。

选型：

$$K_{vs} = \frac{V}{\sqrt{\Delta P}} = \frac{16}{\sqrt{0.05}} = 71.6$$

选 VFC ecQ 系列静态平衡阀（见表 7-3 和图 7-56），K_{vs}=94.0。

VFN ecQ 系列静态平衡阀技术参数　　　　表 7-3

型　　号	DN	L（mm）	H（mm）	K_{vs}
PN16/PN25				
Hydrocontrol VFN ecQ	DN50	230	200	64.8
Hydrocontrol VFN ecQ	DN65	290	200	94.0
Hydrocontrol VFN ecQ	DN80	310	210	124.7
Hydrocontrol VFN ecQ	DN100	350	246	220.5
Hydrocontrol VFN ecQ	DN125	400	256	264.3
Hydrocontrol VFN ecQ	DN150	480	285	361.3
Hydrocontrol VFN ecQ	DN200	600	436	726.9
Hydrocontrol VFN ecQ	DN250	730	469	1087.8
Hydrocontrol VFN ecQ	DN300	850	511	1276.2

7.8　电动蝶阀

电动蝶阀属于电动阀门的一种，是自动化控制领域里重要的执行机构，常用于冷水机房水路及冷却塔前后的水路关断和调节。由于其阀体内的阀板酷似蝴蝶的两片翅膀，因而得名。其工作原理为：电动执行器接收控制信号，驱动阀轴，带动阀板旋转到不同的角度，实现开关或调节流体的目的。在暖通空调领域，电动蝶阀常作为调节阀，用来代替大口径的座阀。

7.8.1　电动蝶阀连接形式和自动控制方式

蝶阀与管道的连接形式有中线对夹式和法兰式。其自动控制方式多为三位浮点式和调节式（模拟量控制）。所谓三位浮点控制是指阀门的开启、关闭和停止。

电动蝶阀的阀体与执行器一般是可分拆的两部分。开关型的电动蝶阀可以根据管道口径确定蝶阀的口径，调节型电动蝶阀应根据 K_v 值来确定口径，同时要根据转矩的要求确定配套的电动执行器的型号。需要注意的是：用于关断作用的电动蝶阀，需要电气专业设计配电箱来进行电机的正反转（即阀门的开、关）控制，详见本书第 14.5.1 节。

7.8.2　空调系统中的电动蝶阀

在闭式空调冷水和冷却水系统中应用的电动蝶阀，以 Belimo 的产品为例（见图 7-57），根据口径的不同有 D6..N/W（L）系列和 D 系列（最大关闭压力是指阀门关闭状态下，水泵运行时阀门前后的压差）。D 系列的口径为 DN600 ～ DN1200，在暖通空调系统中很少会遇到。

D6..N/W（L）系列电动蝶阀主要参数：口径：DN50 ～ DN600，电压：220V，扭矩：35 ～ 160N·m，所配执行器最大关闭压力：800 ～ 1200kPa，运行时间 35 ～ 150s（见表 7-4）。

BACnet通信协议
提供上位设备数据传输功能，方便地进行简单调试、参数设置和维护

近场通信(NFC)
即使在执行器未供电的情况下，也能通过智能手机进行简单调试、参数设置和维护

IP66/67防护等级
允许户外使用，并且保护执行器免受紫外线、雨、雪、污垢、尘土和高湿度环境的侵害

智能自调节限位
确保简易的安装和便捷的调试，在整个寿命周期里智能的自调节限位开关

可视化功能
柔性且醒目的位置指示器可以在很远处观察到准确的蝶阀阀位

阀体
提供符合ISO 7005-1/-2、EN1092-1/-2和DIN 2641/2642法兰标准的单夹及对夹阀体

宽电压供电
同一种执行器可适用于24～240V供电电压范围，促进计划和应用的灵活性

优化执行器高度和重量
使安装空间减少并使装配变得简单

能耗节省80%
减少功耗，并且节省了变压器和线缆的费用

电子复位可选
确保在失电状态下的高安全性

电机运行时间可调
可根据具体应用的需求在30～120s的范围内调节

智能加热器
通过温湿度传感器智能控制加热器启停，防止执行器内的冷凝结露，增加寿命周期内的使用安全(专利申请中)

隔热功能及防冷凝
起到对执行器的隔热和防止冷凝水的功能

专利申请中的阀体设计
特别为暖通空调系统而设计的蝶阀

泄露等级A，密封
最高1400kPa关断压力

图 7-57　电动蝶阀及执行器

D6..N/W（L）系列蝶阀 K_v 值　　　　表 7-4

型号	DN（mm）	PN	K_{vmax}（m³/h）
D650N	50	6/10/16	90
D665N	65	6/10/16	180
D680N	80	6/10/16	300
D6100N	100	6/10/16	580
D6125N	125	6/10/16	820
D6150N	150	6/10/16	1600
D6200W	200	6/10/16	2900
D6250W	250	6/10/16	4400
D6300W	300	6/10/16	7300
D6350N	350	10/16	10900
D6400N	400	16	14200
D6450N	450	16	18800
D6500N	500	16	24100
D6600N	600	16	37300

第8章　空调水系统压力及定压

8.1　压力表安装位置

在空调水系统中会安装大量的压力表，来监控系统及设备的运行状况，如图8-1所示。这些压力表的安装位置主要有：

1. 在空调水系统设备的进出口、水过滤器的进出口需要安装压力表，来监测设备的进出水压力降，判断设备是否阻塞、是否正常运行。

2. 在循环泵的进出口需要安装压力表，来监测水泵所提供的扬程。

在闭式空调水系统中，压力表安装时应注意：各层设备进出口处设置的压力表宜安装在同一标高，这样就可以避免各个压力表读数在垂直高度的修正。

8.2　压力表读数的意义

空调水系统管路上各点的压力表，在管内水静止和流动时的读数会完全不同，并代表不同的意义。

1. 当闭式空调水系统的循环泵停止运行、水不流动时，各压力表的读数为该点的静压。

2. 当闭式空调水系统的循环泵运行、水流动时，各压力表的读数即为该点的工作压力，它是由系统的几何高度和循环泵扬程决定的。

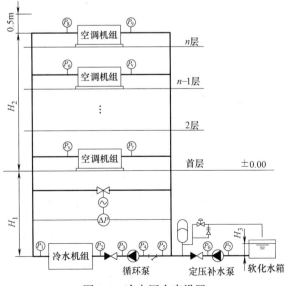

图 8-1　冷水压力表设置

3. 对空调最有意义的是循环泵运行、水流动时，设备进出口压力表读数的差值。这个差值就是设备的压降，是判断设备是否正常运行的重要参数。

8.3　空调系统各点压力表读数的关系

1. 循环泵停止运行、水不流动时各点压力表读数的关系：
（1）冷水系统最低点静压为：$P_1=P_2=P_3=P_4=P_5=H_1+H_2+0.5mH_2O$
（2）冷水系统最高点静压为：$P_8=P_9=0.5mH_2O$
2. 循环泵运行、水流动时各点压力表读数的关系：
（1）水泵扬程：P_3-P_4；
（2）冷水机组压降：P_1-P_2；
（3）过滤器压降：P_4-P_5；
（4）空调机组压降：P_8-P_9。

工程设计时，当冷水泵与冷水机组的连接方式采用压入式时，冷水机组蒸发器水路允许承压≥静压＋循环泵扬程（0 流量时）≈（$H_1+H_2+0.5mH_2O$）＋（P_3-P_4）

3. 定压补水泵停止运行时压力表读数的关系：$P_6=P_7=H_3$。
4. 定压补水泵补水运行时压力表读数的关系：定压补水泵扬程：$P_6-P_7=H_1+H_2+0.5mH_2O-H_3$。

8.4　空调水系统的定压

8.4.1　定压点的确定

对于闭式空调水系统，必须保证系统管道及设备内满水，同时为了运行安全，《民用建筑供暖通风与空气调节设计规范》GB 50736—2012 规定：定压点宜设在循环泵的吸入口处，如图 8-2 所示。定压点最低压力宜使管道系统任何一点的表压均高于 5kPa（0.5mH_2O）以上。

当定压点远离循环泵吸入口时，如图 8-3 所示，循环泵设置在冷水机组的出口时，应按水压图校核，压力最低点（图中点 5 处）不应出现负压。这时，应特别留意整个建筑的高度，当建筑不够高，相应的 H_0 不够大，点 5 处就有可能出现负压。在负压下，管道内的冷水被汽化，产生水击和气蚀。

在高层建筑中，为了避免冷水机组承压过高，可以将循环泵设置在冷水机组的出口，可以看到图 8-3 中，冷水机组入口的压力 H_3 远小于图 8-2 中的冷水机组入口压力 H_7。

冷却水系统也会出现同样的问题，在图 8-4 中的冷却水系统中，冷却塔设置在室外地面，H_0 较小，当冷却水泵设置在冷水机组的出口处时，就有可能在水泵的入口处出现负压。

对于夏季供冷、冬季供热的双管系统，供冷和供热的定压装置应该共用，这样一是可以节省投资，二是可以避免两套装置的相互影响。此时，定压点应接到集水器，如图 8-5 所示。

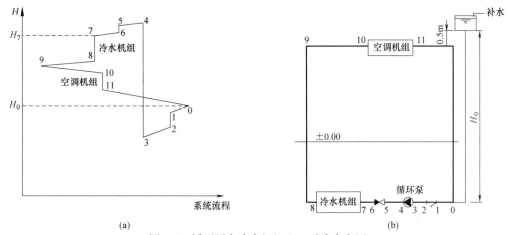

图 8-2 循环泵在冷水机组入口时冷水定压

（a）冷水系统水压图；（b）冷水系统图

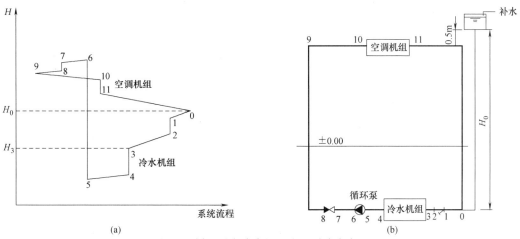

图 8-3 循环泵在冷水机组出口时冷水定压

（a）冷水系统水压图；（b）冷水系统图

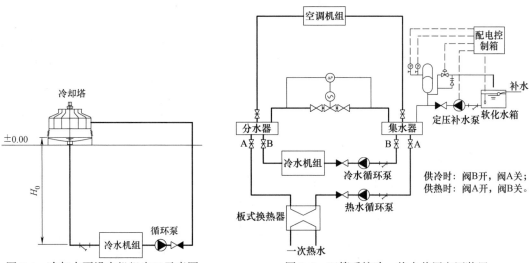

图 8-4 冷却水泵设在机组出口示意图　　图 8-5 双管系统冷、热水共用定压装置

8.4.2 定压方式

随着暖通空调技术的进步，定压方式的由早期的高位膨胀水箱，经过多次改进，已经演变成目前复合了多种功能定压补水装置。自动化程度越来越高。目前常用的定压方式有：高位开式膨胀水箱定压、气压罐定压补水装置定压、定压补水排气装置定压、定压补水真空排气装置定压等几种。

1. 高位开式膨胀水箱定压

开式膨胀水箱定压方式适用于中小型供暖或空调系统。它具有控制简单、系统水力稳定性好的特点。其缺点是：它直接相通大气，使得空气中的二氧化碳、水生成弱酸和铁制品反应腐蚀管路，损害了其他主要设备的寿命；它只能在最高处安装，很多项目条件难以满足要求。在有可能结冰的系统中采用高位开式膨胀水箱定压，需设置循环管，循环管必须与膨胀管连接在同一条管道上，两条管道接口间的水平距离应不小于 1.5 ～ 3.0m。

（1）膨胀水箱的补水控制方式

常用的膨胀水箱的补水控制方式有以下三种：

1）膨胀水箱的浮球阀自动补水方式这是一种非常简单方便的补水方式，当补水管有一定的恒定的压力时，就可以采用。这种方式结构简单没有补水泵启停问题，见图 8-6。

2）当需要采用补水泵向膨胀水箱内补水时，就需采用液位开关控制补水泵的启停。液位开关的种类很多，都是在低水位输出启泵信号，在高水位输出停泵信号，见图 8-7。

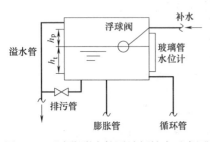

图 8-6　开式膨胀水箱浮球阀补水示意图

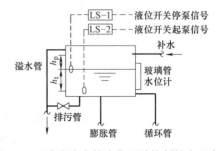

图 8-7　开式膨胀水箱液位开关控制补水示意图

3）也可采用液位传感器，楼宇控制中心根据液位传感器的模拟信号，监视水箱的液位，减少人员巡视的劳动强度，并且在低水位输出启泵信号，在高水位输出停泵信号，见图 8-8。

（2）膨胀水箱的容积应按下式计算：

$$V \geqslant V_{\min} = V_t + V_p \qquad (8\text{-}1)$$

式中　V——水箱的实际有效容积，L；

$V_{\min}$——水箱的最小有效容积，L；

V_t——水箱的调节容积，L，不应小于 3min 平时运行的补水泵流量，且应保证水箱调节水位高差不小于 200mm；

V_p——系统最大膨胀水量，L。

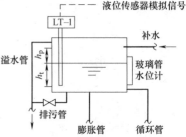

图 8-8　开式膨胀水箱液位传感器控制补水示意图

注：h_t 为开式膨胀水箱的调节容积 V_t 对应的水位高差；h_p 为系统最大膨胀水量 V_p 对应的水位高差。

$$V_p = 1.1 \times \frac{\rho_1 - \rho_2}{\rho_2} 1000 V_c \tag{8-2}$$

式中 ρ_1、ρ_2——水受热膨胀前、后的密度，kg/m^3；

V_c——系统水容量，m^3。

（3）膨胀水箱可按《开式水箱》03R401-2 选型。

2. 气压罐定压补水装置

气压罐定压补水装置一般是设置在冷水机房内，该装置由隔膜式气压罐、补水泵、电接点压力表、电磁阀、安全阀等组成。原理如图 8-9 所示。隔膜式气压罐由钢制外壳，橡胶隔膜内胆构成。在外壳与隔膜之间充入一定压力 P_0 的气体（一般为空气或氮气，氮气为惰性气体，性质极不活泼，气体分子比氧气分子大，不易热胀冷缩，变形幅度小），橡胶隔膜内胆在罐内有一定的膨胀量，可以在一定的范围内补偿管网水压的变化，调节补水自由进、出压力罐。

(a)

(b)

图 8-9 不容纳膨胀水量的气压罐补水定压原理图

（a）气压罐定压补水装置；（b）不容纳膨胀水量的气压罐补水示意图

h_p—系统膨胀水量对应的水位高差；h_b—补水储水量对应的水位高差

从定压罐结构可知：当定压罐用于闭式水系统中时，如果系统压力大于预充气体的压力，在系统压力的作用下，会有一部分水进入气囊内，直到气囊外氮气的压力和系统的压力达到平衡；反之，当系统压力下降，系统内水压力低于囊和罐体间的气体压力时，气囊内的水会被气体挤出补充到系统内，使系统压力升高，直到系统中水压力跟囊和罐体间的气体压力相等，囊内的水不再向外系统补给，维持动态的平衡。

气压罐定压补水装置的气压罐的容积大小有两种设计方式，即：不容纳膨胀水量气压罐的容积和容纳膨胀水量气压罐的容积。

对于一般的供暖、空调系统，为了避免气压罐的体积过大，占用过多的机房面积，气压罐的容积一般按不容纳膨胀水量设计。当系统的水量膨胀，超过了设定压力时，通过开启电磁阀，将膨胀水量导入补水箱。对于连续运行的空调系统，这种情况一般只在冬夏转换后水温变化较大时才出现。

但是，对于冰蓄冷工程的乙二醇环路，每天的蓄冷和释冷过程中，乙二醇都会经历一次膨胀、收缩过程，电磁阀动作频繁，容易出现故障，同时补水泵运行频繁，能耗较高。建议此时的定压罐容积按容纳膨胀水量设计。对于采用钢制散热器的供热系统，为了避免膨胀水排入开式水箱后与氧气接触，其气压罐也应按容纳膨胀水量设计。

（1）不容纳膨胀水量气压罐定压装置

1）不容纳膨胀水量的气压罐容积计算

对于不容纳膨胀水量的气压罐，其总容积 V 由系统水的调节容积 V_t、罐内最小气体空间 V_q，以及最低水位所需的最小容积 V_{min} 组成，如图 8-10 所示。V_t 不应小于 3min 平时运行的补水泵流量（当采用变频泵时，按其额定转速时补水泵流量的 1/3 ～ 1/4）。补水泵的总小时流量宜为系统水容量的 5%。

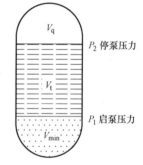

图 8-10　气压罐内的空间组成

罐内气体的压缩膨胀过程可视为闭口系统等温过程，根据热力学波义耳—马略特定律：在一定温度下气体压力（P）与容积（V）乘积等于常数，即：

$$P \cdot V = 常数$$

式中　V——罐内气体空间的容积，m^3；

　　　P——该容积下的绝对压力 ≈（$P_{表压}+100$），kPa；

在一个工作循环过程中，P_1 为补水泵的启动压力，相应的水室的体积为 V_{min}，相应的气室的体积为（V_q+V_t）。

P_2 为补水泵的停泵压力，相应的水室的体积为（V_t+V_{min}），相应的气室的体积为 V_q。

根据上式，有如下关系：

$$(P_1+100) \cdot (V_q+V_t) = (P_1+100) \cdot V_q \tag{8-3}$$

则

$$V_q = \frac{V_t}{\left(\dfrac{P_2 + 100}{P_1 + 100} - 1 \right)} \tag{8-4}$$

令

$$\alpha_t = \frac{P_1 + 100}{P_2 + 100} \tag{8-5}$$

得

$$V_q = \frac{\alpha_t}{1 - \alpha_t} V_t \tag{8-6}$$

所以：

$$V = V_{min} + V_t + V_q = V_{min} + \frac{V_t}{1-\alpha_t}$$ （8-7）

为最大限度地利用气压罐的体积，可把气压罐预充气体的压力和水泵的启动压力下限设为一致，即：$P_0=P_1$，这样当气压罐内的水全部补充到系统后补水泵恰好启动。此时，$V_{min}=0$。为了安全起见，隔膜式气压罐应考虑一个容积附加系数 $\beta=1.05$。

气压罐的容积为：

$$V = \frac{\beta \cdot V_t}{1-\alpha_t}$$ （8-8）

通常取 $\alpha_t=0.65 \sim 0.85$（在满足要求的前提下尽量取小值）。

2）压力控制

补水泵根据电接点压力表设定的高、低压力停止或启动运行。补水泵可以变频也可以不变频。当系统的压力过高，达到电接点压力表设定的电磁阀的开启压力，开启电磁阀将水排入补水箱。如果电磁阀故障，压力进一步升高，超过系统内管网和设备允许工作压力时，安全阀开启，将水泄入补水箱。

3）电接点压力表工作原理

电接点压力表由测量系统、指示系统、外壳、磁助电接点装置、上下限调整装置及接线盒组成（见图 8-11）。当被测介质通过导压部分进入测量元件时，在其压力作用下，测量元件自由端产生相应位移，通过连杆带动齿轮传动机构，从而在仪表度盘上指示出被测介质压力值。同时，仪表指针带动上下限活动臂与设定指针（上下限）触点断开或闭合，使控制电路得以通断，以达到自动控制或发信报警的目的。

通常，仪表通过与相应电器件（如继电器、接触器等）配套使用，可对被测（控）介质压力系统实现自动控制或发信报警。

图 8-11　电接点压力表

4）补水箱的设置及控制

① 补水来自市政管网时，由于不允许补水泵直接抽取，因此必须设置补水箱。

② 补水不是来自市政管网，但是软化水的制备量与补水泵的流量不同步，也需设置补水箱。

③ 在水箱水位降至最低水位时，停止补水泵运行，避免水泵空转。

5）依据《全国民用建筑工程设计技术措施 2009　暖通空调·动力》，气压罐不容纳膨胀水量时，各控制压力之间的关系如图 8-12 所示。

6）采用不容纳膨胀水量气压罐定压装置，设计时应分别计算：

① 补水泵的扬程；

② 补水泵的流量；

③ 气压罐的容积；

④ 安全阀开启压力，不得使系统内管网和设备承受压力超过其允许工作压力 P_4；

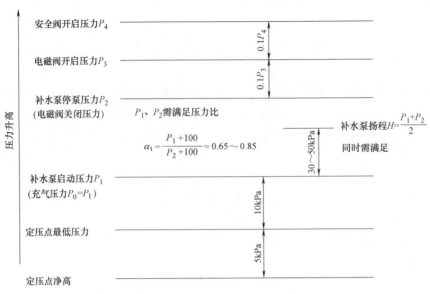

图 8-12　气压罐不容纳膨胀水量时，各控制压力之间的关系

⑤膨胀水量开始流回补水箱时电磁阀的开启压力 P_3；

⑥补水泵的启动压力 P_1；

⑦补水泵的停泵压力，也是膨胀水量停止流回补水箱时电磁阀的关闭压力 P_2；

⑧补水箱的容积。

计算方法在《全国民用建筑工程设计技术措施 2009　暖通空调·动力》中有详细介绍。

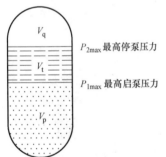

图 8-13　容纳膨胀水量时，气压罐内的空间组成

（2）容纳膨胀水量的气压罐定压补水装置

1）容纳膨胀水量的气压罐容积计算

对于容纳膨胀水量的气压罐，其总容积 V 由系统水的调节容积 V_t、系统水的膨胀水量 V_p、罐内最小气体空间 V_q 组成，如图 8-13 所示。当系统水温最高时，膨胀水量全部进入罐内，此时的启泵压力和停泵压力都是最大值，分别为 P_{1max}、P_{2max}。

同样，为最大限度地利用气压罐的体积，可把气压罐预充气体的压力和水泵的启动压力下限设为一致，即：$P_0=P_{1min}$，这样当气压罐内的水全部补充到系统后补水泵恰好启动。这样，在压力 P_0 时，气体的体积就是气压罐的容积 V。

依据式（8-3），有：

$$(P_{2max}+100)\cdot V_q=(P_0+100)\cdot V \tag{8-9}$$

由

$$V=V_q+V_t+V_p \tag{8-10}$$

得

$$V_q=V-(V_t+V_p) \tag{8-11}$$

气压罐的最小体积为：

$$V = \frac{P_{2\max} + 100}{P_{2\max} - P_0}(V_t + V_p) \tag{8-12}$$

式中，$V_t + V_p$ 与膨胀水箱的计算相同。

2）气压罐容纳膨胀水量时，各控制压力之间的关系如图 8-14 所示。

供热系统采用不同的水温进行质调节时，其膨胀量和对应的罐内压力也随之变化，补水泵应根据水温设定其启停泵压力，以使系统不会因大量泄压补水带进大量空气。因此，应计算不同水温时的补水泵启停压力，并进行相应的自动控制。

（3）气压罐定压的设计需要注意的问题

1）气压罐定压的控制

该装置的电气控制自成一体，其控制方式为现场仪表的控制。无需外部的控制信号就能运行。但是补水箱的低水位开关需要与其联控，为了避免设计上的脱节，可以要求补水箱及其低水位开关均由定压补水设备配套。设计师可以要求该装置提供干触点，以便楼宇控制系统或机房集控系统对补水泵的状态进行监控，补水泵的运行状态取自配电箱内接触器的辅助触点，故障状态取自热继电器的辅助触点。

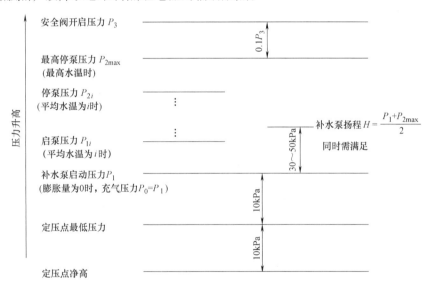

图 8-14　供暖系统气压罐容纳膨胀水量时，各控制压力之间的关系

2）气压罐定压的缺点

由图 8-12 可知，补水泵的停泵压力最终取决于系统中设备、管件等的承压，对于空调水系统，一般是 1.6MPa。而补水泵的启泵压力最终取决于系统的净高。随着系统高度增加，启泵压力逐渐升高，使得压力比超出限定的范围，甚至会出现启泵压力超过停泵压力，最终不得不提高设备、管件的承压至 2.0MPa。这将提高工程造价。

对于容纳膨胀水量的气压罐，随着罐内的膨胀水量不同，其启泵压力和停泵压力也会不同，它们是一对随温度变化的参数，因此不能执行定压功能，系统的终压（设备的有效膨胀量）大约是预压的 3 倍，稳压精度差。

（4）新的气压罐定压补水设计方法

《民用建筑暖通空调设计统一技术措施2022》给出了新的设计计算方法。

1）气压罐不再区分是否容纳膨胀水量，气压罐的容量统一按下式计算：

$$V \geqslant 10V_{\mathrm{t}} \tag{8-13}$$

2）气压罐的各相关压力的关系如图8-15所示。

图 8-15　新的计算方法下气压罐各控制压力之间的关系

3. 定压、补水、排气装置

具有排气功能的定压、补水装置与前面提到的气压罐定压补水有很大的不同，是新一代的定压方式。它由定压单元和常压脱气膨胀罐两大部分组成，由两根连接软管组合连接，如图8-16所示。

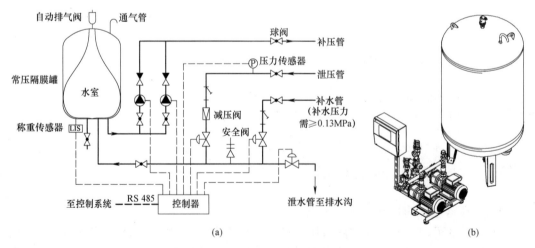

图 8-16　定压、补水、排气装置

（a）原理图；（b）透视图

机组运行时，系统通过定压单元来实现低压自动补水、超压自动溢流，保证系统定压，系统在排气过程中，将系统中高压带气泡的水导入常压脱气膨胀罐进行常压脱气，析除循环水中的气体。定压单元包含有：控制系统、泵、泄压电磁阀和补水电磁阀、泄水电磁阀、减压阀、压力传感器、称重传感器等。

常压脱气膨胀罐内同样设置橡胶隔膜内胆，其作用是将水与空气完全隔离，避免氧气溶入水中。常压脱气膨胀罐在此仅相当于一个闭式储水箱功能，通过罐底部的称重传感器控制进水管上电磁阀的开启，来控制隔膜罐中水量的多少。

（1）功能及原理：

1）泄压储水调节：当水被加热升温后，由于温度升高会使体积膨胀，整个系统压力升高，当压力高至设定压力（P_o+P_{od}）时，设备中泄压电磁阀打开，将系统中由于温升导致体积膨胀的水排放到常压罐内，维持系统压力的恒定。

2）补水压力调节：当热水温度下降，体积缩小，系统压力下降，当压力下降至设定压力（P_o-P_{od}）时，定压泵将把储存在常压罐内的水补至系统，维持系统压力恒定。

3）自动排气：利用亨利定律：在等温等压下，某种气体在溶液中的溶解度与液面上该气体的平衡压力成正比。当高压力的水突然泄到常压罐内后，溶解在水内的气体会自动析出，经自动排气阀排出罐体。针对不同的系统工况，能够连续或周期性地排析溶解于水中的气体，彻底排除循环系统水中气体。

（2）工作方式

系统定压点压力：P_o。

定压精度P_{od}可以设定，最高精度可达 10kPa。

定压泵：压力低于时启动，达到P_o值时关闭。

泄压电磁阀：压力高于P_o+P_{od}时打开，压力降到P_o值时关闭。

补水电磁阀：当常压罐中液位降到预设的补水液位值（L_1）时，自动打开补水，达到预设液位（L_2）时，关闭。

泄水电磁阀：当常压罐中的液位升到预先设定的泄水水位（L_d）时，自动打开泄水，水位降低到预设液位（L_2）时关闭。

为了防止泄压时水流对隔膜的冲击，泄压管上设置减压阀，将泄水压力减小到安全压力范围内。

（3）定压点压力值与各控制压力的关系如图 8-17 所示。

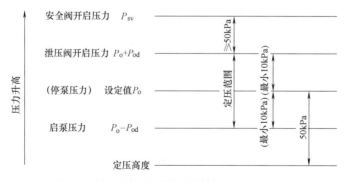

图 8-17　定压点压力值与各控制压力之间的关系

（4）设计时需计算：

1）常压脱气膨胀罐的容积按储存系统全部膨胀水量并附加 25% 的备用水。

2）根据定压高度确定补水泵的扬程。

（5）设计需要注意事项：

1）如无特别要求，各厂家所配的补水泵只用于应对系统膨胀收缩的水量变化，而非初期或应急补水，因此水泵流量较小。对于系统初期充水，需要额外增设初期补水泵，使系统在一天之内充满水。欧埃泰科已将初期补水泵作为定压、补水、排气装置的选配附件，其原理如图 8-18 所示。

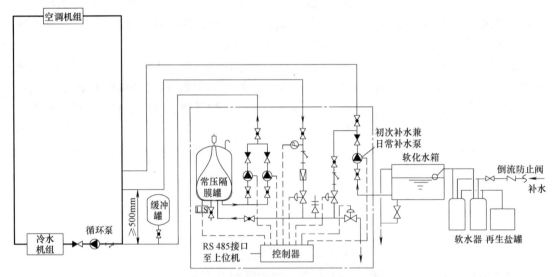

图 8-18　定压、补水、排气装置原理示意图

2）由于需要有一定的水压才能将水压入水罐内（各厂家的产品要求不同，一般需补水压力 $\geq 0.13MPa \sim 0.2MPa$），因此，如果补水是由软化水箱接出，需增设一台小型增压泵，可以与初期补水泵合用。

3）为了防止由于水泵或电磁阀突然开启、关闭引起水击的发生以及避免由于水温变化而导致频繁补水、泄水，水系统通常需设置缓冲罐，欧埃泰科已将缓冲罐作为定压补水装置的标准配置。

（6）该装置与气压罐定压相比有如下特点：

1）配有微处理机，控制功能多。精度高，定压点控制精度可达 $P_{od}=\pm 10kPa$。

2）设定值可根据工程需要调整：

定压值 P_o：如建筑增加 5m 的高度，只要将 P_o 调高 50kPa 即可；

定压精度 P_{od}：可调到 $\pm 10kPa$ 或 $\pm 20kPa$ 或 $\pm 30kPa$ 等；冬季主要解决水升温膨胀，可将隔膜腔水位设定在低位，反之夏季设定在高位。

3）罐本体不承压，属于常压容器，隔膜与钢罐夹层有一通气管，故隔膜腔内水也处于常压，便于补水及排气。

4）罐体有效容积率高达 90%，隔膜外表与钢罐内壁可紧贴故有效容积率高，致使其外形小，而充氮隔膜罐一般有效容积率仅 30%，即外形要大 3 倍。

该装置的电气控制自成一体，无需外部的控制信号。可以通过 RS 485 接口与控制系统进行数据交换，如：压力传感器的读数、称重传感器的读数、补水泵状态、各电磁阀的状态等，以便楼宇控制系统或机房集控系统对其进行监控。

5）具有双膨胀管线，可形成连续排气循环，在常压罐内进行气水分离，实现排气功能。

4.定压、补水、真空排气装置

具有排气功能的定压、补水装置除了有前述的常压排气方式，还有改良的真空排气方式。它主要由定压单元、真空喷射罐、常压罐组成。由两根连接软管与水系统相连，如图 8-19 所示。

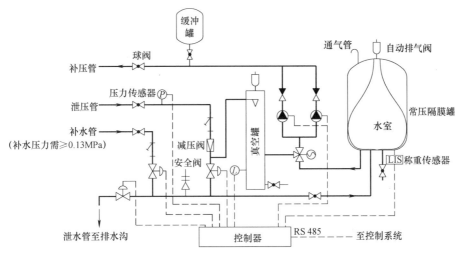

图 8-19　定压、补水、真空排气装置原理图

机组运行时，系统通过定压单元来实现低压自动补水、超压自动溢流，保证系统定压。系统除了在泄压过程中将高压带气泡的水通过常压罐进行常压排气、析除循环水中的气体以外，还在系统压力稳定的前提下，将高压的水通过真空罐进行真空排气、析除游离和溶解的气体。定压单元包括：控制系统、泵、泄压电动阀和补水电动阀、泄水电动阀、减压阀、压力传感器、称重传感器等。

真空罐内置有雾化喷头，其作用是将进入真空罐的水进行雾化喷射，加大汽水接触面积，加快排气速度。常压罐内同样设置丁基橡胶隔膜，其作用是水与空气完全隔离，避免气体重新溶于水中。常压罐在此仅相当于一个闭式储水箱的功能，隔膜罐中水量的多少，通过底部的称重传感器来实现监控。

（1）功能及原理：

1）泄压储水调节：同前。

2）补水压力调节：同前。

3）自动排气：根据亨利定律：在等温等压下，某种气体在溶液中的溶解度与液面上该气体的平衡压力成正比。当高压力的水突然泄到 −1bar 的真空罐内时，溶解在水中的气体会自动析出，经自动排气阀排出罐体。针对不同的系统工况，能够连续或周期性地排析溶解于水中的气体，彻底排除循环系统水中的气体。

（2）工作方式：同前。

第9章 通风空调风系统的调节控制

常规的通风、空调系统都是定风量的系统，系统在调试过程中，将手动调节阀固定到某一位置就不会再调节了。随着科技的进步、节能要求的提高以及人们对舒适度要求的提高，变风量的通风、空调系统被越来越多地采用。通过在风系统中的末端设置机械式自动或电动变风量的调节阀，来实现变风量系统的运行。为了保证系统的稳定运行，普通的调节阀越来越多地被压力无关型的变风量调节装置所取代。变风量调节装置的典型应用有：

1. 采用变风量末端（VAV BOX）的变风量空调系统；
2. 采用单叶阀的变风量实验室通风系统；
3. 采用变风量文丘里阀的实验室通风系统；
4. 采用伯努利智能风阀的实验室通风系统。

9.1 调 节 风 阀

通风空调系统中如果要实现自动控制，就需要采用能够自动调节的风阀，这类风阀可分为电动调节阀、变风量末端和机械自力式的定风量阀。

9.1.1 电动调节风阀

目前暖通空调风系统中用到的电动调节风阀有 4 种形式：单叶调节阀、平行多叶调节阀、电动多叶对开调节阀、压力无关型风量调节阀。平行多叶调节阀由于调节性能不佳基本上不被采用。

与空调系统的电动调节水阀一样，各种风量调节风阀也有其理想流量特性。

1. 单叶调节阀

单叶调节阀具有结构简单、密封性能好、阻力小等特点，有圆形和方形两种，主要应用在 VAV BOX 的一次风量的调节、实验室通风、空调系统的风量控制等，由角行程执行器驱动。单叶调节阀为快开流量特性，如图 9-1 和图 9-2 所示。

2. 电动多叶对开调节阀

电动多叶对开调节阀相邻两叶片按相反的方向动作，主要应用在空调机组的新风、回风、排风量的调节，一般由空调机组配套。由角行程执行器驱动。

其工作流量特性与阀权度 S 有关，全开时，$S=0.1$ 时接近于线性的工作特性，如图 9-3 和图 9-4 所示。

3. 压力无关型风量调节阀

由于单叶调节阀、多叶对开调节阀是压力相关的阀门，在空调系统中的多数场合，很难完成自控调节任务。它们通常与风量测量装置组合成压力无关的变风量调节阀，如变风量末端（VAV BOX），应用于变风量空调系统中。类似于前面的空调水系统中的电子式压

图 9-1　单叶调节阀

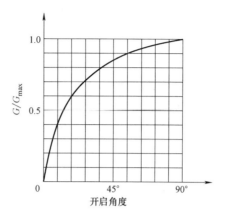

图 9-2　单叶调节阀的理想流量特性曲线

图 9-3　电动多叶对开调节阀

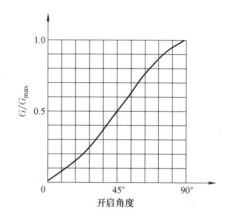

图 9-4　电动多叶对开调节阀的工作流量特性曲线

力无关型电动调节阀。通过对风量的测量并进行补偿，来消除风管内压力波动的对调节的影响，见图 9-5。

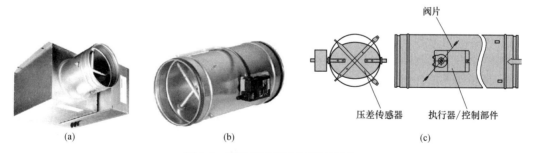

图 9-5　变风量末端（VAV BOX）

（a）方形变风量末端；（b）圆形变风量末端；（c）变风量末端控制原理图

9.1.2　变风量末端（VAV BOX）

　　应用于变风量空调系统中的压力无关型风量调节阀，被称作变风量末端（VAV BOX）。

　　由于在工程中使用的数量较多，造价较低，国内的工程中应用的变风量末端（VAV BOX）大多数是由电动单叶调节阀和毕托管风量测量装置组成。毕托管通过多点测量一次风入口管段内气流的平均全压和平均静压差得到平均动压，从而计算出管段内的平均流速。

$$\Delta p = p_1 - p_2 \qquad\qquad (9\text{-}1)$$

式中　Δp——毕托管测到的平均动压，Pa；

　　　　p_1——毕托管测得的平均全压值，Pa；

　　　　p_2——毕托管测得的平均静压值，Pa。

$$v = \zeta \sqrt{\frac{2\Delta p}{\rho}} \qquad\qquad (9\text{-}2)$$

式中　v——平均流速，m/s；

　　　　Δp——毕托管测到的平均动压，Pa；

　　　　ρ——空气的密度，kg/m³；

　　　　ζ——毕托管形状与结构修正系数。

将平均流速与管段流通截面积相乘，便可求得末端装置的体积流量。

$$L = v \cdot A \qquad\qquad (9\text{-}3)$$

式中　L——风量，m³/s；

　　　　A——末端装置进风口断面面积，m²。

毕托管测量的过程是先将压差信号转换成模拟量的电信号，再由模拟量的电信号转换成 DDC 可以理解的数字信号。由于受到压差变送器的精度和数模转换器的精度影响，这种测量方式的被测流体的流速不能太小。流速太小时，测量结果的偏差较大，失去实际意义。

毕托管式风速传感器的测量范围为 $0 < \Delta p < 400$Pa，设计流速在 $3 \sim 16$m/s 范围内可保持适当的测量精度。

9.1.3　定风量阀

定风量阀为机械自动式调节机构，运行时无需外部供电，它依靠一块灵活的阀片在空气动力的作用下，能将风量在整个压差范围内恒定在设定值上。其原理是：气流流动产生动力，这一作用力再经阀内的自动充气球囊放大，作用于阀片使其朝关闭方向运动，气囊还有减振的作用。同时，由弹簧片和凸轮组成的机械装置驱使阀片向相反方向运动，从而保证风管压力变化时风量恒定在微小的误差内。

定风量阀无需任何工具，通过外部的刻度盘就可方便地设定所需风量。定风量阀可以配置电动执行器，以便远程重设风量，实现运行风量与值班风量的转换，见图 9-6。

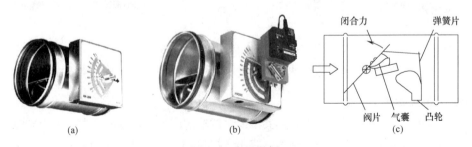

图 9-6　定风量阀
（a）定风量阀；（b）带电动执行器的定风量阀；（c）定风量阀原理

内插式定风量阀如图 9-7 所示，作为定风量阀的一种形式，由工程塑料制成，具有造价低廉、安装方便、无安装位置限制、免维护的优点，安装于送、排风末端支管内，可以在工程中大规模采用。安装时可现场设定风量。

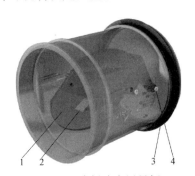

图 9-7　内插式定风量阀

1—带阻尼部件的控制阀片；2—调节弹簧片；3—密封圈；4—风量设定机构

9.2　变风量空调系统

随着人们对空气品质（IAQ）的逐步重视，变风量空调系统开始应用于一些高级办公建筑、高级酒店的餐饮包间，娱乐场所包间，以及医院的一些特殊区域。变风量系统在过渡季节可以实现全新风运行，同时它可以利用一天之中同一时刻内不同朝向各房间的负荷差异，来减少空调设备的设计容量。

变风量空调系统一个显著的节能特点是：根据空调房间的需求对系统总送风量进行调节，工程设计中，通常采用变频器来调节风机的转速，实现变风量运行。

9.2.1　变风量空调系统的组成

变风量空调系统一般由变风量末端、变风量空调机组、风管系统和控制系统组成。图 9-8 所示为某医院分娩室变风量空调系统平面图，为了避免交叉感染和具有充足的

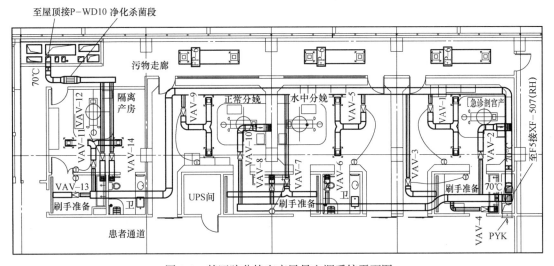

图 9-8　某医院分娩室变风量空调系统平面图

新风换气次数来消除异味，空调系统采用了全新风直流式空调系统。为了使各房间的温度可自由调控，送风采用了冷暖型单风道变风量末端控制各房间的温度，为了保证房间正压，排风支管上设置了与送风对应的变风量末端，使送风量与排风量同步变化，并保证送风量与排风量的差值恒定。同时采用定静压法控制送、排风机的转速，系统原理如图9-9所示。

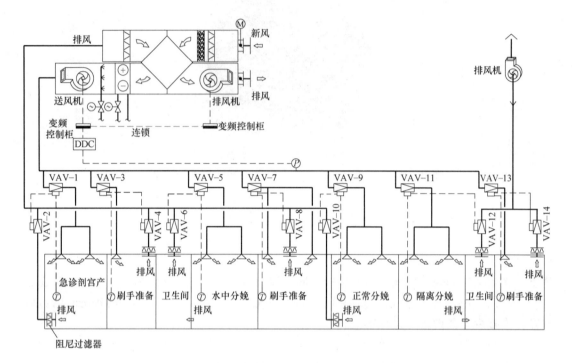

图 9-9   某医院分娩室变风量空调系统原理图

其控制系统含有 4 个反馈控制环路：室温控制、送风静压控制、送排风量匹配控制、送风温度控制。

9.2.2   变风量空调系统房间温度的控制

在变风量系统中，房间温度由变风量末端通过调节风阀的开度来改变房间的送风量，实现房间温度的控制。在这个调节过程中，房间温控器并不直接控制调节阀开度，而是由控制器根据温控器测得房间温度与设定温度的差值，通过比例积分计算，得出新的送风量设定值，再通过测量房间的实际送风量并与设定送风量比较，调整阀门的开度，使实测值接近乃至等于设定值。变风量末端的控制器通过浮点控制的方法实现风阀的正转、反转、停止。当实测风量小于风量设定值时，正转风阀；当实测风量大于风量设定值时，反转风阀；当实测风量在风量设定值死区的一半范围内时，风阀停止，见图 9-10。

图 9-11 所示是一个串级控制。有两个控制环路，温度控制是主环路，风量控制是副环路。由于风量控制环路的存在，当送风管的静压发生变化时，立即被风量传感器感知，在尚未影响室温前即被风量控制环路纠正，这样送风管静压的变化不会影响送风量。变风量末端运行前需要进行最大风量和最小风量的设定。风量只能在最大风量和最小风量之间变化，这有利于保持房间温度的稳定，保证空调系统正常运行。

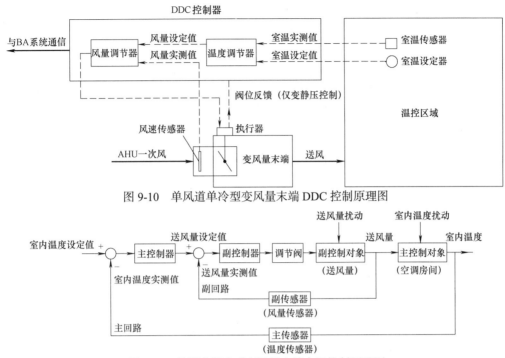

图 9-10　单风道单冷型变风量末端 DDC 控制原理图

图 9-11　单风道单冷型变风量末端串级控制原理图

9.2.3　变风量末端的分类

变风量末端根据有无末端风机可分为：单风道型和风机动力型。单风道型又可分为：单冷型、冷暖型、再热型。风机动力型又可根据风机与一次风阀的相对位置分为：并联式风机动力型变风量末端、串联式风机动力型变风量末端。它们都是以单风道单冷型为基础，为解决写字楼外区供热而派生出来的末端装置。单风道型和风机动力型都可以配置热水加热盘管或电加热器。

9.2.4　单风道单冷型变风量末端的调节过程

单风道单冷型变风量空调系统只有供冷一种工况，在供冷工况下，系统存在供冷季和供冷过渡季两个阶段，随着房间或温度控制区显热冷负荷由最大值逐步减小，在变风量末端内的风阀的调节下，风量从最大风量逐步减少，直至最小风量。在达到并保持最小风量后，便进入供冷的过渡季，见图 9-12 和图 9-13。

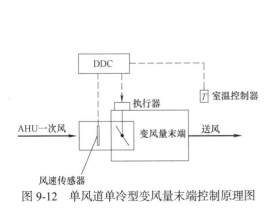

图 9-12　单风道单冷型变风量末端控制原理图

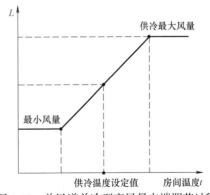

图 9-13　单风道单冷型变风量末端调节过程

9.2.5　单风道单冷再热型变风量末端的调节过程

　　单风道单冷再热型变风量末端加热器有电加热和热水盘管加热两种方式，由于节能设计标准的要求，国内的工程一般都采用热水加热，热水加热盘管有 2 排或 4 排。一般用于空调系统有供热需求的外区。空调系统空调机组送冷风。控制器根据室内温度传感器启动加热器。供热时，风量恒定不变，通过调节加热器的电动水阀来调节房间的温度。电动水阀可以是两通阀，也可以是比例式调节阀，见图 9-14 和图 9-15。

　　在供冷工况的调节过程与单冷型变风量末端一致。

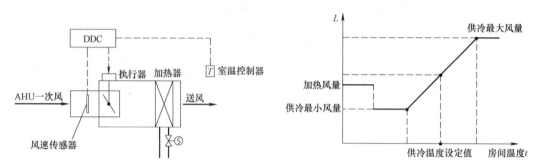

图 9-14　单风道单冷再热型变风量末端控制原理图　　图 9-15　单风道单冷再热型变风量末端调节过程

9.2.6　单风道冷暖型变风量末端的调节过程

　　单风道冷暖型变风量空调系统有供冷、供热两种工况，空调机组根据负荷的变化送出冷风或热风。控制器根据其自带的辅助温度传感器来判断供冷工况还是供热工况，并进行工况转换。

　　在供冷工况下，系统存在供冷季和供冷过渡季两个阶段，随着房间或温度控制区显热冷负荷由最大值逐步减小，在变风量末端内风阀的调节下，风量从最大风量逐步减少，直至最小风量。在达到并保持最小风量后，便进入供冷的过渡季。

　　在供热工况下，系统存在供热季和供热过渡季两个阶段，随着房间或温度控制区显热热负荷由最大值逐步减小，在变风量末端内风阀的调节下，风量从最大风量逐步减少，直至最小风量。在达到并保持最小风量后，便进入供热的过渡季，见图 9-16 和图 9-17。

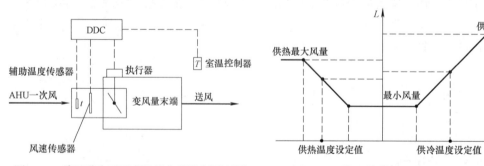

图 9-16　单风道冷暖型变风量末端控制原理图　　图 9-17　单风道冷暖型变风量末端调节过程

9.2.7　并联风机动力型变风量末端的调节过程

　　并联风机动力型变风量末端有供冷、供热两种工况。

　　在供冷工况下，风机不工作；当温度低于设定值后进入供热工况，风机启动吸取办公室顶棚内热风；若房间温度进一步降低则启动加热附件，见图 9-18 和图 9-19。

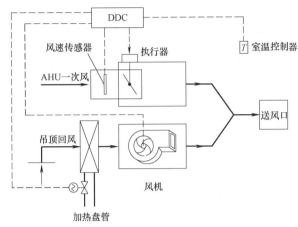

图 9-18　并联风机动力型变风量末端控制原理图

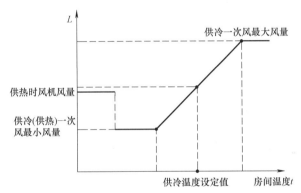

图 9-19　并联风机动力型变风量末端调节过程

1. 并联风机动力型变风量末端的优点

（1）风机与一次风阀独立工作，风量互不干扰；

（2）风机风量小于送风量，故外形尺寸、成本及噪声均较小；

（3）风机仅在加热模式开启，耗电少。

2. 并联风机动力型变风量末端的选型

并联风机动力型变风量末端的风机风量可按一次风设计风量的 50% ～ 80% 选择。

9.2.8　串联风机动力型变风量末端的调节过程

串联风机动力型变风量末端有供冷、供热两种工况，见图 9-20 和图 9-21。

1. 供冷工况

风阀根据温控要求调整开度；风机将一次风和吊顶二次回风混合后送入房间；风机风量恒定但送风温度在变化；当冷负荷下降时，一次风逐渐减少至最低风量，进入过渡季后，当室温进一步降低，系统转为供热工况。串联风机动力型变风量末端附带的加热盘管开始供热。

2. 供热工况

一次风以供冷时的最小风量运行，通过调节附带加热盘管的电动阀，通过改变送风温

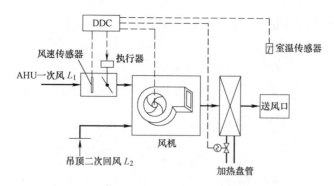

图 9-20　串联风机动力型变风量末端控制原理图

度，来调节房间或温控区的温度。

3. 串联风机动力型变风量末端的优点

（1）送风量恒定气流组织稳定，冬季供热效果较好；

（2）房间噪声稳定，使人感觉更舒适；

（3）可用于（一次风）低温送风系统而不必考虑风口结露等问题；

（4）提供一次风的空调机组的出口静压较低。

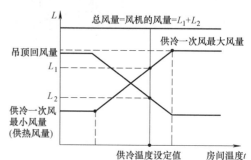

图 9-21　串联风机动力型变风量末端调节过程

4. 串联风机动力型变风量末端的选型

（1）对于常温送风的空调系统，风机的风量可按照一次风设计风量的 1.2 倍确定。

（2）对于低温送风的空调系统，风机的风量须计算末端装置出口处送风温度，确保风口表面不结露。

9.2.9　变风量末端风量计算

1. 一次风最大风量

对于冷热型的变风量末端装置，其供冷时和供热时的最大风量应分别计算。

一次风最大风量应采用房间或温控区的显热负荷计算：

$$G = \frac{Q_x}{1.01 \times (t_n - t_o)} \tag{9-4}$$

式中　G——变风量末端最大风量，kg/s；

Q_x——房间或温控区的显热负荷，kW；

t_n——房间或温控区的干球温度，℃；

t_o——空调系统送风干球温度，℃。

2. 一次风最小风量

一次风最小风量一般采用最大风量的 30% ~ 40%。

9.2.10　变风量末端的选择

一般的产品样本都会根据风速传感器、控制器的精度以及气流流经调节阀产生的噪声给出最大风量限值和最小风量限值。比如采用毕托管进行风速测量时，其工作风速一般要求在 3 ~ 16m/s，才能保持适当的测量精度。而采用叶轮式风速传感器测量时，其工作风速则可在 1 ～ 10m/s。

选型时，应让设计最大值小于设备的最大风量限值，而设计最小风量应大于设备的最小风量限值。值得注意的是，不能像选风机、水泵那样再考虑安全系数，否则，调节性能就会受到影响，其结果是扩大了末端装置的最小风量，在低负荷工况下出现过冷或过热现象。

另外，末端装置也不能选得过小，否则，其压降过大，噪声也过大，系统能耗增加。从初投资和运行能耗两方面考虑，一般认为末端装置的最佳全压降为 125 ～ 150Pa。

9.2.11　变风量末端的安装要求

另外，变风量末端由于需要对风速进行测量，因此一次风入口处必须有一定的直管段，来保证气流的稳定，一般要求直管段的长度为管径的 5 倍，如图 9-22 所示。

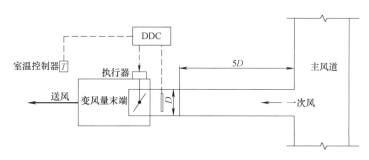

图 9-22　变风量末端安装距离

9.2.12　变风量末端的应用

1. 变风量末端的最佳应用场所和普通应用场所如表 9-1 所示。

变风量末端的最佳应用场所和普通应用场所　　　　　　　　　　　　　表 9-1

序号	变风量末端类型	最佳应用场所	普通应用场所
1	单风道	吊顶其他设备较多，安装空间受限； 工程初投资受限； 噪声要求高但气流组织要求低的场所	所有空调系统内外区可带再热
2	串联风机动力型	低温送风系统； 恒定气流组织； 较大的换气次数； VAV BOX 下游阻力较大	普通空调系统内外区可带再热
3	并联风机动力型	吊顶内设备散热量很大； 内区吊顶与外区相通，系统有单独回风管	普通空调系统外区、可带再热

2. 写字楼变风量空调系统的送风管宜采用环形设计，以降低并均化风管内静压。其回风管一般设置在公共走廊吊顶内，采用吊顶内回风，如图 9-23 和图 9-24 所示。

3. 严寒及寒冷地区，冬季室外温度较低，对于采用玻璃幕墙结构的办公建筑，人员处在靠近幕墙的外区房间时，冷辐射散热量较大，这种情况宜采用幕墙底部供热技术来提高幕墙的表面温度。这时可采用复合的变风量空调系统。如单风道 VAV+ 地台式风机盘管，或单风道 VAV+ 幕墙式散热器，如图 9-25 所示。

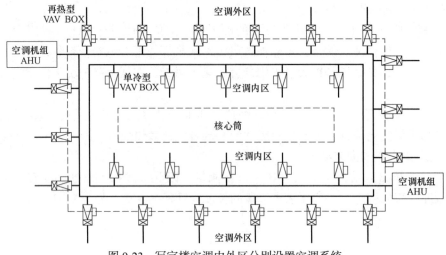

图 9-23　写字楼空调内外区分别设置空调系统

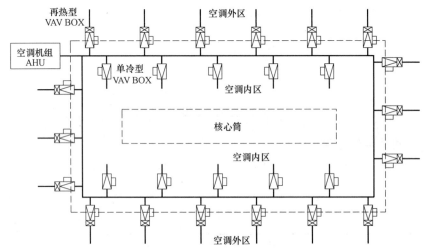

图 9-24　写字楼空调内外区合用空调系统

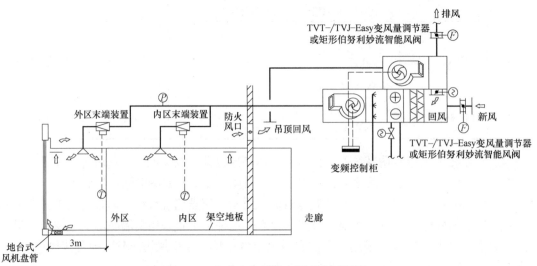

图 9-25　办公室变风量空调系统原理图

9.2.13　变风量空调机组风量的控制

由于变风量空调系统的特性，需要复杂的自动控制系统来维持系统的正常运行，而不同的控制策略对建筑能耗以及舒适性的作用存在较大差异。许多学者、研究机构提出了很多改进的控制方法。

常用的变风量空调机组的风量是通过变频器改变风机转速来实现的。基本的风机转速的控制有三种方法：定静压法、变静压法、总风量法。

1. 定静压法

由于定静压法控制相对简单、操控容易、投资较低，是变风量空调系统广泛采用的一种方法。其原理就是在送风系统管网的适当位置设置静压传感器，测量该点的静压。送风机的风量控制以该静压为目标值，通过调节风机的运转频率，维持送风管内测量点静压恒定。

（1）静压传感器设置的位置

在定静压控制法中，静压传感器的安装位置即压力测点的位置决定系统的能耗和稳定性。过高的静压设定值造成不必要的能源浪费，过低的静压设定值造成一些阻力较大环路的 VAV BOX 无法达到所需的一次送风量。

图 9-26（a）为采用全新风空调的变风量系统图，采用等摩阻法设计主风管。图 9-26（b）～（d）分别为静压传感器设置在不同位置时的管路静压曲线。P 为设计工况空调机组出口处静压，P' 为部分负荷时空调机组出口处静压。

1）当测压点距风机出口较近时，如图中 P_1，当负荷减小时，总风量减少，在图 9-26（b）中可以看出管路静压曲线变得平缓，空调机组出口处静压由 P 变为 P'，变化较小，风机节能不明显。同时，由于此时末端装置在较大进出口的压差下工作（即较小风阀开度下工作），会使系统的噪声增大。

2）如果测压点靠近系统的末端，如图中 P_2，当系统负荷减小时，总风量减少，在图 9-26（c）中可以看出管路静压曲线变得平缓，空调机组出口处静压由 P 变为 P'，变化较大，故该方式有利于节约风机能耗。但是此时，几乎所有的变风量末端都在定压点的前端，如果某个末端装置仍在设计负荷工况下工作（比如会议室），由于其入口处静压大大地低于设计工况，有可能会造成这部分区域的送风量不足。

3）综合考虑以上原因，在实际工程应用中，通常选择定压点的位置为离空调机组出口的距离约为送风主管的长度（L）的 2/3 且气流稳定的直管段，如图 9-26（a）所示 P_3。这是一个同时兼顾前面两种设置方案的经验位置，没有严密的理论依据。基本上是在第一个末端装置与最后一个末端装置的中间位置。它不必是管路的最低静压点，因为静压值是可以设定的。

（2）调节过程

定静压法调节过程如图 9-27 所示，在风量调节过程中，由于空调机组出风口到变风量末端（VAV BOX-1）之间主管路的综合阻力系数不变，这段管路的特性曲线 c 也将不会改变，该曲线上的点为风机运行工况点的集合，特性曲线 c 被称为控制曲线或运行曲线（见第 3.1 节）。设计工况风机的特性曲线为 n_1，管路曲线为 a，设计工况点为 A。当系统风量由 Q_A 减少到 $Q_{A'}$ 时，VAV 末端装置局部阻力增加，相应地，管道综合阻力系数 S 变大，综合阻力曲线上升，管路曲线由 a 变为 a'。工况点由 A 变化到 A' 点，风机转速变为 n_2。风机压头由 P_A 降为 $P_{A'}$，能耗减少。当系统风量为最小风量为 Q_{min}（一般为最大风量

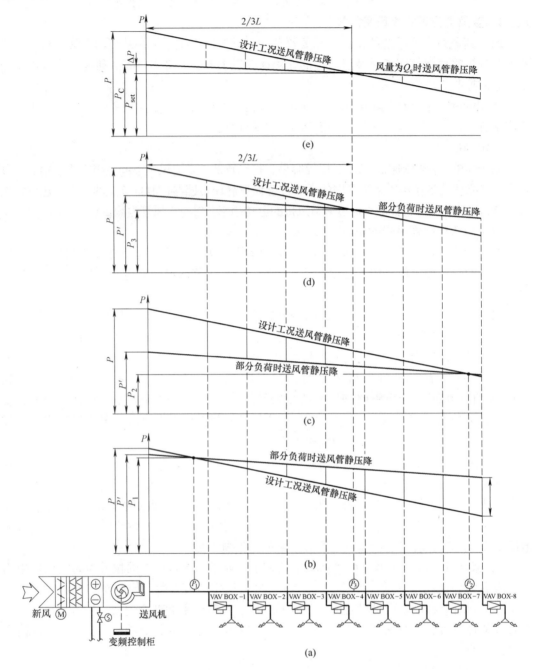

图 9-26　静压传感器设置在不同位置对管路静压曲线

的 30%）时，管路曲线为 b，工况点为 B，风机转速为最小转速 n_{min}。在变风量空调系统整个运行过程中，工况点就是沿着运行曲线 c 在工况点 A 和工况点 B 之间变化。

（3）静压值的确定

由于风管内的风速变化，使得风管内有静压复得，实际运行的风管内的静压较复杂，按照图纸计算或凭工程经验确定的静压值往往达不到节能和稳定的要求。为此，需采用现场调试的方法确定 P_3 点的静压值。

现场调试法确定的静压设定值考虑了现场的实际情况，能够更有效保证变风量空调系统在实际工况下稳定运行。

1）现场调试法的步骤如下：

① 设置静压传感器下游的所有 VAV BOX 工作在最大风量设定值状态。

② 设置静压传感器上游的所有 VAV BOX 的一次风阀全部关闭（零流量）。

③ 手动缓慢降低空调机组送风机的频率，同时观察静压传感器下游的 VAV BOX 的一次风量，当一个或多个 VAV BOX 的一次风量低于最大风量设定值90% 时，停止降低空调机组频率。

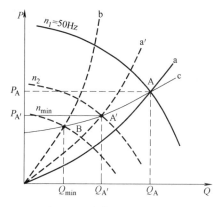

图 9-27　定静压法调节过程

④ 一旦实现上一步条件，记录风管上的静压传感器的静压读数，该读数即为静压设定值 P_3。

2）图 9-28 为现场调试法的设定过程：

设置静压传感器下游的所有 VAV BOX 工作在最大风量设定值状态，此时系统风量为 Q_s。此时手动缓慢降低空调机组送风机的频率，使转速逐渐降低，变风量系统发生了以下变化：

① 某个或某些 VAV BOX 的一次风阀的开度和一次风量经历了两个阶段。第一阶段：一次风量不变（一直维持在设计最大值），一次风阀的开度逐渐增大，直至当静压值达到某个数值（见图 9-29，280Pa）时，风阀的开度达到全开状态（开度 100%）。第二阶段：在静压值从 280Pa 逐步降低到 260Pa 过程中，一次风阀的开度不变（一直是全开状态），而一次风量从设计最大值减少到其 90%。所以，按照现场调试法将 260Pa 作为此变风量空调系统的静压设定值。

② 在图 9-28 中，随着风机转速的降低，风阀开度逐渐变大，管路曲线变得平缓（由 b_1 变到 b_4），在流量为 Q_s 时，管路曲线与各转速下风机的特性曲线的交点为系统的工况点。当达到 C 点后，转速进一步降低时，风阀开度不变，此时管路曲线已不再变化，此时的静压测量点的静压就是设定值 P_{set}。

在图 9-26（e）中可以看出：$P_C = P_{set} + \Delta P$。

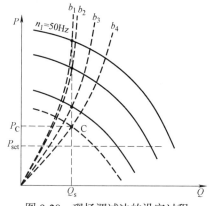

图 9-28　现场调试法的设定过程

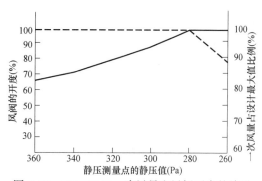

图 9-29　VAV BOX 一次风量和风阀开度的关系

采用定静压法，空调机组的风机调节与末端装置的控制无直接联系，故该方法控制比较简单，运行可靠，适合于较大的变风量空调系统的场合。定静压控制目前仍作为一种主要的控制方法在变风量系统中得到普遍采用。

定静压法的不足之处是，在管网较复杂时，静压传感器的设置位置及数量很难确定，且节能效果相对较差。

2. 变静压法

（1）调节过程

变静压法也被称为最小静压法。在如图 9-30 所示的变静压法控制原理图中，其调节过程如下：

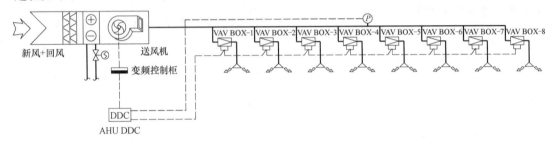

图 9-30　变定静压法控制原理图

1）每个 VAV BOX 的 DDC 将各自的调节风阀的阀位传递到空调机组（AHU）的 DDC。

2）确定具有最大阀位开度（POS_{max}）VAV BOX 的台数。

3）如果 $POS_{max} > 95\%$，说明在当前系统静压下，具有最大阀位开度 POS_{max} 的末端装置的送风量刚够满足空调区域的负荷需求；如此时风机转速不是最大，应增大静压设定值 10Pa。

4）如果 $POS_{max} < 75\%$，说明在当前系统静压下，具有最大阀位 VAV BOX 的台数太少，其他末端装置调节风阀的阀位则更小，可以判断系统静压值偏大，可减小静压设定值 10Pa。

5）如果 $75\% < POS_{max} < 95\%$，则说明当前系统静压正合适，无需改变系统静压设定值。

静压设定算法在进行下一次设定时，必须规定一个合适的延迟时间，以保证风机转速调整结果对末端流量调节产生作用，而不至于静压的频繁设定引起系统压力调节的振荡。变定静压法控制逻辑图见图 9-31。

（2）变静压控制方法的特点

变静压控制方法的控制核心是尽量使 VAV BOX 的一次风阀处于全开状态，把系统的静压降至最低，因而能最大限度地降低风机转速，达到节能的目的。由于最大限度地降低了风管内静压，使得各 VAV BOX 的入口静压保持最低，在提高系统节能效率的同时可降低 VAV BOX 的噪声。

由于静压设定值可随时根据需求重新设定，静压设定点和设定值的大小就变得不那么重要，它仅起到初始设定作用。采用变静压控制法的变风量系统，其 VAV BOX 必须具有阀位反馈信号。由于 AHU DDC 要与各 VAV BOX DDC 进行通信，因此当系统较大，变风量末端较多时，对 AHU DDC 的处理能力有较高的要求。

（3）变静压控制法与定静压节能效果的比较

所谓变静压控制，就是在保持每个 VAV 末端的阀门开度在 75% ～ 100% 之间，即使阀门尽可能全开和使风管中静压尽可能减小的前提下，通过调节风机受电频率来改变空调系统的送风量。变静压法调节过程如图 9-32 所示，设计工况风机的特性曲线为 n_1，管路曲线为 a，设计工况点为 A。当风量由 Q_A 减少到 $Q_{A'}$ 时，由于阀门开度始终于 75% ～ 100% 之间，VAV 末端装置局部阻力系统变化很小（可能增加，也可能减小），相应地，管道综合阻力系数 S 变化也很小，综合阻力曲线上升或下降幅度很小，管路曲线由 a 变为接近于它的 a'，而不像定静压控制时变为 b。工况点由 A 变化到 B 点，风机转速变为 n_2。此时变静压法风机的压头 P_B 小于定静压法的压头 $P_{A'}$，因此，变静压控制法相比定静压控制法具有很好的节能效果。

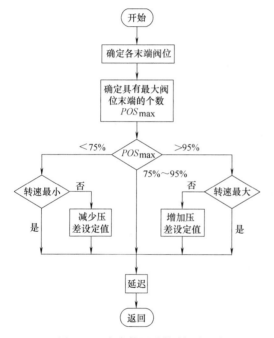

图 9-31　变定静压法控制逻辑图

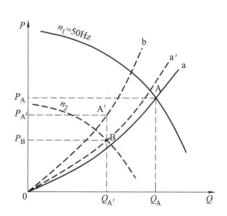

图 9-32　变静压法调节过程

3. 总风量控制法

总风量控制法有很多种，本书介绍的是基于运行曲线的总风量控制法（该方法已申报专利），其原理如图 9-33 所示，其总风量控制法原理如下：

（1）管路系统特性曲线

在图 9-34 中，管路系统特性曲线为 a，其数学表达式为：$P=S_1Q^2$。

（2）风机的特性曲线

通过测试得出风机的 P-Q 曲线并可求出回归方程 $P=aQ^2+bQ+c$，通过测试得出其 N'_g-Q 曲线（N'_g 为电机在各种转速下的输入功率），P-Q 曲线上的任意一点在 N'_g-Q 曲线都有对应的工况点。例如：在转速为 n_1 时，已知风机 P-Q 曲线上一点 A（Q_A，P_A），（过点 A 作垂直线与 N'_g-Q 相交于 A' 点），便可知 N'_g-Q 曲线上 A'（Q_A，N'_{gA}）；反过来，已知 N'_g-Q 曲线上一点的 A'（Q_A，N'_{gA}）同样便可知 P-Q 曲线的 A（Q_A，P_A）。

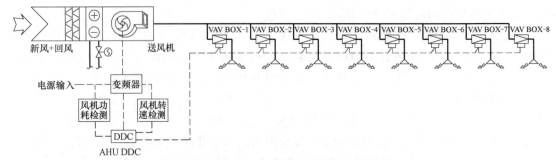

图 9-33　基于运行曲线的总风量控制法原理图

当改变风机转速后，便得到一组对应的曲线。

（3）求风机的运行曲线 c

在图 9-33 中，风机出口至第一个变风量末端（VAV BOX-1）之间的管路特性曲线为一条有背压的二次曲线，由于管段上没有调节阀，在风机变风量运行时其管路曲线的综合阻力系数 S 是不变的，其数学表达式为 $P=SQ^2+\Delta P$。

要得到出风机的运行曲线 c，在系统初调时，首先要确定系统的最大风量 Q_{max} 工况点 A 和系统的最小风量 Q_{min} 时的工况点 E，通过 A、E 两点的二次曲线就是风机的运行曲线 c。

1）最大风量 Q_{max} 工况点 A 的确定

由于存在着系统阻力设计计算的误差，因此不能直接在风机的选型曲线上依据设计风量和设计压头确定工况点 A。需要通过现场调试来确定。将系统的各个变风量末端设在最大风量，手动逐渐调低风机运行频率，直到出现一个变风量末端的实测风量小于最大风量的设定值，此时风机运行频率的特性曲线与过最大风量 Q_{max} 垂直线的交点，就是系统最大风量 Q_{max} 时的工况点 A，由此便知道了 A 点的参数（Q_{max}，P_A）。

2）系统最小风量 Q_{min} 时的工况点 E 的确定

将系统的各个变风量末端设在最小风量，手动逐渐调低风机运行频率，直到出现一个变风量末端的实测风量小于最小风量的设定值时，此时风机运行频率的特性曲线与过最小风量 Q_{min} 垂直线的交点，就是系统最小风量 Q_{min} 时的工况点 E，由此便知道了 E 点的参数（Q_{min}，P_E）。

3）将 A、E 两点的风量和压头带入二次曲线 $P=SQ^2+\Delta P$，便可求出 S、ΔP，由此风机的运行曲线 c 便为已知。由于曲线 c 的 A、E 两端都是在保证风量的最小压头下获得的因此，曲线 c 应当是风机能耗最低的运行曲线。

（4）输入功率 - 频率（N_g'-f）曲线的确定

运行曲线与风机在各个频率下的特性曲线的交点为 A、B、C、D、E，它们在风机的 N_g'-Q 曲线上的对应点分别为 A′、B′、C′、D′、E′。它们连接成的曲线便是运行曲线对应的风机的输入功率 - 频率（N_g'-f）曲线。也就说该系统的风机变频运行时，风机的频率与功耗将沿着该曲线对应变化。风机的输入功率可由功率表实时检测，其运行频率可由变频器实时获得。

（5）调节方法一

在图 9-34 中：

1）求新的工况点

当风机以转速 n_1 在工况点 A 运行时，空调负荷减少，各个变风量末端关小，管路曲线由 a 变为了 a′，a′ 与风机的特性曲线 n_1 相交于点 M，此时功率表检测发现风机的输入功率变为 N'_{gM}，由前面讲到的对应关系，N'_{gM} 对应的 M 点的风量 Q_M 便为已知参数，Q_M 为系统新的需求流量，过 M 点作等风量线与控制曲线相交于点 T，该点就是变频风机的运行工况点。$Q_T = Q_M$，代入控制曲线公式，求得：$P_T = SQ_T^2 + \Delta P$。

2）求新工况点的转速

作过点 T 的管路特性曲线 b，与 n_1 交于 F。或将 Q_T、P_T 代入管路曲线公式 $P = S_b Q^2$，求得管路曲线 b 的 S_b 值。

依据管路曲线及风机的特性曲线方程，得：

$$P = S_b Q^2$$

$$P = aQ^2 + bQ + c$$

便可求出交点 F 的风量及压头 Q_F、P_F。

F 点与 T 点为相似点，则有：

$$\frac{Q_F}{Q_T} = \frac{n_1}{n_T}$$

求得：

$$n_T = \frac{Q_T}{Q_F} n_1$$

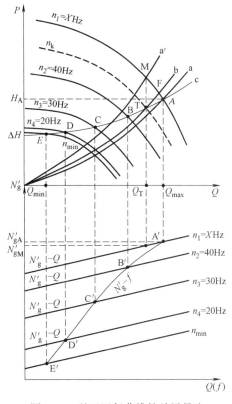

图 9-34　基于运行曲线的总风量法调节方法一

3）频率的设定及输入功率的校核

控制器根据新的转速重新设定变频器的频率，在新的运行频率下，功率检测表检测新的输入功率，并依据输入功率 - 频率（N'_g-f）曲线校核，至此，调节过程结束。

（6）调节方法二

在图 9-35 中：

1）采用 MATLAB 求解风机的特性曲线

风机在额定转速下通过测试得出工况点，这些工况点在 MATLAB 软件中拟合得出 P-Q 曲线方程 $P = aQ^2 + bQ + c$，及 N'_g-Q 曲线方程 $N'_g = P \cdot Q \cdot g / (1000 \cdot \eta \cdot \eta_d \cdot \eta_g \cdot \eta_f)$（$N'_g$ 为电机在各种转速下的输入功率）。当风机转速由 n_1 变为 n_2 时，令变速比

$$k = n_2/n_1，$$

则变速后的 P-Q 曲线为：$P = aQ^2 + bkQ + ck^2$；

则变速后的 N'_g-Q 曲线为：$N'_g = P \cdot Q \cdot g \cdot k^3 / (1000\eta \cdot \eta_d \cdot \eta_g \cdot \eta_f)$。

输入不同的 k 值，将得到两组对应的曲线。

2）采用 MATLAB 求解求运行曲线及输入功率 - 频率（N'_g-f）曲线

采用前面第（3）步，在 MATLAB 求得运行曲线 $P = SQ^2 + \Delta P$。过该曲线与不同转速下的 P-Q 曲线的交点做垂直线与对应的 N'_g-Q 曲线相交，这些交点在 MATLAB 中拟合成运行曲线对应的风机的输入功率 - 频率（N'_g-f）曲线方程 $N'_g = f(f)$。

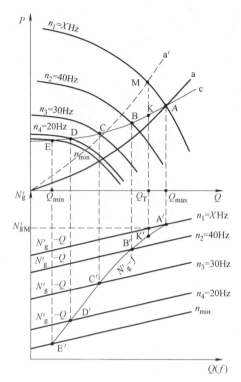

图 9-35　基于运行曲线的总风量调节方法二

3）调节过程

在图 9-35 中，当风机以转速 n_1 在工况点 A 运行时，空调负荷减少，末端子 VAV BOX 电动阀关小，管路曲线由 a 变为了 a'，a' 与风机的特性曲线 n_1 相交于点 M，此时功率表检测发现风机的输入功率变为 N'_{gM}，由前面讲到的对应关系，在转速为 n_1 时，N'_{gM} 对应的 M 点的风量 Q_M 便为已知参数，Q_M 为系统新的需求风量，在 MATLAB 中，过 M 点作等风量线与控制曲线相交于点 K，与 N'_g-f 曲线交于 K'，K 点就是变频风机的节能运行工况点。

4）频率的设定及输入功率的校核

将 K' 点的频率作为新风量下的节能运行频率，调整变频器的输出频率，采用此时 K' 点输入功率来校核功率表的实测功率，调节过程结束。

总风量控制法既避免使用压力检测装置，也不需要变静压控制时的末端阀位信号。这就回避了静压测定经常会遇到的压力波动和风管内湍流等问题。在控制形式上具有比静压控制简单，具有某种程度上的前馈控制含义，而不同于静压控制中典型的反馈控制。由于不采用压力控制。调节较迅速且平稳。

运行曲线总风量控制法完全依据风机的特性曲线和系统最节能的实际运行曲线，相比其他方法，没有任何近似的假设，因而是最合理、最精确的控制方法。

9.2.14　送风温度的控制

对变风量空调系统的送风温度进行控制，以维持房间较好的气流组织，避免因送风量偏少而产生室内气流组织紊乱现象。下面介绍文献［21］给出的送风温度优化控制方法：最大负荷率—最小风量法。

当系统负荷减少时，DDC 通过降低风机转速，减小系统管道静压以增大末端装置阀门开度来满足风量的要求。当负荷减少到一定程度时，系统所需的风量过少，可能会造成室内空气流动性差和新风量不足等问题，这时可提高送风温度，以增大送风量；相反，当负荷很大时则要降低送风温度来减少送风量。每个末端都有一个恒定的最大风量（$MXFL$），在不同时刻对应一个需求风量（RFL），同一末端的需求风量与最大风量的比值定义为该末端的负荷率（i）。负荷率越大，说明需求风量越大，此时有的末端的需求风量可能满足不了室内热舒适性的要求，这时则要降低送风温度设定值。在冬季或者过渡季负荷较小的情况下，AHU 送风量减少，此时需要通过提高送风温度来增大送风量，解决由于风量过小造成的不利影响。

最大负荷率—最小风量法控制流程如图 9-36 所示，考虑了末端的负荷率和最小风量 2 个参数，实现送风温度设定值的重新设定。理论上为了防止局部区域过热或过冷，实际送风量小于最小送风量的末端个数（j）和负荷率 $\geqslant 0.9$ 的末端个数（i）的设定值应该为 1，但由于空调系统在实际运行过程中个别 VAV 末端可能产生故障不能正常工作，或者用户的特殊要求等原因，i 和 j 的设置应综合考虑实际操作和控制精度要求。送风温度设定值为 $13.5 \sim 18℃$。

9.2.15　新、排风量的控制

作为一种全空气系统，变风量空调系统在过渡季节可以变新风比运行。当新风量改变时，其排风量也必须同时改变，为了保证空调房间始终处于正压状态，新风量与排风量的差值应该始终为一定值。为此，须在新风管和排风管上设置可以测量风量的调节风阀，如妥思的 TVT/TVJ-Easy 变风量调节器，如图 9-37 所示。

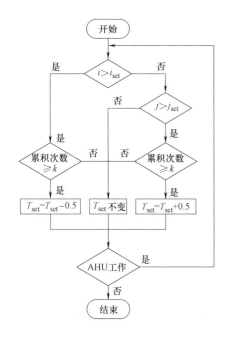

图 9-36　最大负荷率—最小风量法控制流程
i—负荷率 $\geqslant 0.9$ 的末端个数；j—实际送风量小于最小送风量的末端个数；i_{set}、j_{set}、k—参数阈值；T_{set}—送风温度设定值

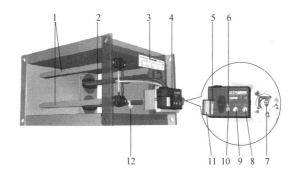

图 9-37　TVT/TVJ-Easy 变风量调节器
1—压差传感器；2—调节阀片；3—风量刻度表；
4—妥思简便式控制器；5—接线端子；6—测试按钮；
7—阀片位置指示；8—风量设定器 $\dot{V}_{\max}$；9—风量设定器 $\dot{V}_{\min}$；
10—指示灯；11—保护罩；12—固线支架

TVT-/TVJ-Easy 变风量调节器是一种集成了风量检测和控制器的变风量调节阀，其采用毕托管来检测流经的风量值，具有变风量、定风量及楼宇控制多种工作模式。TVT、TVJ 系列的区别在于它们的气密性不同。工程设计时，设计师根据设计风量范围选型。采用 24V 电压，控制信号 $0 \sim 10V$，传感器测量范围 $2 \sim 300Pa$。由于需要测量风量，安装时需要一定的直管段。

另一种控制方法是采用矩形伯努利妙流智能风阀（详见本书第 9.5 节），该种风阀采用了叶轮式风速仪对风量进行测量，应用方法同前面讲到的 TVT/TVJ-Easy 变风量调节器。

9.3　化学实验室专用压力无关型变风量控制单叶风阀

应用于化学实验室送排风的压力无关型变风量控制风阀，不是普通的变风量末端。由

图 9-38　TVLK 风量控制阀

于毕托管风量测量方式精度的限制，以及单叶阀的快开特性，所以单叶阀均有最小风量的要求，也就是说变风量系统的风量减少到一定程度就超出工作范围了。为此妥思公司推出了实验室专用的 TVLK 及 TVRK 排风柜变风量控制阀和与其配套的 TCU3 控制器，见图 9-38。

TVLK 及 TVRK 变风量控制阀采用 PPs 防腐材料制作，阻力 15 ～ 50Pa。采用电动执行器时，可调风量比为 7：1。通过在阀门入口处设置气流挡板来改变其工作风量范围，并由此衍生出多种不同型号的阀门，为实验室通风设计提供了多种选择。

TVLK/250-100：直径为 250mm，长度为 392mm，风量为 198 ～ 1296m³/h；

TVLK/250-D08：直径为 250mm，长度为 392mm，风量为 342 ～ 1854m³/h；

TVLK/250-D10：直径为 250mm，长度为 392mm，风量为 198 ～ 1296m³/h。

TVRK 型功能同 TVLK 型，但其规格及风量不同：

TVRK/125：直径为 125，风量为 69 ～ 540m³/h，长度为 394mm；

TVRK/160：直径为 160，风量为 108 ～ 900m³/h，长度为 394mm；

TVRK/200：直径为 200，风量为 180 ～ 1458m³/h，长度为 394mm；

TVRK/250：直径为 250，风量为 270 ～ 2214m³/h，长度为 394mm；

TVRK/315：直径为 315，风量为 450 ～ 3708m³/h，长度为 594mm；

TVRK/400：直径为 400，风量为 738 ～ 6048m³/h，长度为 594mm。

1. 单叶阀用于实验室的控制的优点

（1）单叶阀在关闭状态下密闭性好，以 TVLK 变风量控制阀为例，其漏风量达到了 EN1751 等级 4 标准。适合应用于有严格密闭要求的有毒、有害气体的排风系统。

（2）其压差传感器为可拆卸式，便于清理附着上灰尘。

（3）阻力小。

2. 单叶阀用于实验室的控制的缺点

（1）低风量控制精度不高。

（2）由于排风柜的实验不同，其排风温度也不同，从而导致排风的气体密度不同。而采用毕托管测量风量时，其风量计算过程是将空气的密度作为定值输入的，这就将导致风量控制精度受气体密度的影响。

单叶阀在实验室中的应用与后面讲到的文丘里阀相似，详见后面的章节，本节不再详述。

9.4　文丘里调节阀

文丘里阀是一种可以精确控制风量大小的风阀（见图 9-39），由阀体、动态阀芯、精

密弹簧、快速执行机构、控制器、压差传感器等组成。

文丘里阀通过阀芯内部的精密弹簧，对风管中的压力波动进行补偿，实现了机械式压力无关特性，它通过快速直线行程电动执行器实现了快速反应，具有较高的稳定性和控制精度。通过空气动力学设计，文丘里阀还具有静音工作性能。

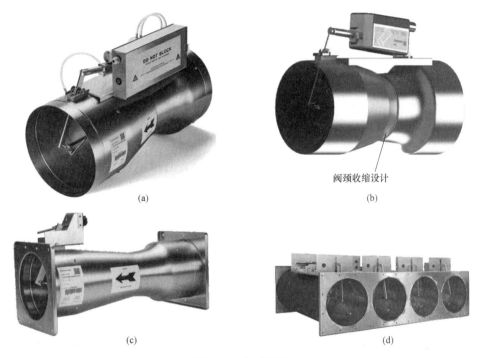

(a)　　　　　　　　　　　　　　　　　(b)

阀颈收缩设计

(c)　　　　　　　　　　　　　　　　　(d)

图 9-39　文丘里阀

（a）变风量文丘里阀；（b）可关断型文丘里阀；（c）定风量文丘里阀；（d）多台文丘里阀组合

9.4.1　文丘里阀的特性

1. 压力无关特性。文丘里阀的前后压差为：中压型 $150 \sim 750$Pa、低压型 $75 \sim 750$Pa。流过阀门的风量与管道内的压力变化无关（即：流过文丘里阀的风量不受风管内静压变化影响）。安装时无需直管段，即使风管弯头、变径之后，接着安装文丘里阀也能保证其良好的控制性能。

2. 风量变化响应时间：小于等于 1s。变风量文丘里阀对风量变化需求的响应是快速的，在 1s 之内，变风量文丘里阀立刻能达到新的风量需求值。快速响应，对于实验室通风柜或房间压力控制是至关重要的。

3. 控制的稳定性。阀芯内置的精密不锈钢弹簧，依靠纯机械运动的补偿作用达成压力无关性。针对风管中压力波动变化，文丘里阀能够精确快速（小于 1s 的反应时间）地做出自适应调节，且振荡幅度小于 5%。如图 9-40 所示。

4. 风量控制精度为调节风量点的 ±5%。这一点优于变风量蝶阀，变风量蝶阀的控制精度与压差变送器和模数转换器的精度有关，而压差变送器的精度又是由其工作压差范围的量程决定的。工作压差的范围越大，其对于小压差测量的精度越低。

5. 可以提供 20 : 1 的风量可调比。这一点优于蝶阀，蝶阀的风量可调比只能做到

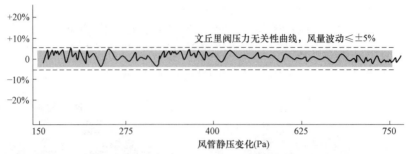

图 9-40　文丘里阀在不同压差下风量偏移比例

10：1。比如额定风量为 1700m³/h 的变风量文丘里阀，其最小可调风量为 85m³/h，而相同额定风量的变风量蝶阀，其最小可调风量只能做到 170m³/h。

6. 通过不同口径的阀门组合，文丘里阀能够控制的风量范围为 60 ～ 17000m³/h。

7. 等百分比的特性。文丘里阀的行程（输入信号）和流量不呈直线关系，图 9-41 为一个文丘里阀的实测曲线和其回归方程式。其优点是在小开度时，增益较小，因此调节平缓；在大开度时，增益较大。它在全行程范围内具有相同的控制精度。这一特性优于单叶阀的快开特性。

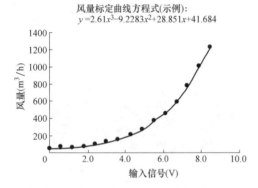

图 9-41　文丘里阀的流量与输入信号的关系

8. 文丘里阀出厂前需进行精确的标定，可提供最多 50 个标定点的阀位—风量、压力—风量曲线表。每个变风量文丘里阀都有独特的风量标定曲线，该风量标定曲线会被预先下载至文丘里阀的控制器中进行风量控制。在实际运行过程中，不需要通过风量传感器的参与就能进行风量调节。

9.4.2　文丘里阀的尺寸、风量范围

文丘里阀的直径有 DN200mm（8 英寸）、DN250mm（10 英寸）、DN300mm（12 英寸）、DN350mm（14 英寸）等几种，对应的风量调节范围和阀体长度分别是：

DN200：60 ～ 1200m³/h，$L \approx$ 600mm；

DN250：85 ～ 1700m³/h，$L \approx$ 600mm；

DN300：150 ～ 2500m³/h，$L \approx$ 680mm；

DN350：340 ～ 4250m³/h，$L \approx$ 760mm。

单个文丘里阀的风量较小，当风量较大时，可以将几个文丘里阀组合成连体阀来使用，如图 9-39（d）所示。

由于阀门的尺寸较长，在一般的实验室层高（如：4.80m）下，文丘里阀很难立式安装。上海智全（Controlsmart）的新产品，将各款阀门的长度分别减少了 150mm，这样给文丘里阀的立式安装提供了可能。

9.4.3　文丘里阀的分类

文丘里阀按使用功能分为定风量文丘里阀、变风量文丘里阀和可关断零泄漏型变风量文丘里阀。按工作压差来分有中压阀和低压阀。按使用场景又有普通型和失电复位型。

1. 定风量文丘里阀

定风量文丘里阀的阀杆根据所要求的风量被锁定在一个固定的位置，见图 9-42（a）。出厂前经过严格的标定，只要风管的压力在文丘里阀的工作范围内，定风量文丘里阀便会精确控制预定的风量。在必须的情况下，也可以在现场通过手动旋钮调节风量。

2. 文丘里笼架风量控制阀

文丘里笼架风量控制阀是一种定风量阀，见图 9-42（b）。其全部阀体采用 316L 不锈钢材质制成，专为动物饲养笼架或其他需要对小风量进行精确控制的场合设计，设计同时考虑这种场合的防腐要求。其风量范围为 $50 \sim 350 m^3/h$，工作压力为 $150 \sim 750 Pa$。控制精度为设定风量的 $\pm 10\%$。文丘里笼架风量控制阀的阀杆根据所要求的风量，被锁定在一个固定位置，出厂前经过严格的标定，只要风管的压力在笼架风量控制阀的工作范围内，笼架风量控制阀便会提供恒定的空气流量。在必须的情况下，也可以在现场通过旋钮手动调节风量。

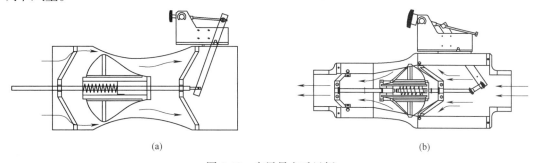

(a)　　　　　　　　　　(b)

图 9-42　定风量文丘里阀

（a）定风量文丘里阀；（b）文丘里笼架风量控制阀

3. 变风量文丘里阀

变风量文丘里阀见图 9-43。文丘里阀的压力无关性通过阀芯位置的改变来克服压力的波动，以保持一个恒定的空气流量。类似于水系统中的电动平衡一体阀，所有的文丘里阀都有一个动态阀芯组件，它带有一个内置的精密不锈钢弹簧，当风管内静压较低时，作用于阀芯上的压力变小，阀芯内的弹簧张开，低压力与大的流通面积组合提供所需的流量；当风管内静压升高时，作用于阀芯上的压力变大，阀芯内的弹簧被压缩，阀芯前移，减小了流通面积，高压力与小的流通面积组合维持所需的流量恒定。

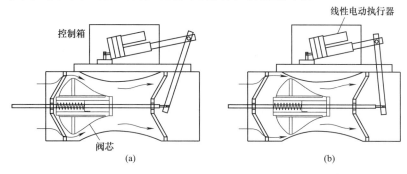

(a)　　　　　　　　　　(b)

图 9-43　变风量文丘里阀

（a）高风量时文丘里阀芯位置；（b）低风量时文丘里阀阀芯位置

当风量需求发生变化时，快速线性电动执行器依据控制指令，通过调节阀芯位置来调节风量。

4. 可关断型零泄漏变风量文丘里阀

在变风量文丘里阀的基础上通过阀颈收缩等技术，使得阀芯在 1s 内可完全密闭（风量关闭至 0），应用于生物安全实验室压力防逆转控制模式、洁净实验室消毒工况模式及高效过滤器更换等场景，也可以用于理化实验室，在需要时关断送排风管路，实现节能运行。

可关断零泄漏型文丘里阀是阀体外壳零泄漏、阀芯关断零泄漏，满足现行行业标准《建筑通风风量调节阀》JG/T 436 的相关要求。

需要注意的是：对于可关断零泄漏型变风量文丘里阀，其风量从 0 至最小风量之间是不可调节的，且其最小风量比不可关断型文丘里阀稍有增大。以智权品牌为例，各种可关断型中压文丘里阀（150～750Pa）的风量可调节范围如下：

108 型风量范围：0～1200m³/h，其中 0～70m³/h 区间不可调节；

208 型风量范围：0～2400m³/h，其中 0～140m³/h 区间不可调节；

110 型风量范围：0～1700m³/h，其中 0～100m³/h 区间不可调节；

210 型风量范围：0～3400m³/h，其中 0～200m³/h 区间不可调节；

112 型风量范围：0～2500m³/h，其中 0～220m³/h 区间不可调节；

212 型风量范围：0～5000m³/h，其中 0～440m³/h 区间不可调节。

5. 低压型文丘里阀和中压型文丘里阀

低压型文丘里阀前后的工作压差范围为 75～750Pa，中压型文丘里阀前后的工作压差范围为 150～750Pa。在其工作压力范围内，文丘里阀的风量与风管内的压力变化无关。即：当系统中相关设备操作引起风管内静变化时，不影响每个文丘里阀的控制性能。需要注意的是：低压型文丘里阀与同样尺寸中压型文丘里阀的工作风量范围是不同的，以不可关断型 *DN*200（8 英寸）文丘里阀为例，中压型的工作风量范围是 60～1200m³/h；而低压型的工作风量范围是 60～850m³/h，工作范围变小。

6. 失电复位型文丘里阀

在很多文丘里阀应用场所，对于报警后或意外断电后，文丘里阀的开闭状态都有明确的要求。如通风柜排风文丘里阀失电后通常要求处于全开位置，以避免通风柜内的有害气体无法排出。而送风文丘里阀在得到火警断电信号后，阀门应立即处于关闭位置。在采用气体灭火的实验室，灭火气体释放时需要立即关断送风管、排风管上的文丘里阀，这种场所采用失电复位型文丘里阀就很方便，具体做法见本书图 15-26 所示的案例。

9.4.4 文丘里阀的选用

由于生产厂家的不同，或同一厂家的产品系列不同，文丘里阀的种类和性能也有很大的差别，设计时需要特别注意如下事项：

1. 完全关闭型与部分关闭型（有最小流量限制）。完全关闭型一般用于生物安全实验室，在实验室熏蒸消毒或更换高效过滤器时完全切断送、排风管路。

2. 完全关闭型的密闭级别。

3. 低压型与中压型。

4. 水平安装与垂直安装（阀门在标定时需考虑阀芯的重力补偿）。

5. 阀体材质（如铝合金、不锈钢）。不锈钢比铝合金阀体耐腐蚀，但制造难度大一些，而不锈钢的材质又分为 304 型和 316L 型,后者比前者更耐腐蚀。

6. 是否有防腐涂层。一般带防腐涂层的文丘里阀用于有强酸、强碱实验的通风柜等局部排风,而送风系统及实验室全面排风则不需要。

7. 阀体是否带前后压差开关或者压差传感器。有些厂家的变风量文丘里阀的压差传感器是选配件,而有些厂家是标配(如智权)。带有压差传感器的文丘里阀不仅可以记录阀芯受管路压力变化产生的波动,从而记录弹簧被压缩的次数,以此来判断文丘里阀的使用寿命,其在净化空调系统还有更关键的作用,净化空调系统在调试前,需要在不安装高效过滤器的情况下进行系统吹扫,这样可能会使阀门前后的压差过大,从而损坏其机械机构。有了压差传感器,就可以依据其最大允许工作压差来降低风机的转速,保证吹扫过程中阀门不超压。另外,在净化空调系统运行过程中,由于各房间高效过滤器的积灰程度不同,从而导致最不利环路发生改变,最不利环路变成了不是最初选定的回路。如果文丘里阀配备了压差传感器,就可以根据其压差来重新确定最不利回路。

8. 文丘里阀可接收的输入信号种类。功能较强的文丘里阀具有被动控制模式和主动控制模式。在被动控制模式下,当收到其他控制器提供的命令信号之后,能被迅速调节到相应的风量。控制命令信号可以是模拟信号 0 ~ 10V DC、无源干接点信号或者由通信端口写入。在主动控制模式下,变风量文丘里阀可以接入各类变送器,按照预置的程序控制风量。能接入什么样的信号、能实现什么样的功能,与文丘里阀自身所带的控制器型号有关,工程设计时,设计师一定要明确。

9. 文丘里阀选型应当留有一定风量冗余,以便应对现场风量调节要求,一般按文丘里阀最大风量的 70% 来确定阀的大小。

10. 定风量文丘里阀及文丘里笼架风量控制阀是一个纯机械机构,无需电气设计。

9.4.5　采用文丘里阀的化学实验室变风量通风系统设计

化学实验室污染物浓度的控制主要依赖于排风柜(一级屏障)和房间负压(二级屏障)。实验室空调通风系统是控制实验室空气污染物浓度的重要系统,也是实验室的主要能耗部分。据统计,实验楼总能耗约 70% 为空调通风能耗,其中排风柜及其新风空调系统能耗约占实验楼空调通风能耗的 70%。排风柜及其新风空调系统能耗约占实验楼总能耗的 50%。

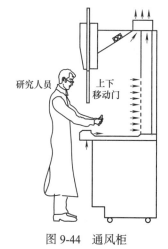

图 9-44　通风柜

1. 通风柜

通风柜又名通风橱、排风柜(见图 9-44),是化学实验室中不可缺少的安全设备,为了保障实验室工作人员不吸入有毒有害、可致病的化学物质和气体,控制实验室污染物浓度,排风柜在工作过程中将实验室废气排出,同时需要补入实验室大量空调新风,因而产生了巨大的能耗,所以排风柜又是一个间接能耗设备。

为了节省化学实验室的运行能耗,采用变风量的送、排风系统,根据实验需要,实时改变送、排风量是目前的节能设计方法之一。

2. 化学实验室排风量的计算

(1)化学实验室全面排风量的确定

《检验检测实验室设计与建设技术要求 第 1 部分：通用要求》GB/T 32146.1—2015 规定：实验室排风量宜优先采用局部排风，当局部排风不能满足要求时应采用全面排风。实验室全面通风的风量，有条件时宜根据稀释或消除室内有害气体或有害物质所需的通风换气量来计算确定。当无计算条件时，一般实验房间换气次数宜不小于 $4h^{-1}$。有轻微污染的实验房间换气次数宜不小于 $6h^{-1} \sim 8h^{-1}$。有大量污染的实验房间换气次数宜不小于 $8h^{-1} \sim 12h^{-1}$。全面排风用于排除散发到实验室内的有害气体，或者作为值班排风，在夜晚实验室不工作时，排除试验台上溢出的有害气体。

（2）排风柜排风量的确定

1）标准的排风柜规格

《排风柜》JB/T 6412—1999 规定标准的排风柜规格为：高度小于等于 2400mm，柜宽（W）有 1200、1500 和 1800mm 三种，前方中间为可上下移动的透明玻璃门，最大开启高度（H）一般为 $600 \sim 800mm$。排风柜阻力应小于 70Pa。

在化学实验室中，实验操作时产生各种有害气体、臭气、湿气以及易燃、易爆、腐蚀性物质，为了保护使用者的安全，防止实验中的污染物质向实验室扩散，这类实验宜在通风柜内进行，并通过通风柜排出实验中产生的有害气体。

2）通风柜的操作面风速

为防止通风柜内有害气体逸出，需要有一定的吸入速度（v），即柜门开启时，要保证柜门处有一定的气流速度。《排风柜》JB/T 6412—1999 规定标准的排风柜面风速为：在无人操作时为 0.3m/s，有人操作时为 0.5m/s。有人操作时风速较大，这是因为操作人员对气流的阻挡会造成气流的扰动，必须提高吸入风速来抑制这种扰动。在柜门开启最大时，对应的不同宽度的通风柜的排风量分别为：

宽度为 1200mm 时，最大排风量为 1800m³/h；

宽度为 1500mm 时，最大排风量为 2300m³/h；

宽度为 1800mm 时，最大排风量为 2800m³/h。

对于非标准通风柜的排风量可按下式计算：

$$L=3600 \times W \times H \times v \qquad (9\text{-}5)$$

式中　L——通风柜的排风量，m³/h；

　　　W——通风柜的柜门宽度，m；

　　　H——通风柜的柜门最大开启高度，m；

　　　v——通风柜的吸入速度，m/s。

3. 实验室补风量的确定

实验室排风的同时应设补风系统。为了保证实验室处于 $5 \sim 10Pa$ 的微负压状态，有组织的补风量与试验室的排风量形成恒定的风量差值。要求高的实验室补风还需过滤、冬季加热、夏季降温处理。因此，实验室的补风是一个高耗能的系统。

4. 化学实验室变风量通风的控制系统

实验室变风量通风系统通常是将一个实验室或多个实验室内的多个通风柜、其他排风设备的排风及全面排风等均纳入一个排风系统，相应的补风纳入一个补风系统。采用变风量控制系统，根据实验过程的实时需要，自动调节排风量和送风量，将大大节省能耗。

通风柜的柜门开启大小是变化的，柜门开启时，要保证柜处有一定的气流速度，即：在无人操作时为 0.3m/s，有人操作时为 0.5m/s。那么在柜门开启较小时，所需要的排风量也较小，相反，在柜门开启较大时，所需要的排风量也就较大，如何根据柜门的开启大小来自动调节排风量，这便是变风量的核心。

要实现送排风系统的变风量运行，必须有安全、可靠的自动控制系统，可以分成以下几个部分：

（1）送、排风量的联动控制；

（2）通风柜的控制；

（3）排风机的控制；

（4）送风空调机组的控制。

化学实验室送、排风联动控制可以采用差值风量法，房间控制系统实时采集化学实验室内所有通风柜、其他排风设备及全面排风的瞬时排风量，调节实验室补入的新风量，使化学实验室排风量与补入新风量形成恒定的风量差值，从而稳定地控制化学实验室为负压状态。

可在化学实验室设置区域控制器，区域控制器可实时统计实验室的总送风量、总排风量并计算风量差等，并在墙壁上安装触控屏（HMI 人机界面），触控屏（HMI）可实时显示实验室的总送风量、总排风量、风量差、实验室压差、温湿度等重要参数。同时，在触控屏上可以实现工作工况、值班工况切换。在值班工况下，通过降低换气次数来降低能耗。区域控制器配置通信端口，上传实验室重要参数至中央控制系统。

5. 采用文丘里阀变风量通风化学实验室案例

一个采用变风量通风系统的化学实验室，实验室内设有多台变风量通风柜，该实验室采用集中的排风系统和集中的补风系统。工程设计时，通风柜的总排风量和总补风量均可根据系统大小和实验特点分析后，乘以一定的参差系数，这将使总风量和总风管尺寸大幅减少（见图 9-45）。

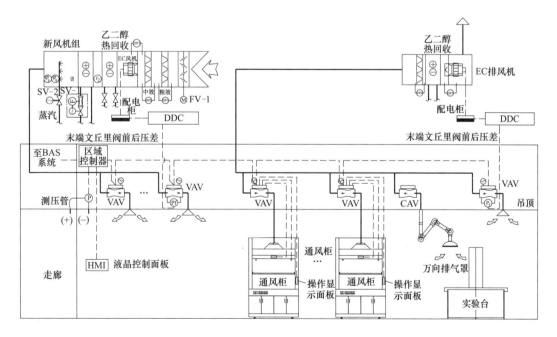

图 9-45　化学实验室送、排风文丘里阀控制原理图

（1）实验室送排风系统设计风量的确定：

1）实验室总排风量

$$V_p = V_1 + V_2 + V_3 + V_4 \tag{9-6}$$

式中　V_p——实验室总排风量，m^3/h；

　　　V_1——实验室全面排风量，m^3/h；

　　　V_2——实验室排风柜总排风量，m^3/h；

　　　V_3——实验室万向排气罩排风量，m^3/h；

　　　V_4——实验室门窗渗透风量（这个风量就是差值风量，工程设计时，渗透风量可按本书第 12.7 节计算确定，而实际运行的送、排风的风量差则需根据房间压差由现场调试确定），m^3/h。

2）实验室排风柜设计总排风量

$$V_2 = \alpha \cdot \sum V_{np} \tag{9-7}$$

式中　V_{np}——排风柜的最大排风量，m^3/h；

　　　α——参差系数。

3）实验室送风量

$$V_x = V_1 + V_2 + V_3 \tag{9-8}$$

（2）实验室运行时控制过程如下：

1）通风柜的排风量根据使用者开启柜门的大小及人员感应传感器自动调节其排风文丘里阀 VAV 的开度，调节排风量的大小。

2）定风量文丘里阀 CAV 保证万向排气罩的风量恒定不变。

3）全面排风的文丘里阀 VAV 在白天工作时间保持实验室全面排风风量不变，在夜晚维持值班排风量。

4）集中排风机根据系统最末端文丘里阀前后压差调节风机转速，保证系统末端的文丘里阀有足够的工作压差（150Pa）。

通常的变风量系统是在风管内设置静压传感器，并设定测量点的静压值，控制器根据保证该点的静压大小不变的原则调节风机的转速。但是，静压值如果设定得太高，则风机不节能，如果设定得太低，则末端文丘里阀没有足够的工作压差，不能正常工作。文丘里阀的最小工作压差为 150Pa，如果风管中压力过高，则会被文丘里阀通过关小开度消耗掉，使其前后压差增大。因此，在保证末端文丘里阀前后的压差恒定在最小工作压差时，风机的运行是最节能的。需要说明的是：这种控制方法不适用可关闭型文丘里阀以及文丘里阀入口前有较大阻力部件的系统，如带有高效过滤器的系统，其原理详见第 9.7.4 节。

5）新风机组根据补风系统最末端的文丘里阀前后压差调节风机转速，保证系统末端的文丘里阀有足够的工作压差

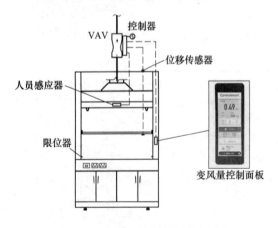

图 9-46　通风柜变风量控制原理图

（150Pa），原理同上。

6）通风柜变风量控制原理如图 9-46 所示。

① 每台通风柜配置一台独立的通风柜控制器，通风柜控制器集成在通风柜排风文丘里阀的阀体上，操作显示器（控制面板）安装在通风柜边框上。

② 采用位移传感器对通风柜面风速进行控制。通过位移传感器检测通风柜调节门开度变化，控制通风柜排风量，保持通风柜面风速在设定值。

③ 当通风柜门位置发生改变时，文丘里阀在 1s 内作出响应，自动调节至所需求的风量。

④ 当通风柜门关闭后，风量阀要维持通风柜的最小排风量，以满足实际要求。

⑤ 控制面板实时显示通风柜实际面风速。

⑥ 通风柜采取节能的管理方式，当通风柜前有人工作时，面风速保持为 0.5m/s；通风柜前无人工作时，人员感应传感器自动将此时系统面风速可降低为 0.3m/s。当试验人员再次回到通风柜前操作时，通风柜面风速立即恢复至 0.5m/s。

⑦ 在有人工作时，如果通风柜面风速低于 0.3m/s，则显示工作异常，有蜂鸣报警，提示检查管路。

⑧ 通风柜门位过高时有蜂鸣报警，提示使用者拉低通风柜门位。

⑨ 当出现异常情况时，可以在触摸屏上开启紧急排风模式，控制系统将风阀完全开启，此时有蜂鸣报警，可上传报警至中控系统。

⑩ 通风柜控制器可通过标准 Modbus 通信协议或 Bacnet 协议上传风量、面风速等数据。

采用变风量排风的标准排风柜，由于变频风机有最小风量的要求，排风柜的排风通常要维持一个最低排风量。此时通风柜的柜门下拉关闭时，有一个最低限位，使其不能完全关闭。

7）实验室设置压差传感器监测室内外压差。

8）实验室安装触控屏（HMI 人机界面），可实时显示实验室送风量、排风量、风量差、实验室压力、温湿度等重要参数。同时，可实现工作工况与值班工况切换。

以智全 SZT-5200 系列 10 英寸智能触控屏（HMI）为例（见图 9-47），该彩色液晶触控屏具有以下功能：

图 9-47　SZT-5200 系列智能触摸屏

① 可以与 SZC 智能区域控制器或变风量文丘里阀进行通信；

② 中文显示，英文或其他指定文字可选；

③ 公制和英制显示单位；

④ 动态连续显示房间各类参数；

⑤ 通过视觉和听觉可以直观地判断正常、临界和报警等不同状态；

⑥ 所有临界和报警状态都用文字说明；

⑦ 可以手动进行房间工作 / 值班 / 关闭工况切换；

⑧ 墙上嵌入式安装；

图 9-48　SZC-2000 区域控制箱

⑨ 密码保护的现场参数再设定。

9）设置区域控制器，实时采集化学实验室内所有通风柜、万向排气罩、室内全面排风的瞬时排风量，调节实验室补入的新风量，保持补风与排风有恒定的风量差 V_4。从而控制化学实验室为负压状态。

不同的变风量阀厂家，其配套的区域控制器和触控屏（HMI）也不同，不能通用。以智全为例，其 SZC-2000 区域控制器属于房间层控制平台（见图 9-48），其运行独立于其他控制器。尽管每个控制器可能与其他控制器共享一些数据，每个控制器却能保持自身控制而不受干扰，用以执行实验室房间区域或洁净室压力区域所需的控制程序，同时为接入的文丘里阀、传感器、HMI 等设备提供 24V 电源。区域控制器可以通过数据通信接口无缝集成到中央管理系统。操作管理员通过中央管理系统对实验室的各类参数进行实时监视，这些参数包括：房间总排风量、房间总送风量、换气次数、房间压力、房间温度、相对湿度和照度。经过适当的授权，管理员可以对相关参数进行重新设定，如房间温度、换气次数、房间压力等。

6. 变风量排风系统的参差性设计

图 9-49 为某检测中心的变风量通风柜排风系统，该系统共有 18 个 1500mm 宽的标准通风柜。每个的通风柜在面风速为 0.5m/s、柜门全开时的最大风量为 2300m³/h。如果是定风量排风系统，那么系统的总排风量应为 41400m³/h。

如果采用变风量排风系统，考虑到参差性，在每层三个通风柜中，按一个开启柜门为 100%，一个开启柜门为 80%，一个开启柜门为 60% 计算，这时系统的总排风量为 33120m³/h，仅为定风量系统的 80%。

对于大型排风系统，再乘上通风柜的同时使用系数 0.8 ～ 0.9 后，平均节省排风量 20% ～ 30%，同时也节省电力运行费用 20% ～ 30%，以及节省风管管井面积 20% ～ 30%。

7. 采用变风量文丘里阀的（化学）实验室设计注意事项

（1）设计时要注意不要把相混后易发生燃烧和爆炸的有毒有害物质混同到一个排风系统里进行排放。

（2）按本书第 9.4.4 节的内容确定每一个文丘里阀的功能和型号。

（3）文丘里阀的工作压差。以中压型为例，文丘里阀的最小工作压差为 150Pa，也就是说，选择风机时必须考虑文丘里阀有 150Pa 的阻力损失。

（4）文丘里阀的长度一般为 600 ～ 680mm，设计时应考虑足够的安装空间，阀门的执行机构周围也应留出一定的维护空间（500mm）。

（5）对于较大的系统，可以采用低压型文丘里阀与中压型文丘里阀混合使用，在靠近末端采用低压型文丘里阀，这样可以减少系统的总阻力，降低风机压头，减少风机能耗。

（6）对于房间压差要求较高的生物安全实验室，当房间的风量较大时，为了更精准地控制风量、减少阀门调节过程中的压差波动，宜采用大小阀组合的方式，大阀锁定在一个固定的风量，小阀根据压差信号进行调节，这样房间的风量仅在小风量附近有 5% 的波动。

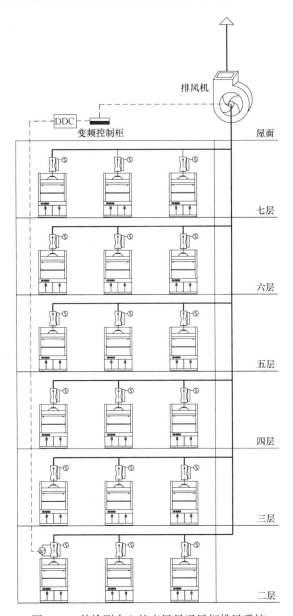

图 9-49　某检测中心的变风量通风柜排风系统

9.5　伯努利妙流智能风阀

伯努利妙流智能风阀是为了配合伯努利内补风型通风柜而开发的一种新型压力无关型电动调节阀，与变风量末端相似。伯努利妙流智能风阀由圆形多叶阀、叶轮式风速仪，支架及高速执行机构组成，如图 9-50 所示。通过设置在气流断面上的多个叶轮式风速仪进行风量精确测量；采用高速执行机构控制圆形多叶阀对风量进行快速调节。

与单叶阀相比，智能伯努利阀采用了多个叶轮式风速仪替代传统毕托管进行风量测量，其捕捉的不是一个点，而是一个面积的均值；采用多个径向叶片，使得测量断面的风速变化较为均匀且整个运动行程较短。伯努利妙流智能风阀控制精度可以达到95%，响应速度低于2s，可调比达到15∶1，可以与进口文丘里阀媲美。阀体和叶轮式风速仪均采用PP阻燃材质，具备高度防腐、阻燃等特性，而且造价低。

　　如图9-51所示，伯努利妙流智能风阀具有近似线性流量特性关系，即阀的相对流量和相对位移成直线关系，即单位位移变化所引起的流量变化是常数。

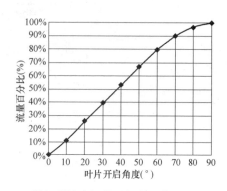

图 9-50　伯努利妙流智能风阀　　　　　图 9-51　伯努利妙流智能风阀的工作流量特性曲线

伯努利智能风阀规格

1. 直径 250mm，高度为 135mm，工作流量范围：144 ～ 2160m³/h，阻力 5 ～ 89Pa。

2. 直径 315mm，高度为 135mm，工作流量范围：225 ～ 3370m³/h，阻力 3 ～ 58Pa。

高度远低于文丘里阀（～ 600mm）。

　　与文丘里阀类似，对于大流量需求，伯努利智能风阀也可以制成多阀组合体如图9-52所示。也可以制成方形，应用于其他通风空调系统中，如图9-53所示。

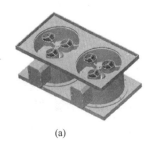
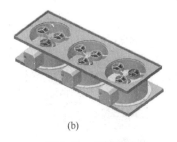
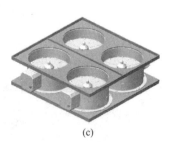

(a)　　　　　　　　　　(b)　　　　　　　　　　(c)

图 9-52　多阀组合体

（a）双阀组合；（b）三阀组合；（c）四阀组合

图 9-53　方形伯努利妙流智能风阀

9.6 伯努利层流风幕排风柜

与普通的标准排风柜不同，伯努利排风柜是自带内补风型排风柜。由于其补风不经过人员的活动区域，而且 90% 以上的排风柜内的实验对环境温度没有要求，因此这种补风在多数情况下可以采用不经空调热湿处理的室外新风。这样就可以大大地节省新风处理的能耗。伯努利排风柜凭借其比传统定风量排风柜节能 82% 的能力，以及大幅度降低噪声的优势而成为一款颠覆性高效节能环保产品。

由图 9-54、图 9-55 可以看出，在排风柜顶部设有进、排两个伯努利风阀，室外新风经过伯努利妙流智能风阀之后，在排风柜内分成三股气流，分别由柜内上部、下部及柜门外上方补入排风柜。在操作人员的呼吸带前形成一个新风空气幕，最大程度保证操作人员的安全区。柜内设有导流板，柜内气流稳定，操作人员在移门处操作或移动都不会导致柜内的气流逸出。

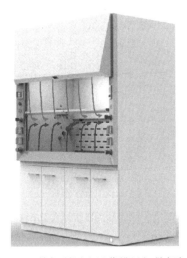
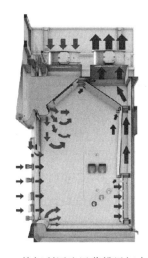

图 9-54 伯努利层流风幕排风柜外部气流　　图 9-55 伯努利层流风幕排风柜内部气流

伯努利层流风幕排风柜特有的外补风结构，打破传统排风柜依靠面风速抑制泄漏的理念，保证排风柜腔体内有非常稳定的气流组织，同时保证有害气体的排出始终处于一种最佳的状态。

经过试验确定的排风量远比标准的排风柜小得多。以宽度为 1800mm 的排风柜为例，在柜门最大开度为 750mm 时，其排风量为 1450m³/h，而对应的标准的排风柜的排风量则为 2430m³/h，排风量减少了 40%，相应的风机、管道、尾气处理装置都将变小，设备投资会大幅降低。此时的柜内补风量为 1010m³/h，剩余的部分则由实验室内补充，此部分风量为 440m³/h，只有此部分补风是经过空调热湿处理的。因此，该内补风型排风柜相比标准的排风柜全部由实验室内补风，减少了空调处理新风量 82%，同时新风机组投资大幅减少。

9.6.1 伯努利层流风幕排风柜主要参数

伯努利层流风幕排风柜（内补风型）技术参数如表 9-2 所示。

伯努利层流风幕排风柜（内补风型）技术参数　　　表 9-2

型号		T12-920-H01	T15-920-H01	T18-920-H01	T24-920-H01
标准尺寸		1200mm	1500mm	1800mm	2400mm
排风量	门窗开启高度	风量（m³/h）@ 排风柜阻力（Pa）			
	750mm（全开）	960 @ 42.4	1200 @ 52.2	1450 @ 74.7	1930 @ 53.8
	工作高（500mm）	800 @ 20.8	1000 @ 23.2	1200 @ 39.2	1600 @ 32.3
	最低位置	400	500	500	700
补风量	750mm（全开）	670 @ 11.4	840 @ 42.7	1050 @ 50.7	1350 @ 68.5
	工作高（500mm）	560 @ 10	700 @ 19.4	840 @ 26.7	1120 @ 30.4
	最低位置	270	350	350	490

9.6.2　采用伯努利层流风幕排风柜的化学实验室变风量通风设计

图 9-56 所示为一间采用伯努利层流风幕排风柜的化学实验室，图中 A 为排风机，B 为补风机；C 为新风机组。

9.6.3　伯努利层流风幕排风柜的变风量控制

1. 控制系统的组成

每台通风柜配置一套 VAV 控制系统，该系统包括：

（1）两个防腐 PP 材质变风量多叶片蝶阀；

（2）一套快速反应变风量控制器；

（3）一块彩屏监控器；

（4）一套柜门开启高度传感器；

（5）一套人体红外线传感模块。

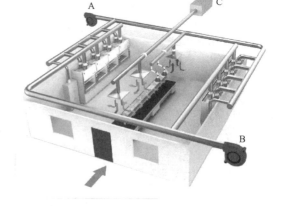

图 9-56　采用伯努利层流风幕排风柜的化学实验室

该风柜排风采用风量—流量控制方式，根据柜门开启高度，调节通风柜的排风量和送风量，面风速只作为显示不作为控制信号。

彩屏显示面板，可实时显示当前通风柜风量、温湿度、门高、面风速值以及所有设置参数。

2. 排风柜变风量调节

（1）排风柜的排风量、补风量可以在最大风量和最小风量之间，根据柜门开启的高度自动等比例调节，确保柜内气体不外溢。当柜门移动到某一位置时，控制系统计算出对应的排风量和送风量，并输送给调节阀，调节阀调节叶片开度，使该风量达到稳定。

（2）在运行过程中，排风柜的 VAV 控制系统保证排风柜柜门在任意位置停止后，排风量在 2s 内可以稳定到计算值。

3. 人体红外线传感模块

（1）当操作区中没有人或者物体移动 120s 后，移门自动关闭到最小位置；

（2）移门关闭过程中检测到物体遮挡时，移门停止关闭；

9.6.4　采用伯努利层流风幕排风柜变风量通风实验室案例

图 9-57 为采用伯努利层流风幕排风柜的变风量系统控制原理图，设有集中的排风系统、集中的排风柜内补风系统和集中的实验室补风系统。在我国北方地区，空气中含尘量较大，排风柜内补风系统应设置过滤器。与前面所述的文丘里阀控制系统相似，排风柜的总排风量和排风柜的总补风量均可根据系统大小和实验特点分析乘以一定的参差系数，这将使总风量和总管尺寸大幅减少。

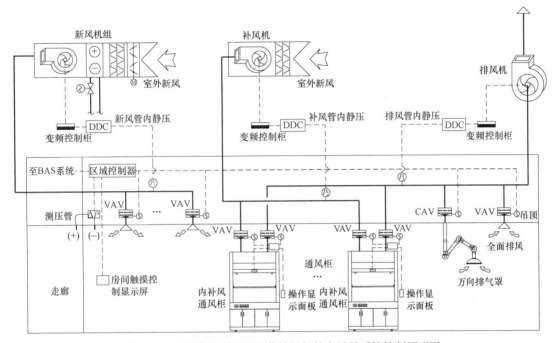

图 9-57　采用伯努利层流风幕排风柜的变风量系统控制原理图

实验室送排风量的确定：

1. 实验室总排风量

$$V_p = V_1 + V_2 + V_3 + V_4 \tag{9-9}$$

式中　V_p——实验室总排风量，m^3/h；

　　　　V_1——实验室全面排风量，m^3/h；

　　　　V_2——实验室排风柜总排风量，m^3/h；

　　　　V_3——实验室万向排气罩排风量，m^3/h；

　　　　V_4——实验室门窗渗透风量，m^3/h。

2. 实验室排风柜总排风量

$$V_2 = \alpha \cdot \sum V_{np} \tag{9-10}$$

式中　V_{np}——排风柜的最大排风量，m^3/h；

　　　　α——参差系数。

3. 实验室排风柜内总补风量

$$V_b = \alpha \cdot \sum V_{nb} \tag{9-11}$$

式中　V_b——实验室排风柜内总补风量，m^3/h；

V_{nb}——实验室排风柜内补风量，m^3/h。

4. 实验室新风量

取补入的新风始终为排风的 70%，形成风量差，维持实验室始终为负压。

$$V_x = (V_p - V_b) \times 70\% \qquad (9\text{-}12)$$

5. 控制过程如下

（1）通风柜的排风量根据使用者开启柜门的大小及人员感应传感器自动调节其排风和柜内补风妙流智能风阀的开度，调节排风量和补风量的大小。

（2）定风量伯努利妙流智能风阀保证万向排风罩的风量恒定不变。

（3）全面排风的伯努利妙流智能风阀在白天工作时间保持实验室全面排风风量不变，在夜晚维持值班排风量。

（4）由控制器实时计算出补风量，并自动调节，通过风量差值控制法，保证实验室始终处于负压状态，同时设置压差传感器，监控室内外压差。

（5）集中排风机、柜内补风机及实验室新风机组根据各自系统管道内的静压传感器变频调节风机转速，保证静压设定点的压力恒定。

采用变风量排风的伯努利层流风幕排风柜，由于变频风机有最小风量的要求，排风柜的排风通常要维持一个最低排风量。此时通风柜的柜门下拉关闭时，有一个最低限位（一般为 50mm），使其不能完全关闭。

9.6.5 各种实验室通风方式的比较

各种实验室通风方式的比较如表 9-3 所示。

各种实验室通风方式的比较 表 9-3

通风方式	空调机组投资	变风量系统投资	运作成本（能耗）	安全性	安装、调试和维护	运行噪声
伯努利排风柜	低	无	节能 82%	非常高	非常简单	低
变风量排风柜	中	高	节能 40%	低 - 高	非常复杂	非常高
传统排风柜	高	无	高	低 - 高	简单	高

9.7 生物实验室及医疗用房的暖通空调系统设计

生物实验室从大体上分为普通生物洁净实验室和生物安全实验室两大类。普通生物洁净实验室是指可用来限制并控制污染量的特定空间。即通过高效空气净化系统，使空气中的尘埃浓度和粒径大小控制在所要求的浓度范围内，其主要目的是保证实验样品不受污染，主要用于没有潜在危害的样品的检测，如一次性医疗用品、食品和药品样品等。

生物安全实验室是具有一级隔离（防护）措施，并可实现二级隔离的微生物和生物医学实验室，主要用于对人体有潜在危害的样品的检测，如病原微生物、毒素等，重点保护实验人员、样品和环境不被污染。

9.7.1 生物安全实验室

1. 生物安全等级

根据实验室所处理对象的生物危害程度和采取的防护措施，生物安全实验室分为四级。微生物生物安全实验室可采用 BSL-1、BSL-2、BSL-3、BSL-4 表示相应级别的实验室；动物生物安全实验室可采用 ABSL-1、ABSL-2、ABSL-3、ABSL-4 表示相应级别的实验室。

（1）生物安全等级 BSL-1（又称作 P1）

进行试验研究用的物质都是已知的，所有特性都已清楚并且已证明不会导致疾病的多种微生物物质。研究通过日常的程序在公开的实验台面上进行。不需要有特殊的安全保护措施。操作人员只需经过基本的实验室实验程序培训并且通常由科研人员指导，在这样的环境下并不需要生物安全柜的存在。如：枯草杆菌、格式阿米巴原虫和感染性犬肝炎病毒是符合这些标准的代表。

（2）生物安全等级 BSL-2（又称作 P2）

进行试验研究用的物质是一些已知的中等程度危险性的并且与人类某些常见疾病相关的物质。操作者必须经过进行相关研究的操作培训并且由专业科研人员指导。对于易于污染的物质或者可能产生污染的情况进行预先的处理准备。一些可能涉及或者产生有害生物物质的操作过程都应该在生物安全柜内进行，在这些条件下最好使用二级的生物安全柜。如：O157、H7 大肠杆菌、沙门氏菌、甲、乙和丙型肝炎病毒是符合这些标准的代表。

（3）生物安全等级 BSL-3（又称作 P3）

进行试验研究的物质一般都是本土或者外来的有通过呼吸传染使人们致病或者有生命危险的可能的物质。需要保护在周围环境中的操作者免于暴露于这些有潜在危险的物质中。通常使用二级或者三级的生物安全柜是必需的。如：炭疽芽孢杆菌、鼠疫杆菌、结核分枝杆菌、狂犬病毒、黄热病毒、汉坦病毒、HIV、SARS 是符合这些标准的代表。

（4）生物安全等级 BSL-4（又称作 P4）

进行试验研究的物质是一些非常高危险性并且可以致命的有毒物质，可以通过空气传播并且现今并没有有效的疫苗或者治疗方法来处理。操作者必须经过熟练的关于进行这种非常高危险性物质研究的培训，并且应该很熟悉一些相关操作、保护设施以及实验室设计等方面对于这些高危险性物质的预防。同时也必须由在此研究领域非常有经验的科研人员进行指导。对于实验室的进出应当严格进行控制，实验室一定要单独建造或者建造在一栋大楼中与其他任何地方都相对独立的隔离区域内，并且要求有详细的关于研究的操作手册进行参考。在这样的实验研究中三级的生物安全柜是必需的。如：埃博拉病毒、马尔堡病毒、拉沙病毒是符合这些标准的代表。

2. 生物安全实验室的分类

生物安全实验室根据所操作致病性生物因子的传播途径可分为 a 类和 b 类。a 类指操作非经空气传播生物因子的实验室；b 类指操作经空气传播生物因子的实验室。b1 类生物安全实验室指可有效利用安全隔离装置进行操作的实验室；b2 类生物安全实验室指不能有效利用安全隔离装置进行操作的实验室。

3. 生物安全实验室的屏障

（1）生物安全实验室的一级屏障。采用生物安全柜将操作者与被操作对象之间进行隔离。

（2）生物安全实验室的二级屏障。采用负压净化空调系统将生物安全实验室与外部环境隔离。

4. 生物安全柜的分级

生物安全柜是为操作菌毒株以及诊断性标本等具有感染性的实验材料时，用来保护工作人员、实验室环境以及实验品安全，使其避免暴露于上述操作过程中可能产生的感染性气溶胶和溅出物而设计的。生物安全柜是具备气流控制及高效空气过滤装置的操作柜，可有效降低实验过程中产生的有害气溶胶对操作者和环境的危害。

在微生物相关实验室中，生物安全柜是人员防护设施中最基本也是最为重要的第一道防线。其功能主要是提供一个洁净操作环境，除可避免试验物受外界污染影响实验成果外，更重要的是在于防止生物性样本等物质外溢造成人员健康上的危害，因此，在进行生物性相关试验上，生物安全柜是不可或缺的基础工具。

生物安全柜可分为Ⅰ级、Ⅱ级和Ⅲ级三种类型。Ⅰ级生物安全柜可保护工作人员和环境而不保护样品。其气流原理和化学实验室的通风柜基本相同，不同之处在于排气口安装有高效（HEPA）过滤器，将外排气流过滤，进而防止微生物气溶胶扩散造成污染。由于不能保护柜内产品，目前已较少使用。

Ⅱ级生物安全柜是目前应用最为广泛的柜型，市场上绝大部分生物安全柜都属于Ⅱ级生物安全柜。按照《Ⅱ级生物安全柜》YY 0569—2011 中的规定，依照入口气流风速、排气方式和循环方式，Ⅱ级生物安全柜又可分为 4 个级别：A1 型、A2 型、B1 型和 B2 型。如图 9-58、图 9-59 及图 9-60 所示。所有的Ⅱ级生物安全柜都可提供工作人员、环境和产品的保护。

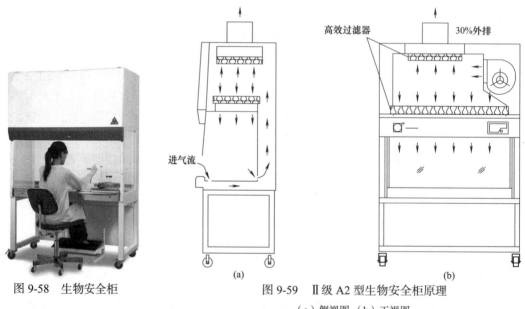

图 9-58　生物安全柜

图 9-59　Ⅱ级 A2 型生物安全柜原理

（a）侧视图；（b）正视图

Ⅲ级生物安全柜是为生物安全防护等级为 P4 级实验室而设计的，柜体完全气密，工作人员通过连接在柜体的手套进行操作，俗称手套箱，试验品通过双门的传递箱进出安全柜以确保不受污染，适用于高风险的生物试验，如进行 SARS、埃博拉病毒相关实验等。

5. Ⅱ级生物安全柜

Ⅱ级生物安全柜主要用于临床、诊断、教学和对群体中出现的与人类严重疾病有关的广谱内源性中度风险生物因子进行操作的实验。Ⅱ级 B2 型生物安全柜还可用于以挥发性有毒化学品和放射性核素为辅助剂的微生物实验。

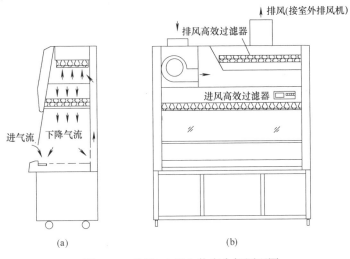

图 9-60 Ⅱ级 B2 型生物安全柜原理图

（a）侧视图；（b）正视图

与Ⅰ级生物安全柜一样，Ⅱ级生物安全柜也有气流流入前窗开口，被称作"进气流"，用来防止在微生物操作时可能生成的气溶胶从前窗逃逸。与Ⅰ级生物安全柜不同的是，未经过滤的进气流会在到达工作区域前被进风格栅俘获，因此试验品不会受到外界空气的污染。Ⅱ级生物安全柜的一个独特之处在于经过 HEPA 过滤器过滤的垂直层流气流从安全柜顶部吹下，被称作"下沉气流"。下沉气流不断吹过生物安全柜工作区域，以保护柜中的试验品不被外界尘埃或细菌污染。

Ⅱ级 A 型生物安全柜排风可以排到室内，也可以排到室外。

（1）Ⅱ级 A1 型生物安全柜。A1 型生物安全柜前窗气流最低平均流速为 0.40m/s。70% 的气体通过 HEPA 过滤器再循环至工作区，30% 的气体通过排气口过滤排出。A1 型生物安全柜的负压环绕污染区域的设计，阻止了柜内物质的泄漏。

（2）Ⅱ级 A2 型生物安全柜。A2 型生物安全柜前窗气流最低平均流速为 0.5m/s。70% 的气体通过 HEPA 过滤器再循环至工作区，30% 的气体通过排气口过滤排出。A2 型生物安全柜的负压环绕污染区域的设计，阻止了柜内物质的泄漏。

Ⅱ级 B 型生物安全柜排风不能排到室内，必须密闭连接排风系统通过管道排至室外。室外排风机设有应急电源，在断电下仍可保持安全柜负压，以免危险气体泄漏到实验室。其前窗气流最低平均流速为 0.5m/s。B 型生物安全柜的负压环绕污染区域的设计，阻止了柜内物质的泄漏。

（3）Ⅱ级 B1 型生物安全柜。B1 型生物安全柜型 70% 的气体通过排气口 HEPA 过滤器排除，30% 的气体通过供气口 HEPA 过滤器再循环至工作区。

（4）Ⅱ级 B2 型生物安全柜。B2 型生物安全柜为 100% 全排型安全柜，无内部循环气流，为了保证安全柜的负压状态，大多数 B2 型生物安全柜内部只有进风机，可将室内空气经高效过滤器过流后送入工作区，没有排风机。其排风需要在室外设置独立的排风机，风机压头需要克服 B2 型生物安全柜内部的排风高效过滤器的阻力及柜体的阻力，有的厂家的产品阻力高达 800Pa，设计时需特别注意。

生物安全柜有单人、双人、多人等几种规格，其宽度因此而不同，其排风量也因此而不同。例如：B2 型宽度为 1100mm（单人使用）、1300mm（双人使用）、1500mm（多人使用）、排风量分别约为 1100m³/h、1300m³/h、1500m³/h。

6.各类生物安全柜的对比（见表 9-4）

各类生物安全柜的对比

表 9-4

级别	类型	排风	循环空气比例（%）	柜内气流	工作窗口进风平均风速（m/s）	保护对象
Ⅰ级	—	可向室内排风	0	乱流	≥0.4	使用者和环境
Ⅱ级	A1	可向室内排风	70	单向流	≥0.4	使用者、受试样本和环境
	A2	可向室内排风	70	单向流	≥0.5	
	B1	可向室内排风	30	单向流	≥0.5	
	B2	不可向室内排风	0	单向流	≥0.5	
Ⅲ级	—	不可向室内排风	0	单向流或乱流	无工作窗进风口，当一只手套筒取下时，手套口风速≥0.7	主要使用者和环境，有时兼顾受试样本

9.7.2 生物安全柜的排风设计

与前面所讲的化学实验用的排风柜不同，生物安全柜的柜门上下移动的距离很短，排风量不需要根据柜门的开启大小来调节。因此，生物安全柜的排风都是定风量的，这就要求配套的排风机的风量与生物安全柜的排风量相匹配。对于 A1、A2 型生物安全柜可以通过采用套管的方式连接，通过套管之间的缝隙进行风量平衡，但是对于 B1、B2 型生物安全柜必须采用风管密闭连接，采用定风量阀来稳定风量，或者采用双稳态的变风量文丘里阀来保证风量的稳定。一般的情况下，生物安全柜与排风机一对一设置，但也有特殊情况，采用多台生物安全柜集中排风的，这就增加了控制系统的难度。

9.7.3 P2 生物安全实验室的通风空调及控制系统设计

P3、P4 级生物安全实验室并不常见，基于安全的原因，高安全等级的实验室的设计资料一般也是保密的。医院检验科的实验室一般是按生物安全 P2 级设计，空调通风系统涉及全面排风和生物安全柜的排风。它的业务主要针对临床检验，临床检验的特点是标本量大，生物风险性一般，操作内容比较系统化。实验室设计上主要考虑检验科整体运作的流程，大量常规操作顺手方便，而且实验室内大量依赖自动设备。

以医院结核分枝杆菌实验室为例，根据《病原微生物实验室生物安全管理条例》和《实验室 生物安全通用要求》GB 19489 的规定，以及《人间传染的病原微生物目录》的要求，对于结核分枝杆菌大量活菌操作须在符合生物安全三级（BSL-3）的环境中进行，而对于样本检测，包括样本的病原菌分离纯化、药物敏感性实验、生化鉴定、免疫学实验、PCR 核酸提取、涂片、显微观察等初步检测活动，可以在符合生物安全二级（BSL-2）的环境中进行。因此，医院结核分枝杆菌实验室可以按生物安全二级（BSL-2）来设计。

系统设置及控制要求：

图 9-61 所示为某医院的结核分枝杆菌生物安全二级实验室通风空调系统原理图，该空调系统采用风机盘管加新风系统。实验室内设一台 A2 型生物安全柜，与排风管采用套筒式连接。送、排风支管均设置可关断型变风量（VAV）文丘里阀，在熏蒸消毒时可关闭送、排风管路。实验室运行时，对生物安全柜排风的文丘里阀的排风量进行锁定（使其具

有关闭和工作风量两种状态）。

其控制要求如下：

1. 室外排风机与新风机组有连锁控制，每天开始工作时，先启动室外排风机，延时启动新风机组，每天下班时关闭顺序相反。

2. 生物安全柜排风文丘里阀与生物安全柜连锁控制，两者同开同关。

3. 房间的压力采用风量差值控制法＋压差直接控制法控制，每个房间的送风系统变风量文丘里阀的风量与排风系统的文丘里阀的风量始终保持一定的差值，并在房间压力稳定后，压力控制回路根据压差传感器对送风阀进行微调，使实验室与缓冲间的压差恒定、缓冲间与走廊的压差恒定。

4. 为了使房间压差梯度稳定，各房间的压差信号均以走廊的压力为基准。

5. 在房间的门打开时，房间的压力无法保持，此时风量差值控制回路可以保持正确的空气流向，门磁开关输出门开启信号，通知控制系统采取以下两种措施：

（1）锁定压力控制回路，避免其跟随动作；

（2）锁定压力控制回路的最后输出值；

6. 实验室的温度由风机盘管控制，其回风口安装空气杀菌过滤器。

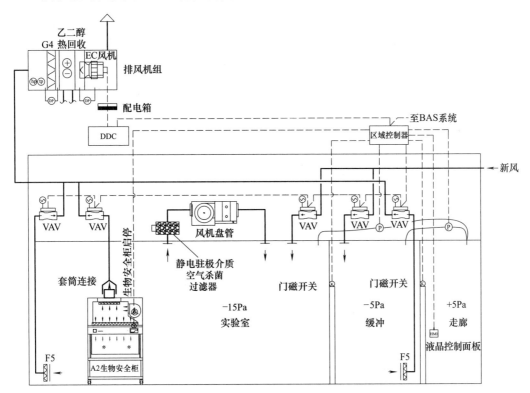

图 9-61　某医院结核分枝杆菌生物安全二级实验室通风空调系统原理图

9.7.4　净化生物实验室及医疗用房系统总送、排风量控制方法分析

如图 9-62 ～图 9-64 所示 A、B 两间净化生物安全实验室，送、排风系统均采用可关断型低泄漏量文丘里阀，送风系统的高效过滤器初阻力均为 200Pa。为了便于分析，假设所有管路阻力均为 0。下面以送风系统为例来分析其送风量的控制方法，排风系统风量控

制方法与送风系统相同。净化实验室送风量控制的目的是保证风量大小恒定，以满足净化实验室要求的换气次数。

方法 1：采用送风最远端文丘里阀前后压差恒定为 150Pa 的方法控制送风机转速，以保证房间的送风量恒定。这是一种间接控制方式，认为只要文丘里阀前后压差维持在最小的工作压差，阀门就能准确地工作在设定的风量，且消耗的风机压头最小，也最节能。

运行初期，实验室以设计风量运行时，各点的压力如图 9-62（a）所示。由图可知，为了保证实验室 A、B 正常运行，风机出口（P_3）必须有 360Pa 的压头。

当实验室 A 消毒时，其送、排风文丘里阀均需关闭。而实验室 B 需要正常运行。此时实验室 A 各点及风机出口（P_3）的压力如图 9-62（b）所示。此时由于风机出口的压头（P_3）只有 150Pa，因此不能满足实验室 B 正常运行所需的压力（360Pa）。由此可见，采用此方法来控制送风机转速，不能满足具有关闭功能文丘里阀所组成的系统控制的要求。

方法 2：采用送风管末端恒定静压法控制送风机转速，以保证房间的送风量恒定。其

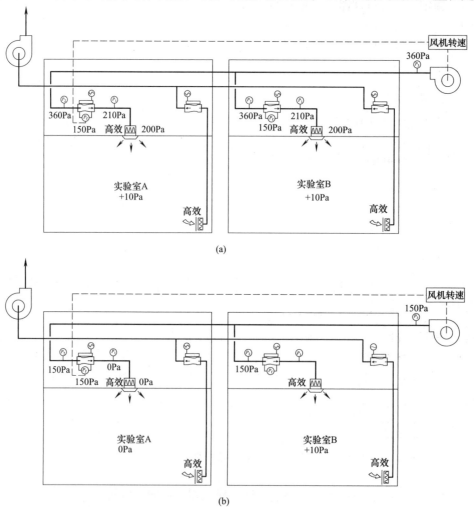

图 9-62　采用送风最远端文丘里阀前后压差恒定为 150Pa 的方法来控制送风机转速

（a）当实验室以设计风量运行时，各点的压力及压差；（b）当实验室 A 文丘里阀关闭时，风机所能提供的压头不能保证实验室 B 正常运行

目的是保证文丘里阀有足够的工作压差，只要文丘里阀前有足够的压力，能够维持在它在所需的工作压差范围内，阀门就能准确地工作在其设定的风量。如图 9-63（a）所示。当实验室 A 文丘里阀关闭，实验室 B 能够正常运行。

但是，随着运行时间的增加，两个实验室的高效过滤器堵塞情况不同。比如实验室 A 的高效过滤器阻力变成了 300Pa，那么为了保证实验室 A 的送风量不变，其阀前最小的静压就需要 460Pa；而实验室 B 的高效过滤器阻力变成了 400Pa，为了保证实验室 B 的送风量不变，其阀前最小的静压就需要 560Pa。如图 9-63（b）所示，这样一来，原先设定的管路静压 360Pa 就不够用了，那么需要设定为多少呢？

方法 3：采用送风管末端变静压法（静压在一定的时间范围内恒定）+ 变风量文丘里阀前后压差法。在方法 2 的基础上，采用带有压差传感器的变风量文丘里阀，实时监测每个文丘里阀的前后压差，并上传至控制系统。如图 9-64 所示。

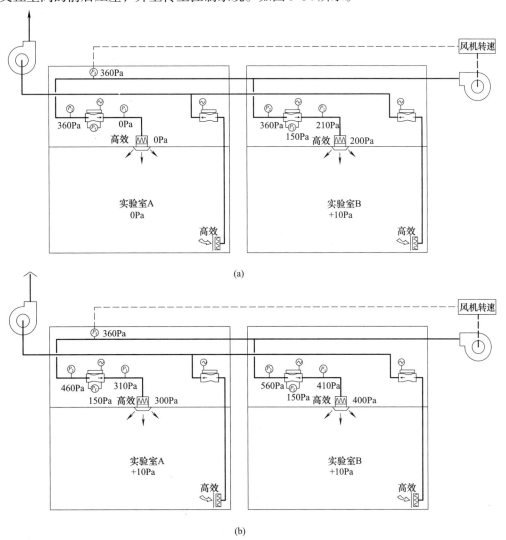

图 9-63　采用送风管末端恒定静压的方法来控制送风机转速

（a）当实验室 A 文丘里阀关闭时，风机所能提供的压头能够保证实验室 B 正常运行；（b）随着运行时间的增加，两个实验室的高效过滤器堵塞情况不同

（1）送风系统末端风管内的静压设定值应保证送风系统中各变风量的文丘里阀的前后压差均大于其最小工作压差（即150Pa）。

（2）随着运行时间的延续，会出现高效过滤器的堵塞情况不同，需要系统每隔一段时间（比如一周或一个月）对末端风管内静压的设定值进行修正，在各实验室都正常运行时：

1）当具有最小压差文丘里阀的压差低于150Pa时，增加管路静压传感器的设定值10Pa，直到该阀的压差大于150Pa；

2）当具有最小压差文丘里阀的压差大于180Pa时，减少管路静压传感器的设定值10Pa，直到该阀的压差小于170Pa；

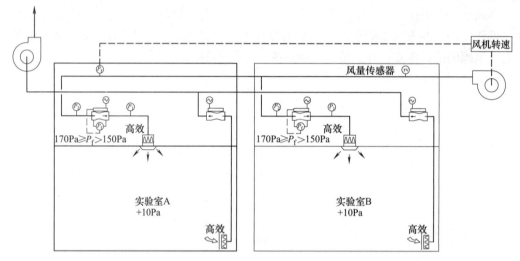

图9-64 采用送风管末端恒定静压法 + 变风量文丘里阀前后压差法

3）当具有最小压差文丘里阀的最低压差大于150Pa且小于等于170Pa时，保持管路的静压传感器的设定值不变。

这种方法的实质是：只要文丘里阀前后压差维持在它的最小的工作压差，阀门就能准确地工作在其设定的风量，且消耗的风机压头最小，也最节能。这是一种对风量的间接控制方式。但是，文丘里阀会有故障发生，因此，对于要求较高的系统，最好在总送风管设置多点热线风量计，对总送风量进行直接测量、监控。当各实验室正常运行时，如果风量传感器检测到的风量小于总送风量的95%，在中控室发出声光报警，提醒运维人员进行排查。

采用此控制方法的工程案例详见本书第18.22节。

9.7.5　静脉用药调配中心通风空调及控制系统设计

医院的静脉用药调配中心（PIVAS）是另一个常见生物安全场所（见图9-65）。静脉用药调配中心将原来分散在病区治疗室开放环境下进行配置的静脉用药，集中由专职的技术人员在C级（万级）洁净、密闭环境下，局部A级（百级）洁净的操作台上进行配置。在这种环境下，配置人员将严格按照无菌操作技术进行输液的配置，这样可最大限度减少所配药物被尘埃、药物粉末、微粒等污染的机会，提高了静脉输液的安全性。而应用生物安全柜进行抗生素及危害药物的调配，可使配置人员得到最大限度的职业防护，防止这些药物对调配人员身体的伤害。

目前指导静脉用药调配中心建设的标准为《静脉用药调配中心建设与管理指南（试

行）》。下面来说明其通风空调系统的节能设计和控制设计。

1. 通风空调设计要达到的目的：

（1）室内空气净化：提供满足调配中心工艺要求的洁净度要求；

（2）室内舒适度：提供适宜的温度和相对湿度；

（3）操作人员的安全：控制调配过程中产生的有害物质；

（4）房间的压力：保持正确的气流流向和压力梯度，防止室外污染物污染药品，同时防止抗生素和危害药品外溢。

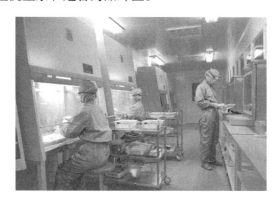

图 9-65　静脉用药调配中心

如图 9-66 所示，静脉用药调配中心一般分为两个独立的单元，一个用于电解质类等

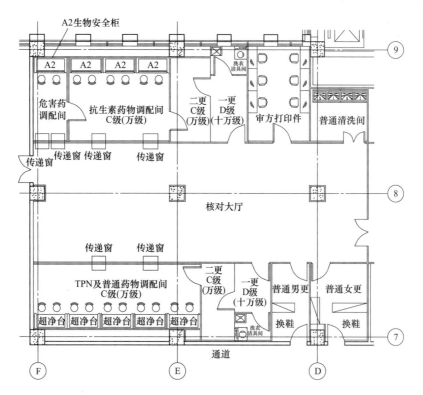

图 9-66　静脉用药调配中心平面图

普通输液与肠外营养液调配，另一个用于抗生素及危害药物调配，两个单元的一更和洗衣洁具间要求达到 D 级（10 万级）净化（房间换气次数 ≥ 15h^{-1}）的空气环境，二更和配置间均要求达到 C 级（万级）净化（房间换气次数 ≥ 25h^{-1}）的空气环境，温度要求达到 18 ～ 26℃，相对湿度要求达到 40% ～ 65%；每个单元的人员流线为：一更→二更→配置室。

电解质类等普通输液与肠外营养液 (Total Parenteral Nutrition，TPN) 调配需要在水平层流 (百级) 超净工作台上进行。超净工作台是为了保护试验品或产品而设计的，其工作原理为：通过风机将空气吸入预过滤器，经由静压箱进入高效过滤器过滤，将过滤后的空气以垂直或水平气流的状态送出，使操作区域达到百级洁净度，保证生产对环境洁净度的要求。超净工作台根据气流的方向分为垂直流超净工作台和水平流超净工作台，根据操作结构分为单边操作及双边操作两种形式，按其用途又可分为普通超净工作台和生物（医药）超净工作台。超净工作台不需要空调专业进行连接管道和控制。这一单元的空调通风系统相对简单，本书不再深入讨论。

2. 《静脉用药调配中心建设与管理指南（试行）》对抗生素和危害药品调配的要求：

（1）抗生素和危害药品调配操作间，与其相对应的一次更衣室、二次更衣室、洗衣洁具间为一套独立的全新风（直流式）空调系统。

（2）抗生素及危害药品洁净区各房间压差梯度：非洁净控制区＜一次更衣室＜二次更衣室＞抗生素及危害药品调配操作间；相邻洁净区域压差 5 ～ 10Pa；一次更衣室与非洁净控制区之间压差 ≥ 10Pa。

（3）调配操作间与非洁净控制区之间压差 ≥ 10Pa。

（4）抗生素及危害药物的调配需要在 II 级 A2 型生物安全柜内进行（这比之前采用 B2 型控制简化了很多）。

这一单元的通风空调系统相对复杂，下面就着重这一部分的讨论。

A2 级生物安全柜需要 30% 的排风至室外，排风的同时需要做相应的补风，由于多台生物安全柜有可能不同时工作，为了节省运行能耗，不工作的生物安全柜排风阀需要完全关闭至风量为 0，送风阀需减少相应的风量来维持房间压差恒定。同时降低新风机组和排风机的运行转速实现节能运行。在整个配置过程中房间的压力不能有大的波动，无论生物安全柜运行与否，均需始终保持房间洁净等级不变、房间的压力梯度不变。

图 9-67 为该抗生素及危害药物的调配单元的通风空调及控制原理图。

3. 系统设置及控制要求：

（1）空调系统为变风量全新风直流式净化空调系统，新风经粗效过滤、中效过滤、亚高效、高效过滤后送入房间，排风系统为变风量排风系统。各房间送、排风支管均设置可关断型变风量文丘里阀，该阀带前后压差传感器，实时监测其前后压差的大小并上传给区域控制器。生物安全柜排风支管上设置可关断型变风量文丘里阀。系统工作时，对各排风文丘里阀的排风量进行锁定（使其具有关闭和工作风量两种状态）。在房间熏蒸消毒时，关闭所有文丘里阀。

（2）排风机的风量采用排风管末端恒定静压法 + 变风量文丘里阀前后压差法控制。

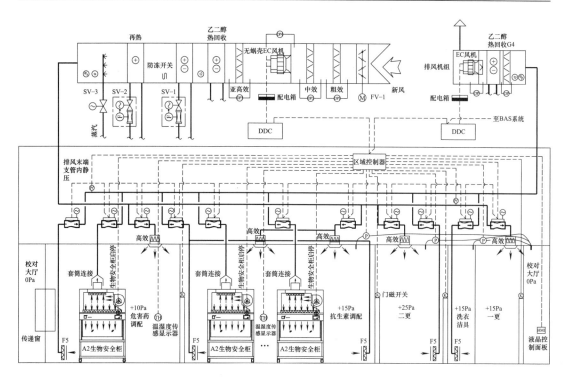

图 9-67　抗生素及危害药物调配通风空调系统及控制原理图

1）排风系统末端风管内的静压设定值应保证排风系统中各变风量文丘里阀的前后压差均大于 150Pa。

2）随着运行时间的延续，会出现 F5 过滤器的堵塞情况不同，需要系统每隔一段时间（比如一周）对末端风管内静压的设定值进行修正：

① 当具有最小压差文丘里阀的压差低于 150Pa 时，增加管路静压传感器的设定值 10Pa，直到该阀的压差大于 150Pa；

② 当具有最小压差文丘里阀的压差大于 180Pa 时，减少管路静压传感器的设定值 10Pa，直到该阀的压差小于 170Pa；

③ 当具有最小压差文丘里阀的压差大于 150Pa 且小于等于 170Pa 时，保持管路的静压传感器的设定值不变。

（3）送风机的风量采用送风管末端恒定静压法 + 变风量文丘里阀前后压差法控制。

控制方法同排风系统。

（4）室外排风机与新风机组连锁控制，两者同时启、停。

（5）生物安全柜的启停与其排风文丘里阀有连锁控制，两者同开、同关。

（6）房间压力采用风量差值控制法 + 压差直接控制法控制。在房间压力稳定后根据房间的压差信号进行微调送风量的大小，保持房间的压差恒定。为了使房间压差梯度稳定，各房间的压差信号均以走廊的压力为基准。

（7）在压力房间的门打开时，房间的压力无法保持，此时风量差值控制回路可以保持正确的空气流向，门磁开关输出门开启信号，通知控制系统采取以下三种措施：

1）锁定压力控制回路，避免其跟随动作；

2）锁定压力控制回路的最后输出值；

3）当调配间的门打开时，增加其缓冲间送风量 $300m^3/h$，同时减少调配间的送风量 $300m^3/h$，抑制气流反流。

（8）房间的温、湿度控制：

在调配间内设置温、湿度传感器，夏季由湿度传感器控制冷水调节阀 SV-1 的开度，保证房间湿度恒定，由温度传感器控制再热器水阀 SV-2，保证房间温度恒定。冬季由湿度传感器控制加湿器调节阀 SV-3 的开度，保证房间湿度恒定，由温度传感器控制加热器的调节水阀 SV-1，保证房间温度恒定。

9.7.6 采用文丘里阀呼吸科负压隔离病房的设计

如图 9-68 所示的呼吸科负压隔离病房，分为清洁区、半污染区及污染区。各区的空调系统独立设置。其中污染区采用全新风直流式空调系统，送、排风机均设有备用风机。其控制原理如图 9-69 所示。缓冲间、病房及卫生间的排风经高效过滤器将病原体过滤后高空排放，排风口采用高效过滤排风口（高效过滤排风口详见本书第 12.12.1 节）。为了防止高效过滤器堵塞过快，病房的送风经粗效、中效、亚高效三级过滤后送入病房和缓冲间。

1. 负压隔离病房有下列三种工作工况：

（1）负压隔离工况（换气次数为 $12h^{-1}$）；

（2）值班工况（换气次数为 $3h^{-1}$），此工况用于病人离开后保持房间负压状态；

（3）消毒工况（换气次数为 0），此工况用于病房熏蒸消毒或者更换高效过滤器。

2. 控制系统设置：

（1）负压隔离病房及其缓冲间的送、排风支管上均设置可关断型变风量文丘里阀 (VAV)。在平时运行时，送风文丘里阀的风量被锁定（使其具有关闭、工作风量和值班风量三种状态）。

（2）可关断型变风量文丘里阀 (VAV) 均带压差传感器，实时检测阀的前后压差，并上传至控制系统。

（3）负压隔离病房及其缓冲间设置门磁开关，在门被开启时，锁定压力控制回路，避免其跟随动作，同时锁定压力控制回路的最后输出值。

（4）在负压隔离病房及其缓冲间门外分别设置液晶压差控制面板（HMI），该控制面板具下列功能：

1）房间压差、房间温度、送排风量的显示功能，便于医护人员进入前观察确认；

2）可以进行负压隔离病房的工况切换；

3）经授权后，可以在液晶压差控制面板（HMI）上，进行压差重新设定。

（5）在吊顶内设置区域控制器，来管理、控制病房运行。区域控制器通过 TCP/IP 协议接入楼层的网络交换机。

3. 房间压差控制：

（1）各房间的压差采用风量差值控制法＋压差直接控制法控制，各房间送风变风量文丘里阀的风量与排风变风量文丘里阀的风量始终保持恒定的差值，并在房间压力稳定后，压力控制回路根据压差传感器对排风的变风量文丘里阀进行微调，同时保持送风文丘里阀

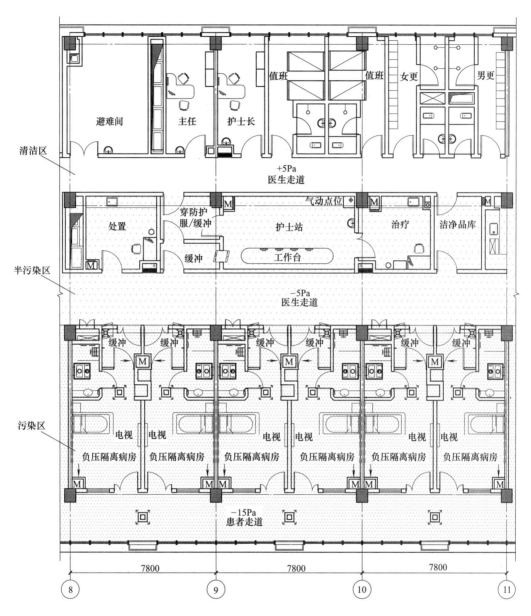

图 9-68　呼吸科负压隔离病房平面图

的风量不变，使被控房间相邻房间的压差恒定。

（2）当房间的门打开时，房间的压力无法保持，此时风量差值控制回路可以保持正确的空气流向，门磁开关输出门开启信号，通知控制系统采取以下三种措施：

1）锁定压力控制回路，避免其跟随动作；

2）锁定压力控制回路的最后输出值；

3）当病房的门打开时，增加其缓冲间送风量 300m³/h，同时减少病房的送风量 300m³/h，抑制气流反流。

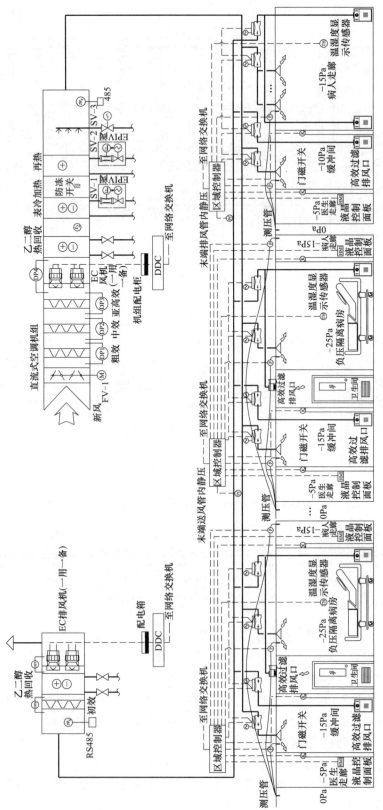

图 9-69　负压隔离病房压差控制原理图

（3）为了保证压力稳定，各房间的压差信号均以医疗区外 0 压力的走廊为基准。

（4）工程设计时，房间的渗透风量可按本书第 12.7 节计算确定。而实际运行的送、排风风量差则需根据房间压差由现场调试确定。

4. 送风系统风量控制：

（1）DDC 根据送风系统末端风管内的静压实测值与其设定值的差值，通过 PID 运算，输出 0 ～ 10V 控制信号给送风机的直流调速器，对送风量进行调节，保证末端风管内的静压恒定不变。

（2）送风系统末端风管内的静压设定值应保证送风系统中各变风量文丘里阀的前后压差均大于 150Pa。

5. 排风系统风量控制：

（1）DDC 根据排风系统末端风管内的静压实测值与其设定值的差值，通过 PID 运算，输出 0 ～ 10V 控制信号给排风机的直流调速器，对排风量进行调节，保证末端风管内的静压恒定不变。

（2）排风系统末端风管内的静压设定值应保证排风系统中各变风量文丘里阀的前后压差均大于 150Pa。

（3）随着运行时间的延长，会出现高效过滤器的堵塞，需要系统每隔一段时间（一周或一个月）对末端风管内静压的设定值进行修正：

1）当具有最小压差文丘里阀的压差低于 150Pa 时，增加管路静压传感器的设定值 10Pa，直到该阀的压差大于 150Pa；

2）当具有最小压差文丘里阀的压差大于 180Pa 时，减少管路静压传感器的设定值 10Pa，直到该阀的压差小于 170Pa；

3）当具有最小压差文丘里阀的压差大于等于 150Pa 且小于等于 170Pa 时，保持管路的静压传感器的设定值不变。

9.7.7　采用文丘里阀的正负压转换 ICU 病房的设计

在医院的 ICU 病房中，往往会设计 1 ～ 2 间正负压转换 ICU 病房，平时按正压工况运行，当有需要时转为负压，用于接收疑似感染或有的感染病人。如图 9-70、图 9-71 所示。与呼吸科的负压隔离病房不同，其排风口一般不要求设置高效过滤器。

1. 正负压转换 ICU 病房有下列三种工作工况：

（1）正压工况；

（2）负压工况；

（3）消毒工况。

2. 采用全新风直流式空调系统。由于正负压转换 ICU 病房前后均有缓冲间，病房一般都处于空调内区，空调系统要按内外区设置。

3. 在送、排风支管上均设置可关断型变风量文丘里阀 (VAV)，在病房熏蒸消毒时，可关断送、排风管路。在平时运行时，送风文丘里阀的风量被锁定，当作定风量阀使用（使其具有关闭和工作风量两种状态）。

4. 房间压差控制：

（1）排风文丘里阀则根据房间的压差实测值与设定值的差值进行调节，控制排风量的大小，保证房间的压差恒定。

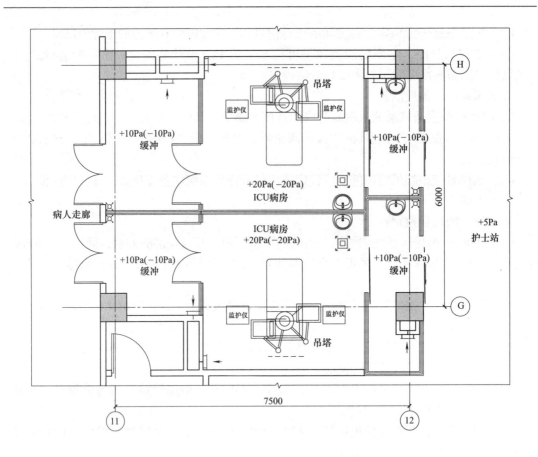

图 9-70　正负压转换 ICU 病房平面图

（2）缓冲间和 ICU 病房设置门磁开关，在门被开启时：

1）锁定压力控制回路，避免其跟随动作；

2）锁定压力控制回路的最后输出值。

5. 在负压隔离病房的缓冲间门外分别设置液晶压差控制面板（HMI），该控制面板具有下列功能：

（1）房间压差、房间温度、送排风量的显示功能，便于医护人员进入前观察确认；

（2）可以进行病房的正压、负压及消毒工况切换；

（3）经授权后，可以在液晶压差控制面板（HMI）上进行压差重新设定。

6. 在吊顶内设置区域控制器，控制病房送、排风的运行。

7. 为了保证压力稳定，各房间的压差信号均以护士站的压力为基准。工程设计时，房间的送风量按 6h^{-1} 计算确定，房间的渗透风量可按本书第 12.7 节计算确定。而实际运行的排风量则根据房间压差由现场调试确定。

8. 两个 ICU 病房分别设置排风机，排风机根据末端风管内的静压传感器调速运行，保证静压恒定。

9. 房间为正压时，排风量＝送风量－渗透风量；房间为负压时，排风量＝送风量＋渗透风量。

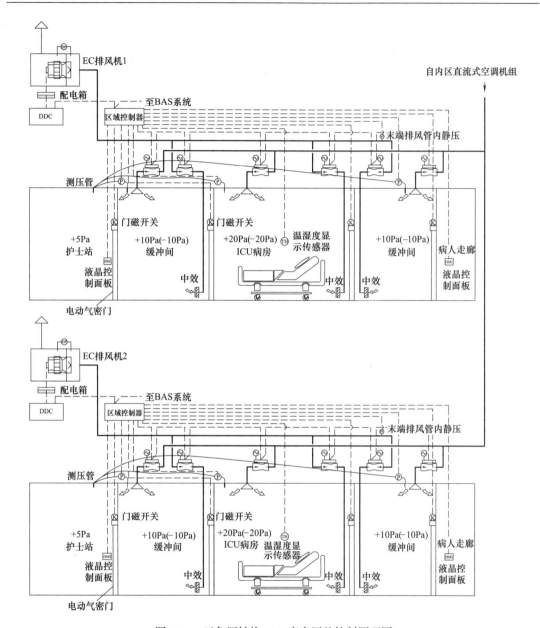

图 9-71 正负压转换 ICU 病房压差控制原理图

9.8 净化空调系统恒定风量的控制

为了保证洁净室的洁净度,必须保证洁净室有足够的换气次数,但是过高的换气次数将使空调系统能耗增加,因此使净化空调系统恒定在设计风量下运行,是净化空调系统的重要节能措施之一。净化空调系统通常设有三级或三级以上的过滤器,系统在运行过程中,各级过滤器在运行周期内逐渐积尘、堵塞,从而导致系统阻力不断增加。工程设计时,必须按过滤器终阻力来设计系统阻力(终阻力一般是初阻力的 2 倍),这样系

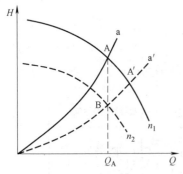

图 9-72　净化空调机组变频调节过程

统在运行初期或新更换过滤器后，由于系统阻力较小，往往风量变得很大，这时需要采用变频器将风机的转速降低使其在设计风量下运行，以减少风机的能耗。

　　如图 9-72 所示，一个采用变频控制的净化空调系统，在设计工况下，风机的性能曲线为 n_1，管路曲线为 a，设计工况点为 A，设计风量为 Q_A，在系统运行初期或新更换过滤器后，各级过滤器都处在无堵塞的状态下，系统阻力较小，管路曲线实际为 a′；实际工况点为 A′，要保证系统设计风量 Q_A 不变，风机需降低转速至 n_2，使系统在工况点 B 运行，随着系统阻力逐渐增加，工况点在直线 $\overline{BA}$ 上由 B 点向 A 点移动，直线 $\overline{BA}$ 就是其运行曲线。

　　以某制药厂一个风量为 50000m³/h 净化空调系统为例，三级过滤器分别为：G4 级粗效过滤器，额定风量下初阻力约为 60Pa；F9 级高中效过滤器，额定风量下初阻力约为 130Pa；H14 级高效过滤器，额定风量下初阻力约为 200Pa。这样系统阻力将在 390 ～ 780Pa 的范围内变化。送风机在初阻力与终阻力下的功率之差为：

$$\Delta N = \frac{Q \cdot \Delta P}{\eta_总 \times 1000} = \frac{50000 \times 390}{0.68 \times 3600 \times 1000} = 8$$

式中：ΔN ——增加的电功率，kW；

　　　Q ——风量，m³/s；

　　　ΔP ——系统的最大阻力与最小阻力之差，Pa；

　　　$\eta_总$ ——风机和电机的综合效率，取 0.68。

　　由上式总的计算结果来看，净化空调系统的空调机组变频运行，有很大的节能潜力。为此，净化空调系统恒定风量的控制就是让空调机组在系统阻力较小的工况下，以较低的转速运行，随着系统阻力的增加逐渐地增加空调机组的转速，并始终保持风量不变。

9.8.1　净化空调系统恒定风量的直接控制法

　　净化空调系统恒定风量的控制方法有直接控制法和间接控制法。下面以一间 I 级洁净手术室为例来进行说明。

　　直接控制法是通过在送风总管上设置多点热线式风量计（详见本书第 15.1.14 节），对风管断面上的平均风量实时在线检测，将实测风量与设计风量的差值通过 PID 运算，控制变频器的输出，调节风机的转速，如图 9-73 所示。

9.8.2　净化空调系统恒定风量的间接控制法 1

　　间接控制法是通过检测送风总管上某一附件的前后压差（即局部阻力），将实测值与设定值的差值作为控制信号，通过 PID 运算，控制变频器的输出，调节风机的转速，如图 9-74 所示。管上的附件必须是局部阻力系数不变的设备，因此不能将调节阀作为被测量的附件。通常消声器较合适。

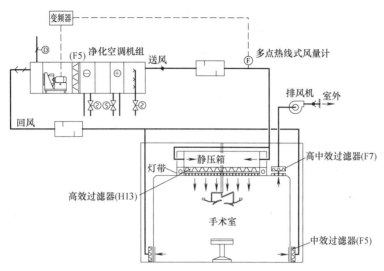

图 9-73　净化空调系统恒定风量的直接控制法

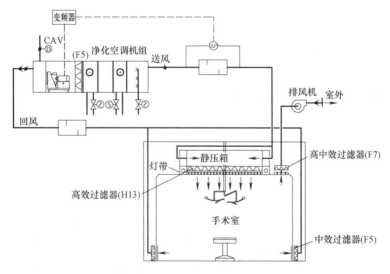

图 9-74　净化空调系统恒定风量间接控制法 1

消声器前后的压差可以用下式表达：

$$\Delta P = \zeta \cdot \rho \frac{v^2}{2}$$

式中　v——流体的平均流速，m/s；

　　　ρ——流体密度，kg/m^3；

　　　ζ——消声器的局部阻力系数；

　　ΔP——消声器前后的压差，Pa。

由上式可知，只要消声器前后的压差保持不变，那么流经消声器的气流风速也就不变，进而风量也就不变。

采用上述方法控制净化空调系统恒定风量，首先需要确定消声器前后的压差设定值。方法如下：

在系统初期运行调试时，手动调节变频器的频率，同时手动检测系统风量，当达到设计风量时，记录此时消声器前后的压差，并以此压差作为设定值。

9.8.3 净化空调系统恒定风量的间接控制法 2

间接控制法 2 适用于末端设有定风量阀的净化空调系统，如图 9-75 所示。

送风机转速根据保证送风最不利环路的定风量阀前后最小工作压差（ΔP=50Pa）来控制。控制器根据测量的压差与设定值（50Pa）的差值，经 PID 运算后，变频调节送风机转速。

压差变送器将每个定风量阀的前后压差信号上传至控制器，由于各房间的末端高效过滤器的阻力变化不同，最不利环路在运行过程中会发生变化，控制系统定期自动重新选择前后压差最小的定风量阀作为最不利环路。

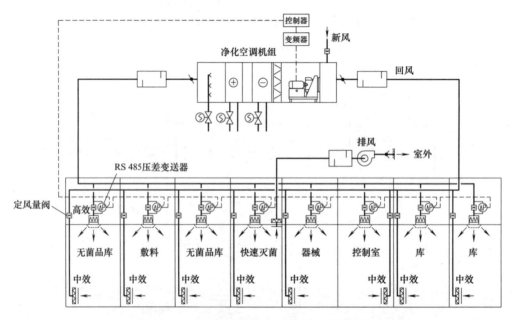

图 9-75　净化空调系统恒定风量的间接控制法 2

9.8.4 净化空调系统恒定风量的间接控制法 3

基于运行曲线恒定风量控制法（见图 9-76 和图 9-77），原理如下：

1. DDC 根据风量 Q、运行曲线 $\overline{BA}$、风机的输入功率、运行频率的关系，通过控制风机的输入功率和转速来调节流量。

2. 风机在出厂时可测得各频率下的特性曲线（P-Q 曲线）和 N'_g-Q 曲线（N'_g 为包含变频器功耗的风机在各种转速下的输入功率）。两种曲线上的点有对应关系，详见本书第 9.2.13 节。

3. 风机的运行曲线 $\overline{BA}$ 的确定：在系统初调时，首先要确定系统在设计风量 Q 时最小阻力工况点 B 和最大阻力工况点 A，B、A 两点的连线就是系统的运行曲线，这是一条垂直线段。

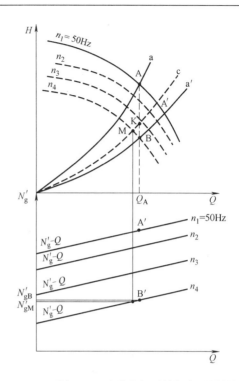

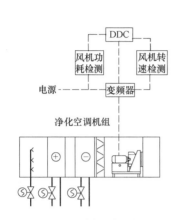

图 9-76　净化空调系统恒定风量的间接
控制法 3 原理图（运行曲线控制法）

图 9-77　净化空调系统恒定风量的间接
控制法 3H-Q 曲线（运行曲线控制法）

（1）最大阻力工况点 A 的确定：根据系统的设计风量，与风机运行频率为 50Hz 时的特性曲线确定最大阻力工况点 A。

（2）最小阻力工况点 B 的确定：在系统初次运行调试时，手动逐渐调低风机运行频率，手动测量系统的风量，当达到设计风量时，在此时风机运行频率的特性曲线上确定工况点 B。

4. 调节过程：

（1）求新的工况点。当风机以转速 n_4 在工况点 B 运行时，过滤器阻力增加，管路曲线由 a' 变为了 c，c 与风机的特性曲线 n_4 相交于点 M，此时检测发现风机的输入功率变为 N'_{gM}，由前面讲到的对应关系，N'_{gM} 对应的 M 点的流量 Q_M 为已知参数，管路曲线 c 与控制曲线 $\overline{BA}$ 相交于点 K，该点就是变频风机新的运行工况点，$Q_K=Q_A$。

（2）求新工况点的转速。M 点与 K 点为相似点，则有：

$$\frac{Q_M}{Q_K}=\frac{n_4}{n_K}$$

求得

$$n_K=\frac{Q_K}{Q_M}n_4$$

（3）频率再设定。控制器根据新的转速重新设定变频器的频率，在新的运行频率下，功率检测表检测新的输入功率，至此，调节过程结束。

由于运行参数的一一对应关系，该控制方式的控制器可显示瞬间分量、压头、功率、电流、频率等。

综上所述，净化空调系统恒定风量的控制直接测量风量的方法最简单，适合各种系统，但是风量在线测量装置造价较高。采用测量管路中局部阻力的方法，造价较低，但需要初期的调试来确定局部阻力的给定值。采用测量末端定风量阀最小工作压差的方法简单，但适合一个净化空调系统带多个房间并且末端设有定风量阀的系统。而采用运行曲线控制方法省去了传感器，但需要机组在出厂前测得各频率下的特性曲线，同时需要集成变频器控制器及功率检测仪表等。

有些净化空调系统恒定风量设计采用在风管内设置静压传感器，并通过保持静压不变来控制风机转速，认为静压不变风量就恒定，这种控制方法是错误的。正如前面讲到的变风量空调系统定静压法风机的转速控制，风管内的静压是恒定的，但是系统风量是不断变化的。

9.9　房间压差的控制

在医药建筑、电子厂房及实验室建筑的工程中，通过控制房间内外的压差可以有效控制污染物和致敏源的流向，保护人员和受控房间环境安全，是净化空调系统和生物安全实验室设计的必要手段。在普通的高层建筑中，加压送风系统是建筑火灾时保护逃生通道及消防通道重要措施。

9.9.1　房间压差的建立

由本书第 12.7.1 节可知：对于具有一定泄漏面积的房间，只要让室内送风量与排风量之间保持一定的风量差（L_s），便可以产生并维持固定的房间室内外压差（见图 9-78）。

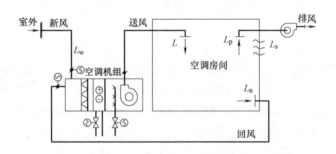

图 9-78　空调房间的压力

由风量的平衡关系：

$$L=L_n+L_w=L_n+L_p+L_s$$

可得出

$$L_s=L_w-L_p \qquad (9-13)$$

式中　L ——空调系统的送风量，m^3/s；

L_n——空调系统的回风量，m³/s；

L_w——空调系统的新风量，m³/s；

L_p——空调房间的排风量，m³/s；

L_s——维持房间正压所需的渗透风量，m³/s。

房间压差的建立，围护结构的密闭性很重要，特别是吊顶的密闭性，普通轻钢龙骨石膏板无法保证承压和缝隙的密闭，为了便于吊顶内设备的维护检修，工程上经常采用600×600的铝扣板吊顶，铝板之间的缝隙采用玻璃胶密封。

9.9.2　房间压差的控制方法

由式（9-13）可知，房间压差的控制方法就是通过调整房间的新风量、排风量，使房间的渗透风量得到保障。设计时应根据不同空调通风系统形式来确定不同的风量调节方式，工程中经常采用的增加回风口阻力的方法来使房间维持正压，其实质就是变相地增加了新风量。

1. 只有送风系统，无机械排风系统

在这种空调通风系统方式中，$L_p=0$，$L_s=L_w$，常见的防烟楼梯间及消防电梯前室的正压送风系统就是这种情况。

《建筑防烟排烟系统技术标准》GB 51251—2017 要求：机械加压送风量应满足走廊至前室至楼梯间的压力呈递增分布，余压值应符合下列规定：

（1）前室、封闭避难层（间）与走道之间的压差应为 25～30Pa；

（2）楼梯间与走道之间的压差应为 40～50Pa；

（3）当系统余压值超过最大允许压力差时应采取泄压措施。

通过上述措施防止火灾发生的有毒烟雾侵入，保证逃生通道和消防通道的安全。

因为楼梯间是上下联通的，所以加压送风口可以同时开启，只要送风均匀即可，所以一般隔 2 层或者 3 层做百叶风口送风。而前室却是不联通的，所以火灾时为了利于逃生，会考虑打开着火层和相邻层的风口，所以要做成电动风口。

上述正压值是在疏散门完全关闭的状态下的正压值；加压送风量在发生火灾疏散开门（当建筑物为 20 层以下时取按开启 2 层门考虑；当建筑物为 20 层以上时取按开启 3 层门考虑）时，需保持开门处具有最小门洞风速（以满足开门层各处门洞风速在 0.7～1.2m/s 为原则。），以防烟气侵入。如果疏散人员尚未打开楼梯间、前室的防火门，送风量不能完全经门缝排出，则这些送风层前室内的压力将会急剧上升，出现这些层前室压力高于楼梯间压力（楼梯间压力一般不开门时可通过余压阀保持在 50Pa）的情况，如不采用足够的泄压措施，将影响走廊至前室门的开启，显然是非常危险的。因此这种做法要求每层前室均设余压阀，若向室内泄压则还需接防火阀，以确保防火隔断，见图 9-79。

另外一种控制方式是采用压差传感器自动控制，如图 9-80 所示，在楼梯间的适当位置设置压差传感器，控制加压送风机出口处的旁通泄压阀 VF-1，压差传感器的两个测压管分别检测楼梯间内及合用前室内的压力，当压差超过高压设定值时，开启旁通泄压阀 VF-1，使楼梯间的压力降低，当达到低压设定值时，关闭旁通泄压阀 VF-1。目前，也有采用模拟量信号控制的，此时的泄压阀需要采用电动调节风阀。

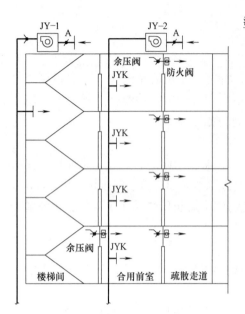

图 9-79　防烟楼梯间及合用前室加压送风
余压阀控制原理图

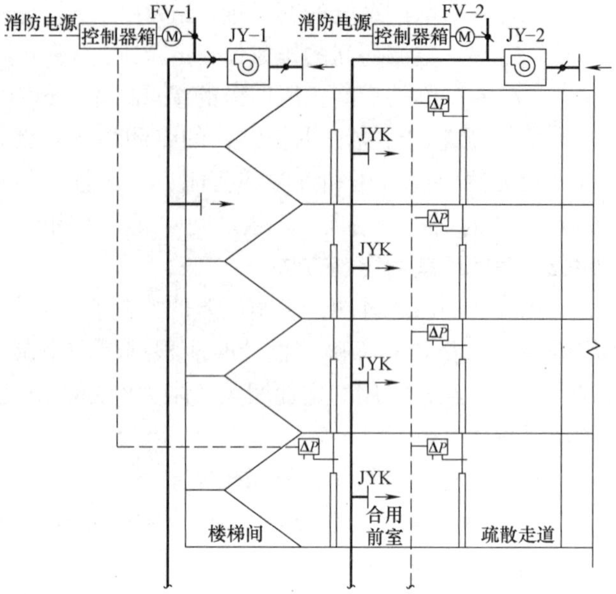

图 9-80　防烟楼梯间及合用前室加压送风采用压差
传感器控制原理图

在每层合用前室设置压差传感器，控制加压送风机出口处的旁通泄压阀 VF-2，压差传感器的两个测压管分别检测合用前室内及疏散走道内的压力，当任意一层的压差超过高压设定值时，开启调节旁通泄压阀 VF-2，使合用前室的压力降低，当达到低压设定值时，关闭旁通泄压阀 VF-2。

这种控制方式中，楼梯间或合用前室的防火门开启时，都会使压力降低到低压设定值以下，此时旁通泄压阀会自动关闭。

需要注意的是，正压送风压差传感器有暗装和明装两种（见图 9-81），其工作电压为24VDC，一般都带有配电箱，由消防电源供电。旁通泄压阀是由消防系统控制的，不是由空调自控系统控制的，因为空调自控系统在火灾时可能断电。

2. 定风量控制方法

通过在房间的送风管和排风管上设置定风量阀，使 L_w、L_p 固定不变，从而保证房间的压差稳定不变（见图 9-82）。定风量控制方式不能解决工艺排风量的变化及门的启、闭对压差的干扰。因此，其应用一般是要求不高的场所。如采用风机盘管＋新风＋排风系统的医院普通诊室，通过控制送风量和排风量来控制气流的流向。当 $L_w > L_p$ 时，房间为正压；当 $L_w < L_p$ 时，房间为负压。正压手术室也是采用定风量控制法来控制手术室正压的，它通过在新风管上设置定风量阀，同时采用定风量排风机，通过现场调试排风阀并锁定，使 $L_w > L_p$。

3. 风量差值控制法

化学实验室的变风量排风系统使得 L_p 不断变化，为了保证室内稳定的负压，常采用送风量追踪排风量并保持一定的风量差的方法来控制房间的压力（图 9-83）。这种控制方法必须采用能够精确控制风量的风阀，如文丘里阀、压力无关型变风量调节阀等。

图 9-81   加压送风压差传感器

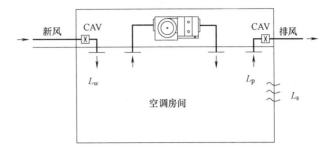

图 9-82   房间压力定风量控制方法原理图

$$(L_{p1}+L_{p2})-L_w=L_s$$

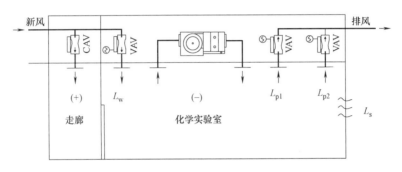

图 9-83   风量差值控制法原理图

在直流式变风量空调系统中，由于房间内不能再设置风机盘管等制冷加热设备，依靠送风量的变化来调节房间的温度，房间的压力的控制与房间的温度控制是相关的，需采用排风量追踪送风量并保持一定的风量差来控制房间的压力（见图 9-84）。

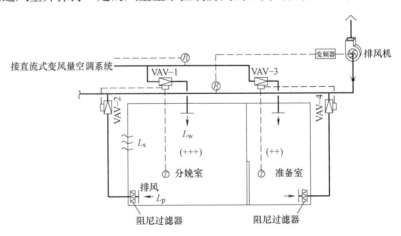

图 9-84   医院分娩室正压控制原理图

4. 压差直接控制法

如果是内区房间且房间冷热负荷较稳定，则可通过在送风管路上设置定风量阀，利用压差传感器，调节排风管路上的变风量阀来控制房间的压力。

如图 9-85 所示，采用定风量阀控制新风量，通过调节排风量来保证房间的压力恒定，并可实现房间的正负压转换。采用单纯压差直接控制法，在房间门开启时，会出现房间压力振荡，控制效果不好，工程中往往是采用风量差值控制法＋压差直接控制法的复合控制法。如本书第 9.7.7 节中正负压转换 ICU 病房的设计案例，通过对正压时的最大排风量和负压时的最小排风量进行限定，来保证房间的压力稳定。

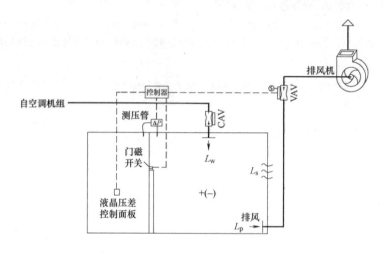

图 9-85　压差直接控制法原理图

采用压差直接控制法时，需要有门磁开关来配合调节。在压力房间的门打开时，房间的压力无法保持，此时门磁开关输出门开启信号（门磁开关详见第 15.1.7 节），通知控制系统采取以下两种措施：

1）锁定压力控制回路，避免其跟随动作；

2）锁定压力控制回路的最后输出值。

或者采用单位时间的压差变化率来判断门是否开启，当房间压差快速减小时，控制系统就认为门已开启，然后执行上述措施。

5. 风量差值控制法＋压差直接控制法

在实验室单纯采用风量差值控制法的系统中，如果围护结构的渗透风量有变化或者门突然开启，将会使房间的负压控制失效，为了增加控制的可靠性，通常在风量差值控制的同时增加压差直接控制的功能，来满足对压力要求较高的生物安全实验室的要求。其中风量差值控制回路通过对风量改变的动态响应，建立房间的正压或负压状态。压差控制回路通过检测实验室内与基准点的压差，将在一定范围内有限地调整风量差值，来满足更精确的控制和响应的需求。如图 9-67 所示的设计案例。

在压力房间的门打开时，房间的压力无法保持，此时风量差值控制回路可以保持正确的空气流向，门磁开关输出门开启信号，通知控制系统采取以下三种措施：

（1）锁定压力控制回路，避免其跟随动作；

（2）锁定压力控制回路的最后输出值；

（3）当门打开时提高风量的差值，增强空气流向。

9.9.3 防止反流的措施

具有压差的房间门的启、闭会引起房间的压差的波动。门开启时，房间的压差不能维持，空气会双向交换（即：反流），其交换量与两室间的空气温差有关，亦与人的走动以送、回风口与门的相对位置等有关。在工程中，常采用在门洞处保持 0.25～0.5m/s 的气流速度，来抑制反流的出现。比如负压实验室在门开启的瞬间，增大其缓冲间的送风量 300m³/h，同时减少实验室送风量 300m³/h，可参见本书第 18.21 节。

9.9.4 气闸室（又称缓冲间）的设置

为了阻隔室外或邻室气流和保证房间的压差，通常要求在洁净室（区）出入口以及不同的生物安全实验室区域之间设置气闸室（又称缓冲间）。气闸室两侧的门采用互锁控制，不能同时开启。对于物料的出入口需设置传递窗，传递窗两侧的门也是采用互锁控制，不能同时开启。

气闸室（缓冲间）设置有三种方式：

1. 方式 1

房间压力由洁净度级别高的房间到洁净度级别低的房间或非净化区依次降低，形成压力梯度。这样可以有效防止低级别房间或无净化房间对高级别房间的影响。一般用于不同级别的洁净区之间；或有防泄漏需求的同级别洁净室之间。如图 9-86 所示。

2. 方式 2

气闸室对两边房间均为正压，这样可以防止两边房间的相互影响，并可防止两边房间内有害气体的溢出。用于有防泄漏需求，但无污染操作（如：人员进入更衣和物料进入气闸室），该种方式也适合用于有低湿度要求的洁净室（区）。如图 9-87 所示。

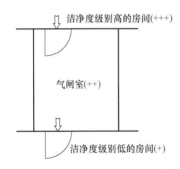

图 9-86 气闸室的压力设置方式 1

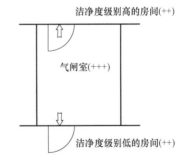

图 9-87 气闸室的压力设置方式 2

3. 方式 3

气闸室对两边房间均为负压，这样也可以防止两边房间的相互影响。并可防止外界气体对两边房间的污染。用于有防泄漏需求，但有污染的操作（如：脱衣、物料消毒和物料出口气闸室）。如图 9-88 所示。

气闸室必须由送排风系统来控制其相对压力，在净化工程中，气闸室的净化级别与高等级的相邻房间相同。当气锁用于不同级别洁净区之间时，只要保证

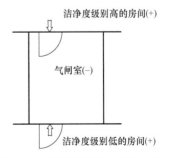

图 9-88 气闸室的压力设置方式 3

高级别和低级别之间 10 ～ 15Pa 的压差即可，无需每个门两侧均按 10 ～ 15Pa 的压差设计。

作为一个特例，正压净化手术室与不同净化级别的洁净走廊之间一般不设气闸室（缓冲室），这是因为在净化手术室内部又划分了手术区域和周边区域，手术室净化主要目标是保证手术区域的洁净度，而周边区域在手术区与洁净走廊之间形成了自然的缓冲区，为了防止门开启时出现反流，通常将排风机与门联动，当门开启时，门磁信号关闭排风机。但是对于负压手术室，为了防止污染物的外溢，其人员出入口及污物出入口必须设置缓冲室。

第10章 排风热回收

民用建筑一些特殊的场合，如医院、商场、剧院、体育馆、会议室等人员密集的地方对室内的通风和空气品质有更高要求的地方，新风的需求量较大，有的甚至要求全新风。这种情况下，由新风所带来的负荷就非常大了，甚至会成为整个系统能耗的主要部分。如果能够将排风中的能源加以利用，用其来预处理进来的新风，则可以起到节省能耗的目的。

是否设置排风热回收装置，宜先进行技术经济比较。

10.1 排风热回收的技术经济比较

技术经济比较是一个很复杂的一个工作，需根据项目所在地区典型年逐时室外气象参数，通过专业的计算工具软件才能完成。

影响技术经济比较结果的主要因素包括：项目地理位置、室内设计条件、系统运行时间、安装方式（是否设旁通）、热回收装置类型、装置价格、效率、阻力、冷热源系统方式及综合能效比、一次能源价格等。通过技术经济比较，最终根据投资回收期确定是否采用及采用何种热回收装置。有文献建议一般节能设计工程回收期限宜控制在 5 年以内，当回收期在 3 年以内时应采用热回收装置。

10.1.1 排风热回收的设计方法、步骤

文献［33］推荐了基于全年逐时计算节能量和节能费用的设计方法，设计过程可分为5 个步骤：

1. 计算可供热回收的排风量。

2. 计算供冷和供热季节的节能量。

3. 计算节能费用，概算系统投资，通过计算投资回收期来评价收益。

4. 如果对节能收益不满意，可以调整热回收类型（全热或显热）和效率后重新计算，判断是否采用热回收及确定回收装置设计效率。

5. 编写设计说明。

10.1.2 排风量的计算

计算排风量时应特别注意房间的风量平衡，总排风量＝送入房间的新风量。同时，总排风量＝机械排风量＋维持房间正压所需的渗透风量。只有机械排风量部分的冷热量才可以被回收利用。

10.1.3 热回收量的计算

常见的热回收率计算仅考虑在设计工况下的静态工况，其结果较理想。但实际上室外新风状态参数是变量，装置效率和系统所回收的能量也是变量，绝大多数时间系统不在设

计工况下运行，甚至在某些时段热回收系统所增加的能耗大于其回收的热量，所以应该采用建筑物当地的典型全年逐时气象参数（温湿度）来计算全年节能量。

10.1.4   风机电耗增加量的计算

排风热回收装置回收能量是有代价的，设置排风热回收装置增加了新风与排风支路的通风阻力，因此会增加新风机与排风机的电耗，有些还会增加热回收设备自身电耗（如转轮式热回收驱动电机、溶液循环式循环泵）。民用建筑中排风与新风的温差或者焓差有限，特别是气候相对温和的地区或者过渡季较长的地区，随着季节的变化，很多时间不能回收能量，但风机能耗全年都会增加。因此，在确定采用排风热回收装置时，应综合考虑全年能耗，针对具体地区和具体建筑进行经济性分析。

风机电耗增加量：

$$E = \left(\frac{Q_p \cdot \Delta P_p}{\eta_p} + \frac{Q_s \cdot \Delta P_s}{\eta_s} \right) \times \frac{t}{1000} + N \cdot t \qquad （10\text{-}1）$$

式中 E——安装回收系统后，增加的耗电量，kWh；

Q_p——排风量，m^3/s；

Q_s——新风量，m^3/s；

ΔP_s——热回收装置新风侧压降，Pa；

ΔP_p——热回收装置排风侧压降及排风过滤器压降之和，Pa；

η_p——排风机和电机的综合效率；

η_s——送风机和电机的综合效率；

N——热回收装置驱动电机的功率（如转轮式驱动转轮的电机功率、溶液循环式循环泵的电机功耗）kW；

t——时间，h。

基于以往的项目分析结果，比较一致的结论是：北方地区冬季漫长且室内外焓差较大，过渡季节相对较短，风机能耗较小，热回收系统更适用于冬季较长的北方地区。而采用带旁通风道的安装方式，更有利于节省运行费用，但是由于民用项目的机房空间有限，安装旁通风道往往无法实现。

10.1.5   排风热回收的效率

热交换效率就是：气流在热回收装置中实际获得的工况改变量与理论上最大可能改变量的比值。有：全热交换效率、显热交换效率、潜热交换效率。它们是由设备的特性和面风速决定的。在实际的应用中，以上几种效率都无法用理论的方法进行计算。这些值都应由有关的厂家或是研究部门根据相关的测试规范来进行测量得出，并在产品的样本中给出。

1. 全热热回收空气处理过程

冬、夏季全热回收空气处理过程（以转轮式为例），见图 10-1 和图 10-2。

室外空气由状态点 1 经过热回收装置后变为状态点 2；室内空气由状态点 3 经过热回收装置后变为状态点 4 排出室外。

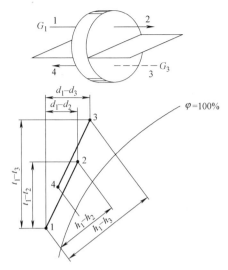

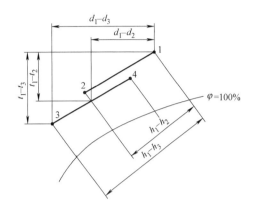

图 10-1　全热回收冬季空气处理过程　　　　　图 10-2　全热回收夏季空气处理过程

1—室外空气状态点；2—热回收后的室外空气状态点；

3—室内空气状态点；4—室外排风状态点

（1）全热交换效率

$$\eta_h = \frac{G_1 \cdot (h_1 - h_2)}{G_3 \cdot (h_1 - h_3)} \times 100\%$$ （10-2）

（2）显热交换效率

$$\eta_t = \frac{G_1 \cdot (t_1 - t_2)}{G_3 \cdot (t_1 - t_3)} \times 100\%$$ （10-3）

（3）潜热交换效率

$$\eta_d = \frac{G_1 \cdot (d_1 - d_2)}{G_3 \cdot (d_1 - d_3)} \times 100\%$$ （10-4）

三者之间并无直接的联系，但相互之间有如下关系：

$$\eta_t \geqslant \eta_h \geqslant \eta_d$$ （10-5）

当热回收为显热型时，$Q_h = Q_t$，$Q_d = 0$，$\eta_d = 0$，（Q_h 全热量，Q_t 显热量，Q_d 潜热量）。

当新风与排风中的含湿量相等时，$d_1 = d_3$，$\eta_h = \eta_t$。

（4）新风从排风中回收的全热量

$$Q_h = G_3 \cdot (h_1 - h_3) \cdot \eta_h$$ （10-6）

2. 显热回收空气处理过程（见图 10-3、图 10-4）

新风从排风中回收的显热量可由下式计算：

冬季　　　　　　　$$Q_t = G_3 \cdot (t_3 - t_1) \cdot \eta_t$$ （10-7）

夏季　　　　　　　$$Q_t = G_3 \cdot (t_1 - t_3) \cdot \eta_t$$ （10-8）

3. 严寒和寒冷地区的冬季工况换热器结霜判断

在严寒和寒冷地区的冬季工况，室内排风状态点 4 可能落在 $\varphi = 100\%$ 以下的结露区，如果此时热回收装置内部的温度过低，从而使其内部气流通道结霜、结冰。因此必须对是否会结霜、结冰进行校核。

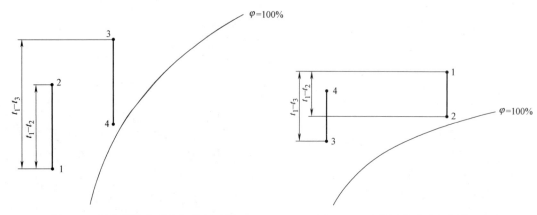

图 10-3　显热回收冬季空气处理过程　　　　图 10-4　显热回收夏季空气处理过程

一般认为，采用转轮热回收时，转轮内部的平均温度（t_1+t_3）/2 ≥ 0℃，则不会发生结霜、结冰现象。

当采用板式回收时，假设新风量与排风量相等，显热回收效率为 65%，室内排风温度 $t_3=18℃$，由热平衡公式

$$Q_t = G_1 \cdot (t_1-t_3) \; \eta_t = G_3 \cdot (t_3-t_4) \tag{10-9}$$

求得

$$t_1 = t_3 - \frac{t_3 - t_4}{\eta_t} \tag{10-10}$$

当 $t_4 \geq 0℃$ 时不会发生结霜、结冰现象，则需 $t_1 \geq -10℃$。也就是说在室外干球温度高于 $-10℃$ 时，采用板式热回收时，其内部不会结霜、结冰。

10.2　排风热回收装置

排风热回收装置分为全热回收和显热回收两种。

1. 全热回收

通过特质的纸介质来完成对室外和室内空气的温度、湿度回收。

2. 显热回收

能量回收的介质通常是铝箔，只对室外空气和室内空气的温度完成能量回收。

目前，在工程中应用的热回收的方式大致有五种，分别是：转轮式、板翅式、溶液循环式、热管式、溶液吸收式。

10.2.1　转轮式

有显热回收和全热回收两种转轮。这种热回收装置由转轮、壳体、传动机构、密封件构成，转轮由特殊复合纤维或铝合金箔制成，可在表面均匀喷涂二氧化硅或分子筛等吸湿剂，实现对潜热的回收。民用建筑中转轮一般作为空调箱的一个功能段，需要占据普通空调箱的两个高度。

转轮式热回收的效率与迎面风速有关，空气流过转轮的迎面风速越大，热回收效率越

低。反之效率越高。一般认为应保持迎面风速 v_y=2 ～ 3m/s。这样对应的空调箱断面风速就为 1.6 ～ 2.4m/s。小于民用建筑中常规的 2.5m/s。这样机房高度和平面尺寸都要加大。

1. 工作原理

转轮作为蓄热芯体，新风通过轮转的一个半圆，而同时排风逆向通过转轮的另一个半圆，新风和排风以这种方式交替逆向通过转轮。

在冬季，转轮蓄热芯体吸收排风中的热（湿）量，当转到新风侧时，由于存在温（湿）差的原因，蓄热芯体就会释放其中的热（湿）量，当再转到排风侧时，又继续吸收排风中的热（湿）量。如此往复循环实现能量的回收，见图 10-5。

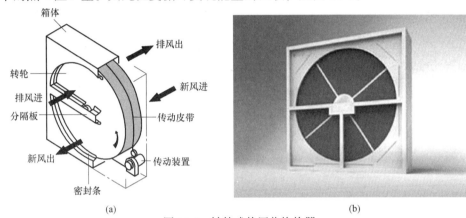

图 10-5　转轮式热回收换热器

（a）原理图；（b）外观图

2. 优点

（1）蜂窝状的蓄热芯体设计，构成了一个蓄热、吸湿、传热、传质的巨大接触面积，具备了回收显热和潜热的优异特性。

（2）能用于较高温度的排风系统。

（3）可以根据室内外温湿度变化控制转轮转速，以达到最佳运行效果。

（4）蓄热体具有自我清洁的功能，转轮的气流方向不断交替改变以及特殊的热轮结构，保证了自我清洁达到最佳的效果。

（5）通过设置双清洁扇区不仅防止了气体、细菌、灰尘颗粒等在转轮中从排风混流到新风中，也确保了气流的充分分开和气流的交叉污染，见图 10-6。

（6）转轮式全热交换器可以用压缩空气、水、蒸汽和特殊的清洗剂进行清洗。

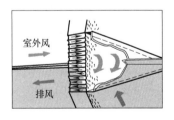

图 10-6　转轮式热回收双清洁
扇区原理

3. 缺点

（1）装置较大，占用建筑面积和空间多。

（2）压力损耗较大。

（3）有传动设备，自身需要消耗动力。

（4）有少量渗漏，无法完全避免交叉污染。

10.2.2　板翅式热回收换热器

板翅式热回收换热器有显热回收和全热回收两种。

1. 工作原理

板翅式热回收换热器是一种静止式的全热换热器，它由翅片、封条、导流片和隔板构成。隔板表面进行特殊处理后制成的板翅状单元体，在换热器中换热芯体交错放置，进排通路用隔板完全分开。板翅式热回收换热器从外形上来看有方形和菱形两种。方形的冷热气流为交叉流，菱形的冷热气流为逆流，由于逆流热交换时的平均温差要大于交叉流，因此菱形的板翅式热回收换热器效率要高些，见图10-7和图10-8。

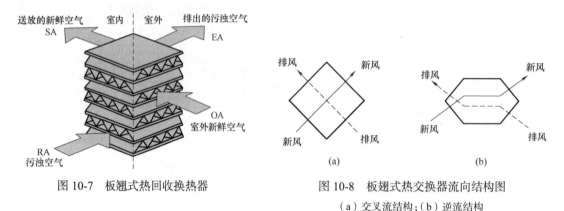

图 10-7　板翅式热回收换热器　　　　图 10-8　板翅式热交换器流向结构图
（a）交叉流结构；（b）逆流结构

2. 显热回收与全热回收的区别

（1）隔板不同

显热换热器的隔板是非透过性的、具有良好导热特性的材料，一般多为铝质材料。全热换热器是一种透过型的空气—空气热交换器，其间隔板是采用多孔纤维材料（如特殊加工的纸）作为基材，具有较好传热透湿特性。

（2）交换方式不同

显式热交换器是介质两侧流过不同温度的空气时，热量通过传导的方式进行交换。潜热的交换通过下述两种机制进行：

1）通过介质两侧水蒸气分压差进行湿度交换。

2）高湿侧的水蒸气被吸湿剂吸收，通过纸纤维的毛细管作用向低湿侧放。

3. 优点

（1）构造简单，运行安全可靠。

（2）没有转动设备，不消耗电力。

（3）不需要中间热媒，没有温差损失。

（4）设备费用较低。

4. 缺点

（1）装置较大，占用建筑面积和空间大。

（2）按管位置固定，设计布置缺乏灵活性。

5. 在实际应用时要注意：

（1）在新风和排风进入换热器之前，应加设过滤装置，以免污染设备。

（2）当新风温度过低时，排风侧会结霜，要有一定的结霜保护措施。如在换热器前安置新风预热装置或增设旁通。

10.2.3 热管式换热器

热管式换热器为显热回收。热管制作时先将管内抽成一定的负压，在此状态下充入适量的工质，靠工质的相变（蒸发 - 冷凝）传递热量的装置，如图 10-9 所示。

1. 热管的工作原理

热管在工作时，在热管内部有以下三个过程：

（1）热管的一端被加热后，液体工质吸收热量后变成气体沸腾；

（2）气体在另一端冷却放出热量后冷凝成液体；

（3）由于密度增加，液体靠重力回流到另一端。

热管的内部不断重复着流体的蒸发和冷凝过程，只传递潜热。早期的热管回收装置中，热管需要有一个倾斜角度（一般为 5°～ 7°），冷端在下，热端在上，这样工质就可以靠重力回流。由于冷却与加热时，热管内液态工质的流向是相反的，因此，对于全年应用进行冷、热回收的热管回收器，必须配置能改变倾斜方向的支架。

目前，一些产品通过在热管内壁衬有一层能产生毛细作用的吸液芯，介质在高温端吸热，从液态变为气态，气态介质到达冷端后释放汽化潜热，变为液态，冷凝液重新被液芯所吸收，并借助毛细作用回流到热端，使工质能够在水平热管内循环流动。被称为零重力热管，见图 10-10。

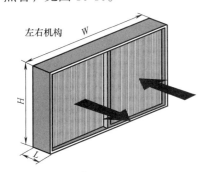

图 10-9 热管式换热器

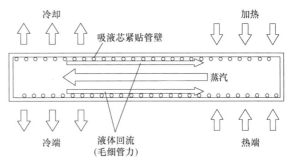

图 10-10 零重力热管

2. 优点

（1）结构紧凑，每根热管都是永久性密封的，传热时没有额外的能量损耗。

（2）没有转动设备，不消耗电力，运行安全可靠。

（3）每根热管自成换热体系，便于更换。

（4）由于流体流动通道宽敞，阻力损失小。

（5）热管的传热是可逆的，冷热液体可以变换。

（6）热管换热器的结构决定了它是典型的逆流换热，热管又几乎是等温运行，因此热管换热器具有很高的效率，导热能力是铜金属的一万倍。

（7）冷热两端中间用隔板隔开，没有泄漏，因此新、排风无交叉污染问题。

（8）蒸发 - 冷凝和温度无关，有温差就有循环，0.1℃温差也有热响应。

3. 缺点

热管换热器按管位置固定，设计布置时缺乏灵活性。

10.2.4 分离式热管

这种换热器可实现远距离传热，分离式热管主要是指重力型分离式热管，图 10-11 为

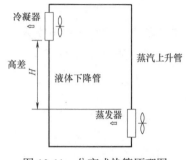

图 10-11　分离式热管原理图

分离式热管原理图，包括蒸发器、蒸汽上升管、冷凝器和液体下降管 4 部分。蒸发器与冷凝器相互是分开的，两个换热器通过蒸汽上升管与液体下降管进行连接，构成一个自然循环回路。系统工作时，对热管进行抽真空并加入一定量的工质，当这些工质汇集于蒸发器并在受热后蒸发，伴随内部蒸发压力升高，具有较高压力的蒸汽通过蒸汽上升管到达冷凝器并释放出汽化潜热而被冷凝成液体。然后在重力的作用下，冷凝液体经液体下降管重新回到蒸发器，如此实现往复循环。由于一般不在蒸发器加入吸液芯，冷凝液依靠重力作用回流，所以分离式热管系统的冷凝器必须保证高于蒸发器。蒸汽上升管与液体下降管之间的密度差所产生的压头，用来克服工质流动的压力损失。从分离式热管系统的内部运行机理来看，它是一种气液自然循环系统。

工程设计时，需根据冷凝器、蒸发器之间的高差、系统的容量、工质的性质设计计算工质的充入量，一般由专业公司完成。

10.2.5　微通道分离式热管

1. 微通道分离式热管原理

热管内部流体的流动和换热一般都是在通道中进行，通道尺寸的不同对流动和换热特性的影响非常大。在涉及相变传热时，通道当量直径在 $10 \sim 1000\mu m$ 的换热器称为微通道换热器，如图 10-12 所示。这种换热器的扁平管内有数十条细微流道，在扁平管的两端与圆形集管相连。当流道尺寸小于 3mm 时，气液两相流动与相变传热规律将不同于常规较大尺寸的热管，通道越小，这种尺寸效应越明显。当管内径小到 $0.5 \sim 1mm$ 时，对流换热系数可增大 $50\% \sim 100\%$。将这种强化传热技术用于

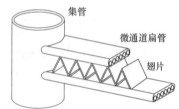

图 10-12　微通道换热器

空调换热器，适当改变换热器结构、工艺及空气侧的强化传热措施，可有效增强空调换热器的传热，提高其节能水平。微通道换热器具有工质充注量低、低压降、传热性能高及质量轻的特点。将微通道换热器作为分离式热管的蒸发器和冷凝器，将两者的优点结合在一起，能够大大提高运行效率。

2. 微通道分离或热管（相变取热冷却技术）的应用

目前，微通道分离式热管冷却技术，已经成功地应用于需要常年供冷的数据中心、通信基站。它可用作服务器机柜的冷却背板或者列间空调，列间空调制冷量可达 28kW。相变空调一体机制冷量可达 45kW。这种空调方式既避免了冷水进入机房，又解决了高密度机房散热问题。同时，由于采用了低热阻热界面技术及远距离被动式热输运技术，所以系统没有工质的循环泵，可实现远距离输送，也节省了远距离输送能耗。在数据中心机房每个服务器机柜加装相变冷却背板（微通道分离热管蒸发器）、连接每列机柜为一模块，如图 10-13 所示。冷却背板采用下进上出的方式，工质管道与冷却背板采用软管连接，冷凝成液体的工质由架空地板内或机柜加装的底座进入冷却背板，吸热后的工质汽化，依靠自身的相变势能和微细尺度结构自身产生的毛细梯度压力（无需动力）输送至室外板式换热器（冷凝器），与自然冷源换热或与制冷系统换热。当室、内外温差低于 10℃时，可采用

自然冷源。当室内外温差高于 10℃时，可与室外人工冷源换热，完成制冷循环，特别适合北方地区。与常规的机房恒温恒湿空调相比，由于架空地板内不再送风，架空层的高度可大大地降低，或者不再需要架空地板（采用加装机柜底座的方法）从而降低了机房的高度要求。

(a)　　　　　　　　　　　　　　(b)

图 10-13　微通道换热器用于服务器机柜背板冷却

（a）机柜背板外部；（b）机柜背板内部

图 10-14 所示为服务器机柜背板冷却空调系统原理图，每台服务器机柜均采用双相变冷却背板系统。机房室内 26℃的冷空气被吸入机柜后，在机柜内温升至 37℃，37℃的热空气流经冷却背板时，蒸发器内的工质吸热发生相变，热量被传送到室外板式换热器，空气温度降回 26℃排出机柜，完成一个空气系统的循环。由此取代了目前通用的机房精密空调。由于没有了机房的恒温恒湿空调机，节省了大量的机房面积。

该背板冷却空调系统中有两套相互独立的工质回路，可实现制冷系统的备份。如工质系统发生故障，每台机柜的双冷却背板中任何一个冷却背板均可满足机柜最大冷负荷需求。

每个工质回路均采用双板式换热器。双板式换热器中的任何一个均可以独自满足该工质回路的冷负荷。

正常情况下，两套冷却背板系统同时使用，因此可以在降低机柜背板上的风机转速及降低冷水供回水流量的节能方式下运行，就可满足单个机柜的冷负荷需求。

人工冷源采用带自然冷却盘管的风冷冷水机组，水侧系统同样可以采用冗余配置（$n+1$），当任一冷水机组发生故障时，系统发出故障报警同时启动备用冷水机组。在我国北方地区，该系统可利用自然冷却时间可达 6 个月。在需人工制冷时，该系统的冷水机组冷水出水温度较常规空调可提高 5 ~ 7℃，即：采用 17 ~ 19℃的高温冷水，制冷机组效率可大幅提高。另外，人工冷源也可以采用水冷冷水机组，在不开冷机的季节，可以通过冷却塔制取低温水送入板式换热器，此技术与采用冷热通道封闭的机房精密空调相比，北方地区节约制冷能耗大约为 20% ~ 35% 之间。

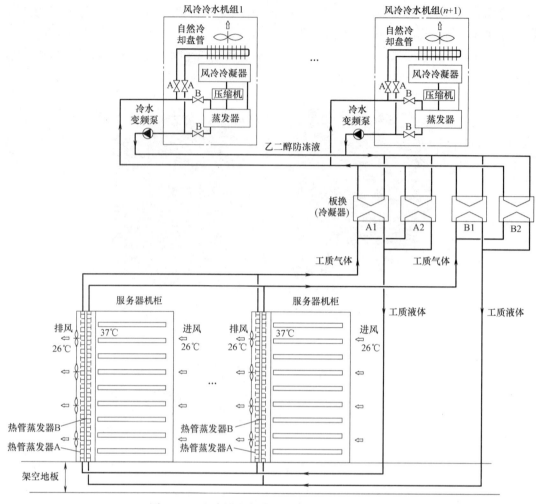

图 10-14　服务器机柜背板冷却空调系统原理图

注：自然冷却时阀 A 开启，阀 B 关闭；主机制冷时阀 B 开启，阀 A 关闭

10.2.6　溶液循环热回收

1. 工作原理

溶液循环热回收是显热回收。在新风和排风侧，分别使用一个气液换热器（表冷器），排风侧的空气流过时，夏季对系统中的冷媒进行冷却。而在新风侧被冷却的冷媒再将冷量转移到进入的新风上，冷媒在泵的作用下不断地在系统中循环。冬季有冻结可能的系统，一般采用乙二醇的水溶液作为循环液体。溶液循环热回收的设计计算见第 11.3.9 节。

2. 优点

（1）不会产生交叉污染。

（2）布置灵活。

3. 缺点

（1）需配备水泵，有动力消耗。

（2）温差损失大。

（3）换热效率较低。

10.2.7 游泳池热泵式热回收

游泳池热泵式热回收是显热回收。热泵系统内的工质通过从蒸发器吸热、冷凝器放热，从而把热量从一处传递到另外一处。图 10-15 为游泳池除湿热泵空调系统原理图，采用了一台泳池专用除湿热泵双风机空调机组，回热冷凝盘管用于空调送风除湿后再热，热回收换热器用于泳池水的预热，当无热回收需求时，风冷冷凝器将空调废热排到室外，除湿热泵制冷系统通过三个电磁阀进行工况转换。泳池冷凝热回收空调系统的设计计算见第12.10.11 节。

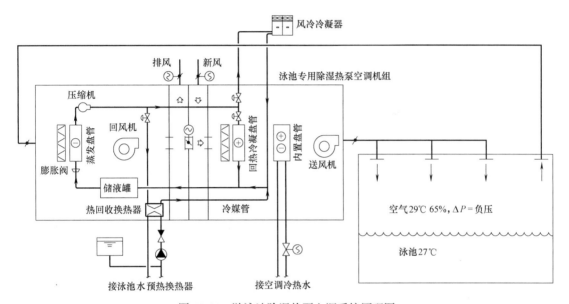

图 10-15　游泳池除湿热泵空调系统原理图

第 11 章 组合式空调机

组合式空调机组以功能段为组合单元来完成空气输送、混合、加热、冷却、除湿加湿、过滤、消声、热回收空气处理过程。按结构形式分为卧式、立式、吊装式等。按用途分为空调机组、新风机组、净化机组和专用机组等。其外形如图 11-1 所示。

图 11-1 组合式空调机组外型图

11.1 组合式空调机组主要性能要求

有关空调机组的现行国家标准有:《组合式空调机组》GB/T 14294、《洁净手术室用空气调节机组》GB/T 19569。

在上述标准中,对组合式空调机组主要性能要求有:

1. 额定风量和风压

风量的实测值不低于额定值的 95%。机外静压实测值不低于额定值的 90%。

2. 机组输入功率实测值不应超过额定值的 10%。

3. 漏风率:机组内静压保持正压段 700Pa、负压段 −400Pa 时,机组漏风率不大于 2%,用于净化空调系统机组,机组内静压保持 1000Pa,机组漏风率不大于 1%。

4. 额定冷量和供热量:机组供冷量和供热量的实测值不低于额定值的 95%。

5. 水阻力实测值不超过额定值的 10%。

6. 机组的结构应满足下列要求:

(1)机组箱体绝热层与壁板应结合牢固、密实。壁板绝热的热阻不小于 $0.74m^2 \cdot K/W$,箱体应有防冷桥措施;

(2)机组的检查门应严密、灵活、安全;

(3)室外机组箱体应有防渗雨、防冻措施;

（4）机组连接水管穿过箱体要绝热和密封；

（5）各功能段的箱体，在运输和启动、运行、停止后不应出现永久性凹凸变形；

（6）机组应设排水口。排放应畅通、无溢出和渗漏；

（7）机组的风机应有柔性接管，风机应设隔振装置；

（8）喷水段应有观察窗、挡水板和水过滤装置；

（9）过滤段检修门应便于过滤器取出，并有足够更换空间；

（10）机组横截面上的气流不应产生短路；

（11）机组必要时可留测孔和测试仪表接口，并设电压不超过 36V 的安全照明。

7. 材料：机组箱体采用的绝热、隔声材料，应无毒、无腐蚀、无异味和不易吸水，其材料外露部分和箱体具有不燃和难燃特性。

11.2　组合式空调机组的结构

组合式空调机组的结构形式主要有两种：一种是金属框架＋中间保温壁板＋机组底座，该种结构形式应用最广，为目前市场上的主流产品；另一种是无结构框架由壁板拼接的结构形式，这种结构形式造价较低，由于加工精度和现场安装质量的原因，其漏风量较大，特别是长期振动运行后，箱体的密闭性无法保证，不宜采用。

金属框架一般是由断桥铝合金构成，但是一些小厂家还做不到断桥结构。中间保温壁板一般是双层钢板中间注入聚氨酯保温发泡剂，在发泡设备上完成加热发泡，形成一体的复合壁板。一些欧洲品牌机组则采用双层钢板中间夹玻璃棉或岩棉的做法，这样做的主要原因是欧洲规范的防火要求。由于钢板与保温材料之间的结合力不强，这种壁板结构的钢板普遍比前面的做法要厚一些。在双层钢板中，里面一层一般是镀锌钢板，外面则多采用喷塑处理。对于有特殊要求的机组，一般厂家都可按需要定制不锈钢等特殊材质的壁板。外壁板的设计一般为可拆卸的并附设检修门及手柄，以方便风机和盘管的检修。

聚氨酯发泡保温壁板的厚度一般为 30mm、50mm 等几种规格，30mm 可以满足在常规的空调送风系统中不会发生结露，但是在低温送风的空调系统中，则需要依据防结露要求计算确定其壁板的厚度。另外，大风量的机组为了提高强度也需选择较厚的壁板。设计师应该在设计文件中对组合式空调机组的结构形式和参数提出要求，以免供货的设备达不到设计要求。

机组的断面尺寸和各功能段的长度一般均按一定的模数来制作，比如长和宽的模数为 100mm，段长的模数为 600mm。

机组应在适当的部位设置检修门，保证检修人员能接触到机组内的各个部件，包括过滤器、换热盘管、加湿器、风机、空气净化设备等部件。检修门的结构应具备防"冷桥"和防漏风措施，并具备良好的密封性能，门框采用专用软质橡胶材料密封。空调机组的混合段一般配置检修门，以便可以对后面的功能段进行检修（如过滤段）。风机段也需配置检修门，用来维修风机电机及表冷器。当机组段位组合无法进入对过滤器、风机电机或表冷器进行维修时，则需要设置空段并开检修门。检修门采用密闭型铰链门（可带锁），机组正压段内设置内开的正压门，负压段配外开的负压门，可有效降低机组的漏风率，提高机组的安全性。

工程供货时，一般是将部分功能段组合在一个箱体内，来减少制造和现场安装的工作量，如：混合＋粗、中效过滤＋表冷＋风机，一般采用两个箱体构成整机。

另外，组合式空调机组的生产厂家都可以提供一体化的配电箱，这样可以有效地避免"机"与"电"的分家，避免工程建设中两个专业的脱节，对工程调试、运行及管理非常有利。设计师可以在设计图纸中提出此项要求。

11.3 组合式空调机组的各功能段

11.3.1 机组的断面风速

选择空调机组时首先要确定其断面尺寸，也就是确定它的表冷器迎风面风速。表冷器迎风面风速越大，机组的断面尺寸越小，机房面积也就越小，但风阻大，能耗高。反之，机房面积大，能耗小。因此空调机组断面尺寸的确定过程，就是权衡机房面积大小和机组能耗高低的过程。当风速≥2.5m/s时，为防止冷凝水被空气带走，表冷器后应设置挡水板。因此，对于一般的民用建筑，表冷器迎风面风速一般取2.5m/s。而洁净手术室用空气调节机组则要求表冷器迎风面风速≤2.0m/s。

11.3.2 立式机组、吊装式机组

立式、吊装式机组机外余压一般较小，无法设置中效过滤器，同时一般的吊装式机组也无空间设置加湿功能。

11.3.3 机组的接口

组合式空调箱的进风口、出风口风阀应由空调机组配套，为了保证驱动器有足够的开启扭矩，电动风阀驱动器也应由空调机组配套，要特别注意电动风阀是开关量信号控制（即电动关断风阀）还是模拟信号量的控制（即电动调节风阀），混合段上的新风口与回风口位置可换，主流的机组厂家都会将这两个口做成大小一致的，并且可以做成非标开在侧面以便于接管。而对于直接接风机出口的送风口一般有顶部开口和端部开口，不能随意开在空调机组的侧面。

11.3.4 消声段

在民用建筑工程中，为了节省机房面积，一般机组不设消声段，而是采用风管消声器。

11.3.5 风机段

风机一般采用皮带传动的双进风离心风机或者直接连接式的无蜗壳离心风机以及EC风机。直接连接式的无蜗壳离心风机体积小，避免了皮带粉尘脱落的污染，有利净化空调工程。风机及电机安装在同一个支架上，再通过弹簧减振器减振，风机、电机组件装有减振和软接装置。

空调机组用离心风机分为前倾式、后倾式和无蜗壳式，如图11-2所示。

当风机全压≤800Pa，采用前倾式离心风机，风机全压效率$\eta=0.6\sim0.7$。

当风机全压＞800Pa，采用后倾式离心风机，风机全压效率$\eta=0.75\sim0.85$。

电机形式：一般采用低压、三相鼠笼式全密闭风冷感应电机。没有特殊要求的配置普通电机，有变频需求的应选择变频电机。

  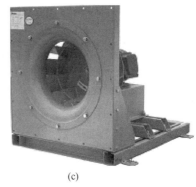

(a)　　　　　　　　　　(b)　　　　　　　　　　(c)

图 11-2　空调机组用离心风机

（a）前倾式；（b）后倾式；（c）无蜗壳式

绝缘等级：F 级；

防护等级：IP54。

设计师应根据工程需要和节能要求，在设计中明确风机和电机的形式。比如变风量空调可以要求配变频电机；净化手术室空调可以要求配 EC 风机。

11.3.6　表冷加热段

一般空调机组厂家的产品样本中给出的换热器的冷、热量的工况很难与项目的设计工况吻合，因此选型时一般由厂家根据设计工况计算并提供选型报告。

在民用建筑工程中，空气的冷却、加热一般采用表冷器、加热器。喷水室仅在有天然冷源可利用的项目或有特殊要求的工业项目中采用。当冬季空气加热采用低温热水（水温 ≤ 60℃）时，表冷器与加热器可合二为一。且按供冷、供热两者中最大换热面积选取。当两者面积相差悬殊时，为了保证调节的精确和稳定，也应当分开设置。

表冷器是空调机组的核心部件，一般由铜管串铝翅片构成。铜管与联箱相连，设计优秀的联箱上，一般带有排气和放水阀，保证水路不积气，在冬季停机时可以将水完全放掉，以免冻裂铜管。盘管的高度一般不能过高，如所需的高度太高时应把盘管分成上下两个，同时在两个盘管之间加设中间接水盘及附有疏导凝结水的水管伸延到空调机组的总凝结水接水盘。凝水盘的材料一般为镀锌板喷涂，外表面采用难燃型保温材料保温，以防止凝水盘外表面结露。凝水盘的凝结水排放处应设置水封装置，以确保机组在设定条件下运行时凝结水不溢出凝水盘，凝结水排放应流畅。

表冷器的节能措施——亲水膜铝箔。目前市场上的表冷器从外观颜色看有两种，一种是铝金属本色的；一种是蓝色的，蓝色表冷器采用的是带亲水膜的铝箔。由于夏季铝翅片表面温度都在露点温度以下，湿空气在其表面冷凝，产生水珠的积聚，从而使空气阻力增加，风量减小，传热恶化，噪声增加，水滴飞溅。因此，需要改变铝翅片的表面性能，促使冷凝水迅速排除，便可有效地防止噪声和水滴飞溅，同时也可起到节能作用。通常采用带亲水性涂膜的铝翅片，当表面出现水滴时，水滴会自行铺展形成水膜流掉。

亲水膜是铝箔经过脱脂、水洗、干燥处理后，在其两表面涂上专用涂料，经过烘干冷却使其成一种极具亲水性和耐腐蚀的材料，并且防霉菌无异味。亲水膜亲水的微观机理是：涂层中含有大量易与水结合的羟基，减少了铝箔与水的接触角，从而能够吸住水分，达到亲水效果。文献［25］指出，"采用亲水膜处理后，可以减小空气流动阻力，增加风量，强化传热，从而可以提高系统的性能，同时起到节能和降噪作用。""对同一类型的空调器来说，用亲水膜处理过换热器翅片的能效比大于没有用亲水膜处理过翅片的能效比，而且随着时间的增加，二者能效比相差越来越大。""有亲水膜处理后，系统的能效比几乎不受运行时间的影响，近似保持不变；而没有采用亲水膜处理翅片的空调器，随着运行时间的增长，能效比不断降低。"

11.3.7　加湿段

组合式空调机的加湿段是专为加湿器进行有效加湿而设计的一个空段，该段可以根据需要配置不同的加湿方式采用不同的加湿器。等温型加湿器的加湿段长度要结合蒸汽吸收距离和加湿器类型计算确定。等焓型高压喷雾加湿器的加湿段要大于或等于500mm。等焓型气水混合、高压微雾、喷淋室、超声波加湿器多使用工业项目，其加湿段长一般为1～2m。

11.3.8　过滤段

在我国北方地区，空气污染较重，组合式空调箱的过滤段一般需配置粗效、中效两级过滤。而在南方的沿海城市，一般只需配置粗效一级过滤。过滤器的阻力决定着空调机组的风机能耗。

1. 粗效过滤器的效率：粒径 $\geqslant$ 2.0mm，20% $\leqslant \eta$ < 50%，初阻力 $\leqslant$ 50Pa，终阻力 $\leqslant$ 100Pa。

2. 中效过滤器的效率：粒径 $\geqslant$ 0.5mm，20% $\leqslant \eta$ < 70%，初阻力 $\leqslant$ 80Pa，终阻力 $\leqslant$ 160Pa。

粗、中效过滤器有板式和袋式两种，一般配置为粗效选用板式，中效选用袋式（见图11-3）。一般空调机组内中效直接与粗效过滤器放在一起，可以节省安装空间。板式过滤器厚度一般为50mm左右，袋式过滤器的袋深一般为300mm左右。

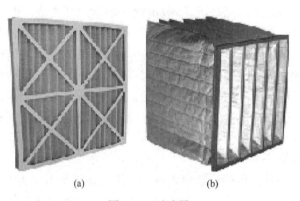

(a)　　　　　　　　　　(b)

图 11-3　过滤器

（a）板式粗效过滤器；（b）袋式中效过滤器

工程应用中，一些空调机组生产厂家在过滤段常常增加各种消毒、杀菌、除臭等功能，作为空调设备的选配件，各种选配件的功效和适用场所如表11-1所示。

在应用静电过滤器时应当注意，在过滤要求较高的场合，不能将其作为最末级过滤器来应用。以免失电时颗粒物逃逸。

各种配件的功效和适用场所 表 11-1

杀菌消素选配件	原理概述	主要功效	适用场所
紫外光灯（UV）	波长为 2537° A，紫外光灯置于高中效过滤器前方，属于屏蔽循环风紫外光空气杀菌消毒，避免紫外光直接照射工作人员	能迅速杀死各类微生物、细菌及病毒，如大肠杆菌、葡萄球菌、结核杆菌、枯草菌、芽孢、酵母菌、霉菌等。对部分细菌在温度 20℃，相对湿度 40% ～ 60% 时，效率高达 98.8%	医院、制药厂、生物工程、食品饮料等
臭氧发生器（O₃）	臭氧发生器所产生的臭氧（O₃）具有很强的氧化性，它可和微生物细胞中多种成分发生反应，从而使其发生变化而灭亡。臭氧灭菌机制过程属于生物化学氧化反应	大气中的臭氧含量为 0.002 ～ 0.05ppm，臭氧发生器的发生量可达到 2ppm，能够很好清除空调环境的污染物、霉菌、异味、细菌、花粉等	医疗卫生、生化制药、食品饮料及公共服务
活性炭过滤器	通过化学活性炭颗粒吸附、清除空气中的有害气体和异性。活性炭可以再生反复使用	可以分别吸附酸性气体、碱性气体和有机气体，如 SOₓ、H₂S、Cl₂、NH₃、NOₓ、乙烯、苯、甲醛等，下游有害气体的浓度可控制到 ppm 或 ppb 级	生化制药、石油化工、核工业、精密电子及航天航空等
纳米光触媒（TiO₂+UV）	在高温状态下使二氧化钛结晶附于特殊的过滤器上，使用时，用一定波长的紫外光照射，使二氧化钛发生氧化还原反应，从而达到分解、除臭和杀菌的效果	在紫外光照射二氧化钛发生氧化还原反应的过程中通过分解细菌达到杀菌的目的，同时除去空气中的异味，分解致癌的有机气体，反应的最后生成物是无毒无害的 H₂O 和 CO₂	医院、制药厂、生物工程、食品饮料等
高压静电净化器	在静电场的正负两极之间施加最高 6 ～ 12kV 的直流高压（正负极间场强最高为 11kV/cm），在放电灭菌区，空气中的颗粒物、污染物被迅速极化带上很高能量的正电荷，进入积尘区时，在电场力的作用下被负电极板吸附	由于高压电场瞬间释放产生的能量非常大引起"急速爆炸"，即可将微生物细胞壁击穿，杀灭细菌，最后细菌与颗粒物一起烧结在负极收尘板上，从而起到除尘灭菌的效果	电子、医院、制药厂、生物工程、食品饮料等

对于净化空调系统，则应至少设置三道过滤器，第一、二道为粗、中效过滤器作过预过滤，第三道为高效过滤器。高效过滤器的合理使用寿命为 4 ～ 5 年，为保证这一使用寿命，空气在进入高效过滤器前要经过规格不低于 F5 的预过滤器。此外，为防止管道对洁净空气的再污染，高效过滤器应设置在系统的末端（即送风口处）。

11.3.9 组合式空调机组常用功能段组合

组合式空调机组可以根据工程的需要方便自由的组合，在设计过程中应注意减少机组的阻力和尺寸，这样可以避免运行能耗过高和节省一次性投资。常用的组合方式如下：

1. 方式一：单风机空调机组，见图 11-4。在这种组合方式中，由于夏季温度、湿度不能独立控制，常用于对温湿度要求不高的民用建筑的舒适性空调。

2. 方式二：四管制加除湿再热空调机组，见图 11-5。在这种组合方式中，由于夏季温度、湿度可以独立控制，常用于对温度、湿度要求较高的工艺性空调。

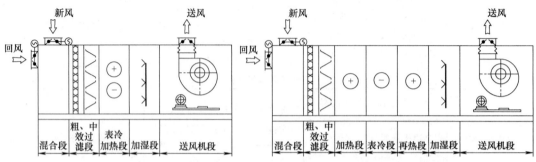

图 11-4　单风机空调机组　　　　　图 11-5　四管制加除湿再热空调机组

3. 方式三：双风机空调机组，见图 11-6。这种组合方式常用于民用建筑的舒适性空调，对于不同季节的新风量变化较大、其他排风措施不能适应风量的变化要求，或者回风管路阻力较大的空调系统，如果回风管路阻力较大的空调系统仍采用单风机，则空调机组内部负压就会过大，积水盘内的冷凝水就有可能排不出去。设计、调试运行时应注意新、回风混合室内应为负压。

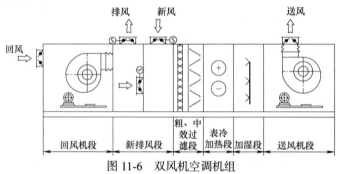

图 11-6　双风机空调机组

4. 方式四：双风机空调机组加排烟风机，利用回风管和排风管作排烟管道，见图 11-7。

5. 方式五：双层布置的双风机空调机组，见图 11-8。对于机房面积较小，而层高又较高的机房，可以采用双层布置。

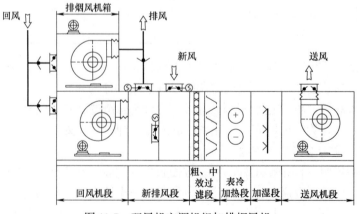

图 11-7　双风机空调机组加排烟风机

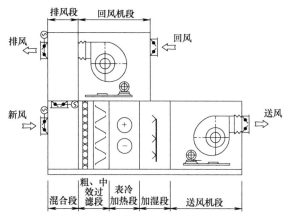

图 11-8　双层布置的双风机空调机组

6. 方式六：手术室用正压空调机组。正压空调机组可以避免未被处理的空气渗入机组内，用于净化空调系统，如图 11-9 所示。目前常采用直连无蜗壳风机或者更节能的 EC 风机，以避免皮带连接方式中，皮带掉渣等污染过滤器，同时使过滤器、表冷器表面风速均匀，如图 11-10 所示。当采用新风集中处理时，在北方地区，加热段可以置于表冷段之后，同时加热段可用于夏季空调除湿后再热。也可以将风机段置于表冷加热段之后，利用风机温升减少再热量，如图 11-11 所示。

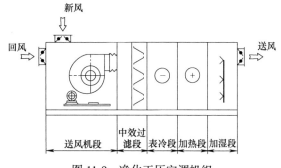

图 11-9　净化正压空调机组

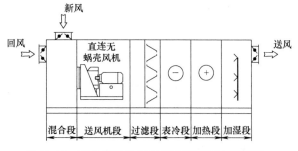

图 11-10　手术室净化直连无蜗壳正压空调机组 1

7. 方式七：二次回风空调机组，见图 11-12。这种组合方式夏季可以利用二次回风提高送风温度，节省夏季降温除湿再热冷负荷，适用于送风温差要求较小、室内湿度要求不严格的工程。

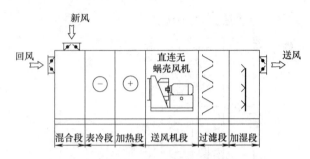

图 11-11　手术室净化直连无蜗壳正压空调机组 2

8. 方式八：新风机组，见图 11-13。这种组合方式常用于民用建筑的舒适性空调。

9. 方式九：手术室净化新风机组，见图 11-14。这种组合方式常用于洁净手术部的新风集中处理，其中图 11-14（b）为带直膨深度除湿段机组。

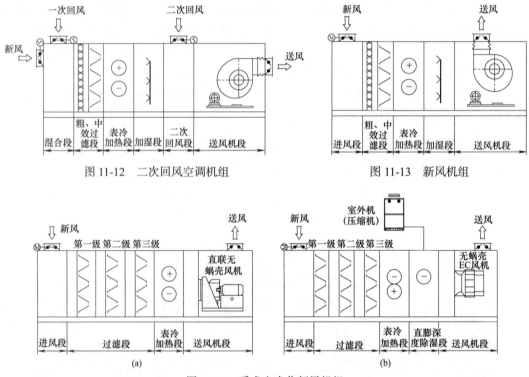

图 11-12　二次回风空调机组　　　　图 11-13　新风机组

图 11-14　手术室净化新风机组

10. 方式十：板翅式热回收新风机组。这种组合方式常用于民用建筑的舒适性空调。新风温度一般不宜低于 −10℃，否则，排风侧会出现结霜。当有结霜可能时，可设置热回收换热器旁通阀，让一部分室外风不经过热回收换热器，以此来提高排风侧的空气温度，但这将使机组整体加宽。一般段位组合按图 11-15 设置，对于送风空气质量有严格要求的场合位组合宜按图 11-16 设置，使送风流程始终处于正压，避免排风向新风侧的渗透。板式热回收换热器一般可由厂家计算选型，其尺寸要能满足空调箱的尺寸。

对于面积较宽裕的机房，可以采用分体式，在过渡季不需要热回收时，关闭热回收送风机，新风直接引自室外，节省风机能耗，如图 11-17 所示。

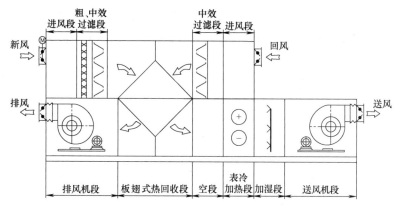

图 11-15　板翅式热回收新风机组 1

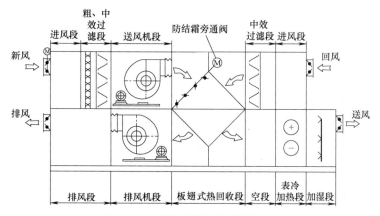

图 11-16　板翅式热回收新风机组 2

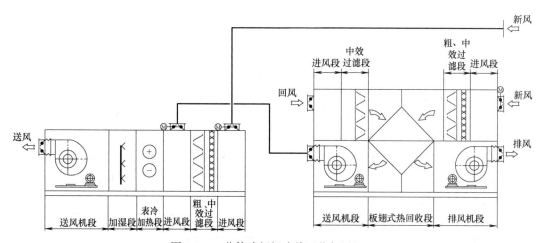

图 11-17　分体式板翅式热回收新风机组

11. **方式十一：转轮式热回收新风机组**，见图 11-18。转轮式热回收有显热回收和全热回收两种，热收效率一般在 30% ～ 85%。新风量和排风量宜相等，若排风量大于新风量 20%以上时，宜采用旁通管调节。在严寒和寒冷地区应用时，必须对转轮芯体内是否结霜、结冰进行校核。一般认为如果（t_1+t_2）/2 ≥ 0℃，则不会发生结霜、结冰现象。为了确保双清洁扇面正常工作，需要满足 $P_1 - P_2 \geqslant 200\text{Pa}$。在过渡季，当热回收不工作时，全热回收转轮每隔 3h 自动启动运行 10min，防止局部吸湿过量而导致转轮芯体动平衡、被破坏。

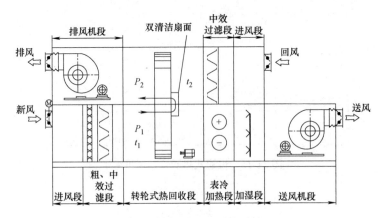

图 11-18　转轮式热回收新风机组

12. 方式十二：溶液循环热回收新风机组，见图 11-19。这种组合方式常用于民用建筑的舒适性空调以及实验室、医疗场所，一台新风机组可以同时回收多个排风系统的热量。在北方地区为了防冻，一般采用乙二醇水溶液。

工程设计时需要确定以下参数：

（1）乙二醇水溶液的浓度，可按其凝固点低于当地冬季最低室外空气干球温度 $4 \sim 6℃$ 确定。

（2）热回收盘管的排数 n，一般采用 6 排或 8 排。

（3）乙二醇的循环流量，可采用水气比 μ 来计算：$n=6$ 排时，$\mu=0.3$；$n=8$ 排时，$\mu=0.25$。如果供热侧与得热侧的风量不相等时，液体循环量应按数值大的风量确定。

（4）乙二醇泵的扬程，扬程为管路阻力乘以 1.2。可先按冷水计算管路阻力，然后乘以乙二醇水溶液管道压力降修正系数，修正系数可由相关设计手册查到，比如质量浓度为 30% 的乙二醇，在流速为 1.0m/s 时的修正系数为 1.51。

热回收盘管的参数也可由空调机组厂家配合由软件选型计算。

由于室外温度是不断变化的，当室外温度与室内温度接近时，就无法进行热回收了，然而乙二醇循环泵运行时还需耗能。因此，在图 11-19 所示的系统建成后，夏季试运行热回收系统，在单位时间内，热量表计量回收的冷量，将制取该冷量的耗电量（即：将该冷量除以制冷系统的 $SCOP$），与乙二醇泵单位时间的耗电量比较，如果前者大于后者，就可以继续运行该系统。

13. 方式十三：热管式热回收新风机组，见图 11-20。热管是在密封的容器中充入液态环保制冷工质，靠工质的相变（蒸发 - 冷凝）传递热量的装置。这种方式进行冷热量回收时，相当于两台机组并排布置，占用机房面积较大。

在我国南方部分地区，空调系统没有供热需求时，仅回收冷量，这种方式的热管可立式安装，如图 11-21 所示。

应用于除湿再热时，热管也可以立式安装，此时的送风温度不能准确控制，因此这种方式只能用于冷水除湿的通风系统，如图 11-22 所示。

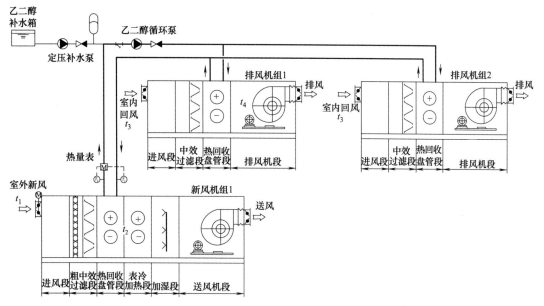

图 11-19　溶液循环热回收新风机组

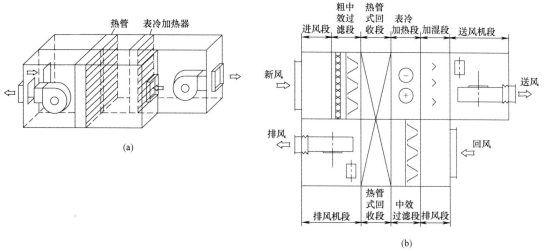

图 11-20　热管式热回收新风机组 1

（a）透视图；（b）俯视图

　　同样的除湿再热系统，也可采用 U 形热管，热管将表冷器前空气的热量传给经表冷器除湿后的空气，如图 11-23 所示。

　　14. 方式十四：带热回收盘管、带备用风机、带深度除湿直膨段的全新风直流式空调机组，见图 11-24。该机组常用于生物安全实验室动物房的净化空调系统。由于是全新风直流式，粗效过滤器宜采用容尘量较大的袋式过滤器，且应该要求粗效过滤的袋长要大于中效过滤的袋长，并设置亚高效过滤器，同时由于直流式能耗较大，需要设置乙二醇热回收盘管，夏季由于动物的产湿量较大，普通空调冷源 7℃的冷水除湿作用有限，往往导致动物房湿度过大，因此需要设置直膨式深度除湿盘管。

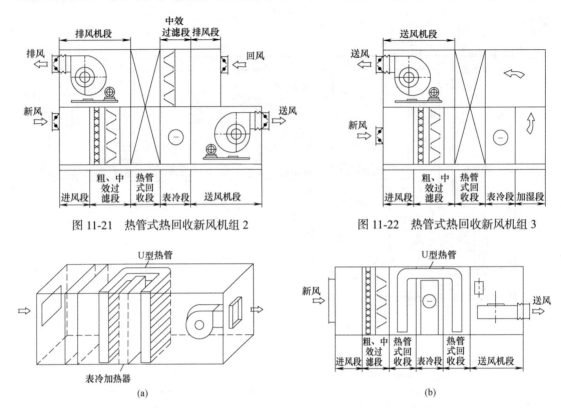

图 11-21　热管式热回收新风机组 2　　　　图 11-22　热管式热回收新风机组 3

图 11-23　热管式热回收新风机组 4

（a）透视图；（b）俯视图

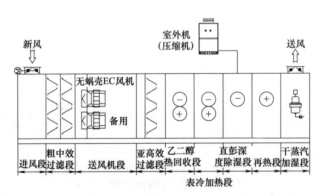

图 11-24　带热回收盘管、带备用风机、带深度除湿直膨段的全新风直流式空调机组

　　工程设计时，设计师应根据工程需要和机房的面积、层高等因素来选择相应的段位组合形式。

第12章 空气处理过程

在空调设计过程中，需要确定空气处理过程，只有正确的处理过程，才能选出合理大小的空调机组、避免空气处理过程中冷、热量相互抵消的问题以及避免设备过小处理能力不足或设备过大造成浪费的问题，实现节能运行。

12.1 湿空气的状态参数

12.1.1 湿空气的压力（B）

湿空气的压力即大气压力，可以认为湿空气由干空气和水蒸气组成，所以大气压力也就是由干空气压力（P_g）与水蒸气压力（P_q）之和，即：

$$B = P_g + P_q \qquad (12-1)$$

大气压力随地理位置和海拔高度的不同而不同，同时，在同一个地区的不同季节，大气压力也有大约 $\pm 5\%$ 的变化。因此，空调设计时所采用的空气计算参数或焓湿图，一定要注意其大气压的数值，否则计算将会出现误差。

12.1.2 含湿量（d）

湿空气的含湿量为所含水蒸气的质量（m_q）与干空气质量（m_g）之比，即：

$$d = \frac{m_q}{m_g} \, \text{kg/kg}_{\text{干空气}} \qquad (12-2)$$

由理想气体的状态方程可以得出：

$$d = 622 \frac{P_q}{B - P_q} \, \text{g/kg}_{\text{干空气}} \qquad (12-3)$$

12.1.3 相对湿度（φ）

相对湿度是另一种度量湿空气水蒸气含量的间接指标，是空气中水蒸气分压力（P_q）与同温度下饱和状态湿空气水蒸气分压力（$P_{q,b}$）之比，即：

$$\varphi = \frac{P_q}{P_{q,b}} \times 100\% \qquad (12-4)$$

相对湿度表征湿空气中水蒸气接近饱和含量的程度。式中 $P_{q,b}$ 是温度的单值函数，可以在一些设计手册中查到。

由式（12-3），可导出：

$$d = 622 \frac{\varphi \cdot P_{q,b}}{B - \varphi \cdot P_{q,b}} \qquad (12-5)$$

$$d_b = 622 \frac{P_{q,b}}{B - P_{q,b}}$$

所以：

$$\frac{d}{d_b} = \varphi \frac{B - P_{q,b}}{B - P_q}$$

$$\varphi = \frac{d}{d_b} \cdot \frac{B - P_q}{B - P_{q,b}} \times 100\% \tag{12-6}$$

由于上式中的 B 值远大于 $P_{q,b}$ 和 P_q，可以近似地认为 $B-P_q \approx B-P_{q,b}$，因此，相对湿度可以近似地表示为：

$$\varphi = \frac{d}{d_b} \times 100\% \tag{12-7}$$

这样的近似计算，误差一般在 1% ~ 3%。可以满足工程设计的需要。

12.1.4 湿空气的比焓（h）

比焓是工质的一个状态参数，在定压过程中，比焓差等于热交换量，即：

$$\Delta h = c_p(t_2 - t_1)$$

式中　Δh——工质的比焓差，kJ/kg；

　　　c_p——工质的定压平均质量比热容，kJ/（kg·℃）；

　　　t_1、t_2——工质在状态 1、状态 2 时的温度，℃。

工程中定义：0℃的干空气和 0℃的水的比焓值为 0，则 1kg 温度为 t 的干空气的焓值可写成：

$$h_a = c_p \cdot t = 1.01t \text{（kJ/kg）}$$

对于水蒸气，焓值可写成：

$$h_v = 2501 + 1.85t \text{（kJ/kg）}$$

上式中，在计算水蒸气焓时，可以假定水在 0℃下汽化，其汽化潜热为 2501kJ/kg，然后再从 0℃加热到 t，取水蒸气的定压平均质量比热容为 1.85/kJ/（kg·℃），则湿空气的焓等于 1kg 干空气的焓与其同时含有的 $d/1000$kg 的水蒸气焓之和，即：

$$h = 1.01t + 0.001d \cdot (2501 + 1.85t) \tag{12-8}$$

12.2　湿空气的焓湿图

在作空调分析时，常用的湿空气参数有 4 个：温度（t）、含湿量（d）、比焓（h）和相对湿度（φ）。在某一大气压下，以 h 和 d 为坐标绘制的湿空气特性图称之为焓湿图，在焓湿图中，为了使图面展开，方便使用，两坐标轴之间的角度 $\alpha = 135°$，见图 12-1。

在焓湿图中，湿空气的 4 个参数 t、d、h 和 φ 中，只要已知任意两个参数，其他两个数值就能确定。$\varphi = 100\%$ 的等相对湿度线通常称为饱和线，饱和线以上的区域为湿空气区，在该区域水蒸气处于过热状态，其状态相当稳定，因此该区域内任一点都是有可能存在的。饱和线以下的区域为水蒸气过饱和状态区，由于过饱和状态是不稳定的，常有凝结现象，所以该区域内湿空气中存在悬浮水滴，形成雾状，故称为"有雾区"。在设计空气处理过程时，应避免冬季回风与新风的混合状态点落在雾区。

在图 12-1 中的焓湿图中，空气状态点为 A，过 A 点的曲线有：

t——等温线；

φ——等相对湿度线；

h——等焓线；

d——等湿线；

t_w——空气状态 A 点的湿球温度；

t_l——空气状态 A 点的露点温度。

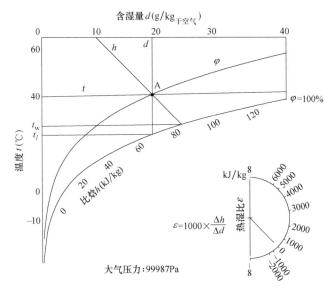

图 12-1　焓湿图

在空气所含水汽量（含湿量）不变的情况下，通过冷却降温而达到饱和状态时的温度称为露点温度。空气在露点温度下，相对湿度达 100%，此时干球温度、湿球温度、饱和温度及露点温度为同一温度值。在工程中，当空气通过冷却器或喷淋室时，有一部分直接与管壁或冷水接触而达到饱和，结露，但还有相当大的部分空气未直接接触冷源，虽然也经过热交换而降温，但其相对湿度却处于 90% ~ 95%，这时的状态温度称为机器露点温度。

在焓湿图的应用中，由于误差较小，工程上一般可近似地认为等焓线即为等湿球温度线，同时将等温线近似地看作是平行的。

12.3　空气状态参数的测量

空调自控系统中，空气的干球温度（t）和相对湿度（φ）可以直接采用干球温度传感器和相对湿度传感器测量出来，而焓值（h）则需要通过控制系统的运算求得。机器露点温度（t_l）一般是将温度传感器安装在表冷器挡水板后有代表性的位置测得。

焓湿图不仅能用来确定空气的状态参数，还广泛应用于空调过程的分析和计算。

12.4　热　湿　比

湿空气经过空调机组、新风机组或风机盘管处理后，其状态由 A 变成 B，其热量变化（可正可负）和湿量变化（可正可负）就为已知，则其热湿比为：

$$\varepsilon = \frac{\pm Q}{\pm W} \tag{12-9}$$

式中　ε——热湿比，kJ/kg；

　　　Q——热量变化，kJ/h；

　　　W——湿量变化，kg/h。

计算时需要注意：如果 Q 的单位是 kW，那么与其对应 W 的单位应该是 kg/s。

12.5　空气处理过程

几种典型的湿空气状态变化过程如图 12-2 所示。

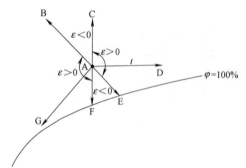

图 12-2　几种典型的湿空气状态变化过程

12.5.1　等湿加热、等湿冷却过程（A → C、A → F）

空气通过热水盘管加热以及冬季新风机组显热回收过程，就是等湿加热过程。在此过程中空气通过加热温度升高，由于没有额外水分加入，其含湿量不变。在此过程中，空气的含湿量的增值是 0，空气的比焓增值为 Δh，热湿比为：

$$\varepsilon = \frac{\Delta h}{\Delta d} = +\infty \tag{12-10}$$

同理，如果空气通过冷却器，如果冷却器表面不发生结露现象，空气温度下降是沿着等湿度线进行的，这样的过程就是等湿冷却过程。如：干式风机盘管的冷却过程。在此过程中，空气的含湿量的增值是 0，空气的比焓增值为 $-\Delta h$，热湿比为：

$$\varepsilon = \frac{\Delta h}{\Delta d} = -\infty \tag{12-11}$$

12.5.2　等焓加湿过程（A → E）

在循环水喷淋空气、湿膜加湿、高压喷雾加湿以及超声波加湿时（工程上近似地认为水的温度等于空气的温度），水与空气之间没有热交换，所以空气状态的变化是等焓的。但是存在湿交换，即：空气在这个过程中被加湿，空气的状态由 A 向终状态 E 变化是沿着等比焓线下降的。在此过程中，空气的含湿量的增值是 Δd，空气的比焓增值为 0，热湿比为：

$$\varepsilon = \frac{\Delta h}{\Delta d} = 0 \tag{12-12}$$

12.5.3　等温加湿过程（A → D）

在蒸汽加湿、电热加湿、电极式加湿过程中，只要控制住蒸汽量不使空气含湿量超出饱和状态，那么空气状态的变化就接近于等温过程。在此过程中，空气的含湿量的增值是 Δd，空气的比焓增值为：

$$\Delta h = \Delta d \cdot (2501 + 1.85 t_{q})$$

热湿比为：

$$\varepsilon = \frac{\Delta h}{\Delta d} = 2501 + 1.85 t_{q} \qquad (12\text{-}13)$$

式中　t_{q}——水蒸气的温度，℃。

12.5.4　等焓减湿过程（A→B）

在转轮式除湿过程中，湿空气中的部分水蒸气在吸湿剂的微孔表面凝结，湿空气含湿量降低，温度升高。在此过程中，空气的含湿量的增值是 Δd，空气的比焓增值为 0，热湿比为：

$$\varepsilon = \frac{\Delta h}{\Delta d} = 0 \qquad (12\text{-}14)$$

12.5.5　减焓减湿过程（A→G）

湿空气经过表冷器，使其与低于露点温度的表面接触，则湿空气不仅降温而且脱水，实现冷却干燥。在此过程中，空气的含湿量的增值是 $-\Delta d$，空气的比焓增值为 $-\Delta h$，热湿比为：

$$\varepsilon = \frac{\Delta h}{\Delta d}$$

12.5.6　不同状态空气的混合过程（W、N→C）

在图 12-3 所示的全空气一次回风空调机组中，室外新风（W）与室内回风（N）的混合后的状态（C）在焓湿图中的表示见图 12-4。各状态下空气的参数如下：

参数	状态 W	状态 N	状态 C
流量（kg/h）	G_{W}	G_{N}	G_{C}
比焓（kJ/kg）	h_{W}	h_{N}	h_{C}
含湿量（g/kg）	d_{W}	d_{N}	d_{C}
温度（℃）	t_{W}	t_{N}	t_{C}

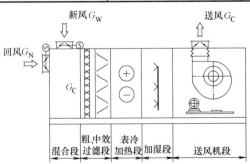

图 12-3　全空气一次回风空调机组

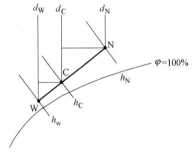

图 12-4　两种状态空气混合后的状态在焓湿图中的表示

假设混合过程中与外界没有热湿交换。那么混合前后的湿平衡：

$$G_{W} \cdot d_{W} + G_{N} \cdot d_{N} = (G_{W} + G_{N}) \cdot d_{C} \qquad (12\text{-}15)$$

热平衡：

$$G_{\mathrm{W}} \cdot h_{\mathrm{W}} + G_{\mathrm{N}} \cdot h_{\mathrm{N}} = (G_{\mathrm{W}} + G_{\mathrm{N}}) \cdot h_{\mathrm{C}} \qquad (12\text{-}16)$$

由上两式可得：

$$\frac{G_{\mathrm{W}}}{G_{\mathrm{N}}} = \frac{d_{\mathrm{C}} - d_{\mathrm{N}}}{d_{\mathrm{W}} - d_C} = \frac{h_{\mathrm{C}} - h_{\mathrm{N}}}{h_{\mathrm{W}} - h_{\mathrm{C}}} = \frac{\overline{\mathrm{CN}}}{\overline{\mathrm{WC}}} \qquad (12\text{-}17)$$

$$\frac{G_{\mathrm{W}} + G_{\mathrm{N}}}{G_{\mathrm{N}}} = \frac{\overline{\mathrm{WN}}}{\overline{\mathrm{WC}}} \qquad (12\text{-}18)$$

$$\frac{G_{\mathrm{W}} + G_{\mathrm{N}}}{G_{\mathrm{W}}} = \frac{\overline{\mathrm{WN}}}{\overline{\mathrm{NC}}} \qquad (12\text{-}19)$$

由式（12-17）～式（12-19）可知：室内外空气的混合状态点（C）将线段 $\overline{\mathrm{WN}}$ 分成两段，参与混合的两种空气的质量比与 C 点分割两状态的线段长度成反比，即：混合状态点 C 靠近质量大的空气状态点一端。

也就是说，在一次回风全空气系统中，新风量越大，混合状态点越靠近室外状态点。新风量越小，混合状态点越靠近室外状态点。总之，谁的影响大就靠近谁。

12.6　新风预热的条件

如果混合点落在了饱和线以下（结雾区），此种状态是饱和空气加水雾，是一种不稳定状态。这种情况下应将新风预热（或者将室内室外空气混合后预热），使预热后的混合点落在 h_l（露点的焓值）之上。在工程中，如果不预热就会出现两个问题：

1. 空气无法处理到送风状态点。

2. 当混合后的温度低于 0℃时，就会在过滤器上结霜，阻塞过滤器。

另外，在冬季室外温度较低（我国的严寒地区），新风也需预热，以避免在电动调节水阀关小，盘管内流速较低时热水盘管冻裂。

如果加热段采用的是氟盘管的话，此时室内是冷凝器，室外侧是蒸发器，此时预热是为了保证直膨机能够顺利开机，要保证冷凝器侧压力不是很低，所以需要预热。另外还有一点，预热是为了使新风经过氟盘管后能够达到所需要的焓值。

12.7　空调房间的风量平衡和热量平衡

12.7.1　风量平衡

在空调设计中应注意空调房间的风量平衡问题，见图 12-5。

$$G = G_{\mathrm{n}} + G_{\mathrm{p}} + G_{\mathrm{s}}$$

式中　G——空调系统的送风量，kg/s；

　　　G_{n}——空调系统的回风量，kg/s；

　　　G_{p}——空调房间的排风量，kg/s；

　　　G_{s}——维持房间正压所需的渗透风量，kg/s。

由于送风、回风、排风、渗透风的密度非常接近，用体积风量代替质量风量表达风量平衡在空调系统设计中已足够精确，因此，空调系统的风量平衡近似表示为：

$$L = L_{\mathrm{n}} + L_{\mathrm{p}} + L_{\mathrm{s}}$$

式中 L——空调系统的送风量，m^3/s；

　　　L_n——空调系统的回风量，m^3/s；

　　　L_p——空调房间的排风量，m^3/s；

　　　L_s——维持房间正压所需的渗透风量，m^3/s。

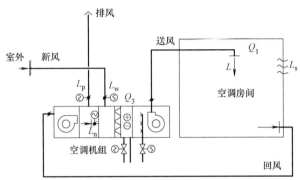

图 12-5　空调房间的风量平衡原理图

Q_1—室内冷热负荷，kW；Q_3—空调机组制冷（制热）量，kW

1. 维持房间正压所需的渗透风量

当房间不存在任何泄漏时，若送入房间的风量与排出房间的风量间保持额定的风量差，房间压差将随时间呈正比关系增加，而实际的房间有固定的泄漏面积，比如窗缝、门缝等，泄漏的风量在流经这些缝隙时其压力将产生局部阻力损失，即：压力降 ΔP，这个压力降就是房间的正压值，由伯努利方程：

$$\Delta P = \zeta \cdot \frac{\rho \cdot v^2}{2}$$

得出：

$$\Delta P = \frac{\zeta \cdot \rho}{2}\left(\frac{L_s}{A}\right)^2 \qquad （12-20）$$

式中　ΔP——房间的正压值，Pa；

　　　ζ——局部阻力系数；

　　　ρ——空气的密度，kg/m^3；

　　　A——缝隙截面积，m^2；

　　　L_s——渗透风量，m^3/s。

由上式可知，对于具有一定泄漏面积的房间，让室内送风量与排风量之间保持一定的风量差（L_s），可以产生并维持固定的房间室内外压差。

维持房间正压所需的渗透风量可以通过缝隙法或换气次数法确定，缝隙法既考虑了房间围护结构的气密性，又考虑了室内维持不同压差所需的风量，因此更接近于工程实际。舒适性空调房间的正压值一般取 5 ～ 10Pa。净化空调需根据工艺要求确定正压或负压值。对于建设在沿海城市和室外风速较大的城市的净化工程须进行迎风压力复核计算，要保证室内正压值高于室外风速产生的风压力。

缝隙法计算公式：

$$L_s = \alpha \cdot \Sigma(q \cdot l) \qquad （12-21）$$

式中　L_s——渗漏风量，m^3/h；

　　　α——安全系数，可取 $1.1 \sim 1.2$；

　　　q——当洁净室为某一压差值时，单位长度缝隙的漏风量，$m^3/（h \cdot m）$；

　　　l——缝隙长度，m。

单位长度缝隙的漏风量的计算公式：

$$q = a \cdot \Delta p^{\frac{1}{n}} \qquad （12\text{-}22）$$

式中　Δp——室内要求保持的正压或负压值，mmH_2O；

　　　a、n——严密程度有关的常数。

由于取值宽泛，计算结果精确度不高。目前都是通过实验的方法确定单位长度缝隙的漏风量。工程设计时，可按表 12-1 直接确定漏风量。

围护结构单位缝隙长度的漏风量　　　　　　　表 12-1

门窗形式	非密闭门	密闭门	单层固定密闭钢窗	单层开启式密闭钢窗	传递窗	壁板
压差（Pa）	漏风量 $[m^3/（h \cdot m）]$					
5	17	4	0.7	3.5	2.0	0.3
10	24	6	1.0	4.5	3.0	0.6
15	30	8	1.3	6.0	4.0	0.8
20	36	9	1.5	7.0	5.0	1.0
25	40	10	1.7	8.0	5.5	1.2
30	44	11	1.9	8.5	6.0	1.4
35	48	12	2.1	9.0	7.0	1.5
40	52	13	2.3	10.0	7.5	1.7
45	55	15	2.5	10.5	8.0	1.9
50	60	16	2.6	11.5	9.0	2.0

注：该表来源于文献［36］。

2. 室外风速产生的风压力

$$P = C\frac{v^2 \rho}{2} \qquad （12\text{-}23）$$

式中　v——室外迎风面计算风速，m/s；

　　　ρ——空气密度，常温时取 $1.2kg/m^3$；

　　　C——风压系数，平均取 0.9。

通过上式计算可知，当迎风面计算风速达到 3m/s 时，风压力接近 5Pa，当迎风面计算风速达到 4.3m/s 时，风压力达到 10Pa。由此可见，迎风面计算风速对于净化工程有着较大的影响。

12.7.2　热量平衡

在图 12-5 中，空调系统设计中空调房间的热平衡可表示为：

$$G \cdot h_0 + Q_1 = G_N \cdot h_N + G_p \cdot h_N + G_s \cdot h_N$$

式中　h_0——送风焓值，kJ/kg；

　　h_N——空调房间内空气的焓值，kJ/kg；

　　Q_1——室内冷热负荷，kW；

其余参数同前。

12.8　新风量的确定

空调系统新风量应按以下三项的最大值确定：

1. 人员所需新风量。按《民用建筑供暖通风与空气调节设计规范》GB 50736—2012 第 3.0.6 条确定。

2. 补偿空调房间的排风量 + 维持房间正压所需的渗透风量（L_p+L_s）。

3. 新风除湿所需新风量。如冷辐射供冷、冷梁供冷工程，新风需要承担除湿负荷。

之前有一些资料规定，空调系统的新风量占送风量的百分数不应低于 10%。但对温湿度波动范围要求很小或洁净度要求很高的空调区，其送风量都很大，即使要求最小新风量达到送风量的 10%，新风量也很大，不仅不节能，而且大量室外空气还影响了室内温湿度的稳定，增加了过滤器的负担。对一般舒适性空调系统而言，按人员、空调区正压等要求确定的新风量达不到 10% 时，由于人员较少，室内 CO_2 浓度也较小（氧气含量相对较高），也没必要加大新风量。因此新的规范对最小新风比已不作要求了。

12.9　空气处理过程送风量的确定

送风量的确定的步骤如下（以图 12-7 为例）：

1. 根据送风温差和室内温度确定送风温度。

2. 送风温度的等温线与热湿比线的交点即为送风状态点。

3. 通过下式计算送风量：

$$G=\frac{Q_1}{h_N-h_O}=\frac{1000W}{d_N-d_O}=\frac{Q_x}{1.01\times(t_N-t_O)} \tag{12-24}$$

式中　G——送风量，kg/s；

　　Q_1——室内冷负荷（热负荷），kW；

　　h_N——室内空气的焓值，kJ/kg；

　　h_O——送风焓值，kJ/kg；

　　W——室内湿负荷，kg/s；

　　d_N——室内空气的含湿量，g/kg_{干空气}；

　　d_O——送风含湿量，g/kg_{干空气}；

　　Q_x——室内显热负荷，kW；

　　t_N——室内干球温度，℃；

　　t_O——送风干球温度，℃；

　　1.01——空气的比热，kJ/（kg·℃）。

12.10 工程中常见的空气处理过程

12.10.1 空调房间送风温差和换气次数

为了保证空调房间的参数，空调系统的设计首先要确定送风温差或换气次数（或二者同时确定）（见表 12-2）。同时还要有必要的自控手段来保证正常运行。

由式（12-24）可知，送风温差越大，送风量就越小。对于空调系统来说，风量越小越经济。但需注意下列问题：

1. 风量过小使房间内温度、湿度分布不均匀。

2. 送风温度将会很低，使室内人员感到吹冷风，舒适度降低。

3. 有可能使送风温度低于室内空气露点温度，这样可能使送风口（普通风口）出现结露现象。

空调房间送风温差和换气次数 表 12-2

	工艺性空调				舒适性空调	净化空调
室内温湿度 （℃）	室内温湿度基数根据工艺需要和卫生条件确定				冬季 18～22℃， φ=30%～60% 夏季 22～28℃， φ=40%～65%	室内温湿度基数根据工艺需要和卫生条件确定
室内温度允许 波动范围（℃）	不超过 ±1	±1	±0.5	±（0.1～0.2）		要和卫生条件 确定
送风温差（℃）	小于或 等于 15	6～9	3～6	2～3	送风口高度≤5m 时，不宜大于 10 送风口高度＞5m 时，不宜大于 15	
换气次数 （h⁻¹）	不小于 5 （高大空间 除外）	不小于 5 （高大空间 除外）	不小于 8	不小于 12	不宜小于 5 （高大空间除外）	换气次数根据 净化级别确定

12.10.2 风机温升

在空调系统中，风机运转推动气流运动作功的机械能全部转化为热释放在空气中，这会使经过风机后的空气温度上升，称之为风机温升。

在本书第 2.3.3 节可知，风机在运转时其电动机的输入功率为：

$$N_g' = \frac{N_e}{\eta \cdot \eta_d \cdot \eta_g} = \frac{L \cdot P}{1000 \cdot \eta \cdot \eta_d \cdot \eta_g}$$

这些输入的能量均要转化为热量，被空气吸收后使空气温度升高，因此有：

$$\frac{L \cdot P}{1000 \cdot \eta \cdot \eta_d \cdot \eta_g} = L \cdot \rho \cdot c_p \cdot \Delta t$$

从而求出：

$$\Delta t = \frac{P}{1000 \cdot \eta \cdot \eta_\mathrm{d} \cdot \eta_\mathrm{g} \cdot \rho \cdot c_\mathrm{p}} \qquad (12\text{-}25)$$

式中　Δt——风机温升 ℃；

　　　L——风机的风量，$\mathrm{m^3/s}$；

　　　P——风机的全压，Pa；

　　　η——风机的效率，离心风机一般为 $0.70 \sim 0.90$；

　　　η_d——传动效率，直联传动为 1.0；由三角皮带传动为 0.95；

　　　η_g——电动机效率；Y 系列异步电动机额定效率一般在 $0.73 \sim 0.94$；

　　　ρ——空气的密度，$1.2\mathrm{kg/m^3}$；

　　　c_p——空气的比热，$1.01\mathrm{kJ/（kg \cdot ℃）}$；

　　由上式可知，风机温升的大小与风机的全压成正比，与风量无关。因此，对于出口静压较高的净化空调系统，风机温升是不可忽视的问题。防爆空调机组的电机设在空调箱外，通过三角皮带传动，此时电机的效率 $\eta_\mathrm{g}=1$；一般的空调系统电动机均在空调箱内，当电动机的效率 $\eta_\mathrm{g}=0.85$ 时，风机温升计算结果如表 12-3 所示。

当电动机的效率 $\eta_\mathrm{g}=0.85$ 时，风机温升（℃）　　　　　　表 12-3

风机全压（Pa）	电动机在气流外			电动机在气流内					
	由三角皮带传动			电机直连传动			由三角皮带传动		
	$\eta=0.7$	$\eta=0.8$	$\eta=0.9$	$\eta=0.7$	$\eta=0.8$	$\eta=0.9$	$\eta=0.7$	$\eta=0.8$	$\eta=0.9$
800	0.99	0.87	0.77	1.11	0.97	0.86	1.17	1.02	0.91
900	1.12	0.98	0.87	1.25	1.09	0.97	1.31	1.15	1.02
1000	1.24	1.09	0.97	1.39	1.21	1.08	1.46	1.28	1.14
1200	1.45	1.30	1.16	1.66	1.46	1.29	1.75	1.53	1.36

12.10.3　风机温升增加的显热负荷的百分率

　　风机温升增加的显热负荷的百分率可按下式求出：

$$\frac{\Delta t}{\Delta t_\mathrm{s}} \times 100\% \qquad (12\text{-}26)$$

式中　Δt_s——送风温差 ℃。

　　由于风管内、外存在温差，所以就会有热量通过管壁进行传递，从而导致风管内空气温度的升高（得热时）或降低（失热时），这部分温升称之为管道温升。

　　为了方便分析，在下面的空气处理过程中，将管道温升视为风机温升的一部分，统一考虑温升的影响。同时，在下面的舒适性空调冬季空气处理过程中，均忽略风机温升的影响。

12.10.4　恒温恒湿空调系统空气处理过程

　　恒温恒湿空调系统（即冬季、夏季室内参数相同）如图 12-6 所示。已知空调房间的冷负荷 Q_l（kW）、湿负荷 W（kg/s），根据规范要求确定新风量 G_w（kg/s）。

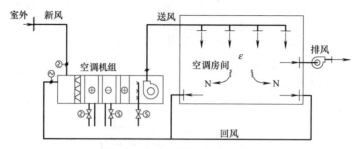

图 12-6　恒温恒湿空调系统

1. 夏季工况

由于工艺的要求，室内温湿度允许波动的范围小，送风温差要求较小。空气降温除湿后一般要再热。

一次回风恒温恒湿空调系统夏季空气处理过程如图 12-7 所示，在 h-d 图上标出室内状态点 N，过 N 点作室内热湿比线 ε，根据送风温差 Δt_s 画出 t_O 线，该线与 ε 的交点 O 即为送风状态点，过 O 点的等湿线 d_o 与 $\varphi=95\%$ 线相交于点 L′，L′点为机器露点，为了获得 O 点，现将室内外混合状态 C 冷却减湿处理到 L′点，再由 L′点加热到 O′点，之后再经风机温升至 O 点，然后送入房间，吸收余热余湿后变为室内状态点 N，一部分室内空气直接排到室外，另一部分再回到空调机组和新风混合。

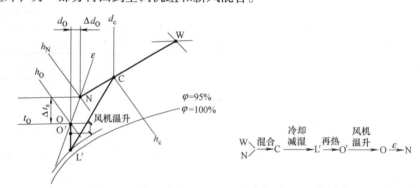

图 12-7　一次回风恒温恒湿空调系统夏季空气处理过程

$$G=Q_1/(h_N-h_O) \quad (\text{kg/s}) \tag{12-27}$$

回风量
$$G_N=G-G_W \quad (\text{kg/s}) \tag{12-28}$$

由公式　　$h_C=\dfrac{G_W \cdot h_w + G_N \cdot h_N}{G}$，$d_C=\dfrac{G_W \cdot d_w + G_N \cdot d_N}{G}$，确定 C 点；

新风冷负荷
$$Q_2=G_W \cdot (h_w-h_N) \quad (\text{kW}) \tag{12-29}$$

再热冷负荷
$$Q_3=G \cdot (h_{O'}-h_{L'}) \quad (\text{kW}) \tag{12-30}$$

空调机组制冷量
$$Q_O=Q_1+Q_2+Q_3=G \cdot (h_C-h_{L'}) \quad (\text{kW}) \tag{12-31}$$

2. 冬季工况

一次回风恒温恒湿空调系统冬季空气处理过程如图 12-8 所示。在冬季，热湿比因房间有耗热而减少，如果室内余湿量 W（kg/s）与夏季相同，同时，一般工程中冬季与夏季采用相等的送风量和新风量，则送风状态点的含湿量 d_o 可以按以下公式确定：

由公式　$\Delta d_O = d_N - d_O = \dfrac{W}{G} \times 1000$，得出 $d_O = d_N - \dfrac{W}{G} \times 1000$。

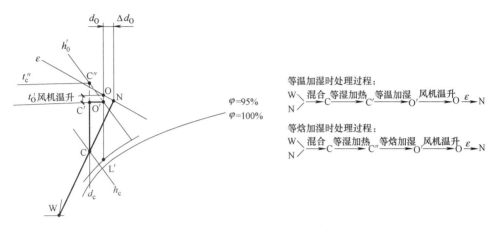

等温加湿时处理过程：

$$W \atop N \Big\rangle \xrightarrow{\text{混合}} C \xrightarrow{\text{等湿加热}} C' \xrightarrow{\text{等温加湿}} O' \xrightarrow{\text{风机温升}} O \xrightarrow{\varepsilon} N$$

等焓加湿时处理过程：

$$W \atop N \Big\rangle \xrightarrow{\text{混合}} C \xrightarrow{\text{等湿加热}} C'' \xrightarrow{\text{等焓加湿}} O' \xrightarrow{\text{风机温升}} O \xrightarrow{\varepsilon} N$$

图 12-8　一次回风恒温恒湿空调系统冬季空气处理过程

因此，冬季送风状态点 O 就是热湿比线 ε 与 d_O 的交点。O 点减去风机温升就是 O′ 点。若冬、夏室内的余湿不变，则 d_O 与 $\varphi=95\%$ 线的交点 L′ 将与夏季相同。采用与夏季相同的方法确定混合状态点 C。当采用蒸汽加湿时，混合后的空气将被等湿加热到 O′ 点的等温线上的 C′ 点，经过加湿的空气沿等温线处理到 O′ 点，再经风机温升后至送风状态点 O 送入房间，吸收余热余湿后变为室内状态点 N，一部分室内空气直接排到室外，另一部分再回到空调机组和新风混合。当采用高压喷雾（或湿膜）加湿时，混合后的空气将被等湿加热到 O′ 的等焓线上的 C″ 点，经过加湿的空气沿等焓线处理到 O′，再经风机温升后至送风状态点 O 送入房间，吸收余热余湿后变为室内状态点 N，一部分室内空气直接排到室外，另一部分再回到空调机组和新风混合至 C 点。

冬季加湿量　　　　　　　　　$W' = G \cdot (d_O - d_C)/1000$　（kg/s）　　　　　　　（12-32）

室内热负荷　　　　　　　　　$Q_1' = G \cdot (h_N - h_O)$　（kW）　　　　　　　（12-33）

新风加热量　　　　　　　　　$Q_2' = G_W \cdot (h_N - h_W)$　（kW）　　　　　　　（12-34）

等温加湿时空调机组制热量　$Q_0' = Q_1' + Q_2' = G \cdot (h_{C'} - h_C)$　（kW）　　　　（12-35）

等焓加湿时空调机组制热量　$Q_0' = Q_1' + Q_2' = G \cdot (h_{O'} - h_C)$　（kW）　　　　（12-36）

12.10.5　一次回风舒适性空调系统空气处理过程

在民用建筑中，大空间一般采用一次回风定风量全空气系统，如图 12-9 所示。由于

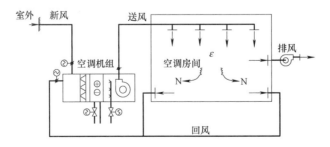

图 12-9　一次回风舒适性空调系统

仅满足舒适性要求，因此冬夏季室内设计参数一般有所不同。为了节省能源，避免冷热抵消，夏季空调送风温差采用最大送风温差，空调机组不设夏季除湿后的再热功能段，空调机组一般采用两管制。

1. 夏季工况

一次回风舒适性空调系统夏季空气处理过程如图 12-10 所示，对于送风温差无严格限制的舒适性空调，一般采用最大送风温差送风，将混合后的空气处理到机器露点 L 而不是 L' 点后，经风机温升至 O 点，然后送入房间，吸收余热余湿后变为室内状态点 N，一部分室内空气直接排到室外，另一部分再回到空调机组和新风混合。

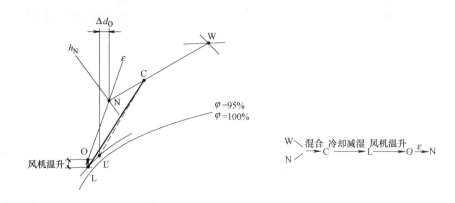

图 12-10　一次回风舒适性空调系统夏季空气处理过程

某些人员密集的场所，如餐厅、影剧院、候车大厅等，由于人员较多，其产生的湿负荷较大，这些场所空调的热湿比有时会小于 5000kJ/kg，这样一来，过室内状态点 N 的热湿比线 ε 与 φ=95% 线就没有交点（见图 12-11），此时的空气在经过表冷器降温除湿后还需要再热才能处理到热湿比线上。这样就出现了冷热抵消，非常不节能。此时如果室内温湿度要求不严格，则可通过调整室内的设计参数使它们出现交点。另外，如果采用溶液除湿温湿度独立控制空调系统，则完全可以避免冷热抵消的状况。

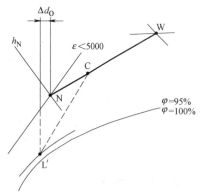

图 12-11　热湿比线 ε 与 φ=95% 线没有交点

2. 冬季工况

舒适性空调冬季处理过程及其各项加热量、冬季加湿量的计算与前面第 12.10.4 节相同。其冬季处理过程可以忽略风机温升。

12.10.6　二次回风舒适性空调系统空气处理过程

在影剧院的座椅送风空调系统中，为了避免吹冷风感，常采用二次回风系统来提高送风温度，减少送风温差，保证舒适度，如图 12-12 所示。如剧院空调设计温度为 26℃，座椅送风温度为 21℃。已知空调房间的冷负荷 Q_1（kW），湿负荷 W（kg/s），根据规范要求确定新风量 G_W（kg/s），其空气处理过程如下：

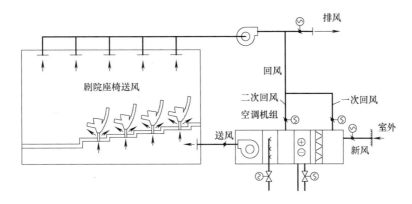

图 12-12 二次回风舒适性空调系统

1. 夏季工况

二次回风舒适性空调系统夏季空气处理过程如图 12-13 所示。在 h-d 图上标出室内状态点 N，过 N 点作室内热湿比线 ε，根据送风温差 Δt_S 画出 t_O 线，该线与 ε 的交点 O 即为送风状态点，O 点减去风机温升后就是二次混合点 C_2，NC_2 的延长线与 $\varphi=95\%$ 交点 L 点就是室内外空气经过一次混合后的 C_1 点经冷却减湿处理后的状态点。

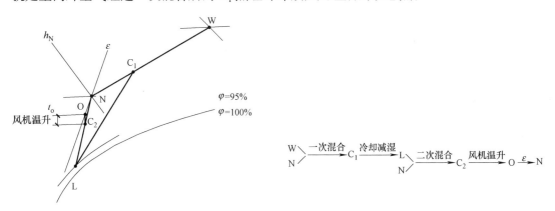

图 12-13 二次回风舒适性空调系统夏季空气处理过程

机组总风量

$$G = \frac{Q_1}{h_N - h_O} \quad （\text{kg/s}） \tag{12-37}$$

通过表冷器的风量

$$G_L = G \cdot \frac{h_N - h_O}{h_N - h_L} = \frac{Q_1}{h_N - h_L} \quad （\text{kg/s}） \tag{12-38}$$

一次回风量

$$G_1 = G_L - G_W \quad （\text{kg/s}） \tag{12-39}$$

二次回风量

$$G_2 = G - G_L \quad （\text{kg/s}） \tag{12-40}$$

由公式 $h_{C1} = \dfrac{G_W \cdot h_W + G_1 \cdot h_N}{G_W + G_1}$，$d_{C1} = \dfrac{G_W \cdot d_W + G_1 \cdot d_N}{G_W + G_1}$，确定 C_1 点。

空调机组制冷量

$$Q_3 = G_L \cdot （h_{C1} - h_L） \quad （\text{kW}） \tag{12-41}$$

2.冬季工况

舒适性空调的二次回风系统，冬季可以关闭二次回风阀按一次回风系统运行。这样系统控制会变得简单。冬季处理过程及其各项加热量、冬季加湿量的计算与前面相同。

12.10.7　变风量空调系统空气处理过程

在民用建筑的舒适性空调设计中，高档写字楼的空调系统往往采用变风量空调系统，在单风道变风量空调系统中，根据其供冷供热情况又分为以下三种系统形式：单冷型单风道系统；单冷再热型单风道系统；冷热型单风道系统。

在上述的3种系统形式中，单冷再热型单风道系统应用于外区冬季需要供热、内区需要供冷的场合。其空气处理过程较其他的形式复杂，现仅对其空气处理过程进行分析。图12-14为单冷再热型单风道变风量空调系统。

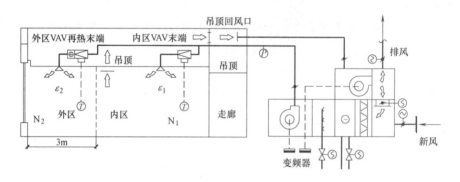

图 12-14　单冷再热型单风道变风量空调系统

1.夏季工况

单风道变风量空调系统夏季空气处理过程如图12-15所示，变风量空调系统一般采用最大送风温差送风，将混合后的空气处理到机器露点L后，经风机温升至O点，然后分别送入空调内、外区，分别沿 ε_1 和 ε_2 吸收余热余湿后变为室内状态点 N_1 和 N_2，内外区的空气在室内混合到N后进入吊顶内，吸收照明和回风机温升后至N'，一部分室内空气排到室外，一部分再回到空调机组和新风混合到C点。

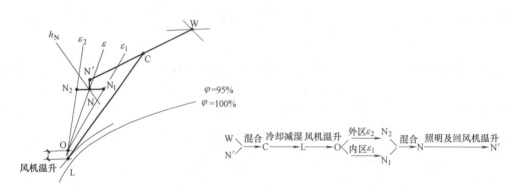

图 12-15　单风道变风量空调系统夏季空气处理过程

2. 冬季工况

单风道变风量空调系统冬季空气处理过程如图 12-16 所示。室内外空气混合到 C 点后，将混合后的空气等湿降温到机器露点 L 后，经风机温升至 O_1 点，然后分别送入空调内、外区，内区的空气沿 ε_1 吸收余热余湿后变为室内状态点 N_1，外区的空气经末端装置等湿再热至其送风状态点 O_2 沿 ε_2 变为室内状态点 N_2，内外区的空气在室内混合到 N 后进入吊顶内，吸收照明和回风机温升后至 N′，一部分室内空气排到室外，一部分再回到空调机组和新风混合到 C 点。

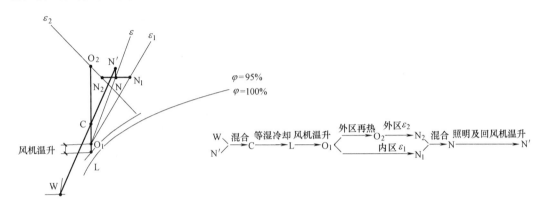

图 12-16　单风道变风量空调系统冬季空气处理过程

12.10.8　医疗净化空调系统空气处理过程

在一些医疗环境净化空调系统中，室内参数主要是满足人的舒适性要求，冬夏室内温湿度有所不同，但是净化房间的换气次数决定了净化空调系统的风量，也就确定了送风温差。夏季空气降温除湿后一般要再热。同时，为了防止机组漏风对洁净度的影响，空调机组一般是正压机组，冬室采用干蒸汽加湿。一般已知空调房间的冷负荷 Q_1（kW）、湿负荷 W（kg/s），及房间换气次数和新风量。手术室的净化空调系统根据新风处理的状态的不同可分为各个手术室独立新风和集中新风处理两种情况。图 12-17 为独立新风手术室空调净化系统。

1. 各个手术室独立新风

（1）夏季工况

独立新风手术室空调净化系统夏季空气处理过程如图 12-18 所示，在 h-d 图上标出室内状态点 N，过 N 点作室内热湿比线 ε，根据手术室净化要求的换气次数确定送风量 L（m³/h），根据送风量 L 确定送风状态点 O 的焓值 h_0，h_0 与热湿比线 ε 的交点即为送风状态点 O。为了获得 O 点，现将室内外混合状态点 C′ 经风机温升到 C 点后，再冷却减湿处理到 L 点（机器露点），再由 L 点加热到 O 点，然后送入房间，吸收余热余湿后变为室内状态点 N，一部分室内空气直接排到室外，另一部分再回到空调机组和新风混合。

由于净化空调的换气次数较大，即送风量较大，使得送风温差较小，在 h-d 图上送风状态点距室内状态点很近。

根据房间换气次数确定总风量 L（m³/h）；根据满足人员卫生要求或维持室内正压要求确定新风量 L_W（m³/h）。

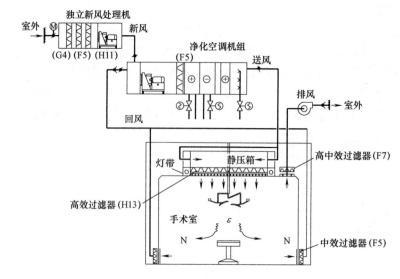

图 12-17　独立新风手术室净化空调系统

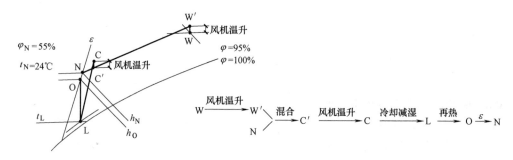

图 12-18　独立新风手术室净化空调系统夏季工况空气处理过程

房间总送风量	$G=L \cdot \rho /3600$ （kg/s）	（12-42）
房间新风量	$G_W=L_W \cdot \rho /3600$ （kg/s）	（12-43）
回风量	$G_N=G-G_W$ （kg/s）	（12-44）

由公式　$h_{C'} = \dfrac{G_W \cdot h_{W'} + G_N \cdot h_N}{G}$，　$d_{C'} = \dfrac{G_W \cdot d_W + G_N \cdot d_N}{G}$，确定 C' 点。

夏季送风状态点的焓值　$h_O = h_N - \dfrac{Q_1}{G} = h_N - 3600\dfrac{Q_1}{L \cdot \rho}$ （kJ/kg）

新风冷负荷	$Q_2=G_W \cdot (h_{W'}-h_N)$ （kW）	（12-45）
再热冷负荷	$Q_3=G \cdot (h_O-h_L)$ （kW）	（12-46）
空调机组制冷量	$Q_0=Q_1+Q_2+Q_3=G \cdot (h_C-h_L)$ （kW）	（12-47）

（2）冬季工况

由于手术室一般都处在建筑的内区，冬季没有围护结构的热负荷，室内的热湿比与夏季一致。冬季室内送风状态点 O 的焓值由同样的方法确定。在图 12-19 中，h_O 与 ε 的交点即为冬季送风状态点 O，为获取 O 点，先将室内外空气混合至 C' 点，经风机温升到 C'' 后，再经等湿加热到 C 点，由 C 点经蒸汽等温加湿至 O 点。

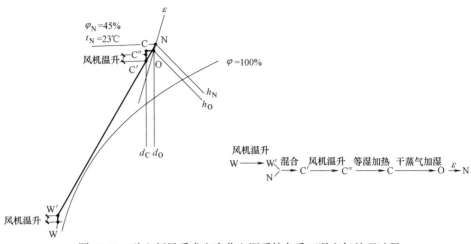

图 12-19 独立新风手术室净化空调系统冬季工况空气处理过程

冬季送风状态点的焓值 $\quad h_O = h_N - \dfrac{Q_1}{G} = h_N - 3600\dfrac{Q_1}{L \cdot \rho}$ （kJ/kg）

由公式 $\quad h_{C'} = \dfrac{G_W \cdot h_{W'} + G_N \cdot h_N}{G} \quad d_{C'} = \dfrac{G_W \cdot d_W + G_N \cdot d_N}{G}$，确定 C' 点。

冬季加湿量 $\qquad\qquad W' = G \cdot (d_O - d_C)/1000$ （kg/s） （12-48）

新风加热量 $\qquad\qquad Q_2' = G_W \cdot (h_N - h_{W'})$ （kW） （12-49）

空调机组制热量 $\qquad\quad Q_0' = G \cdot (h_{C''} - h_C)$ （kW） （12-50）

2. 集中新风处理手术室净化空调系统

为了抑制手术室微生物的繁殖，经常采用新风集中处理机组，在夏季让新风来消除手术室内的全部湿负荷，而净化空调机组以干工况运行，仅处理手术室内的显热负荷和保证净化换气次数，其系统形式如图 12-20 所示。

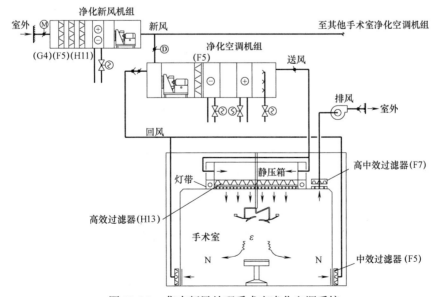

图 12-20 集中新风处理手术室净化空调系统

（1）夏季工况

集中新风处理手术室净化空调系统夏季空气处理过程如图 12-21 所示。按照前面的方法确定送风状态点 O，送风状态点 O 应为 h_O 与热湿比线 ε 的交点。新风处理到 d_L 与 $\varphi=95\%$ 交点 L'，经风机等湿温升到 L 点后，与室内回风 N 混合至 C' 点，经风机温升至 C 点，再经表冷等湿降温至 O 点后送入手术室，吸收余热余湿后变为室内状态点 N，一部分室内空气直接排到室外。

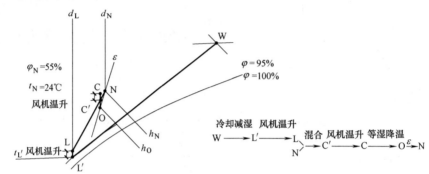

图 12-21　集中新风处理手术室净化空调系统夏季空气处理过程

这种处理方法避免了冷水除湿后的再加热过程，没有了冷热量的抵消，因此是较节能的处理方法。但是由于 L' 的干球温度较低，要实现此过程，需保证新风机组的供水温度比 $t_{L'}$ 至少要低 3.5℃。为此，有些工程需要双冷源新风机组，即在普通的表冷器之后再增设一个直接蒸发式的表冷器。比如穿着厚重防护服的负压手术室、穿着厚重铅衣的骨科手术室，夏季不仅要求室内温度要低，同时要求室内湿度也要较低。

由于新风承担室内全部湿负荷，因此有：

$$d_L = d_N - \frac{W}{G_W} \times 1000$$

夏季送风状态点的焓值　$h_O = h_N - \dfrac{Q_1}{G} = h_N - 3600 \dfrac{Q_1}{L \cdot \rho}$（kJ/kg）

由公式　$h_{C'} = \dfrac{G_W \cdot h_L + G_N \cdot h_N}{G}$，$d_C = d_O$，确定 C' 点。

房间总送风量　　　　　　$G = L \cdot \rho / 3600$（kg/s）　　　　　　　　（12-51）

新风冷负荷　　　　　　　$Q_2 = G_W \cdot (h_W - h_{L'})$（kW）　　　　　　　（12-52）

空调机组制冷量　　　　　$Q_3 = G \cdot (h_C - h_O)$（kW）　　　　　　　　（12-53）

（2）冬季工况

空气处理过程同前面的案例一样，由于手术室一般都处在建筑的内区，冬季没有围护结构的热负荷，室内的热湿比与夏季一致。冬季送风状态点的焓值由同样的方法确定。在图 12-22 中，h_O 与 ε 的交点即为冬季送风状态点 O。新风经等湿加热和风机温升到 W″ 点，与回风 N 混合至 C″ 后，经净化空调机组风机温升至 C' 再等湿加热到 C 后，经等温加湿至送风状态点 O。送入手术室吸收余热余湿后变为室内状态点 N，一部分室内空气直接排到室外。

冬季送风状态点的焓值　$h_O = h_N - \dfrac{Q_1}{G} = h_N - 3600 \dfrac{Q_1}{L \cdot \rho}$（kJ/kg）

冬季加湿量 $\qquad W' = G \cdot (d_O - d_C)/1000$ （kg/s） （12-54）

新风加热量 $\qquad Q_2' = G_W \cdot (h_{W'} - h_W)$ （kW） （12-55）

空调机组制热量 $\qquad Q_3' = G \cdot (h_C - h_{C'})$ （kW） （12-56）

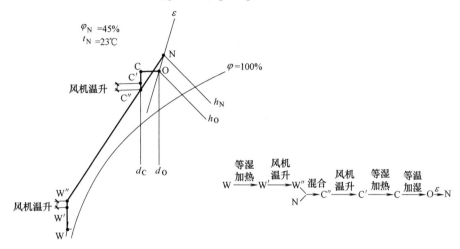

图 12-22 集中新风处理手术室净化空调系统冬季空气处理过程

12.10.9 二次回风手术室净化空调系统空气处理过程

在一些净化工程中特别是手术室空调中，为了避免除湿后再热的冷热量的抵消，节约能耗，有时采用二次回风技术，利用混合一定量的回风来提高送风温度，在夏季将新风集中处理到室内状态点的等焓线上，此时的净化空调机组必须是负压机组，即：送风机设置在空调箱的最末端，如图 12-23 所示。但是这种二次回风的系统对于手术室夏季室内湿度的控制不利。

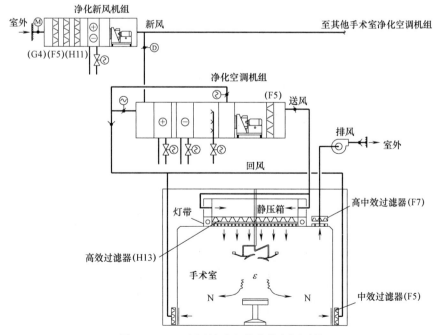

图 12-23 二次回风手术室净化空调系统

1. 夏季工况

二次回风手术室净化空调系统夏季空气处理过程如图 12-24 所示。按照前面的方法确定送风状态点 O，送风状态点 O 应为 h_O 与热湿比线 ε 的交点。过 O 作等湿线，在等湿线减去风机温升就是二次混合点 C_2，连接 N 和 C_2 点并延长与 $\varphi=95\%$ 相交于 L 点。新风处理到与 $\varphi=95\%$ 交点 K′，经风机等湿温升到室内状态点的等焓线上的 K 点后，与一次回风 N 混合至 C_1 点，再经表冷降温减湿至 $\varphi=95\%$ 上的 L 点后，与二次回风混合至 C_2 点，再经风机等湿温升到 O 点后送入手术室，吸收余热余湿后变为室内状态点 N，一部分室内空气直接排到室外。

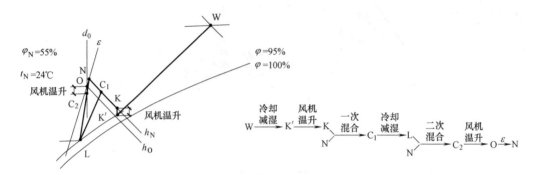

图 12-24　二次回风手术室净化空调系统夏季空气处理过程

这种处理方法避免了冷水除湿后的再加热过程，没有了冷热量的抵消，因此也是较节能的处理方法。但是净化空调机组是湿工况运行，对抑制霉菌的生长不利。

通过表冷器的风量
$$G_L = G \cdot \frac{h_N - h_o}{h_N - h_L} = \frac{Q_1}{h_N - h_L} \quad (\text{kg/s}) \tag{12-57}$$

一次回风量
$$G_1 = G_L - G_W \quad (\text{kg/s}) \tag{12-58}$$

二次回风量
$$G_2 = G - G_L \quad (\text{kg/s}) \tag{12-59}$$

由公式 $h_{C_1} = \dfrac{G_W \cdot h_K + G_1 \cdot h_N}{G_W + G_1}$，$d_{C_1} = \dfrac{G_W \cdot d_K + G_1 \cdot d_N}{G_W + G_1}$，确定 C_1 点。

新风冷负荷
$$Q_2 = G_W \cdot (h_W - h_{K'}) \quad (\text{kW}) \tag{12-60}$$

空调机组制冷量
$$Q_3 = G_L \cdot (h_{C_1} - h_L) \quad (\text{kW}) \tag{12-61}$$

2. 冬季工况

空气处理过程同前面的案例一样，由于手术室一般都处在建筑的内区，冬季没有围护结构的热负荷，室内的热湿比与夏季一致。冬季室内的焓值由同样的方法确定。在图 12-25 中，h_O 与 ε 的交点即为冬季送风状态点 O。过 O 作等湿线，在等湿线减去风机温升就是二次混合点 C_2，连接 N 点和 C_2 点并延长与 $\varphi=95\%$ 相交于 C_1''。室外风与一次回风混合到 C_1 点后，经净化空调机组等湿加热升温至 C_1'，再经等温加湿至 C_1'' 后，与二次回风混合至 C_2，经风机温升至冬季送风状态点 O，送入手术室吸收余热余湿后变为室内状态点 N，一部分室内空气直接排到室外。

在此过程中，为了避免盘管冻结应将新风机组的水放掉，新风不需加热。当室外温度

高于 t_1 时，净化空调机组由制热工况转换为制冷工况。

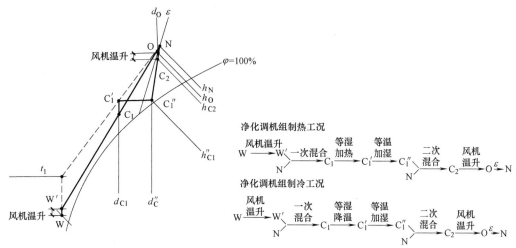

图 12-25　二次回风手术室净化空调系统冬季空气处理过程

一次回风量 G_1、二次回风量 G_2 与夏季工况相同。

由公式 $h_{C_1} = \dfrac{G_W \cdot h_{W'} + G_1 \cdot h_N}{G_W + G_1}$，$d_{C_1} = \dfrac{G_W \cdot d_K + G_1 \cdot d_N}{G_W + G_1}$，确定 C_1 点。

由公式 $h_{C_1''} = \dfrac{G \cdot h_{C2} - G_2 \cdot h_N}{G_L}$，确定 C_1'' 点。

确定 C_1' 点：过 C_1 点作等湿线与 C_1'' 的等温线相交于 C_1'；

空调机组制热量 $\qquad\qquad Q_3' = G_L \cdot (h_{C_1'} - h_{C_1})$　（kW）　　　　　　　　　（12-62）

冬季加湿量 $\qquad\qquad W' = G_L \cdot (d_{C_1''} - d_{C_1}) / 1000$　（kg/s）　　　　　　（12-63）

12.10.10　直流式空调系统空气处理过程

直流式空调系统是用新风承担全部室内冷热负荷（见图 12-26），一般用于不宜回风的场合，如：医院的负压传染病房、公共建筑中的厨房等。另外，在可以采用排风热回收的地区，当风量 ≥ 10000m³/h、最小新风比 ≥ 50% 时，采用直流式空调系统加空气—空气能量回收装置的方式，也有很大的优势。

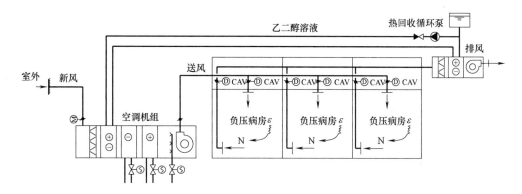

图 12-26　直流式空调系统

1. 夏季工况

直流式空调系统夏季空气处理过程如图 12-26 所示，负压病房室内参数主要是满足人的舒适性要求，冬、夏室内温湿度有所不同，夏季空气降温除湿后一般要再热。一般已知空调房间的冷负荷 $Q_1(\text{kW})$，湿负荷 $W(\text{kg/s})$，及根据规范确定的房间换气次数，由此决定了空调系统的风量 $L(\text{m}^3/\text{h})$。

在图 12-27 中，新风状态点由 W 经热回收后变为 W′，由于新风承担室内全部负荷，新风被冷却减湿处理到 L 点，经风机等湿温升到 L′ 点，再等湿加热到送风状态 O 点后，送入房间，吸收余热余湿后变为室内状态点 N 后，室内空气再全部排到室外。

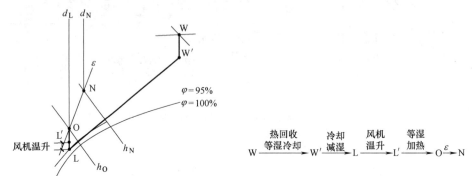

图 12-27　直流式空调系统夏季空气处理过程

按照前面的方法确定送风状态点 O，送风状态点 O 应为 h_O 与热湿比线 ε 的交点。过 O 点作等湿线与 $\varphi=95\%$ 相交于 L 点。

送风状态点的焓值　$h_O = h_N - \dfrac{Q_1}{G} = h_N - 3600\dfrac{Q_1}{L\cdot\rho}$（kJ/kg）

空调机组的冷量确定　$Q_0 = G\cdot(h_{W'}-h_L)$（kW）　　　　（12-64）

空调机组的再热量确定　$Q_3 = G\cdot(h_O-h_{L'})$（kW）　　　（12-65）

2. 冬季工况

直流式空调系统冬季空气处理过程如图 12-28 所示。在冬季，室内热负荷为 $Q_1'(\text{kW})$，室内湿负荷为 $W(\text{kg/s})$ 与夏季相同。热湿比因房间有耗热而减少，一般工程中冬季与夏季采用相等的风量，则送风状态点的焓值可以采用同样的方法确定。冬季送风状态点 O 就是热湿比线 ε 与 h_O 的交点。

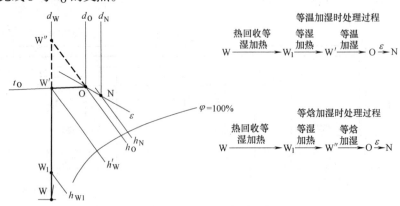

图 12-28　直流式空调系统冬季空气处理过程

送风状态点的焓值$h_O = h_N - \dfrac{Q_1'}{G} = h_N - 3600\dfrac{Q_1'}{L \cdot \rho}$（kJ/kg）

空气处理过程：室外空气由 W 点经热回收等湿加热到 W_1 点，再经加热器等湿加热到与送风状态点的等温线 t_o 的交点 W′ 点，再经干蒸汽等温加湿到 O 点。或者由 W_1 点经加热器等湿加热到与送风状态点的等焓线 h_o 的交点 W″，再经高压喷雾等焓加湿到 O 点送入室内。在室内热湿交换后沿热湿比线 ε 变为室内状态点 N 后排出室外。

空调机组等温加湿时热量确定 $\qquad Q_0' = G \cdot (h_{W'} - h_{W_1})$ （kW） $\qquad$ （12-66）

空调机组等焓加湿时热量确定 $\qquad Q_0' = G \cdot (h_{W''} - h_{W_1})$ （kW） $\qquad$ （12-67）

空调机组的加湿量确定 $\qquad\qquad W' = G \cdot (d_O - d_W)/1000$ （kg/s） $\qquad$ （12-68）

12.10.11　泳池冷凝热回收空调系统空气处理过程

为了维持泳池高质量的室内环境，除湿是重要的保障措施。传统的除湿方式是通过大量的通风，排出室内高湿度的空气，补进干燥室外空气。这一方案会造成大量的能源消耗。保温良好的游泳池，水的热能损失，95% 是通过泳池水表面蒸发造成的。除湿热泵机组则利用"热泵"技术，在除湿的同时，回收冷凝热用于加热池水或空气，大大减少了对能源的需求。

如图 12-29 所示的泳池除湿热泵空调系统，热泵型除湿机可全自动运行，在通过除湿控制室内空气相对湿度的同时，可给空气加热、池水加热、空气制冷。正常运行时，当湿度高于设定值时，热泵型除湿机启动。在需要加热的季节，热泵型除湿机可给空气和池水加热，当热泵型除湿机提供热量不足以维持空气和池水温度时，热泵型除湿机会自动输出信号以启动空气和池水辅助加热；在不需要加热的季节，热泵型除湿机会自动启动风冷冷凝器，将除湿过程中吸收到的热量以冷媒作介质通过风冷冷凝器释放到室外，从而起到给室内空气制冷的作用。

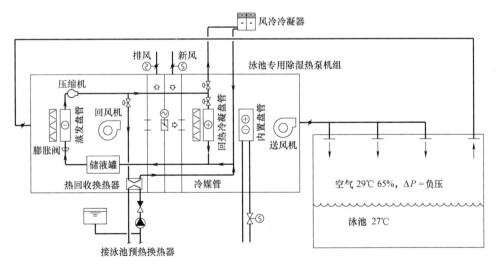

图 12-29　泳池除湿热泵空调系统原理图

除湿热泵一般由设备厂家根据除湿量和处理风量计算选择。内置盘管的作用是在冬季热泵不运行时，对空气进行加热，同时在夏季可以作为备用冷源。其大小应按冬季工况计算。

泳池室内温度较一般的空调房间温度高，专业比赛泳池水温一般为 $24 \sim 27℃$，泳池室内温度一般为 $26 \sim 29℃$，相对湿度60%～70%；酒店休闲型泳池水温一般为 $30 \sim 32℃$，室内温度一般为 $31 \sim 33℃$，相对湿度50%～60%，因此泳池夏季的冷负荷 Q_1（kW）较小，而冬季热负荷 Q_1'（kW）较大。泳池表面和潮湿地面不断地向室内蒸发水分，因此湿负荷 W（kg/s）较大。在 $h\text{-}d$ 图上，夏季其热湿比线较为平坦，与 $\varphi=95\%$ 的等相对湿度线无交点。

为了防止潮湿的空气外溢，泳池室内要求为负压，ASHRAE 建议排风量按保持室内 $1.3 \sim 3.8mH_2O$ 的负压考虑。酒店休闲型泳池与相邻空调房间的平均设计负压值宜取 25Pa。

ASHRAE 推荐的换气次数：没有观众的泳池换气次数为 $4 \sim 6h^{-1}$，有观众的泳池换气次数为 $6 \sim 8h^{-1}$。

ASHRAE 推荐的新风量：按每位观众 $25.5m^3/h$ 或 $1m^2$ 泳池湿区面积 $8.5m^3/h$。设计时取最大值，同时要考虑负压渗透的新风量，并保证夏季时的新风量不小于送风量的5%。冬季泳池的空调系统不加湿，泳池的相对湿度只有靠调节新风量的多少来控制。因此冬季最小新风量应使设计工况下相对湿度大于或等于最小相对湿度。如酒店休闲型泳池 $\varphi=50\%$。

1. 夏季工况

空气处理过程：在图 12-30 中，泳池室内潮湿空气 N 经过蒸发盘管冷凝除湿处理到 L′点，经回风机温升后至 L 点，一部分排出室外，一部分与新风 W 混合至 C 点后，再经回热冷凝器加热到 C′点及送风机温升至送风状态点 O 后送入泳池，吸收余热余湿后变为室内状态点 N。

按照前面的方法确定送风状态点 O，送风状态点 O 应为 h_O 与热湿比线 ε 的交点。由换气次数确定机组风量 L（m^3/h）。按上述要求确定新风量 L_1（m^3/h），质量流量分别为 G（kg/s）、G_1（kg/s）。

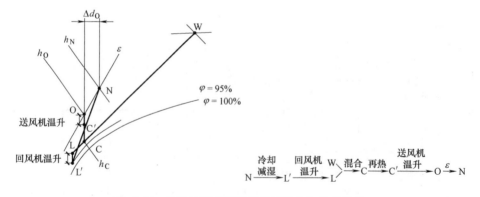

图 12-30　泳池冷凝热回收系统夏季空气处理过程

送风状态点的焓值　　$h_O = h_N - \dfrac{Q_1}{G} = h_N - 3600\dfrac{Q_1}{L \cdot \rho}$（kJ/kg）

热泵机组的制冷量为　　$G_O = G(h_N - h_{L'})$（kW）

2. 冬季工况

空气处理过程：冬季热泵系统不启动。在图 12-31 中，冬季送风状态点的焓值由同样的方法确定。h_O 与 ε 的交点即为冬季送风状态 O。室内空气一部分排出室外，一部分与室外新风混合至 C 点，C 点必须落在过 O 点的等湿线上。混合后的空气经等湿加热至送风状态点 O。送入游泳池吸收余热余湿后变为室内状态点 N。

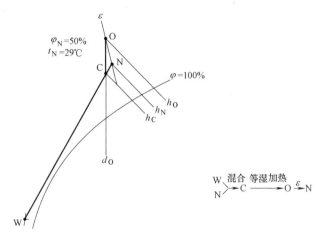

图 12-31　泳池冷凝热回收系统冬季空气处理过程

送风状态点的焓值　　$h_O = h_N - \dfrac{Q'_1}{G} = h_N - 3600\dfrac{Q'_1}{L \cdot \rho}$（kJ/kg）

内置盘管的加热量　　　　　　$Q'_0 = G \cdot (h_O - h_C)$（kW）　　　　　　　　　　（12-69）

12.10.12　风机盘管加新风空调系统空气处理过程

风机盘管加新风系统作为一种舒适性空调，在酒店客房、写字楼等工程中广泛地被采用。一般的工程中都是已知房间冷负荷 Q（kW）、湿负荷 W（kg/s），设计时，需要根据规范要求确定新风量 G_x（kg/s）。空气处理过程分为两种：新风和风机盘管送风各自分别送入房间后立刻发生混合的处理过程与不发生混合的处理过程。

1. 当新风和风机盘管送风各自分别送入房间后立刻发生混合，如图 12-32 所示。这种处理过程可根据其新风处理的状态分为两种情况：一种为新风不承担室内负荷，新风被处理到室内状态点的等焓线上；另一种为新风承担室内负荷。

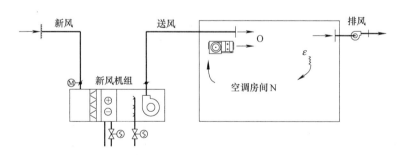

图 12-32　风机盘管加新风空调系统新风送入室内后发生混合

（1）新风不承担室内冷负荷

夏季工况空气处理过程：在图 12-33 中，由于是采用最大送风温差，送风状态点应为

室内的热湿比线 ε 与 $\varphi=95\%$ 的交点 O。新风处理到 $\varphi=95\%$ 上的机器露点 L_1' 后，经风机等湿温升与 h_N 相交于 L_1 点后，送入房间，室内空气经风机盘管减湿降温至 L_2 后送入房间，在送风口附近，新风与风机盘管处理后的室内空气混合至 O，吸收余热余湿后变为室内状态点 N，一部分室内空气直接排到室外。

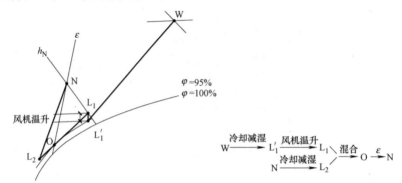

图 12-33　新风不承担室内负荷夏季空气处理过程

房间总送风量的确定　　　　　$G=Q/(h_N-h_O)$ （kg/s）　　　　　　（12-70）

风机盘管送风量的确定　　　　$G_P=G-G_X$ （kg/s）　　　　　　　（12-71）

风机盘管送风状态点 L_2 的确定：连接 L_1、O 两点并延长至 L_2 点，并使 $\overline{OL_2}=\overline{L_1O}\cdot\dfrac{G_X}{G_P}$。

风机盘管的冷量确定　　　　　$Q_P=G_P\cdot(h_N-h_{L_2})$ （kW）　　　　（12-72）

处理新风所需冷量确定　　　　$Q_X=G_X\cdot(h_W-h_{L_1'})$ （kW）　　　（12-73）

（2）新风承担室内全部潜热冷负荷

1）夏季工况：某些卫生要求较高的风机盘管加新风系统，如医院、生物试验室等，为了防止风机盘管的表冷器、积水盘内霉菌的滋生，有时会采用干式风机盘管，即由新风系统来承担室内的全部潜热负荷和部分显热负荷。而干式风机盘管只承担部分显热冷负荷。干式风机盘管的供水温度一般为 15～19℃，新风机组的供水温度一般为 5～7℃。

此时的空气处理过程：在图 12-34 中，根据允许的送风温差确定送风状态点 O，送风状态点应为室内的热湿比线 ε 与送风等温线的交点。

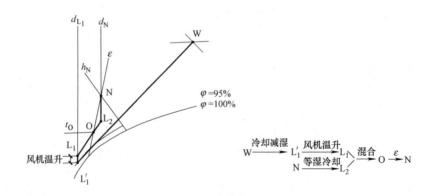

图 12-34　新风承担室内全部潜热冷负荷夏季空气处理过程

由于新风承担室内全部湿负荷，因此：

$$d_{L_1} = d_N - \frac{W}{G_X} \times 1000$$

新风处理到 d_{L_1} 与 $\varphi=95\%$ 交点 L_1'，经风机等湿温升到点 L_1 后送入房间，连接点 L_1 和 O 点并延长与室内状态点的等湿线 d_N 相交于 L_2，L_2 即为室内空气经干式风机盘管等湿降温后的送风状态点。

在送风口附近，新风与干式风机盘管处理后的室内空气混合至 O，吸收余热余湿后变为室内状态点 N，一部分室内空气直接排到室外。

房间总送风量的确定　　　　$G=Q/(h_N-h_O)$（kg/s）　　　　　（12-74）

风机盘管送风量的确定　　　$G_P=G-G_X$（kg/s）　　　　　　（12-75）

风机盘管的冷量确定　　　　$Q_P=G_P \cdot (h_N-h_{L_2})$（kW）　　　　（12-76）

处理新风所需冷量确定　　　$Q_X=G_X \cdot (h_W-h_{L_1'})$（kW）　　　　（12-77）

2）冬季工况：由于冬季供热时热水的温度较高，供回水温差较大，无论普通风机盘管还是干式风机盘管冬季均可负担全部的室内热负荷。

送风状态点的确定：如图 12-35 所示，在冬季，热湿比因房间有耗热而减少，如果室内余湿量 W（kg/s）与夏季相同，同时，一般工程中冬季与夏季采用相等的风量，则送风状态点的含湿量 d_O 可以确定如下：

$$\Delta d_O = d_N - d_O = \frac{W}{G} \times 1000$$

$$d_O = d_N - \frac{W}{G} \times 1000$$

由此可以得出冬季送风状态点 O，即：热湿比线 ε 与 d_O 的交点。

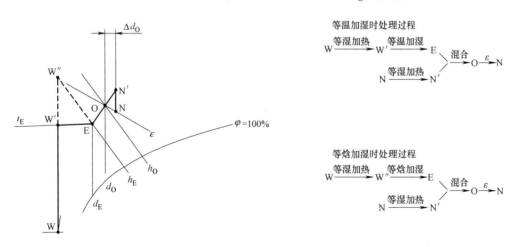

图 12-35　风机盘管加新风空调系统冬季空气处理过程

空气处理过程：室外空气由 W 点经加热器和风机温升等湿加热到 W′点，再经干蒸汽等温加湿到 E 点。或者 W 点经加热器和风机温升等湿加热到 W″点，再经高压喷雾等焓加湿到 E 点。室内空气经风机盘管等湿加热到 N′点，N′为 $\overline{EO}$ 的延长线与室内等湿线

d_N 的交点。新风与风机盘管在出风口处混合到 O 点后，与室内热湿交换后沿热湿比线 ε 变为室内状态点 N。

E 点的确定，在工程设计中，首先要对 t_E 进行设定，再由 $G_X \cdot d_E + G_P \cdot d_N = G \cdot G_O$ 求得：

$$d_E = d_O - \frac{G_P}{G_X}(d_N - d_O)$$

t_E 与 d_E 的交点就是新风处理的状态点 E。

为了满足舒适度的要求，如此确定的状态点 E，应能使 N′ 点的干球温度（即风机盘管的送风温度）$t_{N'} < 50℃$。如果不能满足，就得重新调整 t_E。

在酒店客房工程中，为了达到运行节能的目的，常常将新风加热到比客房温度低 2℃（即：$t_E = t_N - 2$），这样在客房无人时，风机盘管不开，新风保持较低的送风温度，达到节能运行的目的。

N′ 点的确定：

由公式 $G_X \cdot h_E + G_P \cdot h_{N'} = G \cdot h_O$

求得：$h_{N'} = h_O - \frac{G_X}{G_P}(h_O - h_E)$

$h_{N'}$ 与 d_N 的交点就是 N′ 点。

风机盘管的加热量 $\qquad\qquad Q_P' = G_P \cdot (h_{N'} - h_N)$ （kW） $\qquad\qquad$ （12-78）

等温加湿处理新风所需热量 $\qquad Q_X' = G_X \cdot (h_{w'} - h_W)$ （kW） $\qquad\qquad$ （12-79）

等焓加湿处理新风所需热量 $\qquad Q_X' = G_X \cdot (h_{w''} - h_W)$ （kW） $\qquad\qquad$ （12-80）

新风加湿量 $\qquad\qquad\qquad W' = G_X \cdot (d_E - d_W) / 1000$ （kg/s） $\qquad\qquad$ （12-81）

2. 当新风和风机盘管送风各自分别送入房间后不发生混合时的处理过程

有的时候新风和风机盘管送风各自分别送入房间后不发生混合，这样的处理过程与前面有所不同，但根据能量守恒的原则，最终所消耗的冷热量应该是一致的。仅以新风不承担室内负荷的情况来分析其过程，如图 12-36 所示。

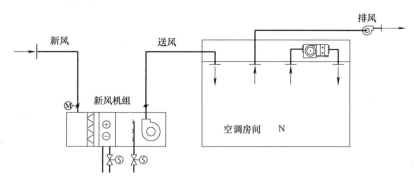

图 12-36　新风与风机盘管送风分别送入室内后不混合

（1）夏季工况

在图 12-37 中，新风处理到 $\varphi=95\%$ 上的机器露点 L_1' 后，经风机等湿温升至与 h_N 的交点 L_1 后，送入房间，室内空气经风机盘管减湿降温至 L_2 后送入房间，沿 ε 的平行线吸收余热余湿后变为状态点 N′，在房间内，新风与风机盘管处理后的室内空气混合至 N。

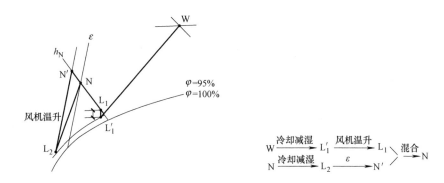

图 12-37　新风和风机盘管送风各自分别送入房间后不混合夏季空气处理过程

（2）冬季工况

在图 12-38 中，室外空气由 W 点经加热器和风机温升等湿加热到 W′点，再经干蒸汽等温加湿到 E 点。室内空气经风机盘管等湿加热到 N′点，沿热湿比线 ε 的平行线变为状态点 N″。在房间内，新风与风机盘管处理后的室内空气混合至 N。一部分室内空气直接排到室外。

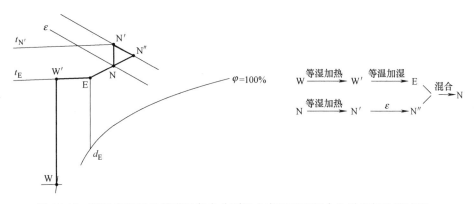

图 12-38　新风和风机盘管送风各自分别送入房间后不混合冬季空气处理过程

12.10.13　空调系统不加湿的条件

由焓湿图可知，在空气中水蒸气含量一定的条件下，提高空气温度时，相对湿度则会降低。因此在冬季房间送入新风时，若不进行加湿就会引起室内相对湿度过低。

1. 相对湿度不足引起的问题

因湿度不足造成的空气干燥，会造成各种各样的不良影响，基本上可分为如下 3 种：

（1）有损于健康和舒适性，使人感觉到皮肤干燥，口唇开裂。

（2）水分的蒸发和散失而产生的危害。如：纸和纤维等吸湿性材料，空气干燥时，其水分被夺走，作为产品的特性也产生了变化。美术品、绘画、木器制品等由于失去水分而干裂、变形、老化。酒店客房的家具会干裂。

（3）干燥的环境容易产生静电，静电会引起机器故障和降低产品质量。电子工业生产场合中，相对湿度过低，容易产生静电聚集，从而导致电子设备损坏，在易燃易爆场所，容易产生燃烧爆炸等。在某些要求较高的环境，如交换机房、程控机房、交换机房、IDC机房、电子加工车间、集成电路生产车间，静电放电会损坏电子元件，造成设备失效。静电也是造成制药厂的粉末附着，纺织、服装厂等纤维缠绕的原因。如果环境湿度维持在45%～65%之间，基本能消除静电产生的可能性。

2. 空调系统不加湿的条件

在我国南方某些潮湿地区，舒适性空调系统冬季空气处理往往可以不进行加湿。这是因为做了一个假设，即由于室外潮湿多雨，人员及物品不断进出空调房间，其由室外带入的水分能够满足等焓加湿的要求。但是，对于出入控制严格的净化空调房间，无论北方和南方都需要加湿。

12.10.14　新风集中处理系统冬季过程

在实际工程中，采用风机盘管加新风的空调系统中，如办公室、酒店客房、医院病房、诊室等，由于各个房间的热湿负荷不同，它们对新风处理的最终点 E 的要求也会各不相同，为了使问题得以简化，常常忽略房间的产湿量，此时的热湿比 ε 为 $-\infty$，见图12-39，新风经过集中等湿加热到等湿线与室内状态点的等温线 t_N 的交点 W′后，再经等温加湿到室内状态点 N。或者等湿加热到室内状态点的等焓线 h_N 与等湿线的交点 W″后，再经等焓加湿到室内状态点 N。处理后的新风送至各个房间与风机盘管送风状态点 N′混合到 O 后送入房间。与室内热湿交换后沿热湿比线 ε 变为室内状态点 N。

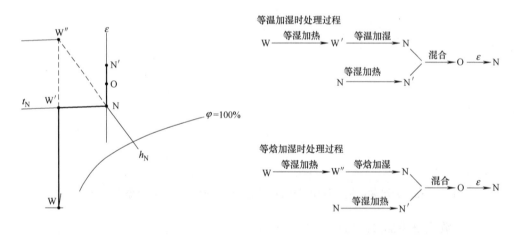

图 12-39　新风集中处理风机盘管加新风空调系统冬季空气处理过程

风机风机盘管的加热量　　　　　$Q'_P = G_P \cdot (h_{N'} - h_N)$ （kW）　　　　　（12-82）

等温加湿处理新风所需热量　　　$Q'_X = G_X \cdot (h_{W'} - h_W)$ （kW）　　　　　（12-83）

等焓加湿处理新风所需热量　　　$Q'_X = G_X \cdot (h_{W''} - h_W)$ （kW）　　　　　（12-84）

新风加湿量　　　　　　　　$W' = G_X \cdot (d_N - d_W)/1000$ （kg/s）　　　　（12-85）

12.10.15　新风诱导器系统空气处理过程

吊顶式新风诱导器系统也叫主动式冷梁。与风机盘管相似，有两管制和四管制，如图12-40 和图12-41 所示。

图 12-40　新风诱导器

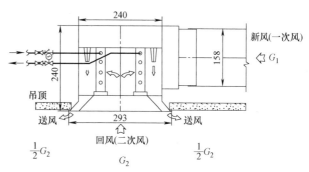

图 12-41　新风诱导器空调原理图

1. 工作原理

经集中处理的新风直接送入吊顶式诱导器的静压箱内，一次风（即新风）由喷嘴以高速喷出，因而在箱体内造成负压，将室内空气（即回风，又称二次风）吸入。空气通过气—水换热器而被冷却或加热，一、二次风混合后最后通过条形风口送入室内。

吊顶式诱导器气流分布均匀，风速较低，送风温度与室内温度的温差较小，室内无吹冷风感；末端没有风机，室内无风机盘管的噪声，舒适性高，诱导器的气—水换热器以干工况运行，避免病菌的滋生。非常适合以老年康复、护理为功能定位的建筑需求。

在新风诱导器系统中，新风承担室内全部潜热负荷和部分显热负荷。而诱导器只负担部分显热负荷。因此，诱导器冷水可以是高温水，供 / 回水温度一般为 15℃ /19℃。

2. 诱导比

诱导器的主要性能指标之一为诱导比（n），诱导比为二次风 G_2 与一次风 G_1 之比，即：

$$n = \frac{G_2}{G_1}$$

3. 诱导器的送风量

$$G = G_1 + G_2 = G_1 \cdot (1+n)$$

当诱导器的结构一定时，诱导比 n 就是一个常数，为了适应不同的工程需要，诱导器往往可以选配不同的喷嘴来改变诱导比。例如妥思的各型号诱导器的喷嘴有 3 ～ 4 种型号可以选配。

4. 夏季工况

空气处理过程：已知房间冷负荷 Q（kW），湿负荷 W（kg/s），根据规范要求确定新风量 G_1（kg/s）。房间的总风量为：

$$G = G_1 \cdot (n+1)$$

在图 12-42 中确定新风送风状态点：由于新风承担室内全部湿负荷，因此 $d_{L1}=d_N - \dfrac{W}{G_1} \times 1000$。新风处理到 d_{L1} 与 $\varphi=95\%$ 交点 L_1'，经风机等湿温升到点 L_1 后送入诱导器。

确定送风状态点：室内空气 G_2 被负压吸入诱导器，经干盘管等湿冷却到 L_2 后与新风混合至 O 点送入室内，O 点位于热湿比线 ε 上。

由室内冷负荷

$$Q = G \cdot (h_N - h_O)$$

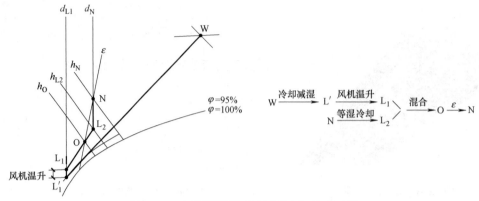

图 12-42　新风诱导器系统夏季空气处理过程

得出：

$$h_O = h_N - \frac{Q}{G_1 \cdot (1+n)}$$

等焓线 h_O 与热湿比线 ε 的交点就是送风状态点 O。
由公式

$$\overline{\frac{L_1 O}{L_2 O}} = \frac{h_O - h_{L_1}}{h_{L_2} - h_O} = \frac{G_2}{G_1} = n$$

得出：

$$h_{L_2} = h_O + \frac{h_O - h_{L_1}}{n}$$

等焓线 h_{L_2} 与等湿线 d_N 的交点就是 L_2 点。

处理一次风所需冷量为　　　　$Q_1 = G_1 \cdot (h_W - h_{L_1'})$　（kW）　　　　　　（12-86）

诱导器所需冷量为　　　　$Q_2 = G_2 \cdot (h_N - h_{L_2})$　（kW）　　　　　　（12-87）

5. 冬季工况

空气处理过程：在图 12-43 中，忽略房间的产湿量，此时的热湿比 ε 为 $+\infty$，新风经过等湿加热到等湿线与室内状态 N 点的等温线 t_N 的交点 W′ 后，再经等温加湿到室内状态

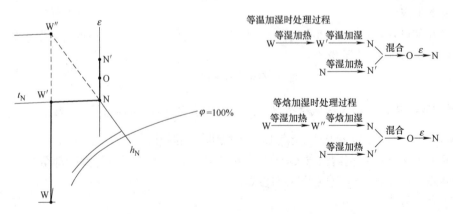

图 12-43　新风诱导器空调系统冬季空气处理过程

点 N。或者等湿加热到室内状态点的等焓线 h_N 与等湿线的交点 W″ 后，再经等焓加湿到室内状态点 N。处理后的新风送至诱导器内，室内空气被诱导吸入后加热到 N′ 与新风混合到 O 送入室内，吸收室内预热余湿后沿热湿比线 ε 变为室内状态点 N。

诱导器的加热量 $\qquad Q_2' = G_2 \cdot (h_{N'} - h_N)$ （kW） $\hfill$ （12-88）

等温加湿处理新风所需热量 $\qquad Q_1' = G_1 \cdot (h_{W'} - h_W)$ （kW） $\hfill$ （12-89）

等焓加湿处理新风所需热量 $\qquad Q_1' = G_1 \cdot (h_N - h_W)$ （kW） $\hfill$ （12-90）

新风加湿量 $\qquad W' = G_1 \cdot (d_N - d_W)/1000$ （kg/s） $\hfill$ （12-91）

12.10.16　辐射板加新风空调系统空气处理过程

图 12-44 所示为一个辐射板加新风空调系统，其中新风承担室内全部潜热负荷。由于新风除湿量较大，一般采用低温冷水（供水温度 5～7℃，温差为 5℃）。而辐射板系统仅承担室内显热负荷，为了避免辐射板（冷吊顶）表面结露，一般采用高温冷水（供水温度 16～18℃，温差为 2℃），同时设置露点温度探测器，保证面板温度应比室内露点温度高 1～2℃。

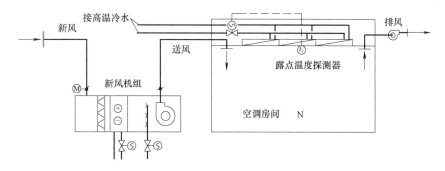

图 12-44　辐射板加新风空调系统

辐射板供冷、供热是以辐射换热为主，对流换热为辅的供冷、供热系统。在该空调系统中，已知房间冷负荷 Q（kW）、热负荷 Q'（kW）、湿负荷 W（kg/s），根据规范要求确定新风量 G_1（kg/s）。

1. 夏季工况

空气处理过程：在图 12-45 中，室内空气由于对流换热降温，状态点由 N 点变为 N′ 点（对流换热量可由产品样本中查到）。新风承担室内全部潜热负荷。

确定新风送风状态点：

由于新风承担室内全部湿负荷，因此有：

$$d_{L1} = d_N - \frac{W}{G_1} \times 1000$$

新风处理到 d_{L1} 与 $\varphi=95\%$ 交点 L′$_1$，经风机等湿温升到点 L$_1$ 后送入房间与被冷吊顶对流降温的室内空气混合至送风状态点 O，经热湿比线至室内状态。需要注意的是，冷吊顶的辐射供冷量没有参与空气处理，在 $h\text{-}d$ 图上体现不出来。

处理新风所需冷量为：

$$Q_1 = G_1 \cdot (h_w - h_{L_1'})$$（kW） $\hfill$ （12-92）

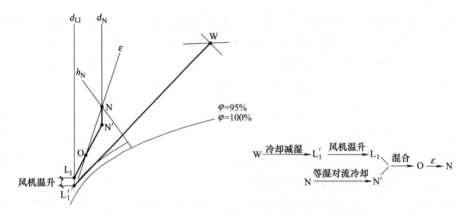

图 12-45　辐射板加新风空调系统夏季空气处理过程

辐射板所需冷量为：

$$Q_2 = Q - Q_1 \quad (\text{kW}) \tag{12-93}$$

我们知道，冷水温度越低除湿量越大，但是低温冷水往往不易获得，可以通过适当增大新风量 G_1 来满足除湿要求。但是过大的新风量又会增大空调系统的能耗，因此需要设计师在工程设计时进行权衡。

2. 冬季工况

空气处理过程：在图 12-46 中，室内空气由于对流换热升温，状态点由 N 点变为 N′ 点。新风不承担室内热负荷，忽略房间的产湿量，此时的热湿比 ε 为 $+\infty$，新风经过等湿加热到等湿线与室内状态 N 点的等温线 t_N 的交点 W′ 后，再经等温加湿到室内状态点 N。或者等湿加热到室内状态点的等焓线 h_N 与等湿线的交点 W″ 后，再经等焓加湿到室内状态点 N。处理后的新风送至室内与对流升温的室内空气混合到 O 点沿热湿比线 ε 到达室内状态点。

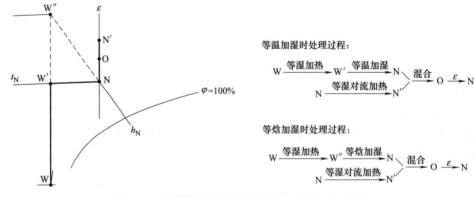

图 12-46　辐射板加新风空调系统冬季空气处理过程

等温加湿处理新风所需热量为：

$$Q'_1 = G_1 \cdot (h_{w'} - h_w) \quad (\text{kW}) \tag{12-94}$$

等焓加湿处理新风所需热量为：

$$Q'_1 = G_1 \cdot (h_N - h_w) \quad (\text{kW}) \tag{12-95}$$

辐射板所需热量为：

$$Q'_2 = Q' - Q'_1 \quad (\text{kW}) \tag{12-96}$$

12.10.17　排风热回收空气处理过程

排风热回收分为全热回收和显热回收，在 *h-d* 图上处理过程不相同。详见本书第 10.1.5 节。

12.11　空调系统加湿及其控制设计

12.11.1　空调系统加湿方式

空调加湿方式分为蒸汽加湿［近似的等温加湿，详见本书第 12.5.3 节等温加湿过程（A → D）］和水雾化、汽化加湿［近似的等焓加湿，详见本书第 12.5.2 节等焓加湿过程（A → E）］。

1. 评价加湿器加湿性能的参数

（1）加湿效率：指汽化到空气中的水分子总量与总用水量的比值。单纯的高压喷雾加湿效率最低，仅有 33% ～ 35%，干蒸汽加湿效率最高，一般都在 95% 以上。

（2）饱和效率：指空气加湿后距离饱和点的程度。等焓型加湿器选型时要考虑饱和效率指标，是湿膜式加湿器的主要技术指标。而等温型加湿器选型时不需要考虑饱和效率指标。

（3）吸收距离：指水雾或蒸汽从喷射后至完全被空气吸收点的距离，所有加湿器都应该考虑吸收距离。

干蒸汽加湿器的喷管安装位置与下游物体之间的距离如果太短，干蒸汽加湿器喷射出的蒸汽来不及扩散到空气中并与空气均匀混合就遇到冷物体，饱和蒸汽遇冷物体将会产生冷凝水，造成过滤器湿阻超大、风机及风道带水、电机烧毁等严重后果。为避免这种现象的产生，规定了空调机组内干蒸汽加湿器喷管和下游物体之间的最短距离，这就是干蒸汽加湿器的吸收距离。如果计算出的吸收距离大于喷管与下游物体的实际距离 L，则需采用多喷管干蒸汽加湿器。

对于一般的写字楼、酒店等的舒适性空调，其冬季空调送风温度大于 20℃，室内相对湿度为 40% ～ 45%，在考虑了吸收距离后，其组合式空调机组的加湿段长度一般为 600mm。而对于低温送风系统以及特殊的工业加湿系统，其吸收距离需要加湿器厂家配合计算。

等焓型高压喷雾、汽水混合、高压微雾、喷淋室、超声波加湿器选型时也要考虑吸收距离，其中高压喷雾、高压微雾、喷淋室因吸收距离太长，实际应用中必须用挡水板减少其吸收距离，同时也降低了加湿效率。

湿膜型加湿器在面风速不超过湿膜极限风速条件下，因其为自然蒸发加湿原理，吸收距离仅为湿膜厚度本身。

2. 工程设计时，应根据项目特点选择合适的加湿方式

（1）从节水角度考虑

1）建议使用等温加湿方式；

2）建议使用高压喷雾＋湿膜挡水板加湿方式；

3）建议使用湿膜循环水加湿方式；

4）建议使用高压微雾加湿方式。

（2）从节省空间角度考虑

1）建议使用湿膜式加湿方式。

　　2）建议使用干蒸汽快速吸收管式加湿方式。

（3）从卫生角度考虑

　　建议使用等温加湿方式。

（4）从加湿效果考虑

　　建议使用等温加湿方式。

（5）从投资角度考虑

　　1）建议采用高压喷雾＋湿膜挡水板加湿方式；

　　2）建议采用湿膜加湿方式；

3. 加湿器的选择原则

（1）当有蒸汽源可利用时，应优先考虑采用干蒸汽加湿器。

（2）无蒸汽源可利用，但对湿度及控制精度有严格要求时，可通过经济比较后采用电极式或电热式蒸汽加湿器。

（3）对湿度控制要求不高可采用湿膜加湿器、高压喷雾加湿器或高压微雾加湿系统。对卫生要求较严格的医院空调、微生物实验室等空调系统，不应采用循环水高压喷雾加湿器和湿膜加湿器，医院洁净手术部的净化空调系统宜采用洁净干蒸汽加湿器，加湿水质应达到生活饮用水卫生标准。为了防止锅炉产生的蒸汽中含有水处理的化学物质，可采用电热式加湿器或者采用蒸汽转蒸汽的二次蒸汽加湿器。

4. 加湿器的连锁控制

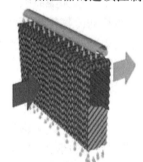

　　（1）开启空调机组风机 3 ～ 5min 后，再开启加湿器，关闭加湿器 5 ～ 6min 后，再关闭空调机组风机；

　　（2）对于蒸汽加湿器，开机前应先开蒸汽源，后开调节阀，关机时应先关调节阀，后关蒸汽源。

12.11.2　各种加湿原理及控制方法

1. 湿膜加湿

（1）工作原理：如图 12-47 所示，水送到湿膜布水器，通过湿膜布水器将水均匀分布，将湿膜表面润湿，当空气穿过潮湿的湿膜时，其湿度增加，温度下降。如图 12-48 和图 12-49

图 12-47　湿膜式加湿原理图

所示，湿膜加湿用水有直排的方式和循环利用两种方式。

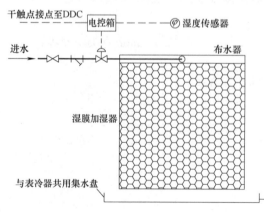

图 12-48　直排式湿膜加湿器控制原理

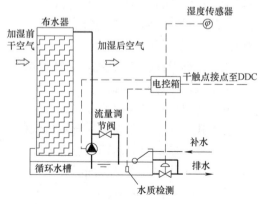

图 12-49　循环水式湿膜加湿器控制原理

（2）影响湿膜加湿效率的因素

湿膜加湿器的饱和效率在 30% ～ 90% 之间，饱和效率的大小与下列因素有关：

1）接触面积。湿膜比表面积越大，即水与空气接触面积越大，越有利于汽化，加湿效率越高，但又易沉积污物影响长期效果。

2）水膜厚度。在保障湿膜充分润湿的条件下，水膜厚度越薄，越有利于汽化，加湿效率越高，但是风阻力越大。

3）水温。水温越高，越有利于汽化，加湿效率越高，因此循环水加湿方式比直排水加湿方式的加湿效率高。

4）风速。风速越高越有利于汽化，加湿效率越高。但超过湿膜临界风速有飘水现象。

（3）湿膜加湿的卫生问题

在湿膜加湿器水系统中，由于温度、养分等条件适应菌藻类的生长繁殖，在水中会生成青苔、生物黏泥，在管道中生成抑氧菌、铁细菌、硝化细菌、硫酸盐还原菌等细菌，影响加湿器的正常运行，井水中不含自来水中有杀菌作用的氯离子，这种现象更加严重。一般采取的措施是采用纳米光子长效杀菌和加湿水中长效缓释杀菌。

防止湿膜表面结垢。使用自来水时湿膜容易结垢，水垢不吸水，蒸发面积会减少，加湿量锐减，因此湿膜加湿还需考虑加湿用水处理。直排水湿膜加湿器的加湿效率较低，运行时浪费水很多。

制造湿膜加湿器的湿膜有多种材质，它们的性能各不相同，详见表 12-4。

（4）湿膜式加湿器的控制

湿膜式加湿器一般都自带电控箱，直排式湿膜加湿器电控箱根据相对湿度传感器控制进水电磁阀的开启和关闭；循环水式湿膜加湿器电控箱根据相对湿度传感器控制循环泵的开启和关闭，根据水质监测传感器控制排水电磁阀的开启和关闭，并可设置定时排污。它们的电控箱一般均带有干触点接点，用于楼控系统 DDC 远程控制加湿器的启停和显示其状态。

（5）各种材质湿膜的性能比较（见表 12-4）

各种材质湿膜的性能比较

表 12-4

名称	复合纤维湿膜	金属湿膜	无机湿膜	软膜
材料	植物纤维	不锈钢或铝合金	特殊纤维复合材料	特殊纤维体
饱和效率	饱和效率一般	饱和效率低	饱和效率高	饱和效率高
吸水性	吸水性一般	吸水性差	吸水性强	吸水性强
加湿效果	加湿效果一般	加湿效果差	加湿效果好	加湿效果好
机械强度	机械强度较高	机械强度高，抗冲击	机械强度较高	材质软，机械强度低
卫生性	好	好	好	好
使用寿命	8 ～ 10 年	15 年	8 ～ 10 年	8 ～ 10 年
投资成本	低	高	高	高
性能	具有防霉、抑菌等	防霉抑菌性能强	防霉、抑菌、防火	防霉抑菌性能强
适用场所	循环水方式	循环水或雾式喷淋方式	循环水或直排水方式	直排水方式

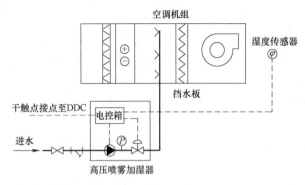

图 12-50　高压喷雾加湿器控制原理图

2. 高压喷雾加湿

如图 12-50 所示，高压喷雾加湿器的工作原理是利用加湿器主机中的水泵将自来水增压至 0.4MPa 以上，再经特制的喷头喷出，喷出的水雾与空气接触并进行热湿交换，达到对空气加湿的目的。此种加湿方式属等焓加湿，在加湿的同时有对空气降温的作用。其加湿效率较低，只有 30% 左右，喷雾粒径在 200 ～ 400μm，特点是造价比较便宜。

（1）高压喷雾加湿器的控制

高压喷雾加湿器都自带电控箱，电控箱根据相对湿度传感器控制增压泵和电磁阀的开启和关闭。电控箱一般均带有干触点接点，用于楼控系统 DDC 远程控制加湿器的启停和显示其状态。

（2）双次汽化加湿

高压喷雾加湿的另一种方式是双次汽化加湿，即将高压喷雾加湿与湿膜式挡水板结合在一起的加湿方式，该方式有效地提高了加湿效率，使加湿系统耗水量减少、卫生洁净度更好。

3. 高压微雾加湿

（1）工作原理

如图 12-51 所示，变频柱塞泵将净化处理过的水加压至 7MPa，再通过高压水管输送到喷嘴，经雾化后以 3 ～ 10μm 的微雾喷射到整个空间，水雾在空气中吸收热量，从液体变成气态，使空间湿度得到增大，并可达到降低空气温度的目的，整个过程为等焓过程。

高压微雾加湿的效率极高，在房间内加湿效率为 100%，在空调箱内加湿效率为 90%，雾化 1kg 水耗电约为 6W。加湿水为密闭非循环使用的软化水，不会导致细菌的滋生。

（2）高压微雾加湿的控制

可以多台空调机组共用一台高压微雾主机，采用恒压变频供水方式，实现不同空调机组不同加湿要求的目标。在这种方式中，每台空调机组必须分别配置相应的控制器和高压电磁阀单元。当某台机组负责的空调区域相对湿度达到设定值后，控制器关闭此路的高压电磁阀。高压微雾主机的启停控制：当加湿系统中有一个电磁阀开启时，主机开启，当加湿系统中有所有的电磁阀关闭时，主机关闭。

4. 干蒸汽加湿器

对于普通组合式空调机组应选用夹套管型电动一体化干蒸汽加湿器，即控制加湿量的电动阀与加湿器为一体的加湿器（见图 12-52），否则极易造成加湿器启动时喷冷凝水，造成电机受潮、传感器失灵等后果。

（1）工作原理

如图 12-53 所示，接通蒸汽源，饱和蒸汽从蒸汽入口进入加湿器，蒸汽在蒸汽套杆中轴向流动，利用蒸汽的潜热将中心喷杆加热，确保中心喷杆中喷出的是纯的干蒸气，即不夹带冷凝水的蒸汽。饱和蒸汽在喷管外套中做横向运动。环向流入弯管，进入蒸发室；由

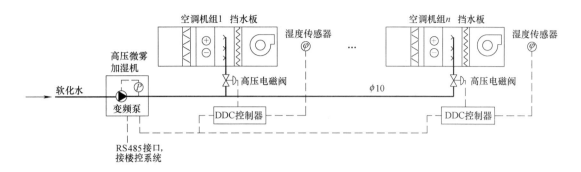

图 12-51　高压微雾加湿系统原理图

于蒸发室断面突然增大，使蒸汽减速，加之惯性作用及折流板的阻挡，蒸汽中所含的凝结水被分离出来，经蒸发室底部的冷凝水出口排出；分离出水分的蒸汽由分离室顶部进入已被预热的干燥室，干燥室内充满着不锈钢过滤材料，对蒸汽中残留的水分进行过滤、分离；打开调节阀，干燥室内压力下降，汽化温度降低，残留于蒸汽中的水分再被加热汽化，从而完成了对饱和蒸汽的干燥处理以及对饱和蒸汽的汽水分离，干燥的蒸汽经调节阀进入喷管，从带有消声金属网喷孔中喷出，实现了对空气的加湿处理。蒸汽加湿器的加湿效率高，可达 95% 以上。

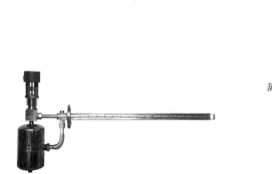

图 12-52　干蒸汽加湿器

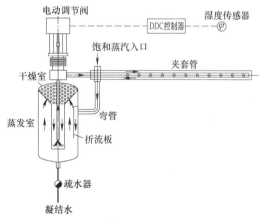

图 12-53　干蒸汽加湿器原理图

（2）干蒸汽加湿器的控制

加湿器的电动阀有电磁阀和比例式电动调节阀等几种形式，由于各种阀门的控制方式不同，因此设计时应明确加湿器的电动阀的形式，如："加湿器应配比例式电动调节阀，驱动器带断电弹簧复位功能，电压 AC24V，输入信号为 4 ~ 20mA 或 0 ~ 10V，具有阀位反馈信号，配疏水阀，蒸汽压力为 0.1 ~ 0.2MPa。"

电磁阀造价低廉，也具有断电弹簧复位功能，但是由于其只有开、关两种状态，不能很好地控制房间的湿度，易造成过量加湿，增加加湿系统能耗。

驱动器的断电弹簧复位功能是防止突然停电时风机停转风不流动，而加湿器仍在持续喷蒸汽，使空调机组成了"桑拿室"，从而造成电机受潮、传感器失灵等后果。

5. 电极式加湿

电极加湿器是通过控制加湿罐中水位的高低和电导率的大小来控制蒸汽的输出量，从而达到对空气加湿的目的。由于利用了水的导电原理，因此电极加湿器不能使用纯水或蒸馏水。

电极式加湿器的工作原理及控制：如图 12-54 所示，加湿器的加湿桶中使用的水为自来水，普通的自来水不是纯水，其中含有一定的微量盐类，所以这样的水具有一定的导电能力。电极式加湿器开机后，控制器先开启进水电磁阀，使水通过补水盒（此时控制器可以测出进水的导电率，并根据进水电导率确定加湿器工作程序）、补水管进入到加湿罐的底部，水位逐渐升高，当水位漫过电极后，电极之间所加电压通过水这种导电介质而构成电流回路，此时水相当于一个电阻，而且水位越高，其导电性能越强，内部电流也越大，电流的热效应使电能转化为热能，将水加热至沸腾，从而输出高洁净度的蒸汽。工作中，电流互感器实时检测回路中的电流，从而控制蒸汽的产量，随着蒸汽的输出，电极罐中的水位逐渐下降，电流小于要求的数值时，进水电磁阀开启，向加湿罐内补充水，直到检测的电流值达到需求值为止。当水位升到最高点时，控制器就会通过液位检测电极，检测出此信号，并关闭进水电磁阀。当加湿罐中的矿物质不断增多和水的电导率过高时，控制器及时打开排污阀，排掉部分水及污物，加湿器再次自动补水，从而确保加湿器工作在最佳状态和达到延长加湿罐寿命的目的。

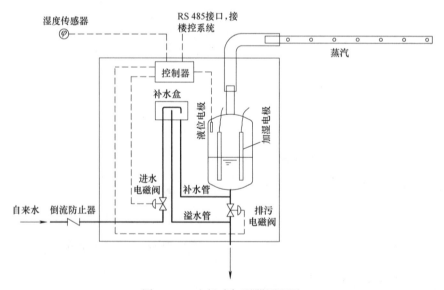

图 12-54　电极式加湿器原理图

电极式加湿器电源为 380V，每千克蒸汽的耗电量约为 0.725kW（即 1kg 蒸汽 /h×0.725kWh）。

电极式加湿器的调节方式有开关量和连续比例调节两大类，加湿量可调范围是 20%～100%，比例调节控制信号有 0～10V、4～20mA 等。比例调节方式是指加湿器可以根据室内所需加湿量的大小，按需精确调节送入的蒸汽量，而开关调节方式则是在湿度没达到时，总是开机将蒸汽输出量放到最大值，而湿度达到时立即关机的方式。通过调节控制板上的按键，在显示器上可以设定加湿量、信号接口、排水时间、排水时间间隔等。同时，电极加湿器的显示器上可以显示各种报警信号，方便维修和保养。基于节能的考虑，不建议采用开关量的控制。其控制器带有 RS 485 接口，可以接入楼宇控制系统。

当采用自来水加湿时，进水口应设置倒流防止器，防止加湿罐中有矿物质沉积的污水因虹吸作用而回流到水源系统。

由于结垢的原因，电极式加湿器的维护工作量较大，同时加湿桶和电极的使用寿命有限，在我国北方地区，由于水的硬度高，加湿桶和电极的使用寿命往往只有几个月，在此类地区使用建议采用软化水。而在水的硬度低的地区，由于水中的电解质少导电率低，往往达不到额定加湿量，因此对于湿度要求较严格的场所建议采用电热式加湿器。

6. 电热式加湿

（1）电热式加湿原理

如图 12-55 所示，电热式加湿器是依据电阻加热的原理，电加热管浸没在水中，通电后，电加热管产生热量，从而使水升温至沸腾产生蒸汽。电热式加湿是通过控制加热元件的加热功率，来控制蒸汽输出量的多少。适用水质：洁净的自来水、软化水、去离子水等各种水质。

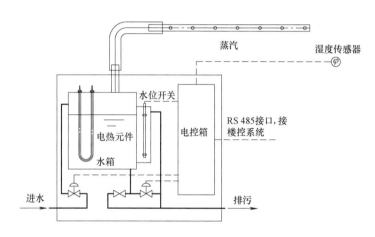

图 12-55　电热式加湿器原理图

（2）电热式加湿器的控制

电热式加湿可以实现开关量与比例调节两种控制模式。比例调节控制信号有 $0 \sim 10V$、$4 \sim 20mA$ 等。比例调节方式是指加湿器可以根据室内所需加湿量的大小，按需精确调节送入的蒸汽量；而开关调节方式则是在湿度没达到时，总是开机将蒸汽输出量放到最大值，湿度达到时立即关机的方式。比例调节控制一般采用可控硅调功器来实现加湿功率的调节，可以线性调节蒸汽的发生量。基于节能的考虑，不建议采用开关量的控制。其控制器带有 RS 485 接口，可以接入楼宇控制系统。

电热式加湿单机加湿量范围在 $4 \sim 80kg/h$，当加湿器加湿量为 4kg/h 时，电源为 220V。当加湿量大于 4kg/h 时，电源为 380V。每千克蒸汽的耗电量约为 0.75kW（即 1kg 蒸汽 /h × 0.75kWh）。

电热式加湿可以使用各种水质，若用纯水或软化水可以提高机器的使用寿命。

7. 二次蒸汽加湿器

锅炉产生的蒸汽（也称一次蒸汽）中含有对人体及半导体材料有害的刺激性酸性气体，如在医院手术室、药厂生产车间或半导体芯片生产厂房内使用则会产生一定的负作用，一般不建议直接使用。二次蒸汽/（纯净蒸汽）加湿器由于仅使用一次蒸汽作为热源，使用洁净的水质作二次蒸汽的水源，经过热交换将纯净水加热至沸腾，产生无化学污染、品质纯净的蒸汽，并通过空调送风系统送至需要加湿的场所。目前在医院手术室、药厂生产车间及半导体生产厂房均得到了广泛应用。

二次蒸汽加湿器单机加湿量范围是 10 ～ 500kg/h。纯净蒸汽空调加湿系统可以采用大容量的二次蒸汽发生器集中制备，再经不锈钢管道输送给各台空调机组，二次蒸汽发生器如图 12-56 所示。

为了满足《医院消毒供应中心　第 1 部分：管理规范》WS 310.1—2016 附录 B 中对消毒蒸汽的品质要求，可采用图 12-56 所示的二次蒸汽发生器制备消毒蒸汽，二次蒸汽水源为纯净水，该蒸汽也可用于洁净手术部等医疗区域的净化空调加湿。该二次蒸汽发生器通过液位控制加压泵的启停，通过二次蒸汽的压力控制一次蒸汽进汽管路上的电动调节阀，来保证二次蒸汽压力恒定。

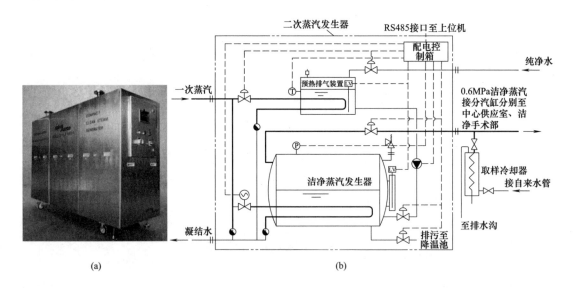

图 12-56　二次蒸汽发生器

（a）外观图；（b）原理图

12.11.3　加湿用水源

1. 天然水中的杂质

在天然水中通常含有 5 种杂质：

（1）电解质：包括带电粒子，常见的阳离子有：H^+、Na^+、K^+、NH^{4+}、Mg^{2+}、Ca^{2+}、Fe^{3+}、Cu^{2+}、Mn^{2+}、Al^{3+} 等；阴离子有 F^-、Cl^-、NO_3^-、HCO_3^-、SO_4^{2-}、PO_4^{3-}、$H_2PO_4^-$、$HSiO_3^-$ 等。

（2）有机物质，如：有机酸、农药、烃类、醇类和酯类等。

（3）颗粒物。

（4）微生物。

（5）溶解气体，包括：N_2、O_2、Cl_2、H_2S、CO、CO_2、CH_4 等。

2. 水的处理

水的纯化，就是要去掉上述杂质。杂质去得越彻底，水质也就越纯净。处理后的水的种类有：蒸馏水、去离子水、纯水、高纯水、超纯水。

（1）蒸馏水

就是将水蒸馏、冷凝的水，蒸二次的叫重蒸水，三次的叫三蒸水。有时为了特殊目的，在蒸前会加入适当试剂，如为了无氨水，会在水中加酸；低耗氧量的水，加入高锰酸钾与酸等。工业蒸馏水是采用蒸馏水方法取得的纯水，一般普通蒸馏取得的水纯度不高，经过多级蒸馏水，出水才可达到很纯，成本相对比较高。

蒸馏水：以去除电解质及与水沸点相差较大的非电解质为主，无法去除与水沸点相当的非电解质，纯度也用电导率衡量。

（2）去离子水

将水通过阳离子交换树脂（常用的为苯乙烯型强酸性阳离子交换树脂），则水中的阳离子被树脂所吸收，树脂上的阳离子 H^+ 被置换到水中，并和水中的阳离子组成相应的无机酸；含此种无机酸的水再通过阴离子交换树脂（常用的为苯乙烯型强碱性阴离子）OH^- 被置换到水中，并和水中的 H^+ 结合成水，此即去离子水。去离子水在现代工业中有着非常广泛的用途，使用去离子水，是我国很多行业提高产品质量，赶超世界先进水平的重要手段之一。由于去离子水中的离子数可以被人为控制，从而使它的电阻率、溶解度、腐蚀性、病毒细菌等物理、化学及病理等指标均得到良好的控制。在工业生产及实验室的实验中，如果涉及使用水的工艺都被使用了去离子水，那么，许多参数会更接近设计或理想数据，产品质量将变得易于控制。

去离子水：顾名思义就是去掉了水中的除氢离子、氢氧根离子外的其他由电解质溶于水中电离所产生的全部离子。即去掉溶于水中的电解质物质。由于电解质溶于水中电离所产生的离子能增大水的导电能力，去离子水纯度自然用电导率来衡量。去离子水基本用离子交换法制得。但去离子水中可以含有不能电离的非电解质，如乙醇等。

（3）纯水

纯水就是去掉了水中的全部电解质与非电解质，也可以说是去掉了水中的全部非水物质。基本都用反渗透法制得。由于在反渗透预处理中绝大多数先用活性炭去除部分非电解质，并且电导率非常容易测量，所以纯水纯度往往也用电导率衡量。但如果要获得极高纯度的高纯水，还是需通过去除电解质的混床、EDI 方法。

（4）高纯水

高纯水指化学纯度极高的水，其主要应用在生物、化学化工、冶金、宇航、电力等领域，其对水质纯度要求相当高，所以一般应用最普遍的还是电子工业。

（5）超纯水

超纯水可以认为是一般工艺很难达到的程度，如水的电阻率大于 $18M\Omega \cdot cm$（没有明显界线），关键是看用水的纯度及各项征性指标，如电导率或电阻率、pH 值、钠、重金属、二氧化硅、溶解有机物、微粒子以及微生物指标等。超纯水要求的参数一般工艺很难达到，采用预处理、反渗透技术、超纯化处理以及后级处理四大步骤，多级过滤、高性能离子交换单元、超滤过滤器、紫外灯、除 TOC 装置等多种处理方法，电阻率方可达 $18.25M\Omega \cdot cm$。这种水中除了水分子（H_2O）外，几乎没有什么杂质，更没有细菌、病毒、含氯二噁英等有机物，当然也没有人体所需的矿物质微量元素，一般不可直接饮用，对身体有害，会析出人体中很多离子。

12.12　空气的净化处理及其控制设计

空气的净化处理是通过设置各种空气过滤器来完成的。过滤器的过滤层捕集微粒的方式主要有以下 5 种：

1. 拦截效应：当某一粒径的粒子运动到纤维表面附近时，其中心线到纤维表面的距离小于微粒半径，灰尘粒子就会被滤料纤维拦截而沉积下来。

2. 惯性效应：当微粒质量较大或速度较大时，由于惯性而碰撞在纤维表面而沉积下来。

3. 重力效应：微粒通过纤维层时，因重力沉降而沉积在纤维上。

4. 静电效应：纤维或粒子都可能带电荷，产生吸引微粒的静电效应，而将粒子吸到纤维表面上。

5. 扩散效应：小粒径的粒子布朗运动较强而容易碰撞到纤维表面上。

对于中央空调系统来说，粗效、中效过滤器一般安装在组合式空调箱内。净化空调系统的末级过滤器如：亚高效过滤器、高效过滤器、超高效过滤器等，则需要安装在末端送风口处。

在我国多数地区，空气污染较重，一般的舒适性空调需配置粗效、中效两级过滤。过滤器的阻力决定着空调机组的风机能耗，为此《公共建筑节能设计标准》GB 50189—2015 规定：空气过滤器的性能参数应符合现行国家标准《空气过滤器》GB/T 14295 的有关规定。

12.12.1　空气过滤器的分类及性能

1. 国家标准《空气过滤器》GB/T 14295—2019 规定了粗效、中效、高中效、亚高效过滤器的效率和阻力，并将粗效细分为（C1、C2、C3、C4）四个级别，将中效细分为（Z1、Z2、Z3）三个级别，如表 12-5 所示。

2.《高效空气过滤器》GB/T 13554—2020 中规定了高效过滤器和超高效空气过滤器的效率，但没有规定阻力要求，为了节省运行能耗，设计时应尽量采用阻力小的过滤器。该标准将高效过滤器的效率细分为 35、40、45 三个级别，如表 12-6 所示；将超高效过滤器的效率细分为 50、55、60、65、70、75 六个级别（根据"9"的个数），如表 12-7 所示。

此外，国内空气过滤器的标准还有中国制冷空调工业协会标准《空气过滤器》。

过滤器额定风量下的效率和阻力　　　　表 12-5

效率级别	指标					
	代号	迎面风速（m/s）	额定风量下的效率（E）（%）		额定风量下的初阻力（ΔP_i）（Pa）	额定风量下的终阻力（ΔP_t）（Pa）
粗效 1	C1	2.5	标准试验尘计重效率	$50 > E \geqslant 20$	≤ 50	200
粗效 2	C2			$E \geqslant 50$		
粗效 3	C3		计数效率（粒径 ≥ 2.0μm）	$50 > E \geqslant 10$		
粗效 4	C4			$E \geqslant 50$		
中效 1	Z1	2.0	计数效率（粒径 ≥ 0.5μm）	$40 > E \geqslant 20$	≤ 80	300
中效 2	Z2			$60 > E \geqslant 40$		
中效 3	Z3			$70 > E \geqslant 60$		
高中效	GZ	1.5		$95 > E \geqslant 70$	≤ 100	
亚高效	YG	1.0		$99.9 > E \geqslant 95$	≤ 120	

高效过滤器的效率　　　　表 12-6

效率级别	额定风量下的效率（%）
35	≥ 99.95
40	≥ 99.99
45	≥ 99.995

超高效过滤器的效率　　　　表 12-7

效率级别	额定风量下的计数法效率（%）
50	≥ 99.999
55	≥ 99.9995
60	≥ 99.9999
65	≥ 99.99995
70	≥ 99.99999
75	≥ 99.999995

3. 高效过滤器、超高效过滤器的应用

高效过滤器必须装在特制的气密金属箱体中，滤芯与箱体之间采用严格的措施密封，制成高效过滤送风口、高效过滤箱或高效过滤排风口才能在工程中应用。

（1）高效过滤送风口、高效过滤箱的箱体上要有发尘接口、检测接口，还要有过滤器压力测试连接装置，可随时进行过滤器压差测定等。如图 12-57 所示。

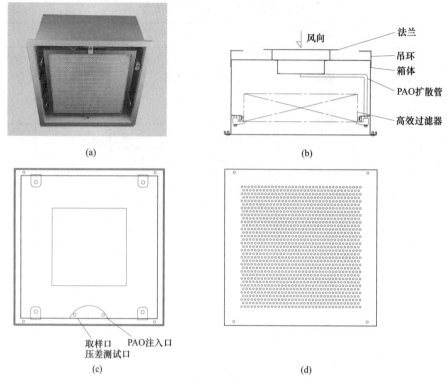

图 12-57　高效过滤送风口

（a）面板内部图；（b）剖面图；（c）俯视图；（d）顶视图

（2）高效过滤排风口一般安装在有污染的房间，如生物安全实验室、负压病房的侧墙上或空间较小的缓冲间的吊顶上（见图 12-58）。高效过滤排风口上要有消毒接口、消毒验证接口、扫描检测机构，可以在原位对其进行消毒灭菌和检漏，同时面板上带有机械式压差计，可实时监测过滤器使用阻力。由于高效过滤排风口的功能较多，其体积也比较大，工程设计时要特别注意，风口的长 × 宽一般为 750mm×500mm，高度随风量的大小变化，比如风量为 500 ～ 2000m³/h 的高效排风口的高度范围为 900 ～ 1300mm。

（3）高效过滤箱一般要安装在可以方便检修和方便更换过滤器的设备层内，其中袋进袋出型排风高效过滤箱可作为高等级生物安全实验室多级排风过滤器中的一级。

（4）高效过滤器选型要考虑其阻力变化对风量的影响，一般按其额定风量的 70% ～ 80% 来确定高效过滤器的大小。

12.12.2　过滤器的效率

当被过滤气体中的含尘浓度以质量浓度来表示时，则效率为计质效率；以计数浓度表示时，则效率为计数效率；以其他物理量作相对表示时，则为比色效率或浊度效率等。高效过滤器最常用的表示方法是用空气过滤器进出口气流中的尘粒浓度表示的计数效率。

$$\eta = \frac{N_1 - N_2}{N_1} = 1 - \frac{N_2}{N_1}$$

式中　N_1、N_2——过滤器进出口空气中的尘粒浓度，个 /L。

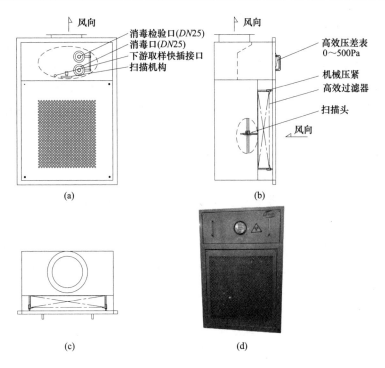

图 12-58　在侧墙上安装高效过滤排风口

（a）正视图；（b）侧视图；（c）俯视图；（d）外观

对不同效率的过滤器串联工作时，其总效率表示为：

$$\eta=1-(1-\eta_1)(1-\eta_2)\cdots(1-\eta_n)$$

式中　η_1、η_2、$\cdots\eta_n$——第 1 个、第 2 个…第 n 个过滤器的效率。

12.12.3　房间洁净度的控制

1. 对于非单向流的洁净室的洁净度，其净化原理是采用较大的换气次数来稀释室内灰尘的浓度。因此房间的送风量为：

$$L=n\cdot V$$

式中　L ——送风量，m^3/h；

　　　n ——换气次数，h^{-1}；

　　　V ——洁净室的体积，m^3；

为了方便设计，各类洁净室的换气次数在其相应的设计规范中都有规定。

2. 对于单向流洁净室，其污染物对房间无扩散污染，污染物是由活塞作用排出房间。因此单向流洁净室送风量为：

$$L=v\cdot A\times 3600$$

式中　L——送风量，m^3/h；

　　　v——单向流的速度，$v=0.25\sim 0.35m/s$；

　　　A——洁净室的面积，m^2。

12.12.4　过滤器的控制

1. 安装于空调箱内的过滤器一般都需安装空气压差开关探测空气过滤器前后的压差，当过滤器的压差超过一定值，压差开关动作，系统报警，提醒需要清洗或更换过滤器。

2. 由于高效送风口都是安装在吊顶之上，因此在一个净化空调送风系统中，自控系统一般会选择一个典型的高效送风口在其压差测试口设置压差传感器，对其压差进行监测，来判断送风系统高效过滤器的堵塞情况，确定其更换时间。

3. 由于高效过滤排风口面板上带有机械式压差计，可直观监测过滤器的阻力，因此自控系统就不用设置压差传感器了。

4. 高效过滤箱一般都会自带压差监测接口或者监控系统，可以直接接入控制系统。

12.12.5　静电过滤器

传统的过滤器主要是通过拦截效应或筛子效应进行过滤。因此，过滤效率越高，通风阻力就越大，送风系统的能耗就越大。而且传统过滤器将空气污染物过滤下来后，无法进行除菌消毒处理，甚至给微生物提供了一个繁殖的环境，从而对通风、空调系统形成二次污染。

目前，为了应对空气中 $PM_{2.5}$ 的污染，有些工程设计采用增加一级静电过滤器的方法来提高对微小粒子的过滤效率。

1. 静电过滤器原理

静电空气过滤器可分平板电极式和静电驻极介质式两种类型，其原理均是利用高压直流不均匀电场使空气中的气体分子电离，产生大量电子和离子，在电场力的作用下向两极移动，在移动过程碰到气流中的粉尘颗粒使其荷电，荷电粉尘在电场力作用下与气流分离向极性相反的极板或极线运动，荷电粉尘到达极板或极线时由静电力吸附在极板或极线上，如图 12-59 所示。

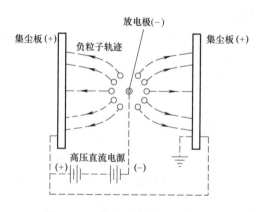

图 12-59　静电过滤器的工作原理

如果电场内各点的电场强度是不相等的，这个电场称为不均匀电场，如果电场内各点的电场强度都是相等的，这个电场称为均匀电场。在均匀电场内，只要某一点的空气被电离，极间空气便会全部电离，电场发生击穿，电场击穿时，发生火花放电，净化器停止工作。因此，静电过滤器必须设置在非均匀电场中。一般的静电过滤器都是两段式，第一段为电离段（也称荷电场），第二段为集尘段（也称分离电场）。为了减小过滤器的体积，目前一些静电过滤器采用的是荷电场和分离电场合一的方法。

2. 平板电极式静电过滤器的缺点

平板电极式静电过滤器是采用集尘板来聚集那些带电灰尘粒子，当集尘板清洁的时候，大多数静电空气净化器对于各种粒子的净化效率可达 95% 以上，但是当集尘板积满灰尘时，其净化效率将大大降低。其电场间隙随着电极板吸尘量的增加而缩短，造成静电场不断增强，当超过电离强度时则急剧放电，严重时还会击穿空气而产生火花，并伴随产生大量臭氧污染物，造成安全隐患和额外电耗。

为了防止平板电极式静电过滤器在失电时灰尘被吹散，工程应用时往往需要在其后增加一级中效过滤。整个过滤段由"粗效过滤＋平板电极式静电过滤＋中效过滤"组成，这样一来，过滤段的长度就会加大。

3. 静电驻极介质空气过滤器

另一种类型的静电空气过滤器叫静电驻极介质过滤器，该技术结合了静电净化和传统介质过滤这两项空气净化器功能，尘埃粒子先被荷电，然后被带恒定静电荷的纤维状的高效过滤介质收集。静电驻极介质是蓬松的块料，可以用水洗，也可以用吸尘器清理，其维护工作简单易行。

该空气净化器在结合高压静电除尘机制的基础上，采用 24V 安全电源通过电子模块输出 $6 \sim 8kV$ 高压给电子网，在不平衡高压状态下产生"介质阻隔"放电，并使蓬松的细小纤维荷电而被"电极化"，当纤维和微粒都带上电荷，就产生吸引微粒的静电效应，纤维可以"360°"吸尘，无需密集拦截，故其除尘效率提高而风阻却比较低。与此同时，密集的静电极化纤维形成许多叠错的静电场，从而对微粒具有很强的吸附力，能吸附粒径小至 $0.01\mu m$ 的微粒。形成风阻低、吸附力强、容尘量高的集尘系统。

当静电场强度足够时，可以击穿吸附在纤维上的微生物细胞壁，甚至破坏其 DNA，从而使微生物失去活性，不再繁殖并最终被杀死，起到一定的物理杀菌作用。

与平板电极式过滤器不同，在高压静电场中被极化的纤维吸附微粒后可以融合，而不会产生急剧放电造成电耗，也不会产生强电离火花，这样就大大降低了空气强电离产生过量臭氧的概率，从而避免二次污染。

采用静电驻极介质的 AirFC-1100IE 型电子空气净化器可以用作组合式空调箱的中效过滤以及风机盘管的回风过滤器，它由电子集成模块、高压电子网、极化纤维吸附模块（静电驻极介质材料）、驻极蜂窝板和金属外框组合而成，是一个模块化的网盒形的板式高压静电空气净化器，其厚度仅为 $20 \sim 78mm$（见图 12-60）。

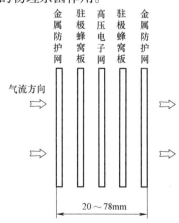

图 12-60　静电驻极介质空气过滤器的组成

4. 复合了 TiO₂ 杀菌模块的静电驻极介质空气净化消毒器

静电驻极介质模块和光催化模块组成复合型空气净化器（AirFC-1100ET 型），是将纳米 TiO₂ 光催化系统融合到静电驻极介质空气净化当中，加强对有害气体的净化处理，使产品具有除尘、除菌、降解挥发性气体、消除异味的综合净化功能。特别适合安装在医疗建筑的组合式空调箱内和风机盘管的回风口。这种空气净化技术集成模式既解决了纳米光触媒产品无法防尘的问题，又大大改善了纳米 TiO₂ 光催化场的污染物集中处理条件，使得空气处理效率大大提高，使空气净化器获得长期稳定的净化消毒效果。

纳米 TiO₂ 光触媒材料，在光催化作用下降解高分子气体和除菌的能力非常强，在静电吸附网的后面增设纳米材料光催化空气净化层，将两种空气净化技术集成一体，既克服了一般光触媒空气净化网不能控制污染物飘散的缺点，又增强了静电驻极介质的除菌和消毒能力。通常的光触媒空气净化产品使用效果不好，主要因为其空气净化处理的条件不够，一是不能与污染物充分接触，二是与污染物的接触时间不够长。而静电驻极介质却能将气流中的污染物吸附在集中区域内，这就有足够的接触面和处理时间，同时还保护纳米材料表层。

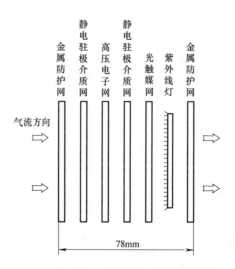

图 12-61　复合型空气净化器的组成

复合了 TiO₂ 杀菌模块的静电驻极介质空气净化消毒器可以代替组合式空调箱内的中效过滤器，在提高了过滤效率的同时，降低了阻力。减少了空调机组风机的能耗。净化器厚度仅为 78mm，大大地降低了过滤段长度（见图 12-61）。

如 AirFC-1100ET 型复合静电驻极介质空气净化消毒器，除尘率＞ F7，除菌率＞99%，初阻力＜ 20 ～ 35Pa（风速为 2 ～ 2.5m/s）。

5. 静电驻极介质空气净化器应用

（1）静电驻极介质空气净化器作为风机盘管回风过滤器的安装方法如图 12-62 所示，风机盘管的余压要有 30Pa，回风过滤器安装位置的迎面风速要控制在 0.5 ～ 1.5m/s，过滤器的阻力在 5 ~ 15Pa。静电驻极介质空气净化器自带配电箱，可将 220V 的交流电转换成 24V 的安全电压，自带漏电开关、分线器、运行指示灯、按钮开关等。

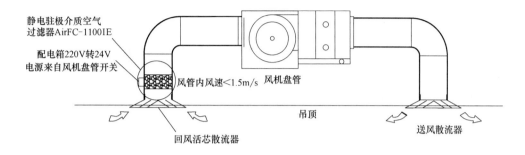

图 12-62 空气净化器安装于风机盘管回风口

静电驻极介质空气净化器的电源可以取自室内的风机盘管开关三档调速的中档位置，如图 12-63 所示，不论风机以何种转速运行，它都可以随风机盘管的启停同步工作。因为电机的三挡速度控制，是通过电机线圈中间抽头实现的，无论高、中、低哪一档接通，电机线圈的各个抽头都会带电，只不过电压的大小不同。而空气净化器的工作电压仅为 24V，完全能够满足运行要求。静电驻极介质空气净化器另一种控制方法是采用风动开关联动启停。

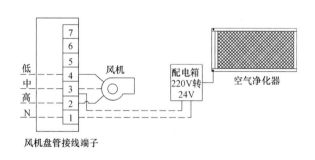

图 12-63 风机盘管电子空气净化器安装接线图

（2）静电驻极介质模块和光催化模块组成复合型空气净化器用作组合式空调机组的中效过滤器。该过滤段由数个标准单元模块化的复合型空气净化器组成，便于安装、维护与检修。净化器自带配电箱，可将 220V 的交流电转换成 24V 的安全电压，自带漏电开关、分线器、运行指示灯、按钮开关、压差开关、压差报警等，可提供控制信号由楼控系统来启停净化器，净化器的故障信号就是压差报警信号。采用该过滤器的机组控制原理图参见图 18-11。

复合型空气净化器从空调机组的电控箱引 220V 或 380V 电源，然后将 220V 或 380V 电源转换成 24V 安全电源再输入空调机组内，在每个电子空气净化器内部再转换成所需的 6 ~ 8kV 高压脉冲电源，驱动净化消毒装置运行，电子空气净化器单元模块之间通过插拔式电源连接端子相互连接。

第13章 制冷机组及其节能应用

目前的空调制冷机组主要是电制冷机组，即以蒸气压缩循环的方式工作的制冷机。而吸收式制冷水机组随着我国电力紧缺状况的改变，已经很少采用了。但是吸收式热泵在节能减排的政策下，又在工业废热回收应用中异军突起。本章主要介绍电制冷机组相应的国家标准、工作原理、节能措施等，在本章的最后介绍吸收式热泵的原理和应用。

13.1 冷水机组的名义工况

冷水机组的铭牌给出的制冷量是在名义工况下测定的制冷量。工程设计时机组的制冷量、蒸发器流量、冷凝器流量、污垢系数、蒸发器阻力、冷凝器阻力、耗电量等参数应由厂家根据项目设计工况计算确定。

大型制冷机的选型软件是将压缩机、蒸发器、冷凝器三大部件根据工程设计工况进行自由组合，从而得出性价比较高的机组。

指导我国空调用制冷机的标准为：《蒸气压缩循环冷水（热泵）机组 第1部分：工业或商业用及类似用途的冷水（热泵）机组》GB/T 18430.1—2007 和《冷水机组能效限定值及能效等级》GB 19577—2015。其中，GB/T 18430.1—2007 给出的名义工况如表 13-1 所示，该标准同时要求机组应在表 13-2 所示的条件下工作。

GB/T 18430.1—2007 规定的名义工况　　　　　　　　　表 13-1

项目		使用侧		热源侧（或放热侧）					
		冷、热水		水冷式		风冷式		蒸发冷却式	
		水流量 [m³/(h·kW)]	出口水温 (℃)	出口水温 (℃)	水流量 [m³/(h·kW)]	干球温度 (℃)	湿球温度 (℃)	干球温度 (℃)	湿球温度 (℃)
制冷	名义工况	0.172	7	30	0.215	35	—		24
	最大负荷工况		15	33		43			27[①]
	低温工况		5	19		21			15.5[②]
热泵制热	名义工况	0.172	45	15	0.134	7	6		—
	最大负荷工况		50	21		21	15.5		
	融霜工况		45	—		2	1		

① 补水温度为32℃。

② 补水温度为15℃。

所谓"污垢系数"相当于传热学里的"热阻 R"，该值越小，换热器的传热效率越高。在实际运行时，水质越差，污垢系数越大（在传热公式 $Q=K \cdot F \cdot \Delta t$ 中，K 是传热系数，$K=1/R$）。

GB/T 18430.1—2007 规定的机组正常工作条件　　表 13-2

项目	使用侧		热源侧（或放热侧）					
	冷、热水		水冷式		风冷式		蒸发冷却式	
	水流量 [m³/(h·kW)]	出口水温 (℃)	出口水温 (℃)	水流量 [m³/(h·kW)]	干球温度 (℃)	湿球温度 (℃)	干球温度 (℃)	湿球温度 (℃)
制冷	0.172	7	30	0.215	35	—	—	24
热泵制热		45	15	0.134	7	6	—	—
污垢系数	0.018m²·℃/kW		0.044m²·℃/kW		—	—	—	—

值得注意的是：通常说的空调工况、蓄冷工况、制热工况没有统一的标准，各个设备生产厂的产品样本中定义各不相同。因此，在设备选型和招标采购时一定要给出明确的工况条件。

13.2　冷水机组能效等级

国家标准《冷水机组能效限定值及能效等级》GB 19577—2015 中规定：冷水机组能效等级依据性能系数、综合部分负荷性能系数的大小确定，依次分成 1、2、3 共 3 个等级，1 级表示能效最高。冷水机组的性能系数、综合部分负荷性能系数的测试值和标注值应不小于表 13-3 或表 13-4 中能效等级所对应的规定值。

冷水机组能效等级指标（1）　　表 13-3

类型	名义制冷量 CC (kW)	能效等级			
		1	2	3	
		IPLV (W/W)	IPLV (W/W)	COP (W/W)	IPLV (W/W)
风冷式或蒸发冷却式	CC≤50	3.80	3.60	2.50	2.80
	CC>50	4.00	3.70	2.70	2.90
水冷式	CC≤528	7.20	6.30	4.20	5.00
	528<CC≤1163	7.50	7.00	4.70	5.50
	CC>1163	8.10	7.60	5.20	5.90

冷水机组能效等级指标（2）   表 13-4

类型	名义制冷量 CC （kW）	能效等级			
		1	2	3	
		COP （W/W）	COP （W/W）	COP （W/W）	IPLV （W/W）
风冷式或 蒸发冷却式	$CC \leqslant 50$	3.20	3.00	2.50	2.80
	$CC > 50$	3.40	3.20	2.70	2.90
水冷式	$CC \leqslant 528$	5.60	5.30	4.20	5.00
	$528 < CC \leqslant 1163$	6.00	5.60	4.70	5.50
	$CC > 1163$	6.30	5.80	5.20	5.90

《冷水机组能效限定值及能效等级》GB 19577—2015 还规定：冷水机组的节能评价值为表 13-3 或表 13-4 中所对应的能效等级 2 级所对应的指标值。3 级作为能效限定值，为市场准入等级。

从表 13-3 和表 13-4 可以看出，对于 1、2 级能效的机组只要其 COP、IPLV 中任意一项达到要求，就可以认定其为 1 级或 2 级能效机组。对于 3 级能效的机组，其 COP、IPLV 两项必须同时满足才能被认定为 3 级能效。

13.3 制冷剂热力学性质图

分析计算制冷过程常用到制冷剂热力学性质图，常用的有温熵（T-s）图和压焓（lgp-h）图。前者对分析问题很直观，而后者用于实际计算很方便。

13.3.1 制冷剂的温熵 T-s 图

从制冷剂的温熵图上可以看到制冷剂的：一点、两线、三区、五种状态，如图 13-1 所示。

1. 一点：临界点 C

此时的饱和液和饱和汽不仅具有相同的温度和压力，还具有相同的比体积、比热力学能、比焓、比熵。

制冷剂的干度 x：

$$x = \frac{\text{湿蒸汽中含干蒸汽的质量}}{\text{湿蒸汽的总蒸汽}}$$

2. 两线

x^{-1} 称为湿度，它表示湿蒸汽中饱和液的含量。因此，$x=0$ 为制冷剂的饱和液体线；$x=1$ 为制冷剂饱和蒸汽线；

3. 三区

$x=0$ 线和 $x=1$ 线将 T-s 图分成了三个区：未饱和液体区、湿蒸汽区和过热蒸汽区。

4. 五种状态

T-s 图上可以反映出制冷剂的五种状态：未饱和液体状态、饱和液体状态、湿饱和蒸汽状态、干饱和蒸汽状态和过热蒸汽状态。

在 T-s 图上，等压过程线下的面积代表了该过程放出或吸入的热量。

13.3.2 比熵

热力学中定义在任意可逆过程中对单位质量传热量 dq 与热力学温度 T 之比称为"比熵"的变化，用 ds 表示，单位为 J/(kg·K)，即：

$$ds = \frac{dq}{T}$$

工质由状态 1 通过任何过程变化至状态 2 时，工质比熵的变化：

$$ds = s_1 - s_2 = \int_1^2 \frac{dq}{T}$$

系统吸热时，ds > 0；系统放热时，ds < 0；绝热过程，ds=0。

13.3.3 制冷剂的压焓 lg$p$-h 图

lg$p$-h 图以制冷剂的焓作为横坐标，以压力为纵坐标，但为了缩小图面，压力采用对数分格。图中共给出制冷剂的 6 种状态参数线，如图 13-2 所示。即：定焓线（h）、定压线（P）、定温度线（t）、定比体积线（v）、定熵线（s）和定干度线（x）。

同样，x=0 线和 x=1 线将压焓 lg$p$-h 图分成了未饱和液体区、湿蒸汽区和过热蒸汽区。

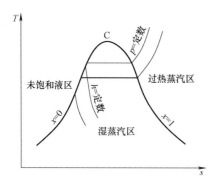

图 13-1 制冷剂的温熵（T-s）图

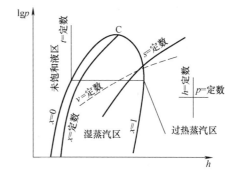

图 13-2 制冷剂的压焓（lg$p$-h）图

13.4 蒸气压缩式制冷的理论循环

13.4.1 单级压缩制冷系统

如图 13-3 所示，单级蒸气压缩式制冷的理论循环由两个定压过程，一个绝热过程和一个节流过程组成。

1. 温熵（T-s）图，见图 13-4；压焓（lg$p$-h）图，见图 13-5。制冷循环为 1-2-3-4-5-1。其中：过程 1-2 为：由蒸发器出来的制冷剂的干饱和蒸汽被吸入压缩机，被压缩机绝热压缩成过热蒸汽。过程 2-3-4 为：蒸汽进入冷凝器后，经定压冷却（2-3）并进一步在定压定温下凝结成饱和液体（3-4）。过

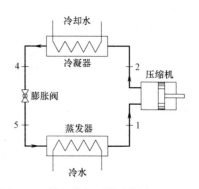

图 13-3 单级蒸气压缩式制冷理论循环

程4-5为：饱和液体通过膨胀阀绝热节流降压降温变成低干度的湿蒸汽。过程5-1为：湿蒸汽被吸入蒸发器，在定压定温下吸热汽化。

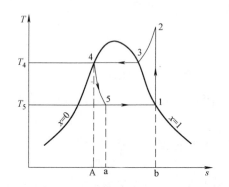 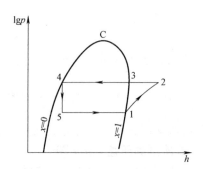

图13-4 蒸气压缩式制冷的理论循环温熵（T-s）图　图13-5 蒸气压缩式制冷的理论循环压焓（$\lg p$-h）图

T_4—凝温度；T_5—发温度

2. 单位质量制冷剂的制冷量q_1在温熵图上为：1-5-a-b所围成的面积；在压焓图上为：$q_1=h_1-h_5$。

3. 单位质量制冷剂的冷凝放热量q_2在温熵图上为：b-1-2-3-4-A-a-b所围成的面积；在压焓图上为：$q_2=h_2-h_4$。

4. 单位质量制冷剂消耗的压缩功w_0在温熵图上为以上两个面积之差；在压焓图上为：$w_0=h_2-h_1$。

5. 制冷系数：

$$\varepsilon = \frac{h_1 - h_5}{h_2 - h_1} \qquad (13-1)$$

6. 压缩比：冷凝压力与蒸发压力之比。

13.4.2 单级压缩蒸气制冷循环压缩比

活塞式制冷压缩机，对于氨制冷剂，因绝热指数较大，排气温度较高，因此氨单级压缩的压力比一般不希望超过8；氟利昂制冷剂的绝热指数相对较小，但从经济性角度出发，其单级压缩的压力比一般也不希望超过10。离心式制冷压缩机压力比不希望超过4。涡旋式制冷压缩机压力比不希望超过8。单级压缩循环所能达到的最低制冷温度是有限的。通常，最低只能达到-40℃左右。

13.4.3 多级压缩制冷系统

制冷系统的冷凝温度（或冷凝压力）取决于冷却剂（或环境）的温度，而蒸发温度（或蒸发压力）取决于制冷要求。在很多制冷实际应用中，压缩机要在高压端压力（冷凝压力）对低压端压力（蒸发压力）的比值（即压缩比）很高的条件下进行工作。由理想气体的状态方程$P \cdot V/T=C$可知，此时若采用单级压缩制冷循环，则压缩终了过热蒸气的温度必然会很高（V一定，$P\uparrow \rightarrow T\uparrow$），于是就会产生以下许多问题：

1. 当冷凝温度升高或蒸发温度降低时压缩机的压缩比增大，压缩比越大，余隙容积内气体膨胀至吸气压力所占的体积越大，从而使压缩机的输气系数λ大大降低，且当压缩比≥20时，$\lambda=0$。

2. 压缩机的单位制冷量和单位容积制冷量都大为降低。

3. 压缩机的功耗增加，制冷系数下降。

4. 必须采用高着火点的润滑油，因为润滑油的黏度随温度的升高而降低。

5. 被高温过热蒸气带出的润滑油增多，增加了分油器的负荷，且降低了冷凝器的传热性能。

为了避免上述问题，常常采用多级压缩代替单级压缩。空调制冷系统以两级离心式压缩最为常见，离心式压缩机采用多级压缩后，制冷系数增大，压缩机的转速可以降低，噪声也随之降低。

13.4.4　常用两级压缩制冷系统形式

两级压缩制冷循环由于节流方式和中间冷却程度不同而有不同的循环方式，通常分为：一次节流中间完全冷却；一次节流中间不完全冷却；两次节流中间完全冷却；两次节流中间不完全冷却。其中，两次节流是指制冷剂从冷凝器出来要先后经过两个膨胀阀再进入蒸发器，即先由冷凝压力节流到中间压力，再由中间压力节流到蒸发压力，而一次节流只经过一个膨胀阀，大部分制冷剂从冷凝压力直接节流到蒸发压力。中间完全冷却是指低压级压缩机排出的气体被冷却成中间压力下的干饱和蒸气。此时高压压缩机吸入的气体为饱和蒸气。中间不完全冷却是指低压级压缩机排出的气体的温度下降了，但未被冷却到中间压力下的干饱和蒸气，即高压压缩机吸入的气体为过热蒸气。前三种方式常用在低温制冷系统，最后一种方式常用在空调制冷系统中。

1. 一次节流中间完全冷却（适用于氨双级制冷系统），如图 13-6 和图 13-7 所示。

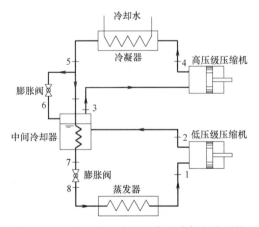

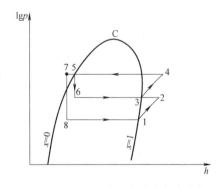

图 13-6　双级压缩一次节流完全冷却制冷系统　　图 13-7　双级压缩一次节流完全冷却
制冷的理论循环压焓（lg$p$-h）图

2. 一次节流中间不完全冷却（适用于氟利昂双级制冷系统）如图 13-8 和图 13-9 所示。一次节流中间不完全冷却双级压缩式制冷循环系统的特点是制冷剂主流先经盘管式中间冷却器过冷，再经回热器进一步冷却，且低压级压缩机的吸气有较大的过热度。此外，低压级的排气没有完全冷却到饱和状态。

3. 两次节流中间完全冷却，如图 13-10 和图 13-11 所示。在蒸发器中产生的低压饱和蒸气，进入低压压缩机中，被压缩到中间压力下的过热蒸气，进入中间冷却器中，被其中的制冷剂液体冷却到饱和蒸气，进入高压压缩机中，继续被压缩到冷凝压力，高压压缩机排出的过热蒸气进入冷凝器中，被冷凝成为液体，经第一节流阀节流到中间压力，进入中间冷却器，节流过程产生的闪发气体、中间冷却器中的液体吸收低压级压缩机排气的热量而蒸发的气体及被冷却后的低压级排气，一同进入高压级压缩机，而中间冷却器中的大部分液体，经第二节流阀节流到蒸发压力，并进入蒸发器中制取冷量，如此不断循环。

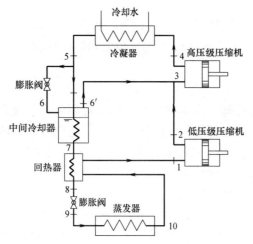

图 13-8　双级压缩一次节流不完全冷却制冷系统

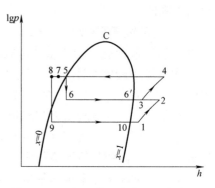

图 13-9　双级压缩一次节流不完全冷却制冷的理论循环压焓（lg$p$-h）图

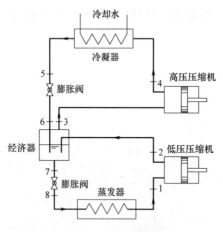

图 13-10　双级压缩两次节流完全冷却系统

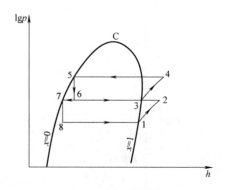

图 13-11　双级压缩两次节流完全冷却理论循环压焓（lg$p$-h）图

4. 两次节流中间不完全冷却，如图 13-12～图 13-14 所示。在大型蓄冰空调工程中，有时会采用两台单级压缩的离心式压缩机串联组成两级压缩制冷系统，以便能够制取较低温度的乙二醇水溶液。在这一系统中，液态制冷剂经第一个膨胀阀膨胀到经济器的压力，该压力与高压压缩机的吸气压力相同，在此过程中部分液体蒸发汽化。其饱和蒸气（状态3）与来自低压压缩机的过热蒸气（状态2）混合至状态9，然后进入高压压缩机，饱和液体（状态7）则通过第二个膨胀阀膨胀进入蒸发器，从冷水吸热。

这一过程在温熵（T-s）图中，与采用一级压缩过程 1-2-4′-4-5-6′-1 相比增加了制冷量 Δq_1，面积为 a-b-6′-8-a；在压焓（lg$p$-h）上：$\Delta q_1 = h_{6'} - h_8$。同时在湿熵（$T$-$s$）图中，减少了

压缩功，面积为 2-4'-4-9-2。

要说明的是，由于第一级压缩和第二级压缩循环的制冷剂质量不相等，进入第二级压缩的制冷剂质量增加了 m，减少面积并不能直观地代表减少的压缩功的量。在压焓（$\lg p$-h）图上，减少了压缩功为：$\Delta w_0 = h_{4'} - (1+m) \cdot h_4$。

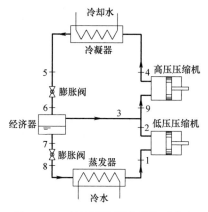

图 13-12 双级压缩两次节流不完全
冷却系统

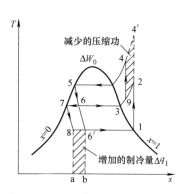

图 13-13 双级蒸气压缩式制冷的理
论循环温熵（T-s）图

一些用于冰蓄冷或冷冻的螺杆式冷水机组，利用螺杆压缩机吸气、压缩、排气为单方向进行的特点，通过在压缩机的中部设置二次吸气口，吸入从经济器来的闪发蒸汽，来实现两级压缩的功能，获取较低的蒸发温度、提高效率，如图 13-15 所示。

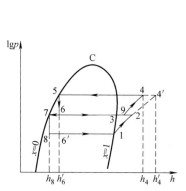

图 13-14 双级蒸气压缩式制冷的理
论循环压焓（$\lg p$-h）图

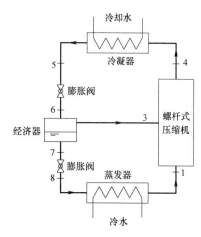

图 13-15 带二次吸气和经济器的螺
杆式压缩机制冷系统

对于离心式冷水机组，通过采用同轴多级压缩叶轮和多级经济器来实现两级或三级压缩的功能，来获取较低的蒸发温度。减少压缩机的功耗。图 13-16 ~ 图 13-18 为离心式三级压缩冷水机组原理。

这一制冷过程中，在 T-s 图中，与采用一级压缩过程 1-2-4'-4-5-6-6'-1 相比增加了制冷量，面积为 a-b-6'-10-a，在 $\lg p$-h 上，增加的制冷量为：$\Delta q_1 = h_6 - h_{10}$。同时在 T-s 图中，减少了压缩功，面积为 2-4'-4-12-3-14-2。

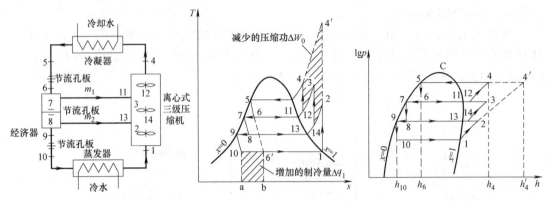

图 13-16　带二级经济器的三级　　图 13-17　蒸气压缩式制冷的　　图 13-18　蒸气压缩式制冷的理论
　　　　离心式压缩机制冷系统　　　　　　理论循环温熵（*T-s*）图　　　　　循环压焓（lg*p-h*）图

　　同样要说明的是，由于第一级压缩与第二级、第三级压缩循环的制冷剂质量均不相等，进入第三级压缩的制冷剂质量增加了 m_1+m_2，减少面积并不能直观地代表减少的压缩功的量。在 lg$p-h$ 图上减少了压缩功为：$\Delta w_0=h_{4'}-(1+m_1+m_2)\cdot h_4$。

　　由此可以明确地说，在相同工况下，采用多级压缩的冷水机组比单级压缩的冷水机组具有较好的节能效果。

13.4.5　复叠式制冷系统

　　虽然双级压缩可以获得比单级压缩更低的蒸发温度，但是在获取更低温度时，采用单一制冷剂的多级压缩循环仍将受到蒸发压力过低、甚至使制冷剂凝固的限制。例如：当蒸发温度为 −80℃时，若采用氨作为制冷剂，它在 −77.7℃时就已凝固，使循环遭到完全破坏。如果采用 R22 作为制冷剂，此时它虽未凝固，但蒸发压力已低至 10kPa，一方面增加了空气漏入系统的可能性；另一方面导致压缩机吸气比容增大和输气系数的降低，从而使压缩机的气缸尺寸增大，运行经济性下降。解决这一问题的方法是采用低温制冷剂。但是低温制冷剂往往在常温下无法冷凝成液体！

　　因此，采用低温制冷剂的制冷装置，虽然能够制取很低的温度，但不能单独工作，需要有另一台制冷装置与之联合运行，为低温制冷剂循环的冷凝过程提供冷源，降低冷凝温度和压力，即为复叠式制冷，如图 13-19～图 13-21 所示，复叠式制冷系统通常由两个单独的制冷系统组成，分别称为高温级及低温级部分。高温部分使用中温制冷剂，低温部分使用低温制冷剂。高温部分系统中制冷剂的蒸发用来使低温部分系统中制冷剂冷凝，用一个冷凝蒸发器将两部分联系起来，它既是高温部分的蒸发器，又是低温部分的冷凝器。低温部分的制冷剂在蒸发器内向被冷却对象吸取热量（即制取冷量），并将此热量传给高温部分制冷剂，然后再由高温部分制冷剂将热量传给冷却介质（水或空气）。高温部分的制冷量基本等于低温部分的冷凝热负荷。

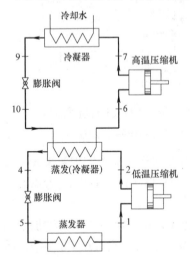

图 13-19　复叠式蒸气压缩式制冷理论循环

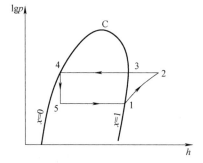 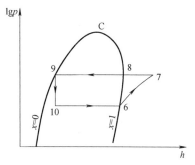

图 13-20　复叠式制冷系统低温循环压焓（lg*p-h*）图　图 13-21　复叠式制冷系统高温循环压焓（lg*p-h*）图

当需要获取 −60℃ 以下的低温时，采用中温制冷剂与低温制冷剂复叠的制冷循环。两级复叠制取 −60 ～ −80℃ 的低温，三级复叠制取 −80 ～ −120℃ 的低温。

复叠式制冷机并不是两个制冷系统的简单叠加，需要解决它固有的问题：

1. 停机后低温制冷剂的处理

当复叠式制冷机在停止运转后，系统内部温度会逐渐升高到接近环境温度，低温部分的制冷剂就会全部汽化成过热蒸气，这时低温部分的压力将会超出制冷系统允许的最高工作压力这一非常危险的情况。当环境温度为 40℃ 时，低温部分允许的最高绝对压力为 1.079MPa。为解决这一问题，大型系统采用高温系统定时开机，以维持低温系统较低压力，但这种方法功耗大；或者将低温制冷剂抽出装入高压钢瓶中。对于小型复叠式制冷装置，通常在低温部分的系统中连接一个膨胀容器，当停机后低温部分的制冷剂蒸气可进入膨胀容器，如系统中不设膨胀容器，则应考虑加大蒸发冷凝器的容积，使其起到膨胀容器的作用，以免系统压力过高。

2. 复叠式制冷机的启动

由于低温制冷剂的临界温度一般较低，所以复叠式制冷机在启动时，必须先启动高温部分，当高温部分的蒸发温度降到足以保证低温部分的冷凝压力不超过允许的最高压力时，才可以启动低温部分。

3. 温度范围的调节

复叠式制冷循环的制冷温度是可以调节的，但有一定的温度范围。因压力比不能太大，所以吸气压力不能调节得太低，这就决定了它的下限温度不能太低。同时，吸气压力也不能调得太高，因为随着吸气压力的升高，蒸发温度也升高，当蒸发温度高到一定程度时，就失去了复叠式循环的意义。而且随着吸气压力的升高，冷凝压力也升高，一般压缩机的耐压为 2MPa。为使压缩机和制冷系统能正常工作，复叠式制冷循环的蒸发温度在调节时一般不高于 −50℃，也不应低于 −80℃。

13.4.6　复叠式制冷在空调系统中的应用

在暖通空调领域很少用到复叠式制冷系统，从而导致暖通空调工程师对这样的系统不熟悉。但是在热泵系统中为了获取更高的供热温度，有时会采用两个常规工况的压缩循环组成复叠式热泵系统。如图 13-22 所示的复叠式冷凝热回收系统，由两个制冷循环复叠而成，只不过这种复叠系统低温循环与高温循环之间通过冷却水作为媒介换热。

工作原理如下：冷水机组 1 在制冷时产生的 35℃ 冷却水，由冷却水泵送入冷水机组 2 的蒸发器，在冷水机组 2 内降温至 32℃，冷却水中的热量被转移到冷凝器中，使冷凝器

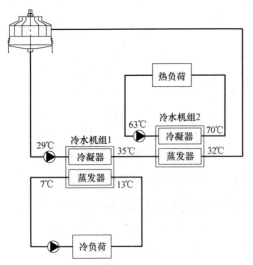

图 13-22　复叠式冷凝热回收系统图

中的热水由 63℃升至 70℃，为热负荷提供高温热水后，降温至 63℃。由于冷水机组 1 冷凝器的散热量，未被冷水机组 2 的蒸发器全部利用，故多余的热量通过冷却塔散热，使 32℃的水流过冷却塔后降温至 29℃。

该复叠式热回收系统运行时，基本不降低冷水机组的 *COP*，并且冷水机组运行稳定。克服了单台热回收的热水温度不高等缺点，能够使大容量的离心式机组热回收时稳定运行。

13.4.7　跨临界制冷循环（CO_2 热泵）

1. 亚临界制冷循环与跨临界制冷循环

在普通的制冷、空调领域，由于制冷循环的冷凝压力远低于制冷剂的临界压力（压焓图上 C 点的压力），所以其被称作"亚临界循环"。然而，一些低温制冷剂在普通制冷范围内，利用冷却水或室外空气作为冷却介质时，压缩机的排气压力位于制冷剂临界压力之上，而蒸发压力位于临界压力之下，所以此类循环被称作"跨临界循环"。CO_2 热泵，又称 R744 热泵，就是采用 CO_2 作为制冷剂的热泵或空调，其工作循环就是采用了跨临界循环，如图 13-23 和图 13-24 所示。

CO_2 热泵与普通热泵的区别是：在普通热泵中，氟利昂冷媒在冷凝器端是被冷凝成液体再节流的。而 CO_2 热泵工作时，在"冷凝器端"，CO_2 是不会被冷凝成液体的。所以 CO_2 热泵制冷剂的高压端热交换器不再称为冷凝器，而称为气体冷却器。

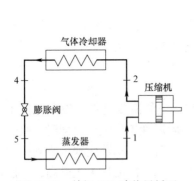

图 13-23　单级 CO_2 跨临界循环

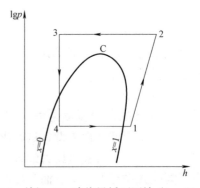

图 13-24　单级 CO_2 跨临界循环压焓（lgp-h）图

作为自然工质的 CO_2，除了完全满足环保要求，同时以其出色的低温、高温特性在欧美被广泛应用，日本是发展 CO_2 热泵热水器最快的国家，它地处寒冷地带，全年中使用热水器的时间长。日本对于 CO_2 产品更是提供政府补贴给予支持。而目前我国现阶段相关政策、规范以及标准都在不断探讨和完善中。作为《蒙特利尔议定书》缔约国，我国的环保理念将逐步践行到各个领域。目前我国已经有 CO_2 技术应用的项目，将为推动产品的应用起到示范作用。

2. CO_2 空气源热泵技术的优越性

CO_2 作为制冷工质具有以下独特的优势：

（1）CO_2 单位容积制冷量是其他制冷剂的数倍，其优良的流动和传热特性，可显著减小压缩机与系统的尺寸，使整个系统非常紧凑。

（2）CO_2 冷媒对臭氧层的破坏几乎无破坏作用，GWP（全球变暖潜能值）也低。

（3）高热效率的 CO_2 冷媒配合夜间低谷电费将大大降低操作成本。

（4）良好的性和化学稳定性。CO_2 安全无毒，不可燃，适应各种润滑油及常用机械零部件材料，即便在高温下也不分解产生有害气体。

（5）具有与制冷循环和设备相适应的热力学性质，CO_2 的蒸发潜热较大。

（6）与常规制冷剂相比，CO_2 跨临界循环的压缩比较小，为 2.5 ～ 3.0，可以提高压缩机的运行效率，从而提高系统的性能系数。

（7）采用 CO_2 还有一个优点就是其排气温度较高，因此可以得到更高温度的热水，55 ～ 90℃ 范围内可调，用户可以通过机组的控制器自行设定；传统的热泵在冬季时需加装辅助系统（电热管）或改用锅炉制热水，而 CO_2 热泵机组在 –20℃ 的严寒环境也可供应 90℃ 热水。

另外，CO_2 跨临界系统气体冷却器端的温度滑移可以与变温热源较好地匹配，它在热泵热水器方面的应用具有其他供热方式无法比拟的优越性。CO_2 作为一种天然冷媒工质，凭借其环保、无毒以及优良的跨临界循环等特点，被看作是氟氯碳化物冷媒的最佳替代物。应用了 CO_2 冷媒技术的空气源热水器不仅在节能、环保层面有进一步的提升，同时在噪声、使用地区、出热水量等多个方面有突破性的进展。

3. CO_2 空气源热泵技术的缺点

CO_2 作为制冷剂的主要缺点是具有较低的临界温度（31.1℃）和较高的临界压力（7.37MPa）。特别是后者，若采用跨临界循环，CO_2 制冷系统的工作压力最高可达 10 MPa，而 R22 的热泵系统高压一般为 2MPa 多点，因此，CO_2 热泵系统的配件、铜管等都需要耐高压，这对系统的材料强度、密封和管道连接等方面的要求更苛刻。无疑其生产成本也是其他空气源热泵机组的好几倍。

CO_2 热泵机组具有供暖、制冷、提供生活热水三种功能，且机组设备结构紧凑、体积小，不需要专用机房，不需要专人值守。无论从节能、环保和能源利用效率等都是建筑供暖方式的最优择。采用制冷与热水相结合方式，并合理选择设计工况，会使系统总效率高达 5.0 以上。已有试验结果表明：以 CO_2 为工质的热泵热水机组 *COP* 比以 R22 为工质的热泵热水机组约高 5%，并且可以实现 65℃ 以上的高出水温度。

13.5　冷却水温度、冷水温度变化对制冷量的影响

13.5.1　对单级压缩制冷系统的影响

冷却水的进水温度对应的是冷水机组的冷凝温度，冷水出水温度对应的是冷水机组的蒸发温度。

1. 冷却水温度变化对制冷量的影响

当冷却水温度降低时，在温熵（$T\text{-}s$）中（见图 13-25），相应的冷凝温度由 T_4 变为 T_4'，制冷循环变为 1-2′-3′-4′-5′-1；制冷量为 1-5′-a′-b-1 所围成的面积。制冷量增加了面积 5-5′-a′-a。在压焓（$\lg p\text{-}h$）图中（见图 13-26），增加的制冷量为 $\Delta q_1 = h_5 - h_{5'}$，同时减少了压

缩功耗 $\Delta w_0 = h_2 - h_{2'}$。

同理，当冷却水温度上升时，制冷量将减少，压缩功耗将增加。

由于受环境温度的限制，冷却水温度不能任意降低，当冷却水温度低到一定程度后，冷凝压力变得太小，也就是说压缩制冷循环的阻力变得很小，此时启动冷水机组，其压缩机的电机就会过载，电机的过载保护使其无法工作。《蒸气压缩循环冷水（热泵）机组 第1部分：工业或商业用及类似用途的冷水（热泵）机组》GB/T 18430.1—2007规定冷水机组冷却水进水温度范围是19～33℃。目前，一些螺杆机的生产商通过采用电子膨胀阀等技术，已将最低温度做到了13℃。在冬季北方地区，如果要运行冷水机组，冷却水供回水一般要设旁通进行混水，以此来提高冷水机组的进水温度。

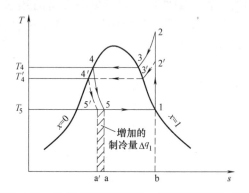

图13-25　冷却水温度降低时，理想蒸气压缩式制冷的理论循环温熵（T-s）图

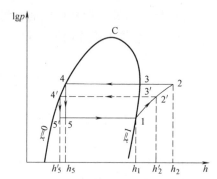

图13-26　冷却水温度降低时，蒸气压缩式制冷的理论循环压焓（lgp-h）图

2. 冷水温度变化对制冷量的影响

当冷水温度升高时，在温熵（T-s）图中（见图13-27），相应的蒸发温度由 T_5 变为 T_5'，制冷循环变为1'-2'-3-4-5'-1'；制冷量为1'-5'-a'-b'-1'所围成的面积。制冷量增加了面积（1'-5'-a'-b'-1'）-面积（1-5-a-b-1）。在压焓（lgp-h）图中（见图13-28），增加的制冷量为 $\Delta q_1 = h_1' - h_1$，同时减少了压缩功耗 $\Delta w_0 = (h_2 - h_1) - (h_2 - h_{1'})$。

当冷水温度降低时，制冷量将减少，压缩功耗将增加。

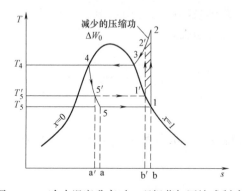

图13-27　冷水温度升高时，理想蒸气压缩式制冷的理论循环温熵（T-s）图

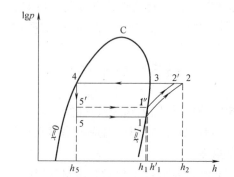

图13-28　冷水温度升高时，蒸气压缩式制冷的理论循环压焓（lgp-h）图

定量地分析冷却水温度、冷水温度对冷水机组制冷量的影响还应考虑冷水机组的构

造、制冷剂的热力学性质以及压缩机吸气口处制冷剂比体积的变化等因素。以采用134a制冷剂，制冷量为1402kW（400RT）的某双机头双回路螺杆式冷水机组的实际电脑选型为例，当冷却水和冷水分别变化时，其制冷量、耗电量、COP分别列于表13-5和表13-6。

当冷却水温度降低时，制冷参数情况 表13-5

序号	冷却水温度（℃）	冷水温度（℃）	制冷量（kW）	制冷量增加	耗电量（kW）	耗电量减少	COP	COP增加
1	33/38	7/12	1393	0	279	0	5	0
2	32/37	7/12	1410	+1.2%	271	−2.9%	5.2	+4%
3	31/36	7/12	1428	+1.3%	264	−2.6%	5.4	+3.8%
4	30/35	7/12	1445	+1.2%	257	−2.7%	5.6	+3.7%
5	29/34	7/12	1462	+1.2%	250	−2.7%	5.8	+3.6%
6	28/33	7/12	1479	+1.2%	244	−2.4%	6.06	+4.5%
7	27/32	7/12	1496	+1.1%	237	−2.9%	6.3	+4%

当冷水温度升高时，制冷参数情况 表13-6

序号	冷却水温度（℃）	冷水温度（℃）	制冷量（kW）	制冷量增加	耗电量（kW）	耗电量增加	COP	COP增加
1	32/37	4/9	1262	0	270.5	0	4.67	0
2	32/37	5/10	1310	+3.8%	270.7	～0	4.84	+3.6%
3	32/37	6/11	1359	+3.7%	271	～0	5.02	+3.7%
4	32/37	7/12	1410	+3.8%	271	～0	5.2	+3.6%
5	32/37	8/13	1462	+3.7%	271.4	～0	5.38	+3.5%
6	32/37	9/14	1516	+3.7%	271.7	～0	5.58	+3.7%
7	32/37	10/15	1570	+3.6%	272.1	～0	5.77	+3.4%
8	32/37	11/16	1625	+3.5%	272.5	～0	5.96	+3.3%
9	32/37	12/17	1683	+3.6%	273	～0	6.17	+3.5%
10	32/37	13/18	1743	+3.7%	273.5	～0	6.37	+3.2%
11	32/37	14/19	1797	+3.1%	273.8	～0	6.56	+3%

由表13-5可知，冷却水温度每下降1℃，制冷量约增加1.2%；耗电量减少约2.7%；COP增加约4%。

由表13-6可知，冷水温度每升高1℃，制冷量约增加3.7%，耗电量基本不变，COP增加约3.5%。

13.5.2 对双级压缩制冷系统的影响

对于采用134a制冷剂的双级压缩离心式冷水机组，无论是冷却水温度变化还是冷水温度变化，只要这种变化范围不是很大，均可以通过自身的调节基本保证制冷量恒定不变，而变化的只有耗电量和COP。从而保证系统不受外界条件变化的干扰，有稳定的制冷量。

1. 冷却水温度变化对制冷量的影响

当冷却水温度降低时，在温熵（$T\text{-}s$）图中（见图 13-29），相应的冷凝温度由 T_5 变为 T_5'，制冷循环为 1-2-9-4'-5'-6'-7-8-1；制冷量仍为 1-8-a-b-1 所围成的面积。制冷量不变。压缩功减少。在压焓（$\lg p\text{-}h$）图中（见图 13-30），减少了压缩功耗 $\Delta w_0 = h_4 - h_{4'}$。相反，当冷却水温度上升时，制冷量将不变。压缩功耗将增加。

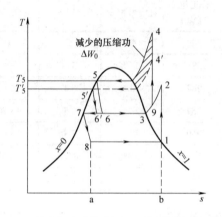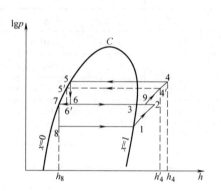

图 13-29　当冷却水温降低时，两级蒸气压缩式制冷的理论循环温熵（$T\text{-}s$）图 　　　图 13-30　两级蒸气压缩式制冷的理论循环压焓（$\lg p\text{-}h$）图

2. 冷水温度变化对制冷量的影响

当冷水温度升高时，在温熵（$T\text{-}s$）图中（见图 13-31）相应的蒸发温度由 T_8 变为 T_8'，中间压力将随之上升，制冷循环变为 1'-2'-9'-4'-5-6'-7'-8'-1'；为了保证制冷量不变，即：由 1-8-a-b-1 所围成的面积与 1'-8'-a'-b'-1' 所围成的面积相等，压缩功减少。在压焓（$\lg p\text{-}h$）图中（见图 13-32），减少了压缩功耗 $\Delta w_0 = h_4 - h_{4'}$。相反，当冷水温度降低时，制冷量可以维持不变。压缩功耗将增加。

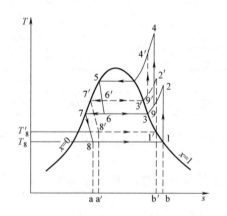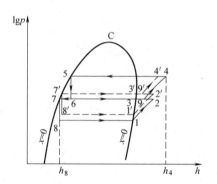

图 13-31　当冷却水温降低时，两级蒸气压缩式制冷的理论循环温熵（$T\text{-}s$）图 　　　图 13-32　两级蒸气压缩式制冷的理论循环压焓（$\lg p\text{-}h$）图

以某制冷量为 3869kW（1100RT）两级压缩离心式冷水机组为例，当冷却水温度降低和冷水温度升高时，制冷参数情况如表 13-7 和表 13-8 所示。

当冷却水温度降低时，两级压缩离心式冷水机组制冷参数情况 表 13-7

序号	冷却水温度（℃）	冷水温度（℃）	制冷量（kW）	制冷量增加	耗电量（kW）	耗电量减少	COP	COP 增加
1	33/38	7/12	3867	0	717	0	5.4	0
2	32/37	7/12	3867	0	696	−2.9%	5.55	+2.8%
3	31/36	7/12	3867	0	678	−2.6%	5.71	+2.9%
4	30/35	7/12	3867	0	636	−6.2%	6.08	+6.5%
5	29/34	7/12	3867	0	618	−2.8%	6.26	+3.0%
6	28/33	7/12	3867	0	601	−2.8%	6.44	+2.9%
7	27/32	7/12	3867	0	583	−3.0%	6.63	+3.0%

当冷水温度升高时，两级压缩离心式冷水机组制冷参数情况 表 13-8

序号	冷却水温度（℃）	冷水温度（℃）	制冷量（kW）	制冷量增加	耗电量（kW）	耗电量减少	COP	COP 增加
1	32/37	4/9	3762	0	765	0	4.92	0
2	32/37	5/10	3867	+2.8%	788	3.0%	4.9	～ 0
3	32/37	6/11	3867	0	716	9.0%	5.4	+10.2%
4	32/37	7/12	3867	0	696	2.8%	5.55	+2.8%
5	32/37	8/13	3867	0	679	2.4%	5.7	+2.7%
6	32/37	9/14	3867	0	638	6%	6.07	+6.5%
7	32/37	10/15	3867	0	620	2.8%	6.24	+2.8%
8	32/37	11/16	3867	0	604	2.6%	6.4	+2.6%
9	32/37	12/17	3867	0	591	2.2%	6.55	+2.3%

13.6 常用蒸气压缩式空调冷水机组的分类及节能应用

蒸气压缩式冷水机组按工作原理分为容积式和离心式两大类。容积式有螺杆式、涡旋式、转子式和活塞式等。其中，转子式由于容量较小，一般不用于中央空调的制冷，而活塞式在空调制冷领域的应用也越来越少。

13.6.1 离心式压缩机冷水机组

目前用于中央空调的离心式冷水机组主要由离心制冷压缩机、主电动机、蒸发器（满液式卧式壳管式）、冷凝器（水冷式满液式卧式壳管式）、节流装置、压缩机入口能量调节机构、抽气回收装置、润滑油系统、安全保护装置、主电动机喷液蒸发冷却系统、油回收装置及微电脑控制系统等组成，并共用底座，如图 13-33 和图 13-34 所示。

在各种制冷压缩机中，离心式压缩机通常具有最理想的效率。单个离心式压缩机的制冷量范围较大，为 150 ～ 3000RT，所以一般离心式冷水机组都只设计一个离心式压缩机就可以满足冷量的需要。离心式压缩机是通过高速旋转的离心叶轮将气体制冷剂加速到一定的脱离速度，获得足够的动能，然后在扩压腔里气体制冷剂实现动能向势能的转换，使制冷剂获得足够的排气压力。要达到足够的脱离速度，通常有三种途径：提高叶轮的旋转速度、加大叶轮的直径、采用多个同轴叶轮实现多级压缩。

图 13-33　离心式冷水机组

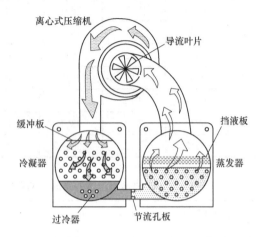

图 13-34　离心式冷水机组工作原理图

加大叶轮的直径无形中增大了压缩机的体积，使得冷水机组过于高大，这将增加冷水机房的高度，对工程设计十分不利。因此，压缩机一般会尽量避免叶轮尺寸过大。除特灵的三级压缩外，压缩机的叶轮一般都是通过增速齿轮或者变频器来增速运行。运行速度一般在 10000r/min 左右，但是过高的转速又受到机械强度的制约，因此采用多级压缩是离心式压缩机节能发展的必然选项。

单级压缩的离心式机组在负荷低于 30% ～ 40% 时会出现喘振（详见本书第 13.7.2 节离心式冷水机组的负荷调节）。但是多级压缩离心式机组最低负荷可降到 10% 甚至更低。

随着机械制造技术、电力电子技术及电机技术的进步，近年离心式压缩机涌现出一些可喜的节能技术，将这些节能技术应用到离心式冷水机组，为空调系统节能提供了可靠的保证。

1. 无油压缩机

在传统的制冷压缩机中，机械轴承是必需的部件，并且需要有润滑油以及润滑油循环系统来保证机械轴承和增速齿轮箱的工作。在所有烧毁的压缩机中，实际上 90% 是由于润滑的失效而引起的。而机械轴承不仅产生摩擦损失，润滑油随制冷循环而进入到热交换器中，在传热表面形成的油膜成为热阻，影响换热器的效率，并且过多的润滑油存在于系统中对制冷效率带来很大的影响。文献［27］指出，"冷水机组的性能退化会随着运行时间的延长而加重。通常情况下，冷水机组运行 5 年以上退化率超过 10%，运行 10 年以上退化率超过 20%，其中因制冷剂侧油污导致的性能退化，占全部性能退化的30%。"目前，无油压缩机有两种实现方式：磁悬浮和陶瓷轴承。

（1）磁悬浮离心压缩机摒弃了润滑油。它采用直径较小的双级叶轮压缩、磁悬浮轴承和直驱电机，通过变频器来增速运行，没有增速齿轮。压缩机的转速可以在15000 ～ 48000r/min 之间调节。磁悬浮轴承利用磁场，使转子悬浮起来，从而在旋转时不会产生机械接触，不会产生机械摩擦，不再需要机械轴承以及增速齿轮所必需的润滑系统。所有因为润滑油而带来的烦恼就不再存在了。

磁悬浮离心压缩机的技术难度与离心压缩机电机功率大小相关：功率越大，电机对磁悬浮轴承的电磁干扰越大，转轴高精度悬浮越难实现；同时，电机功率越大，转轴会越长，轴承系统的稳定性和可靠性越难保证，所以第一代磁悬浮压缩机制冷量较小，冷水机组一般由多台小容量的压缩机并联组成。经过多年的发展，新一代的磁悬浮压缩机单机制冷量可达 1000RT。满负荷时 COP 可达 7.19，并且机组可实现 10%～100% 范围内无级调节。

（2）采用陶瓷无油轴承系统。由开利公司研发的 19DV 双级离心式冷水机组采用陶瓷轴承，该轴承由加工精度极高的耐磨陶瓷滚珠和 PEEK 增强纤维保持架构成。利用制冷剂来润滑该陶瓷轴承。开辟了无油压缩机制造的一条新途径。机组满负荷时 COP 高达 7.0，同时避免了磁悬浮机组冷量做不大的缺点。

（3）采用气浮轴承系统。目前有静压气浮轴承系统和动压气浮轴承系统。

静压气浮轴承系统：通过外部稳定的气源（制冷剂气体），利用压力产生浮力的原理实现转子悬浮及自调节。代表品牌是海尔。

动压气浮轴承系统：启动过程通过涂层材料干摩擦，达到一定转速后，在箔片的辅助下形成楔形气隙，高速旋转的转子将气体导入楔形气隙形成浮力，产生的浮力与转速成正比。利用楔形区域内气体动压效应支撑主轴的动压气体轴承。代表品牌是格力、LG。

2. 采用对称布置压缩机叶轮结构形式

传统双级压缩机叶轮布置如图 13-35 所示，这种布置方式使得叶轮轴向力叠加，增加了轴承的机械摩擦损耗。叶轮采用对称布置结构形式（电机两侧各有一个叶轮），如图 13-36 所示，两个叶轮所受的轴向力相反，两个轴向力相互抵消，可自动平衡轴向轴承受力，机械损失小，提高了系统的稳定性。如：开利公司的 19DV 双级离心式冷水机组、美的公司的 MC 高效直驱降膜离心机组均采用此项技术。

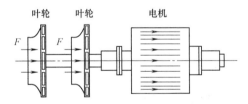

图 13-35　传统串列布置方式的离心机叶轮
轴向力叠加

图 13-36　对称布置的离心机叶轮轴向力
相互抵消

3. 优化了制冷剂的流道

通过优化制冷剂的流道并精简空气动力学部件，可大幅降低制冷剂流动阻力，如图 13-37 所示。如开利公司的 19DV 双级离心式冷水机组、美的公司的 MC 高效直驱降膜离心机组均采用此项技术。

4. 采用直驱变频压缩机取代传统的齿轮传动

避免了增速齿轮的机械损失，使得传动效率达到 1。压缩机利用变频器来增速运行。磁悬浮离心压缩机、开利公司的

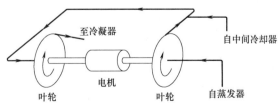

图 13-37　对称布置压缩机叶轮优化了制冷剂的流道

19DV 双级离心式冷水机组、美的公司的 MC 高效直驱降膜离心机组及格力公司研发的永磁同步变频离心式压缩机均采用此项技术。

值得注意的是：变频冷水机组不只在部分负荷节能，在室外温度降低导致冷却水温降低时也有很好的节能效果，当两种情况同时存在时节能效果最好。这是由离心式压缩机的工作特性所决定的。

（1）离心式压缩机的工作特性：如图 13-38 所示的制冷循环系统，离心式压缩机与离心式风机相类似，离心式压缩机能够提供的压头取决于：气体流量、压缩机叶轮的转速和直径。

冷水机组的制冷剂系统压差 ΔP = 冷凝压力 P_1 − 蒸发压力 P_2

该系统压差会随着运行情况的改变而时刻在改变，而在不同的季节、不同的运行模式下，这种改变更大。

（2）离心式冷水机组可以正常工作的条件：离心压缩机提供的压头 ≥ 冷水机组的制冷剂系统压差（P_1−P_2）。

要保证全年能正常制冷，冷水机组选型时必须按最不利工况设计机组的系统压差，离心压缩机也需为满足最不利工况，来配置足够大的叶轮直径和转速。

（3）离心式冷水机组高效工作的条件：离心压缩机提供的压头 = 冷水机组的制冷剂系统实际压差（P_1−P_2）。

因此，冷水机组的制冷剂系统压差变化时，离心压缩机的压头也应该随之变化。即：改变流量、改变转速、改变叶轮直径。对于一台制造完毕的压缩机改变叶轮直径已经不可能了，那么就是前面两项。

与风机相似，离心式冷水机组压缩机的耗功：

$$N = \frac{Q \times \Delta P}{\eta}$$

式中　N——压缩机的功耗；

　　　Q——制冷剂的流量；

　　　ΔP——制冷剂系统压差；

　　　η——压缩机的效率；

如图 13-39 所示，曲线 n_1、n_2、n_3 为离心式压缩机在各种转速下的性能曲线。曲线 a 为制冷剂系统性能曲线，曲线 a′ 为系统压差降低后的曲线。工况点 1 为设计工况；点 2 为在部分负荷、冷媒流量减少到 Q_2 的时工况；点 3 为在冷却水降温系统压差降低为 ΔP_3 时的工况。

在设计工况下的功耗 N，就是由工况点 1、压差 ΔP_1、流量 Q 及 0 点所围成的面积。

在部分负荷时，冷媒流量由 Q 减少到 Q_2，转速由 n_1 可降低到 n_2，功耗 N 减少到由 2-ΔP_2-0-Q_2 所围成的面积；同时，在冷却水温降低时，制冷剂系统压差由 ΔP_2 降低到 ΔP_3，转速也由 n_2 也可降低到 n_3，功耗 N 减少到由 3-ΔP_3-0-Q_2 所围成的面积。

由此可以看出，离心式冷水机组变频不仅仅是在部分负荷时节能，当两种情况同时存在时最节能！

5. 采用降膜式蒸发器

降模式蒸发器通过缓解满液式蒸发器的浸泡效应，使制冷剂在换热管表面实现膜态蒸发，大幅度提高换热效率，同时大幅减少了制冷剂的充注量。

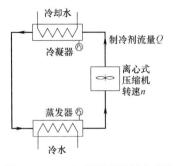

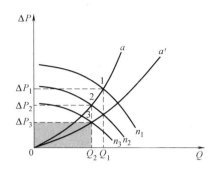

图 13-38 离心式压缩机制冷系统　　　　图 13-39 离心式压缩机各种工况下的性能曲线

6.采用永磁同步变频电机

由格力公司研发的永磁同步变频离心式压缩机，也是采用双级压缩方式。采用了与高铁动车相同的永磁直驱电机，通过变频器来增速运行，转速可达 18000r/min，单机制冷量可达 1500RT。转子为永磁体，由于无励磁电流损耗，电机效率高，在机组运行的负荷变化范围内，电机效率均可达 96% 以上（详见本书第 14.1.4 节）。较好地满足了空调冷水机组的部分负荷运行特性。采用直驱电机，避免了增速齿轮的机械损失。压缩机的体积重量较小，仅为常规压缩机的 40%。采用 PWM 可控整流四象限变频技术，谐波畸变率小于 5%，不需要谐波处理装置，功率因数可达 0.99 以上，不需要功率补偿器。简化了配电系统的设计和投资。采用变频控制与导流叶片控制方式相结合的控制方式，可使机组在 10% ～ 100% 的负荷范围内调节。满负荷时 COP 可达 6.88。

可以预测，大功率的永磁直驱电机是未来制冷压缩机节能的方向。

13.6.2 螺杆式压缩机冷水机组

单个螺杆式压缩机的制冷量较离心式压缩机的制冷量要小很多。如图 13-40 和图 13-41 所示，螺杆式冷水机组一般由螺杆式压缩机、壳管式冷凝器、油分离器、节流阀、壳管式蒸发器以及电器控制部分等组成。制冷量一般在 30 ～ 480RT[①]的范围内，所以现在大冷量的螺杆式冷水机组都采用多机头方式，由电脑统一控制、调节，并且每台压缩机都有一个单独制冷系统。

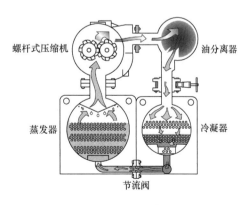

图 13-40 螺杆式冷水机组　　　　　图 13-41 螺杆式冷水机组工作原理图

———————
① 1RT ≈ 3.517kW。

螺杆式冷水机组的运行范围广泛，可满足不同工艺的冷却及冷冻需要。螺杆式冷水机组具有优异的冷凝热回收功能，可免费制取高达 63℃ 的热水，能够保障充足的空调供暖及生活热水。采用螺杆式冷水机组的水源热泵系统，可充分利用多种可再生低温热源供热、制冷，大幅降低供热费用。螺杆式制冷压缩机分为双螺杆和单螺杆两种，两者在制冷性能上没有本质区别。螺杆式冷水机组的蒸发器有三种类型：干式、满液式和降模式。

干式蒸发器是制冷剂走管程，冷水走壳程。其优点是制冷剂充注量少，回油顺畅，制冷剂在换热管内流动，易于把润滑油重新带回到压缩机中去。缺点是换热效率低，清除冷水污垢难。冷水接管不是像常见的冷水机组在端头，而是在蒸发器的中部。

满液式蒸发器正好与干式相反，制冷剂走壳程，冷水走管程。制冷剂液体从蒸发器的底部进入到蒸发器的壳程中进行换热。吸收热量后被蒸发成气体的制冷剂蒸气从蒸发器的顶部被吸入到压缩机中。在管程，冷水流经换热管内将热量释放到制冷剂中，从而降低温度。冷水接管在冷水机组的端头。

1. 双螺杆制冷压缩机

双螺杆制冷压缩机是一种能量可调式喷油压缩机。它的吸气、压缩、排气三个连续过程是靠机体内的一对相互啮合阴阳相反旋向的螺旋形齿的转子。转子旋转时产生周期性的容积变化来实现上述的三个过程。一般阳转子为主动转子，阴转子为从动转子。

容量 15% ～ 100% 无级调节或二、三段式调节，采取油压活塞增、减载方式。径向和轴向均为滚动轴承；开启式设有油分离器、储油箱和油泵；封闭式为差压供油，进行润滑、喷油、冷却和驱动滑阀容量调节的活塞移动。

吸气过程：气体经吸气口分别进入阴阳转子的齿间容积。

压缩过程：转子旋转时，阴阳转子齿间容积连通（V 形空间），由于齿的互相啮合，容积逐步缩小，气体得到压缩。

排气过程：压缩气体移到排气口，完成一个工作循环。

2. 单螺杆制冷压缩机

利用一个主动转子和两个星轮的啮合产生压缩。它的吸气、压缩、排气三个连续过程是靠转子、星轮旋转时产生周期性的容积变化来实现的。

容量可以 10% ～ 100% 无级调节及三或四段式调节。

3. 螺杆式压缩机的节能技术

（1）一些用于冰蓄冷或冷冻的螺杆式冷水机组，通过设置压缩机的二次吸气口和经济器来实现两级压缩的功能，获取较低的蒸发温度。

（2）与离心式压缩机类似，目前已经有一些制造商将永磁同步变频电机应用于螺杆式压缩机，取得了较好的节能效果。

（3）螺杆式冷水机组的优势是单级压缩时压缩比较大，可以实现热泵供热以及回收高温冷凝热。

13.6.3 涡旋式冷水机组

单个涡旋式压缩机的制冷量较螺杆机要小，一般约小于 28RT，主要应用于多联机和风冷模块机组中。

涡旋式压缩机由两个双函数方程型线的动、静涡盘相互咬合而成。在吸气、压缩、排气的工作过程中，静盘固定在机架上，动盘由偏心轴驱动并由防自转机构制约，围绕静盘基圆中心，作很小半径的平面转动。气体通过空气滤芯吸入静盘的外围，随着偏心轴的旋转，气体在动静盘啮合所组成的若干个月牙形压缩腔内被逐步压缩，然后由静盘中心部件的轴向孔连续排出。

涡旋压缩机的独特设计，使其成为节能压缩机。涡旋压缩机主要运行件涡盘只有啮合没有磨损，因而寿命更长，被誉为免维修压缩机。涡旋压缩机运行平稳、振动小、工作环境宁静，又被誉为'超静压缩机'。涡旋式压缩机结构新颖、精密，具有体积小、噪声低、重量轻、振动小、能耗小、寿命长、输气连续平稳、运行可靠、气源清洁等优点。被誉为"新革命压缩机"和"无需维修压缩机"。

13.7　冷水机组负荷的运行调节

冷水机组在运行时，其内部的控制系统会根据末端负荷的大小，自动调节其输出的制冷量。使制冷量等于末端的负荷，并且随末端负荷的变化而变化。

冷水机组的控制系统要保证冷水的出水温度稳定在设定温度的波动范围内，根据出水温度自动调节压缩机的出力。而具有变流量功能的冷水机组，还需有根据回水温度判断其负荷增减趋势的功能。

13.7.1　容积式压缩机的负荷调节

螺杆式压缩机、涡旋式压缩机均为容积式压缩机，负荷调节的基本原理为：

$$Q = G \cdot \Delta h \tag{13-2}$$

式中　Q——制冷量；

　　　G——制冷剂的质量流量；

　　　Δh——制冷剂进出蒸发器的比焓差。

由上式可知，Δh 受制冷循环设计的制约，一般不可随意改变，要改变压缩机的制冷量唯有改变其质量流量。

对于容积式压缩机，在忽略各种损失的理想状态下，其质量流量一般可写为：

$$G = \lambda \cdot n \cdot \rho \cdot V_p \tag{13-3}$$

式中　ρ——压缩机吸气口处制冷剂的比体积；

　　　λ——考虑了压力、容积、温度、泄漏的综合系数；

　　　n——压缩机转速；

　　　V_p——压缩机一转的工作容积。

由上式可知，容积式压缩机制冷量的调节主要有两种方法：一是改变转速，二是改变工作容积。采用变频器是改变转速的调节方法，如变频螺杆机组、变频多联机等。而螺杆机通过滑阀的移动来改变螺杆的有效工作长度，则是改变工作容积的调节方法。

13.7.2　离心式冷水机组的负荷调节

1. 进口导流叶片的调节

在离心式压缩机叶轮入口处有一组由控制电机驱动的叶片组件，若改变叶片的开度，就会改变气体进入叶轮的方向，这样不仅可改变进入叶轮的制冷剂气体流量，也可以改变叶轮做功的大小，达到调节制冷量的目的。

这种调节会降低机组的效率。导流叶片关小时，在绝大部分调节范围内，导流叶片都阻碍了气流的流动，从而降低了压缩机的效率，使得在部分负荷时，机组的制冷性能较差。

当冷负荷降低时，冷水温度开始下降，控制装置将使压缩机入口导叶慢慢地关闭，这就减少了压缩机吸入制冷剂的量，当制冷剂的流量小到一定值时，压缩机的气体无法被压出，在叶轮内造成涡流，此时冷凝器中的高压气体就会倒流进叶轮，使压缩机内的气体在瞬时增加，但由于蒸发器中气流较小，且固定不变，以致又产生气体分离，如此周而复始，就出现周期性的来回脉动气流，这种现象叫作"喘振"。喘振发生时，压缩机周期性地发生间断的响声，整个机组出现强烈的振动，制冷剂回路有可能开裂而导致制冷剂泄漏，冷凝器压力和压缩机电机电流发生大幅度的波动，由于作为冷却剂的制冷剂的减少，轴承温度很快升高，将严重损害压缩机。

喘振是离心式压缩机固有的缺陷。单级压缩机一般卸载到30% ～ 40%就会发生喘振。实际上机组在设计制造时，单级压缩机一般以30%的设计负荷为最小制冷量，过小也不经济。有些机组通过进口导叶开度及无叶扩压器出口宽度双重调节可以做到在10%负荷时不喘振，但此时的空转功率较大。

2. 热气旁通调节

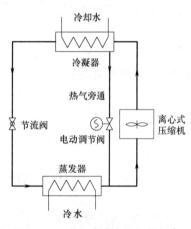

图 13-42 离心式冷水机组热气旁通示意图

当冷负荷减小，逼近喘振点时，通过开启旁通管上的电动调节阀让一部分制冷剂气体从冷凝器旁通到压缩机的吸气口，维持一定流量的制冷剂进入压缩机，这部分制冷剂在压缩机内消耗压缩功而不制冷，如图 13-42所示。严格地讲，这是一种有效避免压缩机喘振的措施，而不能作为负荷调节的措施。

3. 变频调节（VSD）

与离心式风机相同，压缩机电动机的功耗与转速的立方成正比，即：减少转速将会大大减少功耗。VSD 根据冷水的出水温度和压缩机压头来优化电动机的转速和导流叶片的开度，从而使机组始终在最佳状态区运行。它不是单纯的变频调节，可以实现在25% ～ 100%负荷范围内，导流叶片全开，通过变频来控制机组减载，保证压缩机在最高效率下运行。当负荷低于25%时，通过调节导流叶片的角度，调节压缩机的制冷量。同时，机组的喘振点随着转速的降低会向制冷量小的方向移动，扩大了压缩机的工况范围，有的机组可以实现在10% ～ 100%负荷范围内，压缩机稳定运行不喘振。

13.8 空调冷源设备的节能

13.8.1 中央空调制冷系统的变频设计

在中央空调制冷系统中，冷却水泵、冷却塔风机、冷水机组、冷水泵均可采用变频运行。但是，不建议冷却水泵变频，冷却水泵变频将导致冷凝器管束内的流速降低，使得冷却水中的污垢易于附着在换热管上，降低换热效率。但是，如果设置了可靠的冷凝器在线清洗装置，冷却水泵也是可以变频的。

13.8.2 冷水机组冷却水、冷水温度的控制

1. 冷却水进水温度的优化控制策略

通常采用冷却塔的出水温度来控制冷却塔风机的开启台数或运行转速，以保证进入冷水机组冷凝器的水温恒定。这样的控制可以保证冷水机组运行稳定，但不是节能的控制。基于节能的考虑，通常有下面有两种控制策略。

（1）逼近度控制

采用保持恒定的温差来控制冷却塔风机的开启台数或运行转速，这个温差就是冷却塔的出水温度与环境湿球温度的差值，即：保证冷却塔的出水温度与环境湿球温度的逼近度恒定（一般为 2～3℃，详见第 4.4.8 节）。这样就能使得冷水机组的冷凝温度始终处于能够达到的最低值，从而提高冷水机组的 COP。

对于在北方地区冬季运行的冷水机组，采用这种控制策略还需限定冷却塔的最低出水温度，因为冷水机组的冷凝器有一个最低进水温度限制。

（2）冷却水最优进水温度控制

当室外温度低于设计温度，同时冷却塔采用变频风机时，通过变频器降低风机转速可以节省冷却塔风机能耗；相反，通过变频器提高冷却塔风机转速加强换热，可以降低冷却水温度，这样就可以提高机组的制冷量、降低机组的耗电量。但是，冷却塔风机能耗将增加。为了平衡两者的得失，就存在一个冷却塔最佳回水温度 t_r。如图 13-43、图 13-44 所示。

某公司根据某款冷水机组总结得出了一个最佳回水温度公式。该公式显示：最佳回水温度是基于室外湿球温度（t_{wb}）和机组负荷率的（load%）函数：

$$t_r = f(t_{wb}, \text{load}\%)$$

其中冷却塔的 P—t_r 曲线可以通过现场测试得到，而冷水机组的 P—t_r 曲线需要由厂家提供。

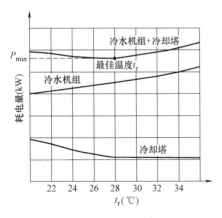

图 13-43 部分负荷时冷却塔、冷水机组能耗
随进水温度 t_r 的变化曲线

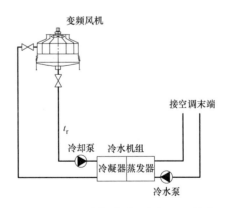

图 13-44 冷却塔采用变频风机制冷
系统原理图

2. 冷水供水温度的优化控制策略

舒适性空调的冷水机组通常只有不到 1% 的时间在设计工况下运行。当负荷降低时，因为除湿的需求更低了，即使冷水温度设得更高，冷却盘管也可以产生所需的冷量。通常

提高冷水机组的冷水出水温度可以降低压缩机的压头，从而达到节能的目的。冷水出水温度每提高1℃，冷水机组的效率就会增加约3%，这对大功率的冷水机组来说，是一笔较大的节能费用。

自控系统设计可以结合末端设备的运行情况，在不影响用户端制冷需求的同时，自动更改冷水机组的冷水出水温度设定值，从而实现节能。通常，采用冷水出水温度自动重设技术，可有效降低冷水机组能耗10% ～ 15%，但如果采用手动控制，一方面空调运营人员无法准确计算冷水最佳温度设定值，另一方面也无法准时手动更改冷水温度设定值，故无法实现这部分能耗的节约。

提高冷水机组冷水的供水温度可以采用以下两种方法：

（1）方法一：在部分负荷时，确定最佳冷水供水温度的一种方法是监测一些具有代表性的空气机组水管入口处电动调节阀的阀位。由这些阀是否处于100%全开，来决定供水温度值的增减。

这种控制方法的一个难点是阀位数据往往不可靠。阀门可能卡在打开位置，或者阀位指示器有故障。这个问题也可以通过监测机组的送风温度来解决，用它们作为阀门位置的关联数据。控制方法如下：

1）如果所有水阀没全开或机组送风温度低于设定值，则提高冷水设定温度。

2）如果超过一个阀门100%全开，且机组送风温度高于其设定值点，则降低冷水温度。

为了实现上述调节，增加或降低冷水温度时，采用较小的增量可以得到更稳定的控制。

（2）方法二：在部分负荷时，检测冷水机组的负荷率，再检测水泵的运行状态，控制方法如下：

1）当冷水机组负荷率低于某一设定值时；

2）冷水一级泵定频系统，检测旁通阀的状态，如果是开启状态，则可提高冷水供水温度；

3）冷水一级泵变频系统，检测变频泵的运行频率，如果是低于某一设定值，则可提高冷水供水温度。

冷水供水温度的重新设定值应有上限和下限。下限一般是设计工况的供水温度，如7℃。而上限就是保证空调房间的相对湿度不超标时的供水温度。因为随着供水温度的升高，盘管的除湿能力将会下降，这将导致房间的相对湿度增加。

对于变频泵系统，由于供水温度的提高，将导致供回水温差的减少，在输送同样的冷量时，流量就增大，水泵的转速增大、能耗增加，这样就存在一个变频冷水泵的能耗增加与冷水机组能耗减少趋势的平衡点。

13.8.3　采用离心式水冷水机组的自然冷却

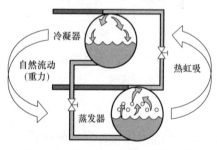

对于冬季有冷负荷的建筑，实现冬季供冷的方法有多种，其中一种方法就是采用具有自然冷却功能的离心式水冷水机组。这种机组的冷凝器的位置高于蒸发器，同时设有气态和液体制冷剂的旁通管和电动阀及模式转换控制程序。当冷却水温度低于冷水温度时，自然冷却冷水机组可提供45%的名义制冷量。

图 13-45　自然冷却冷水机组原理图

在图 13-45 中，机组利用热虹吸原理及冷凝器与蒸发器的高度差（重力自然流动），使制冷剂完成"自然冷却"制冷循环。制冷时压缩机不工作，冷却塔、冷却水泵、冷水泵工作，由此节省了压缩机的功耗。

13.8.4　采用冷凝热回收冷水机组

制冷机在运行时要排出大量的冷凝热，在空调工况下运行，制冷量是耗电的 3～6 倍（COP），冷凝热是耗电的 4～7 倍（COP+1）。以一台 1000 冷吨的离心式热回收冷水机组为例，其产热量约为 1200 冷吨，热水（冷却水）供 / 回水温度最高可达 43℃ /32℃。

饱和蒸汽的焓值为 656.3kcal/kg，假设热回收热交换器的热效率为 80%，则该冷水机组回收的热量相当于蒸气量为：1200×3024×0.8/（656.3/1000）≈ 7t/h。也就是说，一台 1000 冷吨的冷水机组的热回收量等于 1 台 7t/h 蒸汽锅炉的产热量。这些冷凝热如果不加利用，将会通过冷却塔排向大气，不但浪费了这部分热量，同时也会对周围大气环境造成一定的热污染，产生热岛效应。因此，在同时有冷热需求的场合，适当地回收冷凝热加以利用，无疑是节能减排的有效举措。实际工程中，如宾馆、医院等建筑，冷凝热回收后多用于生活热水供应以及医疗净化空调系统的再热；在工业建筑中，还可以用于工艺用水的加热。

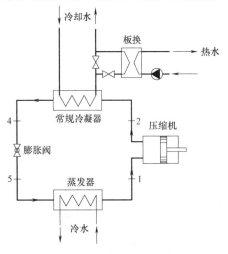

图 13-46　冷却水热回收方式

目前，水冷冷水机组有冷却水热回收与排气热回收两种方式。

1. 冷却水热回收

冷却水热回收是在冷却水出水管路加装一个热交换器，如图 13-46 所示，从冷却水中回收一部分热量，用于生活热水的预热等。这种方式的优点是可确保热负荷的水质不会被冷却水污染，同时，热回收冷水机组的制冷运行不受影响。缺点是热水的出水温度较低。例如：冷水机组冷却水的出水温度一般在 37℃，采用效率较高的板式换热器来进行热交换，在传热温差为 1℃ 时，二次水最高温度也只有 36℃。这种低品位的热能应用场合将会受到限制。

2. 排气热回收

水冷冷水机组排气热回收分为部分热回收和全热回收两种方式。

（1）部分热回收

如图 13-47 所示，采用两个冷凝器串联，从压缩机排出的高温高压的制冷剂气体（空调制冷一般在 65～95℃）先通过热回收冷凝器，经一次换热后再进入常规的冷凝器。热回收冷凝器将部分热量传递给生活热水，其余的热量则由常规冷凝器传递给冷却水，再通过冷却塔释放到环境中。这种方式主要是利用制冷剂的显热，因此又称其为显热回收，也称部分热回收。回收的热量在压焓图上为 h_2-h_3，如图 13-48 所示。

其特点是：热回收率不太高，一般在 10%～20% 之间，热水回收温度比较高、一般为 55～60℃。这种方式一般用于压缩机排气温度较高，采用了干式蒸发器的螺杆式冷水机组。热回收冷凝器多采用板式换热器。冷却水系统与热回收系统可以同时运行，无需制冷、热回收等模式转换。热回收运行时，从常规冷凝器分走了一部分热量后，使得从冷凝器流出的液态制冷剂进一步过冷，从而增加了制冷量 $h_5-h_{5'}$，提高了机组的 COP。

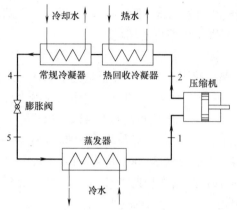

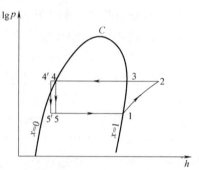

图 13-47　两个冷凝器串联的热回收方式　　　图 13-48　蒸气压缩式制冷的理论循环压焓（lg$p$-h）图

（2）全热回收

全热回收分为单冷凝器双换热管束方式和双冷凝器方式。

1）单冷凝器双换热管束方式：如图 13-49 所示，只设一个冷凝器，从压缩机排出的高温高压制冷剂气体进入冷凝器。冷凝器内有两组并联的水盘管，其中一组盘管将热量传递给冷却水，再通过冷却塔释放到环境中；另一组盘管将热量回收用于生活热水供应等。但是两个冷凝器不能同时运行，冷水机组往往设置成几种运行模式，如：制冷模式、制冷＋热回收模式等。在制冷模式下，热回收不工作，冷却水系统工作，机组仅作为常规冷水机组使用。在制冷＋热回收模式下，冷却水系统不工作。可设定制冷优先或热回收优先。在热回收优先时，机组首先满足热负荷需求，以热水的出水温度来控制机组能量增减载，保证热水出水温度不变，当热负荷需求减少时，制冷量也随之减少。在制冷优先时，机组首先满足冷负荷需求，以冷水出水温度来控制机组能量增减载，保证冷水出水温度不变，当冷负荷需求减少时，热回收量也随之减少。机组可以通过热水的回水温度判断热负荷的变化，当回水温度接近出水温度时，机组可以自动转换为制冷模式。

常规冷水机组冷却水温度为 32℃ /37℃，也就是说在常规工况下热回收所得热水的最高温度仅为 37℃。这样的水温难以满足对热水温度的要求。为此，需要提高机组的冷凝温度来制取高温热水。在压焓图上表现为冷凝压力的增加，制冷循环过程为 1-2'-3'-4'-5-1。回收的热量为 $h_{2'}-h_{4'}$，如图 13-50 所示。增加了压缩功耗 $h_{2'}-h_2$。由于制冷剂在冷凝器中由

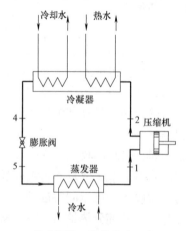

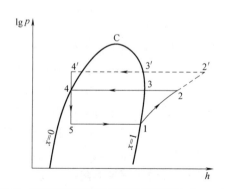

图 13-49　单冷凝器双换热管束的热回收方式　　　图 13-50　蒸气压缩式制冷的理论循环压焓（lg$p$-h）图

气态变成了液态发生了相变，释放了潜热，热回收盘管吸收了全部显热和潜热，所以，也称全热回收。

全热回收的特点是：热回收率比较高，在螺杆式冷水机组和离心式冷水机组中广泛采用。对于同一台机组，COP 值在热回收模式低于制冷模式。由压焓图可知，热水出水温度越高，即：冷凝压力越高，增加的压缩功耗 $h_{2'}-h_2$ 越大，如图 13-50 所示。

以某 400 冷吨的螺杆机为例：

空调工况（蒸发器进 / 出水温度 7℃ /12℃，冷凝器进 / 出水温度 30℃ /35℃）时，耗电量为 278kW。

制热工况（蒸发器进 / 出水温度 7℃ /12℃，冷凝器进 / 出水温度 40℃ /45℃）时，耗电量为 321kW。

热回收工况（蒸发器进 / 出水温度 7℃ /12℃，冷凝器进 / 出水温度 58℃ /63℃）时，耗电量为 420kW。

因此，COP 值降低的幅度取决于热水的出水温度。而机组实际选型时，热水温度：离心机一般不高于 45℃，螺杆机一般不高于 63℃。

在冷水机组进行模式转换时，冷水机组需给出控制信号关停或启动冷却水泵、冷却塔、热回收循环泵等。

2）两个冷凝器并联方式。在前一种方式中，两个冷凝器不能同时运行，这就导致了制冷量与热回收量之间相互制约。比如在工况为：机组制冷量需求为高负荷，而热回收量需求为部分负荷时，前一种方式无法运行。为了解决这个问题，需采用双冷凝器并联，并且两个冷凝器可以同时运行的方式，采用这种方式热回收的有特灵的三级压缩离心机及约克的离心机。

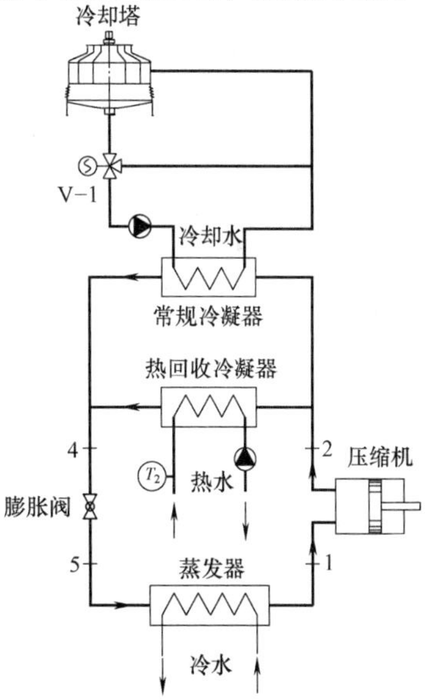

离心式热回收冷水机组使用两个冷凝器，如图 13-51 所示，利用从压缩机排出的高温气态制冷剂必然去低温处的原理（这个过程是自发的，两个冷凝器是相通的，而冷媒总是往冷的地方走，因为冷的地方压力低，哪个冷凝器在工作就会往哪边走）。通过提高常规冷凝器的水温，促使高温气态制冷剂流向热回收冷凝器，将热量散给热回收凝器的水流中。通过控制常规冷凝器的冷却水温度或冷却塔供回水流量，可以调节热回收量的大小。

因此，这种回收方式需要对水路进行调节控制。

当需要供热时，先设定进入热回收冷凝器的水温 T_2，再开启与热回收冷凝器相连的水泵。若 T_2 的测量值低于设定值，表明供热不够，则关闭与常规冷凝器相连的水泵和三通阀 V-1，使冷却水不流经冷却塔。因此压缩机全部向热回收冷凝器放热，从而使 T_2 的测量值提高，不断接近 T_2 的设定值。

图 13-51　两个冷凝器并联的热回收方式

若 T_2 的测量值高于设定值，表明供热过多，则开启与常规冷凝器相连的水泵，并打开三通阀 V-1，使流经冷却塔的冷却水流回标准冷凝器，通过调节冷却塔的风扇启停个数和转数，来调节压缩机对上述两个冷凝器的放热比例，从而使 T_2 的测量值降低，不断接近 T_2 的设定值。

若无供热需求，则利用冷却塔散热，与热回收冷凝器相连的水泵关闭。

需要说明的是：这种热回收方式是采用热水回水的控制和还是采用热水供水温度控

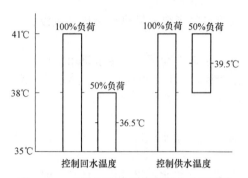

图 13-52　双冷凝器热回收控制方式的比较

制，对冷水机组的运行有着很大的影响。其说明如下（见图 13-52）：

① 在 100% 负荷时，冷却水的供 / 回水温度为 41℃ /35℃，其温差为 6℃，平均温度为 38℃。

② 在 50% 负荷时，冷却水的流量不变，供回水温差是 100% 负荷时温差的 50%，即为 3℃。

③ 热水回水温度控制方案：冷却水的回水温度恒定为 35℃，由于供回水温差为 3℃，故冷却水的供水温度变为 38℃，供回水的平均温度为 36.5℃，比 100% 负荷时低 1.5℃。冷水机组 *COP* 相对较高，冷水机组运行稳定性好。

④ 热水供水温度控制方案：冷却水的供水温度恒定为 41℃，由于供回水温差为 3℃，故冷却水的回水温度变为 38℃，供回水的平均温度为 39.5℃，比 100% 负荷时高 1.5℃。冷水机组 *COP* 相对较低，可能导致冷水机组运行不稳定。

13.8.5　冷水机组热回收加热生活热水系统设计

冷水机组回收的热量作为生活热水的加热热源或者预热热源，对生活热水加热，按其系统形式可以分为间接加热和直接加热方式。由于空调冷负荷的变化与生活热水热负荷的变化往往不同步，因此生活热水一般要设有蓄热水箱。

1. 间接加热方式

在我国北方地区，水质硬度较高，为了避免热回收换热器内结垢，通常采用间接加热的方式。图 13-53 为一高层酒店建筑热回收间接预热生活热水原理图，其采用了间接预热生活热水的方式。为了保证热水与冷水的同源性，热水系统与冷水系统一致，分为低、中、高三个区设置。

回收的热量作为预热热源，对低、中、高三个区的冷水进行预热，预热热源热水温度为 40℃ /45℃。夏季将 10℃ 的冷水预热到 35℃，预热换热器采用大容量的容积式换热器，兼作蓄热水箱。预热后的热水再由加热热源加热到 60℃。

2. 直接加热方式

当水的硬度不高时可以采用直接加热的方式。如果采用部分热回收，较高的供水温度可将热水直接加热到使用温度。图 13-54 为部分热回收直接加热生活热水原理图。

当水箱内的温度低于（设定值 -5℃）时，热水循环泵启动，高于（设定值 +5℃）时，热水循环泵停止。

当热水用量过大、热回收量不足时，由辅助加热设备补充加热，辅助加热设备可以是锅炉、电加热器、空气源热泵等。

3. 复叠式热泵的应用

采用复叠式热泵来制取高温热水，详见本书第 13.4.6 节。

13.8.6　冷凝器在线清洗系统设计

1. 污垢热阻对冷凝器换热的影响

冷水机组的名义制冷量是在冷凝器污垢系数为 $0.044m^2 \cdot ℃ /kW$ 的条件下给出的，而冷水机组的实际运行的工况要差很多。

如前面章节所述，冷却水温度升高会使冷水机组的冷凝温度升高。实际运行的水冷式冷水机组的冷凝温度每增加 1℃，冷水机组的 *COP* 约下降 4%。

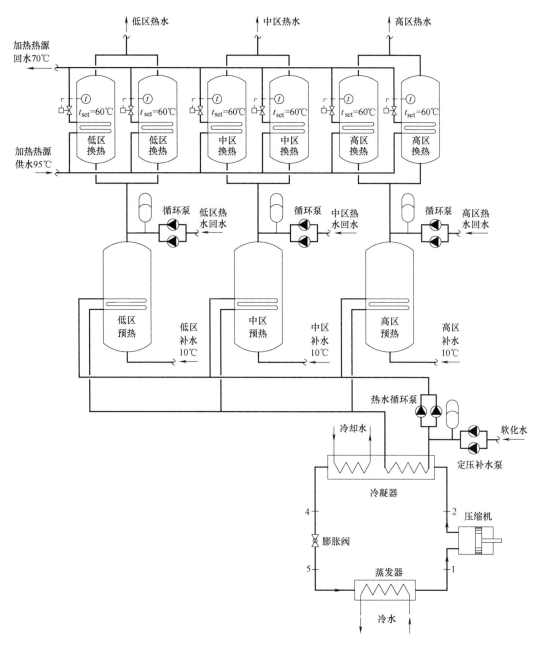

图 13-53　某高层酒店建筑热回收间接预热生活热水原理图

在冷却水系统中，由于补充水的水质和系统内的机械杂质等因素，尤其是开式冷却水系统与空气大量接触，在冷却塔内将空气中的灰尘洗涤下来，产生和积累大量水垢、污垢、微生物等，在冷凝器的换热管表面形成污垢，使冷凝器的传热恶化、效率降低。污垢一般为热的不良导体，其导热系数只有碳钢的 1/10，与铜等热的良导体相比，导热率相差更大。且随着强化传热技术的广泛应用，污垢热阻对传热过程的影响更加明显。在能源价格不断上涨的情况下，各种强化传热措施被普遍采用，来增大传热系数的，此时污垢对换热器的影响也更加显著了。

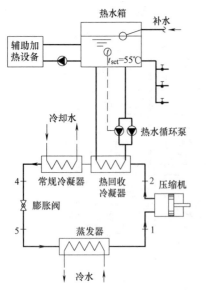

图 13-54　部分热回收直接加热生活热水
原理图

2.冷却水的处理方法

目前针对冷水机组冷凝器冷却水侧的污垢，所采取的应对措施有化学水处理法和橡胶海绵球清洗法。

（1）化学水处理法

传统的化学水处理法是加入 3 种不同作用的水处理药剂：缓蚀剂、阻垢剂及杀菌灭藻剂。缓蚀剂可在金属表面形成皮膜，防止腐蚀；阻垢剂作用于形成垢的成分碳酸钙等的结晶体，使其扭曲、错位、变形，以此来妨碍垢的生长；杀菌灭藻剂对藻类和细菌有抑制作用，防止其繁殖。化学水处理法只能起到有限的作用。目前大部分空调冷却水系统即使采取了化学水处理方法，同时还要每年冬季停机保养时采用毛刷捅炮清洗冷凝器。

（2）橡胶海绵球清洗法

橡胶海绵球清洗法是一套全面性利用流体、水力机械以及微电脑等多种技术来实现最简单的清洗解决方案。在冷水机组冷凝器冷却水的进出管安装发球机和收球机，用特殊配方和结构的橡胶海绵球按一定的循环流程，在水力的作用下通过冷凝器换热管擦去管壁上一点一滴的沉积物，由于循环过程是不停车在线、自动的，时间间隔短，沉积物在形成初期就被擦掉，使管壁永保洁净，始终保持冷凝器的换热效率处于最高值。橡胶海绵球清洗法克服了由于污垢的产生而引起冷水主机制冷效率下降，从而降低能耗，节省能源。消除冷凝器列管腐蚀根源，延长列管使用寿命，减少维护费用和化学药剂的使用，这是目前为止使冷凝器列管始终保持在清洁状态的最有效的方法。安装胶球清洗装置的冷水机组节能率可达 10% ～ 20%。目前有两种方式：一种是独立的设备，另一种是集成在冷水机组冷凝器封头上的装置。

但是由于胶球清洗装置生产厂家良莠不齐，在使用中出现了下列问题：

1）换热铜管清洗不均匀，单根铜管进入多个胶球后堵塞，造成了冷水机组喘振的严重危害；

2）换热铜管与清洗胶球的直径不匹配，循环水流量偏小时，胶球穿越冷却管能量不足，卡在管中；

3）清洗胶球使用寿命低，往往清洗 500 ～ 1000 次后，胶球不具备清洗换热管污垢的能力，而老化变形的橡胶球增加了堵塞换热铜管的风险；

4）在大小管混合布置的冷凝器中，往往只能清洗大管，放弃了小管的清洗。

在推广胶球在线清洗装置的过程中，必须克服上述不足，有效的方式是通过冷水机组整合优化胶球清洗装置，以主机厂家的高标准、高质量助力提升清洗效率和应用质量。

3.独立的胶球清洗装置

如图 13-55 所示，胶球清洗装置一般安装在冷水机组冷凝器前，在冷凝器进出水管上连接发球管和收球管。收球机局部阻力≤ 0.5m，发球机为 380V，3kW，扬程≥ 20m。

该装置的控制器能提供无缘触点和 RS485 网络接口，接入冷水机房群控系统。该装置需要设计独立的设备基础。

4. 冷凝器自有封头式胶球清洗装置

随着胶球清洗装置技术的发展，目前主流的制冷主机厂家都可在主机出厂前配置冷凝器自有封头式胶球清洗装置，这给机房设计提供很大的方便，同时清洗装置的品质可靠性得到了很好的保证。该装置由主机内部供电，工程设计时不用再考虑配电、自控等，也无需特设设备基础，如图 13-56 所示。

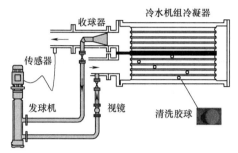

图 13-55　橡胶海绵球清洗装置原理图

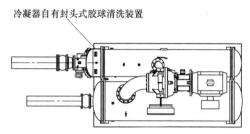

图 13-56　冷凝器自有封头式胶球清洗装置

13.8.7　微泡排气除污装置的应用设计

另一个可以提高机组效率的装置是微泡排气除污装置。该装置串联安装于冷凝器的入口处，它与水过滤器原理大不相同，可以排除冷却水中细小的杂质和微气泡，见图 13-57 和图 13-58。

图 13-57　微泡排气除污装置

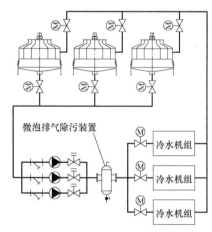

图 13-58　微泡排气除污装置在冷却水系统中的应用

工作原理：微泡排气除污装置内有一个螺旋结构铜制芯体或不锈钢滤网芯体，能够使流经它的流体在该装置内产生湍流，同时又能产生一个相对静止的区域，该区域使得流体中含有的微气泡和污物颗粒有时间从流体中分离。

以 TSR 型为例，该装置的最小去除杂质的颗粒为 5μm，50 个循环之后（流速为 0.5m/s），污垢含量减少至原来的 4% 以下。TSR 型微泡排气除污装置的压降可以按以下公式计算：

$$\Delta P = \left(\frac{Q}{K_{vs}}\right)^2 \times 100 \quad (kPa) \tag{13-4}$$

式中　ΔP——压降，Pa；

　　　Q——系统流量，m³/h；

　　　K_{vs}——流量系数，m³/h，如表 13-9 所示。

以 800RT 的离心机为例，机组入口处设置 TSR 型微泡排气除污装置，其冷却水流量为 571m³/h，接管直径为 DN350，则压降为 7kPa。

微泡排气装置的流量系数　　　　　　　　　　　表 13-9

序号	接口尺寸	K_{vs}（m³/h）	序号	接口尺寸	K_{vs}（m³/h）	序号	接口尺寸	K_{vs}（m³/h）
1	DN50	72.2	6	DN150	487.9	11	DN400	2668.4
2	DN65	121.7	7	DN200	780.6	12	DN450	3148.8
3	DN80	158.5	8	DN250	1185.7	13	DN500	3589.6
4	DN100	244.3	9	DN300	1696.4	14	DN600	4630.6
5	DN125	351.3	10	DN350	2155.7			

13.8.8　热泵

作为自然界的现象，正如水由高处流向低处那样，热量也总是从高温区流向低温区。所谓热泵，如同水泵那样能够把水从低处提升到高处，热泵可以把热量从低温抽吸到高温。所以热泵实质上是一种热量提升装置，热泵的作用是从周围环境中吸取热量，并把它传递给被加热的对象（温度较高的物体），其工作原理与制冷水机相同，都是按照逆卡诺循环工作的，所不同的只是工作温度范围不一样。家用冷暖分体空调就是最常见的空气源热泵。

1. 热泵的优点

（1）热泵机组可以达到一机两用的效果，即冬季利用热泵供暖，夏季进行制冷。既节约了制冷水机组的费用，又省了锅炉房的占地面积，同时达到了环保效果。

（2）用于供暖和生活水加热等需要的能源消耗，如果依靠直接采用电加热，这只是能量由高品位的电能转化成低品位的热能，是不经济的，而采用热泵供热和加热则是能源搬运过程，通过消耗 1 份的电能，通常能将 1 ～ 3 份的热能由低温区搬运到高温区，同时所消耗的电能也被转化成热能。也就是说消耗一份电能可以获得 2 ～ 4 份热能。

（3）使用热泵技术供暖对大气及环境无任何二次污染，而且高效节能，属于绿色环保技术。

2. 热泵的分类

（1）地源热泵

水源热泵、土壤源热泵统称为地源热泵。几年前曾经一窝蜂地建设了大量的地源热泵系统。经过几年的运行，暴露出了一些问题，一些地源热泵工程不得不改造或弃用。

水源热泵的关键是否有可供利用的长期稳定的地下水源，不成功的案例多数是地下水无法完全回灌、地下水出水量衰减。而我国南方地区的江水源、湖水源热泵的应用成功的案例不少。

土壤源热泵的主要问题是热响应实验和冷热平衡问题。关于热响应实验，《地源热泵系统工程技术规范（2009 年版）》GB 50366—2005 中对其进行了规定，要求应用面积

5000m² 以上必须要做热响应实验，5000m² 以下可以用一些常规的估算方法计算。

（2）空气源热泵

在夏季空调降温或在冬季取暖，都是使用同一套设备来完成的。在冬季取暖时，将蒸发器与冷凝器通过一个换向阀来调换工作。在夏季空调时，按制冷工况运行，由压缩机排出的高压蒸汽，经换向阀（又称四通阀）进入冷凝器，制冷剂蒸汽被冷凝成液体，经节流装置进入蒸发器，并在蒸发器中吸热，将室内空气冷却，蒸发后的制冷剂蒸汽，经换向阀后被压缩机吸入，这样周而复始，实现制冷循环。在冬季取暖时，先将换向阀转向热泵工作位置，于是由压缩机排出的高压制冷剂蒸汽，经换向阀后流入室内蒸发器（作冷凝器用），制冷剂蒸汽冷凝时放出的潜热将室内空气加热，达到室内取暖的目的。冷凝后的液态制冷剂从反向流过节流装置进入冷凝器（作蒸发器用），吸收外界热量而蒸发，蒸发后的蒸汽经过换向阀后被压缩机吸入，完成制热循环。这样，将外界空气中的热量"泵"入温度较高的室内，故称为"热泵"。

如图 13-59 所示，空气源热泵机组是以空气作为冷、热源，以水作为供冷介质的中央空调机组，通过四通阀改变制冷剂的循环方向，可以在冬季做热泵运行，提供供暖热水。机组可直接安装于屋顶或室外空间，无需专用机房，无需冷却塔、冷却水泵及冷却水管路系统。整个空调系统结构简单，应用方便，可广泛用于中小型的商场、医院、会所、宾馆、工厂和办公大楼等不同类型的建筑。

图 13-59　空气源热泵冷热水机组

图 13-60 为一个空气源热泵冷热水机组制冷流程图。机组冬季供热运行时，电磁阀 12 关闭，电磁阀 6 开启，其制冷剂流程为：螺杆式压缩机 1 →止回阀 16 →四通换向阀 2 →水 / 制冷剂换热器 8 →止回阀 11 →储液罐 4 →液体分离器 9 中的换热盘管→干燥过滤器 5 →电磁阀 6 →制热膨胀阀 7 →空气 / 制冷剂换热器 3 →四通换向阀 2 →液体分离器 9 →螺杆式压缩机 1。此循环制备出 45℃的热水，送入空调系统。

机组夏季供冷运行时，四通换向阀 2 换向，电磁阀 12 开启，电磁阀 6 关闭，其制冷剂流程为：螺杆式压缩机 1 →止回阀 16 →四通换向阀 2 →空气 / 制冷剂换热器 3 →止回阀 10 →储液罐 4 →液体分离器 9 中的换热盘管→干燥过滤器 5 →电磁阀 12 →制热膨胀阀 13 →水 / 制冷剂换热器 8 →四通换向阀 2 →液体分离器 9 →螺杆式压缩机 1。此循环制备出 7℃的冷水，送入空调系统。

制冷剂经电磁阀 14、喷液膨胀阀 15 后降为低压、低温的制冷剂液体喷入螺杆式压缩机腔内，用来冷却压缩机。

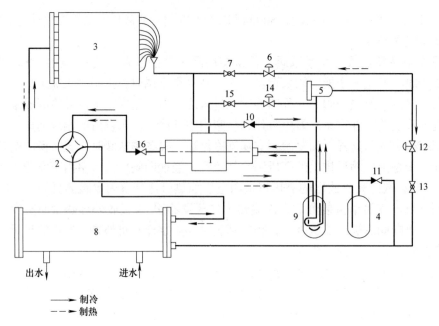

图 13-60　空气源热泵冷热水机组制冷剂流程图

1—螺杆式压缩机；2—四通换向；3—空气侧换热器；4—贮液器；5—干燥过滤器；
6—电磁阀；7—制热膨胀阀；8—水侧换热器；9—液体分离器；10、11—止回阀；12—电磁阀；
13—制冷膨胀阀；14—电磁阀；15—喷液膨胀阀；16—止回阀

这种通过四通换向阀进行供冷、供热工况转换的机组，其压缩机容量不能太大。

空气源热泵冬季供热与夏季供冷的工况完全不同。假如空气源热泵在冬季 −10℃ 的环境温度下运行，那么，蒸发器的蒸发温度至少是 −15℃ 以下；冷凝器的冷凝温度在 50℃ 以上。而夏季制冷时蒸发温度只有 3℃ 左右，冷凝温度在 40℃ 左右。

空气源热泵的应用受到气候条件的影响，冬季随着室外温度的降低，热泵的出力逐渐下降。例如：名义工况时，热水出水温度为 45℃，室外干球温度为 7℃，湿球温度为 6℃，制热量为 448kW 的螺杆式空气源热泵机组，在室外温度为 −10℃ 时，制热量仅为 279kW，为名义工况下的 62%。随着技术的进步，目前有些热泵机组可以在室外温度为 −10℃，−15℃，−25℃ 时运行。

空气源热泵应根据实际运行工况的冷负荷及热负荷进行选型，并依据两者中较大者确定机组的容量。空气源机组还要考虑机组制热时除霜的影响。

《建筑节能与可再生能源利用通用规范》GB 55015—2021 规定空气源热泵应符合下列要求：

1）具有先进可靠的融霜控制，融霜时间总和不应超过运行周期时间的 20%。

2）冬季设计工况下，冷热风机组制热性能系数，严寒地区不应小于 1.8，寒冷地区不应小于 2.2；冷热水机组制冷性能系数严寒地区不应小于 2.0，寒冷地区不应小于 2.4。

3）冬季寒冷、潮湿的地区，当室外设计温度低于当地平衡点温度时，或当室内温度稳定性有较高要求时，应设置辅助热源。

在空气源热泵冷水机组应用时应注意机组噪声对周围环境的影响，同时循环水泵及定压补水可以设置在建筑的地下室，以减少振动对建筑的影响。

（3）能源塔空气源热泵

传统的空气源热泵在冬季工况下，由于需要停机除霜和性能系数较低的原因，在有些情况下不能满足的节能运行的要求。

能源塔空气源热泵的独特设计思路，很好地解决了这两个困扰空气源热泵的问题。能源塔空气源热泵源自冷却塔取热技术，但是普通的冷却塔不能满足冬季热泵机组取热的需求，能源塔就按冬季吸收低品位热源能力设计的冷却塔，通过塔体与空气的换热作用，实现热泵系统制冷、供暖以及提供生活热水。夏季能源塔空气源热泵可提供温度为 7℃ /12℃的冷水，冬季可提供 45℃ 的热水。

能源塔空气源热泵的工作原理是：通过水和空气之间的传热传质，将空气中的热量传递给水。冬季利用冰点低于 0 ℃ 的盐类溶液提取空气中的低品位热源，焓值较低的盐类循环溶液在换热层表面形成液膜直接与焓值较高的湿冷空气充分接触，空气中水蒸气凝结为水时放出潜热（但是这一过程中也会有因水蒸气的分压力不同，而导致水汽化，热量随排风散失），接触传热的循环盐类液体温度趋近于室外空气的湿球温度，再通过热泵机组蒸发器提取出来，达到制热目的；夏季制冷时，由于盐类溶液对冷水系统有腐蚀性，需将盐类溶液置换成清水并回收，能源塔为热泵机组的冷凝器提供冷却水，作为高效冷却塔使用，水的蒸发使得循环水温度降低，趋近于空气的湿球温度。

能源塔防冻液膜直接与空气进行显热与潜热交换的同时，凝结了空气中的水分，使防冻溶液浓度降低，冰点上升。而浓缩装置的作用是将稀释的防冻液浓缩，使冰点下降。因此，需不断检测溶液浓度，并及时调整。

能源塔热泵系统适用于室外湿球温度高于 -9℃ 的长江以南地区，主要用于满足宾馆、酒店、医院、洗浴中心、小区等建筑的制冷、制热及制取生活热水的需求。

与常规的空气源热泵相比，能源塔热泵系统冬季由于多了一次水 - 空气的换热，蒸发温度降级，其 COP 下降，但是省去了融霜的能耗和停机的时间。同时，夏季制冷时，由于能源塔比普通的冷却塔效率高，所以夏季能源塔热泵的 COP 高于常规的水冷冷水机组，更高于空气源热泵。但是能源塔热泵的系统设计和运行管理比常规的空气源热泵复杂得多。

与冷却塔相似，能源塔也有开式和闭式两种。

与水源热泵、地源热泵相似，能源塔热泵系统夏季供冷、冬季供热需要通过水路阀门进行转换，也可以采用带双冷凝器的热泵机组在夏季制冷的同时进行热回收，用于加热生活热水，其原理如图 13-61 所示。

（4）烟气余热热泵

与能源塔热泵相似，在我国北方，在集中供热和集中供冷相结合的能源站的项目中，采用烟气余热热泵机组，可实现冬季供热、夏季供冷相结合。由于回收利用了锅炉烟气中的大量余热，从而减少了锅炉的安装容量。以单台 58MW 的燃气热水锅炉为例，在烟气温度由 90℃ 降到 30℃ 时，可回收的热量为 6.5MW，考虑锅炉最大供热能力为 90% 左右，因此，单台锅炉可回收的烟气余热可达 5.68MW。烟气余热热泵利用锅炉烟气通过喷淋塔降温的冷凝水进行供热，采用制热量较大的离心式热泵机组，单台制冷量为 5400kW，制热量为 6890kW，能够很好地与锅炉相匹配。如图 13-62 所示的烟气余热利用热泵系统，其流程如下：

冬季工况：锅炉烟气通过喷淋塔，将 90℃ 的烟气冷却至 30℃，中介循环水从 15℃ 加热至 25℃，被加热后的中介水通过循环泵，输送至离心式热泵机组，通过热泵转换，对外输送 50℃ /40℃的空调热水。

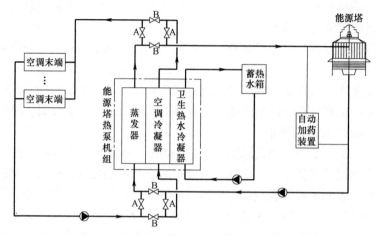

图 13-61　能源塔空气源热泵原理图

注：制冷时，阀门 A 开，阀门 B 关；制热 / 单制卫生热水时，阀门 B 开，阀门 A 关。

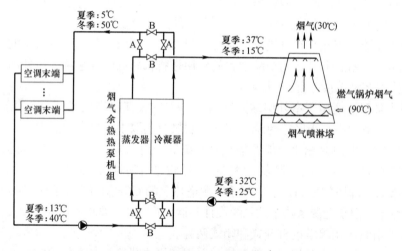

图 13-62　烟气余热热泵系统 1

注：制冷时，阀门 A 开，阀门 B 关；制热时，阀门 B 开，阀门 A 关。

夏季工况：锅炉不运行，烟气喷淋塔作为冷却塔使用，离心式热泵机组可制取 5℃ /13℃的冷水供至外网。

烟气余热热泵的另一种利用方式是采用闭式的烟气余热回收器，如图 13-63 所示，其工艺流程为：

冬季工况：锅炉烟气通过烟气余热回收器，将 30℃的循环水加热到 40℃，进入至离心式热泵机组的蒸发器。通过热泵转换，对外输送 75℃ /65℃的热水，用来预热市政供暖热网的回水，将 50℃的供暖回水预热到 60℃，再经锅炉加热到 75℃供至外网。

（5）吸收式热泵

在我国北方热电联产的热电厂生产过程中，发电效率仅为 35% ～ 43%。此过程中存在着大量的低温冷却水，这些废热通常是通过冷却塔排到空气中。将这些低温废热通过吸收式热泵系统重新回收到供热系统中，将供热热网回水预热，将节省大量的加热用蒸汽，创造可观的经济效益，提高一次能源利用率。

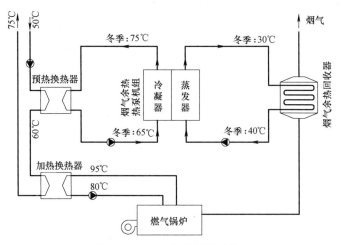

图 13-63　烟气余热热泵系统 2

　　吸收式热泵项目无需锅炉，没有燃烧过程，不存在固体废弃物、有毒有害气体及烟尘排放等问题，不消耗水资源，因而是环保的供热方式，每年可减排大量污染物。

　　吸收式热泵的工作原理与制冷水机相同，都是按照逆卡诺循环工作的，所不同的只是工作温度范围不一样。热泵在工作时，它本身消耗一部分能量，把环境介质中储存的能量加以挖掘，通过传热工质循环系统提高温度进行利用，而整个热泵装置所消耗的功仅为输出功的一小部分。

　　图 13-64 为吸收式热泵基于热电联产的供热原理图，供热管网 60℃的回水经过吸收式热泵两级提升至 90℃，再经中压蒸汽加热到 120℃供至各个热交换站。

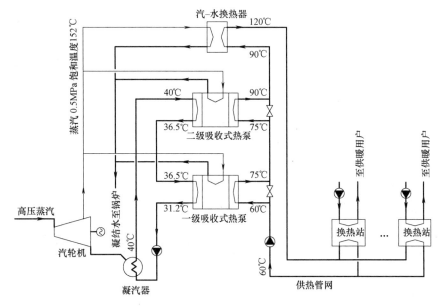

图 13-64　吸收式热泵基于热电联产的供热原理图

1）溴化锂吸收式热泵的分类

溴化锂吸收式热泵按用热形式分有：

① 第 I 类吸收式热泵，即通常所说吸收式热泵（Absorption Heat Pumps AHP），也称增热型热泵。是利用少量的高温热源（如蒸汽、高温热水、可燃性气体燃烧热等）为驱动热源，产生大量的中温有用热能。即利用高温热能驱动，把低温热源的热能提高到中温，从而提高了热能的利用效率。第 I 类吸收式热泵的性能系数大于 1，一般为 1.6 ～ 1.8。驱动热源为 2 个，一个是温度 ≥ 15℃的低温热源（废热），另一个则是温度较高的蒸汽、燃气或高温烟气。可以获得比废热出口温度高 40 ～ 60℃的热水（100℃以下），主要应用于暖通空调领域。

② 第 II 类吸收式热泵，又称吸收式热变换器（Absorption Heat Transformer，AHT），也称升温型热泵。是利用大量的中温热源产生少量的高温有用热能。即利用中低温热能驱动，用大量中温热源和低温热源的热势差，制取热量少于但温度高于中温热源的热量，将部分中低热能转移到更高温位，从而提高了热源的利用品位。第 II 类吸收式热泵性能系数总是小于 1，一般为 0.4 ～ 0.5。可以提供 150℃及以下的热水或蒸汽。这类吸收式热泵主要用于工业领域，来满足某些工艺用热的需要。

2）溴化锂吸收式热泵的基本工作过程

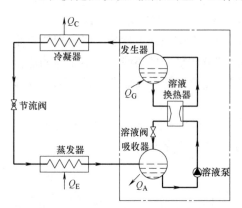

图 13-65　溴化锂吸收式热泵工作原理图

如图 13-65 所示，高温热能加热发生器中的溴化锂工质对溶液，产生高温高压的循环工质蒸气，进入冷凝器；在冷凝器中循环工质凝结放热，变为高温高压的循环工质液体，进入节流阀；经节流阀后变为低温低压的循环工质饱和气与饱和液的混合物，进入蒸发器；在蒸发器中循环工质吸收低温热源的热量变为蒸气，进入吸收器；在吸收器中循环工质蒸气被工质对溶液吸收，吸收了循环工质蒸气的溴化锂工质对稀溶液经热交换器升温后被不断"泵送"到发生器，溶液的压力从蒸发压力相应地提高到冷凝压力，同时产生了循环工质蒸气的发生器中的浓溶液经热交换器降温后被不断放入吸收器，维持发生器和吸收器中的液位、浓度和温度的稳定，实现吸收式热泵的连续运转。

图 13-65 虚线框内的部分与蒸气压缩式热泵的压缩机的功能相当，即发生器、吸收器、溶液泵、溶液阀、溶液热交换器的组合体起到了压缩机的作用，但它是由热能驱动，因此有时也把这个组合体称为热压缩机。它们都实现了对工质的升压和升温的过程。

3）吸收式热泵的热平衡

① 进入热泵的能量有：发生器的加热量 Q_G；蒸发器从低温热源吸收的热量 Q_E；泵消耗的功 W_P。

② 热泵输出的能量有：冷凝器的放热量 Q_C；吸收器的放热量 Q_A；吸收式热泵的各种热损失 Q_S。

热平衡方程为：

$$Q_G + Q_E + W_P = Q_A + Q_C + Q_S$$

对用户有用的热量是冷凝器放出的热量和吸收器放出的热量，即 $Q_U=Q_A+Q_C$。

4）吸收式热泵的供热系数

吸收式热泵的效率（制热系数）通常用供热系数来表示，表达式为：

供热系数 = 用户获得的有用能量 / 消耗的能量

$$\zeta_H = \frac{Q_U}{Q_G + W_P} = \frac{Q_C + Q_A}{Q_G + W_P}$$

式中　W_P——泵所消耗的功，简要分析时可忽略不计。

第14章　电机及电机拖动

完整的暖通专业节能技术，除了要提高流体机械的机械效率之外，还需考虑驱动它们的电机的节能，以及电机的启动、电机运行方式的节能。电机技术是一个不断发展进步的专业，作为机电产品的空调设备，往往涉及暖通空调、电气两个专业。暖通专业必须对电气有所了解才能更好地完成设计，比如：大型离心式冷水机组，启动柜作为机组的一部分，启动方式的不同，其工程造价和节能效果会有很大的不同，而启动方式往往在设备选型时由暖通专业工程师确定。

另一方面，要实现对空调设备的自动控制，就需要暖通、电气及自控三个专业的融合。因为对空调设备的控制最终还是要通过对设备电气系统的控制来实现，这就需要工程师知道：要实现暖通空调参数的调控，控制信号取自哪里、送到哪里？本章介绍暖通空调相关的电气基础知识。

14.1　电　　机

电机是以磁场为媒介进行机械能和电能相互转换的电磁装置，是一个包括电路、磁路及力学平衡系统的综合性装置。它由定子和转子两大部分组成，在暖通空调系统调节中，电机是被控对象，因此，了解各种电机原理对合理地调控电机及实现暖通空调专业与强、弱电专业无缝衔接，避免设计过程中的差错、漏项有重要意义。

交流电机分为同步电机和异步电机两大类，转子转速与旋转磁场转速相同的称为同步电机，不同的称为异步电机。

14.1.1　三相异步电动机

目前暖通空调用水泵或风机上配的电动机基本上是 Y 系列三相异步电动机。Y 系列是小型通用笼型异步电动机。另外，YB 系列是小型防爆笼型异步电机。电动机额定电压380V，额定频率为50Hz。

如图 14-1 所示，三相异步电动机同样由定子和转子两大部分组成，定子和转子之间有很小的气隙。根据转子结构的不同，异步电动机分为笼型异步电动机和绕线转子异步电动机两种。这两种电动机的定子结构完全一样。

1. 定子

定子由定子铁芯、定子绕组和机座三个主要部分组成。定子铁芯是电机磁路的一部分，由涂有绝缘漆的硅钢片叠压而成。在定子铁芯内圆周上冲满槽，槽内放置定子三相对称绕组，大、中容量的高压电动机的绕组常结成星形，只引出三根线，而中、小容量的低压电动机常把三相绕组的 6 个出线头都引到接线盒中，可以根据需要联结成星形或三角形，如：实现工程中常用的星—三角启动。如图 14-2 所示，在电机的接线盒中，上面的三个头连在一起，下面三个头分别引出三根线的是星形连接；把上下两个头垂直连接，分别引出三根线的是三角形连接。

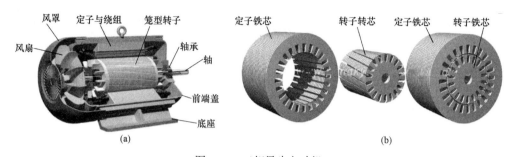

图 14-1　三相异步电动机

（a）三相异步电动机结构示意图；（b）转子铁芯与定子铁芯

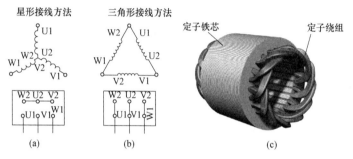

图 14-2　电机接线端子的接线方法

（a）电机接线端子星形接线方法；（b）电机接线端子三角形接线方法；（c）定子绕组

2. 转子

三相异步电机的转子有绕线式和笼型两种结构方式。两种结构的转子均由转子铁芯、转子绕组、转轴及固定在转轴上的散热风扇组成。转子铁芯也是磁路的一部分，也是由涂有绝缘漆的硅钢片叠压而成。转子铁芯的外圆周上也充满槽，槽内放置转子绕组，常联结成星形，绕线式三条出线通过轴上的三个滑环及压在其上的三个电刷把电路引出。

（1）绕线式三相异步电机的转子和定子也设置了三相绕组并通过滑环、电刷与外部变阻器连接。调节变阻器电阻可以改善电动机的启动性能和调节电动机的转速，如图 14-3 所示。

（2）笼型转子绕组由槽内的导条和端环构成多相对称闭合绕组。有铸铝和插铜条两种结构。笼型绕组若把铁芯去掉只看绕组部分形似鼠笼，因此称为笼型转子，如图 14-4 所示。

由于笼型电机结构简单、价格低，控制电机运行也相对简单，所以得到广泛采用。而绕线式电动机结构复杂，价格高，控制电机运行也相对复杂一些，其应用相对要少一些。但绕线式电动机因为其启动、运行的力矩较大，一般用在重载负荷中。暖通空调领域应用的一般都是笼型电机。

3. 三相异步电动机工作原理

当电动机的三相定子绕组通入三相对称交流电后，将产生一个旋转磁场，该旋转磁场切割转子绕组，从而在转子绕组中产生感应电流（转子绕组是闭合通路），载流的转子导体在定子旋转磁场作用下将产生电磁力，从而在电机转轴上形成电磁转矩，驱动电动机旋转，并且电机旋转方向与旋转磁场方向相同。

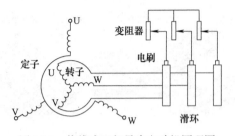 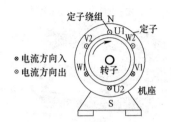

图14-3　绕线式三相异步电动机原理图　　　图14-4　笼型三相异步电动机示意图

4.电动机的转速

（1）旋转磁场的转速

以 Y 形接法为例，如图14-5所示，当每相绕组只有一个线圈时，按图14-6放置在定子槽内，形成的旋转磁场只有一对磁极，即磁极对数 $p=1$。此时：电流变化一周，旋转磁场转一圈；电流每秒钟变化50周，旋转磁场转50圈；电流每分钟变化 50×60 周，旋转磁场转3000圈。

如果将每相绕组都改为两个线圈串联组成时，如图14-7所示，按图14-8放置在定子槽内，形成的旋转磁场则有两对磁极，即磁极对数 $p=2$。此时：电流变化一周，旋转磁场转半圈；电流每秒钟变化50周，旋转磁场转25圈；电流每分钟变化 50×60 周，旋转磁场转1500圈。

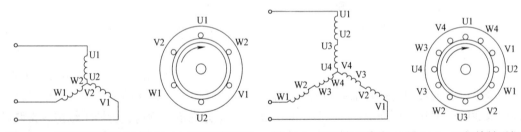

图14-5　单极定子接线　图14-6　单极旋转磁场　图14-7　双极定子接线　图14-8　双极旋转磁场

（2）三相异步电机的同步转速为：

$$n_1 = \frac{60f}{p} \tag{14-1}$$

（3）异步电动机的转速为：

$$n = \frac{60f}{p}(1-s) \tag{14-2}$$

式中　n_1——同步转速，r/min；

　　　n——异步电动机转速，r/min；

　　　f——电源频率，Hz；

　　　p——电动机磁极对数。

　　　s——转差率，$s = \dfrac{(n_1 - n)}{n_1}$，额定负载时，$s=2\% \sim 5\%$。

由式（14-1）、式（14-2）可以得出不同极对数下对应电机的同步转速及异步电机的转速，见表 14-1。

不同的极对数对应电机的同步转速及异步电机的转速 f=50Hz 时　　　表 14-1

p	1	2	3	4
n_1	3000	1500	1000	750
n	2900	1450	960	720

5. 改变三相异步电动机的旋转方向

在中央空调系统中，大口径的电动蝶阀所采用的电机一般是三相异步电机，控制阀门的开闭需要电机正转和反转。如果要改变三相异步交流电机的转向。只要对调任意两根电源进线，改变三相交流电的相序，让旋转磁场反转即可，如图 14-9 所示。

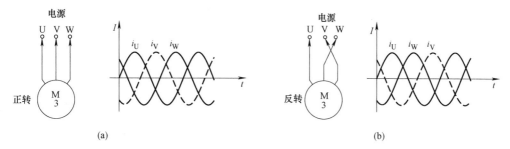

图 14-9　三相异步电机正、反转

（a）三相异步电机正转；（b）三相异步电机反转

6. 电机的绝缘等级

电机的绝缘等级指电机的绝缘材料能够承受的极限温度等级，分为 A、E、B、F、H 五级，A 级最低（105℃），H 级最高（180℃）。

7. 电机的防护等级

IP 防护等级定义：IP 表示 Ingress Protection（进入防护）。IP 防护等级系统提供了一个以电器设备和包装的防尘、防水和防碰撞程度来对产品进行分类的方法，这套系统得到了多数欧洲国家的认可，由国际电工协会 IEC（International Electro Technical Commission）起草，并在 IED 529（BS EN60529：1992）外包装防护等级（IP code）中宣布。

防护等级以 IP 后跟随两个数字来表述，第一个数字代表防止固体异物进入的等级，最高级别是 6；第二个数字表明设备防水的程度，最高级别是 8。

用防护等级表示三相电动机外壳的防护等级（见表 14-2），如 IP44 中第一位数字"4"表示电机能防止直径或厚度大于 1mm 的固体进入电机内壳。第二位数字"4"表示能承受任何方向的溅水。暖通空调设备在露天设置或者在冷水机房设置时也要注意它的电机防护等级。

8. 功率因数

交流电路中，功率分三种功率，有功功率 P、无功功率 Q 和视在功率 S。

电压与电流之间的相位差（φ）的余弦称为功率因数，用符号 $\cos\varphi$ 表示，在数值上，功率因数是有功功率和视在功率的比值，即：$\cos\varphi = P/S$。

IP 防护等级

表 14-2

防护级别	接触电气设备保护和外来物保护等级（第一个数字）			电气设备防水保护等级（第二个数字）		
	第一个数字	防护范围		第二个数字	防护范围	
		名称	说明		名称	说明
IP00	0	无防护	—	0	无防护	—
IP11	1	防护 50mm 直径和更大的固体外来体	探测器，球体直径为 50mm，不应完全进入	1	水滴防护	垂直落下的水滴不应引起损害
IP22	2	防护 12.5mm 直径和更大的固体外来体	探测器，球体直径为 12.5mm，不应完全进入	2	柜体倾斜 15° 时，防护水滴	柜体向任何一侧倾斜 15° 角时，垂直落下的水滴不应引起损害
IP33	3	防护 2.5mm 直径和更大的固体外来体	探测器，球体直径为 2.5mm，不应完全进入	3	防护溅出的水	以 60° 角从垂直线两侧溅出的水不应引起损害
IP44	4	防护 1.0mm 直径和更大的固体外来体	探测器，球体直径为 1.0mm，不应完全进入	4	防护喷水	每个方向对准柜体的喷水都不应引起损害
IP55	5	防护灰尘	不可能完全阻止灰尘进入，但灰尘进入的数量不会对设备造成伤害	5	防护射水	从每个方向对准柜体的射水都不应引起损害
IP66	6	灰尘封闭	柜体内在 20mbar 的低压时不应进入灰尘	6	防护强射水	从每个方向对准柜体的强射水都不应引起损害
IP67	注：探测器的直径不应穿过柜体的孔			7	防护短时浸水	柜体在标准压力下短时浸入水中时，不应有能引起损害的水量浸入
IP68				8	防护长期浸水	可以在特定的条件下浸入水中，不应有引起损害

三种功率是一个直角功率三角形关系：两个直角边是有功功率 P、无功功率 Q，斜边是视在功率 S。因此有：$S^2 = P^2 + Q^2$。三相负荷中，任何时候这三种功率总是同时存在。

有功功率是真正用到的功率；无功功率是存储在感性负载中，并没有被真正使用到的功率。电机运行需要旋转磁场，就是靠无功功率来建立和维护的，有了旋转的磁场，才能使转子转动，从而带动机械的运行。而建立及维护磁场消耗的能量都来自无功功率，没有无功功率，电机就不能转动。它不表现对外做功，只是由电能转化为磁能，又由磁场转化为电能，周而复始，并无能量损耗。因此供电系统中除了对用户提供有功功率，还要提供无功功率，两者缺一不可，否则电气设备将无法运行。

特别指出的是：无功功率并不是无用功，只是它不直接转化为机械能、热能为外界提供能量，作用却十分重要。

在视在功率不变的情况下，功率因数越低，有功功率就越小，同时无功功率却越大。这样一来就使供电设备的容量不能得到充分利用，例如容量为 100kW 的电动机，如果 $\cos\varphi=1$，即能送出 100kW 的有功功率；而在 $\cos\varphi=0.7$ 时，则只能送出 70kW 的有功功率。功率因数低不但降低了供电设备的有效输出，而且加大了供电设备及线路中的损耗，因此，电机的功率因数是一个重要参数。

9. 三相异步电动机的工作特性

异步电动机的工作特性是指定子电压额定、频率额定时，功率因数、效率等与输出功率的关系，弄清这些特性对了解电机的能耗十分重要。

电动机在电能—机械能转换过程中，不可避免地要产生损耗，这种损耗表现为电机的温升发热，并由电机的冷却风扇将热量排到电机的周围环境中。电动机效率取决于损耗在总输入功率中所占的比重，其中铁损耗和机械损耗基本上不随负载的变化而变化；称为不变损耗，而铜损耗和附加损耗随负载的变化而变化，称为可变损耗。由图 14-10 可以看出：异步电动机的效率和功率因数在额定负载或接近额定负载时较高，而在轻载时功率因数较低，效率也低。

因此，泵、风机以及冷水机组等设备在部分负荷运行时，其电动机的运行性能不好，功率因数很低，效率也不高，消耗能量较大，很不经济。另一方面，由该图还可以看出：三相异步电动机的最高效率也仅有85%，因此，要想提高空调系统的效率，采用高效率电机来驱动暖通设备，也是努力的方向。

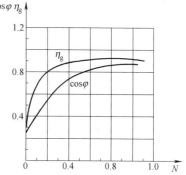

图 14-10 异步电动机工作特性

$\cos\varphi$—功率因数；η_g—效率；

N—输出功率

10. 电动机的损耗分类

（1）铁损：电动机绕组线圈所产生的磁通在铁芯流动，因为铁芯本身也是导体，在垂直于磁力线的平面上就会感应电势，这个电势在铁芯的断面上形成闭合回路并产生电流，好像一个旋涡所以称为"涡流"。这个"涡流"使电动机的损耗增加，并且使电动机的铁芯发热，电动机的温升增加。由"涡流"所产生的损耗称为"铁损"。

（2）铜损：绕组和转子回路存在着电阻，电流流过时这电阻会消耗一定的功率，这部分损耗往往变成热量而消耗，称这种损耗为"铜损"。

（3）机械损耗：由电机的轴承摩擦和风阻摩擦产生的损耗。

（4）附加损耗：由磁场中的高次谐波磁通和漏磁通等引起的损耗。

14.1.2 单相异步电机

中央空调中的风机盘管、部分电动蝶阀、排气扇及家用分体空调中采用的电机一般为单向电机。单相电机一般是指用单相交流电源（AC 220V）供电的小功率异步电动机。这种电机通常在定子上有两相绕组，转子是与三相异步电机相同的笼型转子。

1. 单相异步电机工作原理

当单相正弦电流通过定子绕组时，电机就会产生一个交变磁场，这个磁场的强弱和方向随时间作正弦规律变化，但在空间方位上是固定的，所以又称这个磁场是交变脉动磁场。这个交变脉动磁场可分解为两个以相同转速、旋转方向互为相反的旋转磁场，当转子静止时，这两个旋转磁场在转子中产生两个大小相等、方向相反的转矩，使得合成转矩为零，所以电机无法旋转。当用外力使电动机向某一方向旋转时（如顺时针方向旋转），这时转子与顺时针旋转方向的旋转磁场间的切割磁力线运动变小；转子与逆时针旋转方向的旋转磁场间的切割磁力线运动变大。这样平衡就被打破了，转子所产生的总的电磁转矩将不再是零，转子将顺着推动方向旋转起来。

要使单相电机能自动旋转起来，可在定子中加上一个启动绕组，启动绕组与主绕组在空间上相差 90°，启动绕组要串接一个合适的电容，使得与主绕组的电流在相位上近似相差 90°，即所谓的分相原理。这样两个在时间上相差 90° 的电流通入两个在空间上相

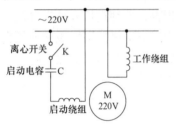

图 14-11 电容分相电动机接线图

差 90° 的绕组，将会在空间上产生（两相）旋转磁场，在这个旋转磁场作用下，转子就能自动启动，启动后，待转速升到一定时，借助于一个安装在转子上的离心开关或其他自动控制装置将启动绕组断开，正常工作时只有主绕组工作。因此，启动绕组可以做成短时工作方式。但有很多时候，启动绕组并不断开，称这种电机为单相电机，如图 14-11 所示。

风机盘管用的单相交流异步电机，可以进行三档调速，其原理是在定子槽内嵌入多个绕组，通过接通绕组的数量，从而改变定子的极对数来改变电机的转速。

2. 单相异步电机正反转控制

220V 的空调水系统电动蝶阀的开启和关闭时要求电机能够正反转。要改变这种电机的转向，只要把辅助绕组的接线端头调换一下即可。图 14-12 是开关控制正反转接线图，通常这种电机的启动绕组与运行绕组的电阻值是一样的，就是说电机的启动绕组与运行绕组是线径与线圈数完全一致的。这种正反转控制方法简单，不用复杂的转换开关。

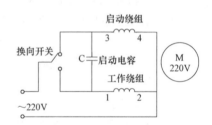

图 14-12 开关控制正反转接线图

14.1.3 直流无刷电机

直流无刷电机由于其优异的节能调速性能，在多联机的压缩机中得到了广泛应用，某些厂家的"直流变频"把暖通工程师弄得很糊涂，其实质就是下面讲到的直流调速技术。近年来，直流无刷电机也应用于高档的风机盘管中。

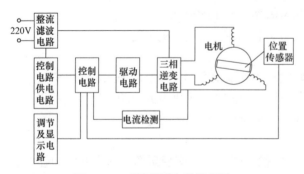

图 14-13 直流无刷电机原理图

1. 直流无刷电机工作原理

如图 14-13 所示，直流无刷电机由永磁同步电机和驱动器（控制电路）组成，是一种典型的机电一体化产品。控制电路将三相或单相交流电源整流后变成直流，再由逆变器转换成频率可调的交流电，但是，注意此处逆变器是工作在直流斩波方式。

永磁同步电动机的定子绕组多做

成三相对称星形接法，同三相异步电动机十分相似。电动机的转子上粘有已充磁的永磁体，为了检测电动机转子的极性，在电动机内装有位置传感器。

驱动器由功率电子器件和集成电路等构成，其功能是：接收电动机的启动、停止、制动信号，以控制电动机的启动、停止和制动；接收位置传感器信号和正反转信号，用来控制逆变桥各功率管的通断，产生连续转矩；接收速度指令和速度反馈信号，用来控制和调整转速；提供保护和显示等。

无刷直流电机的运行需依靠转子位置传感器检测出转子的位置信号，通过换相驱动电路驱动与定子绕组连接的各功率开关管的导通与关断，从而控制定子绕组的通电，在定子上产生旋转磁场，拖动转子旋转。目前，也有无位置传感器的无刷直流电机，其位置是通过检测各相的反电动势，而后计算出其位置。

由于无刷直流电动机的励磁来源于永磁体，所以不像异步电机那样需要从电网吸取励磁电流；由于转子中无交变磁通，其转子上既无铜损又无铁损，所以效率比同容量异步电动机高 10% 左右。中小容量的无刷直流电动机的永磁体，现在多采用高磁能积的稀土钕铁硼材料。因此，稀土永磁无刷电动机的体积比同容量三相异步电动机缩小了一个机座号。

2. 直流无刷电机的调速

由直流电机的机械特性（见图 14-14）可以看出，降低定子外加电压的数值，可导致转速下降。得到的是一组平行变化的曲线。连续改变 U_N 能够实现无级调速，是目前主要的调速方法之一。

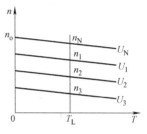

图 14-14　直流电机的机械
特性
T—转矩；n—转速；
U—电压

直流无刷电机的调速是通过脉宽调制来实现的，脉宽调制的全称为：Pulse Width Modulator，简称 PWM，是利用微处理器的数字输出来对模拟电路进行控制的一种非常有效的技术。

正弦波的交流电在经过整流、滤波、逆变后变成了矩形波的直流电（见图 14-15）。在 PWM 驱动控制的调整系统中，按一个固定的频率来接通和断开电源，并且根据需要改变一个周期内"接通"和"断开"时间的长短。从而改变输出矩形波的数量或宽度，这样就改变了直流电机定子上电压的"占空比"来达到改变平均电压大小的目的，从而控制电动机的转速。

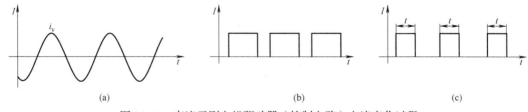

图 14-15　直流无刷电机驱动器（控制电路）电流变化过程
（a）交流电；（b）整流；（c）调整脉宽

举一个易于理解的例子，使用 9V 电池来给一个白炽灯泡供电，如果将连接电池和灯泡的开关闭合 50ms，灯泡在这段时间中将得到 9V 供电。如果在下一个 50ms 中将开关断开，灯泡得到的供电将为 0V。如果在 1s 内将此过程重复 10 次，灯泡将会点亮并像连接到了一个 4.5V 电池（9V 的 50%）上一样。这种情况下，占空比为 50%，调制频率为 10Hz。

大多数负载需要的调制频率高于 10Hz。设想一下如果灯泡先接通 5s 再断开 5s，然后再接通、再断开……占空比仍然是 50%，但灯泡在头 5s 内将点亮，在下一个 5s 内将熄灭。要让灯泡取得 4.5V 电压的供电效果，通断循环周期与负载对开关状态变化的响应时间相比必须足够短。要想取得调光灯（保持点亮）的效果，必须提高调制频率。通常调制频率为 1～200kHz 之间，这就是所谓的"直流变频"技术。换句话说，这是通过 PMW 技术控制的开关电源，以此种方式来改变电压的输出，是目前应用广泛的技术，如手机的充电器。

3. 直流无刷电机的应用

（1）直流无刷风机盘管

直流无刷风机盘管与传统风机盘管主要的不同点是采用的电机为直流无刷电机，而传统的风机盘管采用的电机是交流（AC）电机。直流无刷电机具有高效、低噪的特点，彻底克服了普通交流电机在低速情形下效率低下、大量浪费能源的缺陷。与同类产品交流异步电动机相比，效率提高 40% 以上，功耗小、温升低、电磁振动噪声小、体积小、耗材少、克服了交流电机调速是有级变化（一般为三级）的局限，实现了无级调速且调速范围大大拓宽，调速精度大大提高，提高了整个暖通设备的档次和技术含量。

配合温控器，在宽电压的范围内（交流 85～264V），可实现转速的手动或自动无级调速，即当环境温度与设定温度的差大于 10℃时，电机高速运行，当两者的差小于 10℃时，电机低速运行，保证房间温度恒定不变，最大限度地实现节能，直流无刷电机风机盘管与普通的交流电机风机盘管对比见图 14-16 和图 14-17。

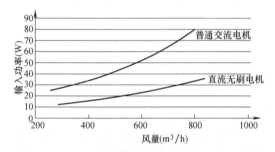

图 14-16　交流电机风机盘管与直流无刷电机风机
　　　　　盘管功耗比较

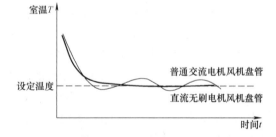

图 14-17　室内温度调节过程

直流无刷风机盘管可以实现风机盘管的单控和群控，也可以与 BAS 楼宇控制联控，实现远程自控与监控等集中化运行管理。

（2）EC 风机

EC 风机是一种外转子风机，EC 风机是采用了外转子 EC 电机的风机。EC 电机为内置调速控制模块的永磁无刷直流电机，自带 RS 485 输出接口、0～10V 传感器输出接口、4～20mA 调速开关输出接口、报警装置输出接口及主从信号输出接口，详见本书第 2.11.2 节。

（3）全变频的多联机压缩机、室外风扇、室内机。

14.1.4　永磁同步交流电机

近年来，随着电力电子技术、微电子技术、新型电机控制理论和稀土永磁材料的快速发展，永磁同步交流电动机得以迅速推广应用。因其无需励磁电流，没有励磁损耗，提高了电动机的效率和功率密度，所以它是一种节能的电动机。永磁同步电动机（PMSM）具有体积小、效率高、功率因数高、启动力矩大、力学指标好、温升低等特点。

永磁同步电动机的定子结构与工作原理与交流异步电动机一样，不同之处在于电机的转子，永磁同步电机的转子有两种形式：

（1）在转子铁芯表面贴有或嵌入永磁体，转子中无笼式导条，如图 14-18（a）所示。

（2）将永磁体嵌入笼式转子导条与转轴之间的铁芯中。如图 14-18（b）所示。

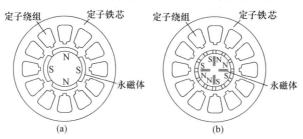

图 14-18　三相同步永磁电动机的结构图
（a）转子形式 1；（b）转子形式 2

因为这两种不同的转子形式所以有了两种不同的永磁同步电机的启动方式。

永磁同步电机基本原理，永磁同步交流电机不能直接通入交流电启动，由于转子静止时惯性较大，定子的旋转磁场旋转速度较快，静止的转子根本无法跟随磁场一起旋转。

第 1 种转子结构电机的启动一般是通过变频器，使磁场的转速由 0 开始逐步增加，此种启动方式称为变频启动。

第 2 种结构电机的启动和运行是由定子绕组、转子鼠笼绕组和永磁体这三者产生的磁场的相互作用而形成。电动机静止时，给定子绕组通入三相对称电流，产生定子旋转磁场，定子旋转磁场相对于转子旋转在笼形绕组内产生电流，形成转子旋转磁场，定子旋转磁场与转子旋转磁场相互作用产生的异步转矩使转子由静止开始加速转动。在这个过程中，转子永磁磁场与定子旋转磁场转速不同，会产生交变转矩。当转子加速到速度接近同步转速时，转子永磁磁场与定子旋转磁场的转速接近相等，定子旋转磁场速度稍大于转子永磁磁场，它们相互作用产生转矩将转子牵入到同步运行状态。在同步运行状态下，转子绕组内不再产生电流。此时转子上只有永磁体产生磁场，它与定子旋转磁场相互作用，产生驱动转矩。由此可知，这种永磁同步电动机是靠转子绕组的异步转矩实现启动的。启动完成后，转子绕组不再起作用，由永磁体和定子绕组产生的磁场相互作用产生驱动转矩，此种启动方式称为异步启动。

1. 永磁同步交流电机相比交流异步电机的优势

（1）效率高、更加省电

1）由于永磁同步电机的磁场是由永磁体产生的，从而避免通过励磁电流来产生磁场而导致的励磁损耗（铜耗）。

2）如图 14-19 所示，永磁同步电机的工作特性效率曲线相比异步电机，其在轻载时效率要高很多，这是永磁同步电机在节能方面相比异步电机最大的一个

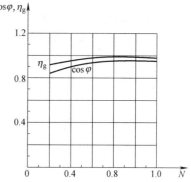

图 14-19　永磁同步电动机工作特性效率曲线

$\cos\varphi$—功率因数；η_g—效率；N—输出功率

优势。因为通常电机在驱动负载时，很少情况是在满功率运行，这是因为：一方面用户在电机选型时，一般是依据负载的极限工况来确定电机功率，而极限工况出现的机会是很少的，同时，为防止在异常工况时烧损电机，用户也会进一步给电机的功率留裕量；另一方面，设计者在设计电机时，为保证电机的可靠性，通常会在用户要求的功率的基础上，进一步留一定的功率裕量，这样导致在实际运行的电机90%以上是工作在额定功率的70%以下，特别是在驱动风机或泵类负载时，这样就导致电机通常工作在轻载区。对异步电机来讲，其在轻载时效率很低，而永磁同步电机在轻载区仍能保持较高的效率，其效率要高于异步电机20%以上。

（2）功率因数高

由于永磁同步电机在设计时，其功率因数可以调整，甚至可以设计成功率因数等于1，且与电机极数无关，如图14-19中的功率因数曲线。而异步电机随着极数的增加，由于异步电机本身的励磁特点，必然导致功率因数越来越低，如极数为8极的电机，其功率因数通常为0.85左右，极数越多，相应功率因数越低。即使是功率因数最高的2极的电机，其功率因数也难以达到0.95。电机的功率因数高有以下几个好处：

1）功率因数高，电机电流小，电机定子铜耗降低，更节能；

2）功率因数高，电机配套的电源，如逆变器，变压器等，容量可以更低，同时其他辅助配套设施如开关，电缆等规格可以更小，相应系统成本更低。

3）由于永磁同步电机功率因数高低不受电机极数的限制，在电机配套系统允许的情况下，可以将电机的极数设计得更高，相应电机的体积可以做得更小，电机的直接材料成本更低。

（3）电机结构简单灵活

由于异步电机转子上需要安装导条、端环或转子绕组，大大限制了异步电机结构的灵活性，而永磁同步电机转子结构设计更为灵活，如离心式压缩冷水机组电机，可以将电机转子的磁钢直接安装在叶轮的转轴上，从而省去了噪声大、故障率高的齿轮箱，结构大为简化。

（4）可靠性高

从电机本体来对比，永磁同步变频调速电机与异步电机的可靠性相当，但由于永磁同步电机结构的灵活性，便于实现直接驱动负载，省去可靠性不高的变速箱，大大提高了传动系统的可靠性。

（5）体积小，功率密度大

永磁同步变频调速电机体积小、功率密度大的优势，集中体现在驱动低速大扭矩的负载时，一个是电机的极数的增多，电机体积可以缩小；还有就是电机效率的增高，相应的损耗降低，电机温升减小，则在采用相同绝缘等级的情况下，电机的体积可以设计得更小；电机结构的灵活性，可以省去电机内许多无效部分，如绕组端部，转子端环等，相应体积可以更小。

（6）启动力矩大、噪声小、温升低

1）永磁同步电机在低频的时候仍能保持良好的工作状态，低频时的输出力矩较异步电机大，运行时的噪声小；

2）转子无电阻损耗，定子绕组几乎不存在无功电流，因而电机温升低，同体积、同重量的永磁电机功率可提高30%左右；同功率容量的永磁电机体积、重量、所用材料可减少 30%。

2. 异步启动的永磁同步交流电机相比交流异步电机劣势

（1）由于永磁磁场与感应磁场的共同作用，永磁同步电动机的启动电流约为额定电流的 9 倍，较异步电动机的启动电流大 10%。

（2）永磁同步电动机不能采用降压启动方式。因为在降压供电条件下，其异步启动转矩下降比异步电动机大，会造成启动困难，因此小功率的永磁同步交流电机一般是直接启动，大功率的一般是变频启动。

3. 永磁同步电机在中央空调系统中的应用

交流永磁同步电动机由于其体积小、重量轻、高效节能等一系列优点，是当今社会的低碳电机。已越来越引起人们的重视。特别在目前节能减排的大背景下，其应用前景极为广阔。由于同步电机的运行特性和其控制技术日趋成熟，中小功率的直流电动机、异步电动机变频调速正逐步被永磁同步电动机调速系统所取代。可以预见，在调速驱动的场合，将会是永磁同步电动机的天下。

格力空调将大功率的永磁同步变频调速电机应用在离心式压缩冷水机组上，通过变频器来增速运行，转速可达 18000r/min。转子为永磁体，无励磁电流损耗，电机效率高，在机组运行范围内，电机效率均可达 96% 以上。采用直驱电机，避免了增速齿轮的机械损失。压缩机的体积、重量较小，仅为常规压缩机的 40%。采用 PWM 可控整流四象限变频技术，谐波畸变率小于 5%，不需要谐波处理装置，功率因数可达 0.99 以上，不需要功率补偿器，简化了配电系统的设计和投资。采用变频控制与导流叶片控制方式相结合的控制方式，可使机组在 10% ~ 100% 的负荷范围内调节。满负荷时 COP 可达 6.88。

14.1.5　高压电机

中央空调大冷量的离心式冷水机组的电机功率，大到一定程度后就需采用高压电机。常使用的是 6kV 和 10kV 电压。6kV 一般在供电公司的电压等级中是没有的，主要是工厂内部电网使用。由于电机功率与电压和电流的乘积成正比，因此低压电机功率增大到一定程度（如 550kW/380V）电流受到导线的允许承受能力的限制就难以做大，或成本过高。需要通过提高电压实现大功率输出。高压电机的优点是功率大，承受冲击能力强；缺点是惯性大，启动和制动都困难。

离心式冷水机组在冷量大于或等于 1100RT 时，一般会考虑采用高压供电。

14.1.6　变频电机

通常情况下，普通的三相异步电机可以来进行变频调速运行，但是普通异步电动机都是按恒频恒电压设计的，不可能完全适应变频调速的要求，以下为变频器对电机的影响。

1. 电动机的效率和温升的问题

不论哪种形式的变频器，在运行中均产生不同程度的谐波电压和电流，使电动机在非正弦电压、电流下运行。高次谐波会引起电动机定子铜耗、转子铜（铝）耗、铁耗及附加损耗的增加，最为显著的是转子铜（铝）耗。这些损耗都会使电动机额外发热，效率降低，输出功率减小，如将普通三相异步电动机运行于变频器输出的非正弦电源条件下，其温升一般要增加 10% ~ 20%。

2. 电动机绝缘强度问题

目前中小型变频器不少是采用 PWM 的控制方式。这就使得电动机定子绕组要承受很高的电压上升率，相当于对电动机施加陡度很大的冲击电压，使电动机的匝间绝缘承受较为严酷的考验。另外，由 PWM 变频器产生的矩形斩波冲击电压叠加在电动机运行电压上，会对电动机对地绝缘构成威胁，对地绝缘在高压的反复冲击下会加速老化。

3. 谐波电磁噪声与振动

普通异步电动机采用变频器供电时，会使由电磁、机械、通风等因素所引起的振动和噪声变得更加复杂。变频电源中含有的各次时间谐波与电动机电磁部分的固有空间谐波相互干涉，形成各种电磁激振力。当电磁力波的频率和电动机机体的固有振动频率一致或接近时，将产生共振现象，从而加大噪声。由于电动机工作频率范围宽，转速变化范围大，各种电磁力波的频率很难避开电动机各构件的固有振动频率。

4. 电动机对频繁启动、制动的适应能力

由于采用变频器供电后，电动机可以在很低的频率和电压下以无冲击电流的方式启动，并可利用变频器所供的各种制动方式进行快速制动，为实现频繁启动和制动创造了条件，因而电动机的机械系统和电磁系统处于循环交变力的作用下，给机械结构和绝缘结构带来疲劳和加速老化问题。

5. 低转速时的冷却问题

普通异步电动机的冷却风扇与电机是同轴的，在转速降低时，冷却风量与转速成比例减小，致使电动机的低速冷却状况变坏，温升急剧增加，难以实现恒转矩输出。

由于以上的种种问题，电机厂家对应用于变频工况的电机进行重新设计并称之为变频电动机。通常变频电机有以下特点：

（1）变频电动机的主磁路一般设计成不饱和状态，一是考虑高次谐波会加深磁路饱和，二是考虑在低频时，为了提高输出转矩而适当提高变频器的输出电压。

（2）绝缘等级，一般为 F 级或更高，加强对地绝缘和线匝绝缘强度，特别要考虑绝缘耐冲击电压的能力。

（3）对于电机的振动、噪声问题，要充分考虑电动机构件及整体的刚性，尽力提高其固有频率，以避免与各次力波产生共振现象。

（4）冷却方式：一般采用强迫通风冷却，即主电机散热风扇采用独立的电机驱动。

在暖通空调系统中，如果设计未提出明确的要求，变频风机及变频水泵往往还是普通的电机。近几年，EC 直流调速风机、永磁同步交流电机在风机、水泵中开始得到应用。

14.2　三相笼式异步电机的启动

工程中常遇到冷水机组的启动方式问题。不同的启动方式对机房布置及启动柜的价格有一定的影响。其实异步电机启动时，要求电机具有足够大的启动转矩，同时又希望启动电流不要太大，以免电网产生过大的电压降而影响接在电网上的其他电机和电气设备的正常运行。此外，启动电流过大时，将使电机本身受到过大电流的冲击，使绕组有过热的危险。一般要求启动电流对电网造成的电压降不得超过 10%。中小型笼式电机启动电流为额定电流的 5～7 倍。而冷水机组直接启动时将产生 6～8 倍的额定电流。启动电流过大的原因是启动时电机的转速为 0，转子导条切割旋转磁场磁力线的相对速度很大，从而使得转子感应电势较大，从而转子电流较大，于是定子电流中用来抵消转子电流所产生的磁通的影响的那部分电流也较大。

14.2.1　三相笼式异步电机的直接启动

如图 14-20 所示，利用刀开关或接触器将电动机直接接到具有额定电压的电网上，这种启动方式称为直接启动。笼式异步电动机的设计是能够满足直接启动的。能否采用直接启动方式，主要由供电变压器的容量决定，只要启动电流对电网造成的电压降不超过允许值，应优先采用直接启动方式启动。这种启动方式常被应用于高压（10kV）冷水机组电机的启动和较小冷量多压缩机冷水机组启动。

14.2.2　三相笼式异步电机降压启动

1. 定子串电抗启动

如图 14-21 所示，在定子回路中串入启动电抗器，启动电流在电抗器上产生压降，降低了定子绕组上的电压，从而减小了启动电流。启动时接触器 QAC1 闭合，QAC2 断开。电机增速至全速后，旁通接触器 QAC2 闭合，将电抗器旁通。常被应用于高压（10kV）电机的启动，与自耦变压器启动方式相比更经济。

2. 自耦变压器启动

如图 14-22 所示，启动时接触器 QAC2、QAC3 闭合，电动机定子绕组经自耦变压器接至电网，降低了定子电压。电机增速至全速后，QAC2、QAC3 断开，QAC1 闭合，自耦变压器被切除，电动机定子绕组经 QAC1 接入电网。常被应用于高压（10kV）电机的启动，与一次侧电抗启动方式相比具有更高的转矩。它的缺点是启动设备体积大、笨重、价格贵、维修不方便。

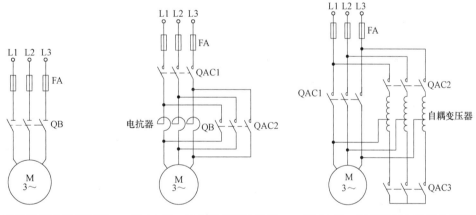

图 14-20　三相异步电动机开关　　图 14-21　三相异步电动机定　　图 14-22　三相异步电动机自耦变
　　　　　直接启动　　　　　　　　　　　子串电抗启动　　　　　　　　　压器启动

3. 星 – 三角启动（Y-D）启动

如图 14-23 所示，对于正常运行时定子绕组为三角形连接并有 6 个出线端子的笼型异步电动机，为了减小启动电流，启动时定子绕组星形连接，降低定子电压（即由 380V 降为 220V），启动后再连接成三角形。启动时 QAC1、QAC3 闭合，定子绕组连接成星形，电动机减压启动，电机增速至全速后，QAC3 断开，QAC2 闭合，定子绕组连接成三角形。常被应用于 380V 冷水机组的启动。与其他降压启动方式相比，启动设备简单、操作方便，具有价格优势。

4. 固态软器启动与变频器启动

软启动器是一种集电机软启动、软停车、轻载节能和多种保护功能于一体的新型电机控制装置。它的主要构成是串接于电源与被控电机之间的三相反并联晶闸管及其电子控制电路，软启动器外观如图 14-24 所示。

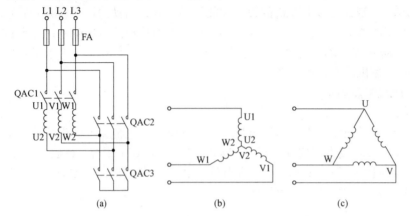

图 14-23　三相异步电动机星 - 三角启动（Y-D）启动　　　图 14-24　软启动器
（a）三相异步电动机星 - 三角启动（Y-D）启动；（b）三相异步电动机星形连接；　　　外观图
（c）三相异步电动机三角形连接

运用不同的方法，控制三相反并联晶闸管的导通角，使被控电机的输入电压按不同的要求变化，就可实现不同的功能。

在电机增至全速后，可以用一个旁通接触器将电源直接送至电机，使固态软启动器脱离，降低固态软启动器的能耗（一般软启动器的效率为 98.7% ～ 99.3%）。

值得注意的是，有些厂家冷水机组配套的软启动器没有脱离接触器，这就使机组的节能大打折扣。

（1）软启动器与变频器启动的区别

软启动器和变频器是两种完全不同用途的产品。变频器是用于需要调速的地方，其输出不但改变电压而且同时改变频率；软启动器实际上是个调压器，用于电机启动时，输出只改变电压并没有改变频率。变频器具备所有软启动器功能，但它的价格比软启动器贵得多，结构也复杂得多。

（2）软启动器与传统的减压启动方式的区别

笼型电机传统的减压启动方式有星 - 三角启动、自耦减压启动、电抗器启动等。这些启动方式都属于有级减压启动，存在明显缺点，即启动过程中出现二次冲击电流。软启动与传统减压启动方式的不同之处是：

1）无冲击电流。软启动器在启动电机时，通过逐渐增大晶闸管导通角，使电机启动电流从零线性上升至设定值。

2）恒流启动。软启动器可以引入电流闭环控制，使电机在启动过程中保持恒流，确保电机平稳启动。

3）根据负载情况及电网继电保护特性选择，可自由地无级调整至最佳的启动电流。

电机停机时，传统的控制方式都是通过瞬间停电完成的。但有许多应用场合不允许电机瞬间关机，例如：高层建筑、大楼的水泵系统，如果瞬间停机，会产生巨大的"水锤"效应，使管道，甚至水泵遭到损坏。为减少和防止"水锤"效应，需要电机逐渐停机，即软停车，采用软启动器能满足这一要求。

冷水机组各种启动的方式对比见表 14-3，可以看出一般的降压启动方式均能够将启动电流限制在额定电流的 4 倍左右及以下。

冷水机组各种启动方式的对比　　　　　　　　　表 14-3

序号	启动方式	启动电流与额定电流之比
1	直接启动	6～8
2	定子串电抗启动	3.9～4.4
3	自耦变压器启动	1.7～4
4	星 - 三角启动	1.8～2.6
5	固态软启动	2.3～3

14.3　常用低压电器

电气控制系统是由各种有触点的低压电器组成具有特定功能的控制电路，电气的控制电路由主回路和二次回路两部分构成，而构成电路的低压电器有继电器、接触器、低压断路器以及各种开关。只有通过对这些低压电器的了解，才能够理解空调的控制系统和实现空调强弱电系统控制接口的设计。

14.3.1　热继电器

电动机在实际运行中，如拖动生产机械进行工作过程中，若机械出现不正常的情况或电路异常使电动机遇到过载，则电动机转速下降、绕组中的电流增大，使电动机的绕组温度升高。若过载电流不大且过载的时间较短，电动机绕组不超过允许温升，这种过载是允许的。但若过载时间长，过载电流大，电动机绕组的温升就会超过允许值，使电动机绕组老化，缩短电动机的使用寿命，严重时甚至会使电动机绕组烧毁。所以，这种过载是电动机不能承受的。热继电器就是利用电流的热效应原理，在出现电动机不能承受的过载时切断电动机电路，为电动机提供过载保护的保护电器。

热继电器是由流入热元件的电流产生热量，使有不同膨胀系数的双金属片发生形变，当形变达到一定距离时，就推动连杆动作，使控制电路断开，从而使接触器失电，主电路断开，实现电动机的过载保护，热继电器的电气符号如图 14-25 所示，其外观如图 14-26 所示。自控系统中电机的故障信号就取自热继电器的辅助触点。

14.3.2　接触器

接触器是可快速接通与断开主电路的装置，在暖通空调中，其主要控制对象是电动机、电加热器等电力负载，适用于频繁操作和远距离控制，是自动控制系统中的重要元件之一。

接触器的工作原理是：当接触器线圈通电后，线圈电流会产生磁场，产生的磁场使静铁芯产生电磁吸力吸引动铁芯，并带动触点动作，常闭触点断开，常开触点闭合，两者是联动。当线圈断电时，电磁吸力消失，衔铁在释放弹簧的作用下释放，使触点复原，常开触点断开，常闭触点闭合。触点分主触点和辅助触点，主触点用来接通主回路，辅助触点用来连锁、控制等，如图 14-27 所示。辅助触点的多少随接触器的型号不同而不同，接触器的电气符号如图 14-28 所示，其外观如图 14-29 所示。自控系统中电机的运行信号就取自接触器的辅助触点。

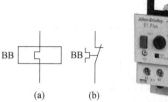

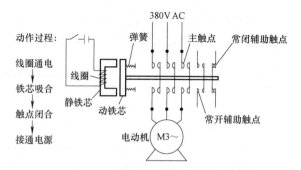

图 14-25　热继电器
电气符号

（a）发热元件；

（b）常闭触点

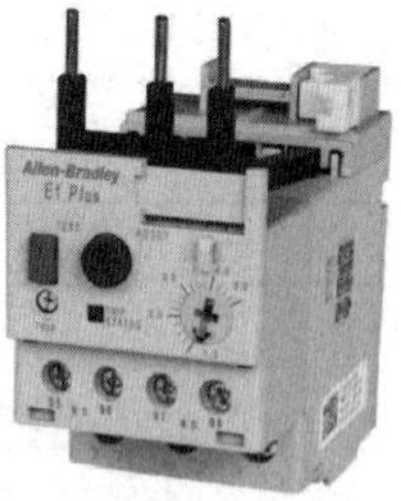

图 14-26　热继电器
外观图

图 14-27　接触器控制电机启动原理

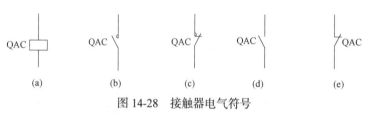

图 14-28　接触器电气符号

（a）线圈；（b）常开主触点；（c）常闭主触点；（d）常开辅助触点；（e）常闭辅助触点

图 14-29　接触器
外观图

14.3.3　中间继电器

　　中间继电器用于继电保护与自动控制系统中，以增加触点的数量及容量。它用于在控制电路中传递中间信号。中间继电器的结构和原理与交流接触器基本相同，与接触器的主要区别在于：接触器的主触头可以通过大电流，而中间继电器的触头只能通过小电流。所以，它只能用于控制电路中。它一般是没有主触点的，因为过载能力比较小。所以它用的全部都是辅助触头，数量比较多。一般是直流电源供电，少数使用交流供电。中间继电器体积小，动作灵敏度高。中间继电器的电气符号如图 14-30 所示，其外观如图 14-31 所示。

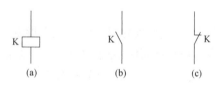

图 14-30　中间继电器电气符号

（a）线圈；（b）常开触点；（c）常闭触点

14.3.4　低压断路器

　　低压断路器也称为自动空气开关，可用来接通和分断负载电路，也可用来控制不频繁启动的电动机。它的功能相当于闸刀开关、过电流继电器、失压继电器、热继电器及漏电保护器等电器部分或全部的功能总和，是低压配电网中一种重要的保护电器。

　　低压断路器具有多种保护功能（过载、短路、欠电压保护等）、动作值可调、分断能力高、操作方便、安全等优点，所以被广泛应用。

图 14-31　中间继电器
外观图

　　低压断路器由操作机构、触点、保护装置（各种脱扣器）、灭弧系统等组成。

　　低压断路器的主触点是靠手动操作或电动合闸的。主触点闭合后，自由脱扣机构将主触点锁在合闸位置上。过电流脱扣器的线圈和热脱扣器的热元件与主电路串联，欠电压脱扣器的线圈和电源并联。当短路时，大电流产生的磁场克服反力弹簧，脱扣器拉动操作机构动作，开关瞬时跳闸。当过载时，电流变大，发热量加剧，双金属片变形到一定程度推动机构动作。主触点断开主电路。当电路欠电压时，欠电压脱扣器的衔铁释放，也使自由脱扣机构动作。低压断路器的电气符号如图 14-32 所示，其外观如图 14-33 所示。

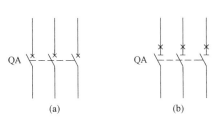

图 14-32　低压断路器电气符号　　　　　　　图 14-33　低压断路器外观图

（a）低压断路器符号；（b）带隔离功能低压断路器符号

14.3.5　按钮开关

按钮开关是指利用按钮推动传动机构，使动触点与静触点接通或断开，并实现电路换接的开关。按钮开关是一种结构简单、应用十分广泛的主令电器。在电气自动控制电路中，用于手动发出控制信号以控制接触器、继电器、电磁启动器等。

由按钮帽、复位弹簧、桥式触头和外壳等组成，通常做成复合式，有一对常闭触头和常开触头，按钮开关可以完成启动、停止、正反转、变速以及互锁等基本控制。通常每一个按钮开关有两对触点，每对触点由一个常开触点和一个常闭触点组成。当按下按钮时，两对触点同时动作，常闭触点断开，常开触点闭合。按钮开关的电气符号如图 14-34 所示，其外观如图 14-35 所示。

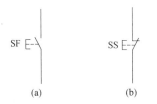

图 14-34　按钮开关结构及电气符号　　　　　图 14-35　按钮开关外观图

（a）常开触点；（b）常闭触点

14.3.6　转换开关

转换开关是一种可供两路或两路以上电源或负载转换用的开关电器。转换开关由多节触头组合而成，这些部件通过螺栓紧固为一个整体。在暖通空调设备的控制中常用于进行控制状态的转换，如：泵或风机的手动控制、楼宇自动控制及停止，用于设备现场调试或者检修。转换开关的电气符号如图 14-36 所示，其外观如图 14-37 所示。自控系统中暖通空调设备的手动 / 自动状态就取自转换开关的辅助触点。

14.3.7　限位开关

限位开关又称行程开关，是一种常用的小电流主令电器。利用生产机械运动部件的碰撞使其触头动作来实现接通或分断控制电路，达到一定的控制目的。通常，这类开关被用来限制机械运动的位置或行程，使运动机械按一定位置或行程自动停止、反向运动、变速运动或自动往返运动等。暖通空调系统中，主要应用是集成于电动蝶阀上，来判断阀门是否开启或关闭到位。限位开关的电气符号如图 14-38 所示。

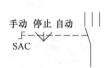

图 14-36　旋钮转换开关电气符号

图 14-37　旋钮转换开关外观图

图 14-38　限位开关电气符号
（a）常闭触点；（b）常开触点

14.3.8　电机综合保护开关

图 14-39　电机综合保护开关外观图

如图 14-39 所示，电机综合保护开关是将前面介绍的断路器（熔断器）、接触器、启动器、隔离器、热继电器、漏电保护器等分离电器元件的主要功能综合为一体，以一个具有独立结构形式的单一产品理想地实现了上述多个产品的组合功能。由于保护特性和控制特性都是产品内部"自配合"的，并可综合多种信号，因此，保护特性完善、合理；可以自控方式或自控与手控兼有的方式进行操作，以完成其控制功能。该类产品的问世和推广应用，带来了低压电器向"智能化"发展的变革，促进电气领域的技术进步。主要体现为：将大大减少低压电控系统中所需元件的品种和数量。在集中控制、电动机控制中心（MCC）、微机群控等方面具有非同一般的优越性，特别适用于高度现代化的工业场合。加上防护外罩，就可成为保护完善的防尘式、防腐式电器设备。可以有效提高系统的可靠性和工作连续性，缩短维护时间。电机综合保护器可选配不同的过载脱扣器、辅助触头模块（包括机械无源触头及信号报警触头）、欠电压脱扣器、分励脱扣器、电动机操作的远距离再扣器（电操机构）、控制电路转换模块等多种功能附件，根据需要实现对一般电动机控制、频繁启动的电动机控制、配电电路负载中的任一种进行过载、短路、欠电压保护，由自控与手控兼有的方式进行操作，能够实现远距离自动控制和直接人力控制功能。以 JES 系列电机综合保护器为例，其主要用于交流 50Hz（60Hz）、额定电压范围 220 ～ 690V、电流范围 0.16 ～ 125A 的电力系统中接通、承载和分断正常条件下包括规定的过载条件下的电流，且能够接通、承载并分断规定的非正常条件下的电流，如短路电流。

14.4　电动机的基本电气控制电路

空调系统的自动控制，就是风机、水泵、电动阀门及冷水机组等的控制，归根结底是对电动机的控制，因此，必须对电动机的基本电气控制电路有所了解，这样才能够明晰控制信号的种类和数量。工程设计中，对于水泵、风机或空调机组，一般是将其弱电（BAS）控制箱和其强电配电箱并列设置在机房内。

图 14-40 为强电配电箱内三相异步电动机直接启动电路图，其分为主回路和二次回路两部分。主回路是 380V 的动力电源，控制回路是线电压 220V 的控制电源，工程中采用

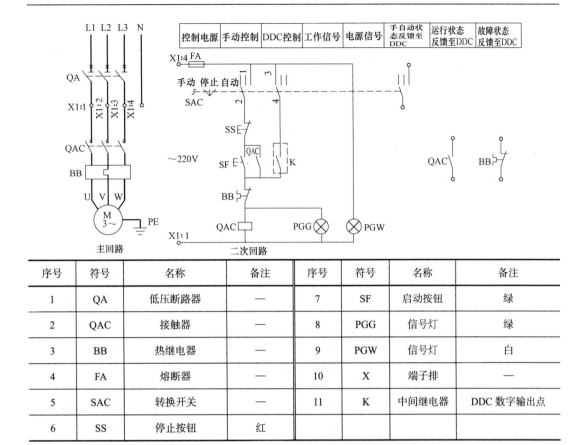

序号	符号	名称	备注	序号	符号	名称	备注
1	QA	低压断路器	—	7	SF	启动按钮	绿
2	QAC	接触器	—	8	PGG	信号灯	绿
3	BB	热继电器	—	9	PGW	信号灯	白
4	FA	熔断器	—	10	X	端子排	—
5	SAC	转换开关	—	11	K	中间继电器	DDC 数字输出点
6	SS	停止按钮	红				

图 14-40　强电配电箱内三相异步电动机直接启动电路图

的是小电流通过接触器控制大电流。这些元器件均集中在强电配电箱内，但是图中虚线框内的中间继电器设在弱电控制箱内，或者就是弱电控制箱中控制器的继电器输出。

14.4.1　电动机的控制过程

1.手动启动电机时：合 QA → SAC 置于手动→按 SF 启动按钮→ QAC 线圈得电→

┌→主触点 QAC 闭合

└→辅助常开触点 QAC 闭合→自锁→电机连续运行

并联于 SF 启动按钮的辅助常开触点被称为自锁触点。其作用是当松开启动按钮 SF 后，吸引线圈 QAC 通过其辅助常开触点可以继续保持通电，电机将连续运行。

2.手动停机时：按 SS 停止按钮→ QAC 的线圈失电→所有 QAC 常开触点断开→电动机失电停转。

3.自动启动时：由 DDC 数字输出信号闭合中间继电器常开触点→ QAC 线圈得电→主触点 QAC 闭合→电机连续运行。

4.自动停机时：由 DDC 数字输出信号断开中间继电器常开触点→ QAC 线圈失电→ QAC 主触点断开→电动机失电停转。

14.4.2 电动机的控制信号反馈

1.手/自动开关状态反馈：手/自动状态信号取自转换开关的辅助触点，一般只取"自动"状态反馈信号。

2.电机的运行状态反馈：电机的运行状态信号取自接触器辅助触点。

3.电机的故障状态反馈：电机的故障状态信号取自热继电器的辅助触点。

至此，我们知道了风机水泵是如何供电和控制的了，对于组合式空调机组，目前生产厂家都可以提供一体化的或分体的配电箱，这样可以有效避免"机"与"电"的分家，避免工程建设中两个专业的脱节，对工程调试、运行及管理非常有利。设计师可以在设计图纸中提出此项要求。

14.5　单相异步电动机的正反转的控制

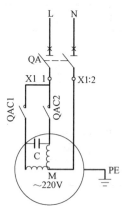

图 14-41　电动蝶阀正
反转控制主回路

在中央空调水系统中，关断水路的电动开关蝶阀会遇到电机正反转的控制。电动蝶阀一般为 220V 供电，最大口径可达 *DN*600，转矩可达 6000N·m。这种控制是与风机、水泵电机控制完全不同的控制，需要特别加以说明。首先，电动开关蝶阀需设计配电箱，这种配电箱阀门不配套供应。

14.5.1　电动蝶阀的控制原理

图 14-41、图 14-42 为配电箱内电动蝶阀正反转控制的典型线路。在图 14-41 的主回路中，两个接触器 QAC1、QAC2 触点接法不同，当 QAC2 的触点闭合时，使电动机电源线的 L、N 互换，从而改变电动机启动绕组和工作绕组的位置，由此改变电动机的转向。将正转和反转启动线路组合起来就构成了异步电动机的正反转控制线路。

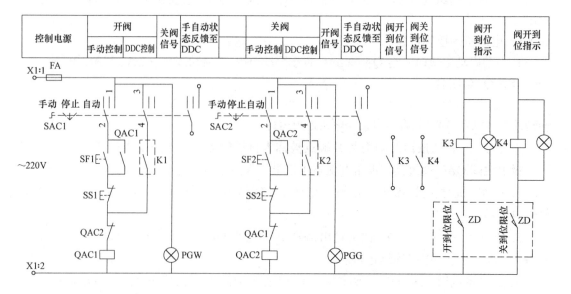

图 14-42　电动蝶阀正反转控制二次回路

SF1、SF2 分别为正、反转按钮，SS1、SS2 为停止按钮。QAC1、QAC2 为互锁触点，在它们各自的线圈电路中串联接入对方的常闭触点，防止 SF1、SF2 同时按下可能造成的短路事故。

14.5.2　电动蝶阀的内部电路

1. 在阀门执行器内部设有力矩开关，也就是过热保护器。当阀板（阀芯）或阀杆卡住，或者已经开（关）到位时，需要的力矩就变得很大，实际力矩超过了设定值，电机发热，这时过热保护器动作，自动断开主回路，停止了转动。

2. 在阀门执行器内部同样设有限位开关。限位是通过阀门的位置来确定阀门是开到位还是关到位，如果阀门没有开到或者关到设定的位置，电机一直驱动，直到限位所设定的位置后自动断开主回路。

3. 在阀门执行器内部设有选购的加热器，当应用于低温管路时（如：冰蓄冷工程，为了防止电动蝶阀执行器内部结露，通过加热来提高内部的相对湿度）。

4. 阀门上的接线端子可以输出全开、全关干触点信号至 DDC，如图 14-43 所示。

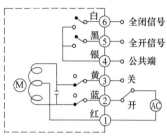

图 14-43　无源触点型单相电动关断蝶阀接线图

14.6　风机盘管的配电

普通的风机盘管一般由一个单相交流电机驱动，该电机一般是通过改变定子的磁极对数实现高、中、低三档风量调节。由房间温度控制面板同时控制风机的转速和水管上的电动两通阀的通断，如图 14-44 所示。

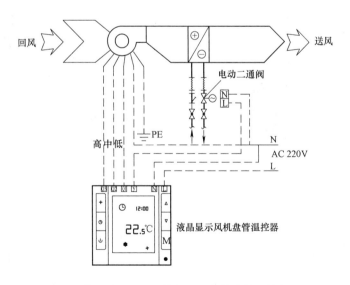

图 14-44　带液晶显示的两管制风机盘管接管及控制原理图

14.7　一个温控器控制两台风机盘

工程中，有些人为了节省费用，往往采用一个温控器控制两台风机盘管及两个电动两通阀。这样做时常会烧坏风机盘管电机及电动两通阀电机，或者使它们不能正常工作。这种供电方式，实际上就是将两个电机进行了并联，这就相当于将两个电感线圈进行了并联供电。电感线圈在通 / 断电的瞬间，均会产生与外加电压方向相反的感应电动势，也称为反电动势。反电动势是指有反抗电流发生改变的趋势而产生电动势，它与电源电压叠加后作用于电动机的线圈两端，如果两个线圈大小不一致（风机盘管的大小不一样），那么它们产生的反电动势的大小或时间也不一致，在高电压作用下，势弱的电机就会烧毁。这与普通荧光灯的镇流器产生高电压点亮荧光灯的原理一样。

如果两个风机盘管的大小一致，情况会好些，但也不能排除它们在制造过程中或者安装过程中会有些差异，因此，一个温控器控制两台风机盘是不合适的。

14.8　变　频　器

应用于风机、水泵等暖通设备的变频器，如图 14-45 所示，其使用环境温度一般为 –10 ～ 40℃，相对湿度不超过 90%（无结露）；空气环境中需无腐蚀性气体及易燃气体、尘埃少。变频器的安装方式有墙挂式安装和柜式安装。安装时应考虑变频器的散热，当采用柜内安装时，应在柜顶安装抽风式冷却风扇，并尽量装在变频器的正上方。

14.8.1　变频器的节能作用

1. 变频器节能主要表现在风机、水泵在部分负荷工况下运行时。为了保证生产的可靠性，各种生产机械在设计配用动力驱动时，都留有一定的富余量。当电机不能在满负荷下运行时，除达到动力驱动要求外，多余的力矩增加了有功功率的消耗，造成电能的浪费。风机、泵等设备传统的调节方法是通过调节入口或出口的阀门开度来调节风量和水量，其输入功率大，且大量的能源消耗在阀门的截流过程中。当使用变频调速时，如果流量要求减小，通过降低泵或风机的转速即可满足要求。

图 14-45　变频器外观图

2. 功率因数补偿节能。无功功率不但增加线损和设备的发热，更主要的是功率因数的降低导致电网有功功率的降低，大量的无功电能消耗在线路当中，设备使用效率低下，浪费严重，使用变频调速装置后，由于变频器内部滤波电容的作用，从而减少了无功损耗，增加了电网的有功功率。

3. 软启动节能。电机硬启动对电网造成严重的冲击，还会对电网容量要求过高，启动时产生的大电流和振动对阀门的损害极大，对设备、管路的使用寿命极为不利。而使用变频节能装置后，利用变频器的软启动功能将使启动电流从零开始，最大值也不超过额定电流，减轻了对电网的冲击和对供电容量的要求，延长了设备和阀门的使用寿命。节省了设备的维护费用。

4.变频器的能耗。变频不是到处都可以省电的，有不少场合用变频并不一定能省电。作为电子电路，变频器本身也要耗电（约额定功率的 3% ～ 5%）。

14.8.2　变频器的安装位置

变频器需串联在电机和电源之间。安装变频器时，需要考虑变频器、电机之间的距离，尽量减少谐波的影响，提高系统的稳定性。由于变频器输出的电压波形不是正弦，波形中含有大量的谐波成分，其中高次谐波会使变频器输出电流增大，造成电机绕组发热，产生振动和噪声，加速绝缘老化，还可能损坏电机；同时，各种频率的谐波会向空间发射不同程度的无线电干扰，还可能导致其他设备误动作。因此，一般希望把变频器安装在被控电机的附近，如果变频器和电机之间为 20m 以内的近距离，可以直接与变频器连接。

14.8.3　变频器的类别

1.根据变流环节不同分类

（1）交—直—交变频器。其工作流程是先将频率固定的交流电整流成直流电，再把直流电逆变成频率任意可调的三相交流电。

（2）交—交变频器。其作用是把频率固定的交流电直接变换成频率任意可调的交流电（转换前后的相数相同）。

两类变频器中，交—直—交变频器目前应用广泛。

2.根据直流电路的储能环节（滤波方式）分类

交—直—交变频器基本部件见图 14-46，整流器将恒压、恒频的交流电变成直流电，供给逆变器。与整流相反，逆变器将直流电变换为可变压、变频的交流电。经整流后的直流电压中含有脉动成分，同时逆变器产生的脉动电流也使直流电压波动。所以为了抑制电压的波动，采用电感或电容吸收脉动电压（电流），起到滤波的作用。变频器输出的电流或电压的波形为非正弦波而产生的高次谐波对电源产生谐波污染，电源的质量下降，电动机损耗增加，效率有所下降，因此一般的变频器还需在输出端设置滤波器。根据平波电路中滤波方式不同，又可分为：

（1）电压型变频器，其储能元件为电容器。经逆变器输出的交流电压波形为矩形波，而电流波形接近于正弦波。

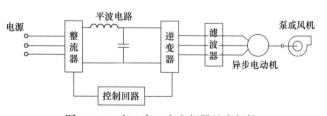

图 14-46　交—直—交变频器基本部件

（2）电流型变频器，其储能元件为电感线圈。经逆变器输出的交流电压波形接近于正弦波，而电流波形为矩形或阶梯形波。电流型变频器适用于单机拖动、频繁加减速情况下运行。暖通空调的泵或风机大多采用该型变频器。

3.根据输入电源的相数分类

（1）三进三出变频器，变频器的输入侧和输出侧都是三相交流电，绝大多数变频器都属此类。

（2）单进三出变频器，变频器的输入侧为单相交流电，输出侧是三相交流电。家用电器中的变频器属于此类，通常容量较小。

14.8.4 变频器的额定数据

1. 输入侧的额定数据

（1）输入电压 U_{in}。即电源侧的电压，如 380V（三相），220V（单相）。此外，变频器还对输入电压的允许波动范围作出规定，如 −10% ～ +10% 等。

（2）相数。如单相、三相。

（3）频率 f_{in}。即电源频率（常称工频），我国为 50Hz。频率的正常波动范围通常规定为 −5% ～ +5%。

2. 输出侧的额定数据

（1）额定电压 U_n。因为变频器的输出电压要随频率而变，所以，U_n 定义为输出的最大电压。通常，$U_n = U_{in}$。

异步电动机调速时，如果只改变电动机定子的供电频率，则不能获得很好的调速性能。由以下公式可知三相异步电动机定子每相电压：

$$U \approx E_1 = 4.44 k_w \cdot N \cdot f \cdot \varphi_m \tag{14-3}$$

式中　E_1——每相定子绕组感应电动势；

　　　k_w——绕组系数；

　　　N——定子绕组匝数；

　　　f——频率；

　　　φ_m——磁通的幅值；

由式（14-3）可知，从额定频率往下调节时，定子铁芯的磁通将增加。电动机在额定载荷工作时（$U = U_{in}$、$f = f_{in}$），磁通已接近饱和，继续增加磁通将会使电动机铁芯出现深度饱和，励磁电流急剧上升，导致定子电流和定子铁芯损耗急剧增加，电动机将不能正常工作，因而变频调速时，单纯调节频率是不妥的，欲维持电动机的磁通恒定，要求电动机的定子供电电压应有相应的改变，使电压 U 与频率 f 按一定规律变化，即：

$$\frac{U}{f} = 常数 \tag{14-4}$$

（2）额定电流 I_N。变频器允许长时间输出的最大电流。

（3）额定容量 S_N。由额定电压 U_N 和额定电流 I_N 的乘积决定，即：

$$S_N = \sqrt{3} U_N \cdot I_N \tag{14-5}$$

（4）配用电动机容量 P_N。在连续不变负载中，允许配用的最大电动机容量。

（5）过载能力。指变频器的输出电流允许超过额定值的倍数和时间。大多数变频器的过载能力规定为：150%，1min。

3. 输出频率指示

（1）频率范围。指变频器能够输出的最小频率和最大频率，如 0.1 ～ 400Hz，水泵、风机变频器输出频率范围应为 1 ～ 55Hz。

（2）频率精度，即输出频率的准确度。

（3）频率分辨率。指输出频率的最小该变量。

4. 变频器外接给定：

控制信号应包括电压信号和电流信号，电压信号为直流 0 ～ 10V，电流信号为直流 4 ～ 20mA。

第15章　暖通空调自动控制基础

空调的控制过程：传感器把温度、湿度、压力等被控物理量转换成电量的标准信号后送到控制器中，控制器根据控制要求，把输入的检测信号与设定值比较，将其偏差经相应的调节后输出开/关信号或连续的控制信号，去调节、控制相应的执行器，实现对被控量的控制。在这个控制过程中，需用到传感器、执行器和控制器。因此，需要了解传感器、执行器和控制器的工作原理和输入、输出信号的特性。

15.1　常用传感器

在空调系统控制中的传感器主要有：温度、湿度传感器（图15-1），压力传感器，液位传感器，防冻开关，空气压差开关，水流开关，流量计，热计量表等。

15.1.1　温度传感器

温度传感器大致分为热电阻、热电偶、热敏电阻、半导体PN结、红外线等几种规格，其中铂电阻精度最好，可以做到±0.2℃的误差，热电偶相对精度差一些，但是能测量高达1700℃的高温，半导体PN结精度最低，但是很容易集成在电路芯片中，铜电阻线性好，但是只能测量温度比较低的范围，所以要根据情况选择不同的温度传感器。

暖通空调通常是采用风道式温度传感器，如图15-1（a）所示。热电阻型温度传感器是利用金属电阻值随温度变化的原理工作的，通过测量其电阻值便可测出相应的温度。其中铂电阻温度传感器，如Pt100，Pt1000，是精度较高的温度传感器。Pt后的100即表示它在0℃时阻值为100Ω，1000即表示它在0℃时阻值为1000Ω。

温度传感器常用有两线制和四线制两种（详见第15.1.12节），在使用两线制的热电阻测温时，要充分注意热电阻与外部导线的连接，因为外部的连接导线与热电阻是串联的，如果导线电阻不确定，测温是无法进行的；而四线制的温度传感器则不受此限制。

温度传感器的输出信号一般为DC 0～10V或4～20mA。

15.1.2　防冻开关

防冻开关不是温度传感器，它是一个内充气体的长敏感元件，如图15-2所示。敏感元件的任何200mm长部位只要低于设定的温度点，控制器内部接点就会断开，并发出报警信号。使用时将长敏感元件盘于需要低温保护的表冷器外表面。

防冻开关动作后，发出信号把新风阀关闭，停用风机，开启热水阀门，防止盘管被冻裂。而当温度达到适当的温度时，防冻开关就会自动开启，并正常运转。防冻开关输出的是开关量信号。

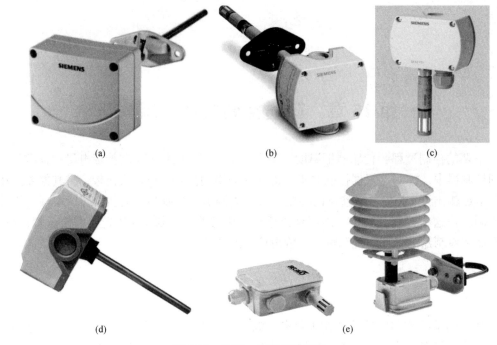

图 15-1　温度、温湿度传感器

（a）风道式温度传感器；（b）风道式温、湿度传感器；（c）室内型温、温度传感器；
（d）水管插入式温度传感器（需配套管）；（e）室外温湿度传感器及防护罩

15.1.3　湿度传感器

湿敏元件是最简单的湿度传感器。湿敏元件主要有电阻式、电容式两大类。

湿敏电阻的特点是在基片上覆盖一层用感湿材料制成的膜，当空气中的水蒸气吸附在感湿膜上时，元件的电阻率和电阻值都发生变化，利用这一特性即可测量湿度。

湿敏电容一般是用高分子薄膜电容制成的，常用的高分子材料有聚苯乙烯、聚酰亚胺、酪酸醋酸纤维等。当环境湿度发生改变时，湿敏电容的介电常数发生变化，使其电容量也发生变化，其电容变化量与相对湿度成正比。将电容湿度传感器与特制的电子线路组合在一起构成电容式湿度变送器，该电子线路产生与相对湿度式比例的电压信号，即 0～10V 标准信号。电容式湿度变送器具有工作温度和压力范

图 15-2　防冻开关

围较宽、精度高、反应快，不受环境温度、风速的影响，抗污染的能力及稳定性好等优点。在暖通空调系统中电容式应用较普遍。湿度传感器的输出信号一般为 DC 0～10V 或 4～20mA。

湿度传感器常与温度传感器制成一体式的温、湿度传感器来应用，按安装方式可分为：室外式、室内式及风道式，如图 15-1 所示。另外，有的产品还会内置逻辑芯片，可以根据所测温度、相对湿度计算出空气的焓值、绝对湿度及露点温度并输出。有的产品带有通信功能，可以通过 RS 485 总线等方式接入控制系统。

15.1.4　压力传感器

压力传感器的种类繁多，如电阻应变片压力传感器、半导体应变片压力传感器、压阻

图 15-3　压力传感器

式压力传感器、电感式压力传感器、电容式压力传感器、谐振式压力传感器及电容式加速度传感器等，如图 15-3 所示。

电阻应变片是一种将被测件上的应变变化转换成为一种电信号的敏感器件。电阻应变片应用最多的是金属电阻应变片和半导体应变片两种。通常是将应变片通过特殊的胶粘剂紧密地粘合在产生力学应变基体上，当基体受力发生应力变化时，电阻应变片也一起产生形变，使应变片的阻值发生改变，从而使加在电阻上的电压发生变化。一般这种应变片都组成应变电桥，并通过后续的仪表放大器进行放大，将其转换成 4 ~ 20mA DC 信号输出。

15.1.5　压差开关

压差开关与压差传感器的区别：压差开关主要是用于系统故障报警，因为其输出值为开关量，测量的是某压力点的开关动作。压差传感器可以连续输出电信号，根据信号大小通过二次仪表可实时显示变化的压差。

空气压差开关常被用来探测空气过滤器前后的压差，当空调机组过滤器的压差超过一定值，压差开关动作，系统报警，提醒需要清洗或更换过滤器，如图 15-4（a）所示。

水流开关是压差开关的一种，如图 15-4（b）所示，主要用在水管路中，起到在流量高于或者低于某一个值的时候触发开关，输出报警信号，常安装于冷水、冷却水管路上，保证管路内水流动后才启动冷水机组。水流开关包括很多种，最常见的靶流开关、挡板式流量开关、压差式流量开关，还有活塞式、热式等。

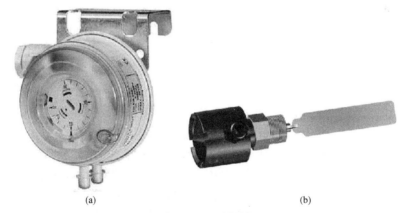

(a)　　　　　　　　　　　　(b)

图 15-4　压差开关
（a）空气压差开关；（b）水流开关

15.1.6　空气压差计、微压差变送器

如图 15-5（a）所示，空气压差计适合于空气的微压差测量，它广泛应用于制药和微电子产业对环境微压差的检测显示。空气压差计可采用嵌入方式或悬挂式安装在洁净室的墙体外侧，无需电源，灵敏度高，测量精度较高。是一种超低量程、廉价、结构牢固的现场指示仪表，它是利用无摩擦的 Magnehelic 运动原理，消除了磨损、迟滞和间隙。无充液，不会汽化和冻结，可迅速指示出低压、非腐蚀气体的压力［正压、负压（真空）和差压］。有多种量程，最小量程 0 ~ 60Pa。监测房间微压差（5 ~ 10Pa）时，选用 0 ~ 60Pa

微差压计。对于检查粗、中、高效空气过滤器的阻塞情况，可选用 250Pa、500Pa 或 1kPa 等差压计，随时观测过滤网的压差，以便更换过滤器。

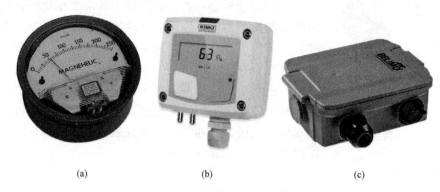

图 15-5　空气压差计、微压差变送器

（a）机械式空气压差计；（b）现场指示微压差变送器；（c）空气压差传感器

如图 15-5（b）、（c）所示，微压差变送器可将现场测量的微压差变为电信号输出，一般工作电压为 10 ～ 35V，输出信号为 4 ～ 20mA。

15.1.7　门窗磁开关

门窗磁开关也叫接近开关，广泛应用于暖通空调的自控系统中，用来判断门窗的启、闭状态。门窗磁开关结构简单，不带电线的一端有一块永磁体，产生感应磁场。带电线的一端内部藏有干簧管等元器件，当磁铁接近时，电线输出闭合信号，当磁铁远离时，两条电线输出开路信号（见图 15-6）。

干簧管是干式舌簧管的简称，是一种有触点的无源电子开关元件，具有结构简单、体积小、便于控制等优点，其外壳一般是一根密封的玻璃管，管中装有两个铁质的弹性簧片，还灌有一种惰性气体。平时，玻璃管中的两个由特殊材料制成的簧片是分开的。当有磁性物质靠近玻璃管时，在磁力的作用下，管内的两个簧片被磁化而互相吸引接触，簧片就会吸合在一起，使电路连通。外磁力消失后，两个簧片由于本身的弹性而分开，线路也就断开了。

还有一种采用霍尔效应的接近开关，它主要由霍尔元件、信号处理电路和输出控制电路组成。当霍尔元件受到外界磁场作用时，其内部会产生一定的电压差，这种现象称为霍尔效应。通过调整霍尔元件的输出电压和输出电流进行判断，可以检测出待测物体是否存在、靠近或远离以及方向等信息，这种开关的特点是无触点、使用寿命长，但需要接三根线。

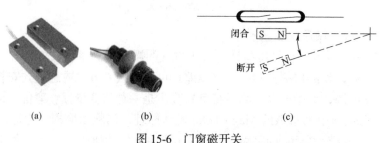

图 15-6　门窗磁开关

（a）明装式；（b）暗装式；（c）干簧管原理

15.1.8 液位传感器

液位传感器分为两类：一类为接触式，包括单法兰静压 / 双法兰差压液位变送器、浮球式液位变送器、磁性液位变送器、投入式液位变送器、电动内浮球液位变送器、电动浮筒液位变送器、电容式液位变送器、磁致伸缩液位变送器、伺服液位变送器等。

静压投入式液位变送器（液位计），如图 15-7 所示，是基于所测液体静压与该液体的高度成比例的原理，采用隔离型扩散硅敏感元件或陶瓷电容压力敏感传感器，将静压转换为电信

图 15-7 静压投入式液位计

号，再经过温度补偿和线性修正，转化成 4 ～ 20mA、0 ～ 5V、0 ～ 10mA 等标准信号输出。

第二类为非接触式，如：超声波液位仪，见图 15-8，其工作原理是：在测量中脉冲超声波由传感器（换能器）发出，声波经物体表面反射后被同一传感器接收，转换成电信号。并由声波的发射和接收之间的时间来计算传感器到被测物体的距离。由于采用非接触的测量，被测介质几乎不受限制，可广泛用于各种液体和固体物料高度的测量。这种方式比较适合开式的蓄冰水槽蓄冷前后的液位测量。但是安装距离有一定的盲区。

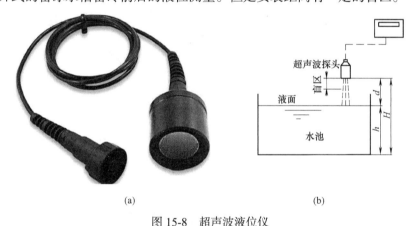

图 15-8 超声波液位仪

（a）外观图；（b）测量原理

H—安装高度；*d*—测量距离；*h*—液位高度；*h=H-d*

15.1.9 液位开关

液位开关也称水位开关，顾名思义，就是用来控制液位的开关。从形式上主要分为接触式和非接触式。与液位传感器不同，液位开关输出的是开关量信号。

15.1.10 空气质量传感器

随着节能设计和绿色建筑设计的要求，空调通风系统的控制需要对空气品质进行量化调节。如：《公共建筑节能设计标准》GB 50189—2015 第 4.3.13 条规定：在人员密度相对较大且变化较大的房间，宜根据室内 CO_2 浓度监测值进行新风需求控制。第 4.5.11 条规定：地下停车库风机宜采用多台并联或设置风机调速装置，并宜根据使用情况对通风机设置定时启停（台数）控制或根据车库内的一氧化碳浓度进行自动运行控制。

在我国北方，由于雾霾的影响，越来越多的建筑提出要求对室内 $PM_{2.5}$ 进行监控，以

此来营造高品质的室内环境。

常用的空气质量传感器有 CO_2 传感器、CO 传感器以及 $PM_{2.5}$ 传感器等。

1. CO_2 传感器

CO_2 传感器根据其测量原理有以下四种形式、电化学式、半导体陶瓷式、固体电解质式、红外吸收式。目前最常用的是红外吸收式，其测量原理为：各种气体都会吸收光。不同的气体吸收不同波长的光，比如 CO_2 就对红外线（波长为 4.26μm）最敏感。CO_2 分析仪通常是把被测气体吸入一个测量室，测量室的一端安装有光源，另一端装有滤光镜和探测器。滤光镜的作用是只容许某一特定波长的光线通过；探测器则测量通过测量室的光通量。探测器所接收到的光通量取决于环境中被测气体的浓度。CO_2 传感器的输出信号一般为 DC 0 ~ 10V 或 4 ~ 20mA。

CO_2 传感器有单通道型和双通道型，其在长期使用过程中受外部因素的影响会出现零点漂移的现象，需要应用传感器的自动校准功能来保证传感器的准确性。传感器校准周期与该环境所能到达某一最低固定浓度（例如：室外大气最低浓度为 400ppm 左右）的周期相关。

单通道型 CO_2 传感器如图 15-9（a）所示，可连续监测环境状况并记录最低值，然后基于这些最低值进行必要的校准。单通道型 CO_2 传感器只能使用在环境 CO_2 浓度可以周期性地下降到 400ppm 的场合。一般适用于相对开放、通风条件较好的场所，如家居、教室、会议室、写字楼、商场等。

双通道型 CO_2 传感器，即在单通道红外探测器的基础上集成一个参考通道，如图 15-9（b）所示，内部集成 2 个光敏器件、2 个窄带滤波片。其中一个通道使中心波长为 4.26μm 的光通过，而另一个通道则错开特定的波长（常用 CO_2、CO、SO_2、NO 无吸收），信号比较稳定则可作为参考通道。双通道型 CO_2 传感器可同时获取测量通道和参考通道的数据，可以有效消除由光源老化、气室污染等因素给传感器带来的影响，从而实现较好的长期稳定性，适用于相对封闭、通风较差或无法通风的场所。

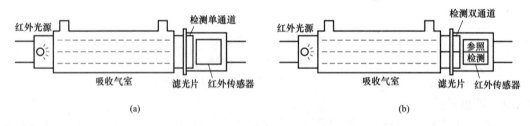

图 15-9　CO_2 传感器原理

（a）单通道型；（b）双通道型

2. CO 传感器

基于电化学感测原理的 CO 传感器 / 变送器是目前使用最多的 CO 传感器 / 变送器，它响应速度快、检测精度高，特别是具有高稳定性和选择性。当 CO 扩散到气体传感器时，其输出端产生电流输出，提供给报警器中的采样电路，起着将化学能转化为电能的作用。当气体浓度发生变化时，气体传感器的输出电流也随之呈正比变化，经报警器的中间电路转换放大输出，以驱动不同的执行装置，完成声、光和电等检测与报警功能。

3. PM$_{2.5}$ 传感器

PM$_{2.5}$ 传感器采用激光散射原理，当激光照射到通过检测位置的颗粒物时会产生微弱的光散射，在特定方向上的光散射波形与颗粒直径有关，通过不同粒径的波形分类统计及换算公式可以得到不同粒径的实时颗粒物的数量浓度。

4. 多合一空气质量传感器

多合一空气质量传感器用于检测室内空气质量状态，以保证其实现 WELL、LEED 等建筑认证。图 15-10 所示为西门子多合一空气质量传感器，它可实现温度、相对湿度、CO$_2$、TVOC、颗粒物（PM$_{2.5}$、PM$_{10}$）、噪声以及照度的七合一测量。输出信号支持 BACnet（IP、MSTP）和 LoRaWAN。

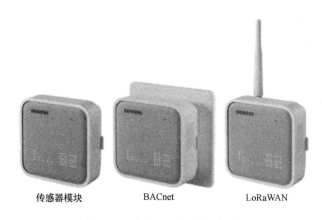

传感器模块　　　　BACnet　　　　LoRaWAN

图 15-10　多合一空气质量传感器

5. 制冷剂泄漏传感器

用于检测制冷剂气体的传感器，由集成的加热器以及在氧化铝基板上的氧化锡（SnO$_2$）半导体构成。当空气中存在被检测气体时，该气体的浓度越高传感器的电导率也会越高。它使用简单的电路，就可以将电导率变化转换成与该气体浓度相对应的信号输出。

在实际应用中，设备厂家将制冷剂气体传感器和控制器两部分集成为氟利昂报警器（一般可检测制冷剂 R404A、R407C、R32、R134A、R410A），实现浓度的实时显示及浓度超标后的声光报警。在空气中的制冷剂浓度一旦超出安全范围，即可通过开关量信号输出至联动排风机等设备，并上传至建筑设备监控系统等。

15.1.11　流量计

为了保证中央空调的节能运行，空调水系统中通常会设置流量传感器或者冷热量计量表。《公共建筑节能设计标准》GB 50189—2015 第 4.5.2 和第 4.5.3 条规定：需对建筑的耗冷量、耗热量及耗水量进行计量。由于内部无阻流元件，不用担心被杂质阻塞或管路阻力损失，电磁流量计和超声波流量计以及根据这两种流量计制成的冷热量表，在中央空调系统中广泛地被采用。另外，对于蒸汽流量的计量往往采用涡街流量计。

1. 电磁流量计

（1）电磁流量计的原理

电磁流量计是在一个短管外设置电磁感应线圈，通过测量感应电动势来进行流量测量的。其原理是以法拉第的电磁感应定律为理论基础，导体在磁场中运动并切割磁力线时，在导体中产生感应电动势。

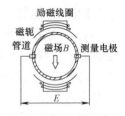

图 15-11　电磁流量计原理

如图 15-11 所示，包围管道的励磁线圈使其产生磁场强度 B，此时在管道内流动的导电液体就是在磁场内运动的导体，管道的内径 d 就是导体的长度，如果液体的流速为 v，液体内的带电粒子在磁场的作用下向两侧运动，在液体两侧的电极上产生的感应电动势为：

$$E = B \cdot d \cdot v \cdot 10^{-4} \tag{15-1}$$

式中　E——感应电动势，V；

　　　B——磁场强度，Gs；

　　　d——管道内径，m；

　　　v——液体的流速，m/s。

其中，磁通的正方向与感生电动势的正方向符合弗莱明右手定则，如图 15-12 所示。由此，流量可写成：

$$V = \frac{\pi}{4} d^2 \cdot v = \frac{\pi}{4B} d \cdot E \tag{15-2}$$

式中　V——液体的流量，m³/s；

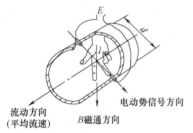

流动方向
（平均流速）
E
B 磁通方向
电动势信号方向

图 15-12　弗莱明右手定则

其余同上式。

由式（15-2）可知，当管道内径确定，磁场强度 B 不变时，流量与感应电动势具有线性关系，通过测量感应电动势 E，再由变送器转换成 $0 \sim 10\text{mA}$ 或 $4 \sim 20\text{mA}$ 直流信号，就可由二次仪表指示被测流量。

电磁流量计的磁场通常采用高频交变磁场，就是将磁场的南北两极不停地变化，这样有两个好处：交换的磁场可以将附着在磁场附近的铁屑等金属粉末随着磁场的变化和水流而被冲刷，从而不会停止在磁场附近；交变的磁场可以使左右两侧的电极不被极化（正、负电子积聚），保证信号测量的稳定和准确。这项技术在电磁流量计行业被广泛应用。

（2）电磁流量计的设计应用需要注意事项

1）电磁流量计由于利用的是流体导电的特性进行工作的，因此不能用于不导电的软化水和纯水的流量测量。

2）由于电磁流量传感器的感应信号在整个充满磁场的空间形成，它与管道截面上流速的平均值成正比。因此，对管道内流速分布不敏感，要求流量计上、下游的直管段相对其他类型的流量计短。

3）电磁流量计衬里均为非导磁材料，可以根据使用条件选择聚四氟乙烯（-40 ~ 180℃）或氯丁橡胶（-40 ~ 80℃）。

4）电磁流量计可以根据实际流量选择管径，流速在 0.1 ~ 5m/s 范围内较为合适；安装位置应远离大功率电机或变频器。

2. 超声波流量计

超声波流量计传感器安装在管路外部就能够进行测量，因此常作为移动的流量监测仪器，在工程调试中被广泛采用。

作为安装在管道中的流量计，与前面的电磁流量计类似，均为一段短管。短管上成对地安装上换能器（超声波传感器），两个换能器是相同的，通过电子开关控制，可交替作为发射器和接收器。超声波流量计依据换能器的相对位置可分为直射式和反射式。

如图 15-13 所示，换能器 A、B 交互发射、接收超声波。超声波传递的时间：A → B 为 T_{ab}，B → A 为 T_{ba}。

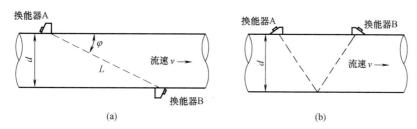

图 15-13　超声波流量计工作原理

（a）直射式；（b）反射式

当管内液体流速为 0 时，有：

$$T_{ab} = T_{ba} = \frac{L}{C} \tag{15-3}$$

式中　L——换能器之间的距离，m；

　　　C——音速，m/s。

在图 15-12 中，当流体以速度 v 流动时，换能器 A、B 之间超声波的传递时间分别为：

$$T_{ab} = \frac{L}{C + v\cos\varphi} \tag{15-4}$$

$$T_{ba} = \frac{L}{C + v\cos\varphi} \tag{15-5}$$

联立方程，得出：

$$\frac{1}{T_{ab}} - \frac{1}{T_{ba}} = \frac{(C + v\cos\varphi) - (C - v\cos\varphi)}{L}$$

$$v = \frac{L}{2\cos\varphi}\left(\frac{1}{T_{ab}} - \frac{1}{T_{ba}}\right) = \frac{d}{2\cos\varphi \cdot \sin\varphi}\left(\frac{1}{T_{ab}} - \frac{1}{T_{ba}}\right) = \frac{d}{\sin 2\varphi}\left(\frac{1}{T_{ab}} - \frac{1}{T_{ba}}\right)$$

$$V = \frac{\pi}{4}d^2 \cdot v = \frac{\pi \cdot d^3}{4\sin 2\varphi}\left(\frac{1}{T_{ab}} - \frac{1}{T_{ba}}\right) \tag{15-6}$$

由式（15-6）可知，当 d 和 φ 确定后，通过测量 T_{ab}、T_{ba} 便可求出流量。为了提高测量精度，通常采用多波束（如 6 对、8 对）换能器进行测量，值得注意的是，有些厂家为了节省成本，在小口径的流量计中仅设置一对换能器，这样的流量计误差较大。

与电磁流量计相比，超声波流量计为了提高低流速小信号时的信号强度，有时不得不采用缩小管径的方法，这样会造成管路系统的阻力增加。

3. 涡街流量计

涡街流量计也被称为振动式流量计，是根据卡门涡街原理测量气体、蒸汽或液体的体积流量。在暖通空调工程中主要用于测量蒸汽的流量，如图 15-14（a）所示。

（1）测量原理

如图 15-14（b）所示，在管道的流体中设置三角柱形旋涡发生体，流体流过时，则从旋涡发生体两侧交替地产生有规则的旋涡，这种旋涡称为卡门旋涡，旋涡列在旋涡发生体下游非对称地排列。这些交替变化的旋涡也就产生了一系列交替变化的负压力，该压力作用在检测探头上，从而产生一系列的交变电信号，经过前端放大器转换、整形、放大处理后，输出与旋涡同步成正比的脉冲频率信号。

在一定的条件下，旋涡的释放频率与流过旋涡发生体的流体平均速度及旋涡发生体特征宽度有关，通过测量旋涡频率就可以计算出流过旋涡发生体的流体平均速度 v，再由式 $V=v \cdot A$ 可以求出流量 V，其中 A 为流体流过管段的截面积。

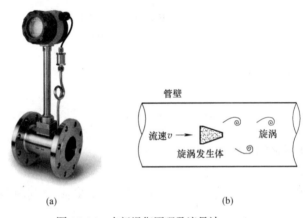

（a） （b）

图 15-14　卡门涡街原理及流量计

（a）管式卡门涡街流量计；（b）卡门涡街原理

（2）涡街流量计特点

1）结构简单且牢固，无可动部件，可靠性高，长期运行十分可靠。

2）安装简单，维护十分方便。

3）检测传感器不直接接触被测介质，性能稳定，寿命长。

4）输出是与流量成正比的脉冲信号，无零点漂移，精度高。

5）测量范围宽，量程比可达 1∶10。

6）压力损失较小，运行费用低，更具节能意义。

（3）涡街流量计的精度

管式涡街流量传感器应用内径范围为 25 ～ 300mm；测量液体精度为 1%，测量蒸汽和气体精度为 1.5%。

插入式涡街流量传感器应用内径范围为 350 ～ 1200mm；测量液体精度为 2%，测量蒸汽和气体精度为 2.5%。

（4）安装条件

涡街流量计应安装在与其通径相同的管道上。流量计的上游和下游应配置一定长度的直管段，其长度应符合前直管段 15 ～ 20D（D 为管径），后直管段 5 ～ 10D 的要求，应避免安装在有强烈机械振动的管道上。

15.1.12　热量表

在流量计上集成积算仪并配置一对温度传感器就成了热量表，如图 15-15 所示。流量计和积算仪可以做成一体的，也可以做成分体的。空调系统中常用的有电磁热量表和超声波热量表。热量表均可实时显示冷量、热量、累计能量、流量、流速、供回水温度、当前日期、仪表参数等信息。

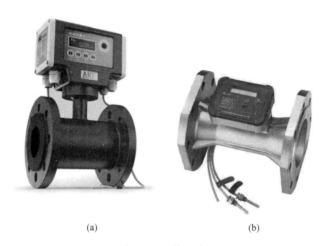

(a)　　　　　　　　　　(b)

图 15-15　热量表

（a）电磁热量表；（b）超声波热量表

《热量表》GB/T 32224—2020 根据最大允许误差（即精度），将热量表分为 1、2、3 级，1 级表精度最高。用于冷热量计量的热表一般要求为 1 级或 2 级表。热量表都具有远传通信功能，整体耗电量只有几瓦。

热量表是根据流量计的流量信号和配对温度传感器检测的供回水温度信号，以及水流经的时间计算并显示该系统所释放或吸收的热量。热量以累计形式显示，单位为 kWh。

1. 热量表数学计算模型如下：

$$Q = \int_{\tau_0}^{\tau_1} q_m \times \Delta h \times d\tau / (3.6 \times 10^3) = \int_{\tau_0}^{\tau_1} \rho \times q_v \times \Delta h \times d\tau / (3.6 \times 10^3) \tag{15-7}$$

式中　Q——系统释放或吸收的热量，kWh；

q_m——流经热量表的水的质量流量，kg/h；

q_v——流经热量表的水的体积流量，m³/h；

ρ——流经热量表的水的密度，kg/m³；

Δh——在热交换系统进口和出口温度下水的焓值差，kJ/kg；

τ——时间，h。

2. 供回水温度检测

温度传感器一般由铂电阻制成，它的阻值会随着温度的变化而改变，例如 Pt1000，在 0℃时阻值为 1000Ω，在 300℃时它的阻值约为 2120.515Ω。

用于热量表的温度传感器一般采用的是精确配对的 Pt1000 铂电阻温度传感器，测量电路选用 16 位高精度 AD 模块，保证温度测量的分辨率达到 0.01℃，精确度达到 0.1℃。

铂电阻温度传感器有两线制和四线制两种。

两线制的温度传感器电缆的电阻值会使传感器的电阻值增大。因此，对于温差的测量，传感器的电缆必须遵从规定的长度和类型。两个传感器在出厂时通过电脑配对，不可单独使用。传感器自带的电缆也不允许切割，如图 15-16 所示。

四线制的温度传感器电缆的电阻值对测量没有影响，所以对电缆的长度和类型没有具体要求。四线制的温度传感器的电缆 1 和电缆 2 流过了恒定的电流，而电缆 5 和电缆 6 用于传感器电压变化的测量，如图 15-17 所示。同样，两个传感器在出厂时也需通过电脑配对。

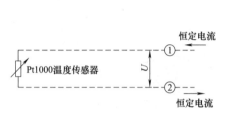

图 15-16　两线制温度传感器示意图

图 15-17　四线制温度传感器示意图

一台热量表既可以测量冷量也可以测量热量，统称为热量表，测量的冷量和热量可以分别累积计算。热量表根据供回水温度自动判断是供冷工况还是供热工况，当回水温度高于供水温度时，为供冷工况，此时测量的就是冷量。反之为供热工况，测量的就是热量。

3. 1 级精度电磁热量表与 2 级精度电磁热量表的区别

以广东艾科技术股份有限公司的产品为例，两者的对比见表 15-1。

1 级、2 级精度电磁热量表对比　　　　　　　　　　　　　　　　表 15-1

名称	1 级电磁热量表	2 级电磁热量表
准确度等级	1 级	2 级
温度传感器等级	采用精度等级 AA 级的温度传感器，允许差值 ΔT：±（0.1+0.0017|t|）℃； 单支精度 ±0.1℃，配对精度 ±0.05℃	采用精度等级 B 级的温度传感器，单支精度 ±0.3℃，配对精度 ±0.1℃
温度传感器配套护套长度	当管道管径≤ DN500 时，配套护套长度为 130mm；安装底座的长度 71mm，直径 24mm； 当管道管径≥ DN500 时，配套护套长度为 280mm；安装底座的长度 71mm，直径 24mm	配套护套长度为 130mm；安装底座的长度 71mm，直径 24mm（后续会升级更新为与 1 级热量表一样规格的温度传感器配套护套长度）
流量传感器	使用增强磁场强度型的流量传感器（管体）设计。相同流量下，产生的感应电动势也增强，在小流量测量时，测量更稳定	—
计算器	使用连续的低频矩形波励磁，提高了仪表的响应速度； 使用空管检测电极结合空管检测算法检测管路是否处于空管，提升了空管检测的可靠性	—

续表

名称	1 级电磁热量表			2 级电磁热量表		
流量性能	流量点（流量）	最大允许误差		流量点（流量）	最大允许误差	
	q_a（200.0000m³/h）	1.01%		q_a（200.0000m³/h）	2.01%	
	q_b（53.1773m³/h）	1.02%		q_b（53.1773m³/h）	2.04%	
	q_c（14.1392m³/h）	1.07%		q_c（14.1392m³/h）	2.14%	
	q_d（3.7594m³/h）	1.27%		q_d（3.7594m³/h）	2.53%	
	q_e（0.9996m³/h）	2.00%		q_e（0.9996m³/h）	4.00%	
	1 级表对比 2 级表计量准确度提升 50.00%					
整体性能	流量点（流量）	温差	整体最大允许误差	流量点（流量）	温差	整体最大允许误差
	a（100.0000）	2.2000	5.65%	a（100.0000）	2.2000	6.66%
	b（10.5000）	70.2000	2.21%	b（10.5000）	70.2000	3.30%
	c（1.1000）	70.2000	3.02%	c（1.1000）	70.2000	4.93%
	1 级表对比 2 级表计量准确度提升 a：15.17%；b：33.14%；c：38.71%					
参考标准	《热量表》GB/T 32224—2020			《热量表》GB/T 32224—2020		
工作电压	DC24V			DC24V		
规格	$DN20 \sim DN1000$			$DN20 \sim DN1000$		
通信方式	RS 485、光电接口			RS 485、光电接口		
通信协议	Modbus 协议、《户用计量仪表数据传输技术条件》CJ/T 188—2018 中的协议			Modbus 协议、《户用计量仪表数据传输技术条件》CJ/T 188—2018 中的协议		
通信波特率	9600bps			9600bps		
通信距离	$\leqslant$ 400m			$\leqslant$ 400m		
量程比	100：1（常用流量：最小流量）			100：1（常用流量：最小流量）		
温度测量范围	2 ~ 80℃			2 ~ 80℃		
温差范围	2 ~ 78K			2 ~ 78K		
适配温度传感器	四线制 pt1000 铂电阻，标配导线长度 5m			四线制 pt1000 铂电阻，标配导线长度 5m		
最大允许工作压力	$DN20 \sim DN50$：2.5MPa；$DN65 \sim DN1000$：1.6MPa（2.5MPa 需定制）			$DN20 \sim DN50$：2.5MPa；$DN65 \sim DN1000$：1.6MPa（2.5MPa 需定制）		
管体材质	管体材质：不锈钢（管段）+ 碳钢（法兰）；衬里材料可选：氯丁橡胶（常温型）聚四氟乙烯（高温型）			管体材质：不锈钢（管段）+ 碳钢（法兰）衬；原材料：氯丁橡胶（常温型）聚四氟乙烯（高温型）		
防护等级	IP65（可选配 IP67）			IP65（可选配 IP67）		
应用场景	可广泛应用于区域集中能源站、高效机房系统、商业、民用住宅小区、写字楼、酒店和企事业单位集中供热、区域供冷等领域的冷热计量中			可广泛应用于商业、民用住宅小区、写字楼、酒店和企事业单位集中供热、制冷等领域的冷热计量中		
资质	产品检验报告、检定证书			计量器具型式评价报告、产品检验报告、检定证书		

注：1. 热量表的计量误差并非一个固定值，与其测量流量范围、设计温差均有关联。

　　2. 热量表的计量误差均由三部分组成，分别是流量传感器误差、计算器误差及配对温度传感器误差，见《热量表》GB/T 32224—2020。

4. 电磁热量表工程应用注意事项

在设计安装电磁热量表时，除了要满足电磁流量计的各项要求之外，管路设计还应考虑以下内容：

（1）需要有足够的直管段长度。如图 15-18 所示，电磁热量表的上游直管段需 $\geqslant 5D$，下游直管段需 $\geqslant 3D$。

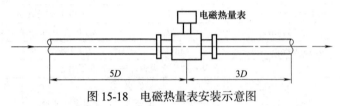

图 15-18　电磁热量表安装示意图

（2）设计文件需要注明热量表的口径、精度等级、供电电源电压、通信协议、制造、检验执行的标准等。

（3）避免干扰影响。在测量管路中不能插入或者安装可能干扰磁场、影响感应信号电压和流速分布的任何设备。譬如热量表前后法兰间的垫圈不能过多深入被测流体中。

（4）保证管内满流。热量表可在水平或垂直管道安装，为了避免管中的水不满流，不建议在最高点管道上安装；在开式系统中的垂直管道安装时，管道内的流体必须保证自下而上（不能自上而下），以避免不满流而造成的计量不准确。

（5）热量表应接地。

1）与金属管道的连接、连线和接地：流量信号是以被测液体介质为基准点（0V）的差动信号。传感器已将信号基准点（0V）与金属的测量管连接起来。当内壁没有绝缘涂层时，一般情况虽然可通过管道法兰与仪表法兰的连接螺栓取得信号的基准点（0V），但是正规的接法应该是加装电气连线，如图 15-19（a）所示，确保被测液体介质真正为信号的基准点（0V）。为防止外界干扰，传感器应加接地线，接地电阻应小于 10Ω。并且应注意是一点接地。

2）与非金属管道（如塑料管道和有绝缘衬里的金属管道）连接，必须加装金属接地环，如图 15-19（b）所示。

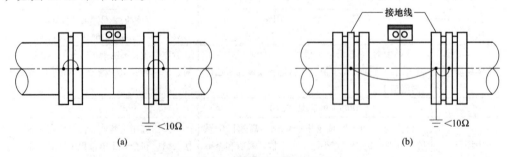

图 15-19　热量表接地示意图

（a）在金属管道上安装的热量表接地示意图；（b）在非金属管道上安装的热量表接地示意图

15.1.13　风速的测量

风管内的风量都是通过测量风管内的平均风速后，计算求得。目前常用的风速测量方式有三种：热电风速仪；叶轮风速仪；毕托管风速仪。

1. 热电风速仪

通常制作成手持式测量仪表，由测杆探头和测量仪表两部分组成。是将流速信号转变为电信号的一种测速仪器，也可同时测量流体温度。

热球式风速仪是热电风速仪的一种，把一个通有电流的带热体置入被测气流中，其散热量与气流速度有关，流速越大散热量越多。若通过带热体的电流恒定，则带热体所带的热量一定。带热体温度随其周围气流速度的升高而降低，根据带热体的温度测量气流速度，这就是热球风速仪所依据的原理。其数学表达式为：

$$Q = I^2 \cdot R = \alpha \cdot F \cdot \Delta t$$

式中　Q——带热体在空气中瞬时耗热量，W；

　　　I——流过带热体的电流，A；

　　　R——带热体的电阻，Ω；

　　　α——对流放热系数，W/（$m^2 \cdot ℃$）；

　　　F——热球表面积，m^2；

　　　Δt——带热体与被测流体的温差，℃；

对流放热系数 α 与气流速度 v 有对应关系，由上式可知，如果电流 I 恒定，通过测量带热体与被测流体的温差，就可以得到被测气流的风速。

热球风速仪的传感器是只有 0.6～0.8mm 直径的玻璃球，球内绕有加热玻璃球用的金属线圈和用来测量温差的热电偶，其测定范围为 0.05～10m/s。

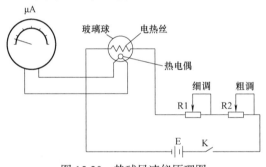

图 15-20　热球风速仪原理图

热球式风速仪原理如图 15-20 所示，主要由两个独立电路组成；一个是供给带热体恒定电流的回路，另一个是测量带热体温度的回路。热电偶的冷端直接暴露在气流中，当一定大小的电流通过加热线圈时，玻璃球的温度将升高，因带热体所带的热量一定，温度升高的程度和气流的速度有关，被测风速越大，带热体散出的热量也越多，带热体温度升高的程度就越小；反之，带热体温度升高的程度较大。升高程度的大小通过热电偶在电表上指示出来，因此在校正后，即可用电表读数表示气流的速度。热球风速仪与毕托管相比，具有探头体积小，对流场干扰小；响应快，能测量非定常流速；能测量很低风速等优点。当在湍流中使用热敏式探头时，来自各个方向的气流同时冲击热元件，从而会影响到测量结果的准确性。因此，风速仪测量过程应在管道的直管段进行，直管段的长度应满足测量点前 10D、后 4D（D 为管道直径）。

2. 叶轮风速仪

风速计的叶轮式探头的工作原理是基于把转动转换成电信号，先经过一个临近感应探头，对叶轮的转动进行"计数"并产生一个脉冲系列信号，再经检测仪转换处理，即可得到转速值。

3. 毕托管风速仪

毕托管 18 世纪为法国物理学家 H·毕托发明，它是一根弯成直角的双层管，外套管与内套管之间封口，在外套管周围有若干小孔。测量时，将此套管插入被测管道中间。内套管的管口正对流束方向，测量出流体的全压，外套管周围小孔的孔口恰与流束方向垂直，测量出流体的静压，内外套管的压差就是动压。通过动压与流速的数学关系即可计算出流体在该点的流速。毕托管常用以测量管道和风洞中流体的速度，如果按规定测量得到各截面的流速，经过计算即可用以测量管道中流体的流量。但当流体中含有少量颗粒时，有可能堵塞测量孔，所以它只适于测量无颗粒流体的流量。毕托管测量风速广泛地应用于变风量末端（VAV BOX）中，详见本书第9.1.2节。

15.1.14　风量在线测量

风管、风口断面上的风速是不均匀的，如果要时时测量风量，就必须同时多点测量断面上的平均风速。标准结构尺寸的毕托管可以实现VAV BOX的风量在线测量，但是对于断面尺寸不断变化的风管，由于其形状与结构修正系数也将不断变化，使得毕托管也无能为力。EBTRON（益必创）多点热线式风量计很好地解决了这个问题。在医药净化空调工程中得到了很好的应用（详见本书第9.8.1节及第18.13节）。多点热线式风量计可以实现以下功能：

（1）新、排风口处风量、温度直接监测；

（2）风道上风量、温度直接监测；

（3）建筑物相邻房间（区域）压力梯度控制和风量输送平衡监测；

（4）变风量与定风量空调系统风量保证、控制及监测；

（5）建筑物通风空调系统风量平衡动态控制；

（6）建筑物能耗动态分析、监测与评估。

1. 多点热线式风量计工作原理

如图15-21和图15-22所示，多点热线式风量计是热电风速仪的一种。它由变送器和风量监测探杆组成，每根风量监测探杆上布置多处风速探测点，每处探测点由两个热敏电阻温度探头组成，两个热敏电阻探头均封装、固定在医用玻璃球中，其中一个热敏电阻探头接入恒电流供电回路中，流经的电流将其加热到环境温度之上，该"自热"式热敏电阻的两端电压是可以随时精确测量的，并且它向环境中的散热率是可以计算出来的。另一个热敏电阻探头非常精确地测量环境温度。由于"自热"热敏电阻探头的散热率与流过的风速有关，通过测量散热率和两个热敏电阻温度探头的温差 ΔT 便可间接测量出风速。每对探头在出厂时均按美国NIST标准在EBTRON特制的标准风洞实验台上进行16点风速与散热率校准。风速由EBTRON（益必创）实验研究出的散热率和 ΔT 的数学关系式计算出来。由于风量计监测了环境温度，因此它在输出风速（风量）信号的同时，也提供环境温度输出信号。

图15-21　EBTRON（益必创）
多点热线式风量计

图15-22　EBTRON（益必创）多点热线式风量计自热式
温度探头

2. 特点

（1）低风速下仍保持高灵敏度

EBTRON（益必创）风量计探杆上的每对探头在出厂时均进行高达 16 点风速的校准，校准范围均从静止空气（零风速）开始。与风速变化对应的较强电信号输出保证了风量测量的精度，即使在低风速下也是如此，如图 15-23 所示。

（2）不需要现场维护和人工周期性校准

校准数据存储于每根探杆连接电缆插头处的存贮芯片中，一旦探杆的连接电缆插接到变送器之上，探杆上各探测点的校准数据几乎在变送器上电的同时被"闪存"到变送器的内存中，探杆上的各探测点立即得到校准。这使得 EBTRON 风量计称得上是"即插即用"。

变送器在现场运行过程中不断对探杆上的各探测点进行再校准，因此 EBTRON（益必创）风量计几乎不需要现场维护和人工周期性校准。每对风速 / 温度探头由变送器单独读取，多点风速 / 温度测量数据被变送器进行求和、求平均值等各种数学运算。高速微处理器保证了输出的信号几乎是实时参数。因此，EBTRON（益必创）热线式风量监测技术是直接监测和控制室外新风量，以及通风空调（HVAC）系统风量跟踪监测的理想的方案，见图 15-24。

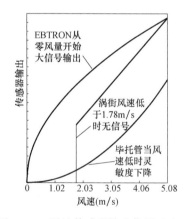

图 15-23　风速传感器输出信号对比

图 15-24　多点热线式风量计风道内安装示意图

此外，智能变送器能自动检查系统错误，一旦某个探头或连接电缆出现损坏或故障，变送器自动将这个探头从数学运算中剔除掉。因此，EBTRON（益必创）风量计投入现场后总是在不间断地正常运行。

3. EBTRON（益必创）多点热线式风量计参数

EBTRON（益必创）多点热线式风量计根据探杆数量和探头数量有多种型号选择，以型号 GTx116-P+ 为例：

（1）探杆及最大探头数量布置：探杆根数 × 每根上探头数量：2×8（彼此独立探头）或 4×4（彼此独立探头）

（2）探杆安装测量精度：

1）风管 / 静压箱内安装：±3% 的读数；

2）无风管的新风入口处安装：高于 ±5% 的读数。

（3）探测点布置数量选择表，见表 15-2。

GTX116-P+ 系列风量计探点密度配置表（探杆根数／每根探杆上传感器数量） 表 15-2

矩形风道探杆长度

	探杆长度 in	6	8	10	12	14	16	18	20	22	24	30	36	42	48	54	60	66	72	84	96	108	120
矩形风道邻边长度 in/mm	mm	152	203	254	305	356	406	457	508	559	610	762	914	1067	1219	1372	1524	1676	1829	2134	2438	2743	3048
6	152	1/1	1/1	1/1	1/1	1/2	1/2	1/2	1/2	1/2	1/2	1/4	1/4	1/4	1/4	1/6	1/6	1/6	1/6	1/6	1/6	1/8	1/8
8	203	1/1	1/1	1/1	1/2	1/2	1/2	1/2	1/4	1/4	1/4	1/4	1/4	1/6	1/6	1/6	1/6	1/6	1/6	1/8	1/8	1/8	1/8
10	254	1/1	1/1	1/1	1/2	1/2	1/3	1/4	1/4	1/4	1/4	1/6	1/6	1/6	1/6	1/6	1/8	1/8	1/8	1/8	1/8	1/8	2/6
12	305	1/1	1/1	1/1	1/2	1/3	1/3	1/4	1/4	1/4	2/3	1/6	1/6	1/6	1/8	1/8	1/8	1/8	1/8	1/8	1/8	2/6	2/6
14	356	2/1	2/1	2/1	2/2	2/2	2/2	2/2	2/2	2/3	2/3	2/4	1/6	1/8	1/8	2/6	2/6	2/6	2/6	2/6	2/6	2/6	2/6
16	406	2/1	2/1	3/1	2/2	2/2	2/2	2/3	2/3	2/3	2/4	2/4	2/6	2/6	2/6	2/6	2/6	2/7	2/8	2/8	2/6	2/7	2/7
18	457	2/1	2/1	3/1	2/2	2/2	2/2	2/3	2/3	2/3	2/4	2/4	1/8	1/8	1/8	1/8	1/8	2/8	2/6	2/8	2/8	2/7	2/8
20	508	2/1	3/1	3/1	2/2	2/2	2/3	3/4	2/3	2/3	2/4	2/4	1/8	1/8	1/8	2/6	2/6	2/6	2/6	2/6	2/6	2/6	2/6
22	559	2/1	3/1	3/1	2/2	3/2	3/2	4/2	4/2	4/2	4/2	2/4	1/8	1/8	1/8	2/6	2/6	2/6	2/6	2/6	2/7	2/8	2/8
24	610	4/1	4/1	4/1	2/2	3/2	3/2	4/2	4/2	4/2	4/2	2/4	2/4	2/6	2/6	2/6	2/6	2/7	2/8	2/8	2/8	2/8	2/8
30	762	4/1	4/1	4/1	3/2	3/2	3/2	4/2	4/2	4/2	4/2	2/4	2/6	2/6	2/6	2/8	2/8	2/8	2/8	2/8	2/8	2/8	2/8
36	914	4/1	4/1	4/1	3/2	4/2	4/2	4/2	4/2	4/2	4/2	2/4	2/4	2/6	2/6	2/8	2/8	2/8	2/6	2/7	2/7	2/7	2/8
42	1067	4/1	4/1	4/1	4/2	4/2	4/2	4/2	4/2	4/2	3/4	2/4	2/6	2/7	2/8	2/8	2/8	2/8	4/4	4/4	4/4	4/4	4/4
48	1219	4/1	4/1	4/1	4/2	4/2	4/2	4/2	4/2	4/2	3/4	2/4	2/6	2/7	2/8	2/8	2/8	2/8	4/4	4/4	4/4	4/4	4/4
54	1372	4/1	4/1	4/1	4/2	4/3	4/3	4/4	4/4	4/4	4/4	3/4	4/4	4/4	4/4	4/4	4/4	4/4	4/4	4/4	4/4	4/4	4/4
60	1524	4/1	4/1	4/1	4/2	4/3	4/3	4/4	4/4	4/4	4/4	4/4	4/4	4/4	4/4	4/4	4/4	4/4	4/4	4/4	4/4	4/4	4/4
66	1676	4/1	4/1	4/1	4/2	4/3	4/3	4/4	4/4	4/4	4/4	4/4	4/4	4/4	4/4	4/4	4/4	4/4	4/4	4/4	4/4	4/4	4/4
72	1829	4/1	4/1	4/1	4/2	4/3	4/3	4/4	4/4	4/4	4/4	4/4	4/4	4/4	4/4	4/4	4/4	4/4	4/4	4/4	4/4	4/4	4/4
84	2134	4/1	4/1	4/1	4/2	4/3	4/3	4/4	4/4	4/4	4/4	4/4	4/4	4/4	4/4	4/4	4/4	4/4	4/4	4/4	4/4	4/4	4/4
96	2438	4/1	4/1	4/1	4/2	4/3	4/3	4/4	4/4	4/4	4/4	4/4	4/4	4/4	4/4	4/4	4/4	4/4	4/4	4/4	4/4	4/4	4/4
108	2743	4/1	4/1	4/1	1/2	2/2	2/2	2/2	2/4	2/4	2/4	2/4	2/4	2/6	2/8	2/8	2/8	2/8	4/4	4/4	4/4	4/4	4/4
120	3048	1/1	1/1	1/1	1/2	2/2	2/2	2/2	2/4	2/4	2/4	2/4	2/4	2/6	2/8	2/8	2/8	2/8	4/4	4/4	4/4	4/4	4/4
圆形风管		1/1	1/1	1/1	1/2	2/2	2/2	2/2	2/4	2/4	2/4	2/4	2/4	2/6	2/8	2/8	2/8	2/8	4/4	4/4	4/4	4/4	4/4
椭圆形风管		所有椭圆形风管均为定制型产品																					

（4）安装方式与探杆长度范围：插入式安装：152.4～3048mm；内装式安装：203.2～3048mm；支架式安装：152.4～3048mm。

（5）变送器：

1）供电电源：24VAC（22.8～26.4），内部自带隔离功能。

2）低电压保护："看门狗"复位电路。

3）功耗：12～20VA（取决于连接的探头数量）。

4）自动保护：过电压、过电流和浪涌保护。

5）用户界面：16 字符 LCD 显示，4 个按键。

6）BAS 系统连接选择：

① GTC116 变送器：2 路现场可选（0～5/0～10V DC 或 4～20mA），可扩展隔离型模拟量输出信号（AO1—风速，AO2—温度或报警值）；1 路现场可选（BACnet MS/TP 或 Modbus RTU），隔离型 RS 485 通信接口，使每个监测点的风速和温度值可通过网络获取；

② GTM116 变送器：2 路现场可选（0～5/0～10V DC 或 4～20mA），可扩展隔离型模拟量输出信号（AO1—风量，AO2—温度或报警值）；1 路隔离型以太网接口（同时支持 BACnet 以太网通信、BACnet IP 通信、Modbus TCP 和 ICP/IP 通信），使每个监测点的风速和温度值可通过网络获取；

③ GTL116 变送器：1 路隔离型 Lonworks 自由拓扑网络接口；

④ GTD116 变送器：1 路 USB 接口，可以使用 U 盘存储某一段时间内每个监测点的风速和温度数据。

7）风量报警形式：用户可设定风速最大或最小报警点。

15.2　测量仪表的量程和精度

15.2.1　温度传感器量程和精度

1. 空气温度传感器的量程即测温的上、下限值应为测点温度范围的 1.2～1.5 倍。

2. 舒适性空调室内或室内风道插入式温度传感器，其量程范围可取 0～50℃。

3. 设置在室外或新风入口处的温度传感器，其量程范围可取 -30～50℃。

4. 空调热水的温度传感器，其量程范围可取 0～100℃。

5. 冷却水的温度传感器，其量程范围可取 0～50℃。

6. 冷水的温度传感器，其量程范围可取 -10～20℃。

7. 舒适性空调中，空气温度传感器的精度可取 ±0.5℃。

8. 用于测量供回水温差的传感器应采用配对的温度传感器，温度传感器的精度宜满足现行国家标准《热量表》GB/T 32224 的要求。

15.2.2　相对湿度传感器量程和精度

相对湿度传感器的量程应为 0～100%，舒适性空调相对湿度传感器的精度可取 ±5%。

15.2.3　空气压力、压差传感器量程和精度

1. 管内静压及室内压差传感器的量程应为测点的范围的 1.2～1.3 倍，一般被测压力的最小值应不低于仪表全量程的 1/3。

2. 测量舒适性空调风管内静压的传感器，其量程可取 0 ～ 1000Pa。压力传感器的精度均可取 ±1%。

3. 测量房间压差的传感器的量程可取 −30 ～ +30Pa。高等级的生物安全实验室的压差传感器的量程，应根据实际压差要求确定。压差传感器的精度均可取 ±1%。

15.2.4 流量传感器量程和精度

流量传感器量程应为系统最大流量的 1.2 ～ 1.3 倍，流量传感器应满足现行国家标准《热量表》GB/T 32224 的要求，流量传感器最大允许误差等级应为 1 级或 2 级表。

15.2.5 热量表量程和精度

用于空调冷热量计量的热表应满足现行国家标准《热量表》GB/T 32224 的要求，应采用最大允许误差等级应为 1 级或 2 级整体式热量表。

15.2.6 液位传感器量程和精度

液位传感器宜使正常液位处于仪表满量程的 50%。如果是静压投入式液位传感器，其精度可取 ±1%。

15.2.7 管内水压传感器量程和精度

管内水压传感器的量程应为测点范围的 1.2 ～ 1.3 倍。精度可取 ±1%。

15.2.8 气体成分传感器量程和精度

气体成分传感器的量程应根据检测气体、浓度进行选择，如汽车库内一氧化碳气体宜取 0 ～ 300ppm 或 0 ～ 500ppm，精度可取 ±3%；二氧化碳气体宜取 0 ～ 2000ppm，精度可取 ±3%。

15.3 执 行 器

空调自动控制中的执行器主要有：电动水阀的驱动器、电动风阀的驱动器、电动机的启动柜、变频器、电加热器和电热式加湿器的功率输出控制器。

15.3.1 阀门的电动执行器

中央空调系统中的电动水阀和电动风阀均由阀体和电动执行器组成。执行器根据控制器发出的调节指令，驱动阀门动作，按照执行器的输出方式可分为角行程执行器和直行程执行器。直行程执行器是将电动机的旋转运动通过涡轮蜗杆转变成直线运动。

1. 开关型阀门驱动器

基本的执行器用于把阀门驱动至全开或全关的位置，其工作原理同前述的电动蝶阀正反转的控制。有的阀门执行器只有正转，反转时依靠弹簧复位。

2. 调节型阀门驱动器

用于调节阀的执行器能够精确地使阀门走到任何位置，其工作原理是在基本的执行器内增加一个阀门定位器（一个电子控制电路），使阀门的位置电信号与控制信号成比例关系，从而使调节阀位根据输入的信号，通过调节电机的启、停、正、反转，来实现阀门准确定位。

电动调节阀的电动执行器工作电压一般为交流（或直流）24V，由控制箱供电。

一般具有以下功能：

（1）可接收来自控制器（如：DDC）的控制信号，一般为 4 ～ 20mA、0 ～ 10V；

（2）可输出 0 ～ 10V 的电信号至控制器，报告阀门的位置；

（3）阀门具有行程自检功能，能够自动检测阀杆的最高位和最低位，并将之分配给相应的电压信号；

（4）阀位显示功能，能够显示阀门的开度位置；

（5）手动操作功能，确保无电状态下的正常操作。

3. 电动阀门定位器

电动阀门定位器的工作原理如图 15-25 所示，定位器具有正、反作用的给定，当阀门开度随输入电压增加而加大时称正作用，反之则称反作用。它由前置放大器（Ⅰ和Ⅱ）、触发器、双向可控硅电路和位置发送器等部分组成。图中 R1 是起始点调整电位器，R2 是全程间隔调整电位器，R3 是阀门位置反馈电位器。

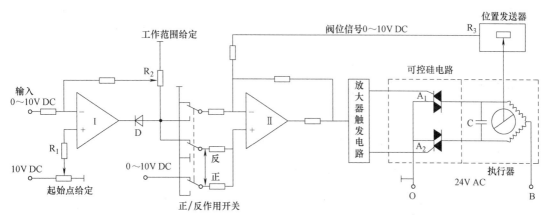

图 15-25　电动阀门定位器工作原理

控制器来的 0 ～ 10V DC 信号接在前置放大器Ⅰ的反相输入端，与由 R1、R2 所决定的信号进行综合，然后作为前置放大器Ⅰ的输入。其输出经正 / 反作用开关与阀位来的信号进行综合作为放大器Ⅱ的输入，其输出作为触发器的输入信号。触发器根据输入信号，发出相当脉冲使双向可控硅 A1 或 A2 导通，使电容式单相异步电动机向某一方向转动，以达到定位的目的。

4. 电动风阀执行器

电动风阀执行器需根据其需要输出的扭矩大小来选择。安装时通过万能夹持器固定在风门轴上，防转动固定片用来防止执行器本体发生转动，如图 15-26 所示。电动风阀执行器按运行时间可分为常规型（约 75s）和快速型（2.5s），快速型一般用于实验室电动风阀的快速开闭。

兼作火灾补风的空调机组，其新风口、排风口及回风口处的电动风阀执行器一般要求具有自复位功能，就是在控制系统失电后，阀门自动回到初始位置，如：关闭或全开，以满足消防排烟要求。

在气体灭火房间内的送、排风管上安装的电动风阀，其执行器也是自复位型，当火灾发生时，普通电源断电，电动风阀失电自动关闭，灭火后，通电开启。自复位型风阀执行器有机械式弹簧复位和电子复位两种方式，见图 15-27。

（1）弹簧复位工作原理：工作时执行器将风阀驱动到相应的工作位置，同时复位弹簧张紧。如果电源中断，弹簧将驱动风门回到其初始位置，如图 15-28 所示。

（2）电子复位工作原理：工作时执行器将风阀驱动到相应的工作位置，同时内部电容充电。一旦供电中断，执行器将通过内部储存的电能将风门转回失电位置。

普通的风阀执行器的外壳一般由工程塑料制成；具有防火要求的，其外壳均由金属制成。由于价格较高，普通的风阀执行器一般不要求自复位功能，如图 15-29 所示。

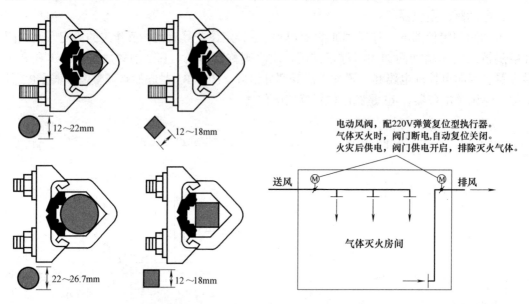

图 15-26　电动风阀执行器万能夹持器　　　图 15-27　弹簧复位型执行器在气体消防中的应用

图 15-28　机械式自复位风阀执行器　　　　图 15-29　普通风阀执行器

风阀执行器根据控制方式分为：开关型、三态浮点型和调节型；根据工作电压分为：24V DC、24V 和 220V AC。一般由电机驱动，风阀开、关到位后电机停止转动。

（3）开关型机械式自复位风阀执行器（以 EF24A-S2 型为例），其接线图见图 15-30（a），开关型无自复位风阀执行器（以 NM24A-S 型为例），其接线图见图 15-30（b）。

（4）调节型风阀执行器（以 EF24A-SR 型为例），其接线图见图 15-31。

由图 15-30（a）可知，开关型自复位型风阀执行器的电机在开关闭合后开始转动，到达限位后停止；开关断开后风阀靠弹簧复位。在空调自控系统中，开关的闭合通过 DDC 发出 DO 信号控制中间继电器完成。在 DDC 没有 DO 信号输出时，开关是断开的，即复位状态。

由图 15-30（b）可知，开关型无自复位型风阀执行器的电机在开关断开时为正转，到达限位后停止；在开关闭合后反转，到达限位后停止。在空调自控系统中，开关的闭合通过 DDC 发出 DO 信号控制中间继电器完成。在 DDC 没有 DO 信号输出时，开关是断开的，也就是正转状态。

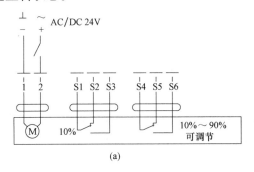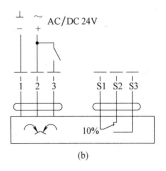

(a)　　　　　　　　　　　　　　(b)

图 15-30　开关型风阀执行器接线图

（a）开关型机械式自复位风阀执行器接线图；（b）开关型无自复位风阀执行器接线图

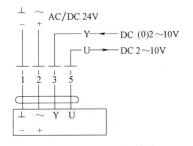

图 15-31　调节型风阀接线图

由此可见，DDC 控制电动开关型风阀只需要一个 DO 信号。

（5）风阀执行器扭矩可以根据风阀面积和风阀单位面积扭矩估算表进行估算：

风阀执行器扭矩 = 风阀面积 × 风阀单位面积扭矩 ×1.15

风阀单位面积扭矩估算见表 15-3。

风阀单位面积扭矩估算表　　　　　　　　　　表 15-3

风阀类型		风阀扭矩估算值 N·m/m²		
		风速或静压		
		< 5m/s 或 300Pa	5 ～ 13m/s 或 500Pa	13 ～ 15m/s 或 1000Pa
气密应用	圆形叶片 / 边缘密封	12	18	24
	平行叶片 / 边缘密封	8.5	13	17
	对置叶片 / 边缘密封	6	9	12
一般应用	圆形叶片 / 金属座	6	9	12
	平行叶片 / 无边密封	5	7	10
	对置叶片 / 无边密封	3.5	5.5	7

由表 15-3 可以看出，一般的民用空调系统，风阀单位面积的扭矩一般不会大于 12N·m。对于有气密要求的实验室通风空调系统，风阀的扭矩较大。当风阀的截面积或风道压力很大时，可以采用组合阀由多台执行器并联运行。

执行器选型计算案例：

已知条件：平行叶片 / 无边缘密封；风阀面积：1700mm×800mm；风量：20000m³/h；

计算已知条件：

风阀面积：1700mm×800mm=1.36m²；风速：20000/3600/1.36=4.08m/s；根据已知条件，查风阀的单位面积扭矩负载表；平行叶片/无边缘密封；迎面风速＜5m/s；此时对应的单位面积扭矩负载为：5N·m/m²；风阀需要的扭矩为：1.36×5=6.8N·m；考虑余量系数1.15，实际需要扭矩为：6.8×1.15=7.82N·m。

选择10N·m的驱动器足够驱动1.36m²的风阀。

5. 电动水阀执行器

与电动风阀执行器相同，电动水阀执行器也需根据其需要输出的扭矩大小来选择。固定在配套的调节水阀的轴上。有角行程和直行程两种。

角行程执行器有带自复位功能和不带自复位功能两种。与电动风阀执行器相同，自复位型水阀执行器也有机械式弹簧复位和电子复位两种方式。配有角行程执行器的电动蝶阀及其应用如图15-32和图15-33所示。

图15-32　配有角行程执行器的电动蝶阀

图15-33　电动蝶阀的应用

考虑到阀门口径和扭矩的因素，闭式空调冷水和冷却水系统的电动蝶阀常采用220V（35～3500N·m，口径$DN50$～$DN600$）或380V（6000～23000N·m，口径$DN600$～$DN1200$），一般无自复位要求，电动阀在停止状态或动作状态时突然断电，阀门就停留在当时的阀位。而蒸汽系统的电动阀必须有断电自动关闭功能，保证断电时，蒸汽不能进入设备（比如干蒸汽加湿器的电动调节阀）。值得注意的是在室外应用时（如：冷却塔进出口电动蝶阀），防护等级为IP67。

（1）执行器的主要功能和参数

以Bolemo电动蝶阀SY系列多功能执行器为例，电动蝶阀执行器根据控制方式分为：开关型、三态浮点型和调节型；工作电压有：24V AC、24V DC、220V和380V等。

配备SY系列多功能执行器的电动蝶阀如图15-34所示，其执行器的结构如图15-35所示。

SY系列多功能执行器的主要功能和参数如下：

1）电动执行器为90°旋转的角行程执行器，带手轮，可现场手动操作，并且手动操作机构和电机驱动相互独立，即当电机驱动时，手轮不应在电机的带动下转动，以确保安全；

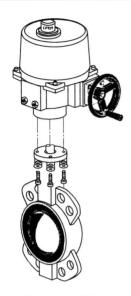

图 15-34　配备 SY
系列多功能执行器的
电动蝶阀

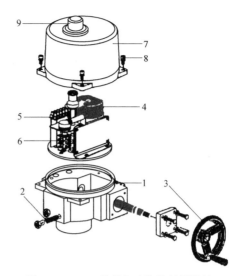

图 15-35　SY 系列多功能执行器结构

1—淬火锅齿轮组；2—用于手动限位的止附螺丝；

3—手轮装置；4—电机带热保护；5—接线端子座；

6—电子限位开关及反馈开关；7—喷塑铸铝外壳（IP67）；

8—盖板螺栓；9—位置指示

2）内部带过热保护开关和防凝加热器，过热保护开关在电机过热时自动断电以保护电机安全，防止执行器内部结露引起短路。

3）执行器上方带有凸起的阀位指示器，以便阀门安装在高处时，操作人员在下方也能清楚地观察到阀门开关状态。

4）执行器要求带有可调机械限位装置，并且限位在出厂时是已经调好的。

5）执行器带负载时全行程运行时间随阀门口径和工作电压不同而不同。

6）控制及反馈，开关型或三态浮点型；三线制控制；无源反馈信号：辅助开关 $2 \times$ SPDT；有源反馈信号：指示灯。调节型：控制信号 Y:DC（0）2 ~ 10V；反馈信号 U:DC 2 ~ 10V。

（2）SY 系列多功能执行器的内部构造

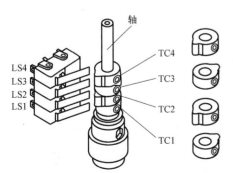

图 15-36　SY 系列多功能执行器限位开
关和辅助开关

打开执行器上盖，即可见到用于调整限位开关和辅助开关的行程凸轮，如图 15-36 所示。限位开关 LS2/LS1 通过行程凸轮 TC 切断电机供电，从而控制执行器运行或停止。辅助开关 LS4/LS3 用于全关/全开信号反馈。这些行程凸轮跟随轴的转动而转动。轴顺时针方向转为关阀门，逆时针方向转为开阀门。

TC1——用于全开限位开关定位（出厂设置 90°）；

T52——用于全关限位开关定位（出厂设置 0°）；

TC3——辅助开关用于全开位置反馈（出厂设

置 87°）；

　　TC4——辅助开关用于全关位置反馈（出厂设置 3°）。

　　（3）SY 系列多功能执行器的接线图

　　SY 系列多功能执行器接线图如图 15-37 和图 15-38 所示。

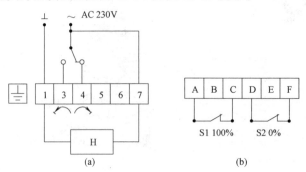

图 15-37　开关或三态控制接线图

（a）接线图；（b）辅助开关设置

接线端子：1—电源零线；3—电源火线，用于阀门开启；4—电源火线，用于阀门关闭；

5—可与零线连接用于阀门开位置指示；6—可与零线连接用于阀门关位置指示；7—加热器

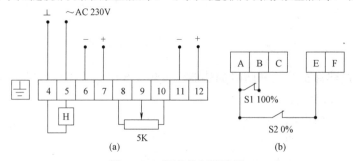

图 15-38　调节控制接线图

（a）接线图；（b）辅助开关设置

接线端子：4—电源零线；5—电源火线；6—控制信号；7—控制信号；8—电位器，执行器内部使用；

9—电位器，执行器内部使用；10—电位器，执行器内部使用；11—反馈信号；12—反馈信号

　　由图 15-37（a）及本书第 14.5 节可知，水系统电动蝶阀的开关需要两个接触器来实现电机的正反转，在空调自控系统中需要 DDC 分别给出 DO 信号通过中间继电器控制正反转接触器的吸合，也就是说水系统电动蝶阀的开关需要两个 DO 点。

15.3.2　电加热器和电热式加湿器的功率输出控制

　　目前先进的电加热器和电热式加湿器的功率输出控制，是通过与加热器配套的可控硅调功器来实现的。可控硅调功器是一种以可控硅（电力电子功率器件）为基础，以智能数字控制电路为核心的电源功率控制电器，简称可控硅调功器，又称为晶闸管调功器，如图 15-39 所示。它通过对电压、电流和功率的精确控制，从而实现精密控温。并且凭借

图 15-39　可控硅调功器

其先进的数字控制算法，优化了电能使用效率。对节约电能起了重要作用。具有效率高、无机械噪声和磨损、响应速度快、体积小、重量轻等诸多优点。能够实现交流电的无触点控制，以小电流控制大电流，并且不像继电器那样控制时有火花产生，而且动作快、寿命长、可靠性好。可控硅调功器分调相型和过零型两种。

调相型：用可控硅器件在电压达到特定值才导通，调节起始导通电压（相位），就可调整功率。

过零型：在电压（或电流）为零时开启或关断可控硅，调节可控硅导通与关断时间的比例，就可调整功率。

可控硅在电压（或电流）过零点导通，也截止于电压（或电流）过零点，因此输出的波形为完整的正弦波。如果设定一个固定的时间周期 T，在这个周期内，通过控制导通时间 ON 与截止时间 OFF，就可以达到控制输出周波数（导通率）的目的，从而实现功率输出的调节。过零型比调相型调整范围宽、对外干扰小。

可控硅调功器有三相和单相两种，可接受控制器的 0 ～ 10V 或 4 ～ 20mADC 的控制信号。

15.4　人机界面（HMI）

在有些空调场所（如 ICU 病房、血液病房、实验室等）需要在门口设置触摸控制屏，如本书图 9-68、图 9-70 所示。这个触摸控制屏就叫人机界面（Human Machine Interface，HMI）如图 9-47 所示，用来设定、显示空调房间的温度、湿度、压差、送排风量等参数。其显示内容和形式可以通过特定的软件编程来实现。然后与区域控制器（PLC）进行通信，实现控制功能。其实质就是一个带触摸屏的控制器。

人机界面产品由硬件和软件两部分组成，硬件部分包括处理器、显示单元、输入单元、通信接口、数据存储单元等，其中处理器的性能决定了 HMI 产品的性能高低，是 HMI 的核心单元。根据 HMI 的产品等级不同，处理器可分别选用 8 位、16 位、32 位。HMI 软件一般分为两部分，即运行于 HMI 硬件中的系统软件和运行于 PC 机 Windows 操作系统下的画面组态软件（如 JB—HMI 画面组态软件）。使用者都必须先使用 HMI 的画面组态软件制作"工程文件"，再通过 PC 机和 HMI 产品的串行通信口，把编制好的"工程文件"下载到 HMI 的处理器中运行。

控制系统采用人机界面（HMI）后，使得控制操作及监视本地化，不必事事都要通过中控室来实现。

15.5　控　制　器

空调自控中用到的控制器有两种：可编程控制器（PLC）和直接数字控制器（DDC）。两者都由 CPU 模块、I/O 模块、显示模块、电源模块、通信模块等组成。在工程中，两者都被称为计算机控制，由于它们通常被设置在被控设备附近，也被称为现场控制器。装有控制器的控制箱与设备的配电箱并列布置在空调机房内，以利于布线。目前也有一些有实力的机电一体化的工程公司将控制箱与配电箱合二为一的，减少了的机房布线。

15.5.1　控制器的工作过程

控制器，如图 15-40 所示，通过模拟量输入通道（AI）和数字量输入通道（DI）采集实时数据，并将模拟量信号转变成计算机可接收的数字信号（A/D 转换），然后按照一定的控制规律进行运算，最后发出控制信号，并将数字量信号转变成模拟量信号（D/A 转换），并通过模拟量输出通道（AO）和数字量输出通道（DO）直接控制设备的运行。

同时，控制器能接收中央管理计算机（上位机）发来的各种直接操作命令，对监控设备和控制参数进行直接控制。

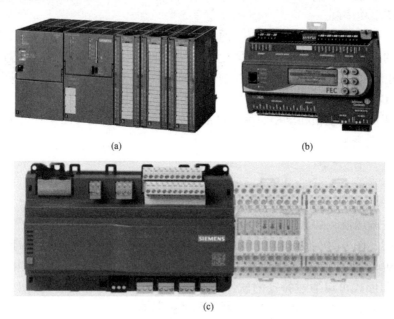

(a)　(b)

(c)

图 15-40　DDC

（a）PLC；（b）一体式 DDC；（c）可扩展输入 / 输出模块的 DDC

15.5.2　可编程控制器（PLC）

由于工业控制级的 PLC 具有较高的可靠性，可以带有冗余热备份芯片，常常被用于冰蓄冷制冷机房的控制、区域供冷制冷机房的控制以及数据中心制冷机房、生物安全实验室等重要场所的控制。同时由于 PLC 的软件编写程序灵活多变，可自由编程，目前已有代替 DDC 在楼控系统中应用。

15.5.3　直接数字控制器（DDC）

中央空调系统以直接数字控制器（DDC）应用最普遍。DDC 的软件通常包括基础软件、自检软件和应用软件三大块。其中基础软件是作为固定程序固化在模块中的通用软件，通常由 DDC 生产厂家直接写在微处理芯片上，不需要也不可能由其他人员进行修改。各个厂家的基础软件基本上没有多少差别，设置自检软件和保证 DDC 的正常运行，检测其运行故障，同时也可便于管理人员维修。应用软件是针对各个空调设备的控制内容而编写的，因此这部分软件可根据管理人员的需要进行一定程度的修改。如果要从头写代码编程，那就太难了，所以好的 DDC 都是对话框或者图形化的形式来编程的。举例来说：电动阀必须在风机已经开启的情况下进入调节状态，那就要编一个简单的逻辑：先设置一个调节回路：测量通道 AI 是哪一个（例如 AI5），输出通道 AO 是哪一个（例如 AO3），再选择控制策略（例如 PI 比例积分控制）；还要选择设定值是多少等，最后和风机的状态信号（例如 DI3）进行连锁，整个编程就完成了，用电脑通过数据线下载到 DDC 中。DDC 固化了大量的控制程序，例如焓值控制、新风补偿控制等，常见的空调控制要求几乎都有现成的程序，大大减少了编程调试工作量。一般通用控制器的编程功能中都能提供比例、比例 + 积分、比例 + 积分 + 微分、开 / 关、时间、顺序、算术、逻辑比较、计数器等基本软件功能以及由基本软件功能组合成的高级控制算法。DDC 的基本构成见图 15-41。

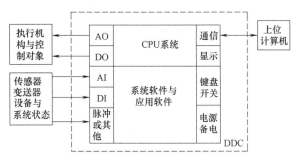

图 15-41　DDC 的基本构成

但是 DDC 缺点就是，这部分软件程序模式相对固定，好多程序都固化在 DDC 里面，因此选择 DDC 时有相对的局限性。

由于暖通空调新技术不断涌现，空调设备功能越来越复杂，对节能要求也越来越高，DDC 并不能根据每个项目的自身特点量身设计开发，因此不可能达到很好的控制效果，目前国内有实力的工程公司充分认识到 DDC 的这一缺点，并开始采用 PLC 代替 DDC 进行楼控系统的设计。

比较两者的关系，DDC 是由 PLC 发展而来的，PLC 更通用，控制精度高。PLC 应用水平取决于编程者对工艺或设备的熟悉程度。同时需要较深入的暖通专业知识和现场调试能力及时间。随着技术的进步，有些 DDC 产品将原本 PLC 所特有的支持热插拔、支持固件在线升级等功能移植过来，使其不仅具有 DDC 编程的便利性，同时也具有了部分 PLC 的可靠性。

DDC 的容量是以其所包含的控制点的数量来衡量的，即其可接收的输入信号或可发出输出信号的功能和数量。也就是说其有几个模拟量输入、输出点，几个开关量输入、输出点。点数多少是评价一个 DDC 的重要指标，一般来讲点数越多表明其功能越强，可控制和管理的范围越大，当然其价格也就越高。另外，具有端口变量相互转换功能的 DDC，如：AI 和 DI 可以互转，可以提高 DDC 的适用能力。DDC 需要连接的 AI 型传感器多种多样，例如有 0 ～ 10V DC 电压型的、4 ～ 20mA 电流型的，还有 Pt1000 铂电阻的、NTC10K 半导体电阻的等，最好都能连接，而且每个端口都能灵活定义，这样的 DDC 使用起来就较方便，任何传感器都能连接上来。

有的控制器（包括 DDC 和 PLC）的输入 / 输出模块是可以扩展的，也有分离式的输入 / 输出模块与控制器配合使用。以图 15-40（c）所示的 PXC4 系列控制器为例，其用于暖通空调和楼宇控制系统，功能如下：

系统功能包括报警、时间表、趋势数据、可单独定义的用户配置文件和类别的访问等；

可自由编程，库中可用的所有功能块都能以图形方式连接；

使用 ABT Site 图形调试工具进行工程和调试；

通过 BTL 测试认证，符合 BACnet 标准中的 B-BC（Rev. 1.15）；

支持 BACnet 安全连接通信（作为 BACnet/SC 节点）；

通过嵌入式基于 web 的接口，使用通用对象查看器查看设备数据点；

可用于工程和设备调试的 WLAN 连接；

支持云端连接和访问；

PXC4.E16: 通过 RTU 和 / 或 TCP 集成 Modbus 数据点；

直接连接现场设备。

PXC4 系列控制器结构示意如图 15-42 所示。

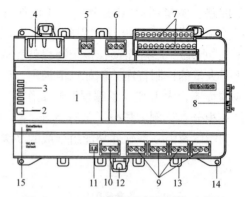

图 15-42　PXC4 系列控制器结构示意图

1—塑料外壳；2—服务按钮（网络识别和 WLAN on/off 指示）；3—用于显示通信和设备状态的 LED；4—2 个以太网端口，内置交换机（每个端口有 2 个 LED 用于显示网口状态）；5—PXC4.E16：插拔式螺纹接线端子（KNX，PL-link，预留）；6—插拔式螺纹接线端子（电源）；7—插拔式螺纹接线端子，（通用输入 / 输出，现场设备供电）；8—TXM I/O 模块扩展坞；9—插拔式螺纹接线端子，（继电器输出）；10—PXC4.E16：插拔式螺纹接线端子（COM，Modbus RTU）；11—PXC4.E16：设置 COM 总线通信终端和极性的 DIP 开关；12—DIN 轨道滑动卡笋；13—电缆捆扎孔；14—墙装孔；15—日期 / 系列和产品序列号

15.5.4　控制器的输入 / 输出信号

根据物理性质通常分为：

1. 模拟输入量（Analogy Input，AI）；

2. 模拟输出量（Analogy Output，AO）；

3. 数字输入量（Digital Input，DI）；

4. 数字输出量（Digital Output，DO）；

5. 通信点 COM：控制器与设备或智能传感器间的数据交换，一般采用标准的开放协议（如：Modbus 协议、BACnet 协议等）。

由于控制器内部处理的信号都是数字信号，所以模拟量这种可连续变化的信号输出（AO）、输入（AI），需要通过控制器内部的数字 / 模拟转换器（D/A）进行转换。

为了安全，在控制器内部，输入、输出信号的外部电路与微电子电路是隔离的，比如输入一般采用光耦进行电路隔离。而输出一般是采用继电器或晶体管（晶闸管）进行隔离。因此，数字量的输出就分成了两类：

（1）继电器输出。继电器是通过设置在控制器壳体内部的微型继电器来实现信号输出，如图 15-43（a）所示。继电器输出 DO 信号可以直接用来控制开关、交流接触器等。交流接触器是启停风机、水泵及压缩机等设备的执行器。可以将接触器的二次回路的 220V 串入该继电器。当有一个 DO 信号输出时，交流接触器的线圈带电，接触器就吸合。当没有 DO 信号输出时，交流接触器就断开，因此，采用一个 DO 信号就可以控制风机、水泵及压缩机等设备的启停。为了使控制器了解接触器是否真正吸合，一般要将接触器的一个辅助触点接至控制器的输入通道，作为反馈信号，使控制器能随时测出接触器的实际工作状况。

图 14-43（b）中，编号⑩为某控制器的 4 个继电器输出端子，C1-2、C3-4 为公共触点，DO1 ～ DO4 为常开触点。

继电器是切换式继电器，每路继电器有常开、公共、常闭三个触点，每路继电器相互独立，没有关联。每路继电器相当于一个无源开关，可以当成普通开关使用。如图 15-43（c）、图 15-43（d）所示。

继电器断开时，常开与公共断开，常闭与公共接通。

继电器吸合时，常开与公共接通，常闭与公共断开。

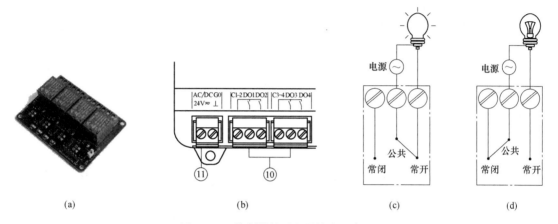

（a） （b） （c） （d）

图 15-43 控制器的继电器输出示意图

（a）控制器的继电器；（b）控制器继电器输出端子；（c）继电器吸合原理图；

（d）继电器断开原理图

（2）晶体管输出。晶体管输出是有源输出，可以控制无源的信号点（如就地报警信号灯等），或者串入 24V 电源用来控制中间继电器。

15.5.5 暖通空调控制系统中信号的种类

1. 模拟量输入的物理量有温度、湿度、压力、流量等，这些物理量由相应的传感器感应测得，经过变送器转变为电信号送入控制器的模拟输入口（AI）。此电信号一般是电流信号（4 ～ 20mA），也可以是电压信号（0 ～ 5V 或 0 ～ 10V）。

2. 控制器能够直接判断（DI）通道上的电平高低（相当于开 / 关）两种状态，并将其转换为数字量（1 或 0），进而对其进行逻辑分析和计算。对于以开关状态为输出的传感器，如水流开关、风速开关、压差开关等，可以直接接到控制器的 DI 通道上。

3. 控制器的模拟量输出（AO）一般是电流信号（4 ～ 20mA），也可以是电压信号（0 ～ 5V 或 0 ～ 10V）。通常，模拟量输出（AO）信号控制具有调节功能的风阀、水阀等执行器的动作。

4. 数字量输出（DO）也称开关量输出。开关量输出信号可用来控制开关、交流接触器、变频器以及晶闸管等执行元件动作。

控制器设置在控制箱内，一般就近布置在制冷机房、热交换站、空调机房、新风机房等控制参数较为集中的地方，箱体一般挂墙明装。每台控制器的输入 / 输出接口数量和种类应与所控制的设备要求相适应，并留有 10% ～ 15% 的余量。有条件时，宜做成强弱电一体柜，以节省安装空间和减少布线。

15.6 控制器调节特性

控制器的作用是把测量值与给定值进行比较，得出偏差后，然后按某种特定的控制规律（即控制器的输出信号变化规律）计算输出控制信号给执行器，调节被控变量，使被控变量等于给定值。控制器的输出信号 P 与输入信号 e 的关系称控制器的控制规律，它反映控制器的特性。一般可分为断续控制规律和连续控制规律。

断续控制规律的输出与输入之间的关系是不连续的，也称为位置式调节，也就是开关控制或开关调节。

连续控制规律的输出与输入之间的关系是连续的，它们可再细分为：比例式、比例积分式、比例微分式和比例积分微分式，即 P（Proportional）调节、PI（Proportional+Intergral）调节、PD（Proportional+Differetial）调节、PID（Proportional+Intergral+Differetial）调节。

15.6.1 比例（P）调节的特性

比例（P）调节特性如图 15-44 所示。比例调节的特性是其输出与输入成比例关系，无时间延迟，当被调参数与给定值有偏差时，控制器能按被调参数与给定值的偏差值大小和方向输出与偏差成比例的控制信号。但是它在调节过渡过程结束时有残余偏差，被调参数不能回到原来的给定值上。其数学表达式为：

$$P = K \cdot e \tag{15-8}$$

式中　P——控制器输出；

　　　e——控制器的输入，它是测量值与给定值之差；

　　　K——放大系数。

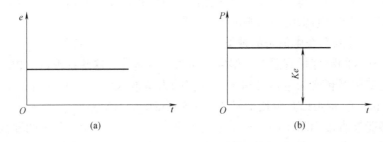

图 15-44　比例调节特性

（a）输入波形；（b）输出波形

15.6.2 比例积分（PI）调节特性

1. 积分（I）调节的特性

积分（I）调节性能如图 15-45 所示。积分调节是当被调参数与其给定值存在偏差时，控制器对偏差进行积分并输出相应的控制信号，控制执行器动作，一直到被调参数与其给定值的偏差消失为止，因而在调节过程结束时，被调参数能够回到给定值。其数学表达式为：

$$P = K_{\mathrm{I}} \int e \mathrm{d}t = \frac{1}{T_{\mathrm{I}}} \int e \mathrm{d}t \tag{15-9}$$

式中　P——控制器输出；

　　　e——控制器的输入，它是测量值与给定值之差；

　　　K_{I}——积分控制器放大系数；

　　　T_{I}——积分时间。

由上式可知，控制器输出 P 与积分时间 T_{I} 成反比例关系，即积分时间越长，积分作用越弱，当积分时间 $T_{\mathrm{I}} \rightarrow \infty$ 时，积分作用等于 0，当积分时间 $T_{\mathrm{I}} \rightarrow 0$ 时，积分作用越显著。

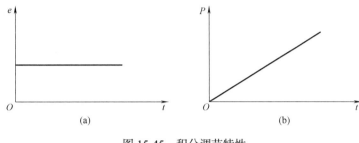

图 15-45　积分调节特性
（a）输入波形；（b）输出波形

2. 比例积分（PI）调节的特性

比例积分（PI）调节性能如图 15-46 所示。比例积分调节是当被调参数与其给定值存在偏差时，控制器的输出信号不仅与输入偏差保持比例关系，同时还与偏差存在的时间长短（偏差的积分）有关。在偏差出现时，调节过程开始以比例控制器的特性进行调节，接着又叠加了积分调节的特性进行调节，输出量为两部分之和。只要有偏差存在，控制器的输出就不断加强，直到偏差消失为止。其数学表达式为：

$$P = K \cdot e + \frac{K}{T_{\mathrm{I}}} \int e \mathrm{d}t \tag{15-10}$$

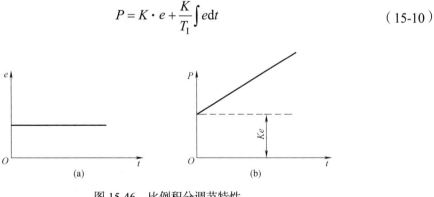

图 15-46　比例积分调节特性
（a）输入波形；（b）输出波形

15.6.3　比例微分（PD）调节的特性

比例微分节（PD）调节性能如图 15-47 所示。比例微分调节是当被调参数与其给定值存在偏差时，控制器的输出信号不仅与输入偏差保持比例关系，同时还与偏差的变化速度（快、慢）有关。当偏差出现时，微分控制规律首先输出一个很大的信号，然后，按比例控制规律进行控制。这样的控制方式可以防止被控变量产生较大的偏差，使偏差尽快地消除在萌芽状态，从而增加调节系统的稳定性。理想的比例微分控制器的特性的数学表达式为：

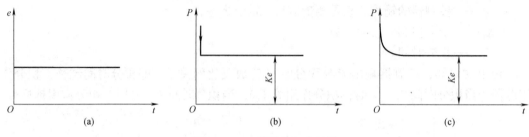

图 15-47　比例微分调节特性

（a）输入波形；（b）理想的输出波形；（c）实际的输出波形

$$P = K \cdot e + K \cdot T_d \frac{\mathrm{d}e}{\mathrm{d}t}$$ （15-11）

式中　T_d——微分时间，min。

当偏差 e 出现时，控制器的输出如图 15-47（b）所示，理论上在 $t=0$ 时刻的输出为 ∞，微分作用太强，对系统不利，仪表难制作，甚至使仪表损坏。因而实际使用的比例微分控制器的特性如图 15-47（c）所示，在偏差输入的瞬间，控制器的输出为一个有限值，而后微分作用逐渐下降，最后仅保留比例作用的分量。

15.6.4　比例积分微分调节（PID）的特性

比例积分微分（PID）调节特性如图 15-48 所示。比例积分微分控制器是具有比例、积分和微分三种调节作用的控制器。比例积分微分调节是当被调参数与其给定值存在偏差时，微分作用首先输出一个较大的信号，其次，比例作用迅速反应，若偏差仍不消失，随着微分作用的衰减，积分作用逐渐加强，直到被调参数回复到给定值。控制器的输出信号不仅与输入偏差保持比例关系，同时还与偏差存在的时间长短（偏差的积分）以及偏差的变化速度（快、慢）有关。其数学表达式为：

$$P = K \cdot e + \frac{K}{T_I} \int e \mathrm{d}t + K \cdot T_d \frac{\mathrm{d}e}{\mathrm{d}t}$$ （15-12）

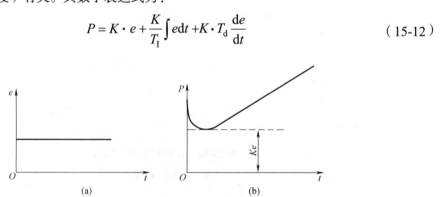

图 15-48　比例积分微分调节特性

（a）输入波形；（b）实际的输出波形

PID 调节是常规调节中最好的一种调节规律，它综合了各种调节规律的优点，PID 控制器问世至今已有近 70 年历史，它以结构简单、稳定性好、工作可靠、调整方便而成为工业控制的主要技术之一。当被控对象的结构和参数不能完全掌握，或得不到精确的数学模型，控制理论的其他技术难以采用时，系统控制器的结构和参数必须依靠经验和现场调试来确定，这时应用 PID 控制技术最为方便。即当不完全了解一个系统和被控对象，或不能通过有效的测量手段来获得系统参数时，最适合用 PID 控制技术。PID 调节在暖通空调控制中被广泛采用。PID 调节的核心内容是其参数的整定，它是根据被控过程的特性确定 PID 控制器的比例系数、积分时间和微分时间的大小。

15.6.5　比例积分微分（PID）调节中各项参数对调节结果的影响

如图 15-49 所示的一个 PID 调节过程，纵坐标为调节结果，调节的目标值为 1，横坐标为调节时间 t（秒）。

1. 图 15-49（a）所示，当只有比例调节时，其结果与目标值 1 可能会存在静态的误差；

2. 图 15-49（b）所示，加入积分调节可以减少静态误差，直至消除静态误差，但同时也使得系统震荡加剧；

3. 图 15-49（c）所示，微分调节可以判断出误差的变化趋势，加入微分调节后可以减小震荡；

4. 图 15-49（d）所示，随着微分时间系数加大，调节过程变得平缓；

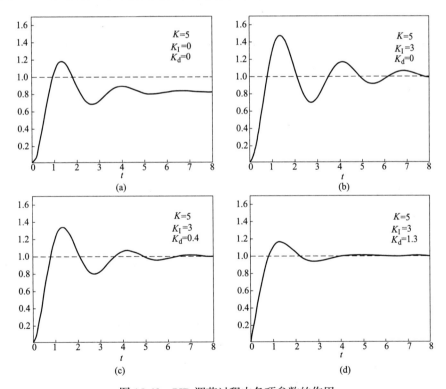

图 15-49　PID 调节过程中各项参数的作用

K—比例时间系数；K_I—积分时间系数，$K_I=K/T_I$；K_d—微分时间系数，$K_d=K \cdot T_d$

15.6.6　空调控制系统采样周期的选择

计算机控制就是一个通过传感器不断采样，然后通过控制器计算，再将控制信号输出给执行器的过程。采样周期越小，数字模拟越精确，控制效果越接近连续控制，对大多数算法，缩短采样周期可使控制回路性能改善，但采样周期缩短时，频繁的采样必然会占用较多的计算机工作时间，而对变化缓慢的受控对象无须很高的采样频率即可满意地进行跟踪，过多采样反而没有多少实际意义。由于空调系统中的参数是变化反应慢、滞后性比较大，如果采样周期 T 取得较小，一方面，对于整个空调系统必要性不大，另一方面，造成控制器在控制过程中对于各个执行器（比如：电动调节阀）的频繁控制操作，使得调节阀不停地处于往返调节状态，这对调节阀的使用寿命是不利的，如果 T 取得过大，则调节不能及时响应外部扰量的变化。

一般来讲，考虑到计算机的工作量和各个调节回路的计算成本，要求在控制回路较多时，相应采样周期越长，以使每个回路的调节算法都有足够时间完成。控制回路数 n 与采样周期 T 有如下关系：

$$T \geqslant \sum_{j=1}^{n} T_j$$

式中　T_j——第 j 个回路控制程序的执行时间。

对于空调自控系统的采样周期可按表 15-4 给出的经验值选取。

采样周期经验值 表 15-4

序号	控制回路类型	采样周期 T（s）
1	温、湿度	$15 \sim 20$
2	压力	$3 \sim 10$
3	流量	$1 \sim 2$
4	液位	$3 \sim 5$
5	洁净室、实验室压差	实时采样，不设采样周期

注：1. 对于响应快、波动大、容易受干扰影响的过程，应该选取较短的采样周期；反之，则长一些。

2. 过程纯滞后较明显，采样周期可与纯滞后时间大致相等。

15.7　自动控制基本原理

15.7.1　单回路闭环控制

自动控制系统由被控对象、传感器（及变送器）、控制器和执行器组成。自控系统在工作中会受到来自外部的影响（即干扰 f），引起被控变量偏离给定值，自控系统的作用就是根据被控变量偏离给定值的程度，调节执行器，从而克服干扰，使被控变量恢复（或接近）给定值。

以全空气空调系统的室内温度控制为例，如图 15-50 所示。室内温度为 t，传感器对被控对象的被控参数进行测量，控制器根据给定值（室内设定温度）t_{set} 与测量值 t_r 的偏差 e，并按一定的调节规律发出调节命令 P，控制执行器对被控对象的被控参数 Q（水量）进行控制，克服冷负荷的干扰 f，使室内温度满足要求。

　　为了能更清楚地表示控制一个自控系统各组成部分之间的相互影响和信号联系，一般都用框图来表示控制系统的组成，如图 15-51 所示，图中符号 $\overset{+}{\underset{-}{\bigcirc}}\longrightarrow$ 表示比较元件，它往往是控制器的一个组成部分，在图中把它单独画出来是为了说明其比较作用。偏差 $e=t_{set}-t_r$，给定值取正值，用"+"表示，反馈信号进入比较元件时取负值，用"−"表示。由框图可以看出，从信号传送的角度来说，自动控制系统是一个闭合的控制回路，所以又称闭环控制系统。

　　图 15-51 中采用一个控制器来控制一个被控参数，控制器只接收一个测量信号，其输出也只控制一个执行器，这样的控制又称为单回路控制系统。

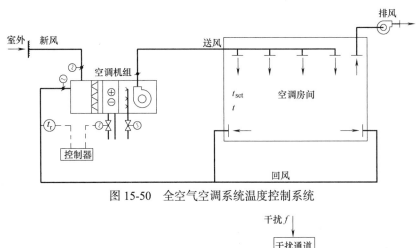

图 15-50　全空气空调系统温度控制系统

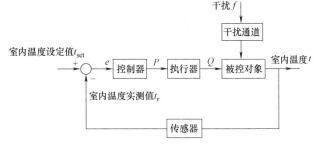

图 15-51　闭环单回路自动控制系统框图

15.7.2　多回路闭环控制

　　如果被控制对象的动态特性较为复杂，惯性比较大，采用单回路控制往往不能满足要求，对于这类控制对象，可以寻找某一惯性较小、能及时反映干扰影响的中间变量或参数作为辅助控制变量，通过辅助回路对辅助变量及时控制，共同完成对主要被控参数的调节与控制，这就组成了多回路控制系统。暖通空调控制系统中常用到的串级控制就是一种多回路控制方式。

　　1. 串级控制

　　串级控制包含两个闭环回路：一个闭环回路在内，称为内环或副环，在控制过程中起初调作用；另一个闭环回路在外，称为外环或主环，在控制系统中最终保证被调量满足工艺的要求。

　　2. 串级控制的应用

　　如图 15-52 所示的全空气空调系统室内温度的控制，为了避免调节对象延迟较大、时间常数大的缺陷，采用串级控制来加快调节速度，其原理如图 15-53 所示。在这个调节中增加了送风温度传感器，室内温度实测值 t_r 不再直接控制电动水阀，而是在控制回路中串联了一个送风温度控制回路，t_r 控制送风温度的设定值 $t_{s,\,set}$，控制器再根据 $t_{s,\,set}$ 与送风温度实测值 t_s' 的偏差 e 控制电动水阀，从而加速了调节过程。

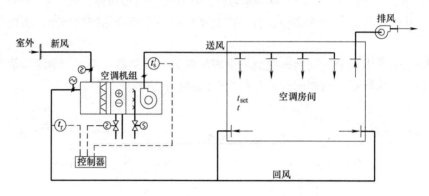

图 15-52　全空气空调系统室内温度控制

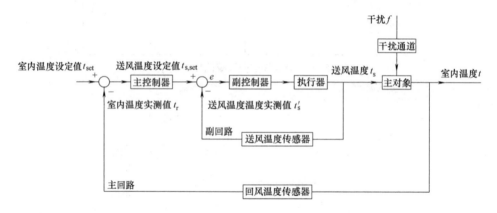

图 15-53　全空气空调系统室内温度控制原理图

　　暖通空调控制系统中，另一个常用的串级控制是变风量末端的控制，其控制原理如图 15-54 所示。图中，副回路被加在主回路中，将随机、频繁、高强度的干扰（即风管静压的波动）及时消除，而缓慢变化的扰动则由主回路控制。

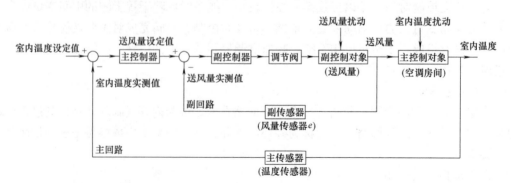

图 15-54　单风道单冷型变风量末端串级控制原理图

15.8　控　制　电　缆

15.8.1　传感器的接线

在工程设计中经常遇到某个传感器要接几根线的问题。其实这取决于传感器的型号，没有统一的标准，传感器一般有二线制、三线制及四线制。

二线制的工作电源和输出信号是同一根线（二芯线），主要应用于电阻式温度传感器，当然电阻式温度传感器也有三线制、四线制的，详见 15.1.12 节。

各种开关量的传感器（压差开关、门磁开关、防冻开关等）均为二线制，采用一根二芯线。

四线制通常是为了防止干扰，采用信号地和电源地隔离的电流（或电压）信号输出，采用四芯线，一对为电源线，另一对为信号线。

三线制是将四线制中的信号地与电源地合二为一，采用三芯线，两根为电源线，一根为信号线。

目前，越来越多的传感器采用通信的方式输出，比如前文介绍的热量表、多点热线式风量计以及多合一空气质量传感器等，这种传感器由以微处理器（CPU）为核心的硬件电路和系统程序、功能模块构成的软件两大部分组成。通过数字信号通信传输，避免了模拟信号在传输过程中易受到干扰和失真的缺点，可以提高整个控制系统的可靠性。这种数字传感器常常被称为智能传感器。这种数字传感器的接线通常是电源线 +RS 485 通信线，或者是无线通信。

15.8.2　执行器的接线

连接执行器的电缆有电源线和控制线。小功率的执行器的电源一般是 24V，可以由控制箱中的 24V 电源供电，可与控制电缆一起配出。比如电动风阀执行器、电动调节水阀执行器。而大功率的执行器需配电箱单独配电，如：大口径的关断或调节蝶阀（220V 或 380V）等。连接执行器的控制线由控制器引出，为一根二芯线。

与传感器一样，也有带通信功能的执行器，如能量调节阀、变频器等，通常是电源线 +RS 485 通信线，或者是无线通信。

15.8.3　控制电缆的种类

工程设计时，要依据信号的种类采用不同种类的电缆，模拟量信号一般采用屏蔽电缆（如：RVVP）；数字量开关信号一般采用非屏蔽电缆（如：RVV）；通信总线电缆一般采用屏蔽双绞电缆（如：RVVSP）；网络通信采用网线（如：CAT6 等）。

第 16 章　空调冷热源系统的控制

空调冷热源系统控制包括制冷机房的控制和热交换站的控制。由于制冷系统和换热系统的形式千变万化，其控制系统的内容也随之不断变化。在本章中，笔者将在工作中遇到的一些制冷系统和换热系统及其控制介绍给大家。在此之前，我们需要了解这些设备控制信号的接点位置以及冷水机组的群控原理，冷水机组的群控不仅仅方便运行管理，更是制冷机房节能的有效手段。

设备控制信号的接点位置如下：

1. 冷水机组

冷水机组的启停控制：从 DDC 数字输出口（DO）经中间继电器输出到冷水机组自带控制箱启停输入点。

冷水机组的运行状态信号取自冷水机组自带控制箱对应运行状态输出触点。

冷水机组的故障状态信号取自冷水机组自带控制箱对应故障报警输出触点。

冷水机组一般都配套冷水和冷却水流量开关，其信号引入冷水机组自带的控制箱，对冷水机组进行保护。

冷水机组的运行参数需要经过网关进行协议转换后输入到机房群控系统。如果是由主机厂家采用自己的控制器进行群控，机组的运行参数或许可以直接输入到机房群控系统而无需经过网关。

2. 冷水泵、冷却水泵及补水泵等

泵手 / 自动状态取自转换开关的辅助触点。

水泵的启停控制：从 DDC 数字输出口（DO）经中间继电器输出到水泵配电箱接触器控制回路。

水泵的运行状态取自水泵配电箱接触器辅助触点。

水泵的故障信号取自水泵配电箱主回路热继电器的辅助触点。

3. 电动开关蝶阀

电动蝶阀需要由强电专业设计配电箱，进行正反转回路配电，因而 DDC 控制点是两个。

电动蝶阀开阀时：从 DDC 数字输出口（DO）经中间继电器输出到电动蝶阀配电箱正转回路接触器控制回路。

电动蝶阀关阀时：从 DDC 数字输出口（DO）经中间继电器输出到电动蝶阀配电箱反转回路接触器控制回路。

电动蝶阀开关状态信号取自电动蝶阀开关位置状态输出点。

4. 冷却塔

冷却塔风机的启停控制：从 DDC 数字输出口（DO）经中间继电器输出到冷却塔风机配电箱接触器控制回路。

冷却塔风机的运行状态取自冷却塔风机配电箱接触器辅助触点。

冷却塔风机的故障信号取自冷却塔风机配电箱主回路热继电器的辅助触点。

5. 热量表读数可以通过网络通信接入控制系统。

16.1　冷水机组的群控

冷水机组是暖通空调系统中能耗最大的单体设备。而一般的制冷系统都是由多台冷水机组组成的，让冷水机组的运行台数随着冷负荷的变化而实时地调整，并且保证系统及机组均是高效率运行，这就需要冷水机组的群控。冷水机组群控系统通过对多台中央空调冷水机组和外围设备（包括冷水一、二级泵、冷却水泵和冷却塔等）的自动化控制使制冷系统达到节能、精确控制和操作维护方便的功效。

冷水机组群控系统采集和控制各类输入输出信号，可实现多台冷水机组的远程管理控制，同时也把冷水泵、冷却水泵和冷却塔等连锁控制纳入管理。冷水机组群控系统中的上位计算机监测和控制这些设备的各种重要参数，并作为管理者的操作界面。在该界面上，可通过对设备的运行状态了解，设定或修改各类运行参数，如设定冷水机组运行时间表、修改冷水机组的出水温度控制值等。

以 4 台相同型号的定频冷水机组组成的制冷系统为例，当末端空调负荷降低时，系统的回水温度降低，冷水机组会根据出水温度不变的原则，自动降低冷水机组的制冷量。当 4 台机组均以 75% 的负荷运行时，显然没有停掉一台机组，而让 3 台机组以 100% 负荷运行节能（见图 16-1）。

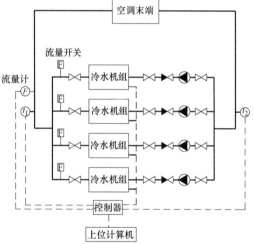

图 16-1　冷水机组的群控原理图

16.1.1　冷水机组运行台数的控制

《公共建筑节能设计标准》GB 50189—2015 对冷水机组运行台数的控制要求是：宜采用冷量优化控制方式。目前有四种方式。

方式 1：根据公式：$Q=V \cdot \rho \cdot c_p \cdot \Delta t$ 可知，只要分别测量冷水的总流量 V 和供回水温差 Δt，就可以求得供冷系统的总冷负荷。再根据冷负荷确定需要运行的冷水机组的台数。这种方式存在着温度、流量的测量误差。由于流量计通常要求入口端要有 5 倍管径的直管段，出口端要有 3 倍管径的直管段，因此，这种方式还存在着能否找到合适直管段用作流量测量点的问题。

方式 2：另一种简化的方式是针对定流量系统，只测温差，将水泵的设计流量作为定值代入进行计算，显热这种方式不仅存在测量误差，而且水泵实际运行的流量也不会是设计流量。

方式 3：定频冷水机组采用其压缩机的电机实际运行电流占额定电流的百分比，来确定机组的实际输出冷量是精度较高的方式。由于采用了对压缩机运行电流进行了实时监控，对机组也有较好的保护。压缩机运行电流占额定电流的百分比是冷水机组的重要参数，一般都会在机组的控制屏上显示。这种运行台数的控制方式分为加载流程和卸载流程。

其原理为：由于冷水机组的效率随着负荷率的大小而变化，同时也随着进入机组的冷却水的温度不同而变化，冷却水温度越低，机组的效率越高。因此，冷水机组的效率曲线是分别对应于不同的冷却水温度的一组曲线（见图 16-2）。

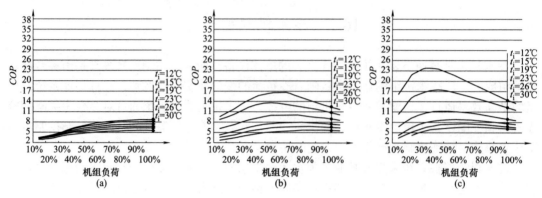

图 16-2　冷水机组效率曲线

（a）定频离心机组；（b）变频离心机组；（c）磁悬浮变频离心机组

t_i—冷水机组冷却水进水温度。

这些曲线可以在机组选型时，通过选型软件获得。在某一冷却水进水温度下，机组的 COP_n 为：

$$COP_n = \frac{Q_n}{N_n + N_f} \tag{16-1}$$

式中　Q_n——机组的制冷量，kW；

$\quad\quad N_n$——压缩机的输入功率，kW；

$\quad\quad N_f$——机组辅助设备（如电控系统、油泵等）的输入功率，kW。

由于 N_f 相比 N_n 小很多，可以忽略不计。

由式（2-16）可知，压缩机电机的输入功率为：

$$N_n = \sqrt{3}U \cdot I_n \cdot \cos\varphi_n$$

则有：

$$Q_n = N_n \cdot COP = \sqrt{3}U \cdot I_n \cdot \cos\varphi_n \cdot COP_n \tag{16-2}$$

在机组的额定工况时有：

$$Q_0 = \sqrt{3}U \cdot I_0 \cdot \cos\varphi_0 \cdot COP_0 \tag{16-3}$$

将以上两式相除，得：

$$\frac{Q_n}{Q_0} = \frac{I_n \cdot \cos\varphi_n \cdot COP_n}{I_0 \cdot \cos\varphi_0 \cdot COP_0} \tag{16-4}$$

式中　I_n——在某一冷却水进水温度下，机组压缩机的运行电流，A；

$\quad\cos\varphi_n$——在某一冷却水进水温度下，机组压缩机的功率因数；

$\quad\quad Q_0$——额定工况下机组的制冷量，kW；

$\quad\quad I_0$——额定工况下机组压缩机的运行电流，A；

$\quad\cos\varphi_0$——额定工况下机组压缩机的功率因数。

如图 16-2（a）所示，对于定频机组，无论进入机组的冷却水温度是多少，最高效率一般都在额定冷量的 80% ～ 100%。

与额定工况相比，COP_n 稍高，$\cos \varphi_n$ 稍低（见本书第 14.1.1 节），两者的乘积与额定工况基本相同。

因此有：

$$\frac{Q_n}{Q_0} = \frac{I_n}{I_0} \qquad （16-5）$$

式（16-5）说明定频冷水机组的压缩机的实际运行电流占额定电流的百分比与其制冷量占额定制冷量的百分比相同。因此，可以采用此方法进行加减机控制。

1. 主机加载流程

（1）当前运行的机组有足够的时间由 0 负载至接近 100% 负载。

（2）当主机内的温度传感器所测的冷水供水温度高于当前的冷水供水温度设定点与一个可调整的温度偏差值相加后的所得值。

（3）运行机组的负载大于某个设定值（一般为 90% ～ 95%）。

（4）运行冷水机组的温度降低速率小于 0.5℃/min。

上述（1）～（4）项均能满足，才进入以下机组加载程序。

（5）新冷水机组启动的延迟时间已经结束（延迟时间可以设定）。

（6）新冷水机组禁止运行的命令未激活。

（7）新冷水机组没有处于出错，斜坡加载或处于断电重启阶段。

上述（5）～（7）项均能满足，新冷水机组立即启动。

2. 主机卸载流程

（1）目前运行的机组台数多于一台。

（2）运行机组的平均负载小于某个设定值。

（3）当主机内的温度传感器所测的冷水供水温度小于当前的冷水供水温度设定点与一个可调整温度偏差值的 0.6 倍相加后的所得值。

上述（1）～（3）项均能满足，才进入以下机组卸载程序。

（4）机组停机的延迟时间已经结束（延迟时间可以设定）。

上述（1）～（4）项能满足，设定机组马上停机。

冷水机组使用的先后次序也可以依据每台冷机的累积运行时间，每周自动排序一次，比较使用时间，系统优先加载使用时间最短的机组，加载顺序一般按照先开小冷水机组，再开大冷水机组。

加载下一台冷水机组时，系统设置延迟时间，用以稳定、可靠地判断是否系统的确需要更多的冷量。同时也让正运行的冷水机组有时间达到满负荷（100%）的运行工况，也就是当冷机达到最大制冷量时，仍需要更多的冷量时再加载另一台待命机组。这种方式可以提高冷源系统的整体能耗比（COP），因为定频冷水机组在同一冷却水温条件下，单台冷水机满负荷时的 COP 值是最高的。

群控系统同时提供软开机功能，当加载下一台冷水机组时，系统将当前运行冷水机组的负荷降低到 50%，这样可以减小新开冷水机组对电网的冲击，同时新开冷水机组可以较快地运行到高效工作区域。

方式4：变频冷水机组根据效率曲线来控制自动加减机。

对于普通的变频冷水机组而言，其最高效率一般在额定冷量的55%～60%，且受进入机组的冷却水温度影响较大，如图16-2（b）所示。对于磁悬浮变频离心式冷水机组，这种影响更大，如图16-2（c）所示，对于变频冷水机组，式（16-5）已经不再适用，因此就需要采用冷水机组的效率曲线来控制自动加减机。

根据离心机组效率曲线加减机原理（图16-3）：在一个由3台相同型号的变频离心式冷水机组组成的制冷系统中，冷却水进水温度为30℃时，图中曲线η_1为一台冷水机组的效率曲线，曲线η_{1+1}为两台机组的总效率曲线，曲线η_{1+1+1}为三台机组的总效率曲线，它们可以在控制器中，根据制冷量相加后，再除以耗电量之和求出，曲线的交点分别为A和B，交点对应的末端空调冷负荷分别为Q_A和Q_B，依据最优效率原则，当冷负荷≤Q_A时，运行一台冷水机组；当Q_A<冷负荷≤Q_B时，运行2台冷水机组；当冷负荷>Q_B时，运行3台冷水机组。冷负荷的大小可以通过在冷水总管上设置热量表获得。这种加减机的原理与第3.6节中水泵运行台数的调节相同。

实际工程中，冷水机组的形式、大小可以不同，也可以是定频机组与变频机组的组合，但总效率曲线的求解方法相同。在控制器中可以根据不同的冷却水进水温度生成一系列的机组效率曲线，以便在运行时随时调用。由此，变频冷水机组采用冷水机组的效率曲线来控制加减机是最节能的。

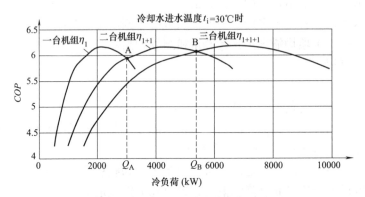

图16-3　根据离心机组效率曲线加减机原理

自控系统结合末端设备的运行情况，在不影响用户端制冷需求的同时，自动更改制冷主机的冷水出水温度设定，从而实现节能。

冷水机组在运行过程中如发生故障，会自动投入待命冷水机组。已发生故障的冷水机组会被锁定，直到该冷水机组故障被排除后，且物业管理人员在监控电脑上确认后，该冷水机组才会加入以后的加、卸载队列。

冷水机组在启动前会确认是否有足够的冷水、冷却水流量，及同时冷水机组自检是否通过，条件满足才会最终开启压缩机。

16.1.2　设备自动切换、连锁控制

启动顺序：冷却塔风机→冷却水泵→冷却水管路上的电动蝶阀→冷水泵→冷水管路上的电动蝶阀→冷水机组。

停机顺序：冷水机组→冷水管路上的电动蝶阀→冷水泵→冷却水管路上的电动蝶

阀→冷却水泵→冷却塔风机。

1.开冷水机组流程：按时间假日程序或根据空调负荷决定开启一台冷水机组，根据每台冷水机组的运行时间选出运行时间最短的冷水机组，开启冷却塔风机、开启冷却水泵，确认这台冷水机组的冷却水泵开启后，开启冷却水管路上的电动蝶阀，确认冷却水管路上的电动蝶阀开启后，启动冷水泵，确认冷水泵开启后，开启冷水管路上的电动蝶阀，确认冷水管路上的电动蝶阀开启后，再开冷水机组。

2.关冷水机组流程：按时间假日程序或根据空调负荷决定关闭一台冷水机组→根据每台冷水机组的运行时间选出运行时间最长的→关闭这台冷水机组→确认关机以后，关闭冷水管路上的电动蝶阀→确认冷水管路上的电动蝶阀关闭后→关闭冷水泵→确认冷水泵停机后→关闭冷却水管路上的电动蝶阀→确认冷却水管路上的电动蝶阀关闭后→停冷却水泵、冷却风机。

3.开冷却塔流程：根据冷却水入水温度，如果温度高于设定值决定开启冷却塔→根据每台冷却塔的运行时间选出运行时间最短的→开启冷却塔风机。

4.关冷却塔流程：根据冷却水入水温度，如果温度低于设定值决定关闭冷却塔→根据每台冷却塔的运行时间选出运行时间最长的→关闭冷却塔风机。

16.1.3　群控系统监控的设备运行参数

1.冷水机组内外部数据监控

实时监测并记录冷水机组系统运行参数，包括并不限于下列参数：

（1）监测冷水机组运行状态、故障报警：对制冷主机运行情况进行监测，使主机运行更加安全。

（2）冷水机组内部参数监控（通过主机通信接口）：机组通过协议的方式向群控系统上传重要运行参数。包括并不限于下列参数冷水供/回水温度、冷水温度设定值、当前负载率、负荷需求限定值、冷水机组开关控制、冷却水供/回水温度、蒸发器/冷凝器制冷剂压力、导叶开度、油压差、压缩机运行电流百分比、蒸发器/冷凝器的饱和温度、压缩机排气温度、油温、压缩机运行小时数、压缩机启动次数、平均电流、平均线电压等。

2.冷水系统设备监控

实时监测并记录冷水系统中各设备的运行状态与系统运行参数：

（1）冷水回路总管供水流量；

（2）冷水供回水总管温度；

（3）供回水压差监测；

（4）冷水泵手动/自动状态；

（5）冷水泵启停状态；

（6）冷水泵故障报警；

（7）冷水泵变频器频率反馈、给定；

（8）冷水泵变频器内部参数监控（通过变频器通信接口）：可实时了解水泵运行电流、频率、转速、功率、变频器散热器温度、加减速状态等参数。

（9）冷水泵电力仪表内部参数监控（通过电力仪表通信接口）：可实时了解水泵电压、电流、功率、耗电量、功率因数等参数。

3. 冷却水系统设备监控

实时监测并记录冷却水系统中各设备的运行状态与系统运行参数：

（1）冷却水回水总管温度；

（2）冷却水泵手动 / 自动状态；

（3）冷却水泵、冷却塔启停状态；

（4）冷却水泵，冷却塔风机故障报警；

（5）冷却水泵、冷却塔电力仪表内部参数监控（通过电力仪表通信接口）：可实时了解水泵电压、电流、功率、耗电量、功率因数等参数。

4. 电动阀门和补水定压设备的监视和控制

（1）针对系统中电动开关蝶阀、电动调节蝶阀以及压差旁通阀根据系统控制流程控制并监测反馈状态。

（2）针对膨胀补水箱的高低液位进行监视并报警反馈。

5. 系统保护控制

（1）冷水泵、冷却水泵启动，如遇故障则自动停泵；

（2）冷水泵、冷却水泵运行时发生故障，其备用泵自动投入使用；

（3）冷水机组具有流量过小保护控制功能，当冷机变流量工作时，流量低于冷水机组允许值时，启动冷机保护及控制功能。

冷水机组的群控目前的做法有两种：一种是由楼宇控制系统的自控公司完成，基本上是冷水机组、水泵、冷却塔等设备的启停逻辑；另一种做法是由冷水机组厂家提供配套的群控系统。由上面的加、减机控制流程可知，只有当冷水机组的内部参数参与控制时，才能够真正地实现节能、安全的控制。这样只有后者能够实现了。

冷水机组的群控系统随着机房制冷工艺的不同而千变万化，下面是笔者在工作中所遇到的一些冷水机房的制冷系统和换热系统及其控制系统设计。

16.2　超高效制冷机房的控制方法

《高效制冷机房技术规程》T/CECS 1012—2022 根据冷源系统全年能效比的大小将高效制冷机房分为 1 级、2 级、3 级，1 级表示能效最高，同时要求：冷水机组、冷水泵、冷却水泵、冷却塔风机全部变频。全变频制冷机房控制原理如图 16-4 所示。

在传统的制冷机房控制方法中包含了 4 个 PID 反馈控制回路：

1. 冷水机组—冷水温度 PID 回路；

2. 冷却水泵—温差 PID 回路；

3. 冷却塔—冷却水出水温度 PID 回路；

4. 冷水泵—压差 PID 回路。

传统的控制方法可以让冷水机组、冷水泵、冷却水泵、冷却塔在各自最高效率点附近运行，但是它们的工况之间是彼此耦合的，能耗关系彼此又是矛盾的，如图 16-5 所示。

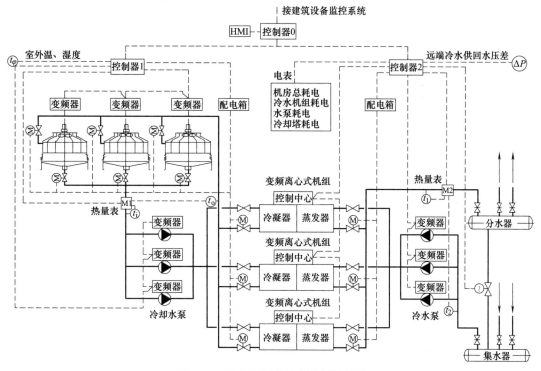

图 16-4　全变频制冷机房控制原理图

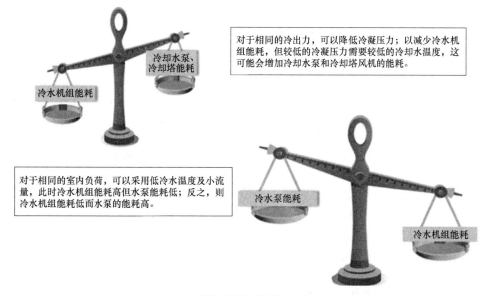

图 16-5　制冷机房设备能耗之间的关系

对于相同的冷出力，可以降低冷凝压力；以减少冷水机组能耗，但较低的冷凝压力需要较低的冷却水温度，这可能会增加冷却水泵和冷却塔风机的能耗。

对于相同的室内负荷，可以采用低冷水温度及小流量，此时冷水机组能耗高但水泵能耗低；反之，则冷水机组能耗低而水泵的能耗高。

　　同时，这 4 个设备之间并没有"对话"，它们彼此不知道对方正在如何运行，因此也就不能保证整个系统是在最高效率下运行。要想进一步提高制冷机房的能效，只有改变思路和固化的模式，找到新的控制理论。

　　Hartman Loop 是由美国空调行业著名的 Thomas Hartman 博士研发的一套专门针对中

央空调水系统的控制方法，是基于需求的主动式关联控制。它以下列 3 条原则为基础，

1. 自然曲线原则；
2. 等边际原则；
3. 按需控制原则。

16.2.1 Nature Curve——自然曲线原则

此原则简单说来就是每个设备都有各自的性能曲线，将不同工况下性能曲线上最佳效率点的连线称为"自然曲线"。冷水机组、水泵和冷却塔都可以找到其"自然曲线"，即最佳的性能曲线。

以离心式冷水机组为例，在不同的冷却水进水温度下，冷水机组都存在一个最低能耗点（即最高效率点），它们的连接线就是冷水机组的自然曲线，如图 16-6 中曲线 d 所示，图中纵坐标为单位冷吨（RT）制冷量的耗电量，横坐标为机组的负荷率。

同样，以水泵为例，水泵的自然曲线如图 16-7 所示，如果是按定压差控制法，水泵将沿着控制曲线 b 运行（详见本书第 3.1 节），如果是按自然曲线控制，则水泵将沿着曲线 η_{max} 附近的区域运行。

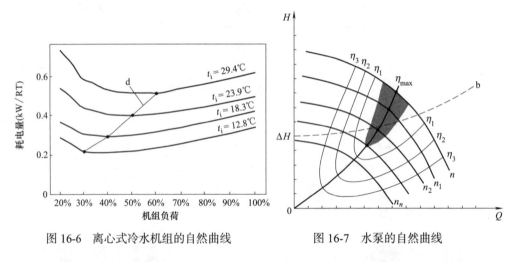

图 16-6　离心式冷水机组的自然曲线　　　　图 16-7　水泵的自然曲线

16.2.2 EMPP（Equal Marginal Performance Principle）——相等边际效能原则

传统的制冷机房控制系统中，冷水机组、冷水泵、冷却水泵和冷却塔不能通过协同运行来降低整个制冷机房的能耗。即使这些设备都是在依据自然曲线运行，但是这些理论曲线与设备的实际运行工况是有误差的。比如，冷水机组的效率曲线是通过理论计算得出的，但是由于运行过程中冷水机组冷凝器的污垢不断增加，其效率曲线也随之发生变化。再比如，随着运行时间的增加，冷却塔会老化，其性能曲线也会随之变化。因此，在运行过程中需要采用寻优手段来解决理论值与实际值不一致的问题。

相等边际能效原则就能够找到在不同负荷需求时各设备之间最佳功率关系，从而在不减少冷量需求的情况下，使制冷机房整体能耗大幅降低。即：在某个冷负荷下，制冷机房内所有的相关设备（冷水机组、冷水泵、冷却水泵、冷却塔）在一定的电量增量下，对整个制冷机房的冷负荷增加的贡献是一样的，这时系统的能耗是最优化的。其做法是：采用一定的时间步长，对制冷机房各个设备的运行能效和系统运行能效进行持续调整，找到最优工况点。

第一步，在某个系统负荷需求时，每个设备会消耗一定的功率并对整个制冷机房贡献一定的冷量，控制系统通过功率传感器记录每个设备在此时的功率消耗，同时通过热量表对整个制冷机房的冷量输出进行记录。

第二步，由于全部冷水机组、水泵和冷却塔均是变频控制的，这使得它们具有可调节性。可以策略性地只调节其中某一个设备的转速而暂时维持其他设备的转速不变，并记录这个受到转速调节的设备所消耗的功率增量，同时记录由于只调节这个设备的输入功率而生成的整个制冷机房边际冷量。

第三步，把受到第一次转速调节的设备调回原先的转速。然后开始调节第二台设备，并且输入功率增量应与第一台设备一致，同时记录这一次生成的整个制冷机房边际冷量。

第四步，在其他设备上重复上述调节步骤，最后会得到：每个设备输入相同的功率增量之后，对整个制冷机房贡献的边际冷量是不一样的。即在同样的功率增量下，有的设备对整个制冷机房而言贡献的边际冷量大，而有的较少。即在此时的负荷需求下，有的设备效率高，有的设备效率低。

第五步，同时调节其中两台设备，对效率高的设备仍旧给出功率增量，但相对上次少一些，对效率低的设备作相反方向的调节，即给出功率负增量，但绝对值和上次一样。通过这样的调节，整个制冷机房冷量输出没有改变，但输入功率降低了。

第六步，重复上述第二步至第五步，最后会发现当几乎相等的功率增量加载于制冷机房每个设备上，如果制冷机房系统都能够输出相等的边际冷量时，此时制冷机房的效率是最优化的。

由此，可以得出以下结论：

1. 相等边际效能原则反映了系统某时刻各设备之间的最佳功率关系，此原则可令系统总体效率最高。

2. 此最佳功率关系是某时刻各设备的耗功与系统的冷量输出之间的比率相等。

3. 相等边际效能原则的控制理念可在全冷量范围优化系统的总体效率。

4. 这种优化不是依据某个设定温度、压力或流量。

16.2.3　Demand Based Control——按需控制

依据此原则，冷水机组的开启台数根据末端用户的冷量需求确定，在空调冷水总管上安装高精度热量表，实时监测末端用户的冷负荷需求，并指导冷水机组的运行。同时，空调冷水泵可以根据能够充分反映末端需求的变静压法变频运行（详见本书第 3.5 节）或按照其他策略运行。

按需控制是依托网络采用相等边际效能原则对制冷机房进行控制。当控制系统感知到系统的负荷需求时，能够按照控制器中预设的冷水机组、冷却塔和冷却水泵对应的最佳功率关系，主动调节冷却塔和冷却水泵运行在某一固定功率值上，并保持一段时间，直到新的最佳功率出现。按需控制是把制冷机房作为一个整体而实施的简单的功率型和数字型前馈控制。其内部固有原理是"关联控制"(Relational Control)，它与低效、复杂、欠稳定的PID(比例、积分、微分)控制相比，在模式上有本质上的不同。

高效制冷机房的控制已经超出了单台设备的简单控制，需要采集和集成大量参数，所以必须通过专业化的机房能源管理系统来实现实时优化控制。

16.2.4　Armstrong IPC 高效制冷机房控制系统

Armstrong IPC 高效制冷机房控制系统集成了 Hartman Loop 的控制算法，并在国内多个项目中得到应用。该控制系统分为两层网络架构，即：上层系统为通信网络层，负责整个制冷机房控制策略的实现及设备运行状态的监视；下层网络为现场设备层，实际控制各关联设备的运行，以及传感器和执行器的数据读写。网络层通过串行总线进行通信，能通过 TCP/IP 协议接入 WEB 服务。

Armstrong IPC 高效制冷机房控制系统的硬件设备由 IPC 11550 控制箱（上位机）、IPC 3600 控制箱（负责冷却水侧控制的现场控制器）及 IPC 3500 控制箱（负责冷水侧控制的现场控制器）组成。

Armstrong IPC 高效制冷机房控制系统的控制方法可使设备以较低的转速运行，因此可以减少磨损、噪声和振动，延长设备的使用寿命。

由于消除了传统控制方法中的反馈回路和这类系统中伴生的控制追逐现象，设备运行更稳定。

IPC 11550 控制箱相当于图 16-4 中的控制器 0，IPC 3600 控制箱相当于图 16-4 中的控制器 1，IPC 3500 控制箱相当于图 16-4 中的控制器 2。图 16-4 中的功率传感器实时记录冷水机组功率，其中水泵及冷却塔的功率可以直接从变频器读取。

《高效制冷机房技术规程》T/CECS 1012—2022 中规定的 1 级制冷机房的 EER_a 为 6.0W/W，而实测表明，采用 Armstrong IPC 高效制冷机房控制系统的机房的 EER_a 可以达到 7.0W/W（即：0.50kW/RT）以上。因此，称其为超高效机房的控制系统。

Armstrong IPC 高效制冷机房控制系统运行时可对下列主要设备或参数进行监控：

1. 冷水供水温度及回水温度；
2. 冷却水供水温度及回水温度；
3. 冷水总管的冷水流量；
4. 冷却水总管的冷却水流量；
5. 制冷机房系统能效 (kW/RT)；
6. 冷水泵能效 (kW/RT)；
7. 冷却水泵能效 (kW/RT)；
8. 冷却塔能效 (kW/RT)；
9. 冷水机组加减机控制；
10. 冷水供水温度设定控制；
11. 冷水流量控制；
12. 冷却水流量控制；
13. 冷却塔控制；
14. 所有电动阀控制（每个冷水机组和冷却水塔）；
15. 每台冷水机组功率；
16. 每台冷水泵功率；
17. 每台冷却水泵功率；
18. 每台冷却塔功率；
19. 室外环境温度和相对湿度。

该控制系统最多可以控制 5 台冷水机组、5 台冷却塔、6 台冷却水泵及 6 台冷水泵的运行。

16.3　制冷系统及冷热水输配系统控制流程图

16.3.1　冷水机组的控制内容及控制流程图

冷水机组控制内容如表 16-1 所示，其控制流程图如图 16-8～图 16-14 所示。

冷水机组控制内容　　　　　　　　　　　　　　　　表 16-1

序号	控制内容	图号
1	主程序	图 16-8
2	冷源系统启动流程	图 16-9
3	系统时间表控制流程	图 16-10
4	设备轮询控制流程	图 16-11
5	制冷系统设备顺序启动控制流程	图 16-12
6	根据负荷自动加减机控制流程	图 16-13
7	冷水机组冷水出水温度优化控制流程	图 16-14

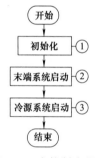

图 16-8　主控制流程

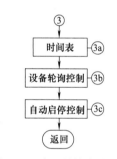

图 16-9　冷源系统启动流程

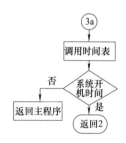

图 16-10　系统时间表控制流程

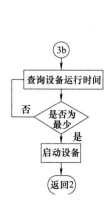

图 16-11　设备轮询控制流程

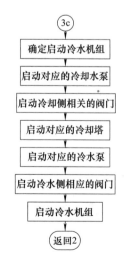

图 16-12　制冷系统设备顺序启动控制流程

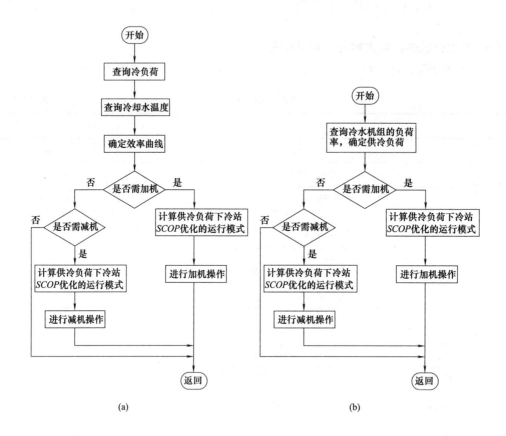

图 16-13　根据负荷自动加减机控制流程

（a）根据机组运行曲线加减机控制流程；（b）根据机组压缩机运行电流自动加减机控制流程

16.3.2　冷却塔出水温度逼近度控制

冷却塔出水温度逼近度控制流程如图 16-15 所示。

16.3.3　一级泵定流量供回水总管压差旁通控制

一级泵定流量供回水总管压差旁通控制流程如图 16-16 所示。

16.3.4　一级泵变流量水泵运行台数和运行频率定压差控制

一级泵变流量水泵运行台数和运行频率定压差控制流程如图 16-17 所示。

16.3.5　一级泵变流量水泵运行频率变压差控制

一级泵变流量水泵运行频率变压差控制流程如图 16-18 所示。

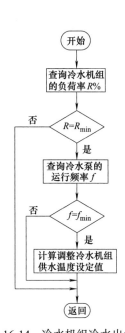

图 16-14　冷水机组冷水出水温度
优化控制流程

R_{min}—冷水机组允许的最低负荷率，%；

f_{min}—水泵的最低运行频率，Hz。

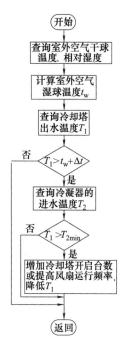

图 16-15　冷却塔出水温度
逼近度控制流程

Δt—冷却水出水干湿球温度的逼近度，一般取
$2 \sim 3℃$；T_{2min}—冷凝器进水最低温度限值，℃。

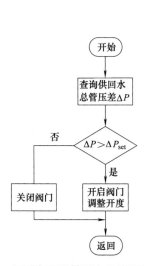

图 16-16　一级泵定流量供回水总管压差旁通
控制流程

ΔP_{set}—供回水总管压差设定值，Pa。

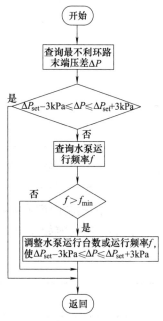

图 16-17　一级泵变流量水泵运行台数和运行频率定
压差控制流程

ΔP_{set}—供回水总管压差设定值，kPa；

f_{min}—水泵的最低运行频率，Hz。

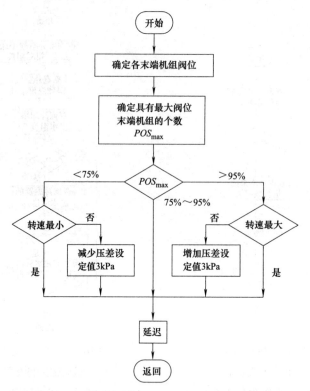

图 16-18　一级泵变流量水泵运行频率变压差控制流程

16.3.6　换热机组的控制内容及控制流程图

换热机组的控制内容如表 16-2 所示。

换热机组的控制内容　　　　　　　　　　表 16-2

序号	控制内容	图号
1	换热机组供水温度控制流程	图 16-19
2	换热站水泵运行台数和运行频率控制流程	图 16-17

16.3.7　换冷机组的控制内容及控制流程图

换冷机组的控制内容如表 16-3 所示。

换冷机组的控制内容　　　　　　　　　　表 16-3

序号	控制内容	图号
1	换冷机组供冷温度控制流程	图 16-20
2	换冷机组水泵运行台数和运行频率控制流程	图 16-17

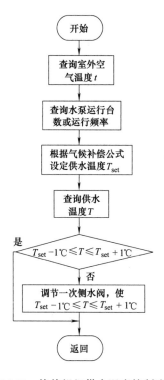

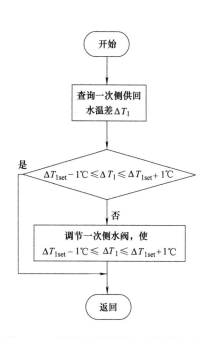

图 16-19　换热机组供水温度控制流程　　　　图 16-20　换冷机组供冷温度控制流程

16.4　一级泵定流量、冬季冷却塔供冷制冷系统控制原理图

16.4.1　项目概况

1. 图 16-21 为北京某办公楼的一级泵变流量、冬季冷却塔供冷制冷系统控制原理图。空调末端形式为风机盘管加新风系统及全空气系统。风机盘管为分区两管制，新风机组及空调机组为两管制。

2. 制冷机房设在地下三层。制冷主机采用 3 台制冷量为 430 冷吨的螺杆式冷水机组。

3. 冷却水泵、冷水泵与冷水机组连接均采用共用集管的连接方式。

4. 冷水采用冷源侧一级泵定流量系统。冷水系统采用定压补水排气装置定压，补水采用软化水。

5. 冬季空调内区供冷冷源采用冷却塔加板式换热器制取低温冷水。

6. 热源来自市政换热站，换热站循环泵采用变频控制，空调热水系统定压补水装置设在换热站。

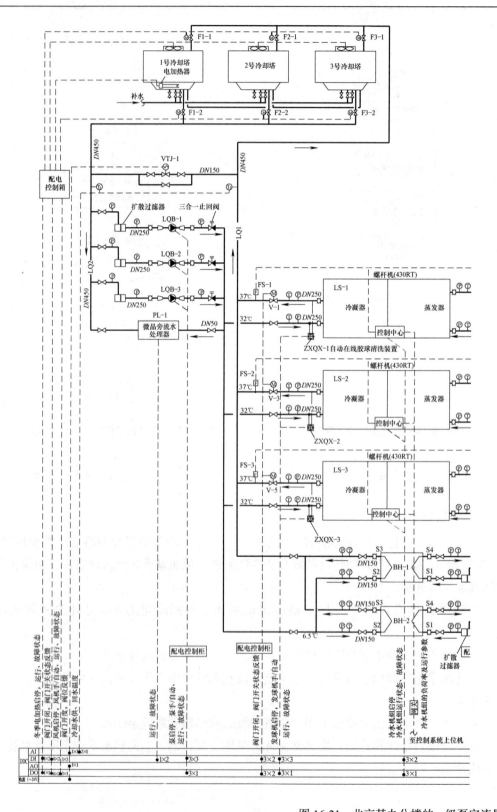

图 16-21 北京某办公楼的一级泵定流量、

① 该图的 CAD 版本可以在中国建筑工业出版社官方网站本书的配套资源中下载。

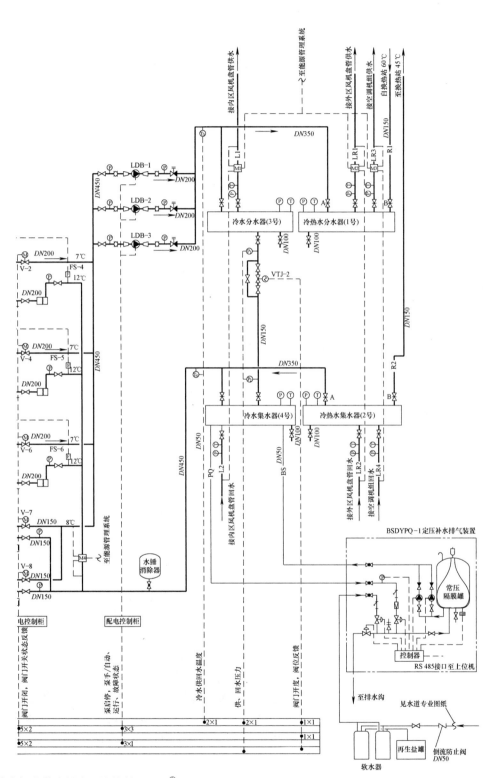

冬季冷却塔供冷制冷系统控制原理图[①]

7. 该项目设置能源管理系统，各个热量表均纳入该系统。

8. 冬季运行冷却塔的集水盘设置电加热器，同时室外管道需保温或根据需要设置电伴热。电加热器及电伴热也应纳入机房控制系统。

9. 图 16-21 中冷却塔的控制信号可通过设在冷却塔附近的 I/O 通信模块与 DDC 通信连接，或根据控制内容将控制器分成若干个就地布置，通过网络进行通信。该图仅为说明控制原理。

16.4.2 控制要求

1. 该项目冷水冷源侧为一级泵定流量系统。冷水机组、冷却水泵、冷水泵及冷却塔一一对应。

2. 冷水机组加减机控制方式以压缩机运行电流 *RLA%* 为依据：

冷水机组加机：若机组运行电流与额定电流的百分比大于设定值 90%，并且这种状态持续 10 ~ 15min，进行安全条件判定后，则开启另一台机组。

冷水机组减机：每台机组的运行电流与额定电流的百分比之和除以运行机组台数减 1，如果得到的结果小于 80%，进行安全条件判定后，一台机组就会关闭［即：$80\% \geqslant \sum RLA\% / （运行机组台数 -1）$］。

3. 开机顺序：冷却塔风机、冷却泵→冷却水管路电动水阀→冷水泵→冷水管路电动水阀→制冷机组；关机顺序与开机顺序相反。相关设备的开 / 关需经确认后才能开 / 关下一设备，如遇故障则自动停泵。

4. 空调冷却水系统：

（1）当制冷机组只有 1 台运行时，群控系统将启用冷却塔节能运行程序，增加实际布水的冷却塔台数，而不开冷却塔风机，用加大水与空气热质交换面积的方法，提高冷却水散热降温的能力；当冷却塔全部通水，且其出水温度（T_1）也已升至 30℃ 时，群控系统即恢复一机一塔的程序控制。

（2）电动调节阀 VTJ-1 根据冷却塔的出水温度控制：

1）在春秋季节，冷水机组供冷时，当室外温度过低时，采用模拟量控制方案，采用温度传感器实测温度 T_1 与设定温度（15.5℃）的差值，经 PID 运算后，调节 VTJ-1，使冷却塔的出水温度不低于 15.5℃。

2）当采用冬季冷却塔 + 板式换热器供冷时，电动调节阀 VTJ-1 采用开关量控制方案，水温应控制在不冻结温度以上，即：当温度传感器检测到冷却塔的出水温度≤ 5℃时，全开 VTJ-1，当温度传感器检测到冷却塔的出水温度高于设计值（6.5℃）时，全关 VTJ-1。

（3）当温度传感器检测到冷却塔的出水温度≤ 5℃时，冷却塔风机停止运行，升高至设计值（6.5℃）时，恢复运行。

（4）冷却塔集水盘需要设置电加热器，室外冷却水管道需要设置电伴热。电加热器及电伴热的启停控制应纳入楼宇控制，当冷却塔集水盘内水温低于 1℃时开启电加热器，高于设计值 5℃时关闭电加热器。同时要确保在集水盘内无水时，电加热器不能启动。

5. 机组和水泵的运行次序，可以做定期的轮换，DDC 自动记录各台机组、水泵的累计运行时间，优先启动运行时间最少的机组、水泵，也可以由操作员通过控制系统直接调整设备运行的次序。

6. 冬季供热时，阀门 A 关闭，阀门 B 开启；夏季供冷时，阀门 A 开启，阀门 B 关闭。

7. V-1 ~ V-8 为电动蝶阀，用于关断水路；VTJ-1 ~ VTJ-2 为电动调节阀。

8. 供冷时，DDC 根据供回水压差与设定值的差值，经 PID 运算后，调节 VTJ-2 的开度，保证供回水之间压差恒定。

9. 冬季冷却塔供冷时，仅一台冷水泵、一台冷却水泵和一台冷却塔运行。

16.5　一级泵变流量、冷凝热回收制冷系统控制原理图

16.5.1　项目概况

1. 图 16-22 为山东某医院的一级泵变流量、冷凝热回收制冷系统控制原理图。空调末端形式有风机盘管加新风系统、全空气系统及净化空调系统。风机盘管为分区两管制，新风机组及空调机组为两管制，净化空调机组为四管制。制冷机房设在地下三层。

2. 制冷主机采用两台制冷量为 750 冷吨的离心式冷水机组和两台制冷量为 300 冷吨的螺杆式冷水机组，实现两两互备。螺杆式冷水机组为热回收型，回收的冷凝热用于生活热水预热和净化空调夏季再热，螺杆式冷水机组具有制冷、制热、热回收三种工况。

3. 冷却水泵与冷水机组连接采用分组并联共用集管的连接方式；冷水泵与冷水机组连接采用共用集管的连接方式。

4. 冷水系统为冷源侧一级泵变流量系统。由于冷水机组的制冷量不同，所以在各冷水机组入口处设置静态平衡阀进行水量初调。

5. 冷水系统和热回收热水系统均采用定压补水排气装置定压，补水采用软化水。

6. 冬季空调热源来自市政换热站，换热站循环泵采用变频控制，空调热水系统定压补水装置设在换热站。

7. 该项目设置能源管理系统，各个热量表均纳入该系统。

8. 医院的空调内区、医疗设备发热量大的房间以及净化空调系统冬季需要供冷，该项目冬季螺杆机运行。

9. 冬季运行冷却塔的集水盘设置电加热器，同时室外管道需保温或根据需要设置电伴热。电加热器及电伴热也应纳入机房控制系统。

10. 图 16-22 中冷却塔的控制信号可通过设在冷却塔附近的 I/O 通信模块与 DDC 通信连接，或根据控制内容将控制器分成若干个就地布置，通过网络进行通信。该图仅为说明控制原理。

16.5.2　控制要求

1. 该项目冷水采用一级泵变流量系统，冷水机组、冷水泵的台数变化和启停可分别独立控制。

2. 一级泵变流量系统采用可变流量的冷水机组，使蒸发器侧流量随负荷侧流量的变化而变化。当只有一台机组运行且负荷侧冷水量小于单台冷水机组的最小允许流量时，旁通管上的调节阀 VTJ-2 开启并调节，使冷水机组的最小流量为负荷侧冷水量与旁通管流量之和，最小流量由电磁流量传感器 F 测得。

3. 变频冷水泵运行：水泵联合变频运行时，仅大泵运行。当只有一台螺杆机组运行时，仅运行一台小泵。

变频冷水泵的转速由压差（$P_1 - P_2$）的变化来控制。根据末端负荷的变化，调节负荷侧和冷水机组蒸发器侧的流量。单台变频水泵的最小流量为额定流量的 50%。

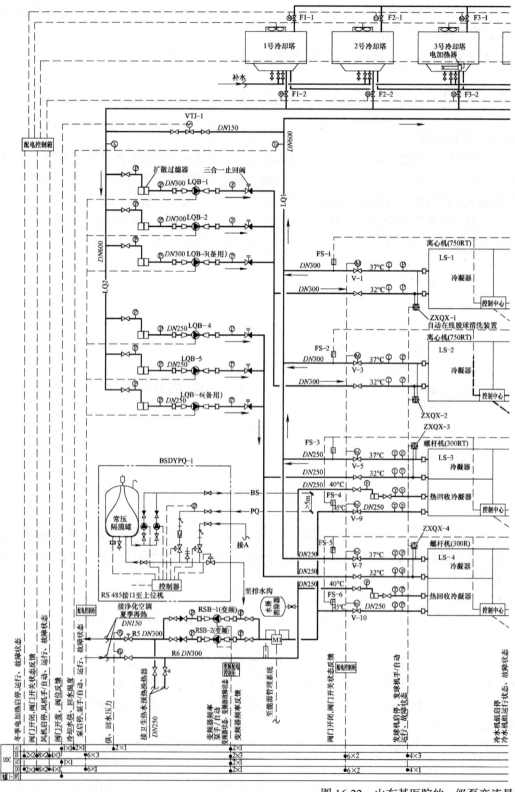

图 16-22　山东某医院的一级泵变流量、

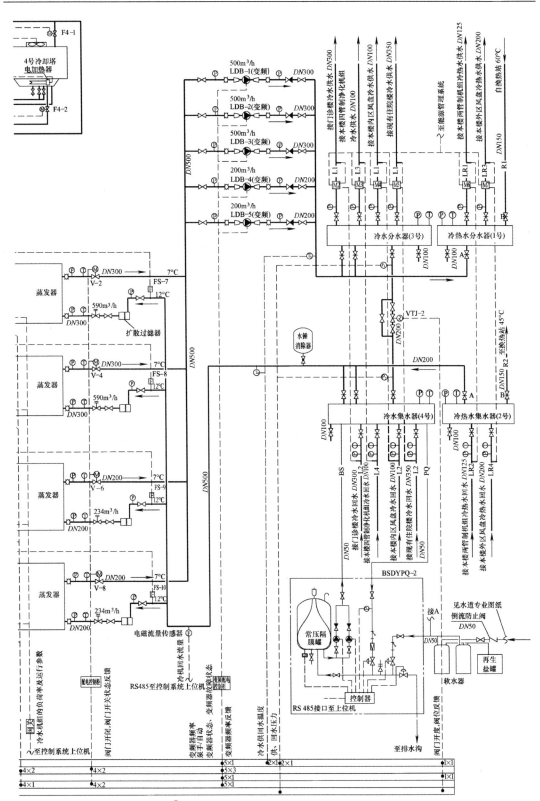

冷凝热回收制冷系统控制原理图①

当系统启动时，一台冷水泵先以最低频率启动，如果（P_1-P_2）不能满足末端压差设定值，水泵运行频率上升，如果达到 50Hz 后，（P_1-P_2）仍不能满足末端压差设定值，则第二台水泵以最低频率加入，同时，第一台泵迅速降低运行频率与第二台泵同频工作。以此类推，直到末端的压差设定值得以保证为止。

当末端负荷减少，流量过剩，控制器根据压差（P_1-P_2）调节变频器的频率，当压差（P_1-P_2）高于设定值时，4 台水泵同步减频来维持压差设定值。当水泵处在最低频率时，如果系统仍需减少流量，则关闭其中一台水泵。

4. 群控系统应始终保证有一台热回收机组运行，冷水机组加减机控制方式是以压缩机运行电流 $RLA\%$ 为依据：

冷水机组加机：若机组运行电流与额定电流的百分比大于设定值 90%，并且这种状态持续 10 ～ 15min，进行安全条件判定后，则开启另一台机组。

冷水机组减机：机组实际运行的负载 Q=750×（$A\%$+$B\%$）+300×（$C\%$+$D\%$）；当 2100-Q ≥ 750×（1+10%）时，进行安全条件判定后，减少一台离心机。当 300×（1+10%）≤ 2100-Q < 750×（1+10%）时，进行安全条件判定后，减少一台螺杆机。

5. 在加载时采用"软启动"模式，首先降低运行机组的运行工况，然后启动下一台机组。最后将多台机组同时加大运行工况。在减载时采用"软关机"模式。首先降低多台机组的运行工况，然后停止一台机组的运行。通过"软启动"和"软关机"可以避免机组在启动和停止时对电网造成的巨大冲击，确保机组和配电站的安全。

6. 开机顺序：冷却塔风机、冷却泵→冷却水管路电动水阀→冷水泵→冷水管路电动水阀→制冷机组；关机顺序与开机顺序相反。相关设备的开 / 关需经确认后才能开 / 关下一设备，如遇故障则自动停泵。

7. 空调冷却水系统：当制冷机组只有 1 台运行时，群控系统将启用冷却塔节能运行程序，增加实际布水的冷却塔台数，而不开冷却塔风机，采用加大水与空气热质交换面积的方法，提高冷却水散热降温的能力；当冷却塔全部通水，且其出水温度（T_1）也已升到 30℃ 时，群控系统即恢复一机一塔的程序控制。

在春秋季节及冬季，当室外温度过低时，控制系统将打开冷却水旁通阀门 VTJ-1 使冷却水回水温度（T_1）上升至 15℃ 以上。当水温接近最优点时，旁通阀门再逐步关闭。通过旁通阀门进行调节并保持冷却水温度的稳定。

8. 机组和水泵的运行次序，可以做定期的轮换，DDC 自动记录各台机组、水泵的累计运行时间，优先启动运行时间最少的机组、水泵，也可以由操作员通过控制系统直接调整设备运行的次序。

9. 热回收机组 LS-3、LS-4 仅需一台以制热工况或热回收工况运行，另一台以制冷工况运行，并定期轮换。

10. 热水泵 RSB-1、RSB-2 一用一备，在螺杆机的制热工况和热回收工况工作，在螺杆机的制冷工况不工作。LQB-4、LQB-5 及其对应的冷却塔在制热工况和热回收工况不工作，制冷工况工作。RSB-1、RSB-2 根据供回水压差（P_3-P_4），经过 PID 运算后，调整运行频率。

11. 冬季供热时，阀门 A 关闭，阀门 B 开启；夏季供冷时，阀门 A 开启，阀门 B 关闭。

12. V-1 ～ V-10 为电动蝶阀，用于关断水路；VTJ-1 ～ VTJ-2 为电动调节阀。

16.6　二级泵变流量、冬季冷却塔供冷制冷系统控制原理图

16.6.1　项目概况

1. 图 16-23 为北京某综合楼的二级泵变流量、冬季冷却塔供冷制冷系统控制原理图。该建筑功能为酒店、公寓、商业及办公。办公冬季空调有大量的内区。空调末端形式有风机盘管加新风系统及全空气系统。风机盘管为分区两管制，新风机组及空调机组为两管制。

2. 制冷水机房设在地下三层。制冷主机采用三台制冷量为 650 冷吨的离心式冷水机组。

3. 冷却水泵采用与冷水机组一对一的连接方式；冷水采用二级泵系统，其中一级泵采用与冷水机组一对一的连接方式，为定流量系统；二级泵根据建筑功能分区设置，为变流量系统，水泵一用一备，各分区二级泵均采用变频控制。

4. 冷水系统采用气压罐定压补水装置定压，补水采用软化水。

5. 冬季空调内区供冷冷源采用冷却塔加板式换热器制取低温冷水。

6. 冬季空调热源来自市政换热站，换热站循环泵采用变频控制，空调热水系统定压补水装置设在换热站。

7. 该项目设置能源管理系统，各个热量表均纳入该系统。

8. 冬季运行冷却塔的集水盘设置电加热器，同时室外管道需保温或根据需要设置电伴热。电加热器及电伴热也应纳入机房控制系统。

9. 图 16-23 中冷却塔的控制信号可通过设在冷却塔附近的 I/O 通信模块与 DDC 通信连接，或根据控制内容将控制器分成若干个就地布置，通过网络进行通信。该图仅为说明控制原理。

16.6.2　控制要求

1. 该项目冷水采用二级泵变流量系统。通过冷水机组蒸发器的冷水一级泵为定流量，供给各末端的二级冷水泵为变流量。

2. 二级泵的控制：控制器根据各支路供回水压差与设定值的差值，经 PID 运算后，调节二级泵的运行频率。

3. 各支路的二级泵一用一备，两台水泵定期轮换，DDC 自动记录各二级泵的累计运行时间，优先启动运行时间最少的水泵，也可以由操作员通过控制系统直接调整二级泵运行的次序，当水泵故障时，备用泵自动投入运行。

4. 冷水机组加减机控制方式是以压缩机运行电流 $RLA\%$ 为依据：

冷水机组加机：若机组运行电流与额定电流的百分比大于设定值 90%，并且这种状态持续 10～15min，同时靶片式流量开关判定平衡管内冷水由集水器流向分水器，表明末端冷量需求大于供冷量，在进行安全条件判定后，则开启另一台机组。

冷水机组减机：每台机组的运行电流与额定电流的百分比之和除以运行机组台数减 1 ［即：80% ≥ $\sum RLA\%$/（运行机组台数 −1）］，如果得到的结果小于 80%，同时靶片式流量开关判定平衡管内冷水由分水器流向集水器，表明末端冷量需求小于供冷量，进行安全条件判定后，那么一台机组就会关闭。

5. 开机顺序：冷却塔风机、冷却泵→冷却水管路电动水阀→冷水泵→制冷机组；关机顺序与开机顺序相反。相关设备的开 / 关须经确认后才能开 / 关下一设备，如遇故障则自动停泵。

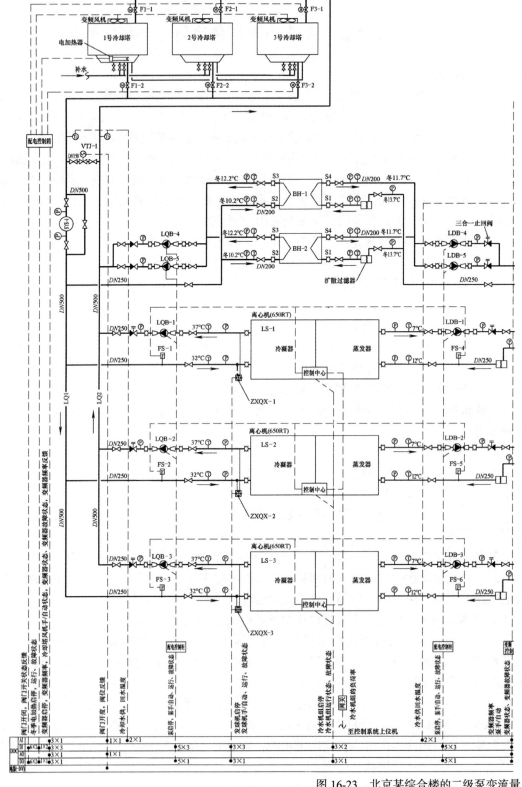

图 16-23　北京某综合楼的二级泵变流量、

---

① 该图 CAD 版本可在中国建筑工业出版社官方网站本书的配套资源中下载。

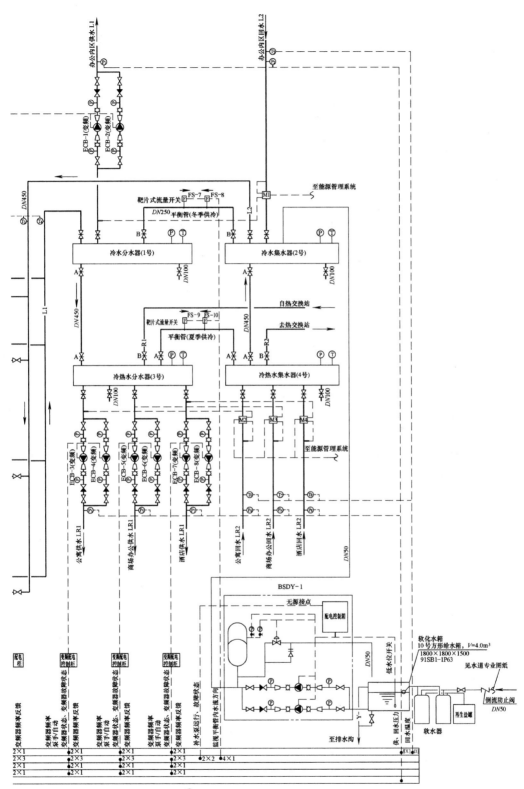

冬季冷却塔供冷制冷系统控制原理图[①]

6. 空调冷却水系统：

（1）部分负荷时，DDC 根据冷机厂家提供的冷却塔 + 冷机最低能耗曲线对应的冷却塔最优出水温度，调节冷却塔风机运行频率，保证冷却塔的最优出水温度不变。

（2）当制冷机组只有 1 台运行时，群控系统将启用冷却塔节能运行程序，增加实际布水的冷却塔台数，而不开冷却塔风机，用加大水与空气热质交换面积的方法，提高冷却水散热降温的能力；当冷却塔全部通水，且其出水温度（T_1）也已升至 30℃ 时，群控系统即恢复一机一塔的程序控制。

（3）电动调节阀 VTJ-1 根据冷却塔的出水温度控制：

1）在春秋季节，冷水机组供冷时，当室外温度过低时，采用模拟量控制方案，采用温度传感器实测温度 T_1 与设定温度（15.5℃）的差值，经 PID 运算后，调节 VTJ-1，使冷却塔的出水温度不低于 15.5℃。

2）当采用冬季冷却塔 + 板式换热器供冷时，电动调节阀 VTJ-1 采用开关量控制方案，水温应控制在不冻结温度以上，即：当温度传感器检测到冷却塔的出水温度 ≤ 5℃ 时，全开 VTJ-1；当温度传感器检测到冷却塔的出水温度高于设计值（10.2℃）时，全关 VTJ-1。

（4）当温度传感器检测到冷却塔的出水温度 ≤ 5℃ 时，冷却塔风机停止运行，升高至设计值（10.2℃）时，恢复运行。

（5）当冷却塔集水盘内水温低于 1℃ 时开启电加热器，高于设计值 5℃ 时关闭电加热器。同时要确保在集水盘内无水时，电加热器不能启动。

（6）一级冷水泵、冷却水泵与机组一一对应，各组设备的运行次序，可以做定期的轮换，DDC 自动记录各组设备的累计运行时间，优先启动运行时间最少的，也可以由操作员通过控制系统直接调整设备运行的次序。

（7）冬季供热时，阀门 A 关闭，阀门 B 开启；夏季供冷时，阀门 A 开启，阀门 B 关闭。

（8）冷却水泵 LQB-4、LQB-5，冷水泵 LDB-4、LDB-5 及 1 号冷却塔，用于冬季板式换热器供冷，水泵一用一备。

16.7 一级泵变流量、水蓄冷、冬季冷却塔供冷、主机热回收制冷系统原理图

16.7.1 项目概况

1. 图 16-24 为山西某酒店的一级泵变流量、水蓄冷、冬季冷却塔供冷、主机热回收制冷系统控制原理图。该建筑办公区域冬季空调有内区。空调末端形式为风机盘管加新风系统及全空气系统。风机盘管为分区两管制，新风机组及空调机组为两管制。

2. 制冷机房设在地下三层。制冷主机采用 3 台制冷量为 400 冷吨的螺杆式冷水机组，其中两台螺杆式冷水机组为热回收型，回收的冷凝热用于生活热水预热，螺杆式冷水机组具有制冷、制热、热回收三种工况。

3. 供冷季利用消防水池在夜间低谷电价时段蓄冷，在白天高峰电价时段释冷。消防水池在地下一层。

4. 蓄冷时,低温水由下部的布水器进入水池,高温水由上部的布水器流出水池。释冷时,低温水由下部的布水器流出水池,高温水由上部的布水器进入水池。通过转换阀组来实现转换。蓄冷时,冷水为开式系统。释冷时,通过板式换热器向冷水系统供冷。

5. 冷却水泵、冷水泵与冷水机组连接均采用共用集管的连接方式。

6. 冷水系统为冷源侧一级泵变流量系统。冷水系统采用定压补水排气装置定压,补水采用软化水。

7. 冬季空调内区供冷冷源采用冷却塔加板式换热器制取低温冷水。板式换热器与夏季释冷板式换热器共用。

8. 冬季空调热源来自换热站,换热站循环泵采用变频控制,空调热水系统定压补水装置设在换热站。

9. 该项目设置能源管理系统,各个热量表均纳入该系统。

10. 冬季运行冷却塔的集水盘设置电加热器,同时室外管道需保温或根据需要设置电伴热。电加热器及电伴热也应纳入机房控制系统。

11. 图 16-24 中冷却塔的控制信号可通过设在冷却塔附近的 I/O 通信模块与 DDC 通信连接,或根据控制内容将控制器分成若干个就地布置,通过网络进行通信。该图仅为说明控制原理。

16.7.2　控制要求

1. 该项目为一级泵变流量系统。冷水机组、冷水泵的运行台数可分别独立控制。

2. 一级泵变流量系统采用可变流量的冷水机组,使蒸发器侧流量随负荷侧流量的变化而变化。当只有一台机组运行且负荷侧冷水量小于单台冷水机组的最小允许流量时,旁通管上的调节阀 VTJ-2 开启并调节,使冷水机组的最小流量为负荷侧冷水量与旁通管流量之和,最小流量由流量传感器 F 测得。

3. 变频水泵运行:变频水泵的转速由压差 (P_1-P_2) 变化来控制。根据末端负荷的变化,调节负荷侧和冷水机组蒸发器侧的流量。单台变频水泵的最小流量为额定流量的 50%。

当系统启动时,一台冷水泵先以最低频率启动,如果 (P_1-P_2) 不能满足末端压差设定值,水泵运行频率上升,达到 50Hz 后,如果 (P_1-P_2) 仍不能满足末端压差设定值,则第二台水泵以最低频率加入,同时,第一台泵迅速降低运行频率与第二台泵同频工作。以此类推,直到末端的压差设定值得以保证为止。

当末端负荷减少,流量过剩时,控制器根据压差 (P_1-P_2) 调节变频器的频率,当压差 (P_1-P_2) 高于设定值时,3 台水泵同步降频来维持压差设定值。当水泵处在最低频率时,如果系统仍需减少流量,则关闭其中一台水泵。

4. 群控系统应始终保证有一台热回收机组运行,冷水机组加减机控制方式是以压缩机运行电流 *RLA*% 为依据:

冷水机组加机:若机组运行电流与额定电流的百分比大于设定值 90%,并且这种状态持续 10 ~ 15min,进行安全条件判定后,则开启另一台机组。

冷水机组减机:每台机组的运行电流与额定电流的百分比之和除以运行机组台数减 1,如果得到的结果小于 80%,进行安全条件判定后,那么一台机组就会关闭〔即:80% ≥ $\sum RLA$%/(运行机组台数 -1)〕。

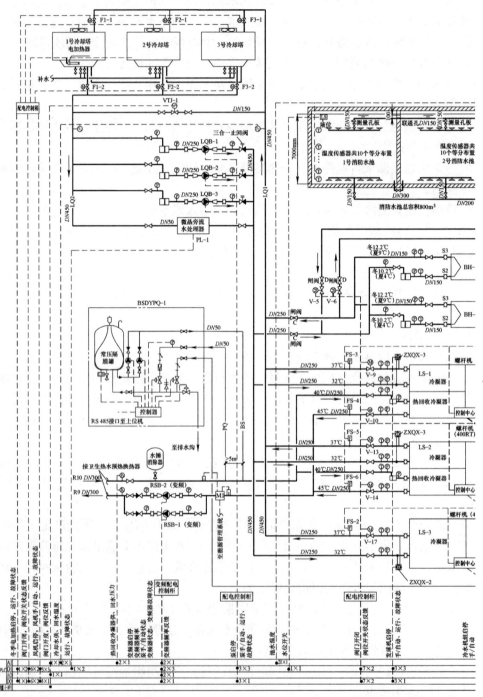

图 16-24 山西某酒店的一级泵变流量、水蓄冷、

注：1.交流量冷水机组流量范围为额定流量的 50%～110%。允许流量变化率为 25%～30%。

2.冷水机组应同时具有反馈和前馈负荷控制功能。

3.冷水泵 LDB-1～LDB-3 型号相同。

4.虚框内为定压补水排气装置。

① 该图 CAD 版本可在中国建筑工业出版社官方网站本书的配套资源中下载。

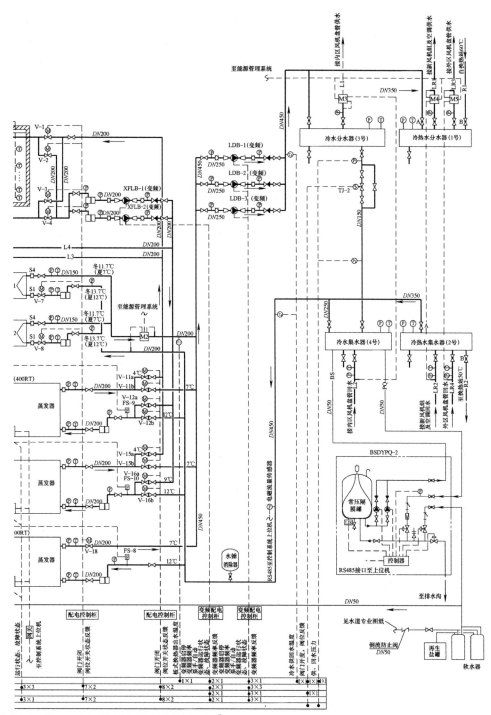

冬季冷却塔供冷、主机热回收制冷系统原理图①

5. 在加载时采用"软启动"模式，首先降低运行机组的运行工况，然后启动下一台机组。最后将多台机组同时加大运行工况。在减载时采用"软关机"模式。首先降低多台机组的运行工况，然后停止一台机组的运行。通过"软启动"和"软关机"可以避免机组在启动和停止时对电网造成的巨大冲击确保机组和配电站的安全。

6. 开机顺序：冷却塔风机、冷却泵→冷却水管路电动水阀→冷水泵→冷水管路电动水阀→制冷机组；关机顺序与开机顺序相反。相关设备的开 / 关需经确认后才能开 / 关下一设备，如遇故障则自动停泵。

7. 空调冷却水系统：

（1）当制冷机组只有 1 台运行时，群控系统将启用冷却塔节能运行程序，增加实际布水的冷却塔台数，而不开冷却塔风机，用加大水与空气热质交换面积的方法，提高冷却水散热降温的能力；当冷却塔全部通水，且其出水温度也已升至 30℃ 时，群控系统即恢复一机一塔的程序控制。

（2）电动调节阀 VTJ-1 根据冷却塔的出水温度控制：

1）在春秋季节，冷水机组供冷时，当室外温度过低时，采用模拟量控制方案，采用温度传感器实测温度 T_1 与设定温度（15.5℃）的差值，经 PID 运算后，调节 VTJ-1，使冷却塔的出水温度不低于 15.5℃。

2）当采用冬季冷却塔 + 板式换热器供冷时，电动调节阀 VTJ-1 采用开关量控制方案，水温应控制在不冻结温度以上，即：当温度传感器检测到冷却塔的出水温度 ≤ 5℃时，全开 VTJ-1，当温度传感器检测到冷却塔的出水温度高于设计值（10.2℃）时，全关 VTJ-1。

（3）冬季，当温度传感器检测到冷却塔的出水温度 ≤ 5℃时，冷却塔风机停止运行，升高至设计值（10.2℃）时，恢复运行。

（4）当冷却塔集水盘内水温低于 1℃时开启电加热器，高于设计值 5℃时关闭电加热器。同时要确保在集水盘内无水时，电加热器不能启动。

8. 机组和水泵的运行次序，可以做定期的轮换，也可以由操作员通过控制系统直接调整设备运行的次序。

9. 热回收机组 LS-1、LS-2 具有制冷、制热及热回收等运行模式。当以制热或热回收模式运行时，其对应的冷却水泵、冷却塔不工作。仅需一台机组以制热或热回收模式运行，另一台以制冷模式运行，并定期轮换。

10. 热回收循环泵 RSB-1、RSB-2 根据热回收系统的供回水压差（$P_4 - P_3$）与设定值（40℃）的差值，经 PID 运算后，变频运行。

11. 水蓄冷时，机组 LS-1、LS-2 仅需一台运行，蒸发器提供 4℃ /9℃ 的冷水。机组在23：00 开始蓄冷，当水池内竖向温度均达到 4℃时，蓄冷自动停止。

12. 白天在电价高峰时段释冷，蓄冷水池与冷机并联运行。

13. 水蓄冷时，XFLB-1、2 以工频运行；释冷时，根据二次侧出水温度 T_7 与设定值（T_{7set}夏 =7℃）的差值，经 PID 运算后，变频运行，保证 T_7 恒定。

14. BH-1、BH-2 冬季用作冷却塔制冷板式换热器，夏季用作蓄冷系统的释冷板式换热器。

15. 冬季供热时，阀门 A 关闭，阀门 B 开启；夏季供冷时，阀门 A 开启，阀门 B 关闭。冬季冷却塔供冷时，阀门 C 开启，阀门 D 关闭；夏季蓄冷系统运行时阀门 C 关闭，阀门 D 开启。

16. 冬季冷却塔供冷时，1 号冷却塔、一台冷却泵及一台冷水泵运行，其他设备关闭。

17. V-1 ～ V-18 为电动蝶阀，用于关断水路。VTJ-1 ～ VTJ-3 为电动调节阀。

18. 不同工况下阀门的工作状态：如表 16-4 所示。

不同工况下阀门的工作状态　　　　　　　　　　　　　　　　表 16-4

工况	开启	关闭
蓄冷	V-11a、V-12a、V-12a、V-15a、V-16a、V-2a、V-3	V-11b、V-12b、V-15b、V-16b、V-1、V-4、V-5、V-6
消防水池单独供冷	V-1、V-4、V-5、V-6	V-11a、11b；V-12a、12b；V-15a、15b；V-16a、16b；V-2、V-3
冷机与消防水池并联供冷	V-11b、V-12b、V-15b、V-16b、V-1、V-4、V-5、V-6	V-11a、V-12a、V-12a、V-15a、V-16a、V-2、V-3
冬季冷却塔供冷	V-7、V-8	V-1 ～ V-6、V-9 ～ V-18

16.8　过冷水式动态蓄冰供冷控制原理图

16.8.1　项目概况

图 16-25 为过冷水式动态蓄冰供冷控制原理图，采用 3 台双工况冷水机组和 3 台制冰机。释冷时，冷水机组与蓄冷池并联运行。双工况主机均为变流量主机。制冷机房控制采用工业控制级、带热备份芯片 PLC 控制器，以确保制冷系统安全可靠。

16.8.2　控制要求

1. 冷水机组、冷却水泵、冷却塔、乙二醇水泵一一对应，群控系统控制它们按顺序开启、关闭。

2. 开机顺序：冷却塔风机→冷却水泵→冷却水管路电动水阀→乙二醇水泵→冷水机组；关机顺序与开机顺序相反。相关设备的开、关须经确认后才能开、关下一设备，如遇故障则自动停机。

3. 机组和水泵的运行次序，可以做定期的轮换，PLC 控制器自动记录各台机组、水泵的累计运行时间，优先启动运行时间最短的机组、水泵，也以由操作员通过控制系统直接调整设备运行的次序。

4. 冷水泵的控制：

（1）冷水采用一级泵变流量系统，冷水泵根据供回水总管压差（$P_2 - P_1$）变频运行。

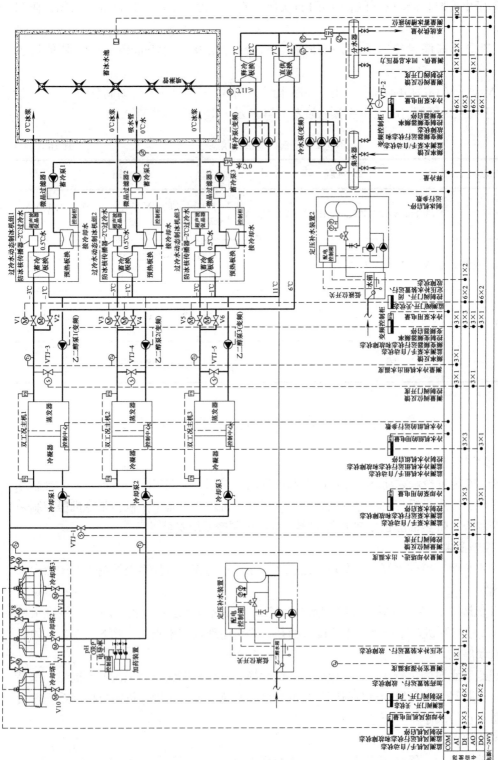

图 16-25 过冷水式动态蓄冰供冷控制原理图①

① 该图 CAD 版本可由中国建筑工业出版社官方网站本书的配套资源中下载。

（2）当只有一台冷水泵运行且负荷侧冷水量小于单台冷水泵的最小流量时，旁通管上的调节阀 DTJ-2 开启并调节，保证冷水泵的流量大于等于其允许的最小流量，流量由热量表测得。

5. 系统运行工况：

（1）制冰工况：双工况主机在低谷电价时（22：00～次日 8：00）制冰。设备、电动阀门工作状态按表 16-5 调节。乙二醇泵以制冰工况设定流量运行，电动调节阀 VTJ-3 ～ 5 根据制冰机的进水温度调节开度，保证制冰机进水温度恒定为 -3℃。

（2）融冰供冷工况：设备、电动阀门工作状态按表 16-5 调节。释冷泵根据 T_6 与设定值的差值，经 PID 运算后，变频运行，保证 T_6 恒定为 7℃。当 T_9 接近 5℃ 时融冰结束。

（3）双工况主机单独供冷工况：设备、电动阀门工作状态按表 16-5 调节。乙二醇泵根据 T_6 与设定值的差值，经 PID 运算后，变频运行，保证 T_6 恒定为 7℃。

（4）双工况主机 + 融冰联合供冷工况：设备、电动阀门工作状态按表 16-5 调节。乙二醇泵、释冷泵根据 T_6 与设定值的差值，经 PID 运算后，变频运行，保证 T_6 恒定为 7℃ 不变。

该工况下有两种运行模式：当主机优先时，调节释冷泵的运行台数；当融冰优先时，调节乙二醇泵及主机的运行台数。

不同工况阀门工作状态　　　　　　　　　　　　　表 16-5

运行工况	阀门开启	阀门关闭	阀门调节
制冰工况	V1、V3、V5	V2、V4、V6	VTJ-3 ～ VTJ-5
融冰供冷		V1 ～ V6	
双工况主机单独供冷	V2、V4、V6	V1、V3、V5 VTJ-3 ～ VTJ-5	
双工况主机 + 融冰供冷	V2、V4、V6	V1、V3、V5 VTJ-3 ～ VTJ-5	

6. 空调冷却水系统：

（1）冷却塔风机的开启台数采用逼近度控制：采用冷却塔的出水温度与环境湿球温度的差值（T_1-T_w）始终保持 2℃ 的控制方法，控制冷却塔风机的开启台数。环境湿球温度 T_w 由室外湿球温度传感器获得（也可由室外温、湿度传感器测得室外干球温度和相对湿度后，再经控制器计算求得）。当 $T_1-T_w < 2℃$，并且持续 10min，关闭一台冷却塔风机，直到风机全部关闭。当 $T_1-T_w \geq 2℃$，并且持续 10min，增开一台冷却塔风机，直到风机全部开启。

（2）冷却水旁通调节阀 VTJ-1 控制：在春秋季节，冷水机组制冷时，当室外温度过低时，采用温度传感器实测温度 T_1 与设定温度（15.5℃）的差值，经 PID 运算后，调节 VTJ-1，使冷水机组的进水温度不低于 15.5℃。

16.9 内融冰盘管式冰蓄冷主机上游串联系统控制原理图

16.9.1 项目概况

1. 图 16-26 为北方某办公楼的内融冰盘管式冰蓄冷主机上游串联系统控制原理图。空调末端形式为 VAV 全空气变风量系统及部分风机盘管加新风系统。风机盘管、新风机组及空调机组均为两管制。

2. 制冷水机房设在地下三层。采用钢制盘管式蓄冷器，混凝土冰槽。制冷主机采用 3 台双工况离心式冷水机组及一台螺杆式基载主机。

3. 双工况冷水机组在夜间低谷电价时段制冰蓄冷，白天通过板式换热器，向冷水系统供冷。同时设置一台基载机组承担夜间冷负荷，基载机组为变流量冷水机组。

4. 蓄冷器由 11 组蓄冰盘管组成，每组含有 4 个钢制蓄冰盘管，每组盘管上安装冰厚传感器，冰槽内设置液位传感器，用来判断蓄冰量。同时在蓄冰槽入口处设置热量表记录每天的蓄冷量和释冷量。

16.9.2 控制要求

该系统可以按以下 4 种工作模式进行：

1. 双工况主机制冰 + 基载主机供冷模式

VT1、VT3 全闭，VT2、VT4 全开，将双工况主机设定为制冰工况开启（蒸发器出口温度设置为 -5.6℃，可调），系统转换为"双工况主机制冰模式"，开启乙二醇泵后，乙二醇溶液进入双工况主机蒸发器，经双工况主机降温后的乙二醇溶液进入蓄冰装置，将盘管外的水冻结成冰来储存冷量，当某组盘管的蓄冷量达到设定值后，蓄冷结束，关闭该组盘管的电动阀。

各组蓄冰盘管模块配置冰厚传感器，盘管式冰蓄冷首先应考虑采用冰厚度控制器来判断蓄冷是否结束，防止结冰过量。还可以同时采用蓄冰槽的液位高度以及蓄冷器入口处的热量表来辅助判断蓄冷是否结束。

根据建筑物夜间供冷需求情况，该模式下系统同时运行基载冷水机组，满足夜间空调冷负荷需求，机载冷水泵根据供回水压差（P_1-P_2）变频运行，保证（P_1-P_2）恒定不变。当流量计 F 检测到机组达到其最小流量时，此时如果末端负荷还需进一步减小，则开启分集水器之间的旁通水阀，调节末端的供水量，保证基载冷水机组的进水不低于其最小流量。

2. 主机与蓄冰装置联合供冷模式

将双工况主机出水温度设定为设计工况，控制系统转换为"主机与蓄冰装置联合供冷模式"，开启乙二醇泵和系统冷水泵，从板式换热器出来的高温乙二醇溶液（9.5℃）先进入双工况主机的蒸发器降温，再进入蓄冰装置融冰降温，融冰后产生的低温乙二醇溶液（3.3℃）进入板式换热器与冷水进行换热，控制系统根据温度传感器 T_1 调节电动阀 VT1、VT2，控制进入蓄冰槽的乙二醇流量，调节融冰供冷量，保证 T_1 恒定。冷水泵向空调系统提供 6℃的冷水，控制系统根据温度传感器 T_3 调节电动阀 VT3、VT4，调节进入板式换热器的乙二醇流量，保证供水温度 T_3 恒定。冷水泵根据供回水压差（P_1-P_2）变频运行，保证（P_1-P_2）恒定不变。

该模式下蓄冷系统有两种运行策略

（1）主机优先：蓄冷系统在设计日工况下，采取主机优先的策略，主机优先向负荷侧供冷，当不能满足负荷需求时，用溶冰加以补充。

（2）溶冰优先：蓄冷系统在非设计日工况下，采取溶冰优先的策略，最大限度减小主机运行时间。当溶冰不能满足负荷时，用主机补充其冷量。

根据建筑物供冷需求情况，该模式下系统同时运行基载冷水机组，满足空调冷负荷需求，控制要求同双工况主机制冰 + 基载主机供冷模式。

3. 蓄冰装置融冰单独供冷模式

关闭所有双工况制冷主机和基载主机，控制系统转换为"融冰单独供冷模式"。开启乙二醇泵，从板式换热器回来的高温乙二醇溶液（9.7℃）进入蓄冰装置融冰降温，融冰后产生的低温乙二醇溶液（3.3℃）进入板式换热器与冷水进行换热，控制系统根据温度传感器 T_1 调节乙二醇泵的开启台数和调节电动阀 VT1、VT2，控制进入蓄冰槽的乙二醇流量，调节融冰供冷量，保证 T_1 恒定。冷水泵向空调系统提供 6℃ 的冷水，控制系统根据温度传感器 T_3 调节电动阀 VT3、VT4，调节进入板式换热器的乙二醇流量，保证供水温度 T_3 恒定。冷水泵根据供回水压差 ΔP 变频运行，保证 ΔP 恒定不变。

4. 主机单独供冷模式

VT1、VT3 全开，VT2、VT4 全闭，控制系统转换为"双工况主机单独供冷模式"，主机设定为空调工况，出水温度为 3.3℃，开启乙二醇泵后，乙二醇溶液进入双工况主机蒸发器，经过降温后进入板式换热器，冷水泵向空调系统提供 6℃ 的冷水。控制系统通过调节主机的负荷率和运行台数来满足末端负荷的变化。冷水泵根据供回水压差（$P_1 - P_2$）变频运行，保证（$P_1 - P_2$）恒定不变。

根据建筑物供冷需求情况，该模式下系统同时运行基载冷水机组，满足空调冷负荷需求。控制要求同双工况主机制冰 + 基载主机供冷模式。

5. 不同运行模式下设备及阀门状态如表 16-6 所示。

不同运行模式下设备及阀门状态 表 16-6

主要设备	双工况主机制冰 + 基载主机供冷	双工况主机与蓄冰装置联合供冷	蓄冰装置单独融冰供冷	双工况主机单独供冷
蓄冰装置	工作	工作	工作	不工作
双工况主机	制冰工况	空调工况	停机	空调工况
基载主机	空调工况	空调工况	停机	空调工况
板式换热器	不工作	工作	工作	工作
乙二醇泵	运行	运行	运行	运行
冷水泵	运行	运行	运行	运行
基载主机冷水泵	运行	运行	停止	运行
VT1、VT2、VT3、VT4	VT1、VT3 全闭，VT2、VT4 全开	VT1、VT2 根据 T_1 调节，VT3、VT4 根据 T_3 调节	VT1、VT2 根据 T_1 调节，VT3、VT4 根据 T_3 调节	VT1、VT3 全开，VT2、VT4 全闭

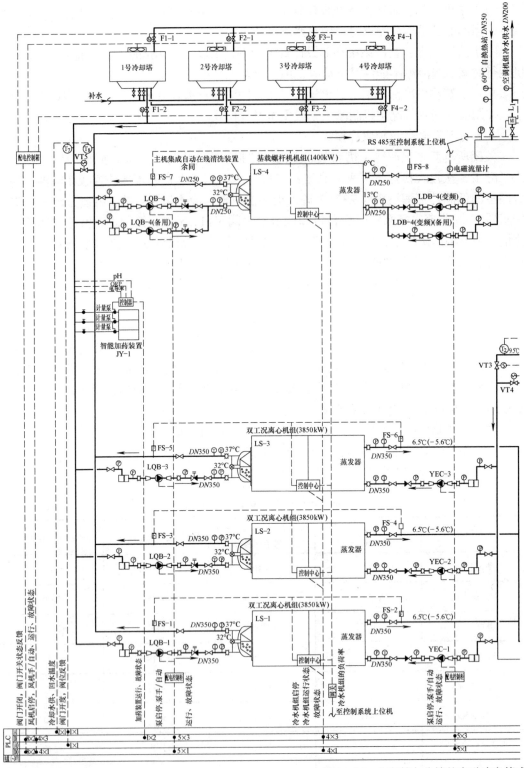

图 16-26　北京某办公楼的内融冰盘管式

① 该图 CAD 版本可由中国建筑工业出版社官方网站本书的配套资源中下载。

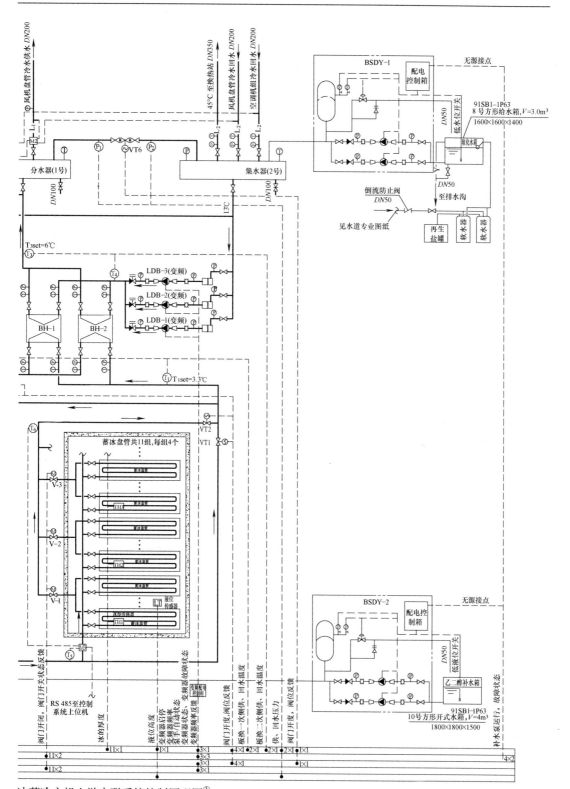

冰蓄冷主机上游串联系统控制原理图①

16.10　一级泵变流量、冷凝热回收及冬季冷却塔
供冷制冷系统控制原理图

16.10.1　项目概况

1. 图 16-27 为北京某医院的一级泵变流量、冷凝热回收及冬季冷却塔供冷制冷系统控制原理图。空调末端形式有风机盘管加新风系统、全空气系统及净化空调系统。风机盘管为分区两管制，新风机组、空调机组为两管制，净化空调系统为四管制。制冷机房设在地下三层。

2. 制冷主机采用 3 台制冷量为 1100 冷吨的离心式冷水机组和两台制冷量为 400 冷吨的螺杆式冷水机组，实现两两互备。螺杆式冷水机组为热回收型，回收的冷凝热用于生活热水预热和净化空调夏季再热，螺杆式冷水机组具有制冷、制热、热回收三种工况。

3. 冷水机组冷凝器均自带封头式胶球清洗装置。

4. 冷却水泵、冷水泵与冷水机组连接均采用一对一的连接方式。

5. 冷水系统为冷源侧一级泵变流量系统。

6. 冷水系统和热回收热水系统均采用定压补水排气装置定压，补水采用软化水。

7. 冬季空调热源来自换热站，换热站循环泵采用变频控制，空调热水系统定压补水装置设在换热站。

8. 该项目设置能源管理系统，各个热量表均纳入该系统。

9. 医院的空调内区、医疗设备发热量大的房间以及净化空调系统冬季需要供冷，该项目冬季螺杆机可以运行，在室外湿球温度 ≤ 5℃ 时，采用冷却塔加板式换热器供冷。

10. 冬季运行冷却塔的集水盘设置电加热器，同时室外管道需保温或根据需要设置电伴热。电加热器及电伴热也应纳入机房控制系统。

11. 图 16-27 中冷却塔的控制信号可通过设在冷却塔附近的 I/O 通信模块与 DDC 通信连接，或根据控制内容将控制器分成若干个就地布置，通过网络进行通信。该图仅为说明控制原理。

16.10.2　控制要求

1. 冷水机组、冷却水泵、冷却塔、冷水泵一一对应，群控系统控制它们按顺序同开同关。

2. 冷水采用一级泵变流量系统。

3. 冷水机组的控制：

（1）群控系统应始终保证有一台热回收机组运行，冷水机组加减机控制方式是以压缩机运行电流 *RLA%* 为依据，1 ～ 5 号机组的运行电流百分比分别为：*A%*、*B%*、*C%*、*D%*、*E%*。

（2）冷水机组加机：若机组运行电流与额定电流的百分比大于设定值 90%，并且这种状态持续 10 ～ 15min，进行安全条件判定后，则开启另一台机组。

（3）冷水机组减机：机组实际运行的负载 $Q=1100×（A%+B%+C%）+400×（D%+E%）$；当 $4100-Q ≥ 1100×（1+10%）$ 时，进行安全条件判定后，减少一台离心机。当 $400×（1+10%）≤ 4100-Q < 1100×（1+10%）$ 时，进行安全条件判定后，减少一台螺杆机。

（4）在加载时采用"软启动"模式，首先降低运行机组的运行工况，然后启动下一台

机组。最后将多台机组同时加大运行工况。在减载时采用"软关机"模式，首先降低多台机组的运行工况，然后停止一台机组的运行。通过"软启动"和"软关机"可以避免机组在启动和停止时对电网造成的巨大冲击，确保机组和配电站的安全。

4. 变频冷水泵运行：

（1）变频冷水泵的转速由压差（P_1-P_2）的变化来控制。根据末端负荷的变化，调节负荷侧和冷水机组蒸发器侧的流量。单台变频水泵的最小流量为额定流量的 50%。

（2）当系统启动时，一台冷水泵先以最低频率启动，如果（P_1-P_2）不能满足末端压差设定值，水泵运行频率上升，直到末端的压差设定值得以保证为止。

（3）当末端负荷减少，流量过剩时，控制器根据压差（P_1-P_2）调节变频器的频率。

5. 当只有一台机组运行且负荷侧冷水量小于单台冷水机组的最小允许流量时，旁通管上的调节阀 DTJ-2 开启并调节，使冷水机组的最小流量为负荷侧冷水量与旁通管流量之和，最小流量由热量计量表测得。

6. 开机顺序：冷却塔风机、冷却泵→冷却水管路电动水阀→冷水泵→制冷机组；关机顺序与开机顺序相反。相关设备的开 / 关须经确认后才能开 / 关下一设备，如遇故障则自动停泵。

7. 空调冷却水系统控制：

（1）当制冷机组只有 1 台运行时，群控系统将启用冷却塔节能运行程序，增加实际布水的冷却塔台数，而不开冷却塔风机，采用加大水与空气热质交换面积的方法，提高冷却水散热降温的能力；当冷却塔全部通水，且其出水温度（T_1）也已升至 30℃时，群控系统即恢复一机一塔的程序控制。

（2）电动调节阀 VTJ-1 根据冷却塔的出水温度控制：

1）在春秋季节，冷水机组供冷时，当室外温度过低时，采用模拟量控制方案，采用温度传感器实测温度 T_1 与设定温度（15.5℃）的差值，经 PID 运算后，调节 VTJ-1，使冷却塔的出水温度不低于 15.5℃。

2）当冬季采用冷却塔 + 板式换热器供冷时，电动调节阀 VTJ-1 采用开关量控制方案，水温应控制在不冻结温度以上，即：当温度传感器检测到冷却塔的出水温度≤ 5℃时，全开 VTJ-1，当温度传感器检测到冷却塔的出水温度高于设计值（6.5℃）时，全关 VTJ-1。

（3）当温度传感器检测到冷却塔的出水温度≤ 5℃时，冷却塔风机停止运行，升高至设计值（6.5℃）时，恢复运行。

（4）当冷却塔集水盘内水温低于 1℃时开启电加热器，高于设计值 5℃时关闭电加热器。同时要确保在集水盘内无水时，电加热器不能启动。

8. 机组和水泵的运行次序，可以做定期的轮换，DDC 自动记录各台机组、水泵的累计运行时间，优先启动运行时间最少的机组、水泵，也可以由操作员通过控制系统直接调整设备运行的次序。

9. 热回收机组 LS-4、LS-5 仅需一台以制热工况或热回收工况运行，另一台以制冷工况运行，并定期轮换。

10. RSB-1、RSB-2 一用一备，在制热工况和热回收工况工作，制冷工况不工作。LQB-4、LQB-5 及其对应的冷却塔在制热工况和热回收工况不工作，制冷工况工作。

11. 冬季供热时，阀门 A 关闭，阀门 B 开启；夏季供冷时，阀门 A 开启，阀门 B 关闭。

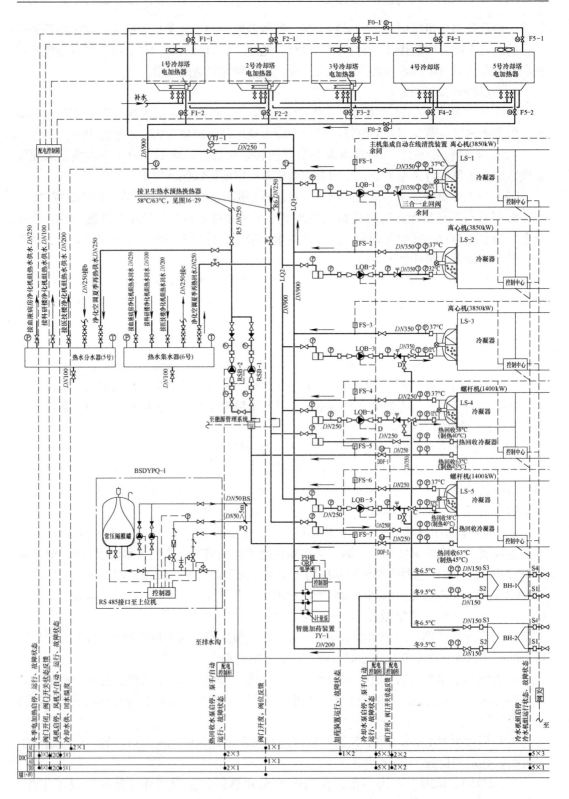

图 16-27 北京某医院的一级泵变流量、

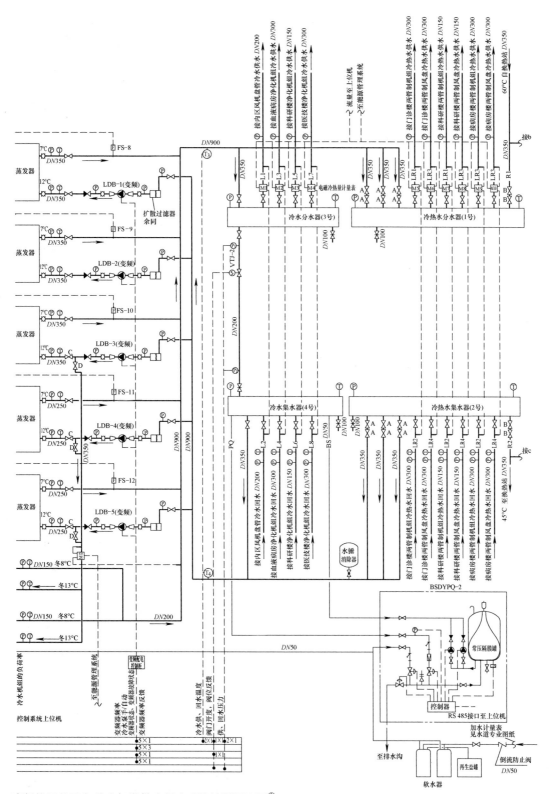

冷凝热回收及冬季冷却塔供冷制冷系统控制原理图①

12. DDF-1、DDF-2 为电动蝶阀，用于关断水路；VTJ-1、VTJ-2 为电动调节阀。

13. 冬季冷却塔供冷时，阀门 C 关闭，阀门 D 开启；冷水机组供冷时，阀门 C 开启，阀门 D 关闭。

14. 冬季冷却塔供冷时，1 号冷却塔、2 号冷却塔、3 号冷却塔、LQB-3、4、5 及 LDB-3、LDB-4、LDB-5 运行，其他设备关闭。电动蝶阀 F0-1、F0-2 关闭。DDC 根据二次侧出水温度 T_3 与设定值（$T_{3set冬}$=8℃）的差值，调节冷却水泵的开启台数，保证 7℃< T_3 ≤ 8℃。

16.11　一级泵变流量、冷凝热回收及流态冰蓄冷系统控制原理图

16.11.1　项目概况

1. 图 16-28 为湖北某医院的一级泵变流量、冷凝热回收及流态冰蓄冷系统控制原理图。空调末端形式有风机盘管加新风系统、全空气系统及净化空调系统。风机盘管为分区两管制，新风机组、空调机组为两管制，净化空调机组为四管制。制冷机房设在地下三层。采用流态冰蓄冷技术，实现电力负荷移峰填谷，节省运行费用。

2. 制冷主机采用 4 台双工况离心式冷水机组和两台基载螺杆式冷水机组，离心式冷水机组空调工况制冷量为 1100 冷吨，螺杆式冷水机组空调工况制冷量为 400 冷吨。两台基载螺杆机之间可实现互备。螺杆式冷水机组为全热回收型，回收的冷凝热用于生活热水预热和净化空调夏季再热，螺杆式冷水机组具有制冷、制热、热回收三种工况。

3. 双工况冷水机组在夜间低谷电价时段制冰蓄冷，流态冰蓄冷是一种动态蓄冰方式，制冷时双工况冷水机组将低浓度乙二醇（质量浓度 6%）水溶液冷却至冻结温度以下，在特殊的蒸发器（又称冰晶发生器）内通过机械搅拌，产生细小（直径 100μm）均匀的冰晶，与低浓度乙二醇形成泥浆状的冰水混合物，储存在蓄冰槽内。随着冰晶的析出，在制冰末期，乙二醇浓度有所提高。由于冰晶的密度小，冰晶会悬浮于水池上部，形成自然分层。

系统蓄冰运行时，水池底部的水通过吸水管泵入双工况主机的蒸发器（即冰晶发生器），其产生的冰浆由设置水池中部的涌泉管喷出。系统融冰运行时，低温水由池底部的吸水管泵入板式换热器，高温水由水池顶部的喷淋管回到水池。在白天高峰电价时段通过释冷泵和板式换热器融冰空调。医院病房楼等夜间的冷负荷由基载主机供冷。

4. 双工况冷水机组在白天以空调工况运行时，制取 6℃/11℃ 的低温冷水，经板式换热器交换成 7℃/12℃ 的冷水，与基载主机并联为全园区供冷。由于该制冷机房需为现有建筑供冷，所以冷水温度需兼顾现有建筑，不能设计成低温供冷和大温差供冷。

5. 冷水机组冷凝器均自带封头式胶球清洗装置。

6. 冷却水泵及基载机组的冷水泵与冷水机组采用一对一的连接方式，冷水泵与双工况冷水机组采用共用集管的连接方式。

7. 冷水系统为冷源侧一级泵变流量系统。

8. 冷水泵（LDB-1～LDB-6）采用自带变频控制器的智能变频水泵，无压差传感器控制。智能变频冷水泵的转速在保证分集水器之间的压差不变的前提下，由水泵内预设的运行曲线控制运行。设备运行前需水泵厂方现场调试、设置运行参数。水泵的运行参数

如：流量、扬程、运行频率及功耗等可即时从其自带控制器的显示器上读出，并可传输到控制系统的上位机。

9. 冰水泵（ICB-1 ～ ICB-4）采用自带变频控制器的智能变频水泵，可根据不同的工况，由控制系统给定不同的运行频率及融冰工况由二次侧出水温度信号控制其运行频率。

10. 冷水系统和热回收热水系统分别采用定压补水排气装置定压，由于当地自来水硬度不高，补水采用自来水。

11. 冬季空调热源来自换热站，换热站循环泵采用变频控制，空调热水系统定压补水装置设在换热站。

12. 该项目设置能源管理系统，各个热量表均纳入该系统。

13. 医院的空调内区、医疗设备发热量大的房间以及净化空调系统冬季需要供冷，该项目冬季主机可以运行。

14. 冬季运行冷却塔的集水盘设置电加热器，同时室外管道需保温或根据需要设置电伴热。电加热器及电伴热也应纳入机房控制系统。

15. 图 16-28 中冷却塔的控制信号可通过设在冷却塔附近的 I/O 通信模块与 PLC 通信连接，或根据控制内容将控制器分成若干个就地布置，通过网络进行通信。该图仅为说明控制原理。PLC 为带冗余热备 CPU 型可编程控制器。

16.11.2　控制要求

1. 冷水机组、冷却水泵、冷却塔、冷水泵一一对应，群控系统控制他们按顺序同开同关。

2. 开机顺序：冷却塔风机、冷却泵→冷却水管路电动水阀→冷水泵→冷水管路电动水阀→制冷机组；关机顺序与开机顺序相反。相关设备的开/关需经确认后才能开/关下一设备，如遇故障则自动停泵。

3. 基载主机为变流量主机，双工况主机为定流量主机。

4. 机组和水泵的运行次序，可以做定期的轮换，PLC 控制器自动记录各台机组、水泵的累计运行时间，优先启动运行时间最可少的机组、水泵，也以由操作员通过控制系统直接调整设备运行的次序。

5. 冷水泵的控制：冷水采用一级泵变流量系统，冷水泵 LDB-1 ～ LDB-6 为自带变频器的智能变频水泵，无压差传感器控制。智能变频冷水泵的转速在保证分集水器之间的压差不变的前提下，由水泵内预设的运行曲线控制运行。设备运行前需水泵厂方现场调试、设置运行参数。自控系统应始终保证有一台小流量的冷水泵（LDB-5 或 LDB-6）运行，以便热回收机组制取热水。

6. 当只有一台基载螺杆机组运行且负荷侧冷水量小于单台冷水机组的最小允许流量时，旁通管上的调节阀 DTJ-3 开启并调节，使冷水机组的最小流量为负荷侧冷水量与旁通管流量之和，最小流量由智能变频水泵监测。

7. 制冰工况：双工况主机在低谷电价时（22：00 ～ 8：00）时制冰。设备、电动阀门工作状态见表 16-5。ICB-1 ～ ICB-4 按给定频率工作，流量为 484m³/（h·台），流量由智能变频水泵监测。

8. 融冰工况：设备、电动阀门工作状态见表 16-5。ICB-1 ～ ICB-4 根据 T_5 与设定值的差值，经 PID 运算后，变频运行，保证 T_5 恒定不变。工作流量约为 718m³/（h·台）。

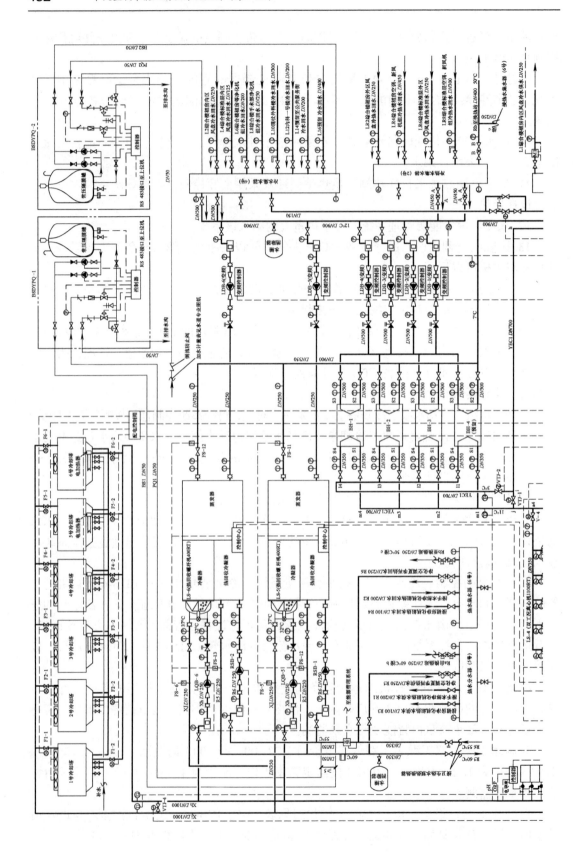

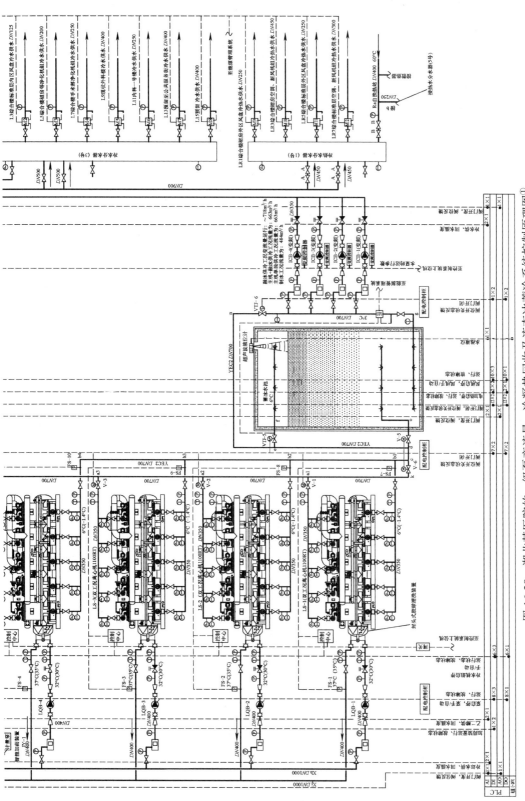

图 16-28 湖北某医院的一级泵变流量、冷凝热回收及流态冰蓄冷系统控制原理图①

① 该图 CAD 版本可由中国建筑工业出版社官方网站本书的配套资源中下载。

9. 主机＋融冰联合供冷工况：设备、电动阀门工作状态见表 16-7。电动调节阀 VTJ-1、VTJ-2 根据 T_5 与设定值的差值，经 PID 运算后，调节开度，保证 T_5 恒定不变。ICB-1～ICB-4 按给定频率工作，工作流量为 663m³/（h·台）。流量由智能变频水泵监测。该工况下有两种运行模式：

（1）当主机优先时，VTJ-6 全开、VTJ-5 调节，保证 T_4 恒定不变；

（2）当融冰优先时，VTJ-5 全开、VTJ-6 调节，保证 T_4 恒定不变。

10. 主机单独供冷工况：设备、电动阀门工作状态见表 16-7。电动调节阀 VTJ-1、VTJ-2 根据 T_5 与设定值的差值，经 PID 运算后，调节开度，保证 T_5 恒定不变。ICB-1～ICB-4 按给定频率工作，工作流量为 663m³/（h·台）。流量由智能变频水泵监测。

11. 空调冷却水系统控制

（1）当制冷机组只有 1 台运行时，群控系统将启用冷却塔节能运行程序，增加实际布水的冷却塔台数，而不开冷却塔风机，采用加大水与空气热质交换面积的方法，提高冷却水散热降温的能力；当冷却塔全部通水，且其出水温度（T_2）也已升至 30℃ 时，群控系统即恢复一机一塔的程序控制。

（2）在春秋季节，当室外温度过低时，控制系统将打开冷却水旁通阀门 VTJ-4 使冷却水回水温度（T_2）上升至 15℃ 以上。当水温接近最优点时，旁通阀门再逐步关闭。通过旁通阀门进行调节并保持冷却水温度的稳定。

12. 热回收机组 LS-4、LS-5 具有制冷、热回收等运行模式。热回收机组随冷水泵的启停而启停。当以热回收模式运行时，冷却水泵、冷却塔不工作。仅需一台机组以热回收模式运行，另一台以制冷模式运行，并定期轮换。

13. 冬季供热时，阀门 A 关闭，阀门 B 开启；夏季供冷时，阀门 A 开启，阀门 B 关闭。

14. 净化空调再热系统，当采用热回收供热时，阀门 C 开启，阀门 D 关闭；当采用锅炉房供热时，阀门 D 开启，阀门 C 关闭。

双工况下主机阀门、水泵工作状态　　　　　　　　　　　表 16-7

运行模式	流程	阀门开启	阀门关闭	阀门调节	泵开启	泵关闭
主机制冰	a-b-c-d-o-g-h-i-j-a	V-1、V-2、V-3、V-4、VTJ-1、V-5	VTJ-6、V-6、VTJ-6、VTJ-2		LQB-1～4 ICB-1～4	LDB-1～4
融冰供冷	g-h-i-l-m-j-k-c-d-e-f-g	VTJ-5、V-6、VTJ-2	V-1、V-2、V-3、V-4、V-5、VTJ-6、VTJ-1		ICB-1～4（变频运行）LDB-1～4	
主机单独供冷	a-b-c-d-e-n-h-i-l-m-j-a	V-1、V-2、V-3、V-4、VTJ-6	V-5、VTJ-5、V-6	VTJ-1、VTJ-2	LQB-1～4、LDB-1～4、ICB-1～4	
主机供冷＋融冰	a-b-c-d-e-f-g-h-i-l-m-j-a	V-1、V-2、V-3、V-4、VTJ-5	V-5、V-6、VTJ-6	VTJ-1、VTJ-2 主机优先：VTJ-6 全开、VTJ-5 调节 融冰优先：VTJ-5 全开、VTJ-6 调节	LQB-1～4、LDB-1～4、ICB-1～4	

16.12 数据中心水蓄冷、一级泵变流量系统控制原理图

16.12.1 项目概况

1. 图 16-29 为华东地区某数据中心水蓄冷、一级泵变流量系统控制原理图。空调末端形式为冷水式冷恒温恒湿机组。制冷机房设在首层。冷水机组采用 N+1 备份，同时设置安全性水蓄冷，蓄冷量为 1400RTh。当市电出现故障，柴油发电机启动之前，释冷循环泵（SLB-1、SLB-2）、精密空调的风机由 UPS 供电，蓄冷罐保证在最大负荷下持续供冷 15min。

2. 蓄冷水罐体积为 1050m³，蓄冷罐尺寸：直径 $D=7m$，静水深 30m，采用聚氨酯发泡保温，外包钢板保温。蓄冷罐上部设置溢流管，下部设置排污管，上部设检修人孔、通气孔，外部设爬梯。

3. 冷却塔冷却系统与河水冷却系统互为备用，冬季采用河水通过板式换热器供冷，节省运行费用。

4. 制冷主机采用 6 台离心式冷水机组，离心式冷水机组空调工况制冷量为 1100 冷吨。离心式冷水机组冷水可变流量调节。变流量冷水机组流量范围为额定流量的 0% ～ 110%。允许流量变化率为 25% ～ 30%。

5. 冷水机组制取 12℃ /18℃的高温冷水。

6. 冷水机组冷凝器设置分体式胶球清洗装置。

7. 冷却水、冷水采用环形管网设计，保证单点故障时系统能够正常运行。为了切除故障冷水机组，环状管的接入点两侧加关断阀，为了防止关闭不严，关断阀设置两个。

8. 冷却水泵、冷水泵与冷水机组均采用一对一的连接方式。

9. 冷水系统为冷源侧一级泵变流量系统。

10. 冷水机组的最小流量监测采用测量蒸发器进出口最小压差进行。

11. 冬季运行冷却塔的集水盘设置电加热器，同时室外管道需保温或根据需要设置电伴热。电加热器及电伴热也应纳入机房控制系统。

12. 图 16-29 中冷却塔的控制信号可通过设在冷却塔附近的 I/O 通信模块与 PLC 通信连接，或根据控制内容将控制器分成若干个就地布置，通过网络进行通信。该图仅为说明控制原理。PLC 为带冗余热备 CPU 型可编程控制器。

16.12.2 控制要求

1. 该项目为水冷数据中心机房一级泵变流量系统。冷水、冷却水干管为环状管网，保证单点故障时系统的正常运行。冷水机组、冷水泵、冷却水泵、板式换热器及冷却塔一一对应，5 用 1 备。冬季当河水水温低于 10℃时，切换到河水板式换热器间接供冷，减少制冷机运行时间，冷却塔与河水互为备用，通过阀门 A、B 切换。

2. 群控系统应始终保证有一台热回收机组运行，冷水机组加减机控制方式是以压缩机运行电流 RLA% 为依据：

冷水机组加机：若机组运行电流与额定电流的百分比大于设定值 90%，并且这种状态持续 10 ～ 15min，进行安全条件判定后，则开启另一台机组。

冷水机组减机：每台机组的运行电流与额定电流的百分比之和除以运行机组台数减 1，如果得到的结果小于 80%，进行安全条件判定后，一台机组就会关闭［即：80% ≥ ∑RLA%/（运行机组台数 −1）］。

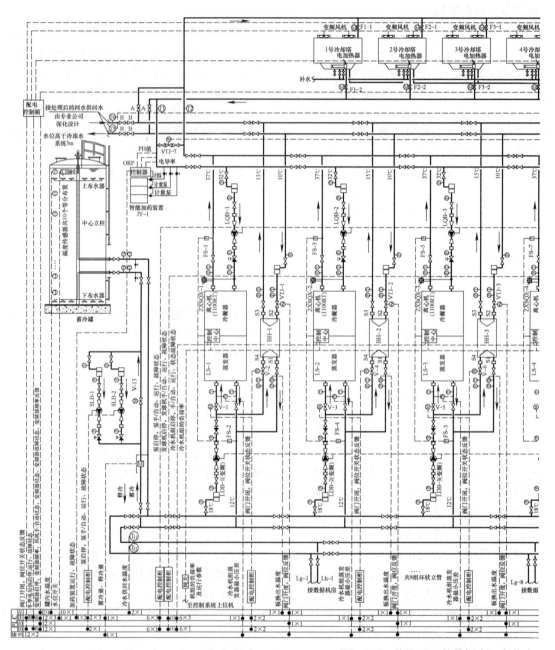

图 16-29 华北地区某数据中心水蓄冷、

① 该图 CAD 版本可由中国建筑工业出版社官方网站本书的配套资源中下载。

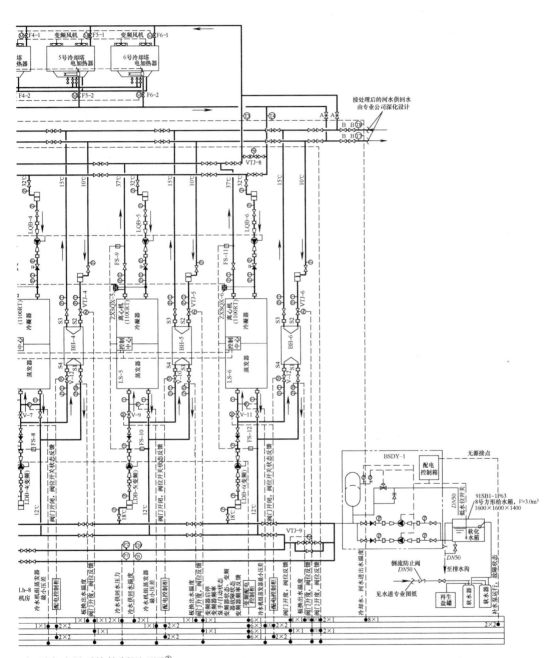

一级泵变流量系统控制原理图①

3. 在加载时采用"软启动"模式，首先降低运行机组的运行工况，然后启动下一台机组，最后将多台机组同时加大运行工况。在减载时采用"软关机"模式。首先降低多台机组的运行工况，然后停止一台机组的运行。通过"软启动"和"软关机"可以避免机组在启动和停止时对电网造成的巨大冲击，确保机组和配电站的安全。

4. 开机顺序：冷却塔风机、冷却泵→冷却水管路电动水阀→冷水泵→冷水管路电动水阀→制冷机组；关机顺序与开机顺序相反。相关设备的开 / 关需经确认后才能开 / 关下一设备，如遇故障则自动停泵。

5. 空调冷却水系统：部分负荷时，DDC 根据冷机厂家提供的冷却塔 + 冷机最低能耗曲线对应的冷却塔最优出水温度，调节冷却塔风机运行频率，保证冷却塔的最优出水温度不变。

当制冷机组只有 1 台运行时，群控系统将启用冷却塔节能运行程序，增加实际布水的冷却塔台数，而不开冷却塔风机，用加大水与空气热质交换面积的方法，提高冷却水散热降温的能力；当冷却塔全部通水，且其出水温度也已升到 30℃ 时，群控系统即恢复一机一塔的程序控制。

在春秋季节，当室外温度过低时，控制系统将打开冷却水旁通阀门 VTJ-7、VTJ-8，使冷却水回水温度上升至 15℃ 以上。当水温接近最优点时，旁通阀门再逐步关闭。通过旁通阀门进行调节并保持冷却水温度的稳定。

6. 机组和水泵的运行次序，可以做定期的轮换，也可以由操作员通过控制系统直接调整设备运行的次序。

7. 当蓄冷罐内竖向水温最高与最低相差 1℃ 时，机组开始蓄冷，蓄冷时，开启阀门 V-13，当罐内竖向温度均达到 12℃时，蓄冷自动停止，关闭阀门 V-13。

8. 当市电出现故障，柴油发电机启动之前，释冷循环泵（SLB-1、SLB-2）、精密空调的风机由 UPS 供电，蓄冷罐保证在最大负荷下持续供冷 15min。

9. V-1 ～ V-13 为电动蝶阀，用于关断水路。VTJ-1 ～ VTJ-9 为电动调节阀。

10. 冬季板式换热器供冷时，PLC 控制器根据板式换热器二次侧出水温度与设定值的差值，经 PID 运算后，调节一次侧电动调节阀。

11. 冷水泵的控制：DDC 根据供回水压差（$P_1 - P_2$）与设定值的差值，经 PID 运算后，变频调节冷水泵的转速，保证供回水之间压差恒定。

12. 当只有一台机组运行且负荷侧冷水量小于单台冷水机组的最小允许流量时（即：ΔP_1 小于或等于设定值），旁通管上的调节阀 VTJ-9 开启并调节，使 ΔP_1 大于设定值。

13. 平时运行采用水罐定压，当水罐故障，供回水阀关闭后，改用定压补水装置定压。

16.13　蒸汽型溴化锂吸收式制冷系统控制原理图

16.13.1　项目概况

1. 图 16-30 为北京某酒店的蒸汽型溴化锂吸收式制冷系统控制原理图。空调末端形式为风机盘管加新风系统及全空气系统。风机盘管、新风机组及空调均为两管制。

2. 制冷机房设在地下三层。制冷主机采用 3 台制冷量为 580 冷吨的蒸汽型溴化锂机组。

3. 冷却水泵、冷水泵与冷水机组连接均采用共用集管的连接方式。

4. 冷水系统为冷源侧一级泵定流量系统。冷水系统采用气压罐定压，补水采用软化水。

5. 制冷用 1.2MPa 饱和蒸汽来自锅炉房，为了避免各机组运行时的相互影响，在制冷机房内分别减压至 0.8MPa 供至各机组的高压发生器。

6. 冬季空调热源来自换热站，换热站循环泵采用变频控制，空调热水系统定压补水装置设在换热站。

7. 该项目设置能源管理系统，各个热量表均纳入该系统。

8. 图 16-30 中冷却塔的控制信号可通过设在冷却塔附近的 I/O 通信模块与 DDC 通信连接，或根据控制内容将控制器分成若干个就地布置，通过网络进行通信。该图仅为说明控制原理。

16.13.2　控制要求

1. 该项目为蒸汽溴化锂制冷系统。冷水、冷却水采用一级泵定流量系统，冷水泵、冷却水泵、冷却塔与冷水机组一一对应。冷水泵、冷却水泵三用一备。

2. 冷水机组运行台数的控制采用冷量优化控制。

冷水机组加机：当负荷率≥设定值 90%，并且这种状态持续 10 ～ 15min，进行安全条件判定后，则开启另一台机组。

冷水机组减机：

$\dfrac{\text{负荷率}}{(N-1)} < 80\%$ 时，进行安全条件判定后，减少一台。

3. 开机顺序：冷却塔风机、冷却泵→冷却水管路电动水阀→冷水泵→冷水管路电动水阀→制冷机组；关机顺序与开机顺序相反。相关设备的开 / 关需经确认后才能开 / 关下一设备，如遇故障则自动停泵。

4. 空调冷却水系统：当制冷机组只有 1 台运行时，群控系统将启用冷却塔节能运行程序，增加实际布水的冷却塔台数，而不开冷却塔风机，用加大水与空气热质交换面积的方法，提高冷却水散热降温的能力，当冷却塔全部通水，且其出水温度（T_1）也已升到 30℃时，群控系统即恢复一机一塔的程序控制。

在春秋季节，当室外温度过低时，控制系统将打开冷却水旁通阀门 VTJ-4，使冷却水回水温度（T_1）上升至 18℃以上。当水温接近最优点时，旁通阀门再逐步关闭。通过旁通阀门进行调节并保持冷却水温度的稳定。

5. 机组和水泵的运行次序，可以做定期的轮换，也可以由操作员通过控制系统直接调整设备运行的次序。

6. 冬季供热时，阀门 A 关闭，阀门 B 开启；夏季供冷时，阀门 A 开启，阀门 B 关闭。

7. V-1 ～ V-6 为电动蝶阀，用于关断水路。

8. 蒸汽入口处 VTJ-1 ～ VTJ-3 为调节阀，由冷水机组配套供应。

9. VTJ-5 根据供回水压差（$P_1 - P_2$）调节开度，以保证供冷系统供回水压差恒定。

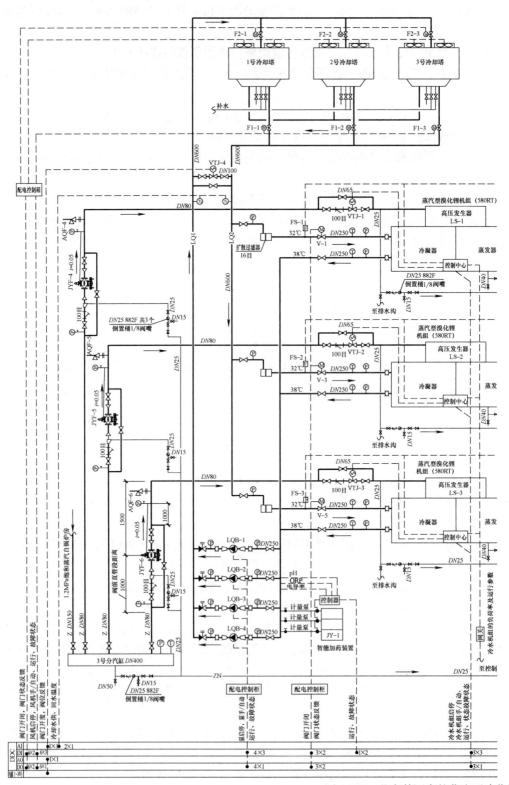

图 16-30　北京某酒店的蒸汽型溴化锂

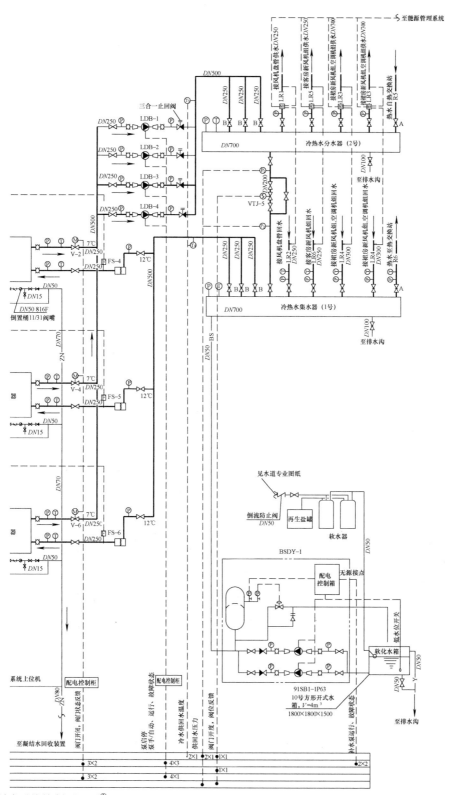

吸收式制冷系统控制原理图[①]

16.14 土壤源热泵系统控制原理图

16.14.1 项目概况

1. 图 16-31 为北京某小型公共建筑的土壤源热泵系统控制原理图。该项目采用土壤源热泵系统，实现夏季供冷冬季供热。空调末端形式为风机盘管加新风系统及全空气系统，高大空间设有低温热水地板辐射供暖。风机盘管、新风机组及空调均为两管制。

2. 制冷机房设在首层。热泵机组采用两台冷量为 685kW（制热量为 772kW）的螺杆式热泵机组，其中一台带冷凝热回收。

3. 冷却水泵、冷水泵与冷水机组连接均采用共用集管的连接方式。

4. 用户侧水系统和地源侧均为一级泵定流量系统。用户侧水系统和地源侧分别由两套定压补水装置定压，补水采用软化水。

5. 该项目共设置换热井 305 个，并设置一个观测井，实时记录土壤温度的变化。

16.14.2 控制要求

1. 采用地源侧闭式（地埋管）热泵空调系统，夏季供给 7℃ /12℃ 的冷水。冬季供给 45℃ /40℃ 的空调、供暖热水。

其中一台热泵机组采用热回收冷凝器制备生活热水，供水温度 55℃，生活热水量 12m³/d。热水循环泵 RSB-3、RSB-4 负责用户侧循环，热水循环泵 RSB-1、RSB-2 负责机组侧循环，均为一用一备。

2. 热泵机组加减机控制方式是以压缩机运行电流 RLA% 为依据：

热泵机组加机：若机组运行电流与额定电流的百分比大于设定值 95%，并且这种状态持续 10 ～ 15min，进行安全条件判定后，则开启另一台机组。

热泵机组减机：每台机组的运行电流与额定电流的百分比小于设定值 45%，进行安全条件判定后，一台机组就会关闭。

3. 开机顺序：水泵→水管路电动水阀→热泵机组；关机顺序与开机顺序相反。相关设备的开 / 关需经确认后才能开 / 关下一设备，如遇故障则自动停泵。

4. 机组和水泵的运行次序，可以做定期的轮换，DDC 自动记录各台机组、水泵的累计运行时间，优先启动运行时间最少的机组、水泵，也可以由操作员通过控制系统直接调整设备运行的次序。

5. V-1 ～ V-12 为电动蝶阀，用于关断水路。其中，V-1 ～ V-8 用于工况转换，V-9 ～ V12 由于机组隔断，随机组同开同关。VTJ-1 为电动调节阀。

6. DDC 根据供回水压差（P_1-P_2）与设定值的差值，经 PID 运算后，调节 VTJ-1 的开度，保证供回水之间压差恒定。

7. 当回水管内的温度 T_3 低于设定值（50℃）时，开启热水循环泵 RSB-3；当 T_3 高于设定值时（55℃）时，循环泵停止运行。

8. 阀门 A 供冷时关闭。

9. 阀门切换表如表 16-8 所示。

阀门	夏季供冷	冬季供热
V-1	开	关
V-2	关	开
V-3	开	关
V-4	关	开
V-5	开	关
V-6	关	开
V-7	开	关
V-8	关	开

阀门切换表　表 16-8

16.15　空气源热泵系统控制原理图

16.15.1　项目概况

1. 图 16-32 为北京某医院的空气源热泵系统控制原理图。该项目采用空气源热泵系统，实现夏季供冷冬季供热。空调末端形式为风机盘管加新风系统、舒适性全空气系统及净化空调系统，高大空间设有低温热水地板辐射供暖。风机盘管、新风机组及舒适性空调机组均为两管制，净化空调系统为四管制。

2. 热泵机组设在屋顶。采用 3 台冷量为 685kW（制热量为 772kW）的螺杆式风冷热泵机组，带部分热回收功能，回收的冷凝热用于生活热水预热和净化空调夏季再热。

3. 空调水系统和热回收水系统分别由两套定压补水排气装置定压，补水采用软化水。

4. 冷水泵、热回收循环泵及定压补水排气装置设在地下二层空调泵房内，水泵与冷水机组连接均采用共用集管的连接方式。

5. 空调水系统为一级泵变流量系统。采用自带变频控制器的智能变频水泵，无压差传感器控制。智能变频冷水泵的转速在保证分集水器之间压差不变的前提下，由水泵内预设的运行曲线控制运行。设备运行前需水泵厂方现场调试、设置运行参数。水泵的运行参数如：流量、扬程、运行频率及功耗等可即时从其自带控制器的显示器上读出，并可传输到控制系统的上位机。

16.15.2　控制要求

1. 该建筑采用风冷热回收型热泵空调系统，夏季供给 7℃/12℃ 的冷水。冬季供给 45℃/40℃ 的空调供暖热水。水泵与机组一一对应，为一级泵变流量系统。主机为变流量主机。

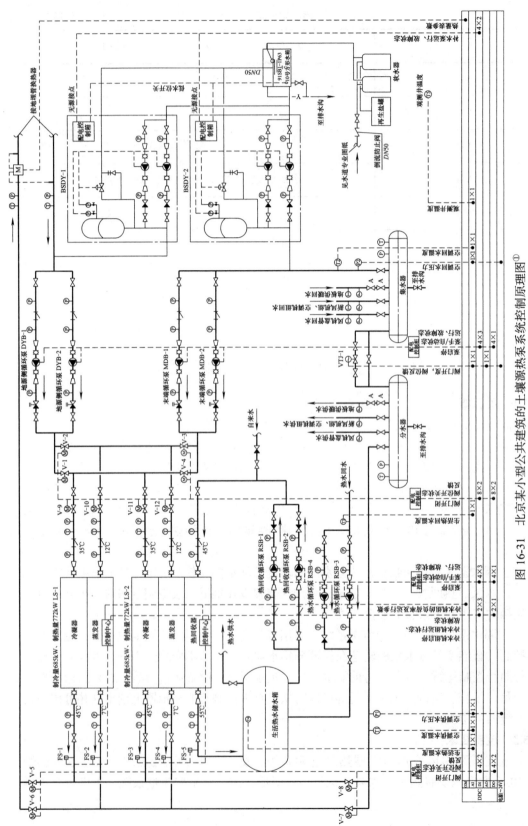

图 16-31　北京某小型公共建筑的土壤源热泵系统控制原理图[①]

① 该图 CAD 版本可由中国建筑工业出版社官方网站本书的配套资源中下载。

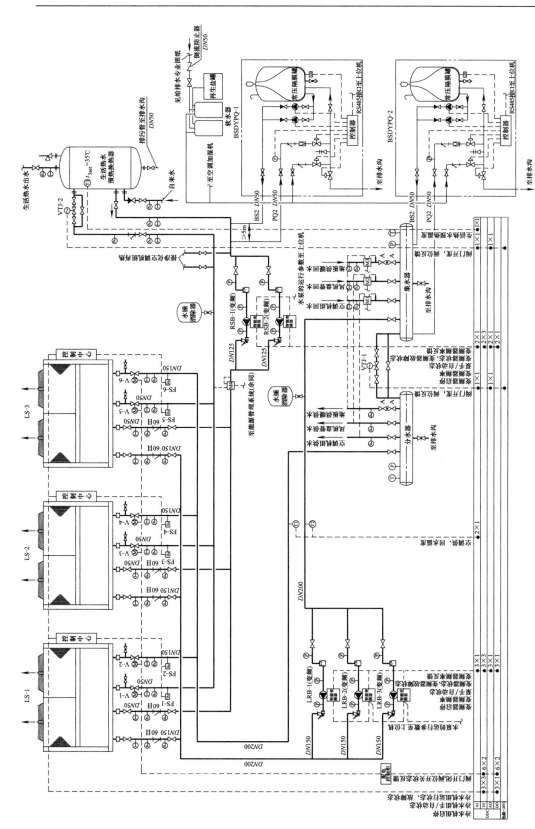

图 16-32　北京某医院的空气源热泵系统控制原理图[①]

① 该图 CAD 版本可由中国建筑工业出版社官方网站本书的配套资源中下载。

系统在制冷的过程中，同时回收压缩机高温排气显热，用于生活热水的预热，热回收系统供 / 回水温度为 45℃ /35℃。

2. 空调水系统和热回收系统分别由两套定压补水排气装置定压。

3. 热泵机组、冷水泵一一对应，DDC 控制它们按顺序开启、关闭。

4. 开机顺序：冷水泵→管路上的电动阀→热回收水泵→热泵机组；关机顺序与开机顺序相反。相关设备的开 / 关需经确认后才能开 / 关下一设备，如遇故障则自动停泵。

5. 热泵机组加减机控制方式以压缩机运行电流 *RLA*% 为依据：

热泵机组加机：若机组运行电流与额定电流的百分比大于设定值 95%，并且这种状态持续 10 ～ 15min，进行安全条件判定后，则开启另一台机组。

热泵机组减机：每台机组的运行电流与额定电流的百分比小于设定值 45%，进行安全条件判定后，一台机组就会关闭。

6. 热泵机组和水泵的运行次序，可以做定期的轮换，DDC 自动记录各台热泵机组、水泵的累计运行时间，优先启动运行时间最少的热泵机组、水泵，也以由操作员通过控制系统直接调整设备运行的次序。

7. 冷水泵的控制：冷水采用一级泵变流量系统，冷水泵 LRB-1 ～ LRB-3 为自带变频器的智能变频水泵，无压差传感器控制。智能变频冷水泵的转速在保证分集水器之间压差不变的前提下，由水泵内预设的运行曲线控制运行。设备运行前需水泵厂方现场调试、设置运行参数。

8. 当冷水泵的流量达到机组最小流量时，开启调节阀 VTJ-1，保证冷水机组的流量不低于最小流量。最小流量由智能变频水泵的运行参数提供。

9. RSB-1、RSB-2 为自带变频器的智能变频泵，无压差传感器控制。智能变频泵在保证最远端净化空调机组再热盘管之间压差不变的前提下，由水泵内预设的运行曲线控制运行。

10. 阀门 A 供冷时关闭。

16.16 数据中心闭式冷却塔、一级泵变流量系统控制原理图

16.16.1 项目概况

1. 图 16-33 为华中地区某数据中心闭式冷却塔、一级泵变流量系统控制原理图。空调末端形式为冷水式恒温恒湿机组。制冷水机房设在首层。冷水机组采用 *N*+1 备份。

2. 采用闭式冷却塔，冬季通过冷却塔供冷节省运行费用。

3. 制冷主机采用 6 台离心式冷水机组，离心式冷水机组空调工况制冷量为 800 冷吨。离心式冷水机组冷水可变流量调节。变流量冷水机组流量范围为额定流量的 50% ～ 110%。允许流量变化率为 25% ～ 30%。

4. 冷水机组制取 12℃ /18℃ 的高温冷水。

5. 冷却水、冷水采用环形管网设计，保证单点故障时系统能够正常运行。

6. 冷却水泵、冷水泵与冷水机组均采用一对一的连接方式。

7. 冷水系统为冷源侧一级泵变流量系统。

8. 冷水机组的最小流量监测采用测量蒸发器进出口最小压差进行。

9. 图 16-33 中冷却塔的控制信号可通过设在冷却塔附近的 I/O 通信模块与 PLC 通信连接，或根据控制内容将控制器分成若干个就地布置，通过网络进行通信。该图仅为说明控制原理。PLC 为带冗余热备 CPU 型可编程控制器。

16.16.2　控制要求

1. 该项目为水冷数据中心机房一级泵变流量系统。冷水、冷却水干管为环状管网，保证单点故障时系统的正常运行。冷水机组、冷水泵、冷却水泵及冷却塔一一对应。冬季当室外湿球温度低于 6℃时，阀门 A 关闭，阀门 B 开启，切换到闭式冷却塔供冷。

2. 冷水机组加减机控制方式以压缩机运行电流 $RLA\%$ 为依据：

冷水机组加机：若机组运行电流与额定电流的百分比大于设定值 90%，并且这种状态持续 10 ～ 15min，进行安全条件判定后，则开启另一台机组。

冷水机组减机：每台机组的运行电流与额定电流的百分比之和除以运行机组台数减 1，如果得到的结果小于 80%，进行安全条件判定后，一台机组就会关闭［即：$80\% \geqslant \sum RLA\%/(\text{运行机组台数} -1)$］。

3. 在加载时采用"软启动"模式，首先降低运行机组的运行工况，然后启动下一台机组。最后将多台机组同时加大运行工况。在减载时采用"软关机"模式。首先降低多台机组的运行工况，然后停止一台机组的运行。通过"软启动"和"软关机"可以避免机组在启动和停止时对电网造成的巨大冲击确保机组和配电站的安全。

4. 开机顺序：冷却塔风机、喷淋泵→冷却泵→冷却水管路电动蝶阀→冷水泵→制冷机组；关机顺序与开机顺序相反。相关设备的开 / 关需经确认后才能开 / 关下一设备，如遇故障则自动停泵。

5. 空调冷却水系统：在春秋季节，当室外温度过低时，控制系统将打开冷却水旁通阀门 DTJ-1，使冷却水回水温度 T_1 上升至 15℃以上。当水温接近最优点时，旁通阀门再逐步关闭。通过旁通阀门进行调节并保持冷却水温度的稳定。

冬季冷却塔供冷时，PLC 控制器根据冷却塔供水温度 T_1 与设定温度（12℃）的偏差，调节冷却塔的运行台数。

6. 机组和水泵的运行次序，可以做定期的轮换，也可以由操作员通过控制系统直接调整设备运行的次序。

7. 冷水泵的控制：PLC 控制器根据供回水压差（P_1-P_2）与设定值的差值，经 PID 运算后，变频调节冷水泵的转速，保证供回水之间压差恒定。

8. 当只有一台机组运行且负荷侧冷水量小于单台冷水机组的最小允许流量时（即：ΔP_1 小于或等于设定值），旁通管上的调节阀 DTJ-2 开启并调节，使 ΔP_1 大于设定值。

16.17　燃气锅炉房控制原理图

16.17.1　项目概况

图 16-34 为北方某医疗机构的地下燃气锅炉房控制原理图。锅炉房内设置 4 台 2.8MW

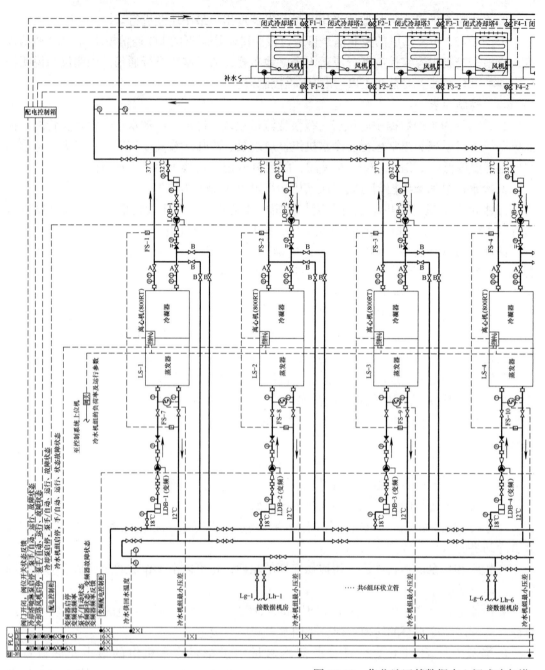

图 16-33　华北地区某数据中心闭式冷却塔、

---

① 该图 CAD 版本可由中国建筑工业出版社官方网站本书的配套资源中下载。

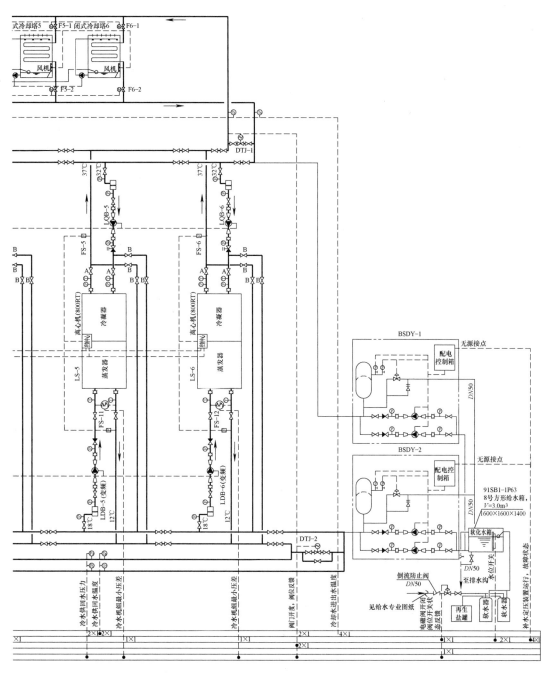

一级泵变流量系统控制原理图[①]

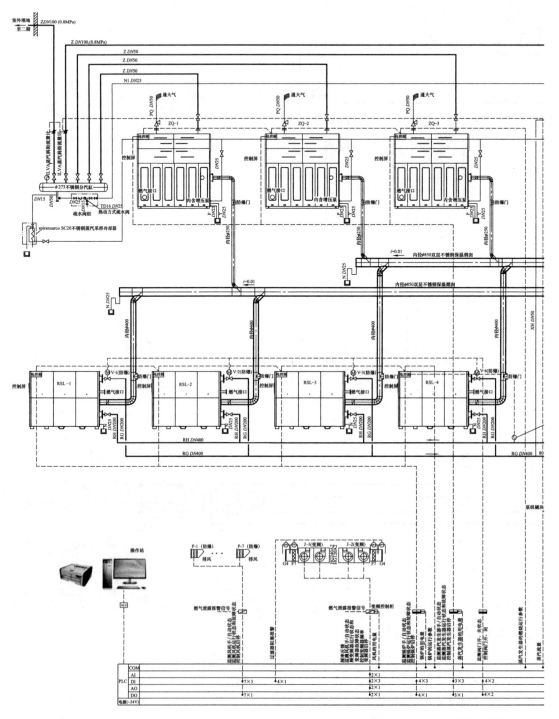

图 16-34　北方某医疗机构的地下

---

① 该图 CAD 版本可由中国建筑工业出版社官方网站本书的配套资源中下载。

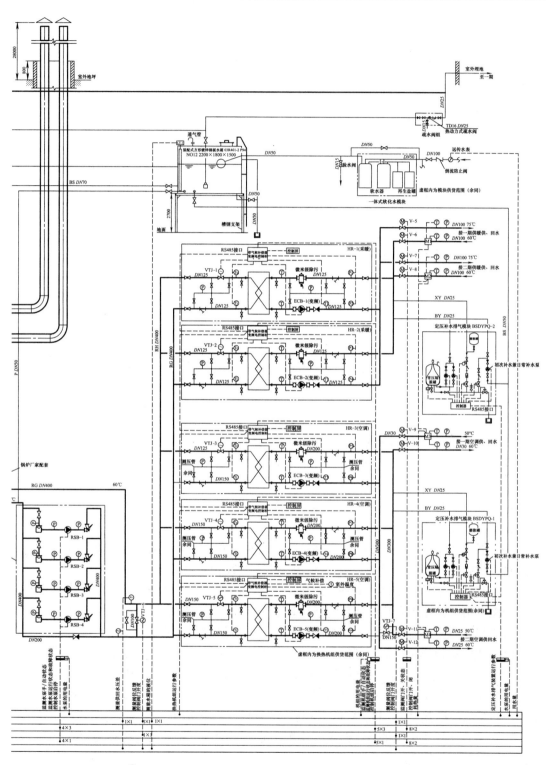

燃气锅炉房控制原理图[①]

常压全预混冷凝燃气热水锅炉，制取 80℃ /60℃的一次水，分别经空调换热机组和供暖换热机组换热后，供给一期和二期建筑的空调和供暖。空调换热机组为 3 台，各承担 1/3 的热负荷，供 / 回水温度为 60℃ /50℃。供暖换热机组为 2 台，供 / 回水温度为 75℃ /60℃，由于供暖换热机组的热负荷较小，因此采用一用一备的方案。

锅炉房内同时设置 3 台蒸发量为 1.2t/h 的热管式水冷预混燃气蒸汽发生器，用于蒸汽消毒系统和冬季空调加湿，蒸汽压力为 0.8MPa，由分汽缸供至各建筑后再减压至工作压力。

热水锅炉和蒸汽发生器用水为软化水，由软化水箱供给，软化水箱兼作热水锅炉定压膨胀水箱。空调系统、供暖系统二次水分别采用定压补水排气装置定压补水。

锅炉房设置送、排风系统，平时排风兼事故排风。

16.17.2　控制要求

在控制室内设置集控系统上位机，其控制内容如下：

1. 锅炉的控制

（1）热水锅炉 RSL-1 ～ RSL-4 自带控制系统，并带有 RS 485 接口，通过 Modbus RTU 协议与集控系统通信。

（2）热水锅炉根据回水温度 T_0 及设定参数自动运行。运行参数上传至上位机。

（3）热水锅炉 RSL-1 ～ RSL-4 与循环泵 RSB-1 ～ RSB-4、电动蝶阀 V-1 ～ V-4 一一对应。先开启顺序为：电动蝶阀、循环泵、热水锅炉，关闭顺序相反。

（4）控制器根据一次水供、回水压差（P_{11}-P_{12}）与设定值的差值，输出比例积分微分信号，调节 VTJ-6，保证差值恒定。

2. 供暖、空调热水换热机组 HR-1 ～ HR-5 的控制

（1）供暖、空调热水换热机组 HR-1 ～ HR-5 自带的控制系统，并带有 RS 485 接口，通过 Modbus RTU 协议与集控系统通信。

（2）供暖、空调热水换热机组 HR-1 ～ HR-5 的二次侧供水温度 T_1 ～ T_5 由气候补偿器根据室外温度 t 修正设定。

（3）控制器根据 T_1 ～ T_5 的实测值与设定值的差值，输出比例积分微分信号，调节一次侧对应的电动调节阀 VTJ-1 ～ VTJ-5，保证 T_1 ～ T_5 恒定为设定值。

（4）换热机组的控制器根据各机组供回水之间的压差实测值与设定值的差值，输出比例积分微分信号，控制变频循环泵的运行频率，保证机组供回水压差不变。

（5）供暖机组的各变频泵同步变频运行。空调机组的各变频泵同步变频运行。

（6）当空调换热机组的变频循环泵达到最低运行频率时（即：系统流量达到最小流量时），如果系统流量需求进一步减少，则关停一台机组。当只有一台机组运行，且达到最低运行频率，控制系统开启旁通调节阀 VTJ-7，保证水泵运行频率不低于最低频率，系统的最小流量为电磁热量表 M3、M4 测得的流量之和的最小限值。

（7）每台换热机机组的一次侧及二次侧，分别采用一个压力表，通过关闭测压管上的球阀来测量各个测压点的压力，减少压力表的误差。

（8）换热机机组控制器监测各个机组的一次水进、出水温度。

3. 定压补水排气装置 DYBSPQ-1、DYBSPQ-2 的控制

定压补水排气装置 DYBSPQ-1、DYBSPQ-2 自带控制系统，并带有 RS 485 接口，通

过 Modbus RTU 协议与集控系统通信。

4. 热量计量及蒸汽计量

换热机组二次侧各支路设置远传热量表，蒸汽管各供汽支路设置远传流量计，耗热量、蒸汽耗量通过 Modbus RTU 协议上传至控制系统。

5. 水箱液位控制

液位计监测补水箱的液位，当水箱液位降低到最低液位时，启动保护措施，所有锅炉、蒸汽发生器及换热机组均停止运行。

6. 送、排风机的控制

（1）锅炉间的防爆轴流排风机平时运行 2 台。辅机间的防爆轴流排风机平时运行 1 台，事故发生时，由燃气泄漏报警信号启动所有排风机。同时在锅炉房门口附近设置手动应急启动按钮。

（2）锅炉间、辅机间补风风机箱（J-1、J-2）内的风机平时仅运行 1 台，事故发生时，由燃气泄漏报警信号启动所有进风机。平时补风时，通过定期手动调整风机的运行频率，来保证锅炉间为正压状态。

（3）补风风机箱（J-1、J-2）的过滤器阻力达到设定值（初阻力的 2 倍）时发出报警，提醒更换过滤器。

7. 蒸汽发生器由自带的控制系统自动运行，运行参数通过 Modbus RTU 协议上传至上位机。

16.18　空调热水汽—水换热机组控制原理图

16.18.1　项目概况

1. 图 16-35 为北京某酒店的空调热水汽—水换热机组控制原理图。酒店空调水系统为两管制。

2. 一次热源为室外蒸汽锅炉房供给的 1.2MPa 饱和蒸汽。

3. 采用 4 台螺旋缠绕弹性换热管束不锈钢换热器并联运行。

4. 二次水为变流量系统，水泵为变频泵。

5. 二次水供 / 回水温度为 60℃ /45℃。

6. 空调热水由设在冷水机房内的定压补水装置进行定压补水，该装置冬夏共用。

7. 点划线框内为换热机组所包含的设备，其中配电控制柜、室外温度传感器和一次侧电动调节阀 DTJ-1 作为随机配件提供，并提供与楼宇控制系统的通信接口。

8. 蒸汽凝结水通过低压蒸汽驱动的凝结水回收装置回到锅炉房。

9. 换热系统的控制器带气候补偿功能。

16.18.2　控制要求

1. 控制器根据二次水供回水压差（P_1–P_2）与设定值的差值，经 PID 运算后，来控制循环泵变频运行，保证供回水压差恒定。

当系统启动时，一台水泵先以最低频率启动，如果（P_1–P_2）不能满足末端压差设定值，水泵运行频率上升，如果达到 50Hz 后，（P_1–P_2）仍不能满足末端压差设定值，则第二台水泵以最低频率加入，同时，第一台泵迅速降低运行频率与第二台泵同频工作。以此类推，直到末端的压差设定值得以保证为止。

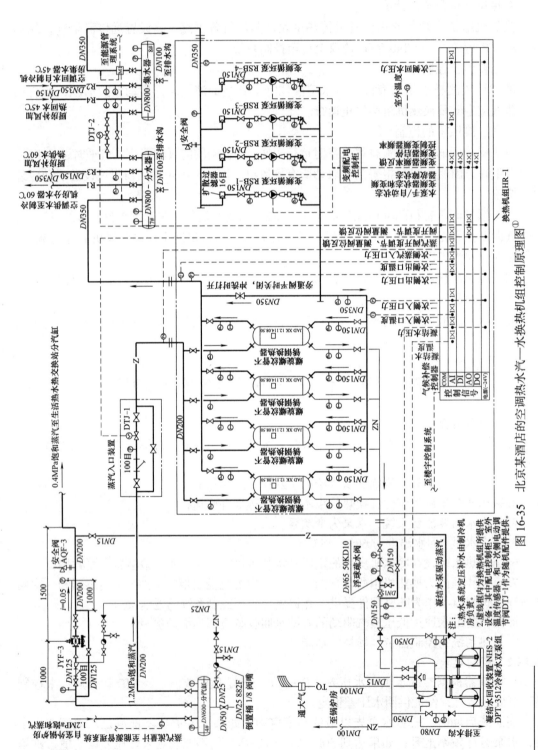

图 16-35　北京某酒店的空调热水汽—水换热机组控制原理图[①]

① 该图 CAD 版本可由中国建筑工业出版社官方网站本书的配套资源中下载。

当末端负荷减少时，流量过剩，控制器首先根据供回水温差（T_2-T_1）与设定值的差值，经 PID 运算后，调节降低变频器的频率，当满足（T_2-T_1）＞ 10℃时，控制器转换为根据压差（P_1-P_2）调节变频器的频率，使 4 台水泵同步降低频率来维持压差设定值。当水泵处在最低频率时，如果还有减少流量的需求，则关闭其中一台水泵，以此类推，当只有一台水泵以最低频率运行，且流量仍然过剩，压差高于设定值时，开启并调节电动调节阀 DTJ-2，直到压差设定值得以保证为止。

2. 控制器自动记录各台水泵的累计运行时间，优先启动运行时间最少的水泵。

3. 控制器根据二次侧供水温度 T_1 与设定温度的差值，调节一次侧电动调节阀 DTJ-1 的开度，来保持供水温度稳定。

4. 控制器根据室外温度 T_5 的变化，自动调整 T_1 的设定值，进行室外温度补偿。

5. 当 P_2（系统定压点）低于设定值时，循环泵停止并报警，水压上升到设定压力，自动启动循环泵。

6. 控制器内部的时钟，可以将每天任意分为两个时段，每个时段设定不同的供水温度，进行节能控制。如：第一时段，白天（9：00～17：00），第二时段，晚间（17：00～9：00）。

16.19　生活热水汽—水换热机组控制原理图

16.19.1　项目概况

1. 图 16-36 为北京某酒店的生活热水汽—水换热机组控制原理图。酒店生活热水系统共分 5 个系统。

2. 一次热源为 0.4MPa 饱和蒸汽。

3. 每个系统采用 2 台容积式换热器并联运行。

4. 每个系统设置两台循环泵和一个气压罐。

5. 生活热水供水温度为 60℃，由换热器自带的控制器控制自带的蒸汽调节阀运行。

6. 蒸汽凝结水通过低压蒸汽驱动的凝结水回收装置回到锅炉房。

16.19.2　控制要求

1. 点划线框内为循环泵组，自带配电控制箱、温度传感器等，为楼宇控制提供干触点。当回水管内的温度 t_1 低于设定值（50℃）时，开启循环泵；当 t_1 高于设定值（55℃）时，循环泵停止运行。

2. 生活热水系统定压由冷水系统保证。

16.20　空调热水水—水换热机组控制原理图

16.20.1　项目概况

1. 图 16-37 为某超高层办公楼的空调热水水—水换热机组控制原理图。

2. 一次热源为室外热水锅炉房供给的 95℃ /70℃热水。

3. 采用 2 台板式换热器并联运行。

4. 二次水为变流量系统，水泵为变频泵。

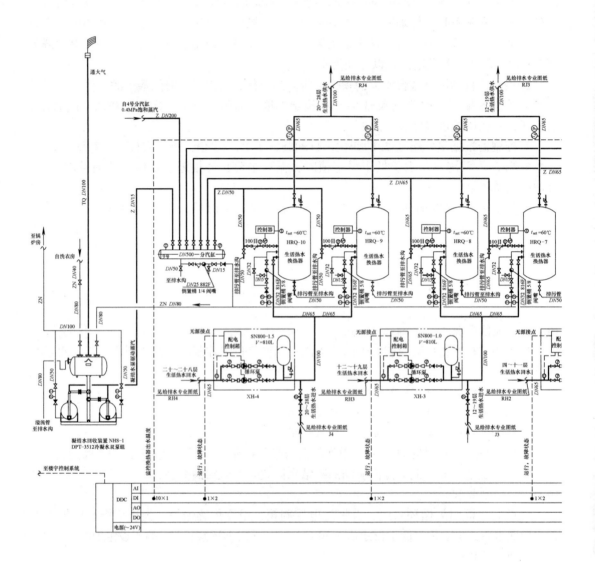

图 16-36 北京某酒店的生活热

① 该图 CAD 版本可由中国建筑工业出版社官方网站本书的配套资源中下载。

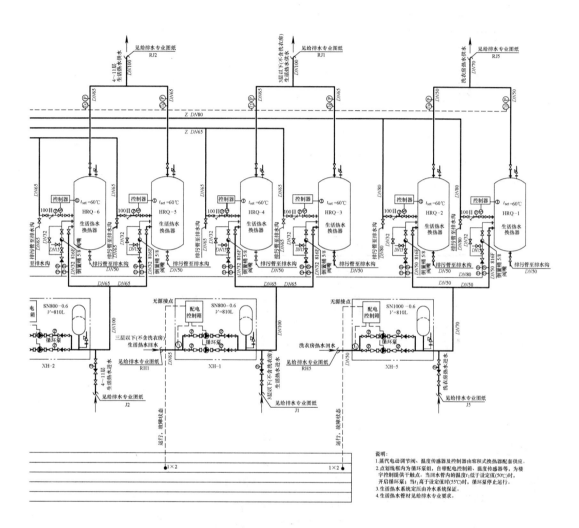

水汽—水换热机组控制原理图①

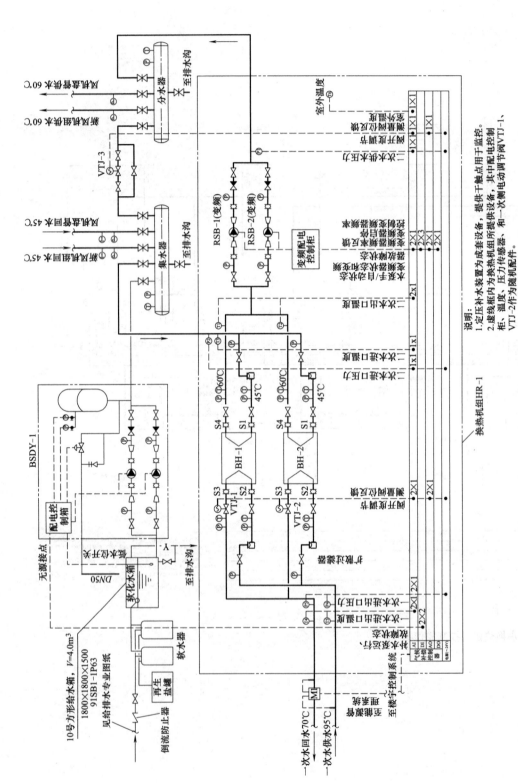

图 16-37　某超高层办公楼的空调热水水—水换热机组控制原理图[1]

说明：
1. 定压补水装置为成套设备，提供干触点用于监控。
2. 建线框内为换热机组所提供设备，其中配电控制柜、温度、压力传感器、和一次侧电动调节阀 VTJ-1、VTJ-2作为随机配件。

① 该图 CAD 版本可由中国建筑工业出版社官方网站本书的配套资源中下载。

5. 二次水供 / 回水温度为 60℃ /45℃。

6. 空调热水由定压补水装置进行定压补水。

7. 点划线框内为换热机组所包含的设备，其中配电控制柜、室外温度传感器和一次侧电动调节阀 VTJ-1、VTJ-2 作为随机配件提供，并提供与楼宇控制系统的通信接口。

8. 换热系统的控制器带气候补偿功能。

16.20.2　控制要求

1. 控制器根据二次水供回水压差（P_1–P_2）与设定值的差值，经 PID 运算后，来控制循环泵变频运行，保证供回水压差恒定。

2. 当水泵以最低频率运行，且流量仍然过剩，压差高于设定值时，开启并调节电动调节阀 VTJ-3，直到压差设定值得以保证为止。

3. 控制器自动记录各台水泵的累计运行时间，优先启动运行时间最少的水泵。

4. 控制器根据板式换热器二次侧出水温度 T_1、T_2 与设定温度的差值，分别调节一次侧电动调节阀 VTJ-1、VTJ-2 的开度，来保持供水温度恒定。

5. 控制器根据室外温度 T_6 的变化，自动调整 T_1、T_2 的设定值，进行室外温度补偿。

6. 当 P_2（系统定压点）低于设定值时，循环泵停止并报警，水压上升到设定压力，自动启动循环泵。

7. 根据用户的使用要求进行分时段控制。控制器内部的时钟可以将每天任意分为两个时段，每个时段设定不同的供水温度，进行节能控制。如：第一时段，白天（9：00 ～ 17：00），第二时段，晚间（17：00 ～ 9：00）。

16.21　带空调冷凝热回收生活热水预热水—水换热系统控制原理图

16.21.1　项目概况

1. 图 16-38 为北京某酒店的带空调冷凝热回收生活热水水—水换热机组控制原理图。该酒店生活热水系统共分 3 个系统。

2. 一次热源为由锅炉房供给的 95℃ /70℃热水。

3. 每个系统采用 2 台容积式换热器并联运行。

4. 每个系统设置两台循环泵和一个气压罐。

5. 生活热水供水温度为 60℃，由容积式换热器自带的感温包和自立式温控阀控制运行。

6. 预热热源为空调冷水机组热回收冷凝器供给的 45℃ /40℃热水。

7. 生活热水系统定压由冷水系统保证。

8. 预热系统定压由冷水机房内的定压补水系统负责。

16.21.2　控制要求

点划线框内为循环泵组，自带配电控制箱、温度传感器等，为楼宇控制提供干触点。当回水管内的温度 t_1 低于设定值（50℃）时，开启循环泵；当 t_1 高于设定值时（55℃）时，循环泵停止运行。

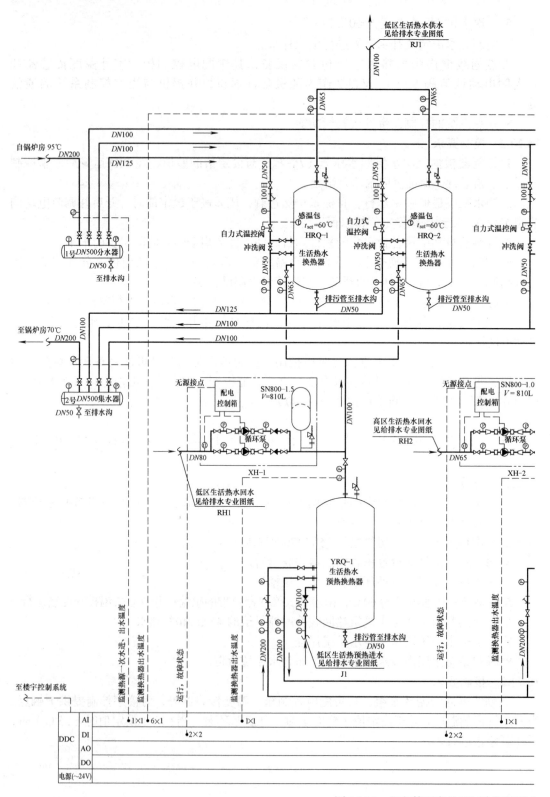

图 16-38 北京某酒店的空调冷凝热回收

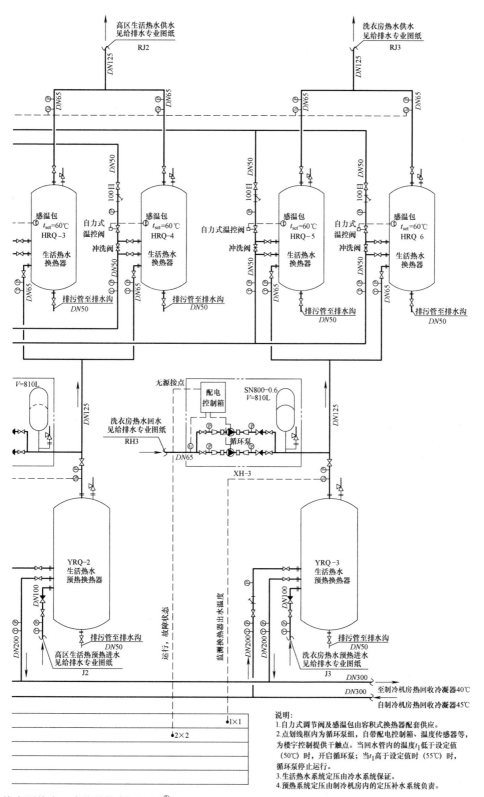

生活热水预热水—水换热控制原理图①

第 17 章 空调机组的调节控制

17.1 室内参数控制精度

空调系统设计时采用 h-d 图来分析确定空气处理的过程和选择处理设备容量的大小，这一过程是按室内外最不利条件确定的。在部分负荷时这个系统自然能够满足空气处理的要求。不过此时的空气处理过程将会发生一定的改变，系统如何进行调节才能在全年（不保证时间除外）内既能满足室内温湿度要求又能达到经济运行的目的？下面我们来分析一下其调节控制过程。

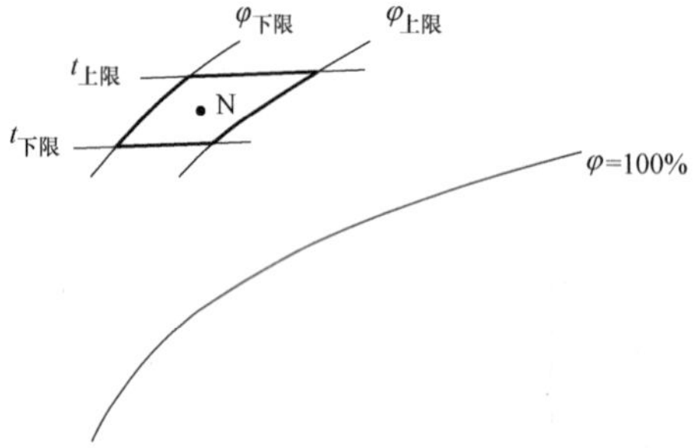

空调房间一般允许室内参数有一定的波动范围，也就是控制精度（见图 17-1）。在 h-d 图中，N 为室内设计状态点，图中两条等温线和两条等相对湿度线包围的区域，称为"室内空气温湿度允许波动区"，只要室内空气参数在这一区域内就可以认为满足要求。允许波动区的大小则根据空调工程的性质或冬夏季的变化不同。对于工艺性空调，这个区域小一些；而舒适性空调，这个区域大一些，见本书表 12-2。

图 17-1 室内空气温湿度允许波动的区域

在工程中，这样的调节过程是通过空调自控系统来完成的。

对于夏季采用冷却除湿的全空气空调系统（如：喷水室、表冷器等）在调节过程中，室内温度与相对湿度存在耦合的情况，即：对其中的一个参数调节时也会引起另一个参数的变化。

17.2 空调负荷变化时热湿比 ε 的变化

由室内最不利条件确定的热湿比，在实际运行时会有以下三种情（见图 17-2）：

热湿比：$\varepsilon = \dfrac{Q}{W}$

式中　Q——室内最大冷负荷；

　　　　W——室内最大湿负荷。

1. 如果 W 不变，$Q\downarrow$，则 $\varepsilon\downarrow$，$\varepsilon\rightarrow\varepsilon'$。
2. 如果 Q 不变，$W\downarrow$，则 $\varepsilon\uparrow$，$\varepsilon\rightarrow\varepsilon''$。
3. 如果 W、Q 都变化，则有可能 $\varepsilon\uparrow$ 或 $\varepsilon\downarrow$，

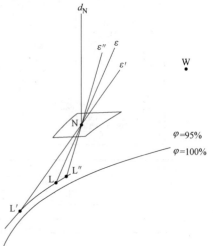

图 17-2　空调负荷变化时
热湿比 ε 的变化

$\varepsilon \to \varepsilon''$，或 $\varepsilon \to \varepsilon'$。

17.3　定机器露点调节方法

对于有恒温恒湿要求的工艺性空调，除少量的工作人员外，基本上不会有明显的散湿设备，一般都有较稳定的产湿量（换句话说，如果生产工艺过程湿负荷变化剧烈，也不会要求恒温恒湿环境），比如：计算机房、精密设备仪器用房。为了消除室内湿负荷，送风状态点的含湿量 d_O 由下式求得：

$$d_O = d_N - \frac{W}{G} \times 1000$$

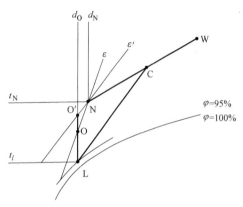

等湿线 d_O 与热湿比线 ε 的交点就是送风状态点 O，空气处理过程中，为了获得 O 点，先将混合后的空气处理到机器露点 L 点，再等湿加热到 O 点（为方便分析，忽略风机和管道温升），如图 17-3 所示。

由此可以看出，无论室内冷负荷怎么变化（比如 ε 变成了 ε'），只要将混合后的空气处理到机器露点 L，保证 L 点不变，调节再热量就可以到达送风状态点 O。这就是定机器露点调节。

定机器露点调节的前提条件是湿负荷稳定。其实质就是通过保证空气的除湿量，来保证房间

图 17-3　一次回风空调系统夏季定露点调节

的相对湿度，整个过程均没有房间湿度信号的参与，因此它是一种间接调节方法。

在自控系统上就是在表冷器（或喷水室）后加露点温度传感器（即紧贴表冷器的温度传感器），用露点温度控制表冷器入口处的电动调节阀，来保证露点温度 t_l 不变，从而保证 L 点不变。同时设置房间的温度传感器，用室内温度 t_N 来控制再热量，从而确定送风状态点的位置。

以上调节方法存在两个问题：

1. 只局限于室内湿负荷稳定的场所；

2. 调节过程需要有再热过程，有冷热抵消，不节能。

17.4　变机器露点调节方法

对于室内湿度变化较大或室内相对湿度要求较严格的情况，可以在室内直接设置相对湿度传感器，直接根据室内相对湿度偏差进行调节，以补偿室内热湿负荷的变化。这种控制室内相对湿度的方法称为"直接控制法"。它与间接控制法相比，调节质量更好，目前已被广泛采用。

由于夏季室内温度和湿度在调节过程中存在着耦合的情况，因此控制方法一般是先通过分别比较房间（或回风）温度、湿度与设定值的偏差，再经过选择器从两个信号中选取最大者，作为有效信号来控制进入表冷器（或喷水室）的冷水流量，从而改变机器露点的

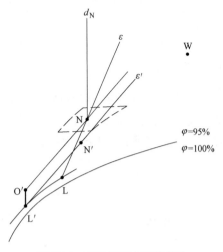

图 17-4　变机器露点调节方法

位置，实现温度、湿度的控制。

如图 17-4 所示，当室内温度低于允许波动区的下限时（如图中 N′，此时热湿比为 ε′），开启再加热器，将降温除湿后的空气温度由 L′ 加热到 O′，然后沿的 ε′ 平行线吸收室内余热余湿后变为室内状态点 N。

这种调节过程不是将混合后的空气不分青红皂白地统统降到机器露点 L，因此，再热的负荷会小些。

由于舒适性空调的室内空气温湿度允许波动区较大，空调水系统一般为两管制，夏季降温除湿后一般不设再加热，空调送风均以最大送风温差送出。目前的工程项目中，一般是采用变机器露点调节方法，以房间的温度信号来控制表冷器的电动水阀。采用这种控制方法将房间温度降低后，房间的湿度也不会太高。

对于手术室等有再热的净化空调系统，应以房间的湿度信号来控制表冷器的电动水阀，以房间的温度信号控制再热加热器。

17.5　变新风比的调节

变新风比的调节分为两种情况：一种是夏季、冬季根据室内 CO_2 浓度调节最小新风比，实现在保证室内卫生的前提下节能运行的目的；另一种是过渡季节，当室外空气的焓值低于室内的空气的焓值时，调节新风比，实现充分利用室外空气降温的目的。

1. 根据室内 CO_2 浓度调节新风比。由于新风量的增加，图中混合点由 C 变为 C′（见图 17-5 和图 17-6）。

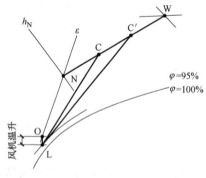

图 17-5　一次回风舒适性空调夏季变新风比空气处理过程

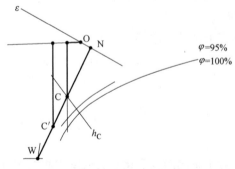

图 17-6　一次回风舒适性空调冬季变新风比等温加湿空气处理过程

2. 根据室内外空气的焓值调节新风比

在本书第 12.7.2 节中，如果忽略房间的漏风量和空调机组的风机温升，新风量 G_W＝排风量 G_p，设新风比 $m=G_W/G$，对于空调房间，其热平衡公式可写成：

$$G \cdot h_O = G_N \cdot h_N + G_p \cdot h_N - Q_1 \tag{17-1}$$

同时，在图 12-5 中空调机组内部有如下关系：

$$G \cdot h_O = G_N \cdot h_N + G_W \cdot h_W - Q_3 \qquad (17\text{-}2)$$

由以上两式可得：

$$Q_3 = G_W \cdot h_W - G_p \cdot h_N + Q_1 = m \cdot G(h_W - h_N) + Q_1 \qquad (17\text{-}3)$$

由式（17-3）可以看出：空调机组提供的冷量 Q_3 为房间的冷负荷 Q_1 与新风负荷 $m \cdot G$ $(h_W - h_N)$ 之和，同时 Q_3 的大小与新风比 m 的大小有关。为了实现空调机组的全年节能运行，使空调机组的冷量 Q_3 或热量 Q_3' 最小。根据室内外焓值的调节将分为 4 种情况：

（1）当室外空气的焓值高于室内空气的焓值时（即 $h_W > h_N$），此时为夏季工况，空调机组以最小新风比运行，调节表冷器入口电动调节阀运行。

（2）当室外空气的焓值低于室内空气的焓值时（即 $h_W < h_N$），且新、回风的焓差不足以抵消冷负荷，称其为过渡季前期，可以全新风（即 $m=1$）加调节表冷器入口电动调节阀运行。

（3）当室外空气的焓值低于室内空气的焓值时（即 $h_W < h_N$），且新、回风的焓差足以抵消冷负荷，称其为过渡季，可以关闭表冷器入口电动调节阀（即 $Q_3=0$），由室内温度信号来调节新风比 m 来运行。

（4）当室外空气的焓值低于室内空气的焓值时（即 $h_W < h_N$），且新风比已经达到最小，开启加热器，进入冬季工况。

当 $h_W < h_N$ 时，过渡季的空气处理过程（为了便于分析，忽略风机温升）：室外空气 W' 与室内空气 N 混合至 C' 后，如果此时 C' 刚好位于新机器露点的等焓线上，就可以经等焓加湿处理到 L' 送入室内，吸收余热余湿后沿 ε' 处理到室内状态点 N。但在实际工程中应用中，往往不加湿，此时空气处理过程将沿过 C' 点的 ε' 到达点 N 的等温线上的 N' 点，室内的温度得到保障，而相对湿度将小于设计值，对于一般的舒适性空调其夏季室内相对湿度一般是 $\leqslant 60\%$，满足要求（见图 17-7）。

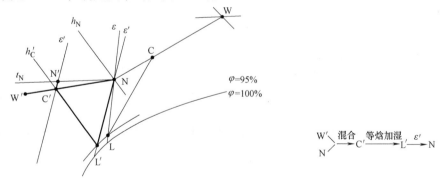

图 17-7　一次回风舒适性空调过渡季变新风比空气处理过程

17.6　一、二次回风混合比的调节

采用二次回风的舒适性空调系统，如图 17-8 所示，在夏季冷负荷减少时，通过联动调节一次回风阀及二次回风阀来改变混合比，从而适应负荷的变化。

二次回风舒适性空调系统夏季空气处理过程如图 17-9 所示（为了便于分析，忽略风机温升）。冷负荷减少，湿负荷不变，热湿比减少为 ε'，此时开大二次回风阀 VT2，关小一次风阀 VT1，即：增加二次回风量，减少一次回风量，使总回风量保持不变。送风状态点就从 O 点升高到 O'，机器露点从 L 降到 L'。因此，这种调节需同时开大表冷器入口处的电动调节水阀 SV1，否则室内的相对湿度将增大，偏离设定点。

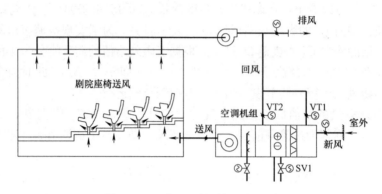

图 17-8　二次回风舒适性空调系统

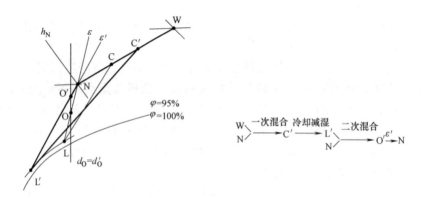

图 17-9　二次回风舒适性空调系统夏季空气处理过程

采用房间的温度信号控制一、二次风阀的开度，采用房间的相对湿度信号控制电动水阀的开度。虽然温度调节时会与湿度耦合，但是将房间的温湿度控制在允许波动的范围内即可。

二次回风系统冬季运行时，关闭二次回风阀 VT2，按一次回风系统的控制方式运行。

17.7　改变送风量的调节

由式（17-3）可知，改变机组的送风量 G 同样可以改变空调机组提供的冷量 Q_3，这就是全空气系统在部分负荷时，可以采用变频调速进行负荷调节的原理。

17.8　空调机组控制信号的接点位置

空调机组的控制包括组合式空调机组的控制和组合式新风机组的控制。两者在控制上都要注意项目所在地区的气候特点，比如在冬季空气温度低于 0℃的地区要有防冻控制要求。而在某些南方潮湿地区，冬季可能不需要加湿。本章所涉及的空调机组的控制均按有防冻和加湿的功能要求。

组合式空调机组在功能段上有单风机和双风机之分，在风系统形式上有定风量与变风量之分。在使用过程中，有的还有兼作火灾排烟时补风的功能。

新风机组根据安装方式来分，有卧式和吊装式，吊装式的新风机组由于风机的压头较小，一般只有一级粗效过滤，同时，由于其尺寸较小，也无法设置加湿功能。为了节能的需要，有的新风机组带有热回收功能，而热回收方式的不同，其控制方法也不相同。因此，空调机组的控制也是千变万化的，不能以一张标准图来说明全部的问题。

设备控制信号的接点位置如下：

1. 风机

（1）风机手 / 自动状态取自转换开关的辅助触点。一般只取"自动"信号。

（2）风机的启停控制：从 DDC 数字输出口（DO）输出信号，经中间继电器后到风机配电箱接触器控制回路。

（3）风机的运行状态取自风机配电箱接触器辅助触点。

（4）风机的故障信号取自风机配电箱主回路热继电器的辅助触点。

（5）当采用皮带传动的离心风机时，一般需设置压差开关检测风机是否正常工作，因为当风机的皮带松动或脱落时，风机会丢转或者不转，而此时风机的电机还工作正常，单靠电机的工作状态监测点无法发现这一现象，同时，可以通过压差开关的工作时间来记录风机的运行时间。

2. 电动风阀

（1）空调机组为了实现变新风比运行，其电动风阀执行器都是调节型的。执行器内部的阀门定位器可以输出位置反馈信号。

（2）新风机组一般都是定风量运行，其电动风阀执行器都是开关型的，其辅助开关可以返回阀门开关状态信号至 DDC，DDC 的开关（DO）信号经中间继电器接通或断开风阀执行器的电源。

（3）兼作火灾排烟时补风的机组，其回风阀、排风阀及新风阀具有自复位（弹簧复位）功能。

3. 电加热器

电加热器的启停控制：从 DDC 数字输出口（DO）输出信号，经中间继电器到电加热器电控箱晶闸管交流开关。

电加热器的加热量控制：从 DDC 模拟输出口（AO）输出控制信号至晶闸管交流调功器进行连续调节。

4. 电热式加湿器

（1）电热式加湿器的启停控制：从 DDC 数字输出口（DO）输出信号，经中间继电器到电热式加湿器电控箱晶闸管交流开关。

（2）电热式加湿器的加湿量控制：从 DDC 模拟输出口（AO）输出控制信号至晶闸管交流调功器进行连续调节。

17.9　空调末端设备及系统控制流程图（冬季加湿以干蒸汽为例）

　　在空调末端设备控制过程中，温度（或温差）设定值、湿度设定值、静压设定值等均需设置一个动作触发阈值，避免调节阀、风机频繁动作。而阈值的大小往往需要根据控制精度要求、调试经验等设定，本节温度均取 ±1℃，相对湿度均取 ±5%。

17.9.1　两管制新风机组的控制内容及控制流程图

　　两管制新风机组的控制内容如表 17-1 所示。

两管制新风机组的控制内容　　　　　　　　　　　　表 17-1

序号	控制内容	图号
1	两管制新风机组夏季、冬季温度控制流程	图 17-10
2	新风机组冬季加湿控制流程	图 17-11

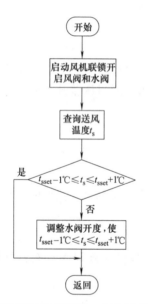

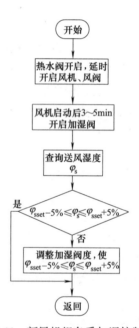

图 17-10　两管制新风机组夏季、冬季温度控制流程　　　　图 17-11　新风机组冬季加湿控制流程

17.9.2　两管制一次回风空调机组的控制内容及控制流程图

　　两管制一次回风空调机组的控制内容如表 17-2 所示。

两管制一次回风空调机组的控制内容　　　　　　　　　　　表 17-2

序号	控制内容	图号
1	空调机组 CO_2 控制新风阀的流程	图 17-12
2	一次回风空调机组新风阀的焓值控制流程（夏季工况）	图 17-13
3	两管制一次回风空调机组夏季、冬季温度控制流程	图 17-14
4	一次回风空调机组冬季加湿控制流程	图 17-15

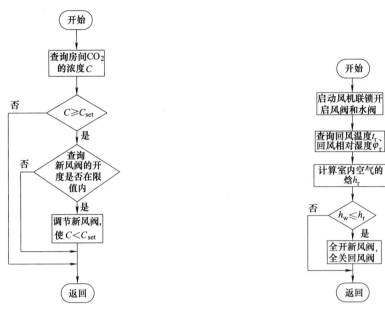

图 17-12　空调机组 CO_2 控制新风阀的流程

图 17-13　一次回风空调机组新风阀的焓值控制流程（夏季工况）

h_w—室外空气的焓值，由控制系统根据室外干球
温度和相对湿度计算

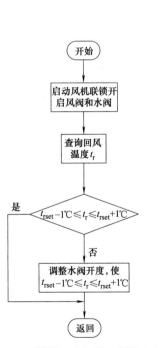

图 17-14　两管制一次回风空调机组夏季、
冬季温度控制流程

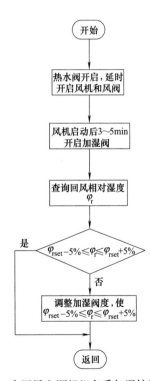

图 17-15　一次回风空调机组冬季加湿控制流程

17.9.3 一次回风空调机组温、湿度串级控制内容及控制流程图

一次回风空调机组温、湿度串级控制内容如表 17-3 所示。

一次回风空调机组温、湿度串级控制内容   表 17-3

序号	控制内容	图号
1	两管制一次回风空调机组夏季、冬季温度串级控制流程	图 17-16
2	一次回风空调机组冬季加湿串级控制流程	图 17-17

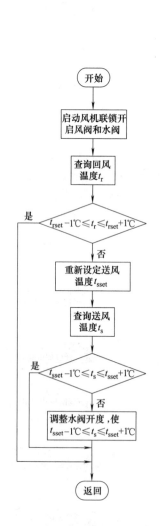

图 17-16　两管制一次回风空调机组
夏季、冬季温度串级控制流程

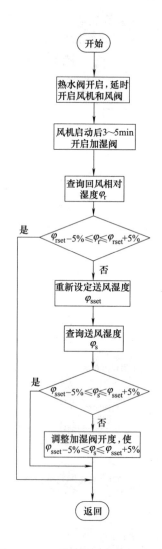

图 17-17　一次回风空调机组冬季加
湿串级控制流程

17.9.4 一次回风净化带再热盘管空调机组的控制内容及控制流程图

一次回风净化带再热盘管空调机组的控制内容如表 17-4 所示。

一次回风净化带再热盘管空调机组的控制内容　表 17-4

序号	控制内容	图号
1	一次回风净化空调机组新风阀的焓值控制流程	图 17-13
2	一次回风净化带再热盘管空调机组夏季温度控制流程	图 17-18
3	一次回风净化带再热盘管空调机组夏季湿度控制流程	图 17-19
4	一次回风净化带再热盘管空调机组冬季温度控制流程	图 17-14
5	一次回风净化带再热盘管空调机组冬季加湿控制流程	图 17-15

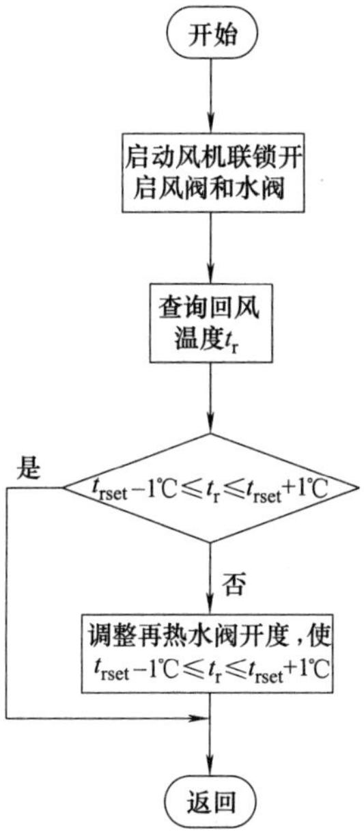

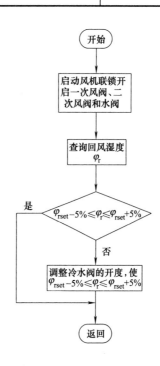

图 17-18　一次回风净化带再热盘管
空调机组夏季温度控制流程

图 17-19　一次回风净化带再热盘管
空调机组夏季湿度控制流程

17.9.5　两管制一次回风变频空调机组的控制内容及控制流程图

两管制一次回风变频空调机组的控制内容如表 17-5 所示。

两管制一次回风变频空调机组的控制内容　表 17-5

序号	控制内容	图号
1	一次回风变频空调机组新风阀的焓值控制流程	图 17-13
2	两管制一次回风变频空调机组夏季、冬季温度控制流程	图 17-20
3	一次回风变频空调机组冬季加湿控制流程	图 17-15

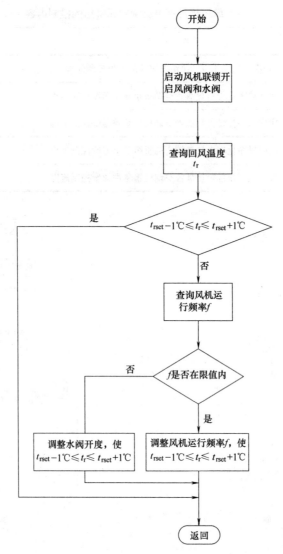

图 17-20　两管制一次回风变频空调机组夏季、冬季温度控制流程

17.9.6　两管制二次回风空调机组的控制内容及控制流程图

两管制二次回风空调机组的控制内容如表 17-6 所示。

两管制二次回风空调机组的控制内容　　　　　　　　　　　　表 17-6

序号	控制内容	图号
1	二次回风空调机组新风阀的焓值控制流程	图 17-21
2	两管制二次回风空调机组夏季温度控制流程	图 17-22
3	二次回风空调机组夏季湿度控制流程	图 17-23
4	两管制二次回风空调机组冬季温度控制流程	图 17-24
5	二次回风空调机组冬季加湿控制流程	图 17-25

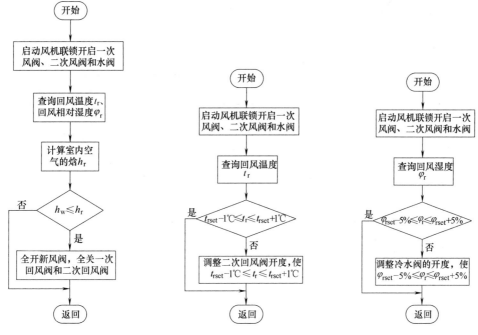

图 17-21　二次回风空调机组
新风阀的焓值控制流程

图 17-22　两管制二次回风空调
机组夏季温度控制流程

图 17-23　二次回风空调机组
夏季湿度控制流程

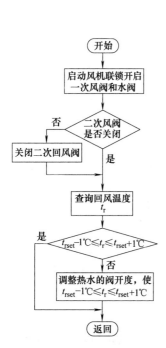

图 17-24　两管制二次回风空调机
组冬季温度控制流程

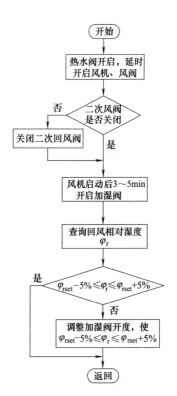

图 17-25　二次回风空调机
组冬季加湿控制流程

17.9.7 变风量空调机组的控制内容及控制流程图

变风量空调机组的控制内容如表 17-7 所示。

变风量空调机组的控制内容 表 17-7

序号	控制内容	图号
1	变风量空调系统空调机组新风阀的焓值控制流程	图 17-13
2	变风量空调系统定静压法风机转速控制流程	图 17-26
3	变风量空调系统变静压法风机转速控制流程	图 17-27
4	变风量空调系统送风温度优化控制流程	图 17-28
5	单风道单冷型变风量末端（VAV BOX）温度串级控制流程	图 17-29

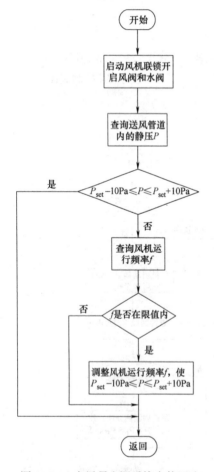

图 17-26 变风量空调系统定静压法
风机转速控制流程

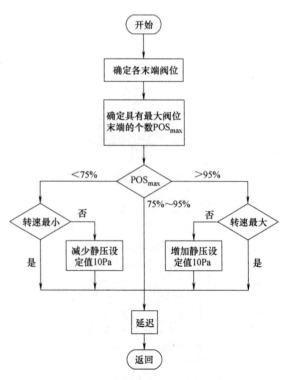

图 17-27 变风量空调系统变静压法风机
转速控制流程

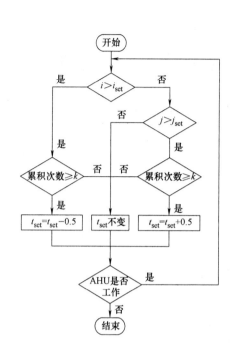

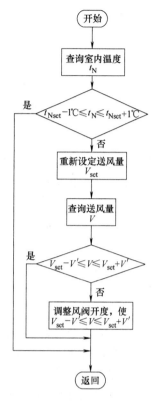

图 17-28　变风量空调系统送风温度
优化控制流程

i—负荷率 ≥ 0.9 的末端个数；j—实际送风量小于最
小送风量的末端个数；i_{set}、j_{set}、k—参数阈值；
t_{set}—送风温度设定值

图 17-29　单风道单冷型变风量末端
（VAV BOX）温度串级控制流程

V'—参数阈值

第18章 空调机组及风机盘管常用控制原理

空调机组的控制随机组段位功能的不同而不同，本章内容是笔者在工作中所遇到的一些空调机组的控制系统设计。

18.1 单风机变频空调机组控制

单风机空调机组适用于排风通路通畅的场所，如民用建筑的首层大堂等，图18-1所示为单风机变频空调机组控制原理图。《民用建筑供暖通风与空气调节设计规范》GB 50736—2012第7.3.8条规定：全空气系统风机应变速调节。风机应变速调节一般是通过变频来实现，但值得注意的是：采用喷口侧送的场所不适合采用风机变频控制，否则气流将达不到射程，温度场将不均匀。

在全空气系统中，人员密集区域需设CO_2传感器，当系统较大，或不是直接由房间回风时，CO_2传感器、温、湿度传感器应安装于房间内，以便能够准确地反映室内的参数。

控制要求：

1. 电动风阀及水阀与送风机连锁开闭，当风机停止后，所有电动风阀及水路电动阀门（SV-1）、蒸汽调节阀（SV-2）等也全部关闭［其中冬季，热水阀先于风机和风阀开启，后于风机和风阀关闭；风机开启3～5min后，再开启加湿器（SV-2），关闭加湿器（SV-2）5～6min后，再关闭风机］。

2. 新风阀（FV-2）、回风阀（FV-1）两阀联动调节，动作相反，阀位之和为100%。

3. 冬季工况，当盘管后温度低于5℃时，防冻开关发出报警，自动停止风机运行，连锁关闭新风阀（FV-2），全开热水调节阀（SV-1），同时，在中控室发出声光报警。

4. 当过滤器阻力超过设定值（即：两倍初阻力值）时，在中控室发出报警信号。

5. 夏（冬）季工况：

（1）DDC采用温度优先控制法，根据回风温度t_r与设定值的差值，通过PID运算，调节送风机的运行频率，保证回风温度恒定；同时，DDC根据送风温度与设定值的差值，经PID运算后，调节热/冷水阀（SV-1）开度，使送风温度t_s维持恒定（一般为最大送风温差，即：设计工况的送风温度）。

当送风机达到最大运行频率，室内温度仍有降低（升高）要求时，DDC降低（升高）送风温度t_s的设定值。

当送风机达到最小运行频率，室内温度仍有升高（降低）要求时，DDC升高（降低）送风温度t_s的设定值。

（2）此工况下采用最小新风比运行，同时，CO_2传感器检测回风的CO_2浓度，当浓度大于1200ppm时，增大新风阀的开度，调整最小新风比。

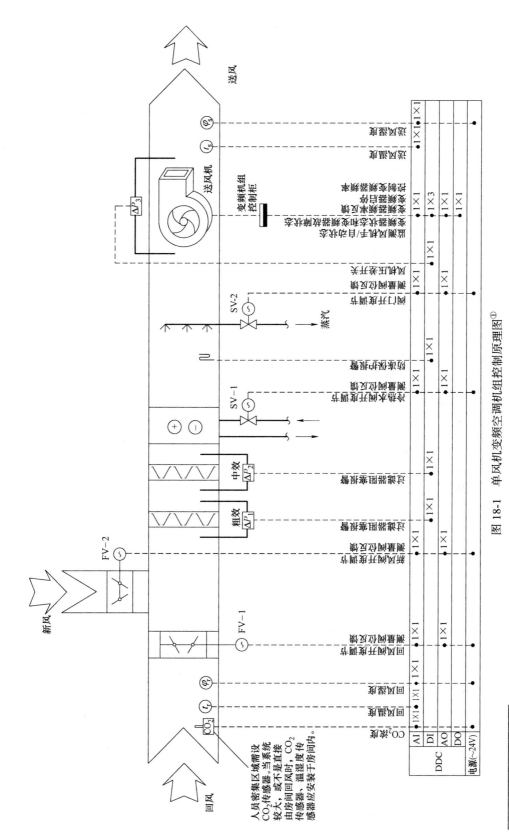

图 18-1 单风机变频空调机组控制原理图①

① 该图 CAD 版本可由中国建筑工业出版社官方网站本书的配套资源中下载。

（3）在冬季时，SV-1 需保持最小 10% 开度，以防冻。

（4）冬季工况，DDC 根据回风湿度 φ_r 与设定值的差值，通过 PID 运算，调节 SV-2 开度，使回风湿度维持恒定。

6. 过渡季前期，风机以工频运行，控制系统检测室内外空气的温、湿度并在焓值比较器内进行比较，当室外空气的焓值小于室内空气的焓值时，采用全新风 + 冷水阀（SV-1）调节，直至 SV-1 完全关闭进入过渡季工况。

7. 过渡季工况时，风机以工频运行，SV-1 关闭，DDC 根据回风温度 t_r 与设定值的差值，通过 PID 运算，调节 FV-1、FV-2，利用室外新风降温，使回风温度维持恒定。

18.2　二次回风空调机组控制

图 18-2 所示为二次回风空调机组控制原理图。二次回风空调机组常用在影剧院采用座椅送风的舒适性空调系统中，为了避免吹冷风感，常采用二次回风系统来提高送风温度，减少送风温差，保证舒适度。如剧院空调设计温度为 26℃，座椅送风温度为 21℃。同时需设置排风机，来保证排风通畅。该机组冷热水调节阀采用电子式压力无关型电动调节阀（EPIV）。

控制要求：

1. 送风机、排风机连锁，启停顺序为：先开送风机，延时开排风机；先关排风机，延时关送风机，保证空调房间的正压。

2. 电动风阀及水阀与送风机、排风机连锁开闭，当风机停止后，所有电动风阀及水路电动阀门（SV-1）、蒸汽调节阀（SV-2）等也全部关闭［其中冬季：热水阀先于风机和风阀开启，后于风机和风阀关闭；风机开启 3～5min 后，再开启加湿器（SV-2），关闭加湿器（SV-2）5～6min 后，再关闭风机］。

3. 冬季工况，SV-1 需保持最小 10% 开度，以防冻。当盘管后温度低于 5℃ 时，防冻开关发出报警，自动停止风机运行，连锁关闭新风风阀（FV-1），全开热水调节阀（SV-1），同时，在中控室发出声光报警。

4. 当过滤器阻力超过设定值（即：两倍初阻力值时），在中控室发出报警信号。

5. 夏季工况：

（1）DDC 采用湿度优先控制法，根据回风湿度 φ_r 与设定值的差值，通过 PID 运算，调节冷水阀（SV-1）开度，使回风湿度 φ_r 不高于设定值。

（2）DDC 根据回风温度 t_r 与设定值的差值，通过 PID 运算，同时调节一、二次回风阀 FV-2、FV-3 的开度（两者阀位之和不变），改变一、二次回风的比例，并保持总回风量不变，使回风温度 t_r 维持恒定。FV-1、FV-2、FV-3 的初始阀位是设计工况下各风量下的阀位。

6. 冬季工况：

（1）关闭二次回风阀（FV-3），将新风阀（FV-1）、排风阀（FV-4）及一次回风阀（FV-2）置于最小新风比的阀位。

（2）DDC 根据回风温度 t_r 与设定值的差值，通过 PID 运算，调节热水阀（SV-1）开度，使回风温度 t_r 维持恒定。

（3）DDC 根据回风湿度 φ_r 与设定值的差值，通过 PID 运算，调节 SV-2 开度，使回风湿度维持恒定。

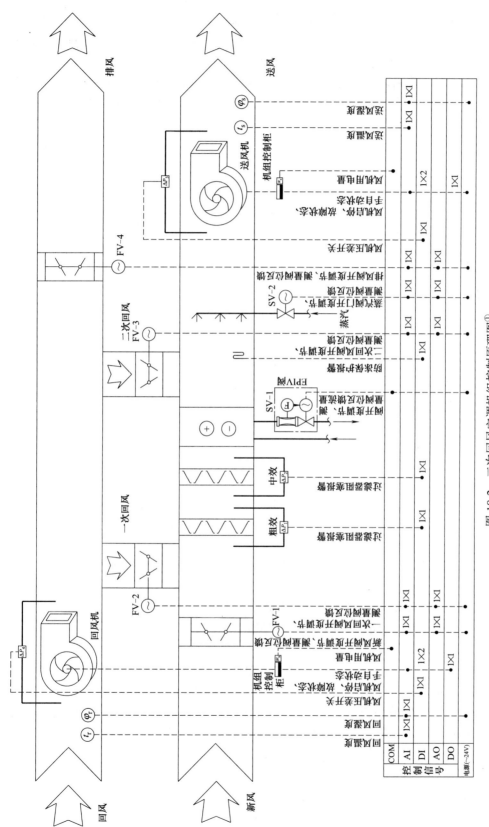

图 18-2 二次回风空调组机控制原理图①

① 该图 CAD 版本可由中国建筑工业出版社官方网站本书的配套资源中下载。

7. 过渡季前期，控制系统检测室内外空气的温、湿度，并在焓值比较器内进行比较，当室外空气的焓值小于室内空气的焓值时，采用全新风＋冷水阀（SV-1）调节，直到 SV-1 完全关闭进入过渡季工况。

8. 过渡季工况：控制系统检测室内、外空气的温湿度并在焓值比较器内比较当室外空气的焓值小于室内空气的焓值时，二次回风阀（FV-3）和水阀 SV-1 关闭。DDC 根据回风温度 t_r 调节新风阀（FV-1）、一次回风阀（FV-2）及排风阀（FV-4）的开度，利用室外新风降温，使回风温度维持恒定。

18.3 兼作火灾补风单风机空调机组串级控制

当全空气空调系统较大，如宴会厅等高大空间，由于受调节对象纯滞后、时间常数及热湿扰量变化的影响，采用单回路调节不能满足调节参数要求时，空调系统宜采用串级控制（见图 18-3）。图 18-4 所示为兼作火灾补风单风机空调机组串级控制原理图。

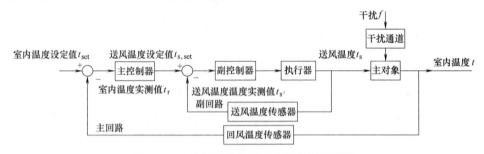

图 18-3 空调机组房间温度串级控制原理图

控制要求：

1. 电动风阀及水阀与送风机、连锁开闭，当风机停止后，所有电动风阀及水路电动阀门（SV-1）、蒸汽调节阀（SV-2）等也全部关闭［其中冬季：热水阀先于风机和风阀开启，后于风机和风阀关闭；风机开启 3～5min 后，再开启加湿器（SV-2），关闭加湿器（SV-2）5～6min 后，再关闭风机］。

2. 新风阀（FV-2）、回风阀（FV-1）两阀联动调节，动作相反，阀位之和为 100%。

3. 冬季工况：当盘管后温度低于 5℃时，防冻开关发出报警，自动停止风机运行，连锁关闭新风风阀（FV-2），全开热水调节阀（SV-1），同时，在中控室发出声光报警。

4. 当过滤器阻力超过设定值（即：两倍初阻力值）时，在中控室发出报警信号。

5. 冬/夏季工况：

（1）DDC 采用温度优先控制法，根据送风温度 t_s、回风温度 t_r 与设定值进行串级控制，通过 PID 运算，分别调节热/冷水阀（SV-1）开度，使回风温度维持恒定。

（2）此工况下采用最小新风比运行，同时，CO_2 传感器检测回风的 CO_2 浓度，当浓度大于 1200ppm 时，增大新风阀的开度，调整最小新风比。

（3）在冬季时，SV-1 需保持最小 10% 开度，以防冻。

（4）冬季工况，DDC 根据回风湿度 φ_r、送风湿度 φ_s 与设定值进行串级控制，通过 PID 运算，调节 SV-2 开度，使回风湿度维持恒定。

6. 过渡季前期，控制系统检测室内、外空气的温、湿度并在焓值比较器内进行比较，

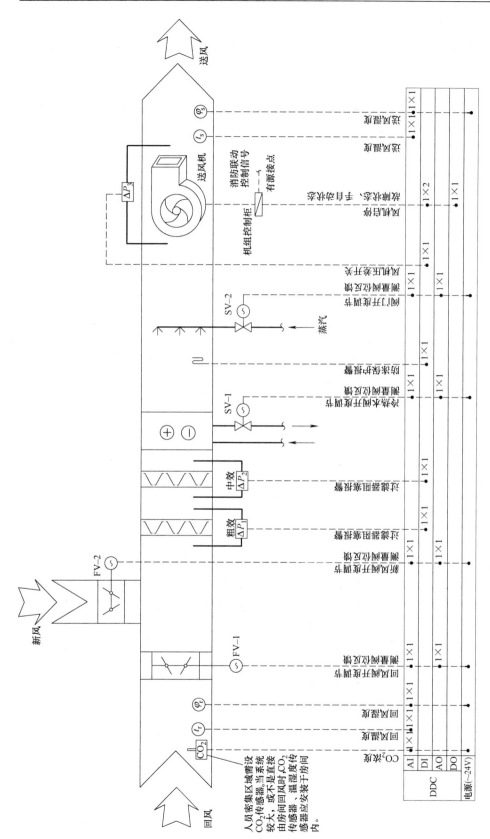

图 18-4 兼作火灾补风单风机空调机组串级控制原理图[1]

[1] 该图 CAD 版可由中国建筑工业出版社官方网站本书的配套资源中下载。

当室外空气的焓值小于室内空气的焓值时，采用全新风＋冷水阀（SV-1）调节，直至 SV-1 完全关闭进入过渡季工况。SV-1 关闭，DDC 根据送风温度 t_s、回风温度 t_r 与设定值进行串级控制，通过 PID 运算，调节 FV-1、FV-2，利用室外新风降温，使回风温度维持恒定。

　　7. 兼作排烟补风用空调机组的回风阀、新风阀电动执行器均为弹簧复位型。火灾时，普通电源断电，其回风阀断电关闭，新风阀断电全开；风机由消防电源投入运行。

18.4　双风机变频空调机组控制

　　双风机空调机组常用在不同季节新风量变化较大且无法通过自然排风的空调系统，如北方地区，过渡季常采用变新风比甚至全新风进行空调。当空调系统的回风管路较长，阻力较大时也常常设置回风机。空调机组的送、排风机同步变频，为了保证送、排风量的变化一致，建议采用具有相同特性曲线的风机。双风机变频空调机组控制原理如图 18-5 所示。

　　控制要求：

　　1. 送风机、回风机连锁，启停顺序为：先开送风机，延时开回风机；先关回风机，延时关送风机，保证空调房间的正压。

　　2. 电动风阀与送风机、回风机连锁开闭，当风机停止后，所有电动风阀及水路电动阀门（SV-1）、蒸汽调节阀（SV-2）等也全部关闭［其中冬季：热水阀先于风机和风阀开启，后于风机和风阀关闭；风机开启 3～5min 后，再开启加湿器（SV-2），关闭加湿器（SV-2）5～6min 后，再关闭风机］。

　　3. 新风阀（FV-1）、排风阀（FV-2）及回风阀（FV-3）三阀联动调节，FV-1 与 FV-3 动作相反，阀位之和为 100%，FV-1 与 FV-2 动作相同。

　　4. 冬季工况，当盘管后温度低于 5℃时，防冻开关发出报警，自动停止风机运行，连锁关闭新风风阀（FV-1），全开热水调节阀（SV-1），同时，在中控室发出声光报警。

　　5. 当过滤器阻力超过设定值（即：两倍初阻力值时），在中控室发出报警信号。

　　6. 夏（冬）季工况：

　　（1）DDC 采用温度优先控制法，根据回风温度 t_r 与设定值的差值，通过 PID 运算，调节送、回风机的运行频率，保证回风温度恒定；同时，DDC 根据送风温度与设定值的差值，经 PID 运算后，调节热 / 冷水阀（SV-1）开度，使送风温度 t_s 维持恒定（一般为最大送风温差，即：设计工况的送风温度）。

　　当送、回风机达到最大运行频率，室内温度仍有降低（升高）要求时，DDC 降低（升高）送风温度 t_s 的设定值。

　　当送、回风机达到最小运行频率，室内温度仍有升高（降低）要求时，DDC 升高（降低）送风温度 t_s 的设定值。

　　（2）此工况下采用最小新风比运行，同时，CO_2 传感器检测回风的 CO_2 浓度，当浓度大于 1200ppm 时，增大新风阀的开度，调整最小新风比。

　　（3）在冬季时，SV-1 需保持最小 10% 开度，以防冻。

　　（4）冬季工况，DDC 根据回风湿度 φ_r 与设定值的差值，通过 PID 运算，调节 SV-2 开度，使回风湿度维持恒定。

　　7. 过渡季前期，控制系统检测室内外空气的温、湿度，并在焓值比较器内进行比

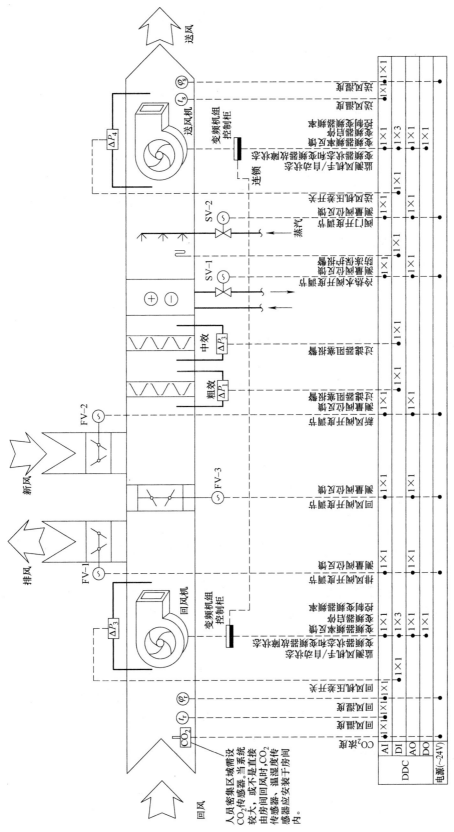

图 18-5 双风机变频空调机组控制原理图①

① 该图 CAD 版本可由中国建筑工业出版社官方网站本书的配套资源中下载。

较，当室外空气的焓值小于室内空气的焓值时，采用全新风＋冷水阀（SV-1）调节，直到 SV-1 完全关闭，进入过渡季工况。

8. 过渡季工况，控制系统检测室内、外空气的温、湿度并在焓值比较器内进行比较，当室外空气的焓值小于室内空气的焓值时。SV-1 关闭，DDC 根据送风温度 t_s、回风温度 t_r 与设定值进行串级控制，通过 PID 运算，调节 FV-1、FV-2、FV-3 的开度，利用室外新风降温，使回风温度维持恒定。

18.5 兼作火灾补风双风机变频空调机组控制

在地下室的空调房间火灾排烟时，可以采用空调机组兼作火灾的补风机，这样可以省去专用的补风机，节省了投资，也节省了机房面积和管道空间，可以使空调、通风系统得以简化。此时空调机组的配电柜是双电源的配电柜，即在火灾时普通电源被切断后由消防电源供电，由消防控制系统发出控制信号启动空调机组内的风机。该机组的电动水阀采用 EV 能量阀，采用与控制系统通信的方式控制。

双风机空调机组常常用在不同季节新风量变化较大且无法通过自然排风的空调系统，如北方地区，过渡季常常采用变新风比甚至全新风进行空调。当空调系统的回风管路较长、阻力较大时也常常设置回风机。空调机组的送、排风机同步变频，为了保证送、排风量的变化一致，建议采用具有相同特性曲线的风机。

兼作火灾补风双风机变频空调机组控制如图 18-6 所示。

控制要求：

1. 送风机、回风机连锁，启停顺序为：先开送风机，延时开回风机；先关回风机，延时关送风机，保证空调房间的正压。

2. 电动风阀与送风机、回风机连锁开闭，当风机停止后，所有电动风阀及水路电动阀门（SV-1）、蒸汽调节阀（SV-2）等也全部关闭 ［其中冬季：热水阀先于风机和风阀开启，后于风机和风阀关闭；风机开启 3～5min 后，再开启加湿器（SV-2），关闭加湿器（SV-2）5～6min 后，再关闭风机 ］。

3. 新风阀（FV-1）、排风阀（FV-2）及回风阀（FV-3）三阀联动调节，FV-1 与 FV-3 动作相反，阀位之和为 100%，FV-1 与 FV-2 动作相同。

4. 冬季工况，当盘管后温度低于 5℃时，防冻开关发出报警，自动停止风机运行，连锁关闭新风风阀（FV-1）、全开热水调节阀（SV-1），同时，在中控室发出声光报警。

5. 当过滤器阻力超过设定值（即：两倍初阻力值时），在中控室发出报警信号。

6. 夏（冬）季工况：

（1）DDC 采用温度优先控制法，根据回风温度 t_r 与设定值的差值，通过 PID 运算，调节送、回风机的运行频率，保证回风温度恒定；同时，DDC 根据送风温度与设定值的差值，经 PID 运算后，调节热／冷水阀（SV-1）开度，使送风温度 t_s 维持恒定（一般为最大送风温差，即：设计工况的送风温度）。

当送、回风机达到最大运行频率，室内温度仍有降低（升高）要求时，DDC 降低（升高）送风温度 t_s 的设定值。

当送、回风机达到最小运行频率，室内温度仍有升高（降低）要求时，DDC 升高（降低）送风温度 t_s 的设定值。

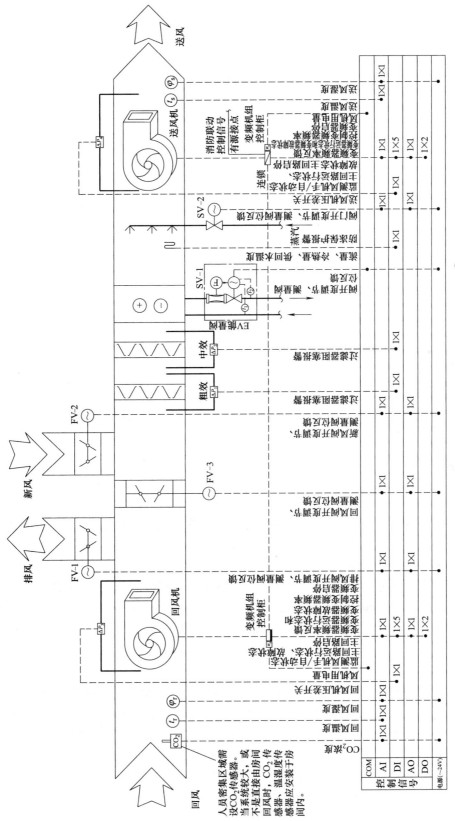

图 18-6　兼作火灾补风双风机变频空调机组控制原理图[1]

① 该图 CAD 版可由中国建筑工业出版社官方网站本书的配套资源中下载。

（2）此工况下采用最小新风比运行，同时，CO_2 传感器检测回风的 CO_2 浓度，当浓度大于 1200ppm 时，增大新风阀的开度，调整最小新风比。

（3）在冬季时，SV-1 需保持最小 10% 的开度，以防冻。

（4）冬季工况，DDC 根据回风湿度 φ_r 与设定值的差值，通过 PID 运算，调节 SV-2 开度，使回风湿度维持恒定。

7. 过渡季前期，控制系统检测室内外空气的温湿度并在焓值比较器内进行比较，当室外空气的焓值小于室内空气的焓值时，采用全新风＋冷水阀（SV-1）调节，直至 SV-1 完全关闭进入过渡季工况。

8. 过渡季工况时，SV-1 关闭，DDC 根据送风温度 t_s、回风温度 t_r 与设定值进行串级控制，通过 PID 运算，调节 FV-1、FV-2、FV-3 的开度，利用室外新风降温，使回风温度维持恒定。

9. 兼作排烟补风用空调机组的回风阀、新风阀及排风阀电动执行器均为弹簧复位型。火灾时，普通电源断电，其回风阀及排风阀断电关闭，新风阀断电全开；回风机断电关闭，送风机由消防电源投入运行。

18.6 正压洁净手术室四管制变频净化空调机组（配电热加湿器和电再热器）控制

正压洁净手术室要求相对于洁净走廊有 5 ~ 20Pa 的正压，一般都是通过增加回风口的阻尼，调节排风量来实现压差控制。要维持正压，手术室的排风机和电动门必须联动控制。

对于手术室而言，电再热器的控制，建议采用连续温度调节，而不采用分级调节，以免室内温度波动过大，造成忽冷忽热的感觉，同时节省加热能耗。

洁净手术室的净化空调系统要达到要求的洁净度，其换气次数非常高，因此夏季循环风在经过表冷器降温除湿后需要再热才能处理到送风状态点。这时房间温湿度可以分别调控，通过调节表冷器的电动水阀，来控制手术室内的湿度，再通过调节电再热器来控制室内温度。这样就能保证室内状态点恒定。

手术室内信息面板上有空调机组启停、故障报警、温湿度设定显示等功能，这些信号可以通过 I/O 模块与控制空调机组的 DDC 通信，来完成控制过程。

正压洁净手术室四管制变频净化空调机组（配电热加湿器和电再热器）控制原理如图 18-7 所示。

控制要求：

1. 先启动送风机，延时启动排风机，关闭顺序相反。当手术室的门开启时，排风机关闭。

2. 电再热加热器、电热式加湿器与送风机连锁开闭，当风机停止后，所有水路电动阀门（SV-1、SV-2）及电动风阀（FV-1）也全部关闭（电再热加热器后于风机开启，先于风机关闭；风机开启 3 ~ 5min 后，再开启加湿器，关闭加湿器 5 ~ 6min 后，再关闭风机）。

3. 电再热加热器无风断电，超温保护：当 ΔP_1 检测到送风机未运转时，电加热器断电，当 t_s 大于或等于 35℃时，电加热器断电。

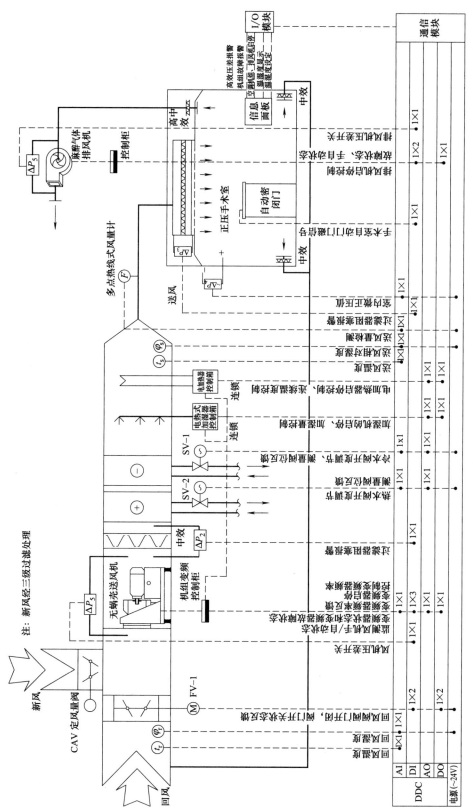

图 18-7 正压手术室四管制变频净化空调机组（配电热加湿和电再热器）控制原理图①

① 该图 CAD 版可由中国建筑工业出版社官方网站本书的配套资源中下载。

4. 当过滤器阻力超过设定值（即：两倍初阻力值）时，在中控室发出报警信号。

5. 变频风机的控制：通过在送风总管上设置多点热线式风量计，对风管断面上的平均风量实时在线检测，将实测风量与设计风量的差值通过 PID 运算，控制变频器的输出，调节风机的转速，保证送风量恒定不变。

6. 夏季工况：

（1）DDC 根据回风湿度 φ_r 与设定值的差值，通过 PID 运算，调节冷水阀（SV-1）开度，使相对湿度恒定。

（2）DDC 根据回风温度 t_r 与设定值的偏差调节电加热器的功率输出，使回风温度维持恒定。

7. 冬季工况：冷水阀（SV-1）关闭，DDC 根据回风温度 t_r 与设定值的差值，通过 PID 运算，调节热水阀（SV-2）开度，使回风温度维持恒定。

DDC 根据回风湿度 φ_r 与设定值的差值，调节电热式加湿器的加湿量，使回风湿度维持恒定。

18.7 新风预处理正负压转换手术室净化空调机组（热水盘管再热）控制

正负压转换手术室由于总风量较小，可以采用直流式，避免正负压转换时管路的污染。手术室的正负压通过改变排风量的大小来实现。通过对变频器输入不同的给定频率改变排风机转速，实现大小排风量的转换。同样，正压或负压手术室的排风机和电动门必须联动控制。

对于手术室而言，热水盘管再热是最理想的再热方式，即可以实现加热温度的连续调节，也可以利用热回收冷水机组的冷凝热；同时在某些地区，该热水盘管在冬季可以供热，实现冬夏共用，此时加热器应设置在表冷器之后。

手术室内信息面板上有房间正负压转换功能、空调机组启停、故障报警、温湿度设定显示等功能，这些信号可以通过 I/O 模块与控制空调机组的 DDC 通信，来完成控制过程。

新风预处理正负压转换手术室净化空调机组（热水盘管再热）控制原理如图 18-8 所示。

控制要求：

1. 正压工况：

（1）P-2 低速运行，先启动送风机，延时启动排风机 P-1、P-2，关闭顺序相反。当手术室门开启时，排风机 P-1、P-2 均关闭。

（2）变频风机的控制：通过在送风总管上设置多点热线式风量计，对风管断面上的平均风量实时在线检测，将实测风量与设计风量的差值通过 PID 运算，控制变频器的输出，调节风机的转速，保证送风量恒定不变。

（3）在系统稳定运行一段时间后，且房门关闭，房间微正压 ΔP_4 稳定之后，DDC 根据 ΔP_4 与设定值的差值，通过 PID 运算，调整排风机 P-2 电机的运行频率，使房间压差恒定不变。

2. 负压工况：P-2 高速运行，先启动排风机 P-1、P-2，延时启动送风机，关闭顺序相反。

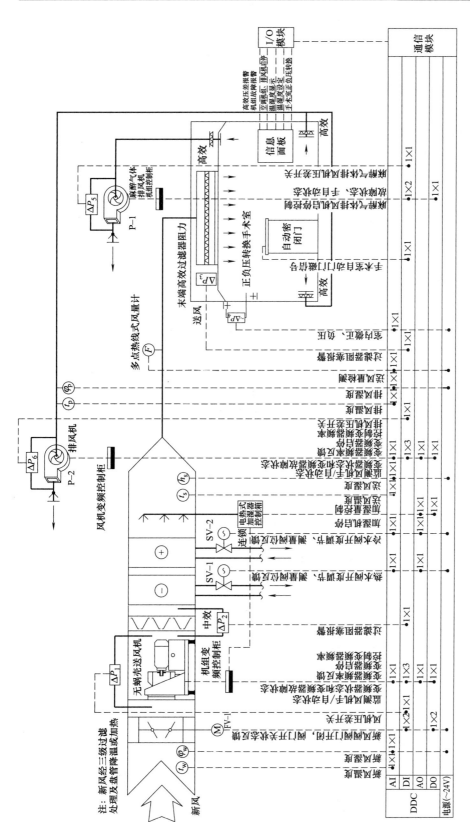

图 18-8　新风预处理正负压转换手术室净化空调机组（热水盘管再热）控制原理图[1]

① 该图 CAD 版可由中国建筑工业出版社官方网站本书的配套资源中下载。

3. 当送风机停止后，所有水路电动阀门（SV-1、SV-2）及电动风阀 FV-1 也全部关闭。

4. 当过滤器阻力超过设定值（即：两倍初阻力值）时，在中控室发出报警信号。

5. 夏季工况：

（1）DDC 根据回风湿度 φ_r 与设定值的差值，通过 PID 运算，调节冷水阀（SV-1）开度，使相对湿度恒定。

（2）DDC 根据排风温度 t_p 与设定值的差值，经 PID 运算后，调节 SV-2 的开度，使排风温度维持恒定。

6. 冬季工况：

（1）冷水阀（SV-1）关闭，DDC 根据排风温度 t_p 与设定值的差值，通过 PID 运算，调节热水阀（SV-2）开度，使回风温度维持恒定。

（2）DDC 根据排风湿度 φ_p 与设定值的差值，调节电热式加湿器的加湿量，使回风湿度维持恒定。

（3）风机开启 3 ～ 5min 后，再开启加湿器，关闭加湿器 5 ～ 6min 后，再关闭风机。

18.8　血液病房净化空调控制

图 18-9 为一个洁净度为 5 级（百级）的血液病房（骨髓移植病房）的净化空调系统控制原理图。新风集中处理后经定风量阀接入病房净化空调机组的新风口。病房及准备室有工作状态和值班状态，其分别对应于工作风量和值班风量。

控制要求：

1. 排风机组与空调机组连锁控制，空调机组开启后延时开启排风机，保证病房的压力梯度。

2. 空调机组带备用风机，风机入口处设密闭止回风阀。当一台风机故障时，另一台自动投入运行。

3. 空调机组的送风量的调节：当血液病房及其准备室为工作状态时，DDC 根据风量传感器检测到的送风量与其设定值的差值，通过 PID 运算，输出 0 ～ 10V 控制信号给送风机直流调速器，对送风量进行调节，保证送风量恒定。

4. 血液病房及其准备室的工作状态和值班状态，可在病房入口处的 HMI 触摸显示屏上切换。

5. HMI 显示屏须有以下功能：

（1）切换血液病房及其准备室的工作风量和值班风量；

（2）显示血液病房及其准备室的压差；

（3）显示血液病房送风高效过滤器的压差值；

（4）显示血液病房的温度、湿度；

（5）显示主风机、备用风机的状态。

6. 新风阀（FV-1）、回风阀（FV-2）与送风机连锁开闭，当风机停止后，水路电动调节阀（SV-1、SV-2）、蒸汽调节阀（SV-3）等也全部关闭（其中冬季热水调节阀先于风机和新风阀开启，后于风机和新风阀关闭）。

7. 冬季，风机开启 3 ～ 5min 后，再开启加湿器，关闭加湿器 5 ～ 6min 后，再关闭风机。

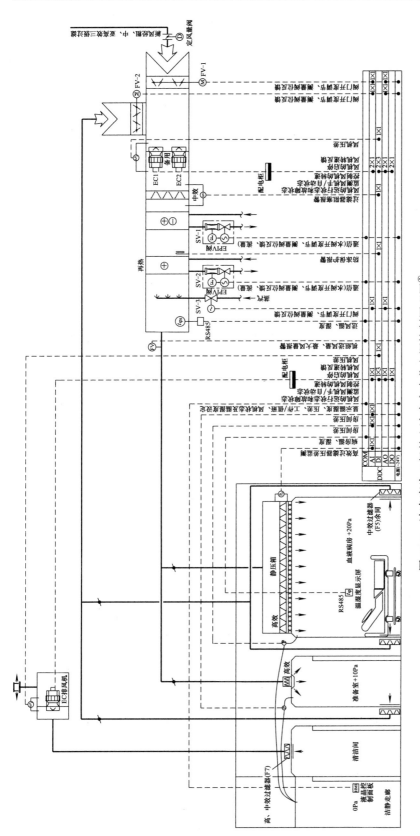

图 18-9 洁净度为 5 级的血液病房净化空调控制原理图①

① 该图 CAD 版可由中国建筑工业出版社官方网站本书的配套资源中下载。

8.冬季，当盘管后的温度低于5℃时，防冻开关发出报警，热水调节阀（SV-1）全开。同时，在中控室发出声光报警。

9.当过滤器阻力超过设定值（即：两倍初阻力值）时，在中控室发出报警信号。

10.冬／夏季工况调节：

（1）夏季温度控制：控制器根据病房的室内温度 t 的设定值与实测值的差值，经 PID 运算后调节水阀 SV-2 的开度。保证室内温度 t 恒定不变。

（2）夏季湿度控制：控制器根据病房的室内湿度 φ 的设定值与实测值的差值，经 PID 运算后调节水阀 SV-1 的开度。保证室内湿度 φ 恒定不变。

（3）冬季温度控制：控制器根据病房的室内温度 t 的设定值与实测值的差值，经 PID 运算后调节水阀 SV-1 的开度。保证室内温度 t 恒定不变。在冬季时，SV-1 需保持最小 10% 的开度，以防冻。

（4）冬季湿度控制：控制器根据病房的室内湿度 φ 的设定值与实测值的差值，经 PID 运算后，调整加湿器阀门 SV-3 的开度。保证室内湿度 φ 恒定不变。

11.过渡季工况时，水阀 SV-1、SV-2、SV-3 关闭。

12.压差监测：

（1）血液病房及准备室采用压差传感器实时监测，当超出限值时，在 HMI 控制屏上显示报警。定期通过手动调整回风阀修正压差。

（2）为了使房间压差梯度稳定，各房间的压差信号均以走廊的压力为基准。

13.空调机组的 DDC 均采用 TCP/IP 协议接入各楼的网络交换机。

18.9 泳池冷凝热回收系统控制

18.9.1 项目概况

图 18-10 为北京某酒店的泳池冷凝热回收系统控制原理图。游泳池位于酒店的首层，面积为 1000m²，层高为 11.5m。泳池冷凝热回收机组都是自带控制箱，其运行参数可通过网关输入楼宇控制系统。

18.9.2 控制要求

1.夏季室内空气采用风冷热泵制冷，冷量不足部分由内置盘管补充。

2.非夏季：室内空气采用热泵型除湿机制热，热量不足部分由内置盘管补充。

3.将除湿机的冷凝热回收，用于预热泳池水。当其不需预热时，冷凝热通过风冷凝器散至室外。

4.冬季除湿热泵不运行，室内由室内相对湿度传感器调节新风比，控制室内相对湿度。

5.系统为全自动运行，自控设备均由泳池专用热泵型除湿机组自带，同时配套供应安装泳池内温度传感器及新风温度、湿度传感器，泳池预热循环泵由除湿机组控制。

6.泳池内温度传感器应安装在泳池外墙的室内表面，该安装点是泳池室内表面的最低温度点，可安装在窗框或一个朝北的墙的门框的内表面。当室外温度下降时，表面温度下降到接近泳池空气露点温度，机组自动地往下偏置湿度设定值，以达到降低空气露点温度的目的，以此避免泳池墙表面冷凝结露。

7.机组配电控制箱提供楼宇控制网络接口，其各项运行参数应能够上传至楼控系统。

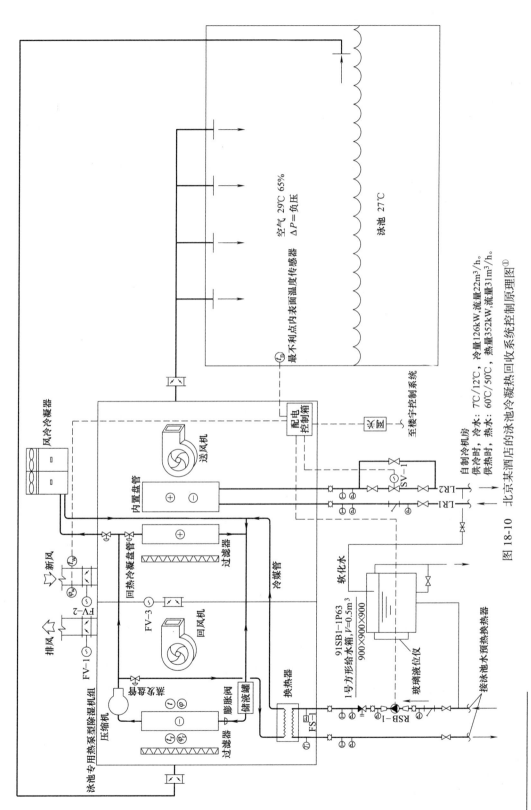

图 18-10　北京某酒店的泳池冷凝热回收系统控制原理图①

① 该图 CAD 版可由中国建筑工业出版社官方网站本书的配套资源中下载。

18.10 变风量（VAV）系统定静压法控制

18.10.1 项目概况

图 18-11 为北京某酒店地下娱乐场所的变风量空调系统定静压法控制原理图，空调机组兼作火灾排烟时的补风机，采用静电极化纤维空气净化器 Airfc-1100IE（F7 净化效率 99% 除菌率）作为中效过滤器，来提高对空气中 $PM_{2.5}$ 灰尘颗粒的过滤。空调房间均为空调内区，冬季较多时段需要采用新风供冷。新风、排风量采用 TVT-/TVJ-Easy 变风量调节器或矩形伯努妙流智能风阀测量平均风速求得。由于是采用定静压法控制，各房间 VAV BOX 的区域控制器（DDC）无需接入控制系统。空调机组的送、排风机同步变频，为了保证送、排风量的变化一致，建议采用具有相同特性曲线的风机。

18.10.2 控制要求

1. 送、排风机风量控制

（1）系统根据定静压法控制空调机组的送风量，采用静压的测量值与设定值的差值，经过 PID 运算，调节变频器的输出频率，改变送、回风机转速。送、回风机的风量调整应保持同步，否则会使室内压力失控。

（2）定静压法控制需在送风管中气流稳定的直管段且距空调送风机 2/3 管长处，设置静压测定点 P。

2. 新风量控制

（1）夏季、冬季采用最小新风比运行，DDC 根据新风设定值与检测值的差值，通过 PID 运算，调节新风调节阀，实现最小新风量控制。

（2）过渡季前期，控制系统检测室内外空气的温湿度并在焓值比较器内进行比较，当室外空气的焓值小于室内空气的焓值时，采用全新风 + 冷水阀（SV-1）调节，直至 SV-1 完全关闭，进入过渡季工况。

（3）过渡季工况时，SV-1 关闭，DDC 根据送风温度设定值 t_s 与检测值的差值，通过 PID 运算，调节 FV-1、FV-2、FV-3 的开度，利用室外新风降温，使送风温度维持恒定。

3. 送风温度控制

（1）夏季供冷：当室内送风量升至最高，而室内温度仍无法满足需求时，DDC 发出指令，降低空调机组送风温度设定值，同时 PID 调节冷（热水）调节阀 SV-1，使送风温度达到新的设定值。维持送风温度在一定的季节不变。

（2）冬季供冷、供热：调节新风比，使其达到设定的送风温度，当新风量达到最小新风量时，送风温度还低于设定值，则开启热水阀，PID 调节热水调节阀，使送风温度恒定。

4. 冬季加湿控制

（1）风机开启 3～5min 后，再开启加湿器（SV-2），关闭加湿器（SV-2）5～6min 后，再关闭风机。

（2）DDC 根据回风湿度 φ_r 与设定值的差值，通过 PID 运算，调节蒸汽加湿器供汽阀（SV-2），使回风湿度维持恒定。

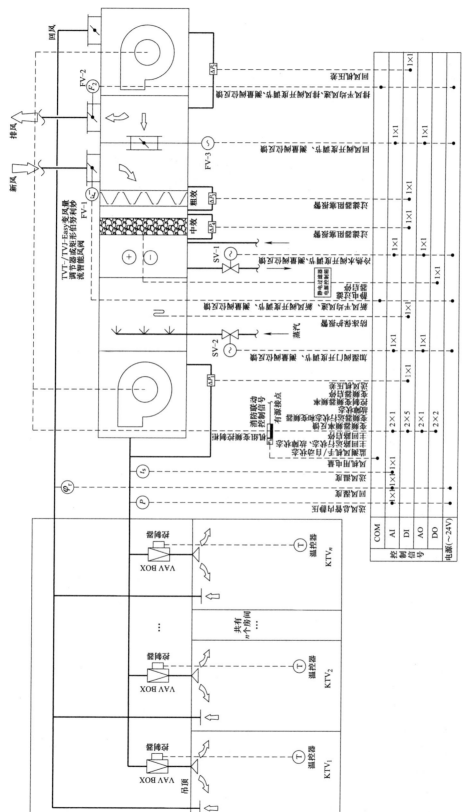

图 18-11　北京某酒店地下娱乐场所变风量空调系统定静压法控制原理图[1]

① 该图 CAD 版可由中国建筑工业出版社官方网站本书的配套资源中下载。

5. 其他监控

（1）送风机、回风机连锁，启停顺序为：先开送风机，延时开回风机；先关回风机，延时关回风机，保证室内正压。

（2）电动风阀与送风机、回风机连锁开闭，当风机停止后，所有电动风阀及水路电动阀门（SV-1）、蒸汽调节阀（SV-2）等也全部关闭（其中冬季热水阀先于风机和风阀开启，后于风机和风阀关闭）。

（3）新风阀（FV-1）、排风阀（FV-2）、回风阀（FV-3）三阀联动调节，FV-1 与 FV-3 动作相反，阀位之和为 100%，FV-1 与 FV-2 动作相同。DDC 检测排风量，与新风量比较，调节排风阀的开度，使（排风量 – 其他排风量）后始终为新风量的 90%，保证房间正压。

（4）冬季工况，当盘管后温度低于 5℃时，防冻开关发出报警，自动停止风机运行，连锁关闭新风阀（FV-1），全开热水调节阀（SV-1），同时，在中控室发出声光报警。

（5）当过滤器阻力超过设定值（即：两倍初阻力值）时，在中控室发出报警信号。

18.11　变风量（VAV）系统变静压法控制

18.11.1　工程概况

图 18-12 所示为北方某办公楼的变风量系统变静压法控制原理图，采用静电极化纤维空气净化。Airfc-1100IE（F7 净化效率）作为中效过滤器，来提高对空气中 $PM_{2.5}$ 灰尘颗粒的过滤。空调箱分上下两层布置，以减少机房面积。变风量末端（VAV BOX）按内外区设置，采用房间吊顶回风。内区冬季较多时段需要采用新风供冷，外区设置幕墙散热器。新风量、排风量采用 TVF-/TVJ-Easy 变风量调节器或矩形伯努利妙流智能风阀测量平均风速求得。各房间 VAV BOX 的区域控制器（DDC）均需接入控制系统，以便读取运行参数。空调机组的送、排风机同步变频，为了保证送、排风量的变化一致，建议采用具有相同特性曲线的风机。

18.11.2　变静压控制要求

1. 送、排风机风量控制

（1）控制变风量空调机组的 AHU DDC 与控制（VAV BOX）的 DDC 进行通信。

（2）系统根据变静压法控制空调机组的送风量，采用静压的增量，经过 PID 运算，调节变频器的输出频率，改变送、回风机转速。送、回风机的风量调整应保持同步，否则会使室内压力失控。

（3）变静压法控制需在送风管中气流稳定的直管段（不要求 1/3 距离）设置静压测定点 P。静压设定值可随时根据需求重新设定，它仅起到初始设定作用。

2. 控制过程

（1）每个 VAV BOX 的 DDC 将各自的调节风阀的阀位传递到空调机组的 AHU DDC。

（2）读取具有最大阀位开度末端装置的数量 POS_{max}。

（3）如 $POS_{max} > 90\%$，说明在当前系统静压下，具有最大阀位开度 POS_{max} 的末端装置的送风量刚够满足空调区域的负荷需求；如此时风机转速不是最大，应增大静压设定值 10Pa。

（4）如 $POS_{max} < 70\%$，说明在当前系统静压下，最大阀位开度 POS_{max} 太小，其

他末端装置调节风阀的阀位则更小，可以判断系统静压值偏大，可减小静压设定值 10Pa。

（5）如 $70\% < POS_{max} < 90\%$，则说明当前系统静压正合适，无需改变系统静压设定值。

3. 新风量控制

（1）夏季、冬季采用最小新风比运行，DDC 根据新风设定值与检测值的差值，通过 PID 运算，调节新风调节阀，实现最小新风量控制。

（2）过渡季前期，控制系统检测室内外空气的温湿度并在焓值比较器内进行比较，当室外空气的焓值小于室内空气的焓值时，采用全新风 + 冷水阀（SV-1）调节，直至 SV-1 完全关闭进入过渡季工况。

（3）过渡季工况时，SV-1 关闭，DDC 根据送风温度 t_s 设定值与检测值的差值，通过 PID 运算，调节 FV-1、FV-2、FV-3 的开度，利用室外新风降温，使送风温度维持恒定。

4. 送风温度控制

（1）夏季供冷：当室内送风量升至最高时，而室内温度仍无法满足需求，DDC 主控制器则发出指令，降低空调机组送风温度设定值，同时 PID 调节冷（热水）调节阀，使送风温度达到设定值。维持送风温度在一定的季节不变。

（2）冬季供冷、供热：调节新风比，使其达到设定的送风温度，当新风量达到最小新风量时，送风温度还低于设定值，开启热水阀，PID 调节热水调节阀。

5. 冬季加湿控制

（1）风机开启 3 ~ 5min 后，再开启加湿器（SV-2），关闭加湿器（SV-2）5 ~ 6min 后，再关闭风机。

（2）DDC 根据回风湿度 φ_r 与设定值的差值，通过 PID 运算，调节蒸汽加湿器供汽阀（SV-2），使回风湿度维持恒定。

6. 其他监控

（1）送风机、回风机连锁，启停顺序为：先开送风机，延时开回风机；先关回风机，延时关回风机。

（2）电动风阀与送风机、回风机连锁开闭，当风机停止后，所有电动风阀及水路电动阀门（SV-1）、蒸汽调节阀（SV-2）等也全部关闭（其中冬季热水阀先于风机和风阀开启，后于风机和风阀关闭）。

（3）新风阀（FV-1）、排风阀（FV-2）、回风阀（FV-3）三阀联动调节，FV-1 与 FV-3 动作相反，阀位之和为 100%，FV-1 与 FV-2 动作相同。DDC 检测排风量，与新风量比较，调节排风阀的开度，使（排风量 - 其他排风量）后始终为新风量的 90%，保证房间正压。

（4）冬季工况，当盘管后温度低于 5℃时，防冻开关发出报警，自动停止风机运行，连锁关闭新风风阀（FV-1），全开热水调节阀（SV-1），同时，在中控室发出声光报警。

（5）当过滤器阻力超过设定值（即：两倍初阻力值）时，在中控室发出报警信号。

7. AHU DDC 与 VAV BOX 的 DDC 应为同一厂家产品。

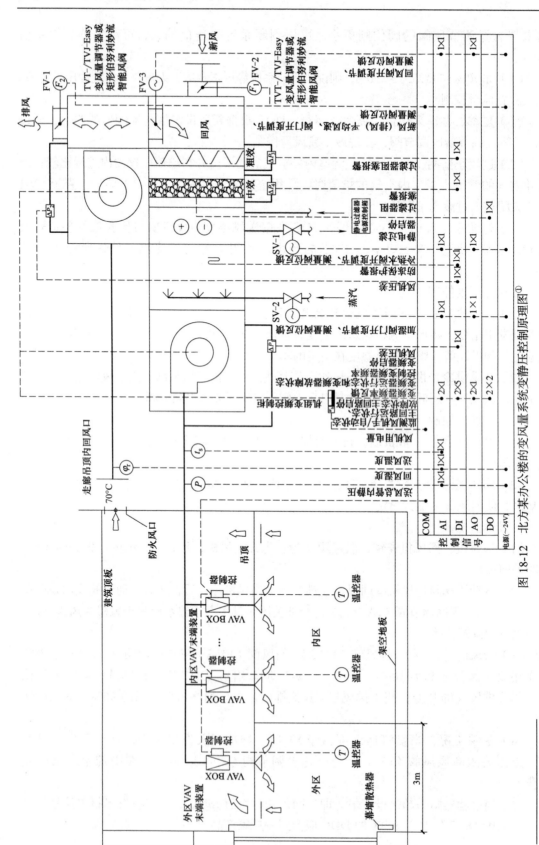

图 18-12 北方某办公楼的变风量系统变静压控制原理图①

① 该图 CAD 版可由中国建筑工业出版社官方网站本书的配套资源中下载。

18.12　理化实验室变风量送、排风控制

18.12.1　项目概况

图 18-13 为北方某理化实验室的变风量送、排风控制原理图。所有送、排风文丘里阀为可关闭型。各实验室的区域控制器及空调机组的 DDC 均采用 TCP/IP 协议接入各层的网络交换机进入集中控制系统。其中气相、液相实验室采用气体消防。

18.12.2　控制要求

1. 连锁控制：

（1）排风机组 P（RH）-502、P（RH）-506、P（RH）-WD12 与新风机组 XF-301 连锁控制，任何一台排风机组开启后，延时开启新风机组。若排风机组没有开启，新风机组不能启动。

（2）当排风机组 P（RH）-502、P（RH）-506、P（RH）-WD12 关闭时，其对应的排风管路上的文丘里阀均须关闭。

（3）当新风机组 XF-301 关闭时，所有送风管路上的文丘里阀均需关闭。

2. 各排风机组排风量控制：

（1）DDC 根据排风系统末端风管内的静压实测值与设定值的差值，通过 PID 运算，输出 0～10V 控制信号给排风机的直流调速器，对排风量进行调节，保证末端风管内的静压恒定不变。

（2）排风系统末端风管内的静压设定值应保证排风系统中各变风量文丘里阀的前后压差均大于 150Pa（各变风量文丘里阀均带有压差传感器，实时监测其阀前后的压差）。

3. 新风机组 XF-301 的送风量的调节：

（1）DDC 根据送风系统末端风管内的静压实测值与设定值的差值，通过 PID 运算，输出 0～10V 控制信号给送风机直流调速器，对送风量进行调节，保证末端风管内的静压恒定不变。

（2）送风系统末端风管内的静压设定值应保证送风系统中各变风量文丘里阀的前后压差均大于 150Pa（各变风量文丘里阀均带有压差传感器，实时监测其阀前后的压差）。

4. 各实验室的送、排风变风量文丘里阀的状态有以下三种，并可在实验室入口处的 HMI 显示屏上一键切换：

（1）工作风量；

（2）值班风量；

（3）零风量（阀门完全关闭，实验室熏蒸消毒状态）。

5. HMI 显示屏须有以下功能：

（1）一键切换文丘里阀的状态；

（2）设定、显示所控房间的送、排风量及其差值。

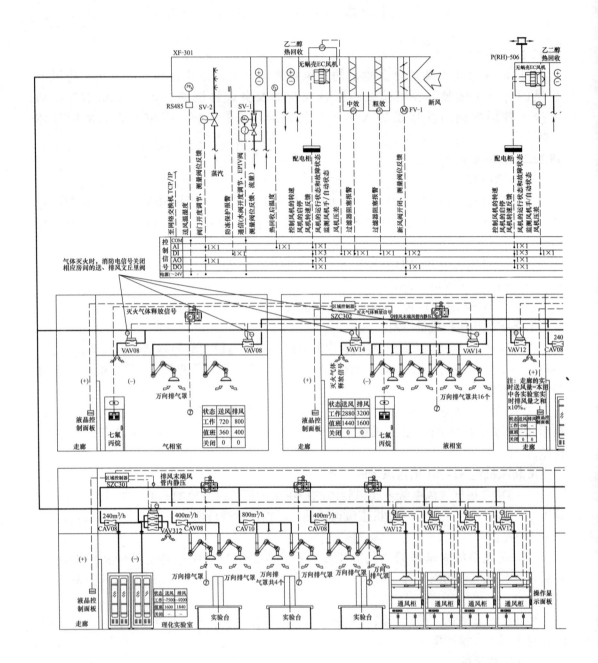

图 18-13 北方某理化实验室的

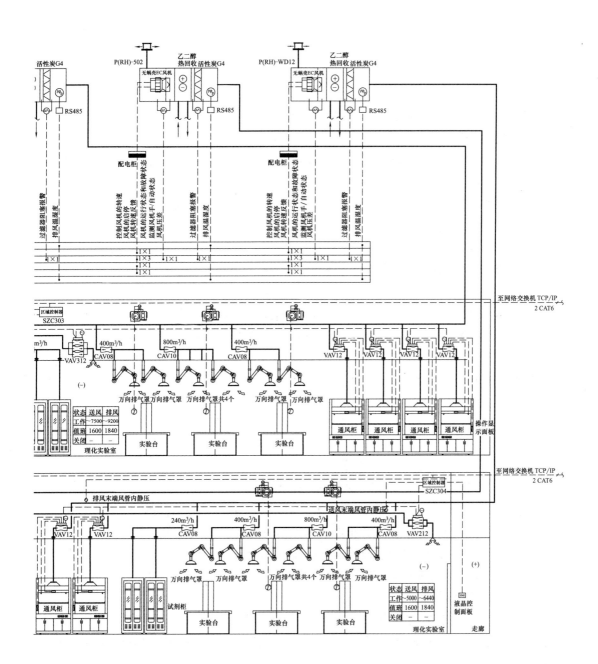

变风量送、排风控制原理图①

6. 新风机组控制：

（1）新风阀（FV-1）与送风机连锁开闭，当风机停止后，水路电动调节阀门（SV-1）、蒸汽调节阀（SV-2）也全部关闭（其中冬季热水阀先于风机和新风阀开启，后于风机和新风阀关闭）。

（2）冬季，风机开启 3 ～ 5min 后，再开启加湿器，关闭加湿器 5 ～ 6min 后，再关闭风机。

（3）冬季，当盘管后温度低于 5℃时，防冻开关发出报警，全开热水调节阀（SV-1），同时，在中控室发出声光报警。

（4）当过滤器阻力超过设定值（即：两倍初阻力值）时，在中控室发出报警信号。

（5）冬 / 夏季工况调节：

1）夏季温度控制：夏季新风机组 XF-301 的控制器根据送风温度 t_s 的设定值与实测值的差值，经 PID 运算后调节水阀 SV-1 的开度。保证送风温度恒定不变。

2）冬季温度控制：冬季新风机组 XF-301 的控制器根据实验室送风温度 t_s 的设定值与实测值的差值，经 PID 运算后调节水阀 SV-1 的开度。保证送风温度恒定不变。在冬季时，SV-1 需保持最小 30% 开度以防冻。

3）冬季湿度控制：冬季新风机组 XF-301 的控制器根据送风湿度 φ_s 的设定值与实测值的差值，经 PID 运算后调节加湿器阀门 SV-2 的开度。保证送风湿度恒定不变。

（6）过渡季工况时，调节阀 SV-1、SV-2 关闭。

7. DDC 根据下式计算监测热回收效率并在上位机上显示（新、排风量相等）：

$$\eta = \frac{t_2 - t_2}{t_p - t_1} \times 100\%$$

式中　t_p——三个实验室排风温度的算数平均值，℃；

　　　t_1——室外温度，℃，由楼控系统集中采集。

8. 实验室气流流向控制：理化实验室的负压状态采用风量差值控制法控制，各房间送风文丘里阀的总风量与各排风文丘里阀总风量始终保持 10% 的差值，使实验室始终为负压状态，剩余 10% 的风量由走廊的送风补充，使气流由走廊流向实验室。负压状态调节时，调节送风文丘里阀的风量，追踪总排风量。

9. 通风柜变风量控制：

（1）每台通风柜配置一台独立的通风柜控制器，相互之间不会干扰。通风柜控制器安装在通风柜排风文丘里阀的阀体上，操作显示器（控制面板）安装在通风柜边框上。

（2）采用位移传感器对通风柜面风速进行控制。通过位移传感器检测通风柜调节门开度变化，控制通风柜排风量，保持通风柜面风速在设定值。

（3）当通风柜门位置发生改变时，1s 内响应，能自动调节文丘里阀至所需求的风量。

（4）操作面板实时显示通风柜实际面风速。

（5）通风柜采取节能的管理方式，当通风柜前有人工作时，面风速保持为 0.5m/s；通风柜待机时，人员感应传感器自动将此时的系统面风速可降低为 0.3m/s。再次回到通风柜前操作时，立即通风柜面风速恢复至 0.5m/s。

（6）通风柜面风速低于 0.3m/s 时，显示工作异常，有蜂鸣报警，提示检查管路。

（7）通风柜门位过高时有蜂鸣报警，提示使用者拉低通风柜门位。

（8）当出现异常情况时，可以在触摸屏上开启紧急排风模式，控制系统将风阀全部打开，此时有蜂鸣报警，可上传报警至中控系统。

（9）通风柜控制器可通过标准 Modbus 通信协议或 Bacnet 协议上传风量、面风速等数据至区域控制器。

10. 实验室的温度控制：各房间采用风机盘管进行温度调节。

18.13 制药厂变风量净化空调系统控制

18.13.1 项目概况

图 18-14 所示为某制药厂变风量净化空调系统控制原理图。该系统服务 A、B 两个制药工作区域。这样的系统风量相对较大、投资高、能耗也较大。其循环风量、新风量要满足保证洁净度的换气次数要求和工艺排风量的要求，净化空调系统夏季往往需要除湿后再热。

通常制药厂的净化空调系统需设置 3 级以上的过滤器，各级过滤器在运行周期内逐渐积尘、堵塞，系统阻力不断增大（过滤器的终阻力一般为初阻力的 2 倍）。工程设计需要按照系统最大阻力、最不利的工况进行设计。在净化空调系统运行初期，各级过滤器都处在无堵塞的状态下，系统阻力较小，从而导致系统送风量过大；随着系统运行时间的延长，系统阻力不断增加，送风量逐渐变小，过小的风量将导致房间达不到净化要求换气次数。为了避免上述情况的发生，同时节省风机的运行能耗，风机需采用变频控制，做到无论系统阻力如何变化，空调系统的送风量都恒定不变，同时要做到风机以最小的工作压头，达到设计风量。由于送风系统设置了定风量阀，只要定风量阀能够正常工作，房间的风量就会稳定不变，因此，如果风机转速能够保证最不利环路的定风量阀前后最小工作压差，则房间的风量将得到保证，同时风机也是在最节能的状态运行。

制药厂的净化空调系统在大多数时间都是以值班风量运行来保持房间的压力梯度。采用带电动执行器的定风量阀，实行定风量阀的工作风量和值班风量双位转换控制。

药厂洁净区要求室内保持一定的相对正压或负压，以保证相关区域的气流流向，防止有毒有害或污染物质的扩散以及不同产品间的交叉污染。因此系统一旦调试完毕，系统的排风量和新风量不能随意改变，否则房间的压力梯度将被破坏。但是，在生产设备发热量大的车间，这样的定新风比的空调系统，在冬季不能利用室外新风降温，无法实现节能运行。为了解决这一问题需采用多点热线式风量计，对新风量和排风量进行精确在线计量，保持两者之差恒定。

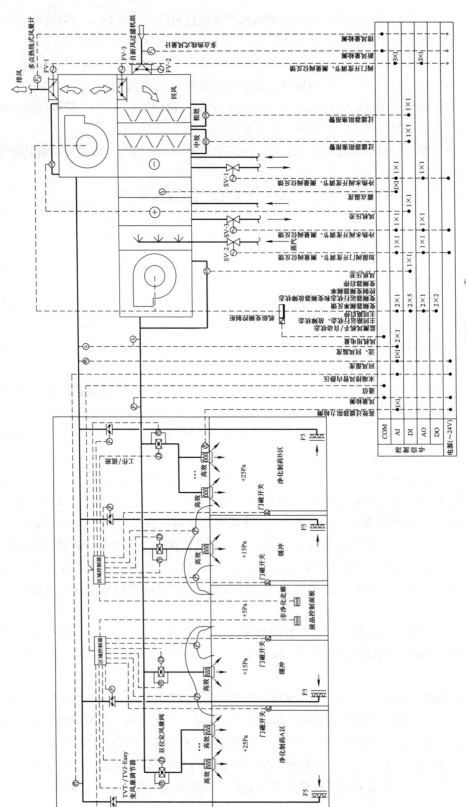

图 18-14 某制药厂变风量净化空调系统控制原理图①

① 该图 CAD 版可由中国建筑工业出版社官方网站本书的配套资源中下载。

18.13.2　控制要求

1. 房间压力控制

（1）采用风量差值控制法 + 压差直接控制法控制房间压力。送风支管上设置双位定风量阀（CAV），实现工作风量与值班风量的转换。排风管上设置 TVT-/TVJ-Easy 变风量调节器（VAV），区域控制器调节 VAV，使其与 CAV 保持一定的风量差，差值大小现场调试时确定，并在房间压力稳定后，根据房间的压差信号微调排风量的大小，保持房间的压差恒定。为了使房间压差梯度稳定，各房间的压差信号均以走廊的压力为基准。

（2）在压力房间的门打开时，房间的压力无法保持，此时风量差值控制回路可以保持正确的空气流向，门磁开关输出门开启信号，通知控制系统采取以下三种措施：

1）锁定压力控制回路，避免其跟随动作；

2）锁定压力控制回路的最后输出值；

3）当门打开时提高风量的差值，增强空气流向。

（3）液晶控制面板 HMI 可以显示、设定房间压差，可以进行工作工况、值班工况的转换

2. 风机转速控制

送风机转速根据保证送风最不利环路的定风量阀前后最小工作压差（$\Delta P_1 = 50\text{Pa}$）来控制。DDC 根据测量的压差与设定值（50Pa）的差值，经 PID 运算后，变频调节送风机转速。由于各房间的末端高效过滤器的阻力变化不同，最不利环路在运行过程中会发生变化，控制系统定期自动重新选择前后压差最小的定风量阀作为最不利环路。排风机根据 P_j 变频运行。

3. 新、排风量控制

（1）夏季采用最小新风比运行，DDC 根据新风量的设定值与检测值 F_1 的差值，通过 PID 运算，调节新风调节阀，实现最小新风量控制。新风阀（FV-1）、排风阀（FV-2）、回风阀（FV-3）三阀联动调节，FV-1 与 FV-3 动作相反，阀位之和为 100%，FV-1 与 FV-2 动作相同。DDC 检测排风量 F_2，与新风量 F_1 比较，调节排风阀的开度，使新风量与排风量之差保持恒定，保证系统中各个房间的压力梯度恒定不变。

（2）过渡季前期，控制系统检测室内外空气的温湿度并在焓值比较器内进行比较，当室外空气的焓值小于室内空气的焓值时，采用全新风 + 冷水阀（SV-1）调节，直至 SV-1 完全关闭进入过渡季工况。

（3）过渡季工况时，SV-1 关闭，DDC 根据回风温度 t_r 与设定值的差值，通过 PID 运算，调节 FV-1、FV-2、FV-3 的开度，利用室外新风降温，使送风温度维持恒定。

4. 房间温、湿度控制

（1）夏季工况

1）DDC 根据回风湿度 φ_r 与设定值的差值，通过 PID 运算，调节冷水阀（SV-1）开度，使相对湿度恒定。

2）DDC 根据回风温度 t_r 与设定值的偏差调节再热加热器热水阀（SV-3）开度，使回风温度维持恒定。

（2）冬季工况

1）冷水阀（SV-1）关闭，DDC根据回风温度t_r与设定值的偏差经PID运算后，调节新风比，使回风温度维持恒定。

2）当新风量达到最小新风量时，回风温度还低于设定值，开启热水阀（SV-3），DDC根据回风温度t_r与设定值的差值，通过PID运算，调节热水阀（SV-3）的开度。

3）风机开启3～5min后，再开启加湿器（SV-2），关闭加湿器（SV-2)5～6min后，再关闭风机。

4）DDC根据回风湿度φ_r与设定值的差值，调节加湿器水阀（SV-2），使回风湿度维持恒定。

5.定风量阀的工作风量和值班风量双位转换时，送风机根据最小P_f变频运行，排风机根据P_j变频运行。

6.其他监控：

（1）送风机、回风机连锁，启停顺序为：先开送风机，延时开回风机；先关回风机，延时关回风机。

（2）电动风阀与送风机、回风机连锁开闭，当风机停止后，所有电动风阀及水路电动阀门（SV-3、SV-1），蒸汽调节阀（SV-2）等也全部关闭［其中，冬季热水阀（SV-3）先于风机和风阀开启，后于风机和风阀关闭］。

（3）当过滤器阻力超过设定值（即：两倍初阻力值）时，在中控室发出报警信号。

18.14 组合式新风机组（干蒸汽加湿）的控制

组合式新风机组（干蒸汽加湿）的控制原理如图18-15所示。

控制要求：

1.新风阀（FV-1）与送风机连锁开闭，当风机停止后，水路电动阀门（SV-1）、蒸汽调节阀（SV-2）等也全部关闭［其中冬季：热水阀先于风机和新风阀开启，后于风机和新风阀关闭；风机开启3～5min后，再开启加湿器（SV-2），关闭加湿器（SV-2）5～6min后，再关闭风机］。

2.冬季，当盘管后温度低于5℃时，防冻开关发出报警，自动停止风机运行，连锁关闭新风阀（FV-1），全开热水调节阀（SV-1），同时，在中控室发出声光报警。

3.当过滤器阻力超过设定值（即：两倍初阻力值）时，在中控室发出报警信号。

4.夏（冬）季工况：

（1）DDC采用温度优先控制法，根据送风温度t_s与设定值的差值，通过PID运算，调节冷（热）水阀（SV-1）开度，使送风温度维持恒定。

（2）在冬季时，SV-1需保持最小10%开度，以防冻。

（3）冬季工况，DDC根据送风湿度φ_s与设定值的差值，通过PID运算，调节SV-2开度，使送风湿度维持恒定。

5.过渡季工况时，SV-1关闭。

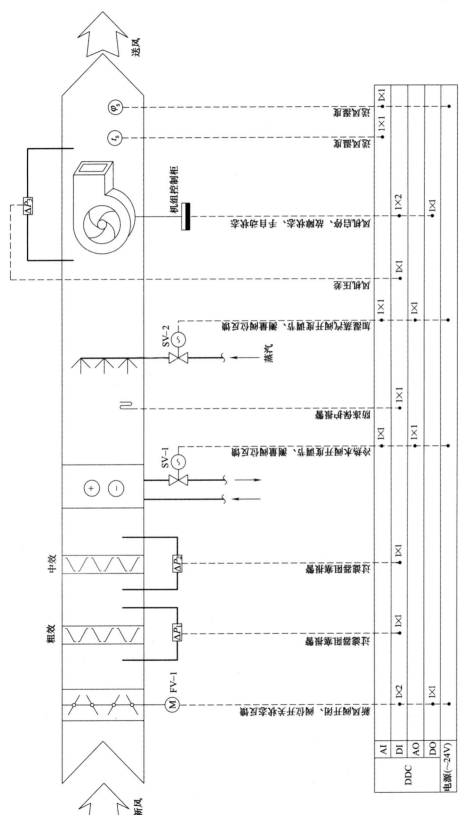

图 18-15　组合式新风机组（干蒸汽加湿）控制原理图[①]

① 该图 CAD 版可由中国建筑工业出版社官方网站本书的配套资源中下载。

18.15 兼作火灾补风卧式新风机组（高压喷雾加湿）控制

在地下室的空调房间火灾排烟时需要补风，当新风机组的风量满足补风风量时，可以采用组合式新风机组兼作补风机，这样可以省去专用的补风机，节省了投资，也节省了机房面积和管道空间，可以使空调、通风系统得以简化。此时新风机组的配电柜是双电源的配电柜，即在火灾时普通电源被切断后由消防电源供电，由消防控制系统发出控制信号启动新风机组内的风机。兼作火灾补风卧式新风机组（高压喷雾加湿）的控制原理如图 18-16 所示。

控制要求：

1. 新风阀（FV-1）与送风机连锁开闭，当风机停止后，水路电动阀门（SV-1）、蒸汽调节阀（SV-2）等也全部关闭［其中冬季：热水阀先于风机和新风阀开启，后于风机和新风阀关闭；风机开启 3～5min 后，再开启加湿器，关闭加湿器 5～6min 后，再关闭风机］。

2. 冬季，当盘管后温度低于 5℃时，防冻开关发出报警，自动停止风机运行，连锁关闭新风阀（FV-1），全开热水调节阀（SV-1），同时，在中控室发出声光报警。

3. 当过滤器阻力超过设定值（即：两倍初阻力值）时，在中控室发出报警信号。

4. 夏（冬）季工况：

（1）DDC 采用温度优先控制法，根据送风温度 t_s 与设定值的差值，通过 PID 运算，调节冷（热）水阀（SV-1）开度，使送风温度维持恒定。

（2）在冬季时，SV-1 需保持最小 10% 开度，以防冻。

（3）冬季工况，DDC 根据送风湿度 φ_s 与设定值的差值，通过 PID 运算，调节 SV-2 的开度，使送风湿度维持恒定。

5. 过渡季工况时，SV-1 关闭。

6. 新风机组兼作排烟补风。火灾时，普通电源关闭，送风机由消防电源运行，新风阀电动执行器为弹簧复位型。新风阀断电全开。

18.16 转轮式热回收新风机组控制

在转轮式热回收新风机组控制系统中，控制系统应该能实时计算出热回收的效率，以便运营管理人员掌握能源消耗的数据。在室外温度较低的地区，控制系统应能够判断和避免转轮内部结霜。在采用转轮全热回收的机组的控制中，还应避免转轮停止工作后排风侧、进风侧吸湿不均匀对动平衡的破坏。同时还需监控监测转轮新风入口与排风出口的压力差，以保证双清洁扇面的正常工作。转轮式热回收新风机组的控制原理如图 18-17 所示。

控制要求：

1. 送风机、排风机连锁，启停顺序为：先开送风机，延时开排风机；先关排风机，延时关送风机。

2. 新风阀（FV-1）与送风机、回风机连锁开闭，当风机停止后，水路电动阀门（SV-1）、蒸汽调节阀（SV-2）等也全部关闭［其中冬季：热水阀先于风机和新风阀开启，后于风机和新风阀关闭；风机开启 3～5min 后，再开启加湿器（SV-2），关闭加湿器（SV-2）5～6min 后，再关闭风机］。

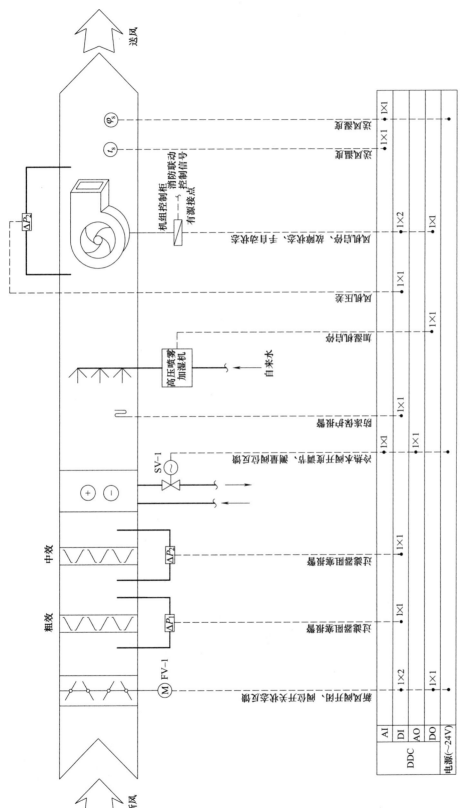

图 18-16　兼作火灾补风卧式新风机组（高压喷雾加湿）控制原理图[1]

---

[1] 该图 CAD 版可由中国建筑工业出版社官方网站本书的配套资源中下载。

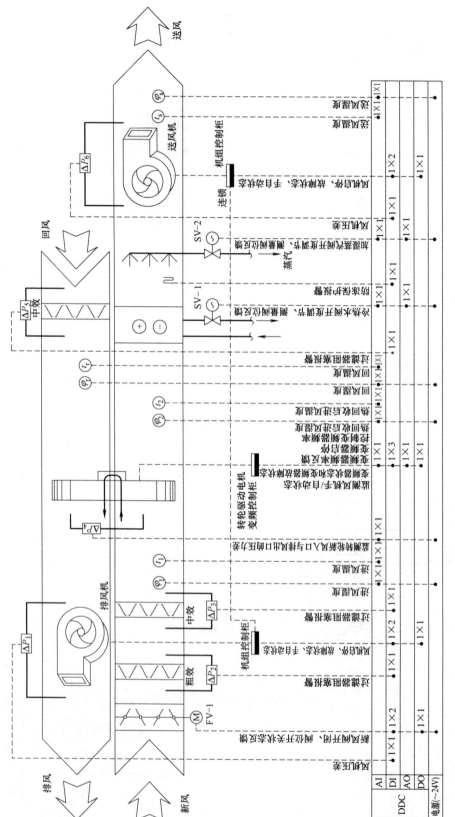

图 18-17　转轮式热回收新风机组控制原理图[1]

① 该图 CAD 版可由中国建筑工业出版社官方网站本书的配套资源中下载。

3. 在严寒和寒冷地区冬季，当温度 $(t_r+t_j)/2 < 0℃$ 时，转轮停止运行，防止转轮结霜，同时，在中控室发出声光报警。

4. 冬季，当盘管后温度低于 5℃ 时，防冻开关发出报警，自动停止风机、转轮运行，连锁关闭新风阀（FV-1）、蒸汽调节阀（SV-2），全开热水调节阀（SV-1），同时，在中控室发出声光报警。

5. 当过滤器阻力超过设定值（即：两倍初阻力值）时，在中控室发出报警信号。

6. DDC 监测 ΔP_4，通过调整送排风系统的手动风阀，使 $\Delta P_4 = 200 \sim 230Pa$，以保证双清洁扇面的正常工作。

7. 转轮的最大转速为 $n=10r/min$，当转轮为显热回收时，根据新风温度与回风温度的差值（t_1-t_r），通过 PID 运算，调节转轮转速。当转轮为全热回收时，根据（t_1-t_r）及（$\varphi_1-\varphi_r$）两者的最大值调节转轮转速。

8. 过渡季，当热回收不工作时，全热回收转轮每隔 3h 自动启动运行 10min，防止局部吸湿过量而导致转轮芯体不平衡。

9. DDC 根据下式计算监测热回收效率（新、排风量相等）：

显热 $\eta = (t_2-t_1)/(t_r-t_1) \times 100\%$；

全热 $\eta = (h_2-h_1)/(h_r-h_1) \times 100\%$。

10. 冬 / 夏季工况：

（1）DDC 采用温度优先控制法，根据送风温度 t_s 与设定值的差值，通过 PID 运算，调节热（冷）水阀（SV-1）开度，使送风温度维持恒定。

（2）在冬季时，SV-1 需保持最小 10% 开度，以防冻。

（3）冬季工况，DDC 根据送风湿度 φ_s 与设定值的差值，通过 PID 运算，调节 SV-2 的开度，使送风湿度维持恒定。

18.17　板式显热回收新风机组控制

在板式显热回收新风机组控制系统中，控制系统同样应该能实时计算出热回收的效率，以便运营管理人员掌握能源消耗的数据。在室外温度较低的地区，控制系统应能够判断和避免板式显热回收器内部结霜。板式显热回收新风机组的控制原理如图 18-18 所示。

控制要求：

1. 送风机、排风机连锁，启停顺序为：先开送风机，延时开排风机；先关排风机，延时关送风机。

2. 新风阀（FV-1）与送风机、回风机连锁开闭，当风机停止后，水路电动阀门（SV-1）、蒸汽调节阀（SV-2）等也全部关闭［其中冬季：热水阀先于风机和新风阀开启，后于风机和新风阀关闭；风机开启 3 ～ 5min 后，再开启加湿器（SV-2），关闭加湿器（SV-2）5 ～ 6min 后，再关闭风机］。

3. 冬季，当室外温度低于 −10℃ 时，开启新风旁通阀，防止冬季结霜。

4. 冬季，当盘管后温度低于 5℃ 时，防冻开关发出报警，自动停止风机运行，连锁关闭新风阀（FV-1）、蒸汽调节阀（SV-2），全开热水调节阀（SV-1），同时，在中控室发出声光报警。

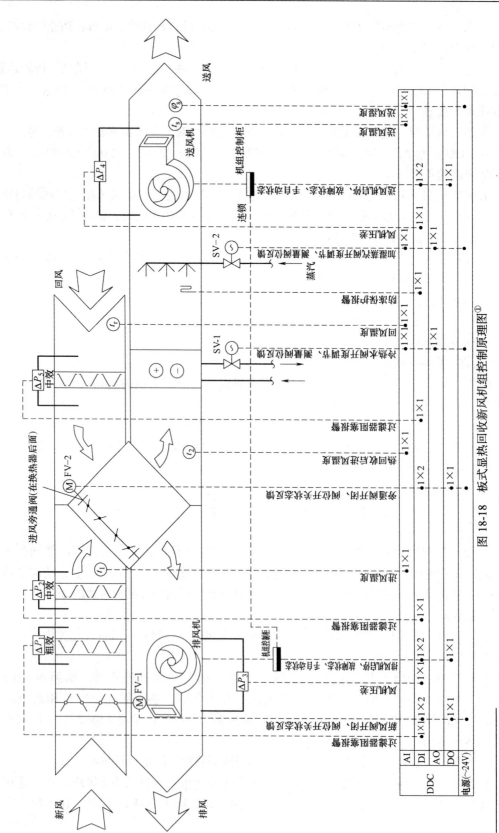

图 18-18　板式显热回收新风机组控制原理图[①]

① 该图 CAD 版可由中国建筑工业出版社官方网站本书的配套资源中下载。

5. 当过滤器阻力超过设定值（即两倍初阻力值时），在中控室发出报警信号。

6. DDC 根据下式计算监测热回收效率（新、排风量相等）：显热 $\eta=(t_2-t_1)/(t_r-t_1)\times100\%$。

7. 冬 / 夏季工况：

（1）DDC 采用温度优先控制法，根据送风温度 t_s 与设定值的差值，通过 PID 运算，调节热（冷）水阀（SV-1）开度，使送风温度维持恒定。

（2）冬季工况，SV-1 需保持最小 10% 开度，以防冻。

（3）冬季工况，DDC 根据送风湿度 φ_s 与设定值的差值，通过 PID 运算，调节 SV-2 的开度，使送风湿度维持恒定。

8. 过渡季前期，控制系统检测室内外空气的温度，当室外空气的温度小于室内空气的温度时，采用开启新风旁通阀 + 冷水阀（SV-1）调节，直至 SV-1 完全关闭进入过渡季工况。

9. 过渡季工况时，SV-1 关闭，开启新风旁通阀。

18.18　板式显热回收分体式新风机组控制

当机房面积允许时，可将热回收换热器与新风机组分置，这样就将送风机分解成两台串联运行的风机，在过渡季节，热回收送风机可以停止运行，新风机组直接从室外引入新风，节省运行费用。板式显热回收分体式新风机组的控制原理如图 18-19 所示。

控制要求：

1. 送风机、排风机连锁，启停顺序为：先开送风机，延时开排风机；先关排风机，延时关送风机，以保证空调房间为正压。

2. 新风阀与送风机、回风机连锁开闭，当风机停止后，水路电动阀门（SV-1）、蒸汽调节阀（SV-2）等也全部关闭 [其中冬季：热水阀先于风机和新风阀开启，后于风机和新风阀关闭；风机开启 3 ~ 5min 后，再开启加湿器（SV-2），关闭加湿器（SV-2）5 ~ 6min 后，再关闭风机]。

3. 运行方式转换：

（1）热回收运行方式：新风阀 FV-1 开启，FV-2 关闭，送风机 2 运行。

（2）非热回收方式运行：新风阀 FV-1 关闭，FV-2 开启，送风机 2 停止。

4. 冬季当室外温度低于 -10℃时，关闭 FV-1，开启 FV-2，防止板式热回收换热器内部结霜。

5. 冬季当盘管后温度低于 5℃时，防冻开关发出报警，自动停止风机运行，连锁关闭新风阀（FV-1、FV-2）、蒸汽调节阀（SV-2），全开热水调节阀（SV-1），同时，在中控室发出声光报警。

6. 当过滤器阻力超过设定值（即两倍初阻力值时），在中控室发出报警信号。

7. DDC 根据下式计算监测热回收效率（新、排风量相等）：显热 $\eta=(t_2-t_1)/(t_r-t_1)\times100\%$。

8. 冬 / 夏季工况：

（1）DDC 采用温度优先控制法，根据送风温度 t_s 与设定值的差值，通过 PID 运算，调节热（冷）水阀（SV-1）开度，使送风温度维持恒定。

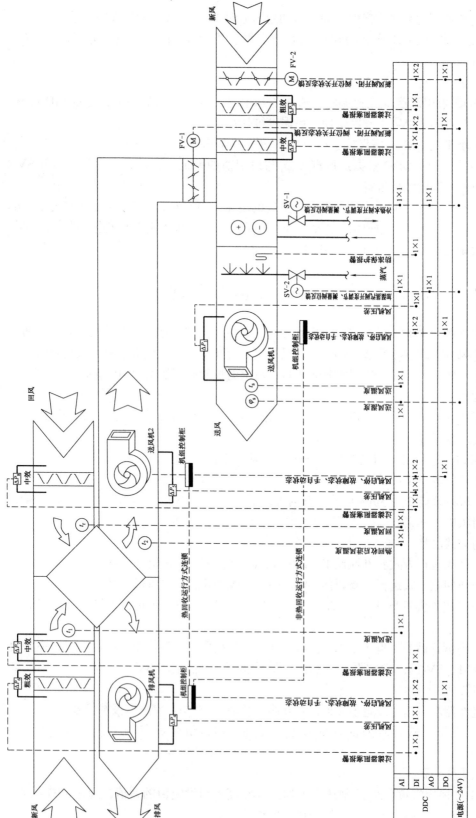

图 18-19　板式显热回收分体新风机组控制原理图[①]

① 该图 CAD 版可由中国建筑工业出版社官方网站本书的配套资源中下载。

（2）冬季工况，SV-1 需保持最小 10% 开度，以防冻。

（3）冬季工况，DDC 根据送风湿度 φ_s 与设定值的差值，通过 PID 运算，调节 SV-2 的开度，使送风湿度维持恒定。

9. 过渡季前期，控制系统检测室内外空气的温度，当室外空气的温度低于室内空气的温度时，机组进入非热回收方式运行，同时调节冷水阀（SV-1），直至 SV-1 完全关闭进入过渡季工况。

10. 过渡季工况时，SV-1 关闭，机组以非热回收的方式运行。

18.19 溶液循环热回收新风机组控制

溶液循环热回收新风机组可以回收多点排风的热量，应将溶液循环泵的控制纳入其控制系统，避免设计脱节。溶液循环热回收新风机组的控制原理如图 18-20 所示。

控制要求：

1. 新风阀（FV-1）与送风机连锁开闭，当风机停止后，水路电动阀门（SV-1）、蒸汽调节阀（SV-2）等也全部关闭［其中冬季：热水阀先于风机和新风阀开启，后于风机和新风阀关闭；风机开启 3 ～ 5min 后，再开启加湿器（SV-2），关闭加湿器（SV-2）5 ～ 6min 后，再关闭风机］。

2. 冬季，当盘管后温度低于 5℃时，防冻开关发出报警，自动停止风机运行，连锁关闭新风阀（FV-1），全开热水调节阀（SV-1），同时，在中控室发出声光报警。

3. 当过滤器阻力超过设定值（即：两倍初阻力值）时，在中控室发出报警信号。

4. 热回收工况时，循环泵开启，非热回收工况时，循环泵停止，

5. DDC 根据下式计算监测热回收效率（排风量之和与新风量相等，回风温度相同）：

显热热回收 $\eta = (t_2 - t_1) / (t_r - t_1) \times 100\%$。

6. 冬 / 夏季工况：

（1）DDC 采用温度优先控制法，根据送风温度 t_s 与设定值的差值，通过 PID 运算，调节热（冷）水阀（SV-1）开度，使送风温度维持恒定。

（2）在冬季时，SV-1 需保持最小 10% 开度，以防冻。

（3）冬季工况，DDC 根据送风湿度 φ_s 与设定值的差值，通过 PID 运算，调节 SV-2 开度，使送风湿度维持恒定。

7. 过渡季工况时，SV-1 关闭，循环泵停止。

8. 排风热回收乙二醇循环泵的控制：排风热回收乙二醇循环泵一用一备，冬季、夏季先试运行，比较回收热量的成本与乙二醇运行耗电量的成本后，如果有回收价值，继续运行。

18.20 PCR 实验室的控制

图 18-21 为一北方某 PCR 实验室平面图，实验室位于建筑内区，冬季有设备散热冷负荷。采用全新风系统直流式空调，并设置风机盘管微调房间温度，风机盘管无回风，新风与风机盘管串联运行。文丘里阀为可关断型文丘里阀。图 18-22 为该实验室的通风空调控制原理图。

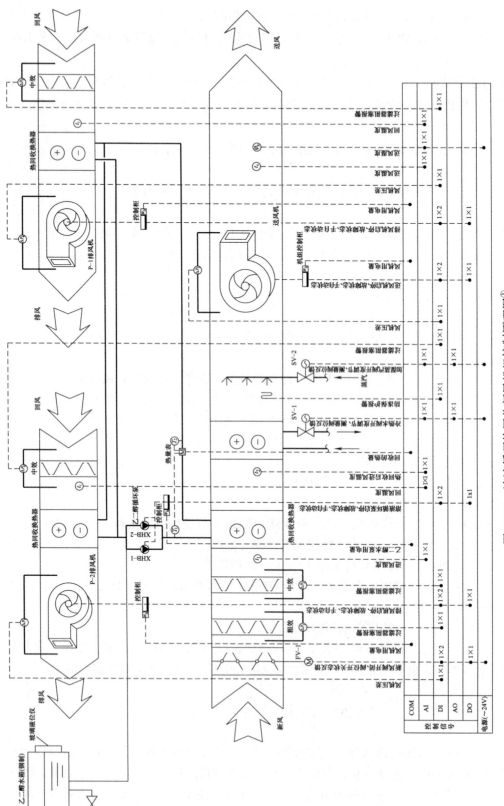

图 18-20 溶液循环热回收新风机组控制原理图[1]

① 该图 CAD 版可由中国建筑工业出版社官方网站本书的配套资源中下载。

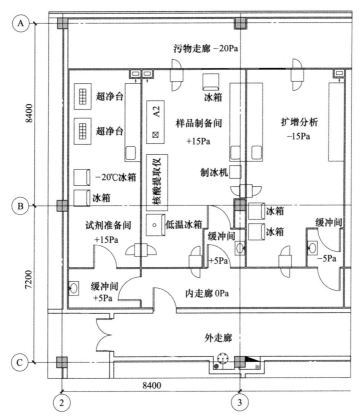

图 18-21　北方某 PCR 实验室平面图

控制要求：

1. 排风机组 P（RH）-WD01 与新风机组 XF-101 连锁控制，同开同关。保证各房间压差梯度稳定。

2. 当排风机组 P（RH）-WD01 关闭时，所有排风管路上的文丘里阀均需关闭。

3. 当新风机组 XF-101 关闭时，所有送风管路上的文丘里阀均需关闭。

4. A2 生物安全柜与其排风文丘里阀有连锁控制，两者同开同关，排风管与生物安全柜的排风口采用套筒连接。A2 生物安全柜排风文丘里阀排风量暂定为 400m³/h 台（需根据到货产品的实际风量调整），当其开启时，房间的下部排风文丘里阀相应减少风量 400m³/h。

5. 排风机组 P（RH）-WD01 排风量调节：

（1）DDC 根据排风系统末端风管内的静压实测值与设定值的差值，通过 PID 运算，输出 0 ～ 10V 控制信号给排风机的直流调速器，对排风量进行调节，保证末端风管内的静压恒定不变。

（2）排风系统末端风管内的静压设定值应保证排风系统中各变风量的文丘里阀的前后压差均大于 150Pa（各变风量文丘里阀均带有压差传感器，实时监测其阀前后的压差）。

6. 新风机组 XF-101 的送风量的调节：

（1）DDC 根据送风系统末端风管内的静压实测值与设定值的差值，通过 PID 运算，输出 0 ～ 10V 控制信号给送风机直流调速器，对送风量进行调节，保证末端风管内的静压恒定不变。

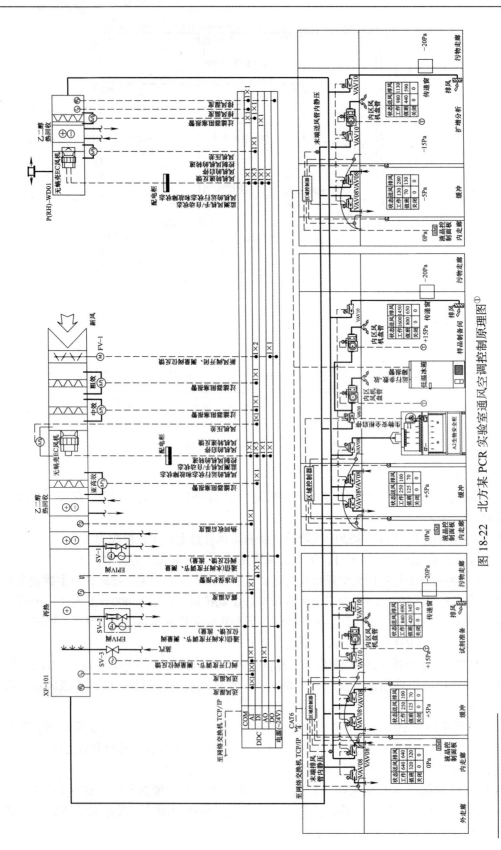

图 18-22 北方某 PCR 实验室通风空调控制原理图①

① 该图 CAD 版可由中国建筑工业出版社官方网站本书的配套资源中下载。

（2）送风系统末端风管内的静压设定值应保证送风系统中各变风量的文丘里阀的前后压差均大于 150Pa（各变风量文丘里阀均带有压差传感器，实时监测其阀前后的压差）。

7. 各房间的送、排风变风量文丘里阀的状态有以下三种，并可在实验室入口处的 HMI 显示屏上一键切换：

（1）工作风量；

（2）值班风量；

（3）零风量（阀门完全关闭，实验室熏蒸消毒状态）。

8. HMI 显示屏须有以下功能：

（1）一键切换文丘里阀的状态；

（2）设定、显示所控房间的压差。

9. 新风机组的控制：

（1）新风阀（FV-1）与送风机连锁开闭，当风机停止后，水路电动调节阀门（SV-1、SV-2）、蒸汽调节阀（SV-3）等也全部关闭（其中冬季热水阀先于风机和新风阀开启，后于风机和新风阀关闭）。

（2）冬季，风机开启 3 ～ 5min 后，再开启加湿器，关闭加湿器 5 ～ 6min 后，再关闭风机。

（3）冬季，当盘管后的温度低于 5℃时，防冻开关发出报警，全开热水调节阀（SV-1），同时，在中控室发出声光报警。

（4）当过滤器阻力超过设定值（即：2 倍初阻力值）时，在中控室发出报警信号。

（5）冬 / 夏季工况调节：

1）夏季温度控制：夏季新风机组 XF-101 的控制器根据实验室的排风温度 t_p 的设定值与实测值的差值，经 PID 运算后调节水阀 SV-2 的开度。保证排风温度恒定不变。

2）夏季湿度控制：夏季新风机组 XF-101 的控制器根据实验室的排风湿度 φ_p 的设定值与实测值的差值，经 PID 运算后调节水阀 SV-1 的开度。保证排风湿度恒定不变。

3）冬季温度控制：冬季新风机组 XF-101 的控制器根据实验室的排风温度 t_p 设定值与实测值的差值，经 PID 运算后调节水阀 SV-1 的开度。保证排风温度恒定不变。在冬季时，SV-1 需保持最小 30% 开度，以防冻。

4）冬季湿度控制：冬季新风机组 XF-101 的控制器根据实验室的排风湿度 φ_p 的设定值与实测值的差值，经 PID 运算后调节加湿器阀门 SV-3 的开度。保证排风湿度恒定不变。

5）过渡季工况时，SV-1、SV-2、SV-3 关闭。

10. DDC 根据下式计算监测热回收效率并在上位机上显示（新、排风量相等）：

$$\eta = \frac{t_2 - t_1}{t_p - t_1} \times 100\%$$

式中　t_1——室外温度，℃，由楼控系统集中采集。

11. 房间压差控制：

（1）各房间的采用风量差值控制法 + 压差直接控制法控制，各房间送风变风量文丘里阀的风量与排风变风量文丘里阀的风量始终保持一定的差值，并在房间压力稳定后，压力控制回路根据压差传感器对排风的变风量文丘里阀进行微调，同时保持送风的文丘里阀的风量不变，使被控房间相邻房间的压差恒定。

（2）为了使房间压差梯度稳定，各房间的压差信号均以外走廊的压力为基准。

（3）在房间的门打开时，房间的压力无法保持，此时风量差值控制回路可以保持正确的空气流向，门磁开关输出门开启信号，通知控制系统采取以下三种措施：

1）锁定压力控制回路，避免其跟随动作；

2）锁定压力控制回路的最后输出值；

3）当正压实验室的门打开时，减少其缓冲间送风量$300m^3/h$（或至关闭），同时增加实验室的送风量$300m^3/h$，抑制气流反流；当负压实验室的门打开时，增加其缓冲间送风量$300m^3/h$，同时减少实验室的送风量$300m^3/h$，抑制气流反流。

12.实验室的温度控制：实验室采用全新风直流式空调，空调机组为 XF-101。由于各房间的仪器设备发热量不同，因此采用串联的风机盘管进行二次降温或加热，风机盘管以最大风速运行，依靠温控器控制电动两通阀的通、断，对房间温度进行调节，为了避免前、后实验的相互污染，风机盘管无回风。

13.各房间的区域控制器及新风机组的 DDC 均采用 TCP/IP 协议接入各层的网络交换机。

14.生物安全设备监控：低温冰箱断电报警上传中控室。

18.21　负压加强型生物安全动物实验室（ABSL-2）的控制

图 18-23 为北方某负压加强型生物安全动物实验室（ABSL-2）平面图，图 18-24 为其通风空调控制原理图。实验室采用全新风直流式净化空调系统，洁净度为 7 级。空调机组设置乙二醇溶液循环热回收盘管，空调机组设置直膨段，用于夏季深度除湿。同时设置夏季再热热水盘管段。排风经乙二醇溶液循环热回收后再经除臭后高空排放。采用可关断型文丘里阀控制送、排风量。各实验室有工作状态、值班状态和消毒状态，分别对应不同的风量。

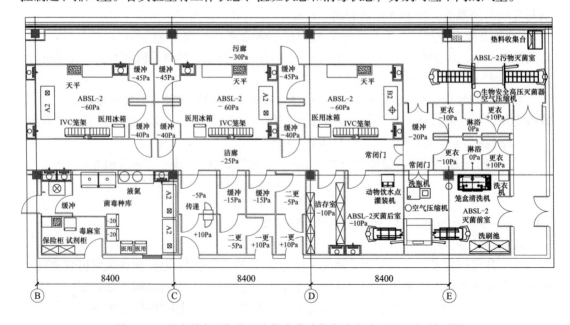

图 18-23　北方某负压加强型生物安全动物实验室（ABSL-2）平面图

控制要求：

1. 排风机组 P（RH）-501 与空调机组 KJ-501 连锁控制，排风机开启后延时开启空调机组，保证实验室的压力梯度。排风机及空调机均带备用风机，风机入口处设密闭止回风阀。当一台风机故障时，另一台自动投入运行。

2. A2 生物安全柜与其正上方的排风文丘里阀连锁控制，二者同开同关。A2 生物安全柜正上方的排风文丘里阀排风量暂定为 400m³/h（需根据到货产品的实际风量调整），当其开启时，房间的下部排风文丘里阀相应减少 400m³/h。

3. B2 生物安全柜的排风文丘里阀与生物安全柜连锁控制，二者同开同关。B2 生物安全柜的排风文丘里阀风量暂定为 1800m³/h（需根据到货产品的实际风量调整），当其开启时，房间的送风文丘里阀相应地增加 1800m³/h。

4. 当排风机组 P（RH）-501 关闭时，所有排风管路上的文丘里阀均需关闭。

5. 当空调机组 KJ-501 关闭时，所有送风管路上的文丘里阀均需关闭。

6. 排风机组 P（RH）-501 的排风量调节：

（1）DDC 根据排风系统末端风管内的静压实测值与设定值的差值，通过 PID 运算，输出 0～10V 控制信号给排风机的直流调速器，对排风量进行调节，保证末端风管内的静压恒定不变。

（2）排风系统末端风管内的静压设定值应保证排风系统中各变风量文丘里阀的前后压差均大于 150Pa（各变风量文丘里阀均带有压差传感器，实时监测其阀前后的压差）。

（3）随着运行时间的延续，高效过滤器的堵塞情况不同，需要系统每隔一段时间（1个月）对末端风管内静压的设定值进行修正：

1）当具有最小压差文丘里阀的压差低于 150Pa 时，增加管路静压传感器的设定值 10Pa，直到该阀的最低压差大于 150Pa；

2）当具有最小压差文丘里阀的压差大于 180Pa 时，减少管路静压传感器的设定值 10Pa，直到该阀的最低压差小于 170Pa；

3）当具有最小压差文丘里阀的压差大于等于 150Pa，且小于等于 170Pa 时，保持管路的静压传感器的设定值不变。

7. 空调机组 KJ-501 的送风量的调节：调节方法与排风机组类似，不同之处在于：当各实验室均为工作状态，如果风量传感器检测到的总送风量小于设计风量的 95% 时，在中控室发出声光报警。

8. 各房间的送、排风变风量文丘里阀的状态有以下三种，并可在实验室入口处的HMI 显示屏上一键切换：

（1）工作风量；

（2）值班风量；

（3）零风量（阀门完全关闭，实验室熏蒸消毒状态）。

9. HMI 显示屏须有以下功能：

（1）一键切换文丘里阀的状态；

（2）设定、显示所控房间的压差、送风量、排风量；

（3）显示实验室送风高效过滤器的压差值、工作状态、报警状态；

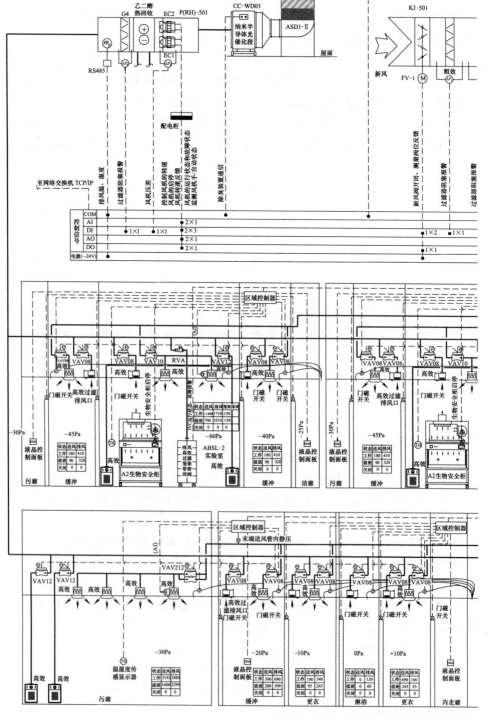

图 18-24　北方某负压加强型生物安全动物

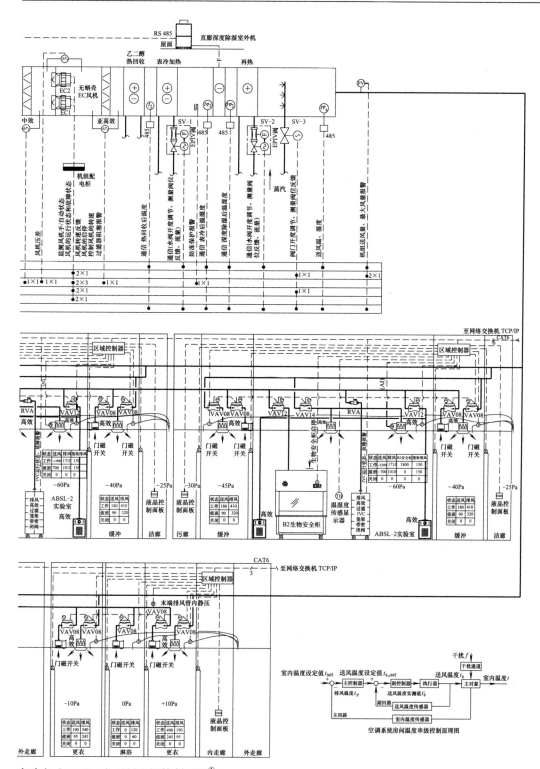

实验室（ABSL-2）通风空调控制原理[①]

（4）显示房间温度、湿度。

10. 新风机组的控制：

（1）新风阀（FV-1）与送风机连锁开闭，当风机停止后，水路电动阀门（SV-1、SV-2）、蒸汽调节阀（SV-3）等也全部关闭（其中冬季热水阀先于风机和新风阀开启，后于风机和新风阀关闭）。

（2）冬季，风机开启 3 ～ 5min 后，再开启加湿器，关闭加湿器 5 ～ 6min 后，再关闭风机。

（3）冬季，当盘管后的温度低于 5℃时，防冻开关发出报警，热水调节阀（SV-1）全开，同时，在中控室发出声光报警。

（4）当过滤器阻力超过设定值（即：两倍初阻力值）时，在中控室发出报警信号。

（5）冬 / 夏季工况调节：

1）夏季温度控制：夏季实验室的温度采用串级控制，空调机组 KJ-501 的控制器根据实验室的排风温度 t_p 调整机组的送风温度 t_s 的设定值。再由送风温度 t_s 的设定值与实测值的差值，经 PID 运算后，调节水阀 SV-2 的开度。保证送风温度恒定不变。

2）夏季湿度控制：夏季实验室的湿度采用串级控制，空调机组 KJ-501 的控制器根据实验室的排风湿度 φ_p 调整机组的送风湿度 φ_s 的设定值。再由送风湿度 φ_s 的设定值与实测值的差值，经 PID 运算后，调节水阀 SV-1 的开度。保证送风湿度恒定不变。

当 SV-1 开到最大，湿度还有降低的要求时，开启直膨机进行深度除湿。

3）冬季温度控制：冬季实验室的温度采用串级控制，空调机组 KJ-501 的控制器根据实验室的排风温度 t_p 调整机组的送风温度 t_s 的设定值。再由送风温度 t_s 的设定值与实测值的差值，经 PID 运算后调节水阀 SV-1 的开度。保证送风温度恒定不变。在冬季时，SV-1 需保持最小 30% 开度，以防冻。

4）冬季湿度控制：冬季实验室的湿度采用串级控制，空调机组 KJ-501 的控制器根据各实验室的排风湿度 φ_p 调整机组的送风湿度 φ_s 的设定值。再由送风湿度 φ_s 的设定值与实测值的差值，经 PID 运算后调节加湿器阀门 SV-3 的开度。保证送风湿度恒定不变。

（6）过渡季工况时，SV-1、SV-2、SV-3 关闭。

11. DDC 根据下式计算监测热回收效率并在上位机上显示（新、排风量相等）：

$$\eta = \frac{t_2 - t_1}{t_p - t_1} \times 100\%$$

式中　t_1——室外温度，℃，由楼控系统集中采集。

12. 房间压差控制：

（1）各房间采用风量差值控制法 + 压差直接控制法控制，各房间送风变风量文丘里阀的风量与排风变风量文丘里阀的风量始终保持一定的差值，并在房间压力稳定后，压力控制回路根据压差传感器对排风的变风量文丘里阀进行微调，同时保持送风的文丘里阀的风量不变，使被控房间相邻房间的压差恒定。

（2）为了使房间压差梯度稳定，各房间的压差信号均以外走廊的压力为基准。

（3）在房间的门打开时，房间的压力无法保持，此时风量差值控制回路可以保持正确的空气流向，门磁开关输出门开启信号，通知控制系统采取以下三种措施：

1）锁定压力控制回路，避免其跟随动作；

2）锁定压力控制回路的最后输出值；

3）当实验室的门打开时，增加其缓冲间送风量 300m³/h，同时减少实验室的送风量 300m³/h，抑制气流反流。

13. 任何实验室的状态（风量）发生变化，均会立即触发洁廊、污廊的压力控制回路动作调整。

14. 各房间的区域控制器及空调机组的 DDC 均采用 TCP/IP 协议接入各层的网络交换机。

15. 生物安全设备监控：

（1）IVC 笼架运行参数及故障报警，上传中控室。

（2）低温冰箱断电报警，上传中控室。

18.22　普通风机盘管的控制

风机盘管的控制一般由房间温控器来完成。房间温控器上设有供冷、供热转换开关，因此一个温控器既可以控制两管制的风机盘管也可以控制四管制的风机盘管。

房间温控器上设有三档风速开关，用来控制风机盘管内风机的转速。房间温控器根据室内温度与设定值自动开关风机盘管的电动两通阀。电动两通阀有两线制和三线制之分。两线制的电动两通阀、当房间温度达到设定温度时，阀门电机断电，由弹簧复位；三线制的电动两通阀：当房间温度达到设定温度时，由电机反转复位。图 18-25 ～图 18-27 按两线制绘制。不建议采用一个温控器控制两台或多台风机盘，原因详见本书第 14.7 节。

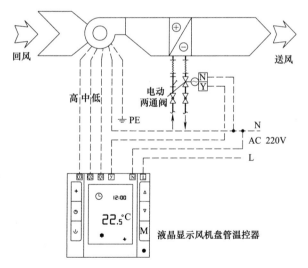

图 18-25　带液晶显示的两管制风机盘管接管及控制原理图[1]

---

① 该图 CAD 版可由中国建筑工业出版社官方网站本书的配套资源中下载。

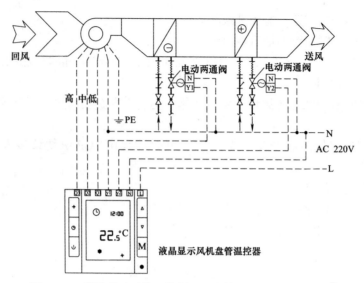

图 18-26　带液晶显示的四管制风机盘管接管及控制原理图[1]

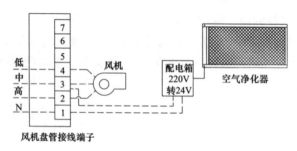

图 18-27　风机盘管电子空气净化器安装接线图[1]

18.23　星级酒店 RCU 控制客房风机盘管

星级酒店 RCU 控制客房风机盘管的控制原理如图 18-28 所示。

控制要求：

1. 风机盘管采用酒店客房控制系统的房间控制器 RCU 控制。

2. 风机盘管可通过室内温控器进行现场控制和显示，同时还可以在中控室内远程控制和集中显示，根据酒店客房的入住情况实现连锁控制。

3. 客人在前台登记后，房间的风机盘管可自动提前运行。

4. 客人不在房间时，自动运行节能工况（提高室内温度设定值）。

5. 在空调系统运行中，当客房的窗开启时，窗磁发出信号关闭风机盘管的水阀，风机盘管强制低速运行，当窗户关闭后，恢复原来的运行状态。以此节约能源，同时防止室内结露。

---

① 该图 CAD 版可由中国建筑工业出版社官方网站本书的配套资源中下载。

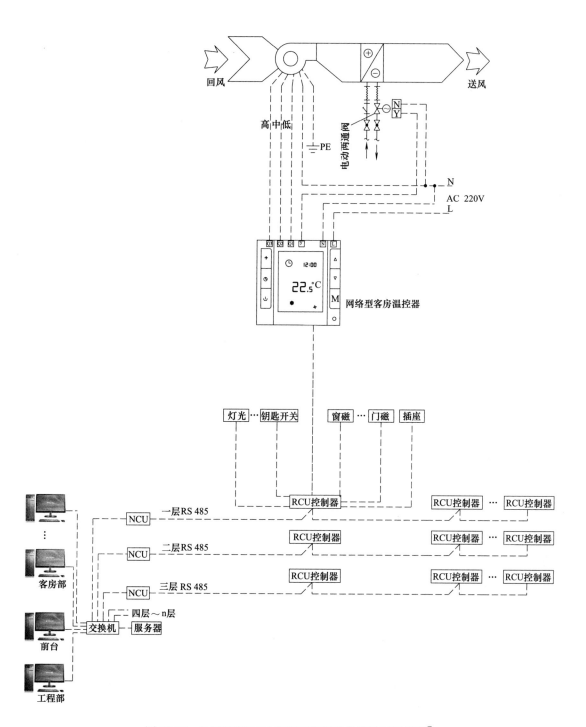

图 18-28 星级酒店 RCU 控制客房风机盘管控制原理图[①]

---

① 该图 CAD 版可由中国建筑工业出版社官方网站本书的配套资源下载。

6. 客人退房后，风机盘管自动关闭。

18.24　医院普通病房风机盘管网络控制

医院普通病房风机盘管网络控制原理如图 18-29 所示。

控制要求：

1. 病房内风机盘管采用网络性温控器，当外窗开启时，窗磁信号关闭风机盘管风机和电动水阀，防止室内结露并实现节能运行。

2. 风机盘管可通过室内温控器进行现场开启、关闭、温度设定和显示，同时还可以在护士站远程锁定开启、关闭、温度设定等控制和集中显示，避免多人间病房因房间温度要求不同的纠纷。

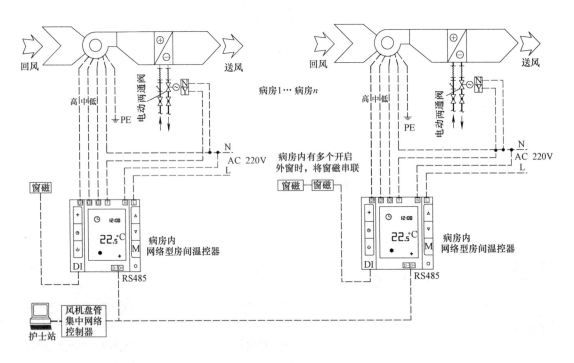

图 18-29　医院普通病房风机盘管网络控制原理图[①]

18.25　诱导器（冷梁）控制

冷梁实际上就是不带风机的风机盘管，有两管制和四管制，其控制与风机盘管相似，控制面板取消了风机的三速开关功能，其控制原理如图 18-30 所示。

---

① 该图 CAD 版可由中国建筑工业出版社官方网站本书的配套资源中下载。

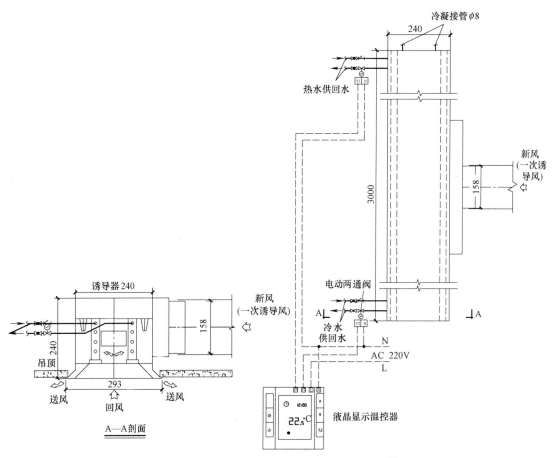

图 18-30　四管制诱导器（冷梁）控制原理图[①]

————————

① 该图 CAD 版可由中国建筑工业出版社官方网站本书的配套资源中下载。

第 19 章　建筑设备监控系统

前面所述的空调DDC控制系统已经能完成空调自控的基本要求，但是如果空调系统很大，末端设备众多而且分散，控制系统的维护，例如参数的设定，某台空调机组的设定温度需要提高或降低1℃，都需要到现场的控制器上去设置，非常不方便，如果通过网络把所有的DDC都连接到一台或多台电脑上，即增加上位机，就可以通过电脑来管理所有的DDC，远程监控现场参数和设备运行状态，还可以远程设定参数，记录历史数据、故障监视、自动报警等都非常方便，这就诞生了空调自控系统。空调自控系统管理着分布在建筑各处的空调设备，如果将其他专业少量设备如给排水泵、公共照明及电梯等纳入进来，这样就省去了另建控制系统的投资，此时的空调自控系统就变成了建筑设备监控系统（BAS）。在建筑设备监控系统这一章，我们又进入了另外一个专业领域：计算机通信。

建筑设备监控系统（BAS）的主要应用目的是优化建筑物内建筑设备的运行状态，节省建筑设备能耗，提高设备自动化监控和管理水平，为建筑提供良好环境，以及提高运行和管理人员效率，减少运行费用。

在建筑设备监控系统（BAS）中，暖通空调设备占绝大部分比例。该系统由监控计算机、分布在建筑各处的DDC、现场仪表及通信网络4个主要部分组成。这样组成的控制系统分工明确，分布在各个机房的DDC负责现场设备的控制运行，监控计算机负责集中管理。

建筑设备监控系统（BAS）必须架构在一个通信网络上。这种通信网络架构通常是分层级设置的。大型的建筑设备监控系统（BAS），垂直方向由管理网络层级、控制网络层级及现场网络层（仪表）三个部分组成；水平方向各个过程控制级间必须能相互协调，同时还能向垂直方向传递数据，收发指令，水平级与级之间也能数据交换。这种控制系统要求控制功能尽可能分散，管理功能尽可能集中。分散控制的最主要目的是把风险分散，使控制系统的可靠性得以提高，不会因局部控制器的故障影响全局。

19.1　建筑设备监控系统网络系统结构

如图19-1所示的一个建筑设备监控系统网络系统结构，它包含现场网络层、控制网络层、管理网络层三个部分。

19.1.1　现场网络（仪表）

现场网络层由通信总线连接微控制器、智能现场输入输出模块和智能现场仪表（智能传感器、智能执行器、智能变频器）、现场仪表组成，通信总线可以是以太网或现场总线；普通现场仪表，包括传感器、电量变送器、照度变送器、执行器、水阀、风阀、变频器，不能连接在通信总线上。

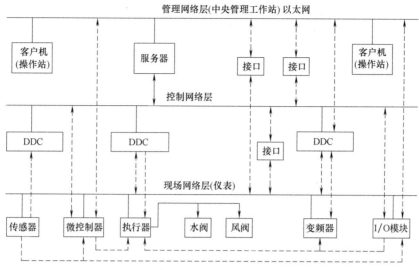

图 19-1　建筑设备监控系统网络系统结构

1. 微控制器，是嵌入计算机硬件和软件的对建筑末端设备使用的专用控制器，是嵌入式系统；微控制器体积小、集成度高、基本资源齐全、专用资源明确、具有特定控制功能；不同种类控制设备使用不同种类的微控制器，不同种类的微控制器可以连接在同一条通信总线上。

微控制器独立于 DDC 和中央管理工作站完成全部控制应用操作，通常具有由某些国际行业规范决定的标准控制功能，以符合控制应用标准化和数据通信标准化需要，使产品具有可互操作性，建立开放式系统。暖通空调微控制器包括变风量末端微控制器、实验室的区域控制器等；微控制器通常直接安装在被控设备的电力柜（箱）里，成为机械设备的一部分，例如变风量末端控制器（见图 19-2），直接安装在变风量末端所附的电力箱中。

2. 智能现场仪表是嵌入计算机硬件和软件的网络化现场设备，通过通信总线与控制器、微控制器进行通信，如带远传功能的热计量表、流量计等。

3. 分布式输入输出模块是嵌入计算机硬件和软件的网络化现场设备（见图 19-3），作为控制器的组成部分，通过通信总线与控制器计算机模块连接。组建自动化系统时，通常需要将过程的输入和输出集中集成到该自动化系统中。如果输入和输出远离可编程控制器，

图 19-2　变风量末端控制器

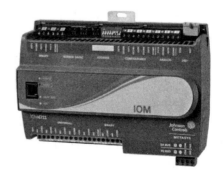

图 19-3　分布式输入输出模块

将需要铺设很长的电缆，从而不易实现，并且可能因为电磁干扰而使得可靠性降低。分布式 I/O 设备便是这类系统的理想解决方案，即控制 CPU 位于中央位置，而 I/O 设备（输入和输出）在本地分布式运行，同时通过功能强大的 PROFIBUS DP 的高速数据传输能力，可以确保控制 CPU 和 I/O 设备稳定顺畅地进行通信。

4.普通的现场仪表是非智能设备，只能与控制器、微控制器、分布式输入输出模块进行端到端连接，它们之间直接传送模拟量、数字量信号。

19.1.2 控制网络层

现场控制层的主要作用就是 DDC 现场控制器或 PLC 控制器，在民用建筑中，除有特殊要求外，应选用 DDC，它跟现场的传感器、执行机构和变送器直接对接，完成对现场各设备的实时监控，通过通信网络与上层计算机完成信息交换。DDC 现场控制器习惯上被称为下位机。除了能接收上位机传送来的命令，还能传递给上位机本地的数据与状态，现场控制器能对设备进行单独控制，运用设定的参数做各种算法运算，实现输出控制，当然前提是上位机不干预的情况下。

DDC 应按工艺设备的系统进行设置，即同一工艺系统的测量控制点宜接入同一台现场 DDC 中，以增加系统的可靠性，便于系统调试。现场 DDC 的输入输出点应留有适当余量，以备系统调整和今后扩展，一般预留量应大于 10%。

控制网络层可包括并行工作的多条通信总线，每条通信总线可通过网络通信接口与管理网络层（中央管理工作站）连接，也可通过管理网络层服务器的 RS 232 通信接口或内置通信网卡直接与服务器连接。

19.1.3 管理网络层

管理层就是监控计算机，习惯称上位机。监控计算机包括服务器与工作站，服务器与工作站软件通常安装在多台 PC 机上，宜建立多台客户机（操作站）并行工作的局域网系统。当系统规模较小时，也可以安装在一台计算机上。监控计算机一般采用与系统处理性能相适应的工控机或办公微机。中央监控主机通过与 DDC 现场控制器通信，完成对所有空调设备的监测、控制与管理。自动记录、存储和查询历史运行数据，对设备故障和异常参数及时报警和自动记录等。

19.2 通 信 网 络

监控计算机与 DDC 现场控制器分别处在不同的通信网络，前者所在的网络被称为管理网络，一般情况下是以太网；后者所在的网络被称为控制网络，控制网络也被称为控制总线，楼宇控制中常用的有：RS 485 总线、Lon Works 总线及 CAN 总线等。

由于控制网络和管理网络采用完全不同的通信协议及标准，因此不能直接互联，需使用网络控制器进行协议转换，实现两者的互联通信。

19.2.1 RS 485 总线

由于造价较低，目前应用较多的是 RS 485 总线。RS 485 只是电气信号接口，其本身不是通信协议，有许多通信协议使用 RS 485 电气信号，如：Modbus、BACnet 及 Profibus 等通信协议。RS 485 的通信距离可达 1200m，一般只需两根屏蔽双绞线电缆，主控设备与多个从控设备使用手拉手的方式连接，如图 19-4 所示。但其存在着以下缺点：

1. RS 485 总线的通信容量较少，理论上每段最多仅容许接入 32 个设备，不适于以楼宇为节点的多用户容量要求。

2. RS 485 总线的通信速率低，传输速率与传输距离成反比，在 100Kbps 的传输速率下，才可以达到最大的通信距离，如果需传输更长的距离，需要加 485 中继器。

3. RS 485 总线通常不带隔离，当网络上某一节点出现故障会导致系统整体或局部的瘫痪，而且又难以判断其故障位置。

4. RS 485 总线采用主机轮询方式，这样会造成以下的弊端：

（1）通信的吞吐量较低，不适用于通信量要求较大（或平均通信量较低，但呈突发式）的场合。

（2）系统较大时，实时性较差。

（3）主机不停地轮询各从机，每个从机都必须对主机的所有查询作出分析，以决定是否回应主机，势必增加各从机的系统开销。

（4）当从机之间需要进行通信时，必须通过主机，增加了从机间通信的难度及主机负担。

19.2.2　以太网网络结构

楼控系统另一种新型网络结构是管理域网络和控制网络都使用以太网（Ethernet），这种以太网网络结构在近些年有较快的发展和应用。

当被控的暖通设备数量较多，传统的总线楼控系统难以满足其对速度、容量等技术要求，可以采用这种以太网结构。其优点是：

1. 楼控系统可以直接使用建筑物内的综合布线系统，从而简化楼控系统的网络结构，降低成本，没有传输距离的限制，系统无容量限制，方便后期的系统扩展。所有一对一的空调 DDC 与 DDC 之间、DDC 与中央站之间均采用 Peer to Peer（对等网络）通信方式，不用采用主 / 从（Master/Slave）式通信方式。

2. 这种以太网网络结构不仅可以简化网络结构，减少布线工作量，以太网具有传输速率较高的优势，同时也提高了 DDC 之间的通信速率。接入到网络中的现场控制器 DDC 都能分配到一个真实有效的 IP 地址，这样的现场控制器又被称为 IP DDC 或者以太网 DDC，它相当于每个 485 网络的 DDC 都内置了一个 NCU 网络控制器。

3. 这种网络结构形式的以太网采用基于 TCP/IP 协议，除了中央站以外，现场控制器 DDC 也采用 TCP/IP 协议，从而使楼控系统能够更加顺畅地与 Internet 连接，具有优良的远程监控性能。

4. 楼控系统不再需要引入网络控制器作为中央管理工作站和现场控制器 DDC 之间的桥梁，中央管理工作站、现场控制器 DDC 通过具有 RJ45 接口的非屏蔽双绞线电缆（UTP）直接接入以太网交换机中；但是，传感器和执行器与场控制器 DDC 直接相连，与基于现场总线的楼控系统相同。

5. 这种以太网网络结构解决了多种现场总线技术及标准并存，彼此之间不能互相兼容的问题，有利于楼控系统的标准化和通用化。

6. 内置了以太网交换功能的控制器，自带一进、一出两个以太网接口，各控制器之间通过网线手拉手相连后再接到楼层交换机，从而避免了每个控制器都要独自接到楼层交换机，减少了布线成本，连线方式与 RS 485 相似，但是采用的是网线，而非两根屏蔽双绞线。

19.3　通 信 协 议

不同类型的网络采用的通信协议也往往不同，就像不同国家的人讲不同的语言一样。以太网采用的通信协议叫作传输控制 / 网际协议（TCP/IP）。而控制网络的通信有很多种，并且跟控制设备厂家产品有关，国际标准协议有 TCP/IP、BACnet、LonTalk、Meter Bus 和 ModBus。为了使不同厂家的设备可以实现相互通信并在相互通信的基础上实现相互操作，一个由美国供暖、制冷和空调工程师协会（ASHRAE）专为楼宇自动化和控制网络制定的通信协议 BACnet，已被业界广为接受，目前已成为国际上智能建筑的主流通信协议。

19.4　建筑设备监控系统的基本要求

《建筑设备监控系统工程技术规范》JGJ/T 334—2014 对监控系统做出了如下要求：

监控系统的监控范围应根据项目建设目标确定，并宜包括供暖通风与空气调节、给水排水、供配电、照明、电梯和自动扶梯等设备。当被监控设备自带控制单元时，可采用标准电气接口或数字通信接口的方式互联，并宜采用数字通信接口方式。

19.4.1　建筑设备监控系统应具备的监测功能

1. 应能监测设备在启停、运行及维修处理过程中的参数。

2. 应能监测反映相关环境状况的参数。

3. 宜能监测用于设备和装置主要性能计算和经济分析所需要的参数。

4. 应能进行记录，且记录数据应包括参数和时间标签两部分；记录数据在数据库中的保存时间不应小于 1 年，并可导出到其他存储介质。

19.4.2　建筑设备监控系统应具备的安全保护功能

1. 应能根据监测参数执行保护动作，并应能根据需要发出报警。

2. 应记录相关参数和动作信息。

19.4.3　建筑设备监控系统宜具备远程控制功能

宜具备远程控制功能，并应以实现监测和安全保护功能为前提；

1. 应能根据操作人员通过人机界面发出的指令改变被监控设备的状态。

2. 被监控设备的电气控制箱（柜）应设置手动 / 自动转换开关，且监控系统应能监测手动 / 自动转换开关的状态，当执行远程控制功能时，转换开关应处于"自动"状态。

3. 应设置手动 / 自动的模式转换，当执行远程控制功能时，监控系统应处于"手动"模式。

4. 应记录通过人机界面输入的用户身份和指令信息。

19.4.4　宜具备自动启停功能，并应以实现远程控制功能为前提

1. 应能根据控制算法实现相关设备的顺序启停控制。

2. 应能按时间表控制相关设备的启停。

3. 应设置手动/自动的模式转换，且执行自动启停功能时，监控系统应处于"自动"模式。

19.4.5　宜具备自动调节功能，并应以实现远程控制功能为前提

1. 在选定的运行工况下，应能根据控制算法实时调整被监控设备的状态，使被监控参数达到设定值要求。

2. 应设置手动 / 自动的模式转换，且执行自动调节功能时，监控系统应处于"自动"模式。

3. 应能设定和修改运行工况。

4. 应能设定和修改监控参数的设定值。

19.5　建筑设备监控系统应用

19.5.1　RS 485 总线工程案例

图 19-4 所示为某医院采用 RS 485 总线的建筑设备监控系统网络示意图，在首层中央控制室设有建筑设备监控系统主操作站，同时在地下制冷机房、五层、十一层设有三个分站。分站与首层的建筑设备监控系统操作站通过网络相连，主操作站对分站所监控的设备只监不控。各层设置的 DDC 除了对空调机组进行监控外，还对医疗气体稳压箱监控，顶层设置的 DDC 还对风机、电梯进行监控。

1. 冷水机房设置了监控分站，这样设置是因为机房设备的群控由冷水机组厂家来配套完成，由于只有冷水机组厂家了解冷水机组的工况特性，只有冷水机组厂家才能给出保证冷水机组高效率运行的控制方案，才能实现基于节能的机房群控，而一般的楼宇自控公司只能做到设备的逻辑启停。

2. 在五层设置了洁净手术部净化空调监控分站，其目的是对洁净手术部的净化空调机组等设备实现独立的控制，洁净手术部的净化空调系统是直接关乎人的生命系统，安全性和可靠性要求较高，将这一部分独立控制可以避免一些不必要的干扰和误操作。

3. 同理，在十一层设置血液病房（骨髓移植）分站的目的也是基于安全性和可靠性考虑。

4. 由 DDC 组成的 RS 485 网络需经过网络控制器 NCU 与上位机相连。对于高度机电一体化的设备，如：风冷恒温恒湿机组，本身带有控制系统，其控制系统是高度集成在机组上，一般带有网络通信接口，该接口通过网络协议单元 PIU 经过协议转换后，接入建筑设备监控系统的上位机。因此，暖通空调工程师应注意这个不同，与弱电工程师做好配合。

5. 设置了空调控制系统后，检测室外空气参数的传感器，不必每台空调机组都设置，可以集中设置在具有代表性的进风口处，不应布置在阳光直射的部位和靠近排风口的部位，并宜采用气象测量用室外安装箱；检测到的数据进入控制系统后，可以被各个 DDC 调用。

6. 所有的被控设备均设置了就地手动操作的"启 / 停"开关。

7. 现场操作时可以解除远程 BAS 系统控制；需要将现场配电箱中的"手 / 自动转换开关"转换到"自动"时才能启动远程 BAS 系统控制。"手 / 自动转换开关"的状态也应是 BAS 的监控对象之一。

8. 厨房送、排风，事故排风均需要在工作点控制风机启停，这些设备需要在工作点设置远距离控制开关，楼控系统对这些设备只监不控。

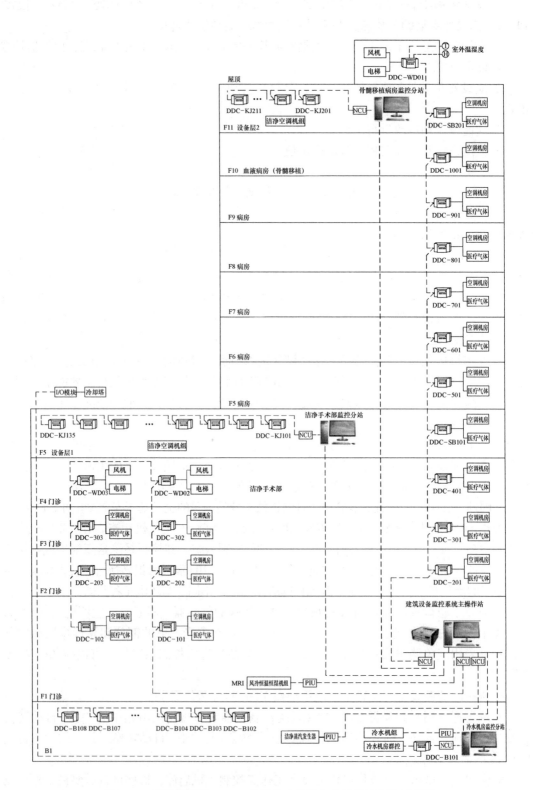

图 19-4　某医院采用 RS 485 总线的建筑设备监控系统网络示意图

19.5.2　以太网网络结构工程案例

如图 19-5 所示的另外一所医院采用以太网的建筑设备监控系统网络示意图，系统直接使用建筑物内的综合布线系统。在首层中央控制室设有建筑设备监控系统主操作站。

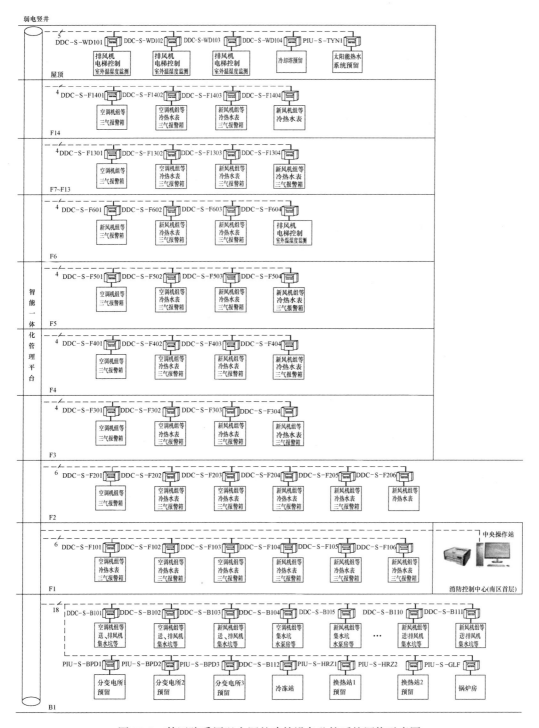

图 19-5　某医院采用以太网的建筑设备监控系统网络示意图

DDC 均为 IP 型，可以直接接入以太网。变配电所、换热站、锅炉房自带控制系统，它们通过网络协议单元 PIU 经过协议转换后，接入以太网。

19.6　提高控制系统可靠性设计

PLC 控制器或者 DDC，其本质就是一台电脑，而电脑的一个弱点就是有可能会出现死机。对于一个普通民用建筑空调的制冷机房，由于要求不高，如果发生上述情况，对控制系统重启就行了。然而对于要求较高的制冷系统，重启的过程往往是不可接受的。比如：冰蓄冷系统在蓄冷工况运行时，制冷管路中流动的一般是 -6℃的乙二醇水溶液，并通过各种电动阀的开关顺序来控制其进入的蓄冷器，如果控制器故障导致 -6℃的乙二醇水溶液进入了板式换热器，将会使板式换热器迅速冻结，系统融冰供冷工况无法运行。再比如：数据中心制冷系统，如果控制器故障导致短暂的停机，就会使数据机房内的温度迅速上升以致宕机。此外，高等级生物安全实验室压力梯度的控制，也必须是高可靠性的，防止由于控制系统故障造成的压力梯度失控。

提高控制系统可靠性需要从控制器、控制网络及控制信号输入输出等几个方面入手，可以根据项目的具体情况采用如下某个或几个措施：

1. 采用带热备系统的控制器。采用高可靠性的、带热备系统的控制器是应对手段之一。这种控制器的 CPU 是重复的，也就是冗余的。主 CPU 和备用 CPU 都处于 RUN 模式，两个 CPU 实时同步数据和事件，同步处理用户程序，紧密协调。主 CPU 发生故障后，备用 CPU 可以立即投入使用（时间为毫秒级），以保持系统正常运行，这种控制器常用于冰蓄冷系统的控制。

2. 采用分布式的控制系统。另一种提高控制系统可靠性的方法是将制冷系统依据制冷机组、冷却塔、冷却水泵、冷水泵划分成多个制冷单元，每个单元采用一个独立控制器。当一个单元控制器发生故障时，不会影响其他制冷单元的工作，将故障的风险分散。这种控制方案常用于数据中心制冷系统的控制。以第 16.12 节数据中心水蓄冷、一级泵变流量系统为例，制冷机房采用分布式控制系统时，其控制系统如图 19-6 所示。

3. 解决由于网线或者交换机导致的故障，可以采用环形网络或者双网，即使有一处网络出现故障，仍可保证网络正常运行。在图 19-6 中也采用了该方法。

4. 采用冗余的 IO 模块，实现 IO 信号的冗余。

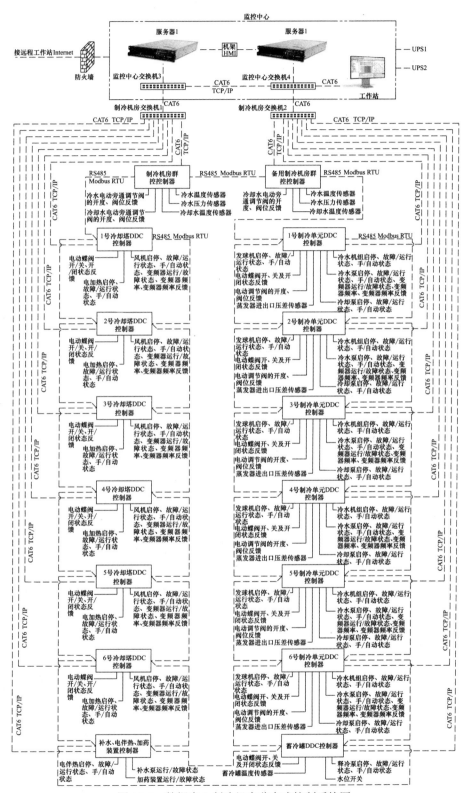

图 19-6 数据中心制冷机房分布式控制系统图

参 考 文 献

［1］ 陆耀庆.实用供热空调设计手册 [M].2 版.北京：中国建筑工业出版社，2008.

［2］ 叶大法，杨国荣.变风量空调系统设计 [M].2 版.北京：中国建筑工业出版社，2023.

［3］ 王再英，韩养社，高虎贤.楼宇自动化系统原理与应用（修订版）[M].北京：电子工业出版社，2011.

［4］ 杨诗成.王喜魁.泵与风机 [M].4 版.北京：中国电力出版社，2012.

［5］ 吴业正，李红旗，张华.制冷压缩机 [M].2 版.北京：机械工业出版社，2011.

［6］ 彦启森，石文星，田长青.空气调节用制冷技术 [M].4 版.北京：中国建筑工业出版社，2010.

［7］ 赵荣义，范存养，薛殿华，等.空气调节 [M].4 版.北京：中国建筑工业出版社，2009.

［8］ 彭鸿才.电机原理及拖动 [M].3 版.北京：机械工业出版社，2015.

［9］ 张子慧.热工测量与自动控制 [M].北京：中国建筑工业出版社，2007.

［10］ 周谟仁.流体力学　泵与风机 [M].北京：中国建筑工业出版社，1979.

［11］ 程广振.热工测量与自动控制 [M].北京：中国建筑工业出版社，2007.

［12］ 廉乐明，谭羽非，吴家正，等.工程热力学 [M].5 版.北京：中国建筑工业出版社，2016.

［13］ 王玉彬.电机调速及节能技术 [M].北京：中国电力出版社，2008.

［14］ 符永正.供暖空调水系统稳定性及输配节能 [M].北京：中国建筑工业出版社，2014.

［15］ 潘云钢.高层民用建筑空调设计 [M].北京：中国建筑工业出版社，1999.

［16］ 许宏袟，万嘉凤，王峻强.酒店空调设计 [M].北京：中国建筑工业出版社，2012.

［17］ 董天禄.离心式 / 螺杆式制冷水机组及应用 [M].北京：机械工业出版社，2002.

［18］ 北京市建筑设计研究院.北京地区冷却塔供冷系统设计指南 [M].北京：中国计划出版社，2011.

［19］ 周锦生.冷水机组能效的理论极限 [J].制冷学报，2013，34（1）：69-72.

［20］ 武根峰，曹勇.定静压变风量系统静压设定值的确定方法 [J].暖通空调.2014，44（7）：36-39.

［21］ 李传东，田应丽，李松，等.变风量空调系统控制方法研究 [J].安装，2007，170（7）：31-33.

［22］ 戴斌文，狄洪发，马先民.变风量空调系统风机静压控制方法研究 [J].建筑热能通风空调，2009，19（13）：6-10.

［23］ 陈友明，刘健，程时柏，等.变风量空调系统控制优化方法研究 [J].湖南大学学报（自然科学版）.2013，40（6）：1-6.

［24］ 中华人民共和国国家质量监督检验检疫总局，中国国家标准化管理委员会.检验检测试验室设计与建设技术要求 第 1 部分 通用要求：GB/T 32146.1—2015[S].北京：中国标准出版社，2016.

［25］ 李山平，文超，马贞俊，等.空调器用换热器的表面处理—亲水膜处理 [J].流体机械，2013(增刊）：261-264.

［26］ 严德隆.洁净室压差控制方法选择及讨论 [J].洁净与空调技术.2005，4：12-14.

［27］ 王宝龙，张朋磊.润滑油对冷水机组能量性能的影响 [R].北京：清华大学，2016.

［28］ 王琼，蔡觉先，气候补偿器的调节性能分析 [J].山西建筑，2008，34（34）：170-171.

［29］ 杨向伟.浅析 CO_2 空气源热泵技术 [J].房地产导刊，2015，9：38，47.

［30］ 陈红兵，钟瑜，戴琳，等.R22 与 R744 空气源热泵热水机组的对比 [J].流体机械.2010，38

（11）: 59-63.

[31] 杨光，胡仰耆，郑乐晓.盘管式内、外融冰系统技术运用差别分析 [J].暖通空调.2010,40（6）: 76-81.

[32] 刘宇宁，李永振.不同地区采用排风热回收装置的节能效果和经济性探讨 [J].暖通空调，2008，38（9）: 15-19.

[33] 孙宁.排风热回收系统设计方法研究 [J].建筑科学，2009，25（8）: 47-51.

[34] 张铁辉，赵伟.超高层建筑空调水系统竖向分区研究 [J].暖通空调，2014，44（5）: 2-9.

[35] 吴疆润，张少军.通透以太网技术在楼控系统中的应用分析 [J].智能建筑与城市信息，2010，167（10）: 67-70.

[36] 中华人民共和国住房和城乡建设部.洁净厂房设计规范: GB 50073—2013[S].北京：中国计划出版社，2013.

[37] 中华人民共和国住房和城乡建设部.民用建筑电气设计标准: GB 51348—2019[S].北京：中国建筑工业出版社，2020.

[38] 住房和城乡建设部工程质量安全监管司，中国建筑标准设计研究院.全国民用建筑工程设计技术措施 2009 电气 [M].北京：中国计划出版社，2009.

[39] 中华人民共和国住房和城乡建设部.建筑设备监控系统工程技术规范: JGJ/T 334—2014[S].北京：中国建筑工业出版社，2014.

[40] 中华人民共和国住房和城乡建设部.民用建筑供暖通风与空气调节设计规范: GB 50736—2012[S].北京：中国建筑工业出版社，2012.

[41] 中华人民共和国住房和城乡建设部.建筑设计防火规范 (2018 年版): GB 50016—2014[S].北京：中国计划出版社，2018.

[42] 北京市规划委员会.公共建筑节能设计标准: DB11/687—2015[S].北京：北京市规划委员会，2015.

[43] 中华人民共和国住房和城乡建设部.综合医院建筑设计规范: GB 51039—2014[S].北京：中国计划出版社，2015.

[44] 中华人民共和国住房和城乡建设部.医院洁净手术部建筑技术规范:GB 50333—2013[S].北京：中国建筑工业出版社，2014.

[45] 中华人民共和国住房和城乡建设部.生物安全实验室建筑技术规范:GB 50346—2011[S].北京：中国建筑工业出版社，2012.

[46] 中华人民共和国住房和城乡建设部.医药工业洁净厂房设计标准: GB 50457—2019.北京：中国计划出版社，2019.

[47] 北京市规划和自然资源委员会.绿色建筑设计标准: DB11/938—2022[S].北京：北京市规划和自然资源委员会，2023.

[48] 中华人民共和国住房和城乡建设部.绿色建筑评价标准: GB/T 50378—2019[S].北京：中国建筑工业出版社，2019.

[49] 国家卫生健康委员会.核医学放射防护要求: GBZ 120—2020[S].北京：中国标准出版社，2021.

[50] 卫生部医政司.全国临床检验操作规程 [M].3 版.北京：人民卫生出版社，2011.

[51] 住房和城乡建设部工程质量安全监管司，中国建筑标准设计研究院.全国民用建筑工程设计

技术措施 2009　暖通空调·动力 [M]. 北京：中国计划出版社，2009.

[52]　国家市场监督管理总局，国家标准化管理委员会. 空气过滤器：GB/T 14295—2019[S]. 北京：中国标准出版社，2019.

[53]　国家市场监督管理总局，国家标准化管理委员会. 高效空气过滤器：GB/T 13554—2020[S]. 北京：中国标准出版社，2020.

[54]　《公共建筑节能设计标准》编制组. 公共建筑节能设计标准实施指南 GB 50189—2015[M]. 北京：中国建筑工业出版社，2015.

[55]　中华人民共和国国家质量监督检验检疫总局，中国国家标准化管理委员会. 清水离心泵能效限定值及节能评价值：GB 19762—2007[S]. 北京：中国标准出版社，2008.

[56]　中华人民共和国住房和城乡建设部. 公共建筑节能设计标准：GB 50189—2015[S]. 北京：中国建筑工业出版社，2015.

[57]　中华人民共和国国家质量监督检验检疫总局，中国国家标准化管理委员会. 冷水机组能效限定值及能效等级：GB 19577—2015[S]. 北京：中国标准出版社，2017.

[58]　华北地区建筑设计标准化办公室，北京市建筑设计标准化办公室. 建筑电气通用图集09BD10 建筑设备监控 [M]. 北京：中国建筑工业出版社，2009.

[59]　中国建筑标准设计研究院. 常用风机控制电路图：16D303-2[S]. 北京：中国计划出版社，2016.

[60]　中国建筑标准设计研究院. 常用水泵控制电路图：16D303-3[S]. 北京：中国计划出版社，2016.

[61]　张波，陈友明，陈永康，等. 冷水泵自适应压差再设定变频控制方法及其应用 [J]. 暖通空调，2015，45（8）：18-22.

[62]　邓杰文，何适，魏庆芃，等. 公共建筑空调系统运行调适方法研究（1）：冷水系统 [J]. 暖通空调，2019，49（8）：103-109.

[63]　殷平. 空气换热器和调节阀的流量特性研究 [J]. 暖通空调，2021，51（1）：1-9，64.

[64]　廖百胜. DDC 在中央空调系统中的动态调节品质分析 [J]. 制冷与空调，2008，22（6）：65-68.

[65]　董奇，姜卫东，史洪伟. 全变频冷冻站及其控制策略——Hartman Loop™ 介绍 [J]. 制冷技术，2007（4）：26-28.